公共机构绿色节能技术应用与范例指引

Public Institution
Application and Example Guidelines of Green
and Energy-Saving Technology

宋 波 主编

中国建筑工业出版社

图书在版编目（CIP）数据

公共机构绿色节能技术应用与范例指引＝Public
Institution Application and Example Guidelines of
Green and Energy-Saving Technology / 宋波主编 . —
北京：中国建筑工业出版社，2024.1
ISBN 978-7-112-29650-7

Ⅰ.①公⋯　Ⅱ.①宋⋯　Ⅲ.①公共建筑－节能－研究
Ⅳ.①TU18

中国国家版本馆 CIP 数据核字（2024）第 054068 号

责任编辑：田立平
责任校对：赵　力

公共机构绿色节能技术应用与范例指引
Public Institution
Application and Example Guidelines of Green
and Energy-Saving Technology
宋　波　主编

*

中国建筑工业出版社出版、发行（北京海淀三里河路 9 号）
各地新华书店、建筑书店经销
北京龙达新润科技有限公司制版
建工社（河北）印刷有限公司印刷

*

开本：787 毫米×1092 毫米　1/16　印张：33½　字数：1256 千字
2024 年 7 月第一版　　2024 年 7 月第一次印刷
定价：**159.00** 元（含增值服务）
ISBN 978-7-112-29650-7
（42208）

《公共机构绿色节能技术应用与范例指引》编写委员会

主　编：宋波

第1篇　总述

宋波、柳松、朱晓姣

第2篇　公共机构绿色低碳技术应用指南

3章、5章、8章：宋业辉、廖滟、王宏伟、冯晓梅、朱伟峰、朱晓姣、牛利敏、魏庆芃、廖虹云、陈昭文、邓光蔚、王贵强、常文成

4章、6章、7章、9章：曹勇、崔治国、郭江峰、党睿、曹阳、柳松、朱晓姣、李慧新、张思思、孙育英、何平、罗涛、吴延鹏、邓宇春、夏晓波

第3篇　公共机构建筑绿色节能改造及运行技术指南

朱晓姣、柳松、宋波、胡月波、邓琴琴、刘晶、薛峰、林闽、潘常升、欧阳鑫玉、修强、李婷、张艳红、张思思

第4篇　公共机构能源管理信息技术应用指南

柳松、张圣楠、朱晓姣、罗淑湘、顾中煊

第5篇　数据中心节能关键技术研发

李震、冯剑超、何智光、王建民、张兴

第6篇　公共机构合同能源管理与能效提升

宋波、邓琴琴、凌薇、郭婧娟、李海建、黄交存、柳松、朱晓姣、张圣楠

主编单位：中国建筑科学研究院有限公司
参编单位：
第2篇　公共机构绿色低碳技术应用指南
　　　　　中国建筑科学研究院有限公司
　　　　　国家发展和改革委员会能源研究所
　　　　　中国科学院工程热物理研究所
　　　　　清华大学
　　　　　天津大学
　　　　　北京工业大学
　　　　　中国建筑第八工程局有限公司
　　　　　沈阳建筑大学
　　　　　上海市建筑科学研究院有限公司
　　　　　中国建筑设计研究院有限公司
　　　　　北京科技大学
　　　　　上海建科工程项目管理有限公司
　　　　　沈阳紫微机电设备有限公司
　　　　　深圳市建筑科学研究院股份有限公司
　　　　　中建八局第二建设有限公司
　　　　　北京硕人时代科技股份有限公司
　　　　　安徽省安泰科技股份有限公司

第3篇　公共机构建筑绿色节能改造及运行技术指南
　　　　　中国建筑科学研究院有限公司
　　　　　中国中建设计集团有限公司
　　　　　新疆维吾尔自治区新能源研究所
　　　　　集佳绿色建筑科技有限公司

第4篇　公共机构能源管理信息技术应用指南
　　　　　中国建筑科学研究院有限公司
　　　　　北京建筑技术发展有限责任公司

第5篇　数据中心节能关键技术研发
　　　　　清华大学
　　　　　北京纳源丰科技发展有限公司
　　　　　重庆邮电大学
　　　　　中国石油数据中心

第6篇　公共机构合同能源管理与能效提升
　　　　　中国建筑科学研究院有限公司
　　　　　哈尔滨工业大学
　　　　　北京交通大学
　　　　　深圳嘉力达节能科技有限公司

序

面对中国公共机构能耗刚性增长、地区发展不均衡、大量既有建筑需要改造和设备更新等迫切问题，亟需通过采取管理和技术手段推动相关政策落地和重点工程启动实施，以节约型机关、节约型公共机构示范单位、能效领跑者为引领，带动公共机构节能工作向纵深发展，全面提升公共机构能效水平和数字化、信息化、科学化管理水平。

在国家机关事务管理局公共机构节能司指导下，中国建筑科学研究院有限公司会同国内外相关科研院所和机构完成了"十二五"国家科技支撑计划项目2项，"十三五"国家重点研发计划项目2项，政府间国际科技创新合作重点专项1项。

其中："十二五"国家科技支撑计划项目2项，由中国建筑科学研究院有限公司牵头会同清华大学、中国中建设计集团有限公司、新疆新能源研究所、集佳绿色建筑科技有限公司等有关课题参加单位，以"十二五"国家科技支撑计划《公共机构节能关键技术研发及示范》2012BAA13B00和《公共机构绿色节能关键技术研究与示范》2013BAJ15B00两个重点项目为基础，总结和凝练公共机构热环境群控技术、多能源利用技术、数据中心冷却技术、环境能源效率综合提升适宜技术、能源管理现代信息技术、新型保温节能环保墙材与集成技术、新型高效玻璃与外窗产业化技术、新建建筑绿色建设关键技术、既有建筑绿色改造成套技术等科研成果，完成了《公共机构建筑绿色节能改造及运行技术指南》《公共机构能源管理信息技术应用指南》《公共机构绿色节能应用示范案例集》《公共机构绿色建筑技术实施指南》《办公建筑的环境能效率优化设计》等5本图书。对指导公共机构绿色节能技术选用，带动节能技术改造，促进节约型公共机构创建，实现公共机构节约、高效、高质量发展具有重要推进作用。

"十三五"国家重点研发计划项目4项，由中国建筑科学研究院有限公司牵头会同清华大学、沈阳建筑大学、国家发展和改革委员会能源研究所等单位承担了"十三五"国家重点研发计划项目《公共机构高效用能系统及智能调控技术研发与示范》2016YFB0601700、《公共机构高效节能集成关键技术研究》2017YFB0604000、《数据中心节能关键技术研发与示范》2016YFB0601600等3个项目，在公共机构能源资源信息化管理、暖通空调系统节能、多种可再生能源综合利用技术、外墙及外窗节能技术产品、数据中心节能等领域形成了系列核心技术和产品。

"十三五"政府间国际科技创新合作重点专项，由中国建筑科学研究院有限公司牵头联合美国太平洋西北国家实验室、美国马里兰大学、江森自控有限公司等国外机构会同哈尔滨工业大学、北京交通大学、深圳市嘉力达节能科技股份有限公司等有关课题参加单位，以政府间国际科技创新合作重点专项《公共机构合同能源管理与能效提升应用示范》

2017YFE0105700 项目为基础，共同开展了中美公共机构合同能源管理政策标准差异性分析、典型案例分析、管理模式研究及公共机构节能项目合同能源管理应用示范，突破了中国公共机构合同能源管理实施过程中存在的支付效益难、节能服务企业融资复杂、基准能耗和节能量认定不合理、模式单一等政策和技术障碍。

2020 年，全国公共机构约 158.6 万家，能源消费总量 1.64 亿 t 标准煤，用水总量 106.97 亿 m^3；单位建筑面积能耗 18.48kg 标准煤/m^2，人均综合能耗 329.56kg 标准煤/人，人均用水量 21.53m^3/人，与 2015 年相比分别下降了 10.07％、11.11％和 15.07％。同时，能源消费结构持续优化，电力、煤炭消费占比与 2015 年相比分别提升 1.57％和下降 5.17％。

国家机关事务管理局根据《中华人民共和国国民经济和社会发展第十四个五年规划和 2035 年远景目标纲要》和《中华人民共和国节约能源法》《公共机构节能条例》等政策法规，2021 年 6 月制定了公共机构节约能源资源工作规划，明确工作目标任务，指引绿色低碳发展，促进生态文明建设，深入推进公共机构能源资源节约和生态环境保护工作高质量发展。

聚焦绿色低碳发展的目标，实现绿色低碳转型行动的有力推进，制度标准、目标管理、能力提升体系趋于完善，协同推进，开创公共机构节约能源资源绿色低碳发展新局面，实施公共机构能源和水资源消费总量与强度双控行动。

实施绿色低碳转型行动主要包括：低碳引领行动，绿色化改造行动，可再生能源替代行动，节水护水行动，绿色办公行动，绿色低碳生活方式倡导行动，示范创建行动，数字赋能行动。

本书得到了国家机关事务管理局公共机构节能管理司的指导和帮助，也是中国建筑科学研究院有限公司与国家机关事务管理局公共机构节能司共同工作成果的展示。希望通过这部国家科技项目、国家重点研发项目、节能工作成果汇编和展示以及技术应用范例，对中国公共机构节约能源资源和碳中和工作起到引领和推动作用。

谢谢研究人员和编写人员的辛勤劳动，希望你们继续努力传递更新更好的新技术、新材料、新设备、新工艺，在数字化、信息化的道路上赋能公共机构，为我国经济技术可持续发展做出贡献！

全国工程勘察设计大师
中国建筑科学研究院有限公司首席科学家
建筑环境与能源研究院院长

2024 年 4 月于北京

前言

　　中国公共机构是指全部或部分使用财政性资金的国家机关、事业单位和团体组织。公共机构使用财政性资金运行，为社会提供公共服务，社会关注度高，对社会影响力强。在习近平总书记生态文明思想和党的二十大精神指导下，公共机构带头节约能源资源和保护生态环境，对引导和推动全国生态文明建设工作具有重要的示范和引领作用。

　　本书是公共机构节能领域国家科技支撑项目、国家重点研发项目及节能工作成果汇编，通过科研成果展示和技术应用范例，引导公共机构协调推进机关和教科文卫体系统的节约能源资源工作，围绕贯彻落实中央决策部署，突出节能降碳，实施能源消费总量与强度双控行动。以科技创新为新质生产力赋能，为公共机构的双碳工作注入新的动力和活力，在迈入高质量发展中发挥科技引领作用。

　　本书是在国家机关事务管理局公共机构节能管理司的指导和支持下编写完成，在此深表谢意！本书诸多技术的研发和推广应用，汲取了大量业界专家、学者和技术人员的经验和成果，在此对在研究过程中给予我们帮助、提供宝贵资料的业界专家表示衷心感谢，并欢迎广大读者给予批评指正。

中国建筑科学研究院有限公司

2024 年 4 月于北京

目录

第3篇　公共机构建筑绿色节能改造及运行技术指南

第4篇 公共机构能源管理信息技术应用指南

第 5 篇 数据中心节能关键技术研发

第 6 篇 公共机构合同能源管理与能效提升

第 1 篇

总　述

1

公共机构节能发展概述

1.1 公共机构定义

《公共机构节能条例》第二条规定:"本条例所称公共机构,是指全部或者部分使用财政性资金的国家机关、事业单位和团体组织。"这是在我国法律法规中第一次从政府管理角度,提出公共机构这一管理范围的概念。公共机构主要有:国家机关包括党的机关、人大机关、行政机关、政协机关、审判机关、检察机关等;事业单位包括上述的国家机关直属事业单位和全部或部分使用财政性资金的教育、科技、文化、卫生、体育等相关公益性行业以及事业性单位,同时还包括一些全部或部分使用财政性资金的工、青、妇等社会团体和有关组织。

节能是我国经济和社会发展的一项长远战略方针,公共机构节能是我国节能工作的重要内容,是与工业、交通、建筑并列的四大重点节能减排领域。在过去的 15 年间,公共机构主管机构国家机关事务管理局(以下简称国管局)联合教育部、卫生健康委围绕公共机构绿色节能环保主题多维度开展工作,工程专项包括:政府机关办公楼节能诊断、中央国家机关锅炉供暖系统节能诊断、中央国家机关办公建筑能源审计、中央国家机关办公建筑维修改造检查鉴定、中央国家机关节约型办公区建设、节约型公共机构示范单位创建、中央国家机关办公区节能监管系统建设等,期间围绕政策、法规、课题、标准、工程等组织相关会议和培训 500 余次,参会人员 5 万余人,为公共机构节能两个五年规划目标的实现奠定坚实基础,同时为全社会做出表率示范。

"十一五"期间,各级公共机构按照党中央、国务院的部署和要求,认真贯彻实施《中华人民共和国节约能源法》和《公共机构节能条例》,组织实施十大重点节能工程中的"政府机构节能工程",从健全管理机构、完善政策法规、推进能耗统计、实施建筑及用能设备节能改造、狠抓公车节油、推行政府节能采购、开展宣传培训七个方面扎实开展节能减排工作,取得了显著成效。全国公共机构节能 3391 万 t 标准煤,减排二氧化碳 8477.5 万 t,2010 年人均能耗较 2005 年下降 20.27%。

"十二五"期间,各地区、各部门认真贯彻落实党中央、国务院的决策部署,坚持以推进生态文明建设为统领,以节约型公共机构建设为主线,以降低能源资源消耗、提高能源资源利用效率为目标,从健全组织管理、完善制度标准、规范计量统计、加强监督考核、实施重点工程、开展试点示范、开展宣传培训七个方面扎实推进公共机构节约集约利用能源资源工作。"十二五"时期，公共机构能源消费总量、用水总量年均增速较"十一五"时期分别下降了 1.43%、1.58%；电力比重上升了 11.07%，原煤下降了 17.16%；人均综合能耗下降了 17.14%，单位建筑面积能耗下降了 13.88%，人均水耗下降了 17.84%。

"十三五"期间，各地区、各部门深入贯彻落实习近平生态文明思想，牢固树立创新、协调、绿色、开放、共享的发展理念，坚持以生态文明建设为统领，以能源资源降耗增效为目标，从绿色化改造、示范创建、基础能力强化三个方面扎实推进公共机构节约能源资源各项工作。单位建筑面积能耗 18.48kg 标准煤/m^2，人均综合能耗 329.56kg 标准煤/人，人均用水量 21.53m^3/人，与 2015 年相比分别下降了 10.07%、11.11% 和 15.07%。同时，能源消费结构持续优化，电力、煤炭消费占比与 2015 年相比分别提升 1.57% 和下降 5.17%。

"十四五"期间，公共机构将从低碳引领行动、绿色化改造行动、可再生能源替代行动、节水护水行动、生活垃圾分类行动、反食品浪费行动、绿色办公行动、绿色低碳生活方式倡导行动、示范创建行动、数字赋能行动十个方面实施绿色低碳转型。实施公共机构能源和水资源消费总量与强度双控，到"十四五"末，公共机构能源消费总量控制在 1.89 亿 t 标准煤以内，用水总量控制在 124 亿 m^3 以内，二氧化碳排放总量控制在 4 亿 t 以内；以 2020 年能源、水资源消费以及碳排放为基数，2025 年公共机构单位建筑面积能耗下降 5%、人均综合能耗下降 6%、人均用水量下降 6%，单位建筑面积碳排放下降 7%。

1.2 公共机构节能发展历程

2001 年 11 月，原国家经贸委、财政部、国管局发布了《政府机构节能行动倡议》。

2002 年 11 月，时任国务院总理温家宝在国办《专报信息》上对政府机构节能做出重要批示：这篇专题调查材料所列举数据触目惊心：我国政府机构电力能耗接近全国八亿农民生活用电总量；能源费用开支一年超过八百亿元；单位建筑面积能耗和人均能源消费总量远高于发达国家水平。这充分说明我国政府机构节能潜力巨大，急需把节能工作提上议事日程。研究制定节能规划、措施和制度；政府机构节能涉及建筑节能改造、政府节能采购、改善节能管理等许多方面。

2004 年，国家发展改革委印发的《节能中长期专项规划》提出将政府机构节能工程列为"十大重点节能工程"之一。

2005 年，国管局研究并编制了《政府机构节能工程实施方案》，指导中央和地方各级政府机构开展节能工作。

2006 年，配合《中华人民共和国节约能源法》的修订，国管局正式启动《公共机构节能条例》的起草工作。

2007 年 10 月 28 日，第十次全国人民代表大会常务委员会第三十次会议，通过修订后的《中华人民共和国节约能源法》，首次将公共机构节能作为合理使用与节约能源的内容，与工业节能、建筑节能、交通运输节能并列。

2008 年 1 月，国务院将《公共机构节能条例》列为一档立法项目。2008 年 7 月 23

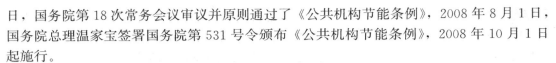

日，国务院第 18 次常务会议审议并原则通过了《公共机构节能条例》，2008 年 8 月 1 日，国务院总理温家宝签署国务院第 531 号令颁布《公共机构节能条例》，2008 年 10 月 1 日起施行。

2010 年 11 月，国管局成立公共机构节能管理司，履行全国公共机构节能管理职能。

2016 年 6 月，李克强总理对持续推进公共机构节约能源资源工作做出重要批示："十三五"时期，公共机构尤其是国家机关要牢固树立新发展理念，坚持节约集约循环利用的资源观，充分发挥带头示范作用，继续积极主动作为，创新方式，深挖潜力，着力提高能源资源利用综合效益，促进形成勤俭节约、节能环保、绿色低碳、文明健康的社会风尚，为建设生态文明和美丽中国作出更大贡献。

2017 年 10 月，习近平总书记在十九大报告中指出：加快生态文明体制改革，建设美丽中国。倡导简约适度、绿色低碳的生活方式，反对奢侈浪费和不合理消费，开展创建节约型机关、绿色家庭、绿色学校、绿色社区和绿色出行等行动。

2020 年 3 月，国管局、中直管理局、发展改革委、财政部联合印发《节约型机关创建行动方案》，要求以习近平新时代中国特色社会主义思想为指导，推动党政机关厉行勤俭节约、反对铺张浪费，健全节约能源资源管理制度，提高能源资源利用效率，降低机关运行成本，推行绿色办公，率先全面实施生活垃圾分类制度，引导干部职工养成简约适度、绿色低碳的生活和工作方式，形成崇尚绿色生活的良好氛围。到 2022 年，力争 70％左右的县级及以上党政机关达到创建要求。

2021 年 11 月，国管局、国家发展改革委、财政部、生态环境部印发《深入开展公共机构绿色低碳引领行动促进碳达峰实施方案》，坚决落实党中央、国务院关于碳达峰、碳中和决策部署，明确了公共机构节约能源资源绿色低碳发展的目标和任务。到 2025 年，全国公共机构用能结构持续优化，用能效率持续提升，年度能源消费总量控制在 1.89 亿 t 标准煤以内，二氧化碳排放总量控制在 4 亿 t 以内，在 2020 年的基础上单位建筑面积能耗下降 5％、碳排放下降 7％，有条件的地区 2025 年前实现公共机构碳达峰、全国公共机构碳排放总量 2030 年前尽早达峰。

1.3 公共机构节能工作和成效

1.3.1 能源资源利用效率显著提升

据统计，2010 年全国公共机构约 190.44 万个，能源消耗总量 1.92 亿 t 标准煤，总用水量 132.54 亿 t。在国家机构改革和公共机构扎实推进节约能源资源工作背景下，2015 年，全国公共机构约 175.52 万家，能源消费总量 1.83 亿 t 标准煤，用水总量 125.31 亿 m³。2020 年，全国公共机构约 158.6 万家，公共机构能源资源消费总量进一步降低，能源消费总量 1.64 亿 t 标准煤，用水总量 106.97 亿 m³。

2005—2020 年，公共机构人均综合能耗、单面建筑面积能耗分别同比下降了 41.26％和 34.05％；2020 年较 2015 年人均用水量下降了 15.07％，能源资源利用效率显著提升。具体消耗情况见表 1-1。

公共机构能源资源消耗情况 表 1-1

年度	人均综合能耗(kgce/人)	单面建筑面积能耗(kgce/m²)	人均用水量(m³/人)
2005 年	561.1	28.02	—
2010 年	447.4	23.86	—
2015 年	370.7	20.55	25.35
2020 年	329.56	18.48	21.53

1.3.2 组织管理体系逐步健全

2008 年 10 月 1 日，《公共机构节能条例》颁布实施，管理公共机构节能成为各级机关事务管理部门的法定职责。全国各级机关事务管理部门积极完善公共机构节能的体制机制，全国 32 个省区市和新疆生产建设兵团都明确了公共机构节能管理部门，80% 的地市成立了公共机构节能专职管理科室，中央国家机关各部门全部明确了负责公共机构节能管理的内设机构。公共机构节能管理部门与发展改革、财政、生态环境保护、水利、住房和城乡建设等部门的合作日益紧密，与教科文卫体等行业主管部门的协作配合更为密切，协同推进的公共机构节能组织管理体系基本建立。

1.3.3 政策制度逐步完善

国管局会同有关部门制定了《公共机构能源资源消费统计制度》《公共机构能源审计管理暂行办法》（图 1-1）等制度，29 个省（区、市）和新疆生产建设兵团出台了公共机构节能政府规章，结合地方实际出台了计量统计、监督考核、能源审计等地方性制度。目前，我国已经构建起了以《公共机构节能条例》为主干、各专项制度和地方性规章为重要组成部分的公共机构节能制度体系，公共机构节能工作的法治化、系统化水平得到大幅提高。

图 1-1 《公共机构能源审计管理暂行办法》审查会

（由左至右：谢波 柳承茂 吕侃 徐伟 宋春阳 宋波 朱晓姣）

1.3.4 标准体系逐步建立

为规范公共机构各项节约能源资源工作开展，国管局指导出台了一系列标准规范。

1.《公共机构办公用房节能改造建设标准》（建标 157—2011）

全国公共机构办公用房量大面广，节能潜力巨大，随着国家建筑节能工作的深入开展，公共机构节能改造建设项目日益增多，亟需对节能改造建设相关技术、经济与管理方面进行规范。该标准主编部门为国管局，主编单位为中国建筑科学研究院有限公司。标准首次对公共机构办公用房节能改造提出具体的建设要求，对公共机构办公用房节能改造的技术程序做统一规定，是固定资产投资管理的重要依据，对加强国家在公共机构办公用房节能改造建设投资项目上的经济技术管理，提高项目决策的科学化水平，推进工程建设精细化管理，发挥投资效益，增强政府行政能力，落实节能减排指标具有重要意义。标准制定兼顾了地域、经济发展水平的差异，是公共机构办公用房节能改造建设项目科学决策和控制建设水平的标准，是编制、评估、审批项目建议书和可行性研究报告的重要依据，也是有关部门审查公共机构办公用房节能改造建设项目初步设计和监督检查工程建设全过程的依据。标准编制过程中部分会议如图 1-2 和图 1-3 所示。

图 1-2　编制组成立暨第一次工作会议

（前排由左至右：张捷岩　郎四维　卫明　袁振龙　范学臣　杨友群　宋波

后排由左至右：柳松　金海　李海彬　赵晓宇　万水娥　刘兆辉　房纯　徐伟　柳承茂　李爱新　赖明华　赵添　程志军）

2. 节约型公共机构建设系列标准

为提高公共机构能源资源利用水平，发挥公共机构对全社会的引导和示范作用，2012年 7 月，国管局、国家发展改革委、财政部共同印发《节约型公共机构示范单位创建工作方案》，启动了节约型公共机构示范单位创建工作。为配合节约型公共机构示范单位创建工作开展，为创建工作提供技术支撑和验收依据，2012 年 8 月，由中国建筑科学研究院有限公司配合国管局公共机构节能司以文件形式编制了《节约型公共机构示范单位评价标准》。节约型公共机构建设是一项全国范围的公共机构节能工作，对推动公共机构节能降

图 1-3 《公共机构办公用房节能改造建设标准》审查会

耗作用和意义重大，其主要内容包括：能源资源消耗指标、管理制度与实施、建筑及设备系统节能、节约用水、绿色消费等，重点评价公共机构节约能源资源和资源循环利用情况。

根据"十二五"期间 2050 家示范单位建设和评价经验，发现不同地区、不同类型、不同级别公共机构具有一定差异性，气候特征、经济社会发展水平、机构类型对公共机构节能工作开展具有影响，用一套标准进行评价很难满足各类公共机构特性需求。同时，《公共机构节约能源资源"十三五"规划》对公共机构节能提出了新的发展要求：牢固树立和贯彻落实创新、协调、绿色、开放、共享的发展理念，以生态文明建设为统领，以节约型公共机构建设为主线，以改革创新为动力，提升能源资源利用效率，推进能源资源节约循环利用，形成勤俭节约、节能环保、绿色低碳、文明健康的工作和生活方式，充分发挥公共机构的示范引领作用，并制定了管理和量化的双重目标。

在此背景下，中国建筑科学研究有限公司组织相关单位编制了中国工程建设标准化协会标准《节约型公共机构评价标准》CECS 674—2020，重点按照公共机构类型、气候区提出具有特点的节约型公共机构建设准则，明确"节约型公共机构"的内涵、创建内容和评价方法，对指导公共机构自主开展节约型公共机构建设具有重要技术支撑作用（图 1-4 和图 1-5）。

3. 公共机构能源计量、统计、管理系列标准

为推动公共机构节能管理水平，在国管局指导下，中国标准化研究院、中国建筑科学研究院有限公司等单位从能源审计和运行管理、能源计量和监测以及能源管理体系建设等方面陆续制定了一系列国家标准，包括《公共机构能源审计技术导则》GB/T 31342、《公共机构办公区节能运行管理规范》GB/T 36710、《公共机构能源资源计量器具配备和管理要求》GB/T 29149、《公共机构能耗监控系统通用技术要求》GB/T 36674、《公共机构节能优化控制通信接口技术要求》GB/T 32036、《公共机构能源资源管理绩效评价导则》GB/T 30260、《公共机构能源管理体系实施指南》GB/T 32019 等。

图 1-4 　《节约型公共机构评价标准》CECS 674—2020 启动会

图 1-5 　《节约型公共机构评价标准》CECS 674—2020 审查会

1.3.5　扎实推进计量统计、计量和监管工作

国管局持续推进能耗统计，建立了《公共机构能源资源消费统计制度》，报送统计数据的公共机构数量达到 70 余万家，其中 56 万余家实现了网上直报。分系统、分层级定期开展能耗统计数据会审，对能耗统计数据进行集中审查。各级机关事务管理部门推动公共机构按照分户、分类、分项计量的要求，完善能源资源计量器具配备，对电力、水等主要消耗品类逐步实现分户、分楼栋、分区域的三级计量要求，7300 余家公共机构建设了节能监管系统，实现了在线计量和监测能耗数据，计量工作基础得到夯实。通过十年来的不懈推动，公共机构能耗统计的数据质量稳步提升，为节能工作的开展提供了基础数据支撑。

1.3.6　积极开展重点工程建设

1. 节约型公共机构示范单位创建

国管局会同国家发展改革委、财政部推进节约型公共机构示范单位创建工作，制定《节约型公共机构示范单位及公共机构能效领跑者评价标准》，"十二五"期间共创建了 2050 家国家级示范单位、2300 余家省级示范单位、1400 余家地市级示范单位，形成了示范创建的梯次。"十三五"期间，3064 家公共机构建成节约型公共机构示范单位，按照"同类可比、优中选优"的思路，376 家公共机构遴选为能效领跑者。这些示范单位涵盖了公共机构的各个层级和各个领域。通过开展试点示范创建，树立一批先进典型单位，不仅通过"以点带面",带动了公共机构节能整体工作水平的提高,而且对全社会节约能源资源发挥了较好的示范引领作用。

2. 中央国家机关办公区节能监管系统建设

为贯彻落实国务院《节能减排"十二五"规划》,提高中央国家机关用能管理信息化、精细化水平,2014 年,印发《国管局办公室关于开展中央国家机关办公区节能监管系统建设有关工作的通知》(国管办发〔2014〕27 号),组织开展中央国家机关办公区节能监管体系建设项目(图 1-6)。

(a)

(由左至右:穆文刚 宋春阳 路宾 范学臣 徐伟 何长江 宋波 李兆宇 黄江萍 张志勇)

(b)

(由左至右:李兆宇 宋春阳 柳松 路宾 何长江 黄江萍 宋波)

图 1-6 2011 年 2 月国管局领导到访中国建筑科学研究院有限公司(一)

(c)

（由左至右：宋波 穆文刚 张志勇 何长江 宋春阳 徐伟 黄江萍 范学臣 李兆宇 路宾 柳松）

图 1-6　2011 年 2 月国管局领导到访中国建筑科学研究院有限公司（二）

项目共建成中央国家机关办公区节能监管汇总平台 1 个，各部门节能管理平台 79 个，建设总面积约 505 万 m²。实现中央国家机关本级办公区能源资源消耗数据的分类分项计量、动态采集、实时监测、统计与分析，及时发现跑冒滴漏，减少不必要的浪费；通过数据积累和分析，查找耗能重点环节，挖掘节能潜力；以技术手段推动管理节能、促进行为节能，提高中央国家机关用能管理的信息化、精细化、科学化水平，切实降低能源资源消耗（图 1-7～图 1-9）。

图 1-7　汇总平台首页展示功能

3. 中央国家机关节约型办公区建设

2012 年，按照《公共机构节能"十二五"规划》中提出的节约型办公区示范单位建设工作要求，中国建筑科学研究院有限公司等单位作为技术支撑单位开展了国家发展和改革委员会、住房和城乡建设部、科学技术部、工程院等十几个部门的节约型办公区建设试

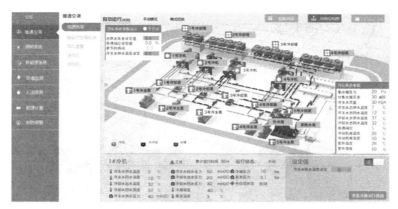

图 1-8　某部委分平台软件平台首页展示

图 1-9　分平台总能耗监测界面

点工作。从管理、能源资源消耗水平、建筑及设备设施、新能源和水资源利用、资源节约和循环利用、室内外环境质量、节油与公务用车等七个方面对各办公区建设现状进行评估并开展相应的改造建设工作。

4. 中央国家机关办公建筑能源审计工作

2008 年，国管局组织中国建筑科学研究院有限公司等咨询单位对国家税务总局、中共中央国家机关工作委员会、交通运输部、全国社保基金理事会、国家统计局、文化部、国家自然科学基金会、国家食品药品监督管理局、中国保监会、中国人民银行、中国地震局共 11 个国家机关办公建筑进行了能源审计。通过对文件资料、能耗数据以及现场巡视情况的分析，基本掌握各用能机构的建筑能源应用状况，通过能耗分析得出建筑节能潜力及在节能环节中存在的问题，并为各用能机构的节能工作提出指导性建议。

5. 中央国家机关锅炉供暖系统节能诊断

2005 年，为摸清在京中央国家机关锅炉供暖系统能耗状况和存在的问题，加快推进节能改造，国管局委托中国建筑科学研究院有限公司和清华大学，对在京中央国家机关155 个锅炉供暖系统（供暖面积 726.9 万 m²）进行全面的能耗普查；对 12 个锅炉供暖系统（供暖面积 96.2 万 m²）进行了诊断测试；并对 3 个锅炉供暖系统（供暖面积 16.8 万

m^2）进行了初步的节能改造和运行调节，为开展中央国家机关锅炉供暖系统节能改造工作奠定了基础（图 1-10～图 1-12）。

图 1-10　2005—2006 年供暖季对中央国家机关锅炉供暖系统节能诊断测试

图 1-11　供暖季供热管道地沟保温层脱落造成热损失

图 1-12　供暖季住宅开敞窗户现象

6. 政府机关办公楼节能诊断工作

2005 年，国管局组织中国建筑科学研究院有限公司、清华大学对文化部、铁道部、国土资源部、国防科工委、水利部、国家发改委、统计局等单位进行节能诊断检测，发现空调系统普遍存在"大流量、小温差"运行，冷机设计选型不合理，"大马拉小车"等问题。调研照片如图 1-13～图 1-16 所示。政府机关办公楼节能诊断汇总报告见本书数字资源。

图 1-13　2005 年 8 月在北京航天指挥控制中心（921 指挥部）现场调研测试

 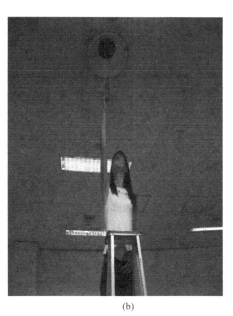

(a)　　　　　　　　　　　　　　　　(b)

图 1-14　2005 年 8 月在北京航天指挥控制中心（921 指挥部）节能测试

7. 中央国家机关办公建筑维修改造检查鉴定

2008 年，国管局委托中国建筑科学研究院有限公司对国家审计局、国家中医药管理局、国家工商行政管理局、国家食品药品监督管理局、国家新闻出版总署、国务院新闻办公厅、文化部、中国轻工业出版社、教育部语言文字应用研究所、国家烟草专卖局、银监会（工体西路 1 号）等 11 个中央国家机关办公建筑维修改造项目进行结构安全、建筑节能等全面检查鉴定。

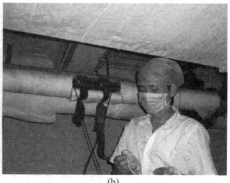

(a)　　　　　　　　　　　　　(b)

图 1-15　2006 年 7 月对文化部、铁道部、国防科工委、国土资源部、水利部进行节能测试

图 1-16　2005 年 10 月在北京航天指挥控制中心（921 指挥部）节能技术交流

1.3.7　绿色技术广泛应用

公共机构稳步推进绿色节能产品和技术应用，每年发布《公共机构绿色节能节水技术产品参考目录》，为绿色节能产品选用提供技术指引。全国公共机构强制或优先采购节能产品规模达到 1344 亿元，占同类产品采购规模的 76.2%；优先采购环保产品规模达到 1360 亿元，占同类产品规模的 81.5%。稳步实施节能改造，全国公共机构累计投入资金 200 多亿元，实施了供热、空调、照明、电梯、水泵、数据中心、食堂等重点用能系统节能改造。大力推广新能源应用，累计实施太阳能热水集热面积 300 万 m^2，太阳能光伏项目装机容量 77.47 万 kW，实施地源、水源、空气源热泵项目 1500 余个。公共机构在推动绿色节能产品应用，促进节能环保产业发展方面发挥了积极作用。

1.3.8 不断推进科技创新

为推动公共机构节能减排工作，国管局在科技部的支持下，国家科技支撑计划"十二五"期间立项"公共机构节能关键技术研发及示范"和"公共机构绿色节能关键技术研究与示范"两个重点项目（图 1-17 和图 1-18）。

图 1-17 "十二五"项目启动暨实施方案论证会
（由左至右：陈其针 李兆宇 孙成勇 何长江 付京波）

图 1-18 国管局领导到访中国建筑科学研究院有限公司
（由左至右：李道正 秦勇 黄涛 范学臣 徐伟 陈建明 宋波 何长江 穆文刚 杨玉忠 李怀 柳松）

"十三五"期间，科技部又支持了多项国家重点研发计划项目和课题（图 1-19～图 1-21）。

图 1-19 "十三五"公共机构高效用能系统及智能调控技术研发与示范项目组

图 1-20 "十三五"公共机构高效节能集成关键技术研究项目启动会

图 1-21 "十三五"项目成果——光环境舱

1.4 存在的主要问题

1.4.1 能耗总量刚性增长

随着经济增长带来的公共机构业务量增多，用能人数增长，环境质量需求提升等原因，必然出现公共机构能耗总量的刚性增长。公共机构主要能源消耗途径包括供暖空调及生活热水、照明、食堂、办公、信息机房、公车用油等。其中供暖空调及生活热水能耗占比较高，尤其是在北方地区，冬季供暖能耗占全部用能的 60% 以上；而南方地区，夏季空调电量占全年用电量的 20%～40%。随着社会经济发展，夏热冬冷地区供暖需求也不断增加。公共机构能源消费结构以煤炭和电力为主，煤炭占比较高，亟需优化能源消费结构。为遏制能耗增长速度，需要通过围护结构性能提升、用能设备系统能效提升以及可再生能源应用等技术途径实现公共机构能效提升。

1.4.2 既有建筑改造技术产品单一、质量参差不齐、技术集成度差

全国既有公共机构建筑几十亿平方米，每年都需要进行大量的维修改造，然而由于资金投入问题，节能改造内生动力不足，缺乏有效的激励约束措施和稳定的资金投入，公共机构节能改造主动性不高。近年来，在节约型示范单位建设工作的带动下，有 2000 多家公共机构开展了不同程度的节能改造，但从推广情况看，目前既有建筑节能改造所必需的技术产品单一、质量参差不齐、技术集成落后，缺乏经济性最优的关键技术与产品。从节能技术应用占比来看，从高到低依次为配电与照明、供暖空调、围护结构和节能监管平台。配电与照明节能改造技术集中在更换节能灯具、照明智能控制；供暖空调节能改造技术，严寒寒冷地区集中在泵与风机变频、热源改造、管网保温，夏热冬冷地区集中在空调智能控制、分体空调更换、泵与风机变频，夏热冬暖地区集中在泵与风机变频、可再生能源制生活热水、分体空调更换；围护结构节能改造，严寒寒冷、夏热冬冷地区以外墙保温为主，夏热冬暖地区以玻璃贴膜为主，且应用比例较低；由于缺乏统一要求，造成了节能监管平台功能差异大，分项计量归类不准确，计量点位不全，数据质量等多种问题。绿色节能改造技术应用多以业主的主观认识或解决实际问题为导向，以单项技术改造为主，相对零散孤立，集成度不高，缺少成套的节能改造技术体系用于指导公共机构绿色化技术改造建设。

1.4.3 减排目标和碳排放统计体系尚未建立

2014 年，我国提出到 2030 年左右碳排放达到峰值的目标。同年，国家发展改革委出台的《国家应对气候变化规划（2014—2020 年）》中提出要将温室气体排放基础统计指标纳入政府统计指标体系，重点排放单位要健全能源消费和温室气体排放原始记录和统计台账，并实行重点企事业单位温室气体排放数据报告制度。

2020 年，习近平主席在第七十五届联合国大会上提出：中国将提高国家自主贡献力度，采取更加有力的政策和措施，二氧化碳排放力争于 2030 年前达到峰值，努力争取 2060 年前实现碳中和。随着"碳达峰、碳中和"升级为国家战略，中共中央、国务院印发了《关

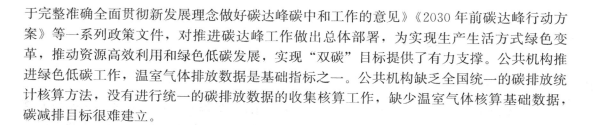

于完整准确全面贯彻新发展理念做好碳达峰碳中和工作的意见》《2030 年前碳达峰行动方案》等一系列政策文件，对推进碳达峰工作做出总体部署，为实现生产生活方式绿色变革，推动资源高效利用和绿色低碳发展，实现"双碳"目标提供了有力支撑。公共机构推进绿色低碳工作，温室气体排放数据是基础指标之一。公共机构缺乏全国统一的碳排放统计核算方法，没有进行统一的碳排放数据的收集核算工作，缺少温室气体核算基础数据，碳减排目标很难建立。

1.5 目标及展望

公共机构使用财政性资金运行，为社会提供公共服务，受到社会关注度高，对社会影响力强。在习近平生态文明思想和党的二十大精神指导下，公共机构要以节约、高效、高质量发展为目标，带头节约能源资源和保护生态环境，对引导和推动全国生态文明建设工作具有重要的示范和引领作用。面对公共机构能耗刚性增长、地区发展不均衡、大量既有建筑需要改造和更新等迫切问题，亟需通过采取管理和技术手段推动相关政策和重点工程启动实施，以节约型公共机构建设为引领，带动公共机构节能工作向纵深发展，全面提升公共机构能效水平。

1.5.1 推广低碳理念

建立公共机构碳排放核算方法，开展公共机构温室气体排放核算，明确碳排放总量和控制目标，将碳排放指标纳入公共机构管理与考核指标，突出绿色低碳发展理念对公共机构工作的引领作用。

1.5.2 推进能源计量、监测、报送系统建设

推进公共机构能源资源分户、分区、分项计量工作，依据《公共机构能源资源计量器具配备和管理要求》GB/T 29149，规范能源资源计量器具配备。推进重点用能单位节能监管系统建设，实现能源资源分类、分项、分级计量，能耗在线采集，统计分析，监测预警，能效公示，用能定额管理，能源审计与节能诊断等功能，提高用能管理智能化水平。开展省级公共机构节能管理信息平台建设工作，逐步建立起中央、省、市、县贯通的全方位公共机构节能监管系统，通过"大数据"分析，确定不同类型、不同地区公共机构能耗限额标准，开展基于限额的公共机构用能管理，提高公共机构节能管理信息化、精细化水平。

1.5.3 推动既有建筑绿色化改造

以节约型公共机构示范单位为引领，全面开展节约型机关、绿色学校、绿色医院建设工作，以既有建筑节能与绿色化改造、空调系统能效提升改造等重要工程为抓手，提升公共机构能效水平。在绿色改造工作中，要依据《既有建筑绿色改造评价标准》GB/T 51141 要求，实行方案设计、方案优化、绿色施工、效果评估的改造全过程管理，确保工程安全、质量和效益，开展改造效果测试和基于实际运行效果的绿色建筑性能后评估，实现公共机构能效领跑者要求。

1.5.4 开展公共机构超低能耗建筑试点

开展国家机关超低能耗建筑建设试点，制定公共机构超低能耗建筑技术标准，通过标准引领、技术示范的方式，明确我国公共机构超低能耗建筑发展技术路径和运行管理模式，建立不同气候区超低能耗机关办公建筑示范，引领公共机构及全社会建筑向更高效发展。

1.5.5 推进市场化方式开展公共机构节能工作

鼓励采取合同能源管理、PPP 等方式，运用市场机制，引导利用社会资本参与公共机构节能改造项目。鼓励投融资和工程实施模式创新，有条件的地区探索对同类项目采取统一融资、统一招投标、统一实施等方式，提高工作效率和工程质量。公共机构按合同能源管理改造合同支付给节能服务公司的支出，视同能源费用列支或计入相关支出。

2
研究背景及主要内容

2.1 研究背景

"十二五"期间，为推动公共机构节能减排工作，国家科技支撑计划先后在能源领域、城镇化和城市发展领域立项"公共机构节能关键技术研发及示范"和"公共机构绿色节能关键技术研究与示范"两个重点项目，在国管局公共机构节能司组织下，由中国建筑科学研究有限公司作为项目牵头单位，会同清华大学、中国中建设计集团有限公司、中国电信股份有限公司等单位分别开展公共机构热环境群控技术、多能源利用技术、数据中心冷却技术、环境能源效率综合提升适宜技术、能源管理现代信息技术、新型保温节能环保墙材与集成技术、新型高效玻璃与外窗产业化技术、新建建筑绿色建设关键技术、既有建筑绿色改造成套技术等9项课题科研攻关。两个项目均在2017年12月底通过了科技部组织的项目验收，项目成果在公共机构能源资源信息化管理、数据机房冷却节能、暖通空调系统节能、多种可再生能源综合利用技术、外墙及外窗节能技术产品、环境能源设计、评价与优化运行、新建绿色建筑和既有建筑绿色节能改造技术等领域形成了系列核心技术、产品，并在全国范围内开展公共机构示范应用40项，推动和促进了节约型公共机构示范建设，节能效果显著。

"十三五"期间，由中国建筑科学研究院有限公司、清华大学等单位继续承担了"公共机构高效用能系统及智能调控技术研发与示范""公共机构高效节能集成关键技术研究""数据中心节能关键技术研发与示范""公共机构合同能源管理与能效提升应用示范"等4项国家重点研发计划项目，在公共机构能源资源信息化管理、暖通空调系统节能、多种可再生能源综合利用技术、外墙及外窗节能技术产品、数据中心节能等领域形成了系列核心技术、产品。

上述研究成果针对公共机构用能特点和节能需求研究开发，可以直接在公共机构推广应用，可显著提高公共机构能源资源利用效率，有效促进公共机构提升能源资源管理水平，在公共机构节能领域具有广阔的推广应用前景。

由于科研成果涵盖多个技术领域，数量众多，为推动科研成果落地，更好地在全国公共机构展示、推广和应用，受国管局公共机构节能司委托，中国建筑科学研究院有限公司组织清华大学、中国中建设计集团有限公司、新疆新能源研究所、集佳绿色建筑科技有限公司等有关课题参加单位开展了公共机构节能科研成果汇编工作，总结凝练实用技术和案

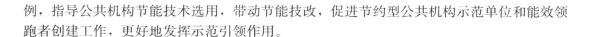

例，指导公共机构节能技术选用，带动节能技改，促进节约型公共机构示范单位和能效领跑者创建工作，更好地发挥示范引领作用。

2.2 主要研究内容

本书第 2 篇《公共机构绿色低碳技术应用指南》，是"十三五"国家重点研发计划项目"公共机构高效用能系统及智能调控技术研发与示范""公共机构高效节能集成关键技术研究"针对公共机构在节能方面存在的共性关键问题，通过理论研究、关键技术研发和应用示范，开展了系列研究，取得了良好的成果。第 2 篇是对这两个项目的系统性总结，供广大技术研发人员、科技工作者和管理人员参考。

本书第 3 篇《公共机构建筑绿色节能改造及运行技术指南》，是中国建筑科学研究院有限公司牵头承担的"十二五"科技支撑计划课题《公共机构既有建筑绿色改造成套技术研究与示范》（2013BAJ15B06）的成果产出。既有建筑量大面广，而且大量 20 世纪 90 年代建筑已经进入了改造期，在大中修改造时同步实现绿色节能改造可以有效节约改造成本，提升改造建筑能效水平。为此，中国建筑科学研究院有限公司联合沈阳建筑大学等国内院校、机构，共同开展了公共机构既有建筑绿色改造技术研究，建立了包括成套技术方案、技术方案优化工具、效果量化评价体系、相关技术指南和指导手册在内的公共机构既有建筑绿色改造技术支撑体系。"十四五"规划也将绿色化改造作为一项重点工作，第 3 篇以技术指导手册的形式对项目研发的绿色节能改造技术体系进行介绍，主要包括绿色改造技术适宜性筛选方法、绿色改造技术体系和适宜技术、绿色节能改造成套技术方案等内容，并涵盖绿色建筑运行节能技术，指导公共机构节能运行和管理。

本书第 4 篇《公共机构能源管理信息技术应用指南》，是中国电信股份有限公司、中国建筑科学研究院有限公司等单位共同承担的"十二五"科技支撑计划课题《公共机构能源管理现代信息技术研究与应用示范》（2013BAJ15B02）的成果产出。通过对典型公共机构监测平台设计方案及软件、硬件信息进行调研，从数据采集、数据传输、数据挖掘、数据管理等方面对公共机构能耗监测平台进行全面评价并总结存在的共性问题；同时，对公共机构既有楼宇自动控制系统、电力监测系统、重点耗能设备自控系统等现状调研，对节能监管平台与既有系统进行对接集成存在的问题并提出解决路径；此外，对公共机构建筑能源系统自动化控制，优化能源系统运行策略进行调研，提出公共机构能耗监测平台在能源管控与调度、系统集成等方面的拓展延伸服务功能；最终，提出公共机构节能监管平台建设的未来发展重点。

本书第 5 篇《数据中心节能关键技术研发》，随着我国 5G 技术、工业互联网和新基建等工作的推进及信息化建设的蓬勃发展，数据中心作为信息技术必要的基础设施，其数量和规模逐年增加。依据工信部信息通信发展司发布的《全国数据中心应用发展指引（2019）》，截至 2018 年底，我国在用数据中心的机架总规模达到 226.2 万架。数据中心高度集成了各种电子信息设备，其发热密度是常规建筑的 100 倍，无疑是资源消耗大户。据中国数据中心节能技术委员会的数据披露，我国数据中心总耗电量在 2016 年超过了 1108 亿 kW·h，超过了三峡大坝与葛洲坝发电站的年发电量之和；2018 年我国数据中心总用电量达到 1608.9 亿 kW·h，占中国全社会用电量的 2.35%，超过上海市全社会用电量，预计未来五年增长率将达 10% 以上。大量研究表明，在数据中心的能耗构成中，冷却系统和供配电系统是除 IT（Information Technology）设备外用能最高的两个辅助系统。造成数据中心能耗居高不下的原因主要有三点：一是数据中心全年不间断的运行模式，使得其年运行小时数是普通公共建筑的 3 倍。二是服务器等 IT 设备的密集摆放，随着服务器集成度的不断提高，数据中心的功率密度急剧升高。研究表明，目前数据中心的功率密度已高达 $300 \sim 2000 \mathrm{W/m^2}$，是普通公共建筑的几十倍，芯片峰值散热密度更是达到了 $1 \times 10^6 \mathrm{W/m^2}$。三是供配电系统电能变换效率低下。针对数据中心用能效率低下的问题，第 5 篇从整体系统出发，分析数据中心的冷却系统，介绍一系列数据中心关键技术，解决不同功率密度、气候条件及安全等级的数据中心能效提升问题。

本书第 6 篇《公共机构合同能源管理与能效提升》，是中国建筑科学研究院有限公司牵头承担的"十三五"国家重点研发计划政府间国际科技创新合作重点专项《公共机构合同能源管理与能效提升应用示范》（2017YFE0105700）的成果产出。中国建筑科学研究院有限公司联合美国太平洋西北国家实验室等国外机构及哈尔滨工业大学、北京交通大学、深圳嘉力达节能科技有限公司等国内院校、机构，共同开展了中美公共机构合同能源管理政策标准差异性分析、典型案例分析、管理模式研究及 2 项公共机构节能项目合同能源管理应用示范，主要为突破中国公共机构合同能源管理实施过程中存在的收益支付难、节能服务企业融资复杂、基准能耗和节能量认定不合理、模式单一等政策技术障碍。

第 2 篇

公共机构绿色低碳技术应用指南

随着我国经济的持续高速发展，我国的能源消耗呈快速增长的趋势。2009 年我国以 33.3 亿 t 标准煤的一次能源消耗总量，超过美国成为世界最大的能源消费国。根据《2019 年 BP 世界能源统计年鉴》，2018 年全球一次能源需求增长 2.9%，是 2010 年以来最快的增速，同时能源消费产生的二氧化碳排放量增长 2%，也是近几年来的最高水平。

公共机构作为全部或者部分使用财政性资金的国家机关、事业单位和团体组织，在全社会节能工作当中，既起到引领者的作用，同时也是社会节能活动的组织者。重视并加大公共机构节能工作的推进力度，不仅可对和谐社会的发展提供保障，同时也是科学管理资源避免无谓消耗，为国民经济可持续发展提供保障的必要措施。此外，推进公共机构节能也是加强党政机关自身建设、降低行政成本的有益手段，更为引导和推进全社会节约能源做出良好的表率，具有很好的引导和示范意义。

"十四五"期间，公共机构将以绿色低碳发展为目标，扎实推进公共机构节约能源资源工作高质量发展，全面推进公共机构绿色低碳转型，为实现公共机构在 2025 年能源消费总量控制在 1.89 亿 t 标准煤、二氧化碳排放总量控制在 4 亿 t 以内、人均综合能耗下降 6%、单位建筑面积能耗下降 5%、单位建筑面积碳排放下降 7% 的"十四五"规划目标，针对公共机构开展节能研究工作具有重大意义。

3

公共机构能耗与碳排放

当前，国际国内已有一些相关的温室气体排放核算方法。本章对国内外的一些相关温室气体排放核算方法进行了调研，其中，对于国家、地区边界主体的核算方法，由于和公共机构边界确定不太一致，因此简要介绍；关于组织、企业等的温室气体排放核算方法将会重点介绍。

3.1 国内外碳排放方法

3.1.1 国外碳排放方法

1. 《2006 年 IPCC 国家温室气体清单指南》

1）指南总体介绍

1988 年世界气象组织（WMO）和联合国环境规划署（UNEP）成立的政府间气候变化专门委员会（IPCC）的一项活动是，通过国家温室气体清单方法方面的工作为《联合国气候变化框架公约》提供支持，并可以协助各国编制完整的国家温室气体清单。

《2006 年 IPCC 国家温室气体清单指南》是在《1996 年国家温室气体清单指南修订本》《国家温室气体清单优良作法指南和不确定性管理》以及《土地利用、土地利用变化和林业优良作法指南》的基础上修订完善的。全文一共包括 5 卷，分别为：一般指导及报告，能源，工业过程和产品使用，农业、林业和其他土地使用，废弃物，分别介绍了不同过程中温室气体排放核算的方法。此处主要简要介绍其能源卷部分内容。

2）能源卷介绍

能源卷包括六章：导言，固定源燃烧，移动源燃烧，溢散排放，二氧化碳运输、注入与地质储存，参考方法。

2. ISO 14064 系列标准

1）标准总体介绍

2006 年 3 月 1 日，国际标准化组织发布 ISO 14064 标准，ISO 14064 标准是由来自于 45 个国家的 175 位国际专家以及商业、发展和环境组织共同努力来完成的。政府和企业可以根据该标准的内容测量和控制温室气体的排放。

ISO 14064：2006 包含以下三个部分：

（1）ISO 14064-1，是组织层次上对温室气体排放和清除的量化与报告的规范及指南，

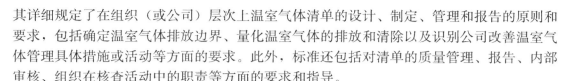

其详细规定了在组织（或公司）层次上温室气体清单的设计、制定、管理和报告的原则和要求，包括确定温室气体排放边界、量化温室气体的排放和清除以及识别公司改善温室气体管理具体措施或活动等方面的要求。此外，标准还包括对清单的质量管理、报告、内部审核、组织在核查活动中的职责等方面的要求和指导。

（2）ISO 14064-2，是项目层次上对温室气体减排或清除增加的量化、监测和报告的规范及指南，其主要针对专门用于减少温室气体排放或增加温室气体清除的项目（或基于项目的活动）。它包括确定项目的基准线情景及对照基准线情景进行监测、量化和报告的原则和要求，并提供进行温室气体项目审定和核查的基础。

（3）ISO 14064-3，是温室气体声明审定及核查的规范及指南，其详细规定了温室气体排放清单核查及温室气体项目审定或核查的原则和要求，说明了温室气体的审定和核查过程，并规定了其具体内容，如审定或核查的计划、评价程序以及对组织或项目的温室气体声明评估等，组织或独立机构可根据该标准对温室气体声明进行审定或核查。

2）ISO 14064-1 介绍

《温室气体 第 1 部分：组织层次上对温室气体排放和清除的量化与报告的规范及指南》ISO 14064-1 共分为几个部分：适用范围、术语与定义、原则、温室气体清单的设计和编制、温室气体清单的组成、温室气体清单的质量管理、温室气体报告、组织在核查活动中的作用、附录及参考资料。

3. 温室气体核算体系：企业核算与报告准则

世界资源研究所（WRI）和世界可持续发展工商理事会（WBCSD）开发的《温室气体核算体系：企业核算与报告标准》（下文简称为《企业标准》）为企业计算温室气体排放量提供了指导。

《企业标准》一共分为十一章：温室气体核算与报告原则、清单编制目标及设计、设定组织边界、设定运营边界、跟踪长期排放量、识别与计算温室气体排放量、管理排放清单质量、核算温室气体减排量、报告温室气体排放量、核查温室气体排放量、设定温室气体目标。

3.1.2　国内碳排放方法

1. 国家温室气体清单编制方法

《2005 中国温室气体清单研究》中所研究的国家清单范围包括能源活动产生的温室气体、工业生产过程温室气体、农业活动温室气体、土地利用变化和林业温室气体、城市废弃物处理温室气体五个方面。

能源活动泛指所有与能源生产、运输、加工转换和燃烧使用相关的过程。主要考虑了以下四项：化石燃料燃烧的 CO_2、CH_4 和 N_2O 排放，生物质燃烧的 CH_4 和 N_2O 排放，煤炭开采和矿后活动的 CH_4 排放，石油和天然气系统的 CH_4 逃逸排放。

清单编制中对于 CO_2 排放计算，主要采用了《1996 年 IPCC 国家温室气体清单指南》中的第二层次法（Tier2），这是编制化石燃料燃烧 CO_2 排放清单的最重要的方法，数据需求量大，结果比较准确。另外，IPCC 应用国家能源供应数据自上而下计算的参考方法也是我国国家温室气体清单编制方法之一，它的数据要求量较小，计算结果可能不是很精确。

分部门、分燃料品种、分主要设备的部门方法（Tier2）是编制化石燃料燃烧 CO_2 排放的最重要的方法。

排放因子的单位以单位热值的含碳量表示，例如 tC/tj 或 tCO₂/tj，相应的燃料消费量单位为热值（tj）。

清单中将化石燃料燃烧活动划分为电力与热力部门、钢铁工业、交通运输、居民生活、服务业及其他等 22 个部门，燃料种类也根据固体燃料、液体燃料和气体燃料分为 19 种燃料，包括无烟煤、烟煤、焦炭、汽油、柴油、天然气、焦炉煤气等不同品种，不同类型燃料的低位热值和含碳量各不相同，对排放的影响很大。

参考方法的基本出发点是碳平衡原理，通过计算出所消费的化石燃料中所含碳量以及固定在其他产品中的碳，就可以概略地知道这些化石燃料燃烧的 CO₂ 排放量。这种方法采用"表观消费量"为基础数据，只涉及"表面消费"，而不是"实际消费"，需要的数据量相对不多，易于收集，计算工作量不大，但结果可能不是很精确。此法采用的是能源宏观数据，可大体界定我国的能源活动，因而可用它来检验其他方法计算结果的准确程度。

清单编制中活动水平数据的来源主要参照中国能源统计年鉴以及国家统计局公布的能源平衡表等数据。排放因子数据，对于液体燃料和气体燃料直接采用《1996 年 IPCC 国家温室气体清单指南》缺省值的排放因子数据，固体燃料根据 IPCC 定义计算，化石燃料排放因子为潜在排放因子和设备碳氧化率的乘积。燃料含碳量即为燃料的潜在碳排放因子，设备碳氧化率与用能设备密切相关。经过计算，给出了不同部门不同燃料品种潜在排放因子。

2. 省级温室气体清单编制方法

国家发展改革委应对气候变化司组织相关单位的专家编写了《省级温室气体清单编制指南（试行）》，并于 2011 年 5 月发布。指南从能源活动、工业生产过程、农业、土地利用变化和林业、废弃物处理五个方面对省级温室气体清单提供指导。

作为最为主要的温室气体排放源，能源活动中化石燃料燃烧活动再进一步细分，按照分部门排放源可分为：农业部门、工业和建筑部门、交通运输部门、服务部门（第三产业中扣除交通运输部分）、居民生活部门。分设备（技术）排放源可以分为：静止源燃烧设备和移动源燃烧设备。静止源燃烧设备主要包括：发电锅炉、工业锅炉、工业窑炉、户用炉灶、农用机械、发电内燃机、其他设备等；移动源燃烧设备主要包括：各类型航空器、公路运输车辆、铁路运输车辆和船舶运输机具等。分燃料品种排放源可以分为：煤炭、焦炭、型煤等，其中煤炭又分为无烟煤、烟煤、炼焦煤、褐煤等；原油、燃料油、汽油、柴油、煤油、喷气煤油、其他煤油、液化石油气、石脑油、其他油品等；天然气、炼厂干气、焦炉煤气、其他燃气等。

省级能源活动化石燃料燃烧温室气体清单编制拟采用以详细技术为基础的部门方法（也即 IPCC 方法 2）。该方法基于分部门、分燃料品种、分设备的燃料消费量等活动水平数据以及相应的排放因子等参数，通过逐层累加综合计算得到总排放量。

3. 行业企业温室气体排放核算方法

2013 年 10 月，国家发展改革委出台了《首批 10 个行业企业温室气体排放核算方法与报告指南（试行）》，后又在 2014 年和 2015 年出台了《两批行业企业温室气体排放核算方法与报告指南（试行）》。指南主要供开展碳排放权交易、建立企业温室气体排放报告制度、完善温室气体排放统计核算体系等相关工作参考使用。

编制主要参考了《省级温室气体清单编制指南（试行）》《中国温室气体清单研究》以及 IPCC 的相关指南。指南规定了企业进行温室气体核算时的适用范围、引用文件和参考文献、术语和定义、核算边界、核算方法、质量保证和文件存档、报告内容和格式等要求。

4. 建筑碳排放计算标准

2019 年住房和城乡建设部和国家市场监督管理总局联合发布《建筑碳排放计算标准》GB/T 51366，对建筑运行阶段碳排放、建造及拆除阶段碳排放、建材生产及运输阶段碳排放计算方法进行了总结规定。

其中规定，建筑物碳排放计算应以单栋建筑或建筑群为计算对象，其目的是指导建筑物在设计阶段考虑全生命节能减碳，包括运行、建造拆除、建材生产等环节的碳排放计算，且运行阶段碳排放计算方法是通过不同能源系统负荷估算能耗。

5. 现有碳交易试点建筑等相关领域温室气体核算方法

北京市出台的《北京市企业（单位）二氧化碳排放核算和报告指南（2013 版）》，对北京市热力生产和供应企业、火力发电企业、水泥制造企业、石化生产企业、其他工业企业以及服务业企业（单位）的排放核算和报告做出了指导和规定。

上海市于 2012 年底印发了《上海市温室气体排放核算与报告指南（试行）》以及 9 个上海碳排放交易试点相关行业的温室气体排放核算方法，其中有《上海市旅游饭店、商场、房地产业及金融业办公建筑温室气体排放核算与报告方法（试行）》。

深圳市在 2013 年 4 月出台了《建筑物温室气体排放的量化和报告规范及指南（试行）》及《建筑物温室气体排放的核查规范及指南（试行）》，分别对公共建筑和居住建筑在运行过程中造成的温室气体排放的量化和报告编制方法以及公共建筑和居住建筑运行过程中温室气体排放的核查方法做出了指导。

3.2 公共机构碳排放核算方法

3.2.1 公共机构碳排放特征

1. 公共机构能源消费概述

截至 2015 年底，全国公共机构共有 175.52 多万家，能源消费总量 1.83 亿 t 标准煤，约占全社会能源消费总量的 4.26%，用水总量 125.31 亿 m^3，约占全社会城镇用水总量的 16%。2015 年公共机构能源消费结构为电力占 45.37%、原煤占 30.86%、其他占 23.77%。

2015 年全国公共机构人均综合能耗 370.73kg 标准煤/人，单位建筑面积能耗 20.55kg 标准煤/m^2，人均用水量 25.35m^3/人，与 2010 年相比，人均综合能耗下降了 17.14%，单位建筑面积能耗下降了 13.88%，人均水耗下降了 17.84%。

2. 各类型公共机构能源消费情况

公共机构当中，国家机关、事业单位能源消费占比超过 95%，因此国家机关和事业单位是分析的重点。而在事业单位中，教育类和卫生类事业单位能耗占比较高，加上国家机关，这三类公共机构能耗所占比例接近全部公共机构能耗的 90%，因此，这三类公共

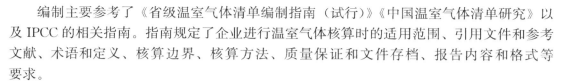

机构应是公共机构能源消费统计以及节能工作的重点。

2012 年，公共机构中国家机关、事业单位以及团体组织综合能源消耗总量分别为 4271.45 万 tce、15238.91 万 tce、477.71 万 tce。具体能源消费水平见表 3-1 及图 3-1。

2012 年不同类型公共机构能源消费情况　　　　　　表 3-1

公共机构	综合能耗总量(万 tce)	人均能耗(kgce/人)	面均能耗(kgce/m²)
国家机关	4271.45	863.26	24.54
事业单位	15238.91	361.87	22.45
团体组织	477.71	445.06	13.63

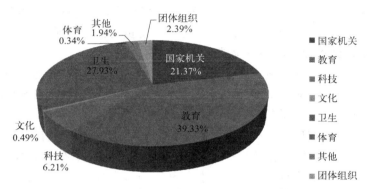

图 3-1　不同类型公共机构能源消费占比情况

从总量上来看，事业单位类公共机构的能源消费总量最高，占全部公共机构能源消费总量的 76.24%，其中，教育和卫生占比较高，分别占公共机构能源消费总量的 39.33% 和 27.93%。团体组织是三种类型的公共机构中能源消费最低的一种类型，仅占全部公共机构能源消费总量的 2.39%，因此国家机关和事业单位是分析的重点。从人均能源消费来看，事业单位的人均能源消费最低，而最高的公共机构类型为国家机关，是其他类型公共机构人均能源消费的两倍甚至更高，这一方面可能是因为事业单位，尤其是学校、医院等单位人员比较集中，密度较高，使得事业单位类公共机构人均能源消费较低，另一方面也可能是因为国家机关类公共机构还存在着能源浪费的情况，其节能的潜力较高。

当前各类型公共机构能源消费中教育类、卫生类、国家机关所占比例较高，三项之和为 88.63%，因此，这三类公共机构应是公共机构能源消费统计以及节能工作的重点。

3. 公共机构不同能源品种消费情况

公共机构主要使用的能源品种为原煤、电、天然气、汽油。其中最为主要的能源品种是电力，占比为 45.37%，主要用于空调、照明、电器、动力设备等。煤占比 30.86%，主要应用于北方供暖。其他占 23.77%。

4. 公共机构能源碳排放特征情况

调研组调研了不同气候区的公共机构能源消费情况，以及教育部直属高校以及卫计委下属医院的能源资源的消费情况。

1）公共机构对碳排放核算重要性的认识

在调研中发现，公共机构参与能源资源消费数据上报工作的相关人员对碳排放核算了解不足，许多人员表示碳排放与己无关，如有些相关人员认为自己单位只用电力，不排放二氧化碳，不应计算碳排放量；有些相关人员认为计算并上报二氧化碳排放量负担较重；参与过碳交易从而计算过碳排放的单位也不能够完全理解计算碳排放的意义。

2）公共机构能源资源消费特征

中国幅员辽阔，不同地区气候差别较大，对于供暖和制冷等受温度影响较大的用能方式在用能上也有差别。供暖区单位建筑面积能源消费量平均是非供暖区的2.3倍，各类型公共机构供暖区和非供暖区的能源消费量差异在2～4倍。

在北方供暖地区，冬季供暖能源消费巨大。现在的供暖方式主要有集中供暖和分散供暖，集中供暖中部分由热电联产提供，公共机构从热力站购买热力，热电联产的主要消费能源为煤或天然气；还有部分由区域锅炉房提供，尤其是较大的高校、医院等对供暖有较为特殊需求的公共机构，仍会选用锅炉房的区域供暖方式，其使用能源以前以煤为主，现在经过节能改造，煤锅炉逐渐淘汰，天然气锅炉越来越多，能源品种也从煤向天然气过渡，但是煤的使用仍占据主导地位。夏季，北方地区采用中央空调或房间空调器制冷，但是因为天气原因，其使用的时间、强度等都相对较低，因此用电量也相对不是很显著。

南方地区，尤其是夏热冬暖地区，和北方供暖区有所不同，由于夏季气候闷热，空调使用将基本持续整个夏季，其电力消费量相当可观。大型公共建筑通常设计采用集中空调，由于集中空调使用不灵活，存在输配损失，其能耗一般是分体空调的4～6倍，空调能耗占全年用电量的20%～40%。南方地区冬季供暖需求较低，现有供暖基本是通过分散的空调和电供暖，因此冬季用电量也较高，但是随着社会经济发展，过去没有冬季供暖的部分夏热冬冷地区省市为提高生活舒适度，大范围建设集中供暖系统，集中供暖能耗以每年约10%的速度增长，按照这一情形，夏热冬冷地区建筑能耗将会出现4～10倍的增长。

3）公共机构能源消费统计数据收集调研情况

公共机构在进行实际的能源消费统计时，能源品种主要分为：原煤、天然气、液化石油气、人工煤气、汽油、柴油、煤油、电力、热力等能源品种。而我国温室气体排放清单中的燃料种类根据固体燃料、液体燃料和气体燃料分为19种。在实际调研中发现，公共机构能源消费统计难以再进一步深入到无烟煤、烟煤、焦炭等能源品种，但大部分较为大型的公共机构表示，能够得知所购原煤的热值。

公共机构能源消费监测过程中，由于成本制约等原因，尚无法进行全方面的分项计量和能源消费统计，对于电力一般只能够分项统计到空调、电梯以及大型机房，不能够区分照明、办公电器等电力设备，同时现有公共机构中电力分项计量多数只能计到各楼，尚不能区分不同房间的用电情况。

公共机构中应予以扣除的排放单位，如家属区、超市、小卖部等单位，在调研中发现，其能源量数据较难从公共机构的能源消费总量中扣除，尤其是家属区的供暖，一般同全部区域共同计量，较难扣除。超市、小卖部等单位占地面积较小，所用能源也较少，对整体影响不大，但家属区一般面积较大，无法扣除能源消费影响较大。同时在调研中发现，部分公共机构表示正在实施分区域安装计量表的项目，安装完毕后可将家属区的能源消费量单独计量，之后便可以在能源消费总量中扣除家属区等区域的能源消费，可以更准确地体现能源消费量和碳排放量。

公共机构产生的生活垃圾和餐厨垃圾，现在尚不能准确统计其重量、处理方式和不同

处理方式的比例。

4）公共机构能源消费统计数据质量审核

公共机构能源资源消费数据在收集上报过程中需要进行数据审核，以保证数据质量。

公共机构能源消费数据审核中会考查基础表、综合表中各类报表数据的完整性，主要指标数据统计口径的一致性，以及主要指标数据之间的逻辑关系是否匹配、合理，对异常数据要进行合理的解释和处理。审核的方法主要通过相关指标之间的关系进行对比审核，和历史数据进行同比和环比变化情况的审核，以及利用平均值指标进行对比审核，以确保数据的准确性和合理性。

3.2.2 公共机构碳排放核算方法

报告主体进行二氧化碳排放核算和报告的完整工作流程包括以下步骤：

（1）确定核算边界；

（2）识别排放源；

（3）收集活动水平数据；

（4）选择和获取排放因子数据；

（5）分别计算燃料燃烧排放量、净购入的电力和热力消费的排放量；

（6）汇总计算机构二氧化碳排放量。

根据前文公共机构核算边界的确定，公共机构在计算二氧化碳排放时应考虑其直接排放和间接排放。因此，公共机构二氧化碳排放总量应该为其直接排放量和间接排放量的总和，即《温室气体核算体系：企业核算与报告标准（修订版）》中范围一和范围二排放的总和。

排放主体的二氧化碳排放总量计算见式（3-1）：

$$E = E_{直接} + E_{间接} \qquad (3-1)$$

式中　E——二氧化碳排放量，单位为 tCO_2；

$\quad E_{直接}$——锅炉等固定设备及车辆等移动源由于燃料燃烧产生的二氧化碳排放量，单位为 tCO_2；

$\quad E_{间接}$——公共机构净购入的电力和热力消费的排放量，单位为 tCO_2。

其中，直接排放主要包括化石燃料燃烧所产生的排放，间接排放包括外购电力、热力所导致的排放。具体排放类型和排放范围示例参见表 3-2。

排放类型和排放示例　　　　　　　　　　　　　　　　　　　　　表 3-2

排放类型	排放示例
直接排放	锅炉等设备燃烧天然气、柴油等化石燃料产生的排放以及拥有或租赁的交通车辆在运输过程中所产生的温室气体排放
间接排放	使用外购的电力、热力所导致的排放

1. 直接排放

作为单一部门，可参考《省级温室气体清单编制指南（试行）》以及各个行业企业温室气体排放核算方法中的计算过程计算公共机构的直接排放，在调研中发现公共机构可以获取原煤等燃料的热值，因此该计算方法具有可操作性，公共机构计算温室气体直接排放时应采取此种办法。

参考相关办法，确定公共机构计算燃料燃烧的直接排放的计算公式，见式(3-2)：

$$E_{直接} = \sum_{i=1}^{n} (AD_i \times EF_i)$$

(3-2)

式中　$E_{直接}$——核算和报告年度内化石燃料燃烧产生的二氧化碳排放量，单位为 tCO_2；

　　　AD_i——核算和报告年度内第 i 种化石燃料的活动水平，单位为 GJ；

　　　EF_i——第 i 种化石燃料的二氧化碳排放因子，单位为 tCO_2/GJ；

　　　i——化石燃料类型代号。

2. 间接排放

间接排放是指核算边界范围内排放主体因使用净外购电力、热力所导致的排放。这里的净外购是指公共机构外购的电量和热量扣除公共机构自己生产并对外上网的电量和热量，同时对于公共机构自己设备生产的电力和热力如果由自己使用由于已经计算为化石燃料的燃烧造成的直接排放，不再重复计算其电力和热力的间接排放量。

间接排放的计算方法主要参考《省级温室气体清单编制指南（试行）》，其他行业企业温室气体核算方法，以及现有的建筑领域的温室气体排放核算方法，根据活动水平和排放因子进行计算。

计算公式见式(3-3)：

$$E_{间接} = AD_{电力} \times EF_{电力} + AD_{热力} \times EF_{热力}$$

(3-3)

式中　$E_{间接}$——净购入的电力、热力消费所对应的电力或热力生产环节二氧化碳排放量，单位为 tCO_2；

　　　$AD_{电力}$——核算和报告年度内的净外购电量，单位为 MW·h；

　　　$AD_{热力}$——核算和报告年度内的净外购热量，单位为 GJ；

　　　$EF_{电力}$——电力消费的排放因子，单位为 $tCO_2/(MW·h)$；

　　　$EF_{热力}$——热力消费的排放因子，单位为 tCO_2/GJ。

3. 活动水平数据获取

计算公共机构温室气体排放量需获取相关基础数据进行计算，首先是公共机构能源活动水平数据。

一次能源燃烧的活动水平是核算和报告年度内各种燃料的消费量与平均低位发热量的乘积，按式(3-4)计算。

$$AD_i = NCV_i \times FC_i$$

(3-4)

式中　AD_i——核算和报告年度内第 i 种化石燃料的活动水平，单位为 GJ；

　　　NCV_i——核算和报告年度内第 i 种燃料的平均低位发热量；对固体或液体燃料，单位为 GJ/t；对气体燃料，单位为 GJ/万 m^3；

　　　FC_i——核算和报告期内第 i 种化石燃料的净消费量，对固体或液体燃料，单位为 t；对气体燃料，单位为万 Nm^3。

外购电力或者热力的活动水平即为核算和报告年度内净外购电量和净外购热量。其中净外购电力和热力消费是指公共机构外购的电量和热量扣除公共机构自己生产并对外上网的电量和热量以及转供电量和热量。

对于化石燃料的低位发热量，有两种方法可以获取，一是购买时测量获得，在调研中部分公共机构表示能够获知部分化石燃料的低位热值。二是在不能够测量时使用，即使用

《中国 2008 年温室气体清单研究》中提供的化石燃料低位热值的缺省值进行计算，见表 3-3。

化石燃料的低位热值缺省值 表 3-3

燃料品种	低位热值	燃料品种	低位热值
天然气	$38.9 \times 10^3 \mathrm{kJ/m^3}$	原煤	$20.9 \times 10^3 \mathrm{kJ/kg}$
焦炉煤气	$17.4 \times 10^3 \mathrm{kJ/m^3}$	无烟煤	$24.7 \times 10^3 \mathrm{kJ/kg}$
管道煤气	$15.8 \times 10^3 \mathrm{kJ/m^3}$	烟煤	$23.0 \times 10^3 \mathrm{kJ/kg}$
柴油	$43.3 \times 10^3 \mathrm{kJ/kg}$	褐煤	$14.4 \times 10^3 \mathrm{kJ/kg}$
汽油	$44.8 \times 10^3 \mathrm{kJ/kg}$	液化石油气	$47.3 \times 10^3 \mathrm{kJ/kg}$
一般煤油	$44.8 \times 10^3 \mathrm{kJ/kg}$	液化天然气	$41.9 \times 10^3 \mathrm{kJ/kg}$

[数据来源：《中国 2008 年温室气体清单研究》（国家发展改革委应对气候变化司，2014）]

而对于公共机构的化石燃料的净消费量、净外购电量以及净外购热量，其数据的获取办法主要参考国管局公共机构节能管理司 2013 年出台的《公共机构能源资源消费统计制度培训手册》，并参考住房和城乡建设部出台的《民用建筑能耗数据采集标准》JGJ/T 154，以及上海市和深圳市已有的建筑领域温室气体排放核算方法。

总的来说，净消费量数据的获取方法如下：

能源的净消费量数据获取应从设有楼栋能耗计量总表［电度表、燃气表、热（冷）量表］的建筑物的楼栋计量总表中采集，不能从楼栋能耗计量总表获得能源消费量数据的，应采取逐户调查方法，收集建筑中每一户计量表的能耗数据，同时收集建筑物的公用计量表的能耗数据，累计各户能耗和公用能耗获得建筑物的能耗数据；若没有计量仪表，化石燃料消费量数据根据核算期限内供应商针对规定边界范围内出具的月度或各批次结算账单加总获得。外购电力、热力的消耗量根据核算期限内供应商针对规定边界范围内出具的月度结算账单加总获得。如不能提供月度结算账单或按月度加总的，则按核算期初和期末相关能源计量器具的计量数据计算获得。

具体对于一些主要的能源品种，其净消费量采集和填写方式如下：

（1）电。填写统计周期内消费的总电量，电力活动水平采集方式有两种，一是从电力供应部门获取数据；二是逐户调查各用户和统计公用电耗，然后累加获得总消费数据。

（2）原煤。填写统计周期内的原煤实际消费量，根据供应商出具的各批次结算账单加总获得。

（3）天然气。填写统计周期内的天然气实际消费量，活动水平采集方式有两种，一是集中供应和使用的，由燃气公司提供能耗数据；二是分户购买、使用的，逐户调查和累加各用户消费量。

（4）汽油。汽油消费量为公务用车、其他用途车辆的汽油消费量与因冬季供暖、日常烧制饮用开水等所需的其他汽油消费量的总和。车辆汽油消费根据公车报销汽油发票累加得到，其他汽油消费量根据供应商出具的各批次结算账单加总获得。

（5）柴油。柴油消费量为公务用车、其他用途车辆的柴油消费量与因冬季供暖、日常烧制饮用开水等所需的其他柴油消费量的总和。车辆柴油消费根据公车报销柴油发票累加得到，其他柴油消费量根据供应商出具的各批次结算账单加总获得。

（6）热力。填写统计周期内的外购热力消费量，数据从热量计量装置上获取。未安装热量计量装置的根据填报费用及热力站相关数据，计算热力消费量。

另外，两家以上排放主体共用用电设备或锅炉等燃烧设备时，如各使用方配备单独计量装置的，则应按计量确定其消费量；如各使用方无单独计量，但有能源消费量分摊协议，则应按照分摊协议计算；如没有能源消费量分摊协议的，且没有分单位计量装置的，则计入设备拥有方的消费量。

相关计量器具应符合《用能单位能源计量器具配备和管理通则》GB 17167 等标准。

4. 排放因子确定

1）直接排放因子

对于能源消费直接产生二氧化碳的排放因子，一般有两种计算方法，一是采取计量仪器或者物料平衡的方法实测计算某种燃料在某种实际设备的排放因子数值；二是通过默认缺省的单位热值含碳量和碳氧化率相乘的计算公式进行计算的。对于公共机构来说，前者计算难度较大，不适合我国公共机构的实际情况，而后者在当前的《省级温室气体清单编制指南（试行）》、已有的行业企业相关办法以及试点的建筑相关温室气体排放核算办法中使用较为成熟，因此本书着重介绍和推荐采用默认值计算的方法确定排放因子。

计算方法上，一般是通过下述方法获得参考的排放因子数据，即按式（3-5）计算。

$$EF_i = CC_i \times OF_i \times \frac{44}{12} \tag{3-5}$$

式中　EF_i——第 i 种燃料的二氧化碳排放因子，单位为 tCO$_2$/GJ；

　　　CC_i——第 i 种燃料的单位热值含碳量，单位为 tC/GJ；

　　　OF_i——第 i 种化石燃料的碳氧化率，单位为％。

一次能源燃烧的排放因子计算所需数据，即单位热值含碳量（潜在排放因子）和碳氧化率可参考《中国 2008 年温室气体清单研究》中给出的数据。对于公共机构温室气体排放核算方法中单位热值含碳量、低位热值参考值、碳氧化率参考缺省值见表 3-4。

化石燃料单位热值含碳量及碳氧化率缺省值　　　　　　　　　表 3-4

燃料品种	单位热值含碳量	碳氧化率
天然气	15.3tC/TJ	0.99
焦炉煤气	13.6tC/TJ	0.99
管道煤气	12.2tC/TJ	0.99
柴油	20.2tC/TJ	0.98
汽油	18.9tC/TJ	0.98
一般煤油	19.6tC/TJ	0.98
原煤	26.37tC/TJ	0.94
无烟煤	27.5tC/TJ	0.895
烟煤	26.1tC/TJ	0.836
液化石油气	17.2tC/TJ	0.98
液化天然气	17.2tC/TJ	0.98

［数据来源：《中国 2008 年温室气体清单研究》（国家发展改革委应对气候变化司，2014）；《省级温室气体清单编制指南》（国家发展改革委应对气候变化司，2011）］

2）间接排放因子

对于间接排放来说，主要分为净购入电力的排放因子和净购入热力的排放因子。

（1）外购电力排放因子

电力排放因子参考《省级温室气体清单编制指南（试行）》中对于电力调入调出所带来的间接二氧化碳排放量计算过程中电力排放因子的处理方法，采用区域电网平均排放因子。处理方式如下：建议按目前的东北、华北、华东、华中、西北和南方电网划分区域电网边界，其平均排放因子可由上述电网内各省区市发电厂的化石燃料二氧化碳排放量除以电网总发电量获得［《省级温室气体清单编制指南（试行）》中 2005 年区域电网排放因子根据总供电量计算得到，但近年所公布数据均根据电网总发电量计算获得］，并以 $kg\ CO_2/(kW \cdot h)$ 为单位。选取电力排放因子的时候应根据国家公布的排放因子及适用年份保持一致。

表 3-5 给出了 2012 年我国已经公布的区域电网平均二氧化碳排放因子。

2012 年我国区域电网平均二氧化碳排放因子　　　　　　　　　　　表 3-5

电网所在区域	覆盖省区市	CO_2 排放[$kg/(kW \cdot h)$]
华北区域	北京市、天津市、河北省、山西省、山东省、内蒙古自治区西部（除赤峰、通辽、呼伦贝尔和兴安盟外的内蒙古其他地区）	0.8843
东北区域	辽宁省、吉林省、黑龙江省、内蒙古自治区东部（赤峰、通辽、呼伦贝尔和兴安盟）	0.7769
华东区域	上海市、江苏省、浙江省、安徽省、福建省	0.7035
华中区域	河南省、湖北省、湖南省、江西省、四川省、重庆市	0.5257
西北区域	陕西省、甘肃省、青海省、宁夏回族自治区、新疆维吾尔族自治区	0.6671
南方区域	广东省、广西壮族自治区、云南省、贵州省、海南省	0.5271

（数据来源：http://www.ccchina.gov.cn/archiver/ccchinacn/UpFile/Files/Default/20140923163205362312.pdf）

（2）外购热力排放因子

对于外购热力的排放因子，现在国家尚没有官方公布的数值。一些文献根据各个省供热系统当年燃料的消费量、该种燃料的单位质量或单位体积的温室气体排放因子以及供热系统当年的供热量计算该省外购热力的温室气体排放因子。

本研究对于外购热力的处理方式，建议本着协调一致的原则，参考我国现在已经出台的其他 10 个行业企业的温室气体核算方法，热力消费的排放因子暂按 $0.11tCO_2/GJ$ 计，未来应根据政府主管部门发布的官方数据进行更新。

5. 质量控制

公共机构计算温室气体排放时，客观上存在不确定性，主要体现在获取活动水平数据和相关参数时。

不确定性产生的原因一般包括以下几方面：

（1）数据缺失。在现有条件下无法获得或者非常难以获得相关数据，因而使用替代数据或其他估算、经验数据。

（2）计量误差。如计量仪器、仪器校准或计量标准不精确等。

《省级温室气体清单编制指南（试行）》中对于报告主体的质量保证和质量控制以及相关程序进行了详细的分析，在行业企业的温室气体核算方法中也对质量保证和文件存档进行了阐述。

对于公共机构报告主体来说，报告主体应建立其温室气体排放年度核算和报告的质量保证和文件存档制度，主要包括以下方面的工作：建立公共机构碳排放核算和报告的规章制度，包括负责机构和人员、工作流程和内容、工作周期和时间节点等；指定专职人员负责公共机构碳排放核算和报告工作。建立公共机构碳排放源一览表，分别选定合适的核算方法，形成文件并存档。建立健全的碳排放和能源消费的台账记录。建立公共机构碳排放报告内部审核制度。建立文档的管理规范，保存、维护碳排放核算和报告的文件和有关的数据资料。

温室气体排放核算结果的数据质量很大程度来源于能源活动水平的数据质量，在能源消费量数据获取过程中，国管局能源资源消费统计制度中要求公共机构应对报表数据的完整性，统计数据口径的一致性，数据之间的匹配性、合理性进行分析，确保数据质量。能源活动水平的数据质量为温室气体排放核算结果的质量控制提供了基础。同时为了进一步确保数据质量，在进行公共机构温室气体排放核算过程中，应要求公共机构排放主体对温室气体核算过程中使用的每个参数是否存在因前文述及原因导致的不确定性进行识别和说明，并说明降低不确定性的措施。同时主管部门应该加强数据的质量审核，定期进行现场的核查和调研，确保数据质量。

6. 报告内容与格式

公共机构应建立碳排放核算报告制度，应对以下内容进行报告：

1）报告主体基本信息

报告主体基本信息应包括报告主体名称、单位性质、报告年度、组织机构代码、法定代表人、填报负责人和联系人信息等。

2）二氧化碳排放量

报告主体应报告年度二氧化碳排放总量，并分别报告燃料燃烧排放量以及净购入电力和热力消费所对应的排放量。

3）活动水平及其来源

报告主体应报告公共机构在报告年度内用于公共机构运行的各种燃料的净消费量和相应的低位发热量、净购入的电量和净购入的热量，并说明这些数据的来源（采用推荐值或实测值）。

4）排放因子及其来源

报告主体应报告公共机构在报告年度内用于公共机构运行的各种燃料的单位热值含碳量和碳氧化率数据、报告主体所在地的电力消费排放因子和热力消费排放因子等数据，并说明这些数据的来源（采用推荐值或实测值）。

5）报告表格

报告主体应填写表3-6、表3-7，向相关单位报送其二氧化碳排放量。

公共机构____年二氧化碳排放量汇总表　　　　　　　　　　表3-6

公共机构二氧化碳排放总量（tCO_2）	
化石燃料燃烧排放量（tCO_2）	
净购入使用的电力对应的排放量（tCO_2）	
净购入使用的热力对应的排放量（tCO_2）	

公共机构二氧化碳排放量计算表

表 3-7

类别	种类	消费量 (t,kL, 万 Nm³) （FC）	低位热值 (GJ/t,GJ/kL, GJ/万 Nm³) （NCV）	排放因子 数值 （EF）	排放因子 计量 单位	排放量(tCO₂) $E=FC×NCV×EF$	备注
范围一： 直接排放	原煤						
	天然气						
	液化石油气						
	人工煤气						
	汽油						
	其中:公务用车排放量						
	其他排放量						
	柴油						
	其中:公务用车排放量						
	其他排放量						
	煤油						
	其他:						
	小计						

类别	种类	消费量 （AD）	计量单位	排放因子数值 （EF）	计量 单位	排放量(tCO₂) $E=AD×EF$	
范围二： 间接排放	电力		MW·h (1MW·h= 1000kW·h)				
	热力		GJ				
	小计						
	合计						

单位负责人：　　　　统计负责人：　　　　统计员：　　　　填报日期：　　年　月　日

3.2.3　公共机构碳排放方法应用

以某高校为例，按照本研究中制定的公共机构碳排放核算方法学计算其碳排放量。

选取某京内高校。高校附属单位较多，重点分析其边界确定过程，以及量化计算、选取因子以及上报表格的全过程，并计算其碳排放量。

该高校主要的能源消费品种有电力、天然气和汽油。根据前文所述的核算过程、量化公式等计算该高校 2013 年由于能源消费造成的二氧化碳排放。

1. 直接排放

该高校使用的一次能源有汽油和天然气。汽油主要使用于公务车，2013 年消费量为280835.61L，根据汽油的低位热值 33.2GJ/kL，可以计算得到汽油的活动水平为：

汽油活动水平＝280835.61L×10⁻³kL/L×33.2GJ/kL＝9323.7GJ

根据汽油的单位热值含碳量以及碳氧化率缺省值，可以计算汽油的排放因子：

汽油的排放因子$=18.9\text{tC/TJ}\times0.98\times(44/12)\times10^{-3}\text{TJ/GJ}=0.068\text{tCO}_2\text{/GJ}$

由此可以计算得到汽油燃烧的二氧化碳排放量：

汽油燃烧的碳排放量$=9323.7\text{GJ}\times0.068\text{tCO}_2\text{/GJ}=634\text{tCO}_2$

该高校的天然气消费流向如图 3-2 所示。

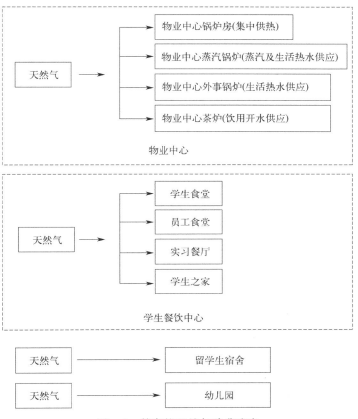

图 3-2　某高校天然气消费流向

从图 3-2 中可见，该高校的天然气使用方较多，根据公共机构碳排放核算范围和边界分析，天然气用于学生餐饮中心部分以及物业中心供暖、生活热水、饮用水等部分的能源消费应该计入总消费量，但是应扣除附属的校外单位，如幼儿园等单位的天然气消费量，同时应扣除家属区的天然气消费量。

该高校的天然气总消费量为 1360.4901 万 m³，其中幼儿园等校外单位天然气消费量为 1.7023 万 m³，同时，全校供暖面积包含家属区，但家属区没有单独计量，因此，计算公共机构耗气量时，将家属区供暖燃气耗量按照供暖面积比率减去，扣除 23.998 万 m³，即为该高校在计算碳排放时天然气的消费量，为 1334.7898 万 m³。

根据量化公式及缺省的天然气低位发热量计算天然气的活动水平：

天然气活动水平$=1334.7898$ 万 $\text{Nm}^3\times389\text{GJ/}$万 $\text{Nm}^3=519233.2\text{GJ}$

根据缺省值计算天然气的排放因子：

天然气排放因子$=15.3\text{tC/TJ}\times0.99\times(44/12)\times10^{-3}\text{TJ/GJ}=0.056\text{tCO}_2\text{/GJ}$

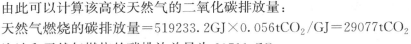

由此可以计算该高校天然气的二氧化碳排放量：

天然气燃烧的碳排放量＝519233.2GJ×0.056tCO$_2$/GJ＝29077tCO$_2$

汽油和天然气燃烧的碳排放总量为29711tCO$_2$。

2. 间接排放

由于该高校全部采取天然气锅炉的方式独立供热，没有外购热力，因此不计算这部分的间接排放量，因此仅考虑外购电力的间接排放量。

该高校电力消费的流向如图3-3所示。

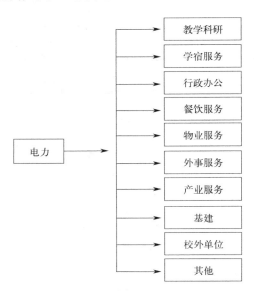

图3-3　某高校电力消费流向

对图3-3中电力消费的流向进行分析，结合公共机构碳排放核算范围和边界的分析，进行碳排放核算的电力使用包括校内的教学科研、学宿服务、行政办公、餐饮服务、物业服务、外事服务以及产业服务；基建由施工单位自行上交电费，不计入高校总量计算；校外单位，如附属小学、幼儿园、企业等单位的电力使用根据核算范围的界定不计入该高校的能耗和碳排放；其他部分的电力使用量，同样根据其是否符合公共机构碳排放核算范围进行分类分析。

结合该高校的电力使用量数据，扣除校外单位，如附属小学、幼儿园等，电力消费量为48583681kW·h，即为48583.681MW·h，即为该高校外购电力的活动水平。

由于该高校在北京，其外购电力的所在区域电网为华北区域电网，由于国家需要根据统计数据计算获得当年的区域电网的平均电力排放因子，排放因子数据一般会晚于实际发生年份两年左右，而一般来说区域电网平均排放因子历年变化差别不大，可使用上年度的电力排放因子。因此本案例采用2012年华北区域电网的平均电力排放因子，为0.8843tCO$_2$/(MW·h)。

由此可以根据电力消费量和电力排放因子计算电力的间接排放量：

电力间接排放量＝48583.681MW·h×0.8843tCO$_2$/(MW·h)＝42963tCO$_2$

3. 计算结果

根据以上数据计算结果，可以填写该高校的二氧化碳排放量报告（表3-8和表3-9）。

某高校 2014 年二氧化碳排放量报告　　　　　　　　表 3-8

公共机构二氧化碳排放总量(tCO₂)	72674
化石燃料燃烧排放量(tCO₂)	29711
净购入使用的电力对应的排放量(tCO₂)	42963
净购入使用的热力对应的排放量(tCO₂)	

某高校碳排放量计算表　　　　　　　　　表 3-9

类别	种类	净消费量 (t,kL, 万 Nm³) (FC)	低位热值 (GJ/t,GJ/kL, GJ/万 Nm³) (NCV)	排放因子 数值 (EF)	排放因子 计量 单位	排放量(tCO₂) $E=FC×NCV×EF$	备注
范围一: 直接排放	原煤						
	天然气	1334.7898	389	0.056	tCO₂/GJ	29077	
	液化石油气						
	人工煤气						
	汽油						
	其中:公务用车排放量	280.84	33.2	0.068	tCO₂/GJ	634	
	其他排放量						
	柴油						
	其中:公务用车排放量						
	其他排放量						
	煤油						
	其他						
	小计					29711	
范围二: 间接排放		消费量 (AD)	计量单位	排放因 子数值 (EF)	计量 单位	排放量 (tCO₂) $E=AD×EF$	
	电力	48583.681	MW·h (1MW·h= 1000kW·h)	0.8843	tCO₂/ (MW·h)	42963	
	热力		GJ				
	小计					42963	
合计						72674	

单位负责人:　　　　统计负责人:　　　　统计员:　　　　填报日期:　　年　月　日

3.3　公共机构碳排放数据分析

3.3.1　典型公共机构碳排放数据分析

公共机构碳排放的来源呈现多样性,从能源结构来看,主要包括煤炭、电力、天然

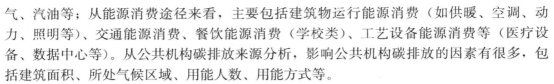
气、汽油等；从能源消费途径来看，主要包括建筑物运行能源消费（如供暖、空调、动力、照明等）、交通能源消费、餐饮能源消费（学校类）、工艺设备能源消费等（医疗设备、数据中心等）。从公共机构碳排放来源分析，影响公共机构碳排放的因素有很多，包括建筑面积、所处气候区域、用能人数、用能方式等。

为了分析不同气候区、不同类型、不同规模公共机构的碳排放特征，课题组对"公共机构碳排放统计平台"中统计数据进行了筛选。采用直方图方法对不同气候区的统计数据进行分析，筛选呈现正态分布的数据，最终确定以 718 个典型公共机构的 2016 年能源消费数据为基础，分气候区对不同类型公共机构碳排放强度进行分析。

各个气候区采用四分位法分析，四分位法将碳排放量数据从小到大排列分成四等份，四分位数多用于表示基准线。第一四分位数表示公共机构单位建筑面积碳排放量较低的水平，第二四分位数表示公共机构单位建筑面积碳排放量的平均水平，第三四分位数表示公共机构单位建筑面积碳排放量较高的水平。箱线图是四分位分析方法的重要组成部分之一，箱线图可以直观反映出数据的平均水平，波动程度，异常点的结果。

以严寒、寒冷低区为例，进行相关分析。选取严寒和寒冷地区 171 所公共机构单位面积碳排放数据，通过直方图分析，数据呈现正态分布，采用四分位法进行分析。表 3-10 中百分位 25、百分位 50、百分位 75 的三个点数据，分别为三类公共机构低中高三个水平的碳排放基准。从图 3-4 中可以看出：

（1）学校类公共机构碳排放水平明显低于机关、医院类公共机构。

（2）机关、医院类公共机构单位建筑面积碳排放量波动程度明显高于学校类公共机构，数据离散程度大，表明上述两类公共机构在用能方式、节能运行管理水平上差异较大。

（3）在 171 个数据样本中，学校类 13 号，医院类 19 号，28 号公共机构为异常点。

（4）经核实，学校类 13 号机构为北京市郊区小学，建筑面积约 4000m^2，冬季采用空调供暖，年单位建筑面积电耗达 200kW·h/m^2，由于供暖方式不合理造成能源消耗量较高，碳排放强度高。

（5）医院类 19 号公共机构年单位建筑面积电耗 145kW·h/m^2，能耗利用效率较低，且将供暖耗热量单独统计（大多数非自供暖公共机构未统计供暖能耗），造成碳排放强度明显高于其他公共机构。

（6）医院类 28 号公共机构为天然气供暖和生活热水，年单位建筑面积电耗 113kW·h/m^2，年单位建筑面积气耗 33.7m^3/m^2，供热能耗明显高于同地区平均水平，存在不合理用能问题。

严寒和寒冷地区单位建筑面积碳排放量（kgCO$_2$/m^2） 表 3-10

机构类型		机关	学校	医院
N	有效	97	41	33
	缺失	0	0	0
百分位数	25	31.50	13.50	57.00
	50	52.00	30.00	94.00
	75	69.00	52.00	104.50

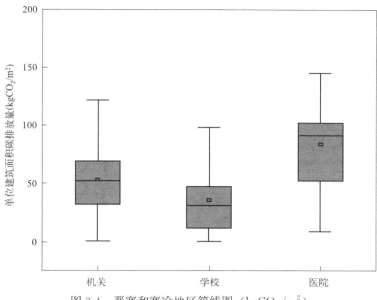

图 3-4　严寒和寒冷地区箱线图（$kgCO_2/m^2$）

3.3.2　公共机构碳排放发展趋势分析

当前，随着我国经济社会的发展，产业结构中第三产业的比重增长，以及新型城镇化发展等因素都会影响到我国公共机构领域的能耗和碳排放。

2020 年三产比重为 54.5%，2030 年为 60.3%，2050 年为 66.2%。三产比重的上升说明服务业的迅速发展，公共机构的建筑面积会随之上升，公共机构的能耗增长也将十分明显。

我国人口已经进入低增长阶段，未来中国人口在 2030 年达到峰值前，将持续保持低增长的态势。由于老龄化人口发展阶段的来临，且老龄人口比重持续提高，在峰值过后人口总数将呈现较快的下降速度。2030 年前人口将保持较低的增长速度，到 2020 年达到14.1 亿左右，到 2030 年左右达到人口数量的峰值，约为 14.5 亿，2030 年以后人口较快下降，到 2050 年下降到 13.8 亿左右。

2030 年之前是城镇化快速发展阶段，2020 年我国城镇化率达到 62%，2030 年达68%，年增长水平呈递减趋势，城镇化率峰值水平约为 75% 左右，大约出现在 2040 年。城镇化率的提高说明农村将有大量人口涌入城镇，伴随城镇的发展，公共服务机构数量和能耗也会随之上升。

公共机构主要能源消耗途径包括供暖空调及生活热水、照明、食堂、办公、信息机房、公车用油等。其中供暖空调及生活热水能耗占比较高，尤其是在北方地区，冬季供暖能耗占全部用能的 60% 以上；而南方地区，夏季空调电量占全年用电量的 20%～40%。随着社会经济发展，夏热冬冷地区供暖需求也不断增加。同时，人们对环境质量需求的提升，也将促使公共机构能耗强度进一步增长。

以下将结合我国宏观经济、人口、城镇化发展等情况，对影响公共机构领域能耗和碳排放的因素逐一进行分析。

1. 情景设定

本研究设定 3 种情景：基准情景、低碳情景、政策强化情景，对公共机构能源需求以及二氧化碳排放以及公共机构节能减碳潜力进行预测分析。

本研究的基准情景（趋势照常情景）是指保证完成中国政府确定的 2020 年，在 2005 年基础上单位 GDP 碳排放下降 45% 的目标的约束力度下，公共机构领域应达到的情景。在此情景中，未来延续当前的低碳发展政策，各领域不显著加大低碳工作力度，经济发展模式有一定转变。相比于冻结情景，这个情景可以更好地描述真实社会发展的状态。但在此情景下，由于约束相对较小，公共机构建筑面积增长速度仍然较快，用能需求增长仍然较为迅速，高效节能技术推广速度较慢，节约型的生活方式和消费理念尚未深入人心，因此公共机构的能耗量和碳排放量仍然较高。

低碳情景是在政府承诺的 45% 减排目标上更加努力，从各个方面推进公共机构领域节能减碳工作，并为此出台相关的配套政策。公共机构建筑的面积受到限制，各用能方式得到引导控制，用能需求增长速度相对基准情景较为缓慢，可再生能源、多能互补、高效制冷、余热利用、高效照明等节能技术相比基准情景均有 3～10 个百分点等不同程度的提高，基本上形成了节约型的生活消费方式。这个情景中主要考虑国内社会经济、环境发展需求，在强化技术进步、改变消费方式、实现低能耗、低温室气体排放因素下，依据国内自身努力所能够实现的能源和碳排放情景。

政策强化情景是相比低碳情景更为理想的状态，政府将低碳发展置于最优先地位，严厉的节能降耗制度政策开始高效运行，公共机构建筑面积进一步控制，用能需求在引导下得到较好的控制。低碳技术的研发取得重大突破，并得到大规模运用。与此同时，节能技术推广力度极大，非化石能源应用广泛，能源结构以电力、天然气和可再生能源为主，到 2060 年可再生能源占比达到 20%。

2. 能耗和碳排放发展趋势

根据情景分析的结果得出三种不同约束情景下，公共机构的能耗和碳排放变化趋势，如图 3-5～图 3-7 所示。三种情景约束下，公共机构能耗和碳排放呈现不同发展趋势。

（1）在基准情景下，公共机构能耗和碳排放在 2035 年之前增长较快，2035—2060 年增长趋缓。

（2）在低碳情景下，公共机构能耗和碳排放在 2035 年实现达峰，并在之后缓慢降低。

（3）在政策强化情景下，公共机构能耗和碳排放将立即达峰。

表 3-11 为三种不同约束情景下公共机构的节能潜力分析。可见采取了不同程度的节能减碳措施，将产生 0.6 亿～0.9 亿 tce 的节能潜力。

不同约束下一次能源节能潜力分析（亿 tce）　　　　　　　　表 3-11

碳排放	2015 年	2020 年	2025 年	2030 年	2035 年	2040 年	2045 年	2050 年	2055 年	2060 年
基准情景	1.83	1.82	1.94	2.06	2.14	2.17	2.19	2.19	2.20	2.20
低碳情景	1.83	1.76	1.75	1.76	1.75	1.73	1.70	1.66	1.61	1.56
政策强化情景	1.83	1.73	1.64	1.58	1.50	1.45	1.39	1.33	1.30	1.29
基准—低碳	0.00	0.06	0.19	0.30	0.39	0.44	0.49	0.53	0.59	0.64
低碳—强化	0.00	0.03	0.11	0.17	0.25	0.28	0.31	0.33	0.32	0.28

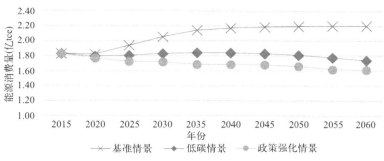

图 3-5 三种情景下公共机构终端能源消费情况（亿 tce）

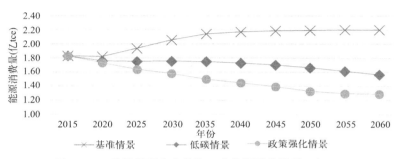

图 3-6 三种情景下公共机构一次能源消费情况（亿 tce）

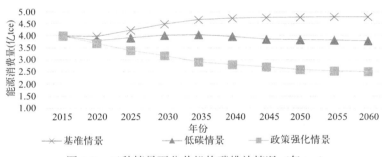

图 3-7 三种情景下公共机构碳排放情况（亿 tce）

表 3-12 为三种不同约束情景下公共机构的减碳潜力分析。可见采取了不同程度的节能减碳措施，将产生 1 亿～2.3 亿 tCO₂ 的减碳潜力。

不同约束下减碳潜力分析（亿 tCO₂）

表 3-12

碳排放	2015 年	2020 年	2025 年	2030 年	2035 年	2040 年	2045 年	2050 年	2055 年	2060 年
基准情景	3.98	3.96	4.22	4.47	4.66	4.73	4.76	4.78	4.79	4.79
低碳情景	3.98	3.80	3.91	4.01	4.04	3.96	3.86	3.84	3.82	3.80
政策强化情景	3.98	3.68	3.39	3.17	2.91	2.80	2.71	2.60	2.54	2.52
基准—低碳	0	0.17	0.30	0.46	0.62	0.76	0.90	0.94	0.97	0.99
低碳—强化	0	0.11	0.52	0.84	1.13	1.17	1.15	1.24	1.28	1.28

未来，随着电气化水平的提高，电器的普及，能源结构也会随之变化，具体的公共机

构终端能源消费结构如图 3-8 和图 3-9 所示。

（1）煤的比例会大幅度下降，并在 2035—2040 年实现无煤化。

（2）电力占终端能源消费的比例会上升到 70% 左右。

（3）天然气的比例逐年提高，不同情景下天然气比例最终会达到 10%～20%。

（4）汽油的比例逐年降低，并在 2040—2045 年实现零消费。

（5）非化石能源得到大力发展，到 2060 年非化石能源占比在不同情景下降达到 10%～20%。

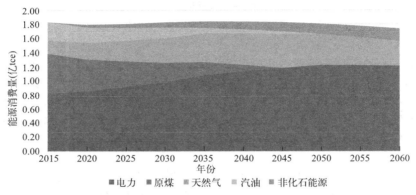

图 3-8　低碳情景下公共机构终端能源消费结构（亿 tce）

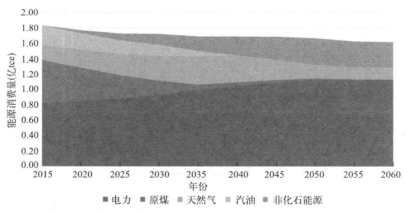

图 3-9　政策强化情景下公共机构终端能源消费结构（亿 tce）

根据上述分析，本研究认为基准情景是公共机构应该达到的情景，低碳情景是公共机构通过努力可以达到的情景，政策强化情景是需要付出较大努力实现的情景，实现难度较大，建议按照低碳情景的发展路径，推动公共机构的节能减碳。

在低碳发展情景下，公共机构的能源消耗总量在 2020—2035 年将维持在 1.76 亿 tce 左右，并在 2035 年之后逐年降低，2060 年较基准情景产生 0.64 亿 tce 的节能潜力。公共机构碳排放量在 2035 年达到 4.04 亿 tCO_2，2060 年将降低到 3.8 亿 tCO_2，较基准情景产生 1 亿 tCO_2 的减碳潜力。

4

高效围护结构技术

公共机构办公、教学等建筑具有高能耗、人员密集等特点。国家对公共机构提出了经济、适用和资源节约的要求。适用于公共机构的高效围护结构对于公共机构的低碳节能具有重要意义。本章主要介绍高效围护结构系统装配集成技术及高效智能外窗调控与集成技术。

4.1 高效围护结构系统装配集成技术

4.1.1 全干法高效装配式集成外墙施工技术

1. 外墙系统装配集成技术

外墙系统装配集成技术应用装配式装饰板内装＋管线分离＋装配式 ALC 板＋干法锚固岩棉板＋防水透气铝箔＋空气间层＋装配式 ECP 板进行集成创新，形成 ALC 高效装配式集成外墙系统，所有构配件均为工厂内完成，现场装配组装，具有全干法、装配式、节能提升、防水提升、气密提升、更新改造便捷的优点。

1）材料构造

（1）材料组成

材料由蒸压加气混凝土板、岩棉板（带单面防水透气铝箔）、ECP 板、硅酸钙复合装饰板等组成。

蒸压加气混凝土板，简称 ALC 板，一般宽度 0.6m，高度可按照层高定制，最高可达 6m。与蒸压加气混凝土砌块相比，其安装仅需上下端与梁固定，干法施工，高效、便捷。

ECP 板在强度、吸水率、耐候性等方面也优于传统的石材幕墙用花岗岩和大理石材料，且色彩、图案、表面质感更加丰富多彩并可人为控制。ALC 板作为岩棉固定墙体，岩棉作为保温材料，ECP 板作为装饰面层的外围护与装饰体系。硅酸钙复合装饰板作为装配式内装板，实现管线分离，装饰效果好，施工便捷。

（2）墙体构造

墙体构造为硅酸钙复合装饰板＋ALC 板＋岩棉板（带单面防水透气铝箔）＋空气间层＋ECP 板（图 4-1～图 4-4）。所有构件均为工厂内完成，现场装配组装。其主要特点为全干法、装配式、节能提升、防水提升、气密提升、更新改造便捷、提高施工效率和施工质量。

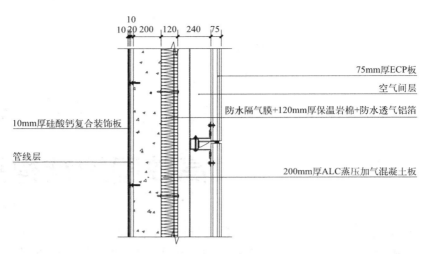

图 4-1 外墙构造层次

左侧标注：
10mm厚硅酸钙复合装饰板
管线层

右侧标注：
75mm厚ECP板
空气间层
防水隔气膜+120mm厚保温岩棉+防水透气铝箔
200mm厚ALC蒸压加气混凝土板

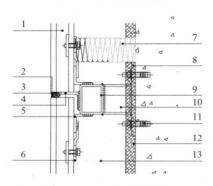

图 4-2 ECP 板连接节点

1—ECP 板；2—密封胶；3—泡沫棒；4—承重托件；5—抗风角钢；6—Z 型连接件；7—防火封堵；
8—后置埋件；9—横龙骨；10—转接件；11—后置锚栓；12—保温层；13—空气层

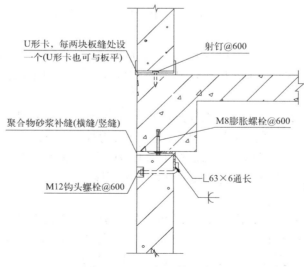

左侧标注：
U形卡，每两块板缝处设一个(U形卡也可与板平)
聚合物砂浆补缝(横缝/竖缝)
M12钩头螺栓@600

右侧标注：
射钉@600
M8膨胀螺栓@600
∟63×6通长

图 4-3 ALC 板连接节点图

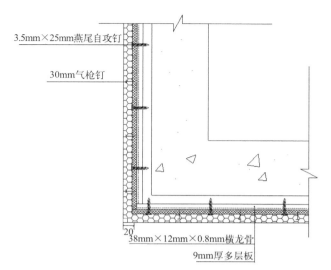

图 4-4 结构墙面装饰典型节点

2）深化设计

（1）深化设计遵循的原则

以建筑设计院要求的完成效果为依据，负责完成外围护结构深化设计，完成 ALC 板和 ECP 板加工及安装详图的编制。加工详图及制作工艺书在开工前经原设计单位设计人、复核人及审核人签名盖章，确认后才开始正式实施。

（2）深化设计软件

使用 STCAD 设计软件，结合 BIM 技术，将前期设计模型数据进行比对，加工数据更加精准。采用 CAD 绘图软件进行 ECP 板典型节点的详图设计。

（3）深化设计步骤

深化设计图纸的设计思路：建立整体模型→现场拼装分段（运输分段）→加工制作分段→分解为构件与节点→结合工艺、材料、设计说明等→深化设计详图。具体步骤如下：

初步整体建模：按图纸要求在模型中建立统一的轴网；根据构件规格在软件中建立规格库；定义构件前缀号，以便软件在自动编号时能合理的区分各构件，使工厂加工和现场安装更合理方便，更省时省工；校核轴网、混凝土结构、ALC 板、岩棉、龙骨及 ECP 板的相互位置关系。

精确建模：根据施工图、构件运输条件、现场安装条件及工艺等方面对各构件进行合理分段、对节点进行人工装配。

模型校核：由专人对模型的准确性、节点的合理性及加工工艺等各方面进行校核；运用软件中的校核功能对整体模型进行校核，保证各构件精确安装到位。

构件编号：模型校核后，运用软件中的编号功能对模型中的构件进行编号，软件将根据预先设置的构件名称进行编号归并，把同一种规格的构件编号统一编为同一类，把相同的构件合并编同一编号，编号的归类和合并更有利于工厂对构件的批量加工，从而减少工厂的加工时间。

构件出图：应用软件的出图功能，对建好的模型中的构件、节点自动生成初步的深化

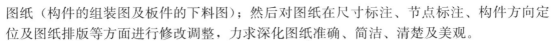

图纸（构件的组装图及板件的下料图）；然后对图纸在尺寸标注、节点标注、构件方向定位及图纸排版等方面进行修改调整，力求深化图纸准确、简洁、清楚及美观。

校对及审核：深化图纸调好后，应由专人对图纸进行校核及审核，确保深化图合理、准确。

（4）深化设计内容

深化设计内容包括制作深化设计、安装深化设计，制作深化设计主要由加工制作厂完成，包括：详图设计、加工及施工工艺设计、质量标准和验收标准设计。主要以深化设计详图为主，其他的内容将融入深化设计详图中，以图纸和说明的形式体现。

通过 BIM 技术对整个外围护结构深化设计，首先确定连接系统的节点，通过设计计算后，节点通过 BIM 模型检查碰撞及施工模拟来确定节点是否繁琐（图 4-5 和图 4-6）。

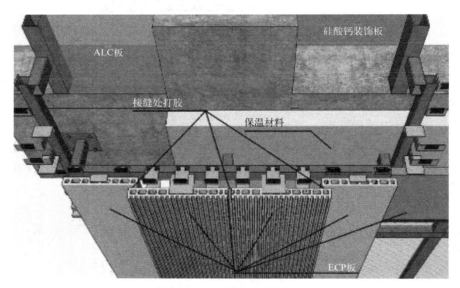

图 4-5　横剖节点

2. 模数化设计生产

1）ALC 板模数化

进行建筑设计模数化（图 4-7），从源头上控制 ALC 板定型化生产，可减少或避免切割。在设计阶段协调统一柱网尺寸、层高、立面窗洞尺寸，从而减少 ALC 板规格，降低现场切割所造成的固废垃圾和粉尘危害。

2）ECP 板模数化

ECP 板选用固定规格，通过不同单元的组合与重复形成外立面系统。根据建筑立面效果要求及 ECP 板的产品特性与尺寸规格进行挂板排板分格设计。

排板以纵向板为主，采用标准模数宽度板块，在端部进行非标准板的布置，并利用板块间胶缝微调尺寸，尽可能地保证立面效果与挂板实际施工的经济性、可操作性。

根据立面风格效果，建筑南立面以标准凹凸构造为主，板块组合前后搭接关系明显，东西侧凹凸规律减少，北立面则更多地采用平面排布板块（图 4-8）。

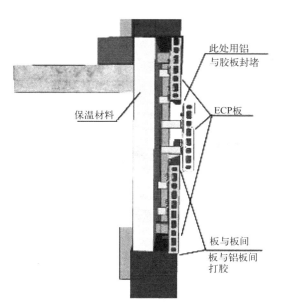

图 4-6 竖剖节点

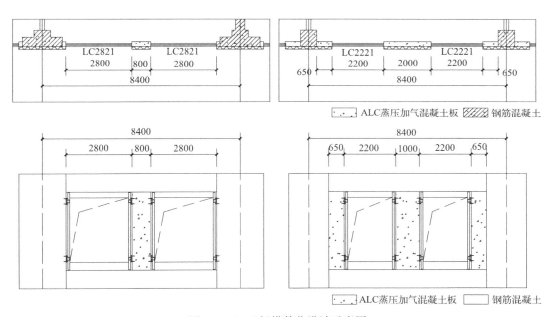

图 4-7 ALC 板模数化设计示意图

3. 全干法施工技术

1）施工工艺流程

施工准备→测量放线→主龙骨安装→ALC 板安装→次龙骨安装→保温岩棉安装→窗安装→

①ECP 板开孔清理→ECP 板块与 Z 型连接件组装→ECP 板块安装→调整→封修安装→打胶清理→验收

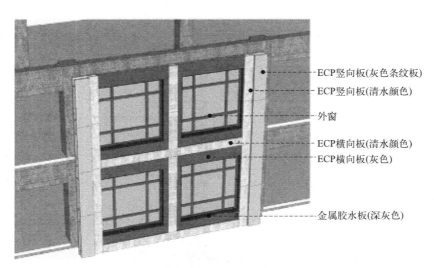

图 4-8　ECP 板模块

②硅酸钙复合装饰板→窗框套

2）施工准备

熟悉施工图纸，编制 ECP 板外墙围护装饰一体化施工方案，并根据方案编制施工技术交底。对作业人员进行书面安全、技术交底并签字确认。

（1）技术准备

仔细阅读图纸会审、施工图纸，复核设计做法是否符合现行国家规范的要求，并对于图纸中的难点、重点进行提议、讨论、决定，确定相应做法。施工前工程技术人员应结合设计图纸及实际情况，编制出专项施工方案和作业指导书等技术性文件。制定该分项工程的质量目标、检查验收制度等保证工程质量的措施。条板施工前由项目技术总工组织工长、质检、器材部、劳务队做好方案交底工作，并着重指出条板施工要点。

（2）材料准备

准备施工过程中所需的 ECP 板、ALC 板等材料；准好施工用的相关机具。此外还需进行人员准备，根据施工任务分配工作小组。

3）测量放线、挂钢丝线

根据主体结构基准点，沿楼层外延周圈设置内控制线，分层校核每层的一米线。根据控制线挂钢丝线，在龙骨安装和 ECP 板安装过程中，进行挂线控制。

4）埋件安装

对建筑进行测绘控制线，定位埋件位置，随主体结构施工以实现与主体连接固定，依据轴线位置的相互关系将十字中心线弹在预埋件或后补埋件上，作为安装支座的依据，如图 4-9 所示。

5）龙骨安装

（1）施工现场先安装竖向主龙骨，横向主龙骨通过焊接竖向主龙骨连接。

（2）安装钢立柱施工应从底层开始，然后逐层向上进行安装，竖向主龙骨上部与后置埋板焊接，下部设置钢插芯，钢插芯与埋板焊接。

（3）ECP 板横向龙骨预制成型后，现场与主龙骨焊接。

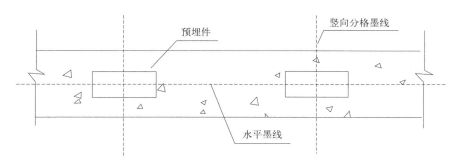

图 4-9　预埋件定位

（4）所有龙骨焊接完成后，焊缝及受损的镀锌面层均刷两遍防锈漆（图 4-10）。

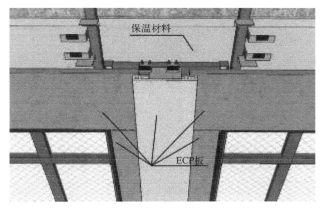

图 4-10　龙骨安装节点图

6）ALC 条板安装

墙板的吊装采用专用夹具或吊带进行，不得用钢丝绳进行吊装，以免损坏墙板表面。运输过程中板要水平码放，堆放墙板部位处的场地要平整、坚实，并铺好垫木。安装工艺如下：

清理基面→放安装线→预检→选板运输→固定 U 形卡→板材就位检查→校正→板缝处理→报验。

7）ECP 板块转接件安装

（1）ECP 板施工为临边作业，应在楼层内将螺栓与埋件连接，依据垂直钢丝线来检查一遍转接件的垂直度与左右偏差，如图 4-11 所示。

（2）为保证转接件安装精度，除控制前后左右尺寸后，还要控制每个转接件标高，使用经检测机构检验合格的水准仪进行标高的跟踪检查。

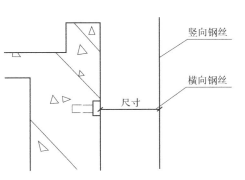

图 4-11　转接件的垂直度与左右偏差检查

（3）待一次转接件各部位校对完毕后即进行螺栓初步连接，连接时严格按照图纸要求及螺栓紧固的规定。

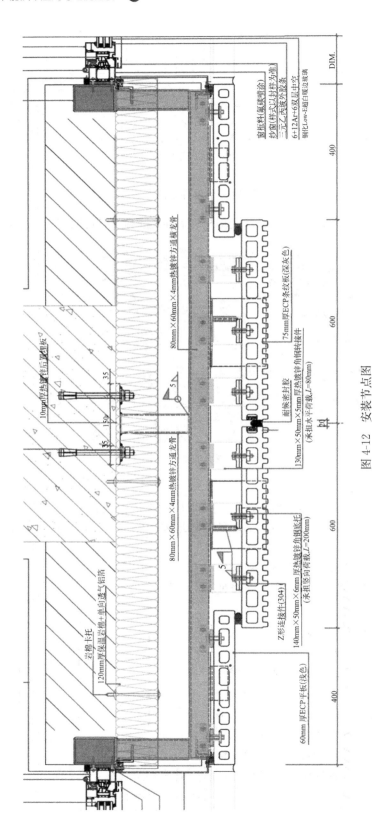

图 4-12　安装节点图

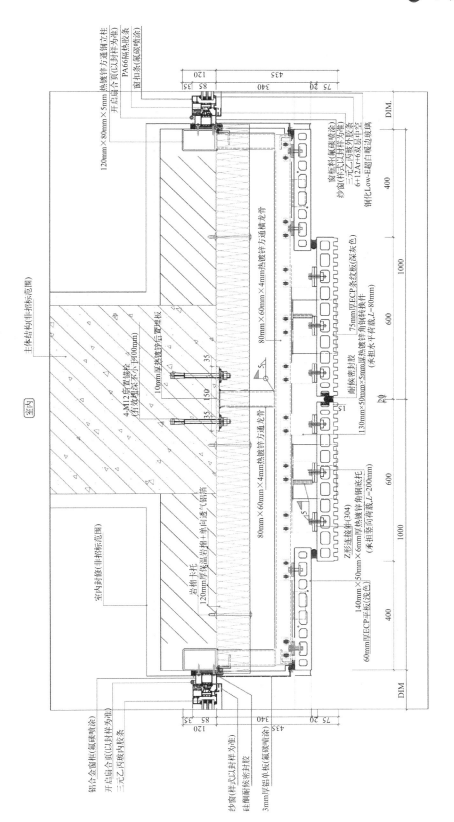

图 4-13 岩棉安装横剖节点做法

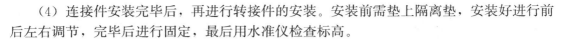

（4）连接件安装完毕后，再进行转接件的安装。安装前需垫上隔离垫，安装好进行前后左右调节，完毕后进行固定，最后用水准仪检查标高。

（5）连接件安装精度要求

要求标高±1.0mm（有上下调节时±2.0）；连接件两端点平行度偏差≤1.0mm；距安装轴线水平距离≤1.0mm；垂直偏差（上下两端点与垂线偏差）±1.0mm；两连接件连接点中心水平距离±1.0mm；相邻三连接件（上下、左右）偏差±1.0mm。

角钢转接件与横龙骨通过螺栓机械连接，连接点设置双螺栓；横龙骨通过焊接与主体结构中的埋板或者窗边的竖向龙骨（固定在主体结构上）进行连接；填充墙处加竖向龙骨为主受力龙骨，横龙骨将力传给竖龙骨，通过顶底埋件传给主体结构；局部增加了承托件的尺寸。安装节点图如图4-12所示。

8）保温系统安装

120mm保温岩棉（带单面铝箔＋岩棉胀钉固定式），在ECP板吊装前固定在主体上。层间岩棉安装，待ECP板安装完成后，在室内将100mm岩棉安装在结构与ECP板缝隙处。岩棉安装密实，表面平整、无间隙，岩棉安装时的压缩比为1：1.15（层间封修间距：岩棉下料宽度）。安装完成后，将1.5mm镀锌钢板用射钉及螺钉分别固定在主体结构楼层间顶部和水泥纤维板上，钉的间距为300mm，距镀锌钢板边20mm，镀锌钢板的搭接量为30mm，层间防火镀锌钢板与结构之间打上防火密封胶。岩棉安装节点示意如图4-13所示。

9）ECP板的吊装

（1）水平运输

ECP板钢架水平运输利用货车直接将板块运输至施工区域范围，将多余板放置在周转场地范围内，用汽车吊直接能吊装的范围作为周转场地，这样能保证ECP钢架运输过程的成品保护，也加快了安装的进度。距离过远时，可采用叉车完成水平运输。

（2）垂直运输

在ECP板钢架上预埋高强度吊环，此吊环预埋时经过计算应安装在受力平衡点的中心。采用两点吊，吊装的设备为电动葫芦或吊车，如图4-14所示。

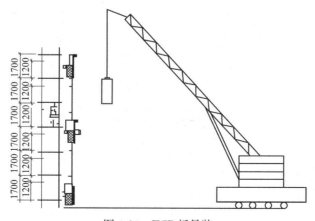

图4-14　ECP板吊装

10）安装就位

ECP 板先放在承托钢件上，然后将所有的 Z 形件与抗风角钢连接件进行连接，调整板块的进出位，调整完成展开上端 Z 形转接件的点焊固定。

11）打胶清理

ECP 板安装完成后，需搭设吊篮对外立面板块与板块间进行打胶处理。

打胶注意事项如下：

（1）ECP 板安装完毕后，清理板缝，然后进行泡沫条的填塞工作，泡沫条填塞深浅度要一致，不得出现高低不平现象。

（2）泡沫条填塞后，进行美纹纸的粘贴。美纹纸的粘贴应横平竖直，不得有扭曲现象。

（3）打胶过程中，注胶应连续饱满，刮胶应均匀平滑，不得有跳刀现象，同时需避免对 ECP 板进行污染。

（4）打胶完成后，待密封胶半干后撕下美纹纸，进行清理。

12）窗安装

经过研制一体化门窗套与墙体简单扣接，有效地解决了传统门窗套与装配式墙体不结合以及施工工序复杂的问题，其装饰效果更加美观、整齐，如图 4-15～图 4-17 所示。

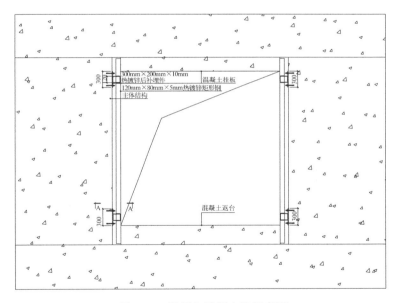

图 4-15　窗周方通钢立柱示意图

13）装配式硅酸钙复合装饰板安装

施工工艺为：墙体上放线确定胀栓点位→根据点位钻孔固定胀栓→38 龙骨固定在胀栓上→通过 38 龙骨固定面层的基层纸面石膏板→安装暗密拼条→硅酸钙板面层卡在密拼条上，形成一个整体。整个过程无湿作业，面层材料全在工厂定型加工，且无污染。

4. 管线分离装配式内装技术

装配式内装饰板＋管线分离内装，维修改造不涉及墙体结构，简便环保。外墙内表面应用装配式硅酸钙复合装饰墙板，架空层安装水电管线，实现管线分离装配式内装技术。其相配套的体系为吊顶和架空地板，实现全部管线分离。以塑料胀栓为连接构件，通过

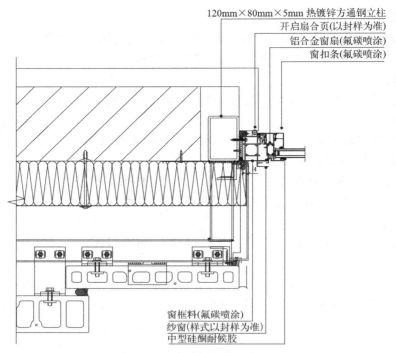

图 4-16　窗外侧安装示意图

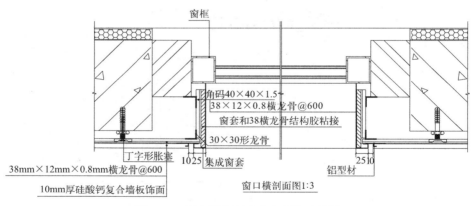

图 4-17　窗内侧装配式窗套安装示意图

38 龙骨固定硅酸钙板，形成了结构内墙面装配式技术体系。

其施工工艺为：丁字型胀塞固定横龙骨→预留 20mm 架空层→在架空层进行水、电管线墙面安装固定→挂装硅酸钙复合装饰墙板（图 4-18）。

4.1.2　高效装配式一体化大板施工技术

外墙系统装配集成技术利用 ALC 板集成大板并预贴 STP 保温装饰板，集成结构、保温、装饰一体化墙板进行创新，形成 ALC 高效装配式一体化大板系统，所有构件均为现场平面组装完成，装配式施工，具有高效装配、节能提升、施工安全性提升、施工效率提升的优点。

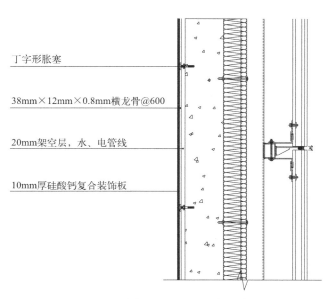

丁字形胀塞

38mm×12mm×0.8mm横龙骨@600

20mm架空层，水、电管线

10mm厚硅酸钙复合装饰板

图 4-18　管线分离装配式内装示意图

1. 生产组装技术

1）墙体构造

利用 ALC 板集成大板并预贴 STP 保温装饰板，形成外墙系统装配集成技术。墙体构造如图 4-19 所示。

2）钢构架

内嵌式外墙板钢框架由顶扁钢、底扁钢、竖向钢管及侧扁钢组成，在吊装时，须临时加固内嵌式墙板。外挂式外墙板钢框架由顶角钢、底扁钢、竖向钢管及侧扁钢组成。钢板上焊接着套筒，套筒穿过顶部组件的洞口并焊接在一起。此处套筒用来固定吊索或吊环，即作为墙板起吊的吊点。

3）ALC 板与钢框架的连接

（1）ALC 板安装至钢框架后，对齐顶部组件与 ALC 板的洞口。向洞口灌注灌浆料，然后将套筒安装进洞口，将浆料挤压出。套筒没入洞口露出 5mm，焊接套筒与顶部组件。套筒底端应预先用发泡聚氨酯封堵，防止灌浆料渗透进套筒空腔内。内嵌式外墙板在吊装时，须附加临时加固角钢，角钢与一体化墙板通过吊装锚筋连接。外挂式外墙板则不需要吊装锚筋。

（2）钢框架侧边与 ALC 板的连接构造与顶部组件相同。此部位，内嵌式、外挂式外墙板均不需要吊装锚筋，但内嵌式墙板在安装就位后须安装锚固锚筋。

（3）钢框架底部组件与 ALC 板的连接构造与顶部组件相同。此部位，内嵌式、外挂式墙板均不需要吊装锚筋及锚固锚筋。

4）复合保温、装饰等功能层

一体化外墙板的外保温体系可采用薄抹灰外保温和保温装饰板外保温。

（1）薄抹灰外保温系统。薄抹灰外保温系统构造为找平层、粘结层、真空绝热板、抹面砂浆、罩面腻子和涂料。一体化外墙板将其中的找平层、粘结层、真空绝热板、抹面砂

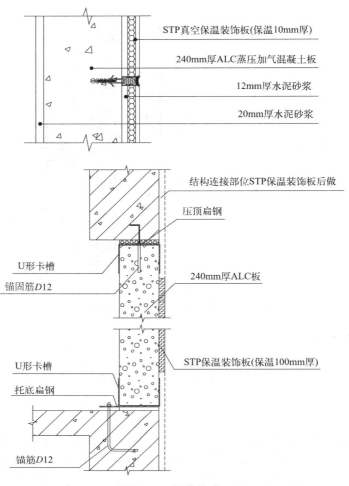

STP真空保温装饰板(保温10mm厚)

240mm厚ALC蒸压加气混凝土板

12mm厚水泥砂浆

20mm厚水泥砂浆

结构连接部位STP保温装饰板后做

压顶扁钢

U形卡槽

锚固筋D12

240mm厚ALC板

U形卡槽

托底扁钢

STP保温装饰板(保温100mm厚)

锚筋D12

图 4-19　墙体构造

浆进行复合。罩面腻子、涂料待主体结构完工、结构范围内、墙板外缘搭接范围施工完后再统一进行施工，以保证建筑饰面效果统一。

（2）保温装饰板外保温系统。保温装饰板外保温系统构造包括找平层、粘结层、保温装饰板。一体化外墙板复合其中的所有功能层。

内嵌式墙板的每道功能层边界自上一道功能层边界向内退 80～100mm，与主体结构范围内对应的功能层形成搭接，增强外保温系统的整体性。外挂式墙板的每道功能层均铺满围护结构基层板，边界不向内退。

5）复合门窗

主要是复合门窗的框。安装门窗框时，应先扶直墙板，然后在混凝土墙、ALC 板材墙、砌块安装门窗框，并完成窗口部位外保温施工。

2. 施工安装技术

一体化墙板的安装过程总体上与预制混凝土墙板类似，包括安装吊具、扶直、起吊、就位、调整、固定等工序。最大的不同在于墙板与主体结构的连接方式，以及墙板拼缝的构造。内嵌式墙板在吊装前还须临时加固。

1）内嵌式墙板安装

（1）临时加固措施

内嵌式外墙板的钢框架由顶扁钢、底扁钢、侧扁钢、竖向钢管组成。墙板竖直状态下，钢框架的顶、底扁钢不能承受墙板重量引起的弯矩，须临时加固。

①将加固角钢安装在内嵌式墙板顶部，对齐加固角钢上与墙板顶部的洞口；

②将吊装锚筋拧入墙板顶部洞口的套筒；

③拧紧螺帽，使螺帽仅仅抵住加固角钢。

（2）内嵌式墙板与主体结构的连接

内嵌式墙板与主体结构连接分三个部位：板顶、板侧边及板底。板顶、板侧边均通过弯锚钢筋与主体结构连接，板底通过 L 形角铁与主体结构连接。

在墙板安装就位后，拆除板顶的临时加固角钢。在板顶、板侧的套筒内安装弯锚钢筋。锚筋弯曲角度为 $90°$，垂直墙板侧边长度不小于 $0.4Lab$，平行墙板侧边长度不小于 $12d$。锚筋外露的丝扣数不超过 3 个。

采用 L 形连接件连接预埋锚筋。L 形连接件一端连接锚筋，另一端连接竖向钢管上的螺栓。

2）外挂式墙板安装

外挂式墙板可直接吊装。

（1）外挂式墙板与主体结构的连接采用 L 形角铁连接墙板和主体结构内预埋件。其构造与预制混凝土外墙挂板和主体结构的连接构造相似。图 4-20 所示，在主体混凝土结构预先设置用于固定角铁的预埋件。预埋件应经过计算确定其尺寸、厚度、锚筋直径、锚筋数量。围护结构基层板的竖向钢管上，对应部位开设洞口，洞口内设置套筒并焊接牢固。套筒内安装锚筋，锚筋与 L 形角铁相连。

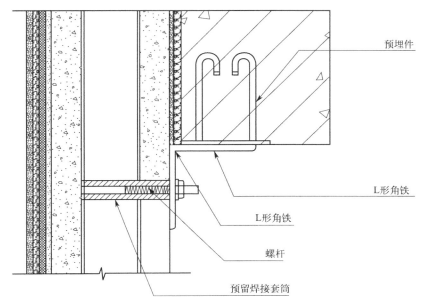

图 4-20　外挂式墙板与主体结构连接节点

（2）外挂式墙板的拼缝，墙板间缝隙宽度大约为 20～35mm，为墙板的变形、移动预留空间，具体尺寸应通过计算确定。在安装墙板前，应在板四周先贴好封边胶条。板底的封边胶条和板顶的封边胶条组成缝隙内的梯形台阶。主体结构的表面贴好层间防火封堵（岩棉防火隔离带）。缝隙封堵构造如下：在靠近主体结构一端，用耐火接缝材料、发泡氯丁橡胶气密条封堵；在靠近室外一端，用发泡聚乙烯棒及建筑密封胶封堵；两端之间留置空腔（图 4-21 和图 4-22）。

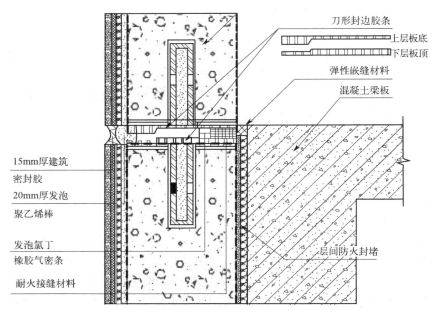

图 4-21　外挂式墙板水平拼缝

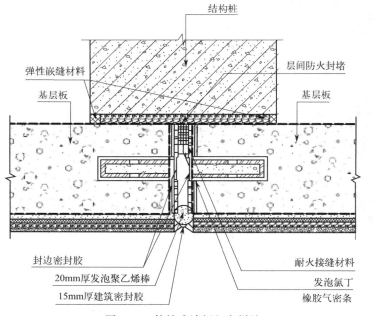

图 4-22　外挂式墙板竖向拼缝

墙板拼缝通常设置在主体结构柱的中线部位。墙板间缝隙宽度大约为 20～35mm，为墙板的变形、移动预留空间，具体尺寸应通过计算确定。板侧边应粘贴带凹槽的封边密封胶。主体结构的表面贴好层间防火封堵（岩棉防火隔离带）。缝隙封堵构造与水平拼缝相同。

4.2 新型高效智能外窗调控与集成技术

4.2.1 新型智能外窗的智能调控技术

1. 基于状态调节阈值优化的智能外窗控制方法

以供冷季空调和照明能耗最低为优化目标，采用太阳辐射强度为控制参数，使用 GenOpt 和 EnergyPlus 联合运行确定最佳控制阈值，优化流程图如图 4-23 所示。

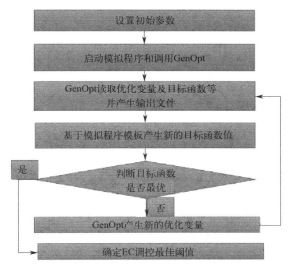

图 4-23 智能外窗控制参数的阈值优化流程图

该阈值优化过程所设定的目标函数为供冷季房间的耗电量，包括空调耗电和照明耗电，见式(4-1)。在满足室内光舒适和热舒适的条件下，找到太阳辐射强度的阈值优化值，以控制 EC 状态，从而尽可能减少供冷季能耗。

$$W = Q_{\text{light}} + Q_{\text{cool}}/COP \tag{4-1}$$

式中　W——房间耗电量（kW·h）；

$\quad Q_{\text{cool}}$——空调耗电量（kW·h）；

$\quad Q_{\text{light}}$——照明耗电量（kW·h）；

$\quad COP$——冷源系统效率。

基于控制阈值优化的智能外窗优化控制方法在供冷季运行可以取得比商用控制方法更好的节能效果，为智能玻璃窗在公共机构的节能应用提供了易于工程实施的节能控制技术。

2. 基于空调和照明低能耗控制目标的智能外窗实时优化控制方法

考虑室外环境参数是实时变化的，建筑光热环境对智能外窗的调控需求也在实时变化，为了充分挖掘智能外窗的节能潜力，提出基于空调与照明低能耗目标的智能外窗实时优化控制方法，控制流程如图 4-24 所示。

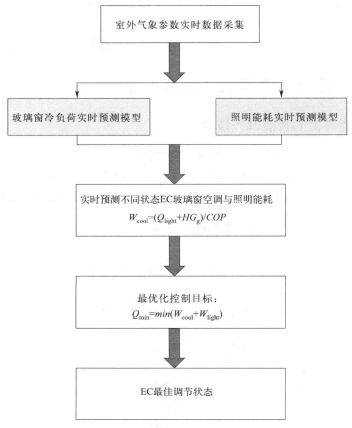

图 4-24　智能外窗实时优化控制流程图

1）建立玻璃窗冷负荷实时预测模型

通过玻璃窗进入室内的冷负荷主要分两部分：一部分是由阳光透射进入室内形成的负荷；另一部分是由于室内外温差的存在，玻璃窗导热所形成的室内负荷。当智能外窗改变EC 状态时，玻璃的透过率、反射率和吸收率随之变化，但玻璃窗的传热系数 K 是不变的，因此导热传热量基本不变，智能外窗冷负荷预测只考虑通过玻璃进入室内的太阳辐射热。

阳光照射到窗表面后，一部分被反射掉，不会成为房间的得热；另一部分直接透过玻璃进入室内，全部成为房间得热量；还有一部分则被玻璃吸收，使玻璃温度提高。这样，其中一部分又将以长波热辐射和对流方式传至室内，而另一部分则同样以长波热辐射和对流方式散至室外，不会成为房间的得热。通过玻璃窗的太阳辐射得热 HG_g 应包括透过的太阳辐射得热量 HG_τ 和由于玻璃吸收太阳辐射得热量所造成的房间得热 HG_a。

预测模型通过气象站采集室外气象参数，计算出入射到玻璃表面的太阳辐射强度，并计算不同入射角下不同 EC 状态的玻璃窗光学性能，实时预测通过不同 EC 状态的玻璃窗进入室内的太阳辐射热。

2）建立照明能耗实时预测模型

EC 玻璃窗状态改变会引起玻璃的可见光透过率变化，使得自然采光量不同，造成室内照明能耗的变化。为预测照明能耗，首先根据室外气象参数，计算来自天空和太阳的室外水平照度，确定来自天空和太阳透过窗户落在参考点的照度，并通过照度预测此时的照明能耗和由照明散射形成的室内冷负荷。

3）基于模型预测实现 EC 最优化控制

EC 玻璃窗状态变化影响的空调和照明总能耗 Q_{win} 主要包括三个部分：通过玻璃的太阳辐射得热量 HG_g、照明电耗 W_{light}、照明散热量 Q_{light}，计算公式见式（4-2），其中，COP 为供冷机组的性能系数。

$$Q_{win} = \frac{(Q_{light} + HG_a + HG_\tau)}{COP} + W_{light}$$ （4-2）

根据已经建立的玻璃窗冷负荷实时预测模型和照明能耗实时预测模型，输入室外气象数据、地理位置和时刻，可以分别预测 EC 玻璃窗四种状态下的空调和照明总能耗 Q_{win}。

EC 玻璃窗状态变化影响的空调和照明总能耗 Q_{win} 最小为优化目标，对比 EC 玻璃窗四种状态下的 Q_{win} 值，Q_{win} 最小值所对应的状态为 EC 玻璃窗应调节的最优状态，自控系统根据最优控制指令自动调节 EC 玻璃窗状态。

基于空调与照明低能耗目标的智能外窗实时优化控制方法采用模型预测技术，解决了建筑光、热环境对玻璃窗需求难以平衡的问题，充分挖掘了 EC 玻璃节能潜力，为智能玻璃窗在公共机构的节能应用提供了先进技术。

4.2.2　新型智能外窗的集成技术

1. 智能外窗的集成方案设计

目前市场销售的 EC 玻璃窗结构大多设计为双玻中空或三玻两腔，如图 4-25 所示。其中，EC 玻璃层位于最外层，设计有可调节的四种状态（透明态、中间态 1、中间态 2、着色态）；Low-E 膜在最内层白玻的外侧，采用高透型；中空层采用 95％的氩气、5％的空气。

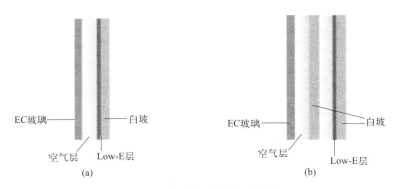

图 4-25　智能外窗结构示意图
（a）双玻中空；（b）三玻两腔

为了合理选择 EC 玻璃窗的结构设计方案，本书以中空层数分别为 1 层、2 层，中空层厚度分别为 6mm、8mm、12mm，有无 Low-E 膜，设计了 12 种 EC 玻璃窗方案，见表 4-1。为方便叙述，EC 玻璃窗结构形式采用简化符号表示，如 EC2-6L（2：中空层数；6：中空层厚度为 6mm；L：有 Low-E 膜）为 7mmEC 玻璃＋6A＋6mmLow-E 玻璃。

将 EC 玻璃与不同厚度空气层（90％氩气＋10％空气）、Low-E 低辐射相集成，设计了 12 种不同构造的智能玻璃，见表 4-1。使用 Window 7.6 软件计算不同设计方案的 EC 玻璃窗的光学参数 T_{vis}、$SHGC$、传热系数 K 值，结果如图 4-26 所示。

智能玻璃的集成方案设计　　　　　　　　　　　　　　　表 4-1

玻璃结构编号	EC玻璃	空气层(mm)			白玻	空气层(mm)			白玻	Low-E玻璃
		6	8	12		6	8	12		
EC2-6	√	√	—	—	√	—	—	—	√	—
EC2-8	√	—	√	—	√	—	—	—	√	—
EC2-12	√	—	—	√	√	—	—	—	√	—
EC3-6	√	√	—	—	√	—	—	—	√	—
EC3-8	√	—	√	—	√	—	√	—	√	—
EC3-12	√	—	—	√	√	—	—	√	√	—
EC2-6L	√	√	—	—	√	—	—	—	—	√
EC2-8L	√	—	√	—	√	—	—	—	—	√
EC2-12L	√	—	—	√	√	—	—	—	—	√
EC3-6L	√	√	—	—	√	—	—	—	—	√
EC3-8L	√	—	√	—	√	—	√	—	—	√
EC3-12L	√	—	—	√	√	—	—	√	—	√

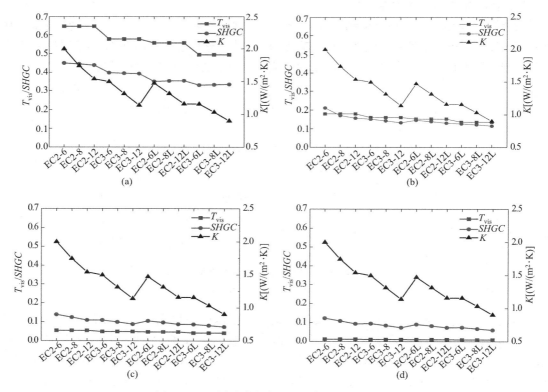

图 4-26　不同设计方案的 EC 玻璃窗性能参数
(a) 透明态；(b) 中间态 1；(c) 中间态 2；(d) 着色态

2. 集成智能外窗在不同地域的节能潜力

以常用的 EC 双层中空玻璃窗为研究对象，应用 EC 实时优化控制方法，以典型办公建筑为应用案例，采用 EnergyPlus 对供冷季进行模拟，以普通双层中空玻璃窗（PT2-6）作为对比，得到智能外窗在不同地域的节能效果。具体结论如下：

（1）严寒地区，夏季短且凉爽，严寒地区所选的 6 个典型城市的夏季总能耗较低，但太阳辐射较强，相比普通玻璃窗，EC 玻璃窗所减少的总能耗较高，最低为 2.98kW·h/m^2，最高为 4.65kW·h/m^2；节能率也较高，最低为 13.7%，最高为 22.8%。

（2）寒冷地区，平原地区夏季较炎热湿润，高原地区夏季较凉爽，总体日照较为丰富，在寒冷地区所选的 9 个典型城市中，在海拔最高的拉萨，节能量较小，为 1.08kW·h/m^2，节能率 14.0%；在大多数低海拔地区节能量均高于 3.0kW·h/m^2，但由于夏季较炎热，总能耗较高，节能率最低为 11.1%。

（3）夏热冬冷地区夏季闷热，冬季湿冷，且日照偏少，夏季总能耗较高，EC 玻璃窗所减少的太阳辐射热占比较低，在夏热冬冷地区所选的 8 个典型城市，节能量最低为 2.35kW·h/m^2，最高为 3.93kW·h/m^2；而节能率较低，最高为 11.4%，最低为 7.8%。

（4）夏热冬暖地区长夏无冬，温高湿重，太阳辐射强烈，但夏季雨季较长，整个夏季的总太阳辐射不强，在夏热冬暖地区所选的 4 个典型城市节能量较高，均高于 3.0kW·h/m^2，但由于总能耗较高，所以总节能率较低，均低于 10%；在温和地区冬温夏凉，日照较少，但太阳辐射强烈，所选的温和地区的典型城市昆明的节能量为 2.44kW·h/m^2，节能率为 15.0%。

5

可再生能源综合利用技术

5.1 公共机构被动式能源利用现状

本章将公共机构按照不同的气候分区进行划分，分别对严寒地区、寒冷地区、夏热冬冷地区、夏热冬暖地区以及温和地区的公共机构被动式能源的应用情况进行调研，具体的调研数据如下。

5.1.1 严寒寒冷地区公共机构被动式能源的应用

严寒寒冷地区可再生能源应用中，太阳能路灯、太阳能热水和地源热泵技术应用较多，太阳能光伏发电技术应用较少。

严寒寒冷地区 140 家国家机关中有 20 家采用可再生能源利用技术共 35 项，其中，太阳能热水技术占 29%，太阳能路灯技术占 26%，地源热泵技术占 23%，太阳能光伏发电技术占 23%；72 家学校中有 37 家学校采用可再生能源利用技术 47 项，其中，太阳能热水技术占 43%，太阳能光伏发电技术占 26%，太阳能路灯技术占 19%，地源热泵技术占 11%，微风发电技术占 2%；34 家医院中有 11 家采用可再生能源利用技术 11 项，其中，太阳能热水技术占 73%，地源热泵技术占 18%，太阳能路灯技术占 9%。

5.1.2 夏热冬冷地区公共机构被动式能源的应用

夏热冬冷地区可再生能源应用中，国家机关太阳能光伏发电技术应用较多，学校和医院太阳能热水和空气源热泵热水系统应用较多，地源热泵技术应用较少。

夏热冬冷地区 16 家国家机关采用可再生能源利用技术 16 项，其中 13 家采用太阳能光伏发电技术，占 81%，2 家采用太阳能热水技术，占 13%，1 家采用太阳能路灯技术，占 6%；而 14 家学校采用可再生能源技术 18 项，其中 1 家采用太阳能光伏发电技术，占 6%，9 家采用空气源热泵技术，占 50%，5 家采用太阳能热水技术，占 28%；同时，9 家医院采用可再生能源利用技术 9 项，仅 1 家医院采用太阳能光伏发电技术，占 11%，4 家医院采用空气源热泵技术，占 44%，3 家医院采用太阳能热水技术，占 33%。

5.1.3 夏热冬暖地区公共机构被动式能源的应用

夏热冬暖地区可再生能源应用中，国家机关、学校太阳能光伏发电技术应用较多，各类公共机构空气源热泵热水系统应用较多。

夏热冬暖地区 76 家国家机关中有 3 家采用可再生能源利用技术共 3 项，其中，太阳能光伏发电技术 2 家，占 67%，太阳能热水技术 1 家，占 33%；27 家学校中有 8 家学校采用可再生能源利用技术 8 项，其中，太阳能热水技术 1 家，占 13%，太阳能光伏发电技术 3 家，占 38%，太阳能路灯技术 4 家，占 50%；19 家医院中并无采用可再生能源利用技术。

5.1.4 温和地区公共机构被动式能源的应用

温和地区可再生能源应用中，温和地区太阳辐射照度较强，太阳能利用具有优势，学校、医院太阳能光伏发电技术应用较多，各类公共机构太阳能 LED 路灯、太阳能生活热水系统应用较多。

在温和地区，学校改造中 10 家单位采用可再生能源利用技术，其中 2 家采用太阳能光伏发电技术；医院改造中总共 4 家采用可再生能源利用技术，其中 1 家采用太阳能光伏发电技术。国家机关配电与照明系统改造中，太阳能路灯技术占 14%，而学校配电与照明系统改造中，太阳能路灯技术占 23%，医院配电与照明系统改造中，太阳能路灯技术占 7%。

5.2 公共机构被动式与主动式能源供应技术

5.2.1 公共机构被动式与主动式能源耦合分析数学模型

MARKAL 模型是由能源需求约束的多周期能源供需线性规划模型，在用来帮助一个国家或地区的能源系统规划和结构优化等问题中优势突出，具有很强的多目标分析功能，还可结合能源系统模型相关的环境、经济和政策等条件以及不同能源载体之间转换关系进行情景模拟。MARKAL 模型能够在给定建筑物的能耗需求时，确定出最优的能源供应结构，并且是自下而上角度的线性规划模型。而公共机构主被动能源耦合模型的构建，也应从公共机构需求侧考虑，结合能源消费结构及能源转换率，反推公共机构供应侧的能源供应情况，与 MARKAL 模型的耦合机理相同，故决定以 MARKAL 模型作为本课题的数学分析模型，根据其算法和耦合机理，构建公共机构主被动能源耦合模型。

依据 MARKAL 模型的数学框架，构建公共机构能源耦合数学模型体系，如图 5-1 所示，包括能源系统模块、碳排放模块以及社会发展模块三个部分。能源系统模块主要为能源的流动过程，并在能源流动过程中加入相应的约束条件；碳排放模块主要为碳排放约束条件的建立，进行碳排放减排目标的设置，并利用排放系数法计算碳排放量；社会发展模块主要为模型预测过程中的影响因素，本节将介绍模型中约束条件建立所需要的主要数据，阐述模型中各项基础数据的选取、收集和分析，包括公共机构需求侧的能耗数据、供应侧的能源资源条件、能源消费结构的影响分析、转换技术约束的能源转换效率、碳排放约束的减排目标等。

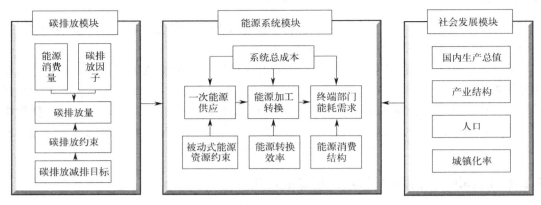

图 5-1　公共机构能源耦合数学模型体系

基于模型，进行以下相关分析：

（1）公共机构能源耦合模型能耗需求量计算结果分析。

（2）公共机构能源耦合模型资源供应量调研结果分析。

（3）公共机构能源消费结构分析。

（4）主被动能源转换效率分析。

（5）公共机构碳排放约束条件的建立。

5.2.2　公共机构被动式与主动式能源耦合利用技术应用

本节主要介绍公共机构主被动能源供应优化协调耦合模型的应用与配比结果，给出各地区公共机构的主被动能源供应宏观配置方案。以辽宁省公共机构为例，对构建的主被动能源优化耦合模型进行实际应用。

1. 辽宁省公共机构能源耦合模型应用

辽宁省公共机构能源供应方案设计路线图如图 5-2 所示，首先调研辽宁省主被动能源资源情况，结合辽宁省公共机构能耗模拟计算结果，利用情景分析法设计辽宁省公共机构能源供应方案；再利用公共机构主被动能源耦合模型进行计算，得到各情景下各类能源供应量、二氧化碳排放量、投资成本等计算结果；根据计算结果进行反馈，将各类能源供应方案进行对比，选择公共机构主被动能源耦合供应方案及其优化配比；最后结合辽宁省相关政策进行合理的修正，最终得到辽宁省公共机构主被动能源耦合优化配置方案。

优化求解的过程是逆着能源系统的能源流动方向进行的，即以能源需求预测数据为出发点，动态地优化规划期内的一次能源供应结构和用能技术结构。辽宁省公共机构能源耦合模型以 2020 年为基年，以 10 年为时间跨度，模拟 2020—2050 年辽宁省公共机构不同主被动能源耦合方案下的发展趋势，最终得到辽宁省公共机构主被动能源优化供应配比及宏观配置方案。

2. 辽宁省公共机构能源供应方案设计

1）基准情景

在情景中，一次能源采用开放式供应，并且不施加环境排放约束和能源供应结构的调

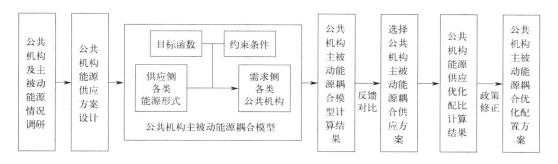

图5-2　辽宁省公共机构能源供应方案设计路线图

整，模型在满足公共机构能耗需求的情况下仅使用主动式能源和区域被动式能源进行能源供应，以此设置为基准情景（A-0），作为其他方案的对比方案。

2）采用被动式能源优化方案的非基准情景

基于目前辽宁省的被动式能源资源储量、开发技术及经济因素等限制条件，被动式能源不能完全供应辽宁省公共机构全部能耗需求，仍需要主动式能源进行能源供应，因此设定的三种采用被动式能源优化的非基准情景的能源供应方案中，仍以主动式能源作为主要的能源供应。假设情景 B-1 为采用太阳能作为被动式能源优化方案的情景，该情景中利用太阳能进行能量供应，但不使用地热能，同时使用主动式能源进行能源补充供应。假设情景 B-2 为采用地热能作为被动式能源优化方案的情景，该情景中使用地热能进行能源供应，但不使用太阳能，在地热能供应不足的情况下使用主动式能源进行能源补充供应。假设情景 B-3 为采用太阳能与地热能共同作为被动式能源优化方案的情景，该情景中同时使用太阳能和地热能，在两种被动式能源供应不足时采用主动式能源进行能源补充供应。设计的四种情景具有相同的能源终端转换效率、公共机构能源需求量及能源技术成本，辽宁省公共机构能源供应方案具体的设置情景见表5-1。

被动式能源供应方案假设情景　　　　　　　　　　　　　　　　　表 5-1

假设情景	A-0	B-1	B-2	B-3
太阳能	×	√	×	√
地热能	×	×	√	√
主动式能源	√	√	√	√

注：√为供应方案中使用该能源供应，×为供应方案中不使用该能源供应。

3. 能源耦合模型模拟结果分析

1）各类能源供应计算结果

辽宁省公共机构能源耦合模型中的数据包括辽宁省公共机构能源需求量、被动式能源供应占比，见表5-2和表5-3。辽宁省太阳能及地热能的资源供应量数据来源于国家统计局，能源转换效率数据来自《辽宁统计年鉴 2019》中主要年份能源加工的转换效率统计，各能源单位投资成本取自国际可再生能源署（IRENA）公布数据。同时上述各能源需求量满足能源供应约束条件，即辽宁省太阳能及地热能供应量大于辽宁省公共机构能源需求量。将各假设情景相关数据及约束条件带入 MATLAB 中进行矩阵运算，得到四种情形的模拟结果，见表5-4～表5-7。

2020—2050年辽宁省各类公共机构能耗需求预测结果统计表　　表 5-2

年份	2020 年	2030 年	2040 年	2050 年
教育事业类总能耗	1.12×10^6 tce	1.22×10^6 tce	1.37×10^6 tce	1.51×10^6 tce
政府机关类总能耗	1.33×10^6 tce	1.34×10^6 tce	1.34×10^6 tce	1.35×10^6 tce
卫生事业类总能耗	5.94×10^6 tce	8.27×10^6 tce	1.06×10^7 tce	1.29×10^7 tce
公共机构总能耗	8.39×10^6 tce	1.08×10^7 tce	1.33×10^7 tce	1.58×10^7 tce

2020—2050年辽宁省公共机构能源消费构成预测　　表 5-3

年份	2020 年	2030 年	2040 年	2050 年
主动式能源	96.8%	91.2%	79.6%	64.3%
被动式能源	3.2%	8.8%	20.4%	35.7%

情景 A-0 下各类能源供应量（单位：tce）　　表 5-4

时间	2020 年	2030 年	2040 年	2050 年
煤炭	1.31×10^6	1.41×10^6	1.44×10^6	1.46×10^6
天然气	1.31×10^5	2.56×10^5	3.96×10^5	5.48×10^5
区域被动式能源	1.72×10^5	3.35×10^5	4.97×10^5	6.97×10^5
太阳能	0	0	0	0
地热能	0	0	0	0

情景 B-1 下各类能源供应量（单位：tce）　　表 5-5

时间	2020 年	2030 年	2040 年	2050 年
煤炭	1.24×10^6	1.16×10^6	8.39×10^5	2.74×10^5
天然气	1.31×10^5	2.56×10^5	3.96×10^5	5.48×10^5
区域被动式能源	1.72×10^5	3.35×10^5	4.97×10^5	6.97×10^5
太阳能	1.05×10^5	3.25×10^5	7.20×10^5	1.09×10^6
地热能	0	0	0	0

情景 B-2 下各类能源供应量（单位：tce）　　表 5-6

时间	2020 年	2030 年	2040 年	2050 年
煤炭	1.17×10^6	1.09×10^6	8.38×10^5	3.61×10^5
天然气	1.31×10^5	2.56×10^5	3.96×10^5	5.48×10^5
区域被动式能源	1.72×10^5	3.35×10^5	4.97×10^5	6.97×10^5
太阳能	0	0	0	0
地热能	1.58×10^5	3.56×10^5	6.44×10^5	9.97×10^5

情景 B-3 下各类能源供应量（单位：tce）　　　　　　　　　　表 5-7

时间	2020 年	2030 年	2040 年	2050 年
煤炭	$1.13×10^6$	$1.01×10^6$	$6.93×10^5$	$1.39×10^5$
天然气	$1.31×10^5$	$2.56×10^5$	$3.96×10^5$	$5.48×10^5$
区域被动式能源	$1.72×10^5$	$3.35×10^5$	$4.97×10^5$	$6.97×10^5$
太阳能	$7.12×10^4$	$1.91×10^5$	$4.55×10^5$	$7.25×10^5$
地热能	$1.42×10^5$	$2.79×10^5$	$3.93×10^5$	$5.13×10^5$

通过对比被动式能源需求量与主动式能源需求量可知，在未来很长一段时间内，能源的消耗仍是以主动式能源为主，被动式能源为辅的发展状态，因此提升主动式能源的利用效率是降低公共机构能耗的关键之一。此外，短期内，地热能是辽宁省公共机构被动式能源供应占比中较高的组成部分，但由于地热能的储量有限，无法满足辽宁省公共机构能耗的高增长状态，因此长期内仍需要太阳能进行能源补充。根据非基准情景下的三种方案的对比也可发现，情景 B-3 中的多能源的主被动能源供应方案，在二氧化碳减排量以及被动式能源占比方面均为三种方案中的最优方案，因此我国其他地区公共机构的能源供应方案的选取原则也应采用多能源的能源供应方式。由于能源应用技术的不断改良，各类能源的转换技术手段不断提升，公共机构的单位面积能源供应量也在不断下降。因此，开发主被动式能源技术，提高能源转换效率也是降低公共机构能耗、减少二氧化碳排放污染的方法之一。

2）各情景碳排放计算结果

二氧化碳在不同情形下的排放量如图 5-3 所示。在基准情景 A-0、主动式能源的能源转换效率提升 20% 的前提下，2050 年辽宁省公共机构的碳排放量仍高达 2019 万 t。在投入被动式能源的设计方案中，主动式能源使用量均比基准方案中相同目标年的水平低，二氧化碳的排放量也逐年下降。尤其在情景 B-3 中，即同时利用太阳能与地热能的能源供应方案，二氧化碳排放量最低。预计 2050 年辽宁省公共机构碳排放总量达 127.6 万 t，相比

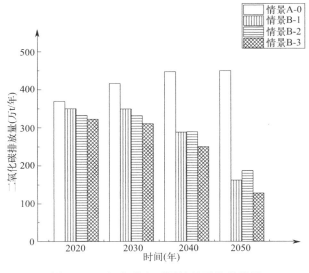

图 5-3　二氧化碳在不同情景下的排放量

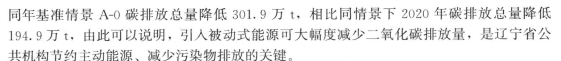

同年基准情景 A-0 碳排放总量降低 301.9 万 t，相比同情景下 2020 年碳排放总量降低 194.9 万 t，由此可以说明，引入被动式能源可大幅度减少二氧化碳排放量，是辽宁省公共机构节约主动能源、减少污染物排放的关键。

从碳排放量的降幅上看，使用被动式能源的各个供应方案之间相差不大，但相比基准方案的降幅有明显的提升。此外，除提升被动式能源比例可达到降低碳排放的目的以外，提升各能源的转换效率也可大幅降低碳排放量。以情景 B-3 为例，若 2050 年能源转换效率达到当前发展速度的两倍以上，那么在被动式能源充足的情况下，辽宁省公共机构二氧化碳排放量可有望降至 100 万 t 以下。

3）各情景投资成本计算结果

在公共机构的节能问题中，成本也是作为方案选取中不可忽视的指标之一。各类能源投资成本根据国际可再生能源署（IRENA）发布的 2019 年可再生能源成本报告中所给数据及其预测进行估计，具体各类能源应用成本见表 5-8。

2019 年全球可再生能源发电水平平均单位成本［单位：美元/(kW·h)］ 表 5-8

能源形式	地热能	水力发电	光伏发电	光热发电	海上风电	陆上风电
单位成本	0.072	0.047	0.068	0.182	0.115	0.053

各类能源综合单位成本见表 5-9，目前太阳能主要以光伏发电及光热发电为主，因此此处太阳能计算单位成本按两种用能方式进行综合计算，区域被动式能源主要针对风能以及水能的利用进行综合单位成本估计。

各类能源综合单位成本（单位：人民币/tce） 表 5-9

能源种类	煤炭	天然气	区域被动式能源	太阳能	地热能
单位成本	750	2100	2500	4200	3600

四种方案下的年成本的变化情况如图 5-4 所示，由于城市的发展带来的各类公共机构数量、面积和能耗均有所上升，因而各方案的投资成本呈逐年升高的趋势。其中，不采用被动式能源优化的情景 A-0 年均成本最低，采用多种被动式能源的情景 B-3 年均成本最高。究其原因，主要是由于被动式能源具有较高的单位成本以及情景 B-3 具有较高的被动式能源比例。

表 5-10 为不同情景下未来 30 年内的总成本估计。情景 B-1、情景 B-2 和情景 B-3 均符合我国发展绿色建筑，低碳减排的要求。其中情景 B-2 成本最低，未来 30 年总投资成本约 659.5 亿元。相比之下，在规划期内情景 B-1 和 B-3 的成本比情景 B-2 分别高出 51.4 亿元和 105.0 亿元。若以成本最小化作为能源供应方案的唯一指标，可采用情景 B-2 作为公共机构的能源供应方案。

不同情景下未来 30 年总成本（亿元） 表 5-10

假设情景	A-0	B-1	B-2	B-3
总成本估计	489.9	710.9	659.5	764.5
与基准情景相比增量成本	0	221.0	169.6	274.6

考虑到地热能过度开发会导致地质资源日益枯竭，开发难度加大，地热能的开发成本

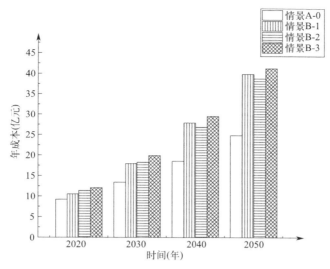

图 5-4　不同情景下辽宁省公共机构年成本投资情况

也会逐年升高，同时带来其他环境问题得不偿失。因此应考虑加入太阳能进行能源供应，以弥补地热能的地质资源不足的问题的同时，达到降低二氧化碳排放的目标。同时，三种选择被动式能源非基准情景下产生的投资成本相差不大，由此可选择同时利用太阳能和地热能的情景 B-3，2050 年该情景相比基准情景 A-0 可以达到减少碳排放 1320 万 t。根据未来 30 年辽宁省的经济发展和经济实力，也可以完全负担 B-3 方案中总计 274.6 亿元的增量成本。

4. 辽宁省公共机构能源供应方案分析

通过运用 MARKAL 模型探究辽宁省主被动能源供应优化方案，对四种假设情景的不同模拟结果进行了分析和比较，得出以下结论：由于采用的被动式能源方案中碳排放总量均得到有效控制和降低，同时结合模拟结果及辽宁省公共机构的实际情况，应选择太阳能与地热能的能源供应方案。短期内，地热能占比相较于太阳能可作为辽宁省公共机构被动式能源中的主要用能形式，而在长期发展内，太阳能的增速和占比也在不断提高，仍是未来辽宁省公共机构被动式能源供应中不可或缺的组成之一。主动式能源中，煤炭一直是主要的供能形式，因此不能将能源占比作为选择主动式能源的唯一指标，结合各类能源在能源结构中的增长速度选择方案，根据各类主动式能源的转换效率及污染排放量，应选择天然气作为辽宁省公共机构的主动式能源的主要供能形式。综上所述，辽宁省公共机构主被动能源耦合供应方案为太阳能、地热能及天然气，此方案在满足资源条件以及经济条件的基础上，大幅降低碳排放，满足环境发展的需要。

根据辽宁省公共机构的能源供应方案选择结果进行分析，在选择被动式能源方案时，多能源的供应方式优于单一能源的供应方式。主要原因有如下几点：其一，由于被动式能源具有不稳定性，例如太阳能和风能的获取与用能当天的气候条件有很大的关系，因此，多能源的相互补充会使能源的供应更加稳定。其二，部分被动式能源的过度开发会导致资源缺乏。例如地热能的过度开发也会造成水量减少、温度下降的问题出现，因而会导致成本上升、能源供应量不足的问题出现。因此，在选择被动式能源供应方案时，应遵循以下

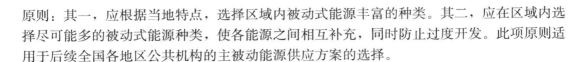

原则：其一，应根据当地特点，选择区域内被动式能源丰富的种类。其二，应在区域内选择尽可能多的被动式能源种类，使各能源之间相互补充，同时防止过度开发。此项原则适用于后续全国各地区公共机构的主被动能源供应方案的选择。

5.3 公共机构被动式、主动式耦合能源评价指标体系

5.3.1 公共机构被动式能源供应技术评价指标体系

1. 评价体系构建原则

评价指标体系是指由表征评价对象各方面特性及其相互联系的多个指标所构成的具有内在结构的有机整体。评价体系的建立及指标的选择需满足以下原则：

（1）区域性原则。

（2）动态性原则。

（3）可量化原则。

（4）层次性原则。

（5）政令性原则。

（6）突出性原则。

（7）定性与定量相结合的原则。

2. 评价指标体系构建

通过对上述各项评价指标的具体分析，太阳能供应技术评价体系中资源能源类指标为太阳能年辐射量和有效日照天数；能耗类指标为公共机构负荷需求量；技术类指标为光伏发电装机容量；经济类指标为光伏发电政策补贴和第三产业固定资产投资额；环境类指标为二氧化碳减排量。浅层地热能供应技术评价体系中资源能源类指标为单位面积浅层地热能热容量；能耗类指标为公共机构负荷需求量；技术类指标为浅层地热能供暖及制冷面积；经济类指标为地源热泵政策补贴和第三产业固定资产投资额；环境类指标为二氧化碳减排量。其中公共机构负荷需求量为负向指标，因为公共机构负荷需求量越高，各类能源的需求量越大，被动式能源利用方案推行技术要求越高，难度越大，所以将公共机构负荷需求量定为负向指标，其余指标为正向指标。正向指标也被称为极大型指标，指标数值越大越好，负向指标也被称为极小型指标，指标数值越小越好。构建的公共机构太阳能供应技术评价指标体系及浅层地热能供应技术评价指标体系，如图5-5和图5-6所示。

<pre>
                          ┌─资源能源─┬─太阳能年辐射量
                          │   └─有效日照天数
                          │─能耗────公共机构负荷需求量
太阳能供应技术评价指标体系─┤─技术────光伏发电装机容量
                          │   ┌─光伏发电政策补贴
                          │─经济────┤
                          │   └─第三产业固定资产投资额
                          └─环境────二氧化碳减排量
</pre>

图5-5 公共机构太阳能供应技术评价指标体系

$$
\text{浅层地热能供应技术评价指标体系}
\begin{cases}
\text{资源能源——单位面积浅层地热能热容量} \\
\text{能耗——公共机构负荷需求量} \\
\text{技术——浅层地热能供暖及制冷面积} \\
\text{经济}\begin{cases}\text{地源热泵政策补贴}\\\text{第三产业固定资产投资额}\end{cases} \\
\text{环境——二氧化碳减排量}
\end{cases}
$$

图 5-6　公共机构浅层地热能供应技术评价指标体系

5.3.2　公共机构被动式与主动式能源供应技术评价指标体系

太阳能与主动式能源供应技术评价体系中资源能源类指标分为被动式资源能源指标和主动式资源能源指标，其中被动式资源能源类指标为太阳能年辐射量、有效日照天数；主动式资源能源类指标为煤炭生产总量、发电总量、城市天然气供应总量；能耗类指标为公共机构负荷需求量；技术类指标为光伏发电装机容量；经济类指标为光伏发电政策补贴、第三产业固定资产投资额；环境类指标为二氧化碳减排量。浅层地热能与主动式能源供应技术评价指标体系中资源能源类指标也分为被动式和主动式资源能源指标，其中被动式资源能源类指标为单位面积浅层地热能热容量；主动式资源能源类指标为煤炭生产总量、电能总产量、城市天然气供应总量；能耗类指标为公共机构负荷需求量；技术类指标为浅层地热能供暖及制冷面积；经济类指标为地源热泵政策补贴、第三产业固定资产投资额；环境类指标为二氧化碳减排量。其中主动式资源、公共机构负荷需求量为负向指标，其余指标为正向指标。由于本研究目的是推广被动式能源，提高被动式能源的利用率，若某地区主动式能源越少，在某种程度上会提高被动式资源的利用率，所以将主动式能源定为负向指标。构建的公共机构太阳能与主动式能源供应技术评价指标体系和浅层地热能与主动式能源供应技术评价指标体系，如图 5-7 和图 5-8 所示。

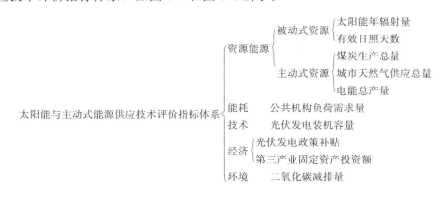

图 5-7　公共机构太阳能与主动式能源供应技术评价指标体系

在实际应用中，结合当地条件、技术、经济、政策等多方面因素，有可能采用多能供应情况（太阳能＋浅层地热能＋主动能源），公共机构多种能源供应技术评价指标体系如图 5-9 所示，其中的评价指标为太阳能与主动式能源供应技术评价指标和浅层地热能与主动式能源供应技术评价指标综合所得。

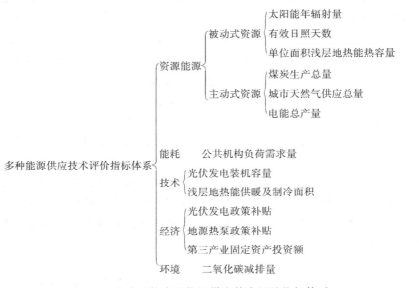

图 5-8 公共机构浅层地热能与主动式能源供应技术评价指标体系

图 5-9 公共机构多种能源供应技术评价指标体系

5.4 公共机构建筑多能源系统技术

5.4.1 公共机构多能源系统优化配置方法

本书基于综合评价指标体系的优化目标，开展相关研究。针对多能源综合系统评价，基于层次分析法的定性理论方法和基于模拟计算的敏感性定量分析，进行了包含成本、节能和环保三个维度，30种以上评价指标的方法体系研究，得到了三个一级指标，即系统成本、经济运行、环境影响。此外，还得到了十个二级指标，系统成本指标方面，有机房设备费用、管道安装及其他费用、机房土建费用、折旧费用；经济运行指标方面，有电力价格、燃气（热力）价格、系统综合能效、维护管理成本；环境影响指标方面，有可再生能源利用率和碳减排量。

从系统成本、经济运行、环境指标三个方面构建的公共机构多能源系统综合评价指标体系，如图 5-10 和表 5-11 所示。

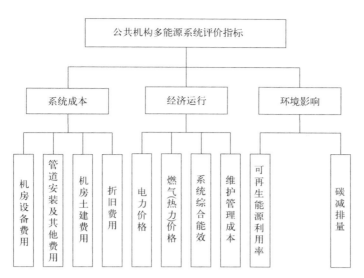

图 5-10 综合评价指标

综合评价指标

表 5-11

一级指标	二级指标	符号	对指标的描述
系统成本 （A1）	机房设备费用	A11	多能源系统设备购置费及设备安装工程费
	管道安装及其他费用	A12	机房内管道、机房至建筑内部管道费用及安装费
	机房土建费用	A13	机房土建费用和机房装修的费用
	折旧费用	A14	设备折旧费用、管网折旧费用、土建折旧费用
经济指标 （A2）	电力价格	A21	电费
	燃气（热力）价格	A22	燃料费
	系统综合能效	A23	供能系统累计供能量与累计输入能量
	维护管理成本	A24	日常维护清洗、维修费用和运行管理人员的工资
环境影响 （A3）	可再生能源利用率	A31	可再生能源利用量与终端能源消费量的比率
	碳减排量	A32	系统中 CO_2 减放量、SO_2 排放量、氮氧化物排放量

根据太阳能与地源热泵系统、地源热泵与燃气锅炉系统、地源热泵与市政热力系统、市政热力与燃气锅炉系统具体情况，确定了三级指标，各级指标层次关系，如图 5-11 所示。

三级指标：CHP 机组价格、热泵机组价格、冷水机组价格、吸收式机组价格、燃气锅炉价格、水泵价格、冷却塔价格、地埋管换热器价格、蓄能价格；管道价格、安装价格、土建结构价格、机房装修价格；土建折旧、管道折旧、设备折旧；发电效率、热泵能效 COP、冷水机组能效 COP、吸收式机组能效 COP、锅炉效率、水泵效率、集热器效率、蓄能效率、管网热损失；CO_2 减排量、SO_2 排放量、氮氧化物排放量。

本书采用统计调查分析和理论计算对比相结合的方式，根据调研数据分析和多因素敏感性模拟计算结果，最终提出了综合考虑系统成本、经济运行和环境影响的复合评价指标，见表 5-12。

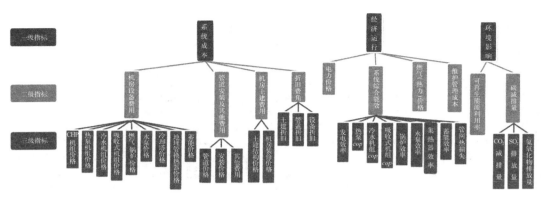

图 5-11　指标层次关系

复合评价指标　　　　　　　　　　　　　　　　　　　　　　表 5-12

一级指标	地源热泵＋太阳能＋燃气锅炉	地源热泵＋燃气锅炉	地源热泵＋市政热力	燃气锅炉＋市政热力	三联供＋地源热泵＋蓄能＋辅助冷热源
系统成本	0.462	0.432	0.469	0.541	0.428
经济运行	0.319	0.360	0.309	0.320	0.389
环境影响	0.219	0.208	0.222	0.139	0.183

因此，根据不同系统的综合评价指标体系权重，可以建立所需要的最优化目标函数。

最优化目标函数由系统成本、经济运行、环境影响三类因素组成，又可划分为机房设备费用、管道安装及其他费用、机房土建费用、折旧费用、电力价格、燃气（热力）价格、系统综合能效、维护管理成本、可再生能源利用率、碳减排量这 10 个二级评价指标。综合评价指标计算函数如下：

Y（综合评价指标）＝a×系统成本＋b×经济运行＋c×环境影响

＝a×（a_1×多能源系统机房设备费用/传统能源系统机房设备费用＋a_2×多能源系统管道安装及其他费用/传统能源系统管道安装及其他费用＋a_3×多能源系统机房土建费用/传统能源系统机房土建费用＋a_4×多能源系统折旧费用/传统能源系统折旧费用）＋b×（b_1×多能源系统机房电力价格/传统能源系统电力价格＋b_2×多能源系统燃气(热力)价格/传统能源系统燃气(热力)价格＋b_3×多能源系统系统综合能效/传统能源系统系统综合能效＋b_4×多能源系统维护管理成本/传统能源系统维护管理成本）＋c×（c_1×多能源系统机房可再生能源利用率/传统能源系统可再生能源利用率＋c_2×多能源系统碳减排量/传统能源系统碳减排量）

要实现公共机构多能源系统容量配置的优化研究，实际容量配置优化计算过程是一个反复迭代的过程，每次迭代都在寻求综合评价指标的最小值，具体迭代优化的对比过程如下（图 5-12）：

（1）对公共机构多能源系统在初设容量配置条件下进行动态能耗模拟，计算综合评价指标中涉及的各子项指标值。

（2）对同等供能条件水平下的传统燃气锅炉＋冷水机组供冷供热系统进行动态能耗模拟，计算综合评价指标中设计的各子项指标值。

（3）完成 Y（综合评价指标）的计算，根据最优化数学算法逻辑，确定下一组容量配置参数。

（4）在新的容量配置参数条件下完成 Y（综合评价指标）的计算，直至综合评价指标值不再降低，即达到最优容量配置。

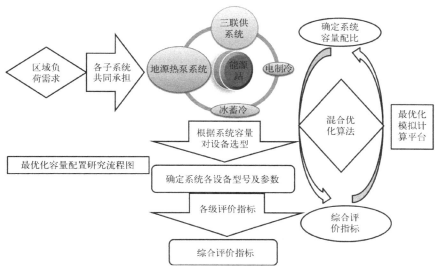

图 5-12　研究技术路线图

以三联供＋地源热泵＋常规冷热源＋蓄能系统为例分析以下项目综合评价指标的优化效果。

项目位于河北省，建筑群的功能有办公、医院，总建筑面积约 47.6 万 m²，充分利用冷热电三联供、余热梯级能源、可再生能源、蓄能等，多种能源系统的综合、协同应用，最大限度地提高了系统能源综合利用率，节省运行费用，降低了污染物排放，效果图如图 5-13 所示。

图 5-13　项目标准模块平面图

系统初始容量配置结果见表5-13。

系统初始容量配置 表 5-13

名称	三联供供能容量配置	地源热泵供能容量配置	蓄能系统容量配置	燃气锅炉/冷水机组供能容量配置
额定制热量(kW)	1840	13167	1989	7613
热容量占比	7.48%	53.50%	8.08%	30.94%
额定制冷量(kW)	2208	13038	1989	24129
容量占比	5.34%	31.52%	4.81%	58.33%

基于综合评价指标情况，将典型多能源系统与传统能源系统的模拟计算结果进行对比分析，将典型多能源系统中各个二级指标计算结果与传统能源系统（燃气锅炉＋冷水机组系统）的二级指标计算结果相除，得到两者的比值，在综合评价指标体系中，典型系统在系统成本、经济运行和环境影响方面与传统能源系统的结果比值结果分别乘以相应的权重系数，可得到其综合评价指标。

Y（典型系统 A 的综合评价指标）＝0.43×系统成本＋0.39×经济运行＋0.18×环境影响

其中碳排放量计算系数见表5-14。

碳排放量计算系数 表 5-14

污染物名称	燃料类型	单位	数值
二氧化碳	天然气	g/(kW·h)	968
	电	g/(kW·h)	220
二氧化硫	天然气	g/(kW·h)	9.29
	电	g/(kW·h)	2.11

以系统综合评价指标最优为优化目标时，需要与传统供冷供热系统进行对比，保证综合评价指标最小，由于三联供系统、热泵系统初投资较高，在综合考虑初投资和运行费用等综合影响因素的情况下，三联供系统、地源热泵系统容量占比较小。具体参见图5-14和表5-15、表5-16。

以综合评价指标为优化目标的系统运行计算容量配比 表 5-15

名称	三联供供能容量配置	地源热泵供能容量配置	蓄能系统容量配置	燃气锅炉/冷水机组供能容量配置
额定制热量(kW)	3172	8596	5973	6868
热容量占比	12.89%	34.93%	24.27%	27.91%
额定制冷量(kW)	3876	11528	5973	19987
容量占比	9.37%	27.87%	14.44%	48.32%

系统运行费用 表 5-16

可再生能源利用率	夏季单位面积运行费用(元/m²)	冬季单位面积运行费用(元/m²)	年运行总能耗折合耗电量 kW·h/(m²·a)	单位面积初投资(元/m²)	相对减少碳排放量(t/m²)
22.44%	9.98	17.83	20.60	293.48	0.038

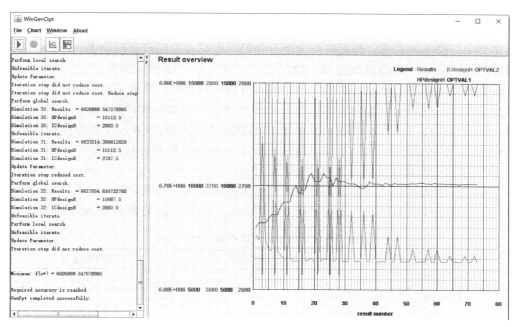

图 5-14　以综合评价指标为优化目标的计算过程图

综合评价指标优化结果具有较强的全面性，综合考虑了系统成本、经济运行和环保等多方面因素，作为优化目标时能够科学有效地兼顾多能源系统各方面特性，保证容量配置结果合理。

在上述理论基础上，编者对国内大量类似项目进行了计算，得到相对通用性结论，用于指导项目初期工作。

对于三联供＋地源热泵＋常规冷热源＋蓄能系统，通常的配置原则为：三联供系统占 10%～15%，蓄能系统占 20%～30%，地源热泵系统占 30%～45%，燃气锅炉系统20%～30%。

选取合理的优化目标后，得到的系统配置容量可以在不增加初投资，或仅少量增加初投资的情况下，系统的可再生能源利用率、碳减排可以较大幅度提升。

5.4.2　公共机构多能源系统高效运行方法

多能源系统利用各子系统在能源生产、传输、消耗等环节耦合，达到更高效更完善的运行效果，其系统运行控制比传统单一能源系统更复杂，其差异主要体现在以下几方面：

（1）系统供能承担方式的多样性。多能源系统利用多种子系统共同承担建筑供能需求，各子系统不必以最大冷热需求进行配置，能够以多种组合方式满足建筑冷热需求。

（2）系统高效匹配的灵活性。由于多能源系统的各子系统运行方式和特性不同，实际运行过程中可以充分利用子系统间的耦合匹配，以实现更高程度的节能和经济运行。

（3）系统运行控制的复杂性。多能源系统各子系统的运行控制更为复杂，对运行控制策略的制定、各工况转换及运行、相关软硬件工具开发，提出了更高的要求。

因此，基于公共机构多能源系统的上述运行特征，提出了分层级的控制架构，下面介绍三联供＋地源热泵＋蓄能＋燃气锅炉（冷水机组）系统的中级和下级的耦合匹配调度和运行控制关键技术。

典型项目位于河北省，建筑群的功能有办公、医院，总建筑面积约 47.6 万 m^2，充分利用冷热电三联供、余热梯级能源、地源热泵、蓄能等，多种能源系统的综合、协同应用，最大限度地提高了系统能源综合利用率，节省运行费用，降低了污染物排放。区域内设计夏季供冷时供回水温度设为 5/12℃，冬季供热时供回水温度设为 50/40℃。经过负荷计算，区域总供冷负荷为 41364.4kW，总供热负荷为 24609.2kW。即单位面积冷负荷为 86.9W/m^2，单位面积热负荷为 51.7W/m^2，全年单位面积累计冷负荷为 97.86kW·h/m^2，全年单位面积累计热负荷为 53.60kW·h/m^2。

本项目多能源系统将满足建筑冷热需求作为供能目标，三联供系统发电用于能源系统自身消纳，以系统容量配置优化结果作为计算基础，容量配置见表 5-17 和表 5-18。

课题优化容量配比结果（一）   表 5-17

主机类型	制热容量(kW)	制冷容量(kW)
三联供	3172	3876
地源热泵	8596	11528
蓄能系统	5973	9588
燃气锅炉	6868	—
冷水机组	—	16372

课题优化容量配比结果（二）   表 5-18

主机类型	制热容量占比	制冷容量占比
三联供	12.89%	9.37%
地源热泵	34.93%	27.87%
蓄能系统	24.27%	23.18%
燃气锅炉	27.91%	—
冷水机组	—	39.58%

同时本项目系统设备主要参数和经济性计算约束条件见表 5-19。

主要系统设备性能参数   表 5-19

系统名称	参数名称	符号	数值
CCHP 系统	燃气内燃机额定发电效率	$\eta_{r,pgn,e}$	0.4
	燃气内燃机额定制热效率	$\eta_{r,pgn,h}$	0.46
	板式换热器	η_{he}	0.8
地源热泵系统	地源热泵额定制热效率	$COP_{r,GSHP,h}$	4.9
	地源热泵额定制冷效率	$COP_{r,GSHP,e}$	5.4
常规能源系统	燃气锅炉额定制热效率	η_{ixnler}	0.89
	电制冷机额定制冷效率	$COP_{r,er}$	5.1
	电厂发电的平均效率	η_{grid}	0.35
	电网传输效率	η_j	0.92

根据甲方提供的资料，区域天然气收费价格按照非居住类 3.76 元/m³。区域电力价格分为尖峰电、峰电、平电、谷电。价格和时间为：尖峰电（18：00—20：00）电价 1.0636 元；峰电（8：00—10：00，21：00—22：00）电价 0.9352 元；平电（7：00，11：00—17：00，）电价 0.6786 元；谷电（23：00—7：00）电价 0.3578 元。

下面对三联供＋地源热泵＋常规冷热源＋蓄能系统的运行控制关键技术进行分析。

1. 基于耦合调度的系统中层控制策略研究

基于公共机构多能源系统模拟计算平台成果工具，针对系统的模拟计算模型控制技术进行优化和分析，针对不同耦合匹配运行方式采用逐时混合运行策略，同时对优化前后耦合系统中各子系统的全年逐时供能状况、典型日逐时运行策略以及全年逐时混合运行策略开展分析，最后对模拟结果对比研究，提炼出最优的子系统运行优先级策略。

结合典型三联供＋地源热泵＋蓄能＋燃气锅炉（冷水机组）系统的特点，下面拟结合动态模拟分析的手段，通过综合评价方式对耦合匹配控制方案进行对比分析。按照各子系统特性，结合实际调研结果提出了三种较为常见的运行控制策略，三种开启优先级运行控制策略方案如下所示：

方案一：三联供＞释能＞地源热泵＞燃气锅炉（冷机）。优先开启三联供系统承担基础负荷，白天以释能优先承担主要建筑负荷，三联供和释能供能能力不足时开启地源热泵系统，辅助冷热源进行调峰和补充。

方案二：三联供＞地源热泵＞释能＞燃气锅炉（冷机）。优先开启三联供系统承担基础负荷，地源热泵承担主要建筑负荷，三联供和热泵供能能力不足时开启释能系统，辅助冷热源进行调峰和补充。

方案三：地源热泵＞三联供＞释能＞燃气锅炉（冷机）。先开启地源热泵系统承担基础负荷，三联供系统作为主要的补充能源形式，三联供和热泵供能能力不足时开启释能系统，辅助冷热源进行调峰和补充。

1）不同方案下典型日逐时运行策略分析

基于典型公共机构项目进行三联供＋地源热泵＋蓄能＋燃气锅炉（冷水机组）系统的运行模式优先级策略分析，分别采用三套方案的控制策略进行典型三联供＋地源热泵＋蓄能＋燃气锅炉（冷水机组）系统的全年逐时动态模拟仿真。

通过分析发现，整体而言，方案一和方案二条件下能够较好地发挥三联供系统的优势，保证三联供系统的日运行时长，同时该方案下三联供系统由于承担基础负荷，绝大部分时间处于满负荷功率运行，能效较高，且能保证系统运行费用相对较低。若采用方案三，虽然系统整体能耗较低，但是却不能充分发挥三联供和蓄能系统的优势，导致投资浪费。因此，针对构筑物不同季节的冷热电负荷需求，以方案一运行方式较优，三联供系统承担基础供能，同时结合分时电价优先利用释能系统，地源热泵系统承担补充作用，常规能源系统承担调峰供能，方能保证三联供＋地源热泵＋蓄能＋燃气锅炉（冷水机组）系统中各子系统协同供能，实现较佳的节能和较高低运行费用效果。

2）全年累计冷热负荷供能比例与全年逐时供能状况

经过全年逐时动态模拟计算后，系统各主体设备容量全年供应冷热负荷比例与耦合系统各子系统全年逐时供冷热能状况如图 5-15 和图 5-16 所示。

方案一条件下，三联供系统承担区域全年累计总冷热负荷需求的 18.30%，全年共运

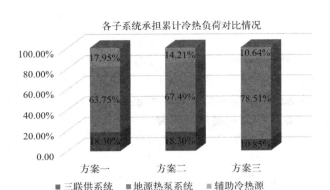

图 5-15　不同方案下三联供＋地源热泵＋蓄能＋燃气锅炉
（冷水机组）系统全年累计冷热负荷供能承担情况

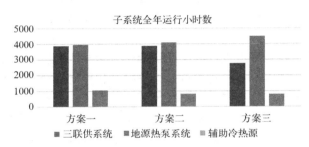

图 5-16　不同方案下三联供＋地源热泵＋蓄能＋燃气锅炉
（冷水机组）系统不同子系统全年供能小时数情况

行 3975h；地源热泵系统全年承担区域全年累计总冷热负荷需求的 63.75％，全年共运行 4312h；常规能源系统承担区域全年累计总冷热负荷需求的 17.95％，全年运行时间则为 1034h。

方案二条件下，三联供系统承担区域全年累计总冷热负荷需求的 18.30％，全年共运行 3975h；地源热泵系统全年承担区域全年累计总冷热负荷需求的 67.49％，全年共运行 4138h；常规能源系统承担区域全年累计总冷热负荷需求的 14.21％，全年运行时间则为 785h。

方案三条件下，三联供系统承担区域全年累计总冷热负荷需求的 10.85％，全年共运行 2753h；地源热泵系统全年承担区域全年累计总冷热负荷需求的 78.51％，全年共运行 4593h；常规能源系统承担区域全年累计总冷热负荷需求的 10.64％，全年运行时间则为 712h。

由图 5-15 和图 5-16 可知，方案一和方案二条件下三联供系统由于承担基础负荷，全年可承担较大比例的建筑冷热负荷需求，同时保证系统运行小时数达到 3000h 以上，实现较佳的系统经济性和能源利用效果。方案三条件下的三联供系统全年运行小时数较低，同时承担冷热负荷比例较少，不能发挥三联供系统能源利用率高、综合效益显著的优势。

总之，为保证系统协同功能下综合性能最佳，三联供系统应作为基础供能系统，同时优先将释能系统发挥到最高，地源热泵系统应作为主力供能系统，常规能源系统承担调峰作用与低负荷保障。

3）系统综合运行效果分析

从系统的全年能耗水平方面（图 5-17）来看，方案一条件下系统的全年单位面积能耗折合耗电量为 48.73kW·h/（m² · a），方案二系统全年单位面积能耗折合耗电量为 51.17kW·h/（m² · a），方案三系统全年单位面积能耗折合耗电量为 55.43kW·h/（m² · a），此时可见方案一运行调度条件下的系统能耗水平最低，可以较充分地保证系统高效运行。

因此，明确三联供＋地源热泵＋蓄能＋燃气锅炉（冷水机组）系统应按照方案一中层控制策略进行调度控制，三联供＞释能＞地源热泵＞燃气锅炉（冷机），优先开启三联供系统承担基础负荷，白天以释能优先承担主要建筑负荷，三联供和释能供能能力不足时开启地源热泵系统，辅助冷热源进行调峰和补充。

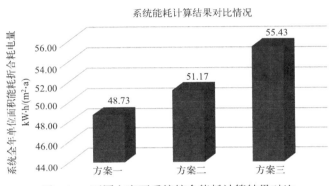

图 5-17 不同方案下系统综合能耗计算结果对比

2. 基于本地高效运行的系统下层控制关键参数研究

上文已经明确了三联供＋地源热泵＋蓄能＋燃气锅炉（冷机）系统的中层耦合调度运行策略，在此基础上，对子系统设备下层控制关键参数进行分析。

1）三联供系统运行原则

本项目采用 TRNSYS 动态模拟优化平台对三联供系统的运行原则进行优化分析，判断其以热定电和以电定热的时段开启比例（图 5-18）。热定电方案时，按照用户热负荷需求情况，当系统热负荷需求达到三联供系统额定制热能力的 40％，且处于尖峰、峰段和平段电价时，开启三联供系统；电定热方案时，按照系统用电负荷需求情况，当系统电负荷需求达到三联供系统额定发电能力的 40％，且处于尖峰、峰段和平段电价时，开启三联供系统。

以系统运行能耗最低为原则，将以热定电或以电定热开启方式作为自变量（模型中 0 代表以热定电原则，1 代表以电定热原则），让模拟平台自动形成相关运行策略的仿真结果，确定三联供系统开启原则。

下面根据三联供系统运行模式的优化结果情况，和单纯采用以电定热运行模式和单纯采用以热定电运行模式进行对比。由图 5-19 可知，不同运行模式下三联供系统的综合能源利用率、系统运行负荷率存在较大差异，研究得出的优化运行模式能够较大程度的保证三联供系统处于高负荷率状态下，提升系统综合能源利用率。

根据模拟计算优化结果，在图 5-19 中的优化结果可知，耦合系统全年逐时以热定电

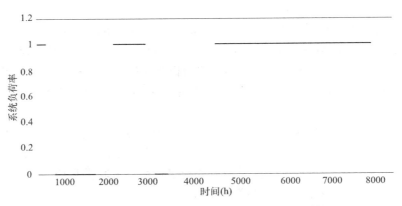

图 5-18 优化后的三联供系统全年运行开启原则情况

运行时间 1353h，主要出现在供暖季中的 1～3 月时段，而其他时段均采用以电定热原则运行。这表明，为保证耦合系统性能最佳，应在供暖季的 1～3 月份遵循以热定电原则为主的运行策略，其他时间应遵循以电定热原则运行策略。

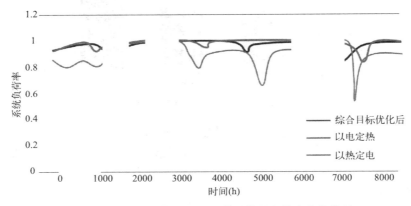

图 5-19 不同运行模式下三联供系统的负荷率变化情况

2）设备最小负荷开启率控制

分别以不同参数作为三联供和地源热泵系统的最低开启负荷率，对三联供＋地源热泵＋蓄能＋燃气锅炉（冷水机组）系统的综合评价指标变化情况进行分析。

不同系统开启负荷率条件下的模拟计算结果   表 5-20

三联供系统最低开启负荷率	30%	30%	40%	40%	50%	50%
地源热泵	10%	20%	10%	20%	10%	20%
系统单位面积折合耗电量[kW·h/(m²·a)]	50.74	52.87	49.81	51.93	48.73	51.01
三联供系统全年运行小时数	5217	5217	4581	4581	3905	3905
地源热泵系统全年运行小时数	5751	5528	5997	5698	6228	5915

根据表 5-20 可知，三联供系统开启负荷率要求越低时，其全年运行小时数越长，但此时由于系统处于较低负荷运行时间较多，且地源热泵运行时间减少，整体能耗增高。地

源热泵系统由于承担补充供能的作用，且系统能效较高，因此最低负荷率越低，其系统整体能耗越低。

综合计算结果情况，三联供＋地源热泵＋蓄能＋燃气锅炉（冷水机组）系统中三联供系统处在50％负荷率、地源热泵处在10％负荷率作为最低开启条件时的综合评价指标最优。三联供系统运行小时数为3905h、地源热泵系统全年运行小时数为6226h。结果表明，"最大效益"运行策略能使系统节能效果最佳值。此处的"最大效益"运行策略，即在内燃机机组以及吸收式机组均达到开启条件的情况下，保证内燃机机组以"最大效率"的策略运行。

3）基于分层控制逻辑的下层控制总体调度策略分析

常用的能源系统的总体调度策略包括：系统回水温度控制方式、室外气温控制方式、系统负荷率控制方式，基本采用传统单一控制参数对系统设备运行控制进行调度。研究提出了分层级的多能源系统控制方式，下面对三联供＋地源热泵＋蓄能＋燃气锅炉（冷水机组）系统的下层控制总体调度策略进行分析。

基于分层控制的下层控制总体调度策略理论实现路径：

（1）上层控制阶段，系统根据室外气象参数和负荷预测结果，对用能需求和供能策略进行分析和修正。

（2）首先基于上层控制，形成基于室外温度参数的系统供水温度优化策略。

（3）系统按照中层耦合调度策略实现子系统优先级顺序。

（4）同时系统在供水温度优化的基础上，进一步根据系统负荷率状态对各系统启停和台数进行精确控制，形成基于室外温度＋负荷率的组合控制方法。

此处重点针对基于（2）和（4）分层控制策略和常规单一参数控制方式进行对比分析。一般地源热泵、冷水机组等设备的在夏季供冷和冬季供热时，末端供水温度直接影响了系统的能效情况，夏季末端供水温度升高、冬季末端供水温度降低均能减小机组功率，从而提升机组运行能效。在实际控制策略制定中，将机组供水温度的调度和室外温度调节监测数据进行有效结合，从而实现供水温度的自动优化，研究提出的不同室外温度下系统供水温度变化策略见表5-21。

系统公式温度变化控制策略　　　　　　　　　　表 5-21

冬季室外温度	0℃≥室外温度≥-5℃	室外温度每比0℃升高2℃	室外温度每比-5℃降低2℃
供水温度优化策略	45℃（系统设计供水温度）	系统设计供水温度降低1℃	系统设计供水温度提升1℃
夏季室外温度	36℃≥室外温度≥34℃	室外温度每比36℃升高2℃	室外温度每比34℃降低2℃
供水温度优化策略	7℃（系统设计供水温度）	系统设计供水温度降低1℃	系统设计供水温度提升1℃

在基于室外温度优化系统供水温度（图5-20）的基础之上，同时根据系统负荷率状态对设备启停和台数进行控制。其中，当系统负荷率高于5％时，开启三联供系统；当系统负荷率高于13％时，开启释能（优先在尖峰和峰段释能）；当系统负荷率高于37％时，开启地源热泵机组（根据设备总台数在37％～72％等比例差分控制）；当系统负荷率高于72％时，开启燃气锅炉机组（根据设备总台数在72％～100％等比例差分控制）。

下面对基于分层控制逻辑的下层控制总体调度策略和传统单一参数控制策略的运行效果进行对比。

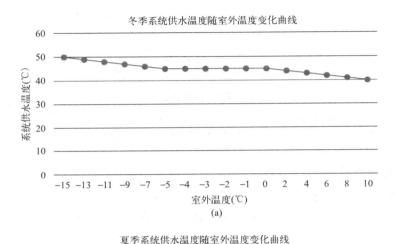

(a)

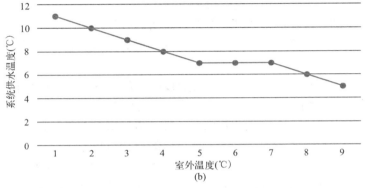

(b)

图 5-20　不同室外温度下供水温度变化策略

由图 5-21 可知，分层控制策略条件下，系统单位面积全年综合能耗结果最低，因此该控制策略能够较好地在三联供＋地源热泵＋蓄能＋燃气锅炉（冷水机组）系统中实现节能运行效果。

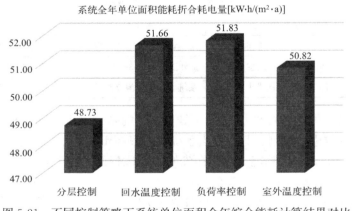

图 5-21　不同控制策略下系统单位面积全年综合能耗计算结果对比

因此，根据本课题研究结果，三联供＋地源热泵＋蓄能＋燃气锅炉（冷水机组）系统在运行中，当系统负荷率高于5％时，优先开启三联供系统（系统按照以电定热或以热定电的方式运行，同时满足最低负荷开启率50％的要求时开启三联供系统，不满足负荷率开启条件时优先开启地源热泵系统）；当系统负荷率高于13％时，开启释能（优先在尖峰和峰段释能）；当系统负荷率高于37％时，开启地源热泵机组（根据设备总台数在37％～72％等比例差分控制）；当系统负荷率高于72％时，开启燃气锅炉机组（根据设备总台数在72％～100％等比例差分控制）。同时，系统供水温度根据室外空气温度进行分阶段的优化。

利用本控制策略对同类其他项目也进行了模拟计算，得到相对通用性原则：当系统负荷率高于3％～5％时，优先开启三联供系统（系统按照以电定热或以热定电的方式运行，同时满足最低负荷开启率40％～50％的要求时开启三联供系统，不满足负荷率开启条件时优先开启地源热泵系统）；当系统负荷率高于10％～15％时，开启释能（优先在尖峰和峰段释能）；当系统负荷率高于30％～40％时，开启地源热泵机组（根据设备总台数在30％～70％等比例差分控制）；当系统负荷率高于70％～75％时，开启燃气锅炉（根据设备总台数在70％～100％等比例差分控制）。同时，系统供水温度根据室外空气温度进行分阶段的优化。

6

低品位热能高效回收与利用技术

随着节能减排意识的不断深入，合理利用低品位热量逐渐成为提高能源利用效率的着力点。低品位余热是指品位低、浓度小、能量少，不被人们重视的废热能源。低品位余热目前可分为三类：热值小于 600kcal/Nm 的低浓度可燃物、温度低于 800℃ 的显热物体、温度低于 400℃ 的低温尾气烟气。当前针对低品位余热的利用大多为工业废气、生活废水、用能设备废热等，由于其广泛存在、总量大、产出集中等特点，在回收利用方面存在着较大的潜力，可以充分提高能源利用效率。

烟气将大量的废热释放到大气中，不仅造成资源浪费且严重污染环境。当烟气温度低于露点温度时，潮湿的烟气会产生冷凝水，潜热会在此过程中释放。从烟气中释放的显热比潜热更容易回收，因此余热回收系统通常只能回收显热。然而，潜热在低温烟气中储量巨大，为了提高热回收效率，必须考虑潜热。

洗浴废水通过余热回收降低自身温度，同时避免了排放时造成的水体热污染。水体热污染作为环境污染的一种形式，指受人工排放的热量到水体中导致水体温度升高。无论从节约能源、国家规定还是环境保护的角度看，洗浴余热回收利用都有着重要的意义。利用洗浴废水、废气的回收装置，将洗浴产生的余热按品位、种类、阶段分步骤提取再利用。将各装置与洗浴系统连接形成低品位余热梯级系统。能源的梯级利用可以提高整个系统的能源利用效率，是节能的重要措施，也是余热资源合理利用的一种方式。低品位余热梯级系统的提出，在公共浴池领域具有节能、降低污染等实际意义，也为其余生活、工业领域的热量回收再利用提供一定的启示及指导作用。

在空调系统中，为了保证公共机构建筑内人员的健康舒适，需要为室内送入足量的新风，在空调系统设计中新风负荷占整个系统总负荷的比例较大，约为 30%～50%，而且随着建筑节能的发展，围护结构的保温性能和气密性能不断提高，新风负荷在空调系统总负荷中的占比将越来越大，因此采用热回收装置利用新风回收排风中的能量来减小新风负荷，已成为实现建筑节能的主要途径之一。

因此，本章将分别从公共机构用能设备余热、公共浴池余热和空调通风系统余热三个方面，开展高效低阻尼换热、余热梯级利用和通风热回收技术的研究与相应装置的开发。

6.1 用能设备余热的高效低阻强化换热技术研究与装置开发

针对用能设备余热的高效低阻强化换热技术和装置开发进行一系列的研究工作，主要包括对烟气余热回收换热器进行热力学分析，为换热器优化设计提供理论依据；设计研发新型高效余热回收换热器，将强化换热机制及装置优化策略落实到实际产品；最后通过实验完成对换热器和余热回收系统优化效果的验证。

6.1.1 烟气余热回收换热器热力学分析

换热器的温度和传热速率随水蒸气质量分数的变化如图 6-1 所示。图 6-1(a) 表明当 $w_{H_2O}=0.1$ 时，烟气温度一直以几乎相同的趋势降低，这表示冷凝没有发生；而在 $w_{H_2O}=0.125$ 和 $w_{H_2O}=0.15$ 条件的后期，烟气温度的下降趋势变得平缓，表明冷凝发生，且冷凝从烟气温度的转折点开始。图 6-1 中还可明显看出，水蒸气的质量分数越大，凝结越早出现；随着水蒸气质量分数的增加，冷却水的温升也更大。图 6-1(b) 中，三种质量分数情况下，传热速率在开始时都逐渐降低；在 $w_{H_2O}=0.125$ 和 $w_{H_2O}=0.15$ 条件后期，传热速率突然增加。因此，当冷凝发生时，传热速率大大增加，也就意味着潜热远远大于同一传热区域的显热，且水蒸气的质量分数越大越有利于更大的传热速率。

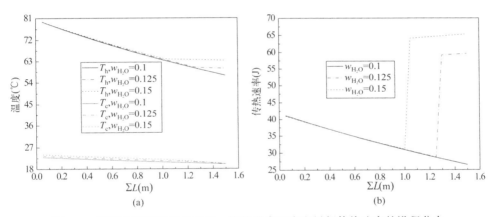

图 6-1　不同水蒸气质量分数下，换热器内温度和局部传热速率的沿程分布

$w_{H_2O}=0.1$，$w_{H_2O}=0.125$ 和 $w_{H_2O}=0.15$ 条件下，换热器沿程局部熵产分布如图 6-2 所示。熵产率在三个条件的开始时都逐渐减小，而在 $w_{H_2O}=0.125$ 和 $w_{H_2O}=0.15$ 后期阶段熵产突然增加。结合图 6-1 和图 6-2，当冷凝开始时熵产率将大大增加，表明相同传热区域，潜热会比显热导致更大的熵产率，且较高的水蒸气质量分数对应着更大的熵产率。熵产率与传热速率具有相似的分布，考虑到传热是典型的不可逆过程，传热速率越大则意味着换热过程中的不可逆损失越大。因此，熵产的绝对值在换热过程中并没有太大意义，在工程应用中需将其无量纲化。

热回收效率和熵产数与水蒸气质量分数的关系如图 6-3 所示。热回收效率和熵产数随水蒸气质量分数的增加明显减少，两者变化趋势相似。随着水蒸气的质量分数的增加，总热负荷增加，但烟气中所含的潜热增加得更多，因此热回收效率出现了降低。熵产数可认为是每单位传热速率的熵产率。尽管总熵产率随着水蒸气质量分数的增加而增加，但水蒸气质量分数增加会使得热负荷增长率加快，从而熵产数减少。

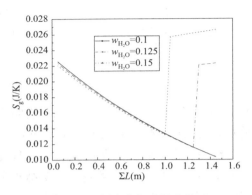

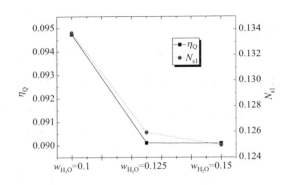

图 6-2　不同水蒸气质量分数时，
换热器管内局部熵产率分布

图 6-3　热回收效率与熵产数随水
蒸气质量分数的变化

当冷却水质量流量变化时，温度和传热速率的沿程分布如图 6-4 所示。三种流量条件均发生冷凝，冷却水的质量流量越大，冷凝越早发生。随着冷却水质量流量的增加，烟气温度的下降加快；图 6-4（a）中，三种工况下，冷凝开始之前的差异比冷凝过程的差异更加明显。冷却水质量流量的增加使得总热负荷增加，且冷凝开始后局部传热率也大大增加。换热器沿程熵产率随冷却水质量流量增加的变化如图 6-5 所示。从图 6-4 和图 6-5 中可以看出，熵产率与传热速率变化趋势相同，传热速率越大不可逆的损失也越大。

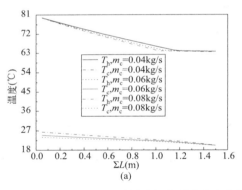

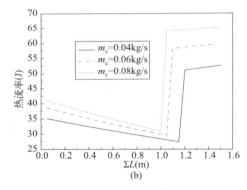

(a)　　　　　　　　　　　　　　(b)

图 6-4　不同冷却水质量流率条件下，温度和局部热流率的沿程分布

图 6-6 给出了热回收效率和熵产数与冷却水质量流量之间的关系。烟气入口条件不变时，热回收效率随着冷却水质量流量的增加单调递增，但熵产数先减小后增加，在约 $m_c = 0.06 \mathrm{kg \cdot s^{-1}}$ 时出现谷值。尽管冷却水质量流量的增加使得熵产率和传热速率都有所增大，但在本书的参数范围内，每单位传热速率的熵产在 $m_c = 0.06 \mathrm{kg \cdot s^{-1}}$ 附近达到最小。

不同烟气入口温度时，换热器内熵产率的沿程分布如图 6-7 所示。随着烟气入口温度的升高，熵产率整体增大，但当冷凝发生时，熵产率出现突增。冷凝仅在 $T_{g,i} = 80^\circ\mathrm{C}$ 条件发生，$T_{g,i} = 120^\circ\mathrm{C}$ 和 $T_{g,i} = 100^\circ\mathrm{C}$ 均未发生冷凝。冷凝开始后，$T_{g,i} = 80^\circ\mathrm{C}$ 时的熵产率明显大于 $T_{g,i} = 100^\circ\mathrm{C}$ 的熵产率。

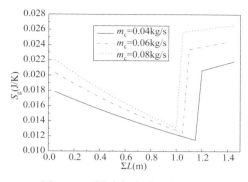

图 6-5　不同冷却水质量流量下，
热回收效率与熵产数的沿程分布

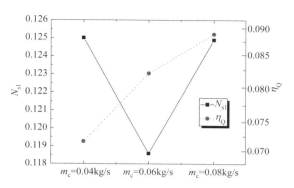

图 6-6　热回收效率与熵产数随
冷却水质量流量的变化

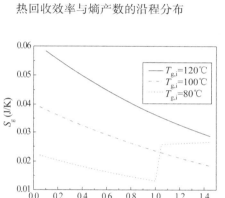

图 6-7　不同烟气入口温度时，换热器
内熵产率的沿程分布

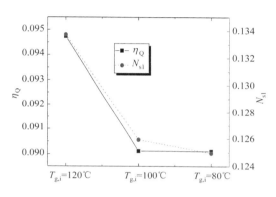

图 6-8　热回收效率和熵产数与
烟气入口温度的关系

热回收效率和熵产数与烟气入口温度的关系如图 6-8 所示。随着烟气入口温度的降低，两者均明显降低，但 $T_{g,i}=120℃$ 和 $T_{g,i}=100℃$ 之间两者的差值均远大于 $T_{g,i}=100℃$ 和 $T_{g,i}=80℃$ 的差值。由于 $T_{g,i}=80℃$ 条件下发生冷凝，烟气热回收率显著增加，因此，$T_{g,i}=80℃$ 条件下的热回收效率和熵产数与 $T_{g,i}=100℃$ 时的值都十分接近。热回收效率越高表明换热性能越好，而熵产生数越小表示换热性能更好。由于两个评价指标变化趋势相似，基于热力学的第一定律和第二定律将得到不同的优化结果。因此，合理的判别依据对于优化方案的选择至关重要，而对换热器的性能评价应同时考虑热力学的第一定律和第二定律。

6.1.2　新型高效余热回收换热器

建立翼形印刷电路板式换热器的简化物理模型，采用数值模拟的方法对工质在翼型板片通道内的流动换热特性进行分析，研究翼型翅片对流动换热的强化机理；基于理论研究提出了两种新型的翼型翅片，与已有的翼型翅片结构形式进行了对比分析，并从换热流动特性和火积耗散两方面进行了综合性能评价和比较。

1. 模型的构建

图 6-9 展示了简化的翼型 PCHE 物理模型。模型包含两个热流体通道和一个冷流体通

道，其中通道中翅片的布置方向正好相反，且流体流动方向为从翅片的头部向尾部。简化
PCHE 模型总长 122mm，其余尺寸均标注在图 6-9 中。

图 6-9　翼型翅片 PCHE 模型尺寸及边界条件

每个板片上布置有二十个翅片，翼型翅片排列的几何参数如图 6-10 所示。翅片的排列参数设置为：L_c=6mm，L_t=1.2mm，L_v=4.2mm，L_s=6mm。

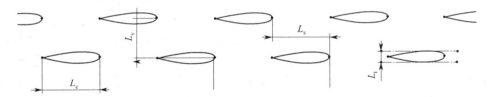

图 6-10　翼型翅片排列几何参数

图 6-11 展示了三种翼型翅片结构。其中 Fin-Ⅰ代表 NACA 0020 翼型翅片（下文均称为 Fin-Ⅰ），Fin-Ⅱ和 Fin-Ⅲ为两种新型翅片。Fin-Ⅰ和 Fin-Ⅱ之间的区别在于翅片结构的后半部分，Fin-Ⅰ的从最大圆和边缘的交点到尾部的外凸上下缘弧线，在 Fin-Ⅱ中变成内凹弧线，并且内凹边缘与最大内切圆和中弧线相切。在 Fin-Ⅱ的基础上进一步变化得到Fin-Ⅲ。将 Fin-Ⅱ的最大内切圆移动到中弧线的中间，前缘的曲率固定为 0.02mm，尾部边缘与中弧线的交点圆角化为半径为 0.04mm 的半圆形。

模拟采用的基本控制方程、湍流方程、边界条件设定、所采用的工质物性数据库以及模拟软件等均与耦合换热研究中相同，其中实验对比已经证实了模型的可靠性。

2. 综合性能评价

图 6-12 所示，在三种类型的翅片中，Fin-Ⅱ 表现出的 N_u 最大，Fin-Ⅲ 的压降最小。在测试工况中，与 Fin-Ⅰ 相比，Fin-Ⅱ 的 N_u 提高了大约 0.596%~4.49%，并且压降降低了约 0~4.07%。可以认为 Fin-Ⅱ 比 Fin-Ⅰ 拥有更好的换热和流动特性。与 Fin-Ⅰ 相比，Fin-Ⅲ 具有较小的压降以及 N_u，这意味着它具有比 Fin-Ⅰ 更好的流动特性以及更差的传热性能。Fin-Ⅱ 的 j 因子比 Fin-Ⅰ 提高了大约 2.97%~6.15%，而 Fin-Ⅲ 的 j 因子小于 Fin-Ⅰ。图 6-12(d) 中，Fin-Ⅲ 表现出最小的 f 因子。与 Fin-Ⅰ 相比，Fin-Ⅱ 在工况 1、2 中的 f 因子较小，而在工况 3~5 中的 f 因子较大。这些工况的综合强化因子如图 6-13 所示。采用 Fin-Ⅰ 作为未强化的结构，因此 Fin-Ⅰ 的强化因子始终为 1。Fin-Ⅱ 的强化因子总是大于 1，而 Fin-Ⅲ 的强化参数只有部

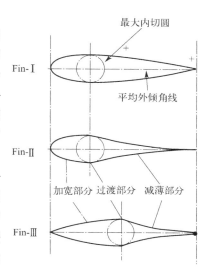

图 6-11　三种翼型翅片的结构

分大于 1。因此，Fin-Ⅱ 在三种类型的翅片中具有最佳的综合性能，可以取代 Fin-Ⅰ（NACA 0020 翼型翅片）用以改善翼型翅片 PCHE 的性能。

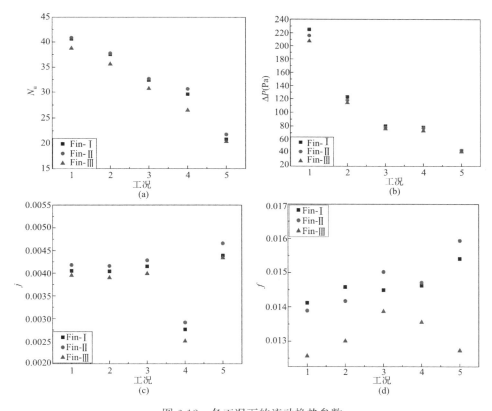

图 6-12　各工况下的流动换热参数
(a) N_u 数；(b) 压降；(c) j 因子；(d) f 因子

至此，本章提出了两种新型的翅片结构（Fin-Ⅱ和Fin-Ⅲ），用以优化NACA 0020翼型翅片并改善翼型PCHE的整体性能。结果表明，在测试工况下，新型翅片Fin-Ⅱ在三种类型的翅片中具有最优的换热表现和最佳的综合性能，可用于改善翼型翅片PCHE的性能。Fin-Ⅲ在三种类型的翅片中具有最佳的水力特性，可用于高Re工况的低压降设计。交错排列的布置方式以及恰当的翅片形状可以减少边界层的影响，从而改善传热。翅片前缘附近对流动的阻碍形成的撞击以及二次流可以改善温度梯度场和速度矢量场的协同作用，从而增强对流传热。

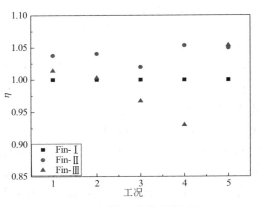

图 6-13　三种翅片的强化因子

6.1.3　低品位烟气余热回收系统实验测试与分析

1. 测试平台的搭建

测试的翼型翅片PCHE采用新型的翼型翅片作为流体通道内的翅片结构。该翅片为对称翅片，具体结构如图6-14所示。

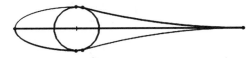

图 6-14　新型翼型翅片图

冷流体侧通道的板片结构以及翅片布置如图6-15所示。冷流体的出入口分别位于板片长边的两侧，进入翼型翅片主换热区域前，布置了一定长度的直通道及拐角分流通道，便于对流体进行导流。

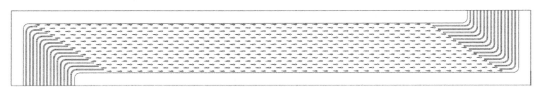

图 6-15　冷侧板片翅片布置通道示意图

热流体通道的板片结构和翅片布置如图6-16所示。热流体侧板片与冷流体侧板片的外形尺寸相同。热流体通道的出入口分别位于板片的短边的两侧，入口布置有导流直通道。中部的翼型翅片主换热部分与冷侧翅片布置相同。

图6-17为烟气余热换热测试平台，主要包括烟气通道、预冷空气通道和冷却水通道。图6-18为烟气余热换热测试平台示意图。气罐为燃烧室提供燃气，燃烧是让烟气进入换热器1，风机通入空气对烟气进行预冷，调节至测试所需的温度；之后烟气进入主侧换热器与冷却水进行换热，对烟气侧和冷却水侧的进出口温度、压力及压差进行测试，并将数

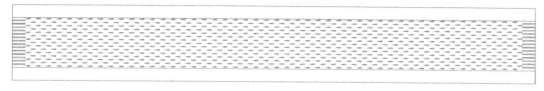

图 6-16 热侧板片尺寸和通道翅片布置示意图

据传递至无纸记录仪进行记录。流量计分别安装在烟气出口和水箱出口处。换热结束后的烟气通过烟气后处理和烟气泵后排放至大气中。

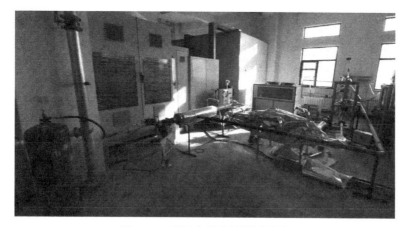

图 6-17 烟气余热换热测试平台

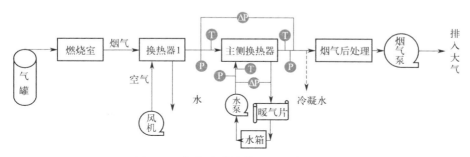

图 6-18 烟气余热换热测试平台示意图

2. 测试结果及分析

实验测试结果见表 6-1。

试验工况 表 6-1

工况	烟气入口温度（℃）	烟气入口压力（kPa）	烟气流量（nm³/h）	水侧入口温度（℃）	水侧出口压力（kPa）	水侧流量（m³/h）
第一组	86～112	−14.15	48.42	26.0	−3.7	0.92
第二组	105	−14.15	22～50	36.3	5.3	1.82
第三组	106.5	−14.30	48	36.1	2.8	1.1～1.9

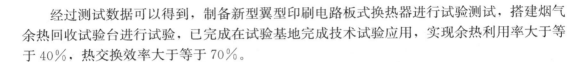

经过测试数据可以得到，制备新型翼型印刷电路板式换热器进行试验测试，搭建烟气余热回收试验台进行试验，已完成在试验基地完成技术试验应用，实现余热利用率大于等于 40％，热交换效率大于等于 70％。

6.2 辅助服务类区域低品位余热高效回收利用技术与装置开发

针对公共机构建筑辅助类区域具有的某段时刻负荷大，排水排气中往往具有大量低品位能源的特点，深入研究低品位热能的高效、多级利用技术，开发高效率、低成本且便于维护的热回收系统，研究回收利用低品位热能的能量存储自适应技术，开发适合公共机构中辅助服务类区域的高效率热回收利用系统，及其与热泵技术相结合的低品位热能回收利用集成系统。通过自响应储能与梯级利用相结合的余热回收集成系统等技术措施，最终实现低品位热能回收系统提高余热利用率不小于 40％的目标。

6.2.1 浴池余热梯级利用系统方案

为建立公共机构浴池余热梯级利用系统试验台，进行实测、模拟等操作，需要首先对系统进行系统图设计。本系统内主要包含废水—废气双源热泵热水机组、污水换热器、空气换热器和相变蓄热水箱等重点设备，还包含热水箱、冷水箱、动力循环水泵、阀门和淋浴喷头等浴池内必要设备。本系统设计阶段不断完善过程中先后共经历 4 套方案，最终确定出最终方案为浴池余热梯级利用系统方案（图 6-19）。

总结前期方案优缺点，将公共浴池余热梯级利用系统图细化，加设动力循环水泵并确定系统各设备型号、大小以及系统中管道的参数，作为系统实物搭建施工参考图。

根据系统不同循环路径介绍：

（1）污水循环。淋浴房产生的洗浴废水通过地漏简单过滤后流入一级污水箱中，与一级换热器中的载冷剂进行换热，预热自来水，后流入二级污水箱，与二级换热器中载冷剂进行二次换热，接下来和双源热泵热水机组蒸发侧完成换热，被提取热量后的低温污水排入城市污水管网，污水循环结束。

（2）热水循环。自来水流入冷水箱中，在动力循环泵的作用下与双源热泵热水机组的冷凝侧接触受热，通过电动三通阀的启停决定加热后热水的流向，即加热后达到符合要求温度的热水流入相变蓄热水箱后流入热水箱，加热后尚未达到规定要求温度的热水返回循环加热水箱，继续完成加热过程。

（3）系统清洗循环。污水箱系统清洗循环按设计初始时间启动，污水箱中的污水流经清洗加药箱后对一级换热器、双源热泵热水机组蒸发侧进行清洗，最后流入城市生活污水管网。

而废水—废气双源热泵＋相变水箱设计方案可用污水源作为单一热源或废水、废气 2 种模式加热水。自来水分两级加热，先由一级换热器预加热，后经热泵热水机组再加热，即：废水热能分两级回收，先给自来水预热，后作为热泵污水热源。

6.2.2 相变蓄能水箱自响应系统

1. 相变单元材料的确定

相变储能水箱应用于高效浴池余热回收系统中，选用的相变单元材料需要具有耐热

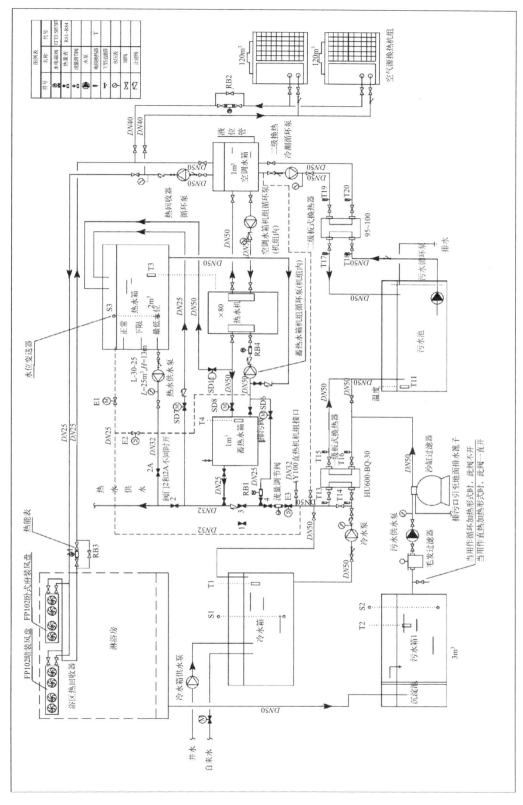

图6-19 公共机构浴池余热梯级利用系统方案四

高、耐腐蚀、易获取、价格低廉、尺寸形状稳定、封装操作简单等特点，同时考虑到相变储能水箱的运行模式是利用削峰填谷对 PCM 进行蓄热储能，蓄热时间和放热时间较长，所以对相变单元材料的导热性能要求不高。

PET（聚对苯二甲酸乙二醇酯）俗称涤纶树脂，外观是乳白色或浅黄色、高度结晶的聚合物，表面平滑光泽，有良好的力学性能，无毒、无味，可在 55～60℃温度范围内长期使用，短期使用可耐 65℃高温且高、低温时对其性能影响很小。与金属相变单元封装材料比，非金属相变单元封装材料不易被 PCM 腐蚀，密封性好且容易封装，使用热熔器即可将相变单元封装完成，操作便捷易于上手，同时非金属相变单元封装材料更容易控制成本。

综上所述，选用大连建大建筑节能科技发展有限责任公司生产的特殊 PET 相变单元管束（图 6-20）作为相变储能水箱中的相变单元管，此种材质的相变单元比普通 PPR 管的导热系数高，热稳定性好，使用寿命长。

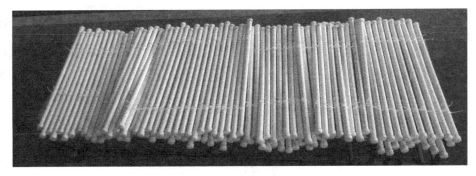

图 6-20　PET 相变单元管束

2. 相变单元封装与排列

本试验的相变储能水箱换热形式为流体和相变单元进行对流换热，通过相变单元内的石蜡 PCM 发生相变过程的熔化放热给水体进行加热，因此加强水体与相变单元管束之间的扰动效果，增加强迫对流换热系数成为提高相变储能水箱蓄放热速率与能力的关键。

选用的相变单元为特殊 PET 材质的相变管束，此种材质的相变单元比普通 PPR 管的导热系数高，热稳定性好，使用寿命长。与金属相变单元封装材料比，非金属相变单元封装材料不易被石蜡 PCM 腐蚀，密封性好且容易封装，使用热熔器即可将相变单元封装完成，操作便捷易于上手，同时非金属相变单元封装材料更容易控制成本。

本次试验中采用的是圆柱形相变单元，物理尺寸为直径 30mm、长度 1000mm，相变单元两端均使用热熔器将管帽热熔封装，经查阅相关文献可知，石蜡受热后体积会膨胀，且在相变温度区间内石蜡的体膨胀率呈线性增长，从常温升高到蓄热温度，石蜡的体膨胀率会增大到 13%，因此在灌装石蜡 PCM 时预留出 200mm 空间以防蓄热时石蜡 PCM 受热膨胀从相变单元里泄漏，进入热泵热水机组内影响系统正常运行。因此对质量为 125kg 的石蜡 PCM 进行封装，相变单元数量为 240 根，占相变储能水箱体积百分比 17%，符合计算要求。石蜡 PCM 熔化过程如图 6-21 所示，相变单元管束和石蜡 PCM 灌装过程如图 6-22 所示。

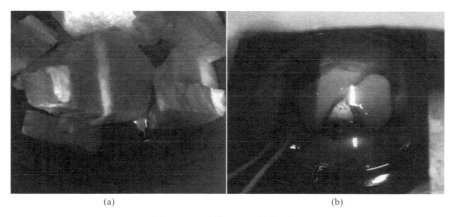

(a)　　　　　　　　　　　　　(b)

图 6-21　石蜡 PCM 熔化过程

(a)　　　　　　　　　　　　　(b)

图 6-22　相变单元管束和石蜡 PCM 灌装过程

相变单元排列方式采用孔板结构固定相变单元管束，由于相变储能水箱的顶端开口直径长度有限，不允许在相变储能水箱内部使用整体的大面积孔板进行安装布置，所以采用四组 300mm×300mm 方形孔板和四组 350mm×130mm 矩形孔板的组合方式来进行相变单元管束的排列。相变单元排列方式平面布置如图 6-23 所示，相变单元排列方式实体布置如图 6-24 所示。

3. 相变蓄能水箱系统搭建

PLC 将采集的输入信号或数据经变送器处理后通过模拟量输入模块将其转换为控制器可以使用的信号并输送给控制器，然后通过模拟量输出模块将控制器信号转换为用于控制机器或过程的外部信号并将有关过程的状态信息传递到 CPU，从而使 CPU 在其控制下通过输出接口将操作信号传递给过程设备完成相关控制。

图 6-23　平面布置

 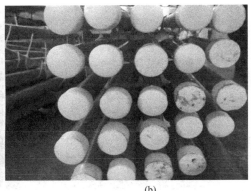

(a)   (b)

图 6-24　实体布置

由图 6-25 所示，自响应温度控制系统中基于西门子 S7-200PLC 的控制器控制的主要物理量参数为温度、流量和液位。具体控制热能表 RB1（相变储能水箱的冷热水进出口温度及流量）、热能表 RB2（空气源换热机组的进出口温度及流量）、热能表 RB3（浴区热回收的进出口温度及流量）、热能表 RB4（热泵热水机组的进出口温度及流量）以及污水箱 1 液位和热水箱液位等，通过 PLC 实现对各装置热量的读取和各水电磁阀的开关控制。

6.2.3　公共机构浴池余热梯级利用系统效益分析

1. 公共机构浴池余热梯级利用系统余热利用率分析

公共机构浴池余热梯级利用系统试验台余热利用率达 73.83%。系统每小时产生余热 238005.4kJ，其中污水中包含 236969.6kJ，废气中包含 1035.8kJ；利用余热 175723.5kJ，其中污水中包含 175351.5kJ，废气中包含 372.0kJ。污水余热利用效率达 74.00%，废气余热利用率达 35.91%。

最大溢流工况下，余热利用率降低为 52.03%。系统每小时产生余热 238005.4kJ，其中污水中包含 236969.6kJ，废气中包含 1035.8kJ；利用余热 123826.8kJ，其中污水中包含 123454.8kJ，废气中包含 372.0kJ。污水余热利用效率达 52.03%，废气余热利用率达 35.91%。

2. 公共机构浴池余热梯级利用系统能源利用效率分析

选取代表性某一小时作为规定时间，系统全部工况正常运行，用电表记录该时间段内系统消耗总电量 35.8kW·h，即 128880kJ；利用周围空气中热量 63360kJ，所以系统能源利用效率为 185.5%。

3. 双源热泵热水机组 COP

公共机构浴池余热梯级利用系统中双源热泵热水机组制热能效比即 COP 值需要已知一定时间内热泵机组的总耗电量和总制热量。总耗电量可以在热泵机组操作界面查询记录为 17.1kW，总制热量可以根据记录累计热量项查询记录，为 83.6kW，所以双源热泵热水机组 COP 值为 4.8。

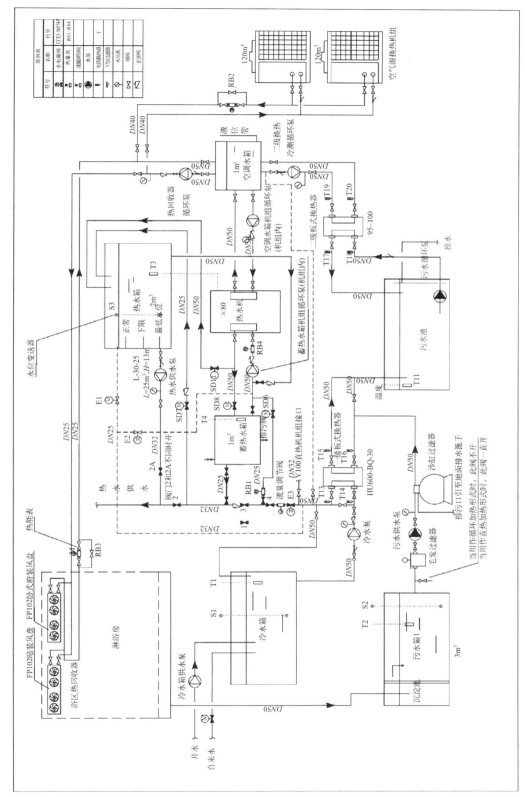

图 6-25 温度控制自响应系统原理图

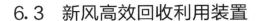

6.3 新风高效回收利用装置

6.3.1 热回收装置效率提升技术研究

目前热回收装置的效率提升技术研究主要集中于通道布局优化方面，通过热回收装置的通道布局优化，合理利用风机电机的发热量来提高机组的热回收效率。

1. 输入功率对热回收装置交换效率影响的试验研究

新风能量回收换气装置一般由能量回收芯体、新风风机、排风风机等主要部件组成，新风风机和排风风机分别带动新风和排风流经能量回收芯体进行能量交换，为室内送入新风的同时能够回收排风中的能量。传统的新风能量回收换气装置，其新风风机及其电机、排风风机及其电机分别位于新风流道和排风流道内，新风风机电机的发热量随新风送入室内，而排风风机电机的发热量则随排风排出室外，如图 6-26 所示。对于应用在严寒和寒冷地区建筑中、主要用于在供暖季回收排风中热量的能量回收装置，其新风风机电机的发热量得到了利用，而排风风机电机的发热量却浪费掉了；对于应用在夏热冬暖地区建筑中，主要用于在制冷季回收排风中冷量的能量回收装置，新风风机电机的发热量会抵消一部分回收的冷量，从而造成能量损失。

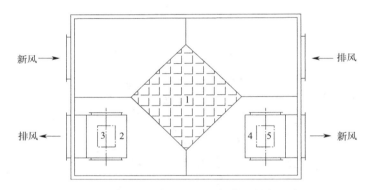

图 6-26 传统新风能量回收换气装置结构示意图
1—能量回收芯体；2—排风风机；3—排风风机电机；4—新风风机；5—新风风机电机

为了验证风机电机的输入功率对热回收装置交换效率的影响，本书设计了试验方案并进行了试验研究。对同一台带风机的显热交换器（新风电机和排风电机分别安装在新风流道和排风流道内，有效换气率为98%），分别在风机运转和风机不运转（通过试验装置辅助风机保证风量）两种条件下，将新风量和排风量调至相同，测试制冷工况和制热工况的显热交换效率，测试结果见表 6-2。

装置风机电机输入功率对交换效率的影响 表 6-2

参数名称	单位	制冷工况		制热工况	
		风机运转	风机不运转	风机运转	风机不运转
输入功率	W	1015	—	1052	—
新风量	m³/h	1200	1200	1200	1200

参数名称	单位	制冷工况		制热工况	
		风机运转	风机不运转	风机运转	风机不运转
排风量	m³/h	1200	1200	1200	1200
新风进口干球温度	℃	35.08	35.02	5.06	5.00
新风出口干球温度	℃	30.21	29.08	17.55	16.21
排风进口干球温度	℃	27.04	27.00	20.96	21.02
温度交换效率	%	60.6	74.1	78.6	70.0

由表 6-2 可以看出，制冷工况风机运转情况下显热交换效率较风机不运转要小，制热工况相反。风机电机散发出的热量以显热的形式分别由新风和排风带走，排风电机的散热量对显热交换效率没有影响，新风电机的散热量对制冷工况的显热交换效率为负影响，对制热工况的显热交换效率为正影响。制冷工况下，风机运转时的温度交换效率较风机不运转时低 13.5%；制热工况下，风机运转时的温度交换效率较风机不运转时高 8.6%，说明装置内部电机的散热对温度交换效率有较大影响。

2. 通道布局优化方案

考虑电机的发热量对热回收装置运行节能效果的影响，本书拟对热回收装置进行通道布局优化来合理利用电机的发热量，即将新风风机和排风风机的电机均安装于新风流道内或均安装于排风流道内。对于应用在严寒和寒冷地区建筑中、主要用于在供暖季回收排风中热量的能量回收装置，可将新风风机和排风风机的电机均安装于新风流道内，如图 6-27 所示，使新风风机和排风风机的电机发热量均随新风送入室内，可提高新风的出风温度，进而提高装置在供暖工况下的能量回收效率；对于应用在夏热冬暖地区建筑中、主要用于在制冷季回收排风中冷量的能量回收装置，可将新风风机和排风风机的电机均安装于排风流道

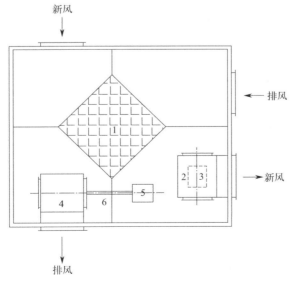

图 6-27　新风风机和排风风机的电机均安装于新风流道内

1—能量回收芯体；2—新风风机；3—新风风机电机；4—排风风机；5—排风风机电机；6—联动件

内，如图 6-28 所示，使新风风机和排风风机的电机发热量均随排风排出室外，可降低新风的出风温度，进而提高装置在制冷工况下的能量回收效率。

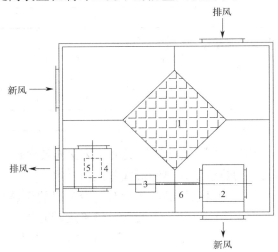

图 6-28　新风风机和排风风机的电机均安装于排风流道内
1—能量回收芯体；2—新风风机；3—新风风机电机；4—排风风机；5—排风风机电机；6—联动件

3. 改变电机安装位置对交换效率的影响

上述通道布局优化方案改变了电机的安装位置，将新风风机和排风风机的电机均安装于新风流道内，相当于以降低制冷交换效率为代价提高制热交换效率；或将新风风机和排风风机的电机均安装于排风流道内，以降低制热交换效率为代价提高制冷交换效率。通过对电机发热量的计算，依据《热回收新风机组》GB/T 21087—2020 中规定的交换效率测试工况（表 6-3），可以计算出改变电机安装位置对交换效率到底有多大影响。

交换效率测试工况　　　　　　　　　　　　　　　表 6-3

项目	排风进风		新风进风	
	干球温度(℃)	湿球温度(℃)	干球温度(℃)	湿球温度(℃)
制冷交换效率	27	19.5	35	28
制热交换效率	21	13	5	2

1）电机发热量的计算

电机的发热量（输入功率）按式(6-1)计算：

$$N = \frac{LP}{3600\eta_{\mathrm{t}}} \tag{6-1}$$

式中　N——新（排）风机的输入功率（W）；

　　　L——新（排）风量（m³/h）；

　　　P——新（排）风机的全压（Pa）；

　　　η_{t}——包含风机、电机及传动效率的总效率。

由于 P 和 η_{t} 难以确定，本研究采用统计拟合的方法。令 $a = P/(3600\eta_{\mathrm{t}})$，则 $N = aL$。通过统计近几年检验合格的 23 台热回收装置的风量和输入功率的名义值，进行线性拟合，得到新（排）风机的输入功率 N 与新（排）风量 L 的关系，$N=0.26L$，如图 6-29 所示。统计的热回收装置均为静止式，名义风量不超过 $1000\text{m}^3/\text{h}$，且不带净化功能。由于装置输入功率的名义值既包括新风风机的输入功率又包括排风风机的输入功率，且通常新风和排风由于风路阻力特性相似而选用相同的风机，因此新（排）风风机的输入功率取装置名义输入功率的一半。

根据统计拟合的结果，单位风量（$1\text{m}^3/\text{h}$）对应的新（排）风风机电机发热量为 0.26W。

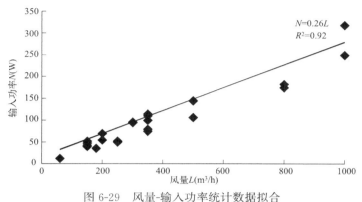

图 6-29 风量-输入功率统计数据拟合

2）对交换效率的影响

由于新（排）风机电机位置的改变而造成的温度变化按式（6-2）计算：

$$\Delta t = \frac{3600N}{CL\rho} \tag{6-2}$$

式中 C——空气的比热 $[\text{J}/(\text{kg} \cdot \text{K})]$；

ρ——空气的密度（kg/m^3）。

由于新（排）风机电机位置的改变而造成的焓值变化按式（6-3）计算：

$$\Delta h = \frac{3.6N}{L\rho} \tag{6-3}$$

根据式（6-2）和式（6-3）可计算出由于新（排）风机电机位置的改变而造成的温度变化 Δt 为 $0.8℃$，焓值变化 Δh 为 $0.8\text{kJ}/\text{kg}$，根据交换效率计算公式及表 6-4 所示的测试工况，可计算出交换效率的变化情况，见表 6-5。制冷、制热交换效率的变化值不同是因为《热回收新风机组》GB/T 21087—2020 规定的制冷、制热交换效率的测试工况不同造成的。

改变电机安装位置对交换效率的影响　　　　　　　　　　　　　　表 6-4

安装方式	温度交换效率		焓交换效率	
	制冷	制热	制冷	制热
电机均安装于新风流道内	↓10%	↑5%	↓2%	↑3%
电机均安装于排风流道内	↑10%	↓5%	↑2%	↓3%

由表 6-4 可以看出，对于显热回收装置，将新风机和排风机的电机均安装于新风流道内，在制热工况下其热回收效率可提高 5%。

4. 通道布局优化的创新性

将新风机和排风机的电机均安装于新风流道内，使新风机和排风机的电机发热量均随新风送入室内，可提高新风的出风温度，进而提高装置在供暖工况下的热量回收效率，但同时也会降低装置在制冷工况下的冷量回收效率。这种顾此失彼也是本领域技术人员未考虑将新风机和排风机的电机均安装于新风流道内的原因。然而经过对我国各个气候区代表城市典型气象年气候数据的统计后发现，对于我国绝大多数地区，应用显热回收装置回收热量的时间均多于回收冷量的时间，因此就全年来讲，将新风机和排风机的电机均安装于新风流道内依然可以实现节能的目的，尤其是对于冬季时间较长、室内外温差较大的严寒和寒冷地区，节能效益是十分可观的。

6.3.2 高效通风热回收机组装置

1. 芯体材料的选择

热回收芯体作为热回收装置的关键部件，其热回收性能的优劣直接关系到研发目标的实现。经过市场调研，拟采用石墨烯改性抗菌透水膜作为热回收芯体的材料。该材料具有以下优点：

（1）石墨烯膜材具备优良的导热性能和透湿性能，因此石墨烯膜材制作的芯体同时具有较高的显热交换效率和较高的潜热交换效率，在保证较高显热交换效率的同时更不易结露或结霜，与本书的研发目标契合。

（2）石墨烯改性抗菌透水膜使用特殊高分子材料，其化学性能稳定，具有超强耐酸、耐碱、耐盐性能，基膜采用具有耐腐蚀性能的高压聚乙烯膜材，使用寿命可长达 10 年以上。

（3）石墨烯改性抗菌透水膜添加了具有超高比表面积的纳米级片状石墨烯，使得膜材表面摩擦系数低于常规材质膜材，阻力小。

（4）石墨烯改性抗菌透水膜添加了某些特殊功能离子或基团，使得膜材具备高效、长期的抗菌抑菌功效，且膜材表面的酸性基团亦可防止生物滋生淤积于膜表面，防止二次污染。

2. 热回收装置的设计制作

（1）机组的性能指标（开发目标）

根据要求，所开发机组的主要性能指标见表 6-5。机组采用石墨烯改性抗菌透水膜芯体（静止式全热交换），采用旁通除霜的方式，设计风量 $1000m^3/h$、机外余压 150Pa，在《热回收新风机组》GB/T 21087—2020 规定的制热工况下，温度回收效率要达到 75%。

机组的开发目标 表 6-5

机型	ZK1.0
除霜方式	旁通除霜
设计参考标准	《热回收新风机组》GB/T 21087—2020
芯体要求	静止式全热交换
风量	$1000m^3/h$
机外余压	150Pa
制热排风进口干/湿球温度	21℃/13℃
制热新风进口干/湿球温度	5℃/2℃
制热温度交换效率	75%

（2）结构设计

机组的结构设计如图 6-30 所示。

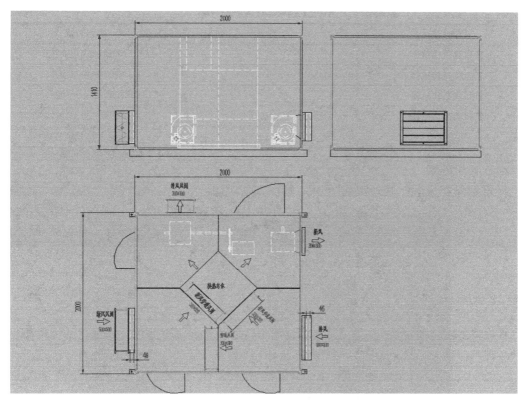

图 6-30　机组的结构设计

（3）风系统流程设计

此机组风系统流程有以下模式：

①常规换热模式：旁通风阀关闭，新风风阀和排风风阀开启，两台风机开启，新风和排风在换热芯体中进行换热，将排风中的余热传递到新风中。

②过渡季工况模式：排风旁通风阀/新风旁通风阀、新风风阀和排风风阀开启，化霜旁通风阀关闭，两台风机开启。

③旁通除霜模式：新风和排风风阀都关闭，只开启新风风机和旁通风阀，通过排风对换热芯体进行除霜。

（4）控制系统设计

①常规换热模式：机组根据排风进风温度与新风进风温度之差来确定是否开启换热模式，此模式需先开启新风风阀和排风风阀，关闭旁通风阀，然后启动新风风机和排风风机。

②过渡季工况模式：机组根据排风进风温度与新风进风温度之差来确定是否开启过渡季模式，此模式需关闭化霜旁通风阀，开启新风风阀、新风旁通风阀、排风风阀、排风旁通风阀，然后启动新风风机和排风风机。

③旁通除霜模式：检测换热芯体排风侧压差来判断是否进入融霜模式。此模式下，需先关闭新风和排风风阀，打开旁通风阀，然后才能启动新风风机进行旁通除霜。

（5）机组传感器配置

机组传感器配置见表 6-6。

表 6-6　机组的传感器配置　　　　　　　　表 6-6

传感器	数量	安装位置
新风温度传感器	2	安装在进、出风口
新风湿度传感器	2	安装在进、出风口
排风温度传感器	2	安装在进、出风口
排风湿度传感器	2	安装在进、出风口
压差开关	1	安装在芯体排风进出口

（6）样机外观

样机制作完成后，其外观如图 6-31 和图 6-32 所示。

图 6-31　样机外观（1）

图 6-32　样机外观（2）

3. 性能测试

样机制作完成之后，委托国家空调设备质量监督检验中心对该机组进行了性能测试，测试结果见表6-7。

样机性能测试结果 表 6-7

序号	检验项目		检验结果
1	风量（m³/h）	新风	1002
		排风	998
2	出口全压（Pa）	新风	158
		排风	186
3	输入功率（W）		856
4	有效换气率（%）		95
5	制热工况温度交换效率（%）		75
	制热工况焓交换效率（%）		72
	制热工况湿量交换效率（%）		66
备注	根据委托方要求检验风量1000m³/h		

由表6-7可知，机组制热工况温度交换效率为75%，满足装置开发的目标要求。

4. 热回收效率提升对空调系统节能的贡献

通过显热回收系统在办公建筑中的适用性研究，我们知道在以北京为代表的北方地区的办公建筑中应用显热回收系统具有较好的经济性［北京地区办公建筑采用显热回收系统，交换效率为0.6、0.75、0.9时，空调能耗指标分别为31.975kW·h/(m²·a)、31.152kW·h/(m²·a)、30.325kW·h/(m²·a)］。对北京地区办公建筑的空调能耗指标与显热交换效率进行线性拟合，计算得到交换效率为0.65时空调能耗指标为31.701kW·h/(m²·a)。可见当显热回收系统的交换效率由65%提高至75%时，北京地区办公建筑空调能耗指标由31.701kW·h/(m²·a)降低至31.152kW·h/(m²·a)，节能率为1.73%。

7

用能设备智能管理与能源调控技术

7.1 数据驱动供热系统控制技术

7.1.1 供热量预测方法

目前，我国多数供热公司调控供热运行参数采用的仍然是"稳态供热结合气候补偿"的思路，甚至不少供热公司还没有安装气候补偿设备。"稳态供热结合气候补偿"的思路忽略了对室内温度有影响的其他气象参数，如太阳辐射、风速风向等，造成供热量与需热量数值上的不匹配；同时，由于供热管网本身滞后性和围护结构热惯性的存在，反馈补偿调节还会造成供热量与实际建筑需热量时间上的不匹配。这种运行模式的直接后果：一是用户室内温度波动明显，日暖夜凉现象较为普遍；二是没有充分利用太阳辐射的得热量，造成了能源的浪费。特别是随着我国建筑节能标准的提高，其他气象参数的影响越来越不能忽视。

由于供热系统的复杂性及建筑物和系统的热惯性，力图通过物理模型来建立供热负荷预测的数学模型是很困难的，所以目前大多数的预测方法都是建立在对历史数据统计分析的基础上。

根据预测模型对未来的描述能力，即预测周期的长短，热负荷预测方法又可以分为：短期负荷预测、中期负荷预测及长期负荷预测，所谓短期负荷预测是指预测出未来 0～24h 之内供热系统负荷的变化，其目的是使热源的供热量与热用户所需热量相匹配，进而使整个系统能够协调高效地运行；而中期负荷预测的周期为 3～7d，其目的是为供热系统制定生产计划、维修计划、运输计划及人员和财务计划提供依据；至于长期负荷预测一般指年度负荷预测，其目的主要是为供热系统的优化及规划提供依据。用于供热调控的预测是短期预测，本书重点研究基于数据的短期预测。

基于 ARMAX 模型对负荷进行预测，该方法对短期负荷预测的误差较小，其不足之处在于预测误差随预测步数的增加而增加，无法反映实际供热系统的非线性及时变性，当系统结构发生变化时，原有负荷模型不再使用。

采用灰箱法进行区域供热系统耗热量的模拟研究，并在实际工程中实现了基于气象预报数据和 SCADA 系统的耗热量在线预测。首先根据物理意义建立初始模型结构，得到耗热量与室外温度、风速、太阳辐照量等变量的关系框架；接着利用实测数据通过局部回归和最小二乘准则逐步完成结构模型的系数拟合；最后引入高斯白噪声干扰项，对残余值序列进行 ARMA 模型拟合，并用相关性及似然比对模拟结果进行了分析。

灰箱法基于一定物理意义建立模型，可减小搜索空间以防止溢出，同时又保留了统计方法的优势。无论是黑箱法还是灰箱法，现有负荷研究方法均没有考虑室温变化情况，而依赖于实测得到的数据仅有耗热量，要全面反映负荷情况，还须考虑室温。此外，耗热量、气象等实测参数往往是逐时采集的，计算模型的时间步长几乎都以小时计，而温控阀等控制器的时间相应过程是秒级、分钟级，因此上述模型无法反映出控制过程中参数的高频响应。

人工神经网络方法（ANN）是一种由大量简单的人工神经元广泛连接而成，用以模仿人神经网络的复杂网络系统。它在给定大量的输入/输出信号的基础上，建立系统的非线性输入/输出模型，对数据进行并行处理，实质上它是把大量的数据交给按一定结构形式和激励函数构建的人工神经网络进行学习，然后在给出未来的一个输入的情况下，由计算机根据以往的"经验"判断应有的输出。该方法实际上是对系统的一个黑箱模拟。

回归方法是基于供热系统本身积累的历史数据，通过回归分析，寻找预测对象与影响因素之间的因果关系，建立回归模型识别出供热量与影响因素的关系函数，可采用 R^2 等方式来评估拟合的质量，通过拟合函数进行预测，而且在系统负荷发生较大变化时，也可以根据相应变化因素修正预测值。这种预测方式完全可以适用供热系统短期的运行需求。

采用最小二乘法，为获得集中供暖系统当天的供热量可以用前几日的供回水平均温度和室外平均综合温度来计算，采用最小二乘法求得各项的系数，来拟合求出当天的室内平均温度、供水温度、回水温度以及循环水流量。

为了提高预测精度，尝试将多种算法进行集成，比如遗传算法和 BP 算法结合在一起从而形成一种混合算法（GA-BP 算法），也有尝试将最小二乘法模型、时间序列法模型以及 RBF 神经网络模型形成组合算法预测模型；或者采用两个三层的 BP 神经网络的级联神经网络（CNN）。

此外，时间序列法、ARMA（自回归——移动模型）法等在热负荷预测中也得到了一定程度的应用，但是这些预测方法也都存在着自身的一些问题，还未能达到在工程应用阶段。研究发现其中的回归模型最适用于控制策略中的负荷研究。

上述各类算法已经渗透进入供热量预测中，但还有许多地方需要改进：（1）预测的准确性有待提高；（2）需要的数据样本庞大，训练时间过长；（3）算法复杂，需要大量的计算资料，需要人工调参，在工程应用中受限制。综上所述，本书认为回归方法不需要庞大的资源，更适合供热系统中大量应用。

在综合比较多种供热量预测方法的前提下，本书最终选用前馈型神经网络方法作为供热量预测的方法。

前馈型神经网络，又称前向网络。神经元是分层排列的，分为输入层、隐含层和输出层；同时，每一层的神经元只接受前一层神经元的输出，然后再传递给下一层。其中，隐含层即中间层，它可由若干层组成。

大部分前馈型神经网络是学习型网络。它们的分类能力和模式识别能力都很强。典型的前馈型神经网络有感知器网络、BP 网络、RBF 网络等。前馈型神经网络结构如图 7-1 所示。

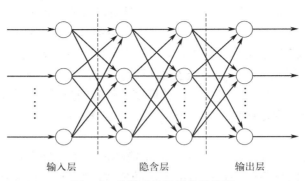

输入层　　　　　　隐含层　　　　　　输出层

图 7-1　前馈型神经网络结构图

7.1.2　供热量预测模型与算法

本书研究中拟选取回归模型和时间序列预测模型两种模型作为热耗的预测模型的方法。前者包括多元线性回归（MLR）、多项式回归（polyR）、Lasso 回归（Lasso）、梯度提升回归（GBR）、决策树回归（DTR）和基于 bp 神经网络的回归（bpR），后者包括滑动平均模型（ARIMA）和长短时记忆单元（LSTM）预测模型。

实验结果显示，polyR 和 bpR 在训练阶段容易过拟合，在验证测试中极难收敛；而 ARIMA 模型对数据的平稳性要求近乎苛刻，对不同数据进行平稳性分析的计算开销过大，且没有成熟的自适应机制。综上，经过前期研究和验证，我们保留 MLR、Lasso、GBR、DTR 和 LSTM 为最终的候选模型。

在实际选择中，首先进行了模型选取的实验。选取 424 个训练样本（每个站、每一年的数据看作一个样本）中每一个样本，针对预测时长 1~24h 分别训练并验证 MLR、Lasso、GBR、DTR 和 LSTM 共五个模型，并从五个模型中选取一个最优模型，最后统计五个模型在总计 $424\times24=10176$ 个模型中的数量分布情况，见表 7-1。

模型选取实验结果　　　　　　　　　　　　　　　　　　　表 7-1

模型	数量占比	模型	数量占比
MLR	23.65%	DTR	5.40%
Lasso	17.86%	LSTM	27.88%
GBR	25.22%		

其中，选取模型的标准（也即本书研究定义的模型预测置信度）为：

$$confidence=R(t_1)-aveMSE \tag{7-1}$$

其中 $R(t_1)$ 为模型在验证集上的相对误差序列中，绝对值小于 t_1 的元素所占的比例；$aveMSE$ 为相对误差序列的平均值。

从表 7-1 中可以很明显地看到，在单供暖季样本中，LSTM、GBR 和 MLR 占据了最优模型的绝大部分，因而最终选取 MLR 和 GBR 两种回归模型，和 LSTM 一起，作为模型集成的三个候选。

基于前述候选模型的选取工作，下面着重对 MLR、GBR 和 LSTM 三个候选模型的原理进行介绍。

MLR，即多元线性回归模型。即假设模型为：

$$f(\boldsymbol{x})=w_0+w_1x_1+w_2x_2+\cdots+w_nx_n=\boldsymbol{wX} \tag{7-2}$$

其中，n 为输入数据的维度，x_i 为在第 i 维上的取值，w_0 称为偏置系数，w_i 为线性系数。对数据模型的回归就是对 $f(x)$ 的求解，也就是对 w_0，w_1，w_2，$\cdots$，w_n 的求解，通常采用最小二乘算法来求解，即将该问题转化为：

$$\boldsymbol{w}^*=\mathrm{argmin}\,(\boldsymbol{y}-\boldsymbol{wX})^T(\boldsymbol{y}-\boldsymbol{wX}) \tag{7-3}$$

其中，$\boldsymbol{w}=(w_0，w_1，w_2，\cdots，w_n)$，$\boldsymbol{X}$ 为数据矩阵，其每一列为一个样本，即每一列为 $\boldsymbol{x}=(1，x_1，x_2，\cdots，x_n)$，$\boldsymbol{y}$ 为回归目标量矢量。MLR 是最基本的回归方法。

GBR，即梯度提升回归模型。GBR 本质上是对多种主流的广义线性回归方法（例如多项式回归、Lasso 回归等）的梯度提升集成的结果，这里着重介绍梯度提升的理念。梯度提升的集成结果为：

$$f(\boldsymbol{x})=\sum_{i=1}^m\theta_if_i(\boldsymbol{x}) \tag{7-4}$$

其中，f_i 为 m 个候选模型中的一个，θ_i 为对应模型的集成权重，GBR 的求解过程就是求解 θ_i 的过程。GBR 最终优化的重点是找到 $\theta_i=-\rho_i$，这里 ρ_i 是候选模型 f_i 达到最优状态的高维下降梯度。

LSTM，即基于 LSTM 单元的深度神经网络预测模型。LSTM 是长短时记忆单元，是典型的循环神经网络（RNN）单元。LSTM 的核心是通过状态传播、忘记门、记忆门和传播门控制当前变量对时序状态的影响，从而反向模拟参数对时序状态的传播影响。

本书研究中由于基础数据较少，采用回归的方法，模型的稳定性较差，因此，选取LSTM 来制作热耗预测模型，未来待基础数据完备后再进行模型升级，将两种方法结合在一起使用。

对于神经网络，最突出的特点是它的学习能力特别强。神经网络通过所在环境的刺激作用，反复调整神经网络的自由参数，使神经网络以一种新的方式对外部环境作出一系列的反应。神经网络能够从环境中学习，并在学习中不断地提高自身性能是神经网络最有意义的性质。神经网络通过反复学习能对其所处的环境更为了解。可见，神经网络的学习过程就是一种功能的训练过程和性能不断提高的过程。

在神经网络的学习过程中，没有学习算法是不行的，即需要一种学习算法。神经网络的学习算法就是以有序的方式改变网络的连接权值，从而获得设计目标的一个过程。选择或设计学习算法时，往往需要考虑神经网络的结构及神经网络与外界环境相连的形式。不同的学习算法，对神经元的突触权值调整的表达式有所不同，没有一种独特的学习算法能够用于所有的神经网络。一个学习算法的好坏，对于神经网络在实际应用中的计算效果具有十分显著的影响。优秀的算法不仅要有快的收敛速度，同时对未学习过的样本有比较高的分辨率。

通常情况下，神经网络的学习方式分有导师学习和无导师学习两种。

有导师学习又称为有监督学习，在学习时要给出导师的信号或称为期望输出（响应）。神经网络对外部环境是未知的，但可以将导师看作是对外部环境是非常了解的，即可用输入—输出样本集合来表示。导师的信号或期望输出响应代表了神经网络最佳的执行结果，即通过不同的网络输入来反复调整网络参数，使得网络输出能够逼近导师的信号或期望输出响应。

无导师学习包括强化学习与无监督学习（或称自组织学习）。在强化学习中，对输入输出映射的学习是通过与外界环境的连接作用最小化性能的标量索引而完成。在无监督学习或称自组织学习中，没有给出外部导师或评价，而是提供一个尺度用来衡量网络学习方法的质量。根据该尺度可将网络的自由参数进行最优化操作。神经网络的输出数据形成某种规律，即通过内部的机构参数表示为输入—输出特征，并由此自动得出新的类别。

目前，常见的神经网络学习规则有：Hebb 学习、基于记忆的学习、纠错学习、竞争学习和随机学习算法。

本书研究中主要采取基于记忆学习的算法（LSTM）长短期记忆网络进行热耗预测模型的建立。基于 LSTM 的前馈式供热量控制的特点有：（1）本质是基于扰动来消除扰动。（2）是一种"及时"的控制。（3）属于开环控制。（4）只适合用来克服可测而不可控的扰动，对系统其他扰动无抑制作用。

前馈动态调控对于上述因素的改变，重点从以下两个方面应对：第一，采用基于数据分析计算未来时刻的建筑需热量，依据需热量整理出目标温度的调节值。第二，基于数据，分析供热管网的滞后性，前馈调控供热管网，以使热力站供热量较好的相应建筑的动态需热量。

前馈调控的基本思路是按需供热，也即建筑的需热量与热力站供热量的逐时对应关系，也即建立预测负荷与供热量的匹配。

（1）分析管网和建筑的时间滞后量。

（2）基于数据的供热量预测模型，依据从气象网站获取的未来气象参数预测值，计算未来时刻的预测热量值。

（3）整理热量变化量 Δq 与供水温度变化量 ΔT 的关系，确定出下一个调控周期内供水目标温值。

（4）依据管网和建筑的时间滞后量，计算下一个调控周期的预测热量目标值，并依据变化量 Δq 与供水温度变化量 ΔT，获取下一个调控周期的供温目标并进行控制，以保证在预计时间内二次网供水温度达到预定的目标供水温度。

在本书研究实施过程中，供热管控系统中与预测模型进行数据交互，供热管控系统每天定期提供供热系统的历史监测数据给预测模型，预测模型获取数据后自动运行程序以预测未来 24h 的供热负荷、负荷变化量与供温变化量的关系曲线，并把预测结果返回到供热管控系统中。由供热管控系统下发未来供热负荷给换热站内的控制器上，控制器依据供热量变化量进行现场控制。

具体控制逻辑如图 7-2 所示。

7.1.3 供热系统自适应控制系统

1. 信息通信

通信是整个热网监控系统联络的枢纽和关键节点，各个热力站、管道监控仪表节点和监控中心通过通信系统形成一个统一的整体。为了实现运行数据的集中监测、控制、调度，必须建立连接所有监控点的通信网络，并且要保证网络的安全、可靠、稳定的运行。

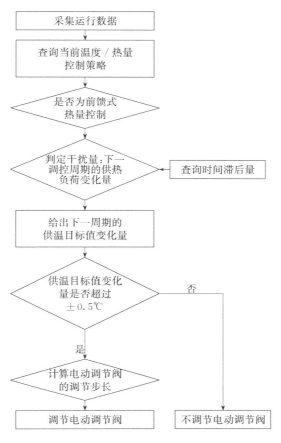

图 7-2　前馈式供热量控制逻辑图

随着网络技术的飞速发展，各种虚拟宽带技术已经越来越成熟，从最初的 ISDN 到 ADSL、VPN（虚拟专用网）、VPDN（虚拟拨号专用网），无线通信技术从 GPRS/CDMA 到 3G、4G、5G、无线网络可供用户选择的空间越来越大。

以下介绍几种常见的通信方式：

1）ADSL 通信网络

ADSL 是电信运营商推广力度最大一种通信解决方案，主要面向个人或企业用户实现家里高速上网要求，2M 网络通信速度可以达到 512K 或 1M，完全可以达到实时在线系统要求。ADSL 通信网络图如图 7-3 所示。

2）GPRS 通信网络

随着手机的日益普及，移动通信网络已经覆盖几乎所有区，GPRS 作为第 2.5 代通信技术，其数据通信能力较强，通信带宽可以达到与普通电话拨号调制解调器相当的速度，即 30kbps 左右，完全能够满足一般数据通信速度要求。通常采用一个 GPRS 通信模块，通过移动通信网络建立 Internet 网络连接与监控中心进行通信。但对于部分在地下的站点，因 GPRS 网络信号较差，无法用于监控中心与地热站间数据传输。一般视频信号传输时，需要网络速度在 2Mbps 以上，当站内安装视频摄像头时，GPRS 网络网速远远不能满足要求。

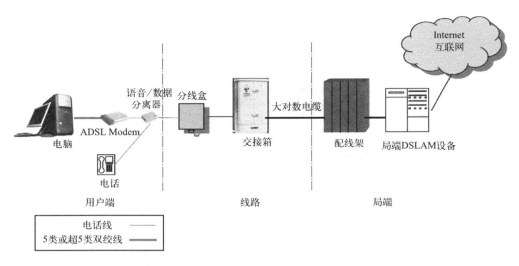

图 7-3 ADSL 通信网络

三大运营商从 2017 年开始就在不断的关停 2G 和 3G 的网络，三大运营商的用户可能会收到一些通知的短信，说是即将关闭 2G 或 3G 网络，需要用户到营业厅进行变更，实际上在中东部地区已经有大部分的省市进行了变更，但是对于偏远山区或者西北部地区网络并不是很发达的地区，依然存在 2G 和 3G 网络。但是关闭 2G 网络已经是大势所趋，因此 GPRS 通信方式也陆续退出供热行业。

3）光纤组建的 VPN 通信网络

光纤接入是未来互联网必然的接入方式，它具有容量大、速率快、安全性高等特点。完全可以达到实时在线的系统要求。其障碍关键在于运行费用，各地收费价格差异很大。对于企业用户而言，一条光纤 VPN 不限时包月费用在 600～2000 元不等。价格相对比较昂贵，对热力公司后期的运行维护增加很多费用，而由于每个 VPN 与监控中心形成 VPN 虚拟局域网，外网无法正常访问到设备层，不利于对远程访问、远程维护。

4）4G 无线 VPN 组网技术

随着手机的日益普及，移动通信网络已经覆盖几乎所有地区，尤其是 4G 无线网络是集 3G 与 WLAN 于一体，并能够快速传输数据、高质量、音频、视频和图像等。4G 能够以 100Mbps 以上的速度下载，比目前的家用宽带 ADSL（4 兆）快 25 倍，并能够满足几乎所有用户对于无线服务的要求。此外，4G 可以在 DSL 和有线电视调制解调器没有覆盖的地方部署，然后再扩展到整个地区。很明显，4G 有着不可比拟的优越性。

4G 无线 VPN 组网技术具有如下特点和优势：

（1）安装简单，运行费用较低；

（2）换热站与监控中心组建 VPN 网络，可远程上传下载程序；

（3）监控中心易于远程升级、维护；

（4）基于无线 4G 通信网络，对运营商宽带覆盖范围依赖度较低；

（5）安全性更高，支持 Ipsec 等多种隧道加密协议，保证数据安全；

（6）同时支持 2G、3G 等业务，适用性更强。

由于其为借助互联网组建的虚拟专用网络，数据传输稳定性更高，其典型网络拓扑结构如图 7-4 所示。

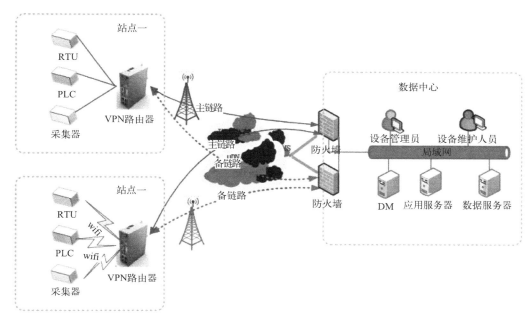

图 7-4　4G 无线 VPN 通信网络

5）物联网中的无线通信技术

无线技术正在迅速发展，并在人们的生活中发挥越来越大的作用。而随着无线应用的增长，各种技术和设备也会越来越多，也越来越依赖于无线通信技术。

目前供热行业无线监控主要采用 GPRS 以及 ZIGBEE、433 专用协议等短距离通信技术。GPRS 传输功耗大，过段时间移动和联通将不再维护，面临淘汰的风险。而 ZIG-BEE、SUB-1G 等技术，存在传输距离近，覆盖面较小，尤其在楼宇内采集出现盲点的问题，而且各个厂家协议不能互联互通，无法大面积应用。

综合上述常用技术的特点和本书研究的实际情况，最终中采用了 4G 无线 VPN 通信技术。

2. 模型嵌入

将前馈热耗预测模型嵌入到供暖控制平台之中，如图 7-5 所示，具体的操作流程和数据输入输出流程如下：

（1）n 个历史数据文件经过前述的数据清洗及可用性判断后，共生成 k 个可用于模型训练的可用历史数据片段文件，且 $k \leqslant n$。

（2）m 个当前数据文件经过前述的数据清洗及可用性判断后，共生成 m 个可用于模型训练和预测的可用数据片段文件。这里，如果当前数据文件满足可用性标准，则正常生成可用于模型训练的可用数据片段文件；否则将保留待预测时间对应的一条数据记录，为模型预测做好准备。

（3）将 k 个可用于模型训练的可用历史数据片段文件投入模型训练模块，根据预设的最长预测时长（max_offset），共生成 $3 \times k \times$ max_offset 个历史数据模型。

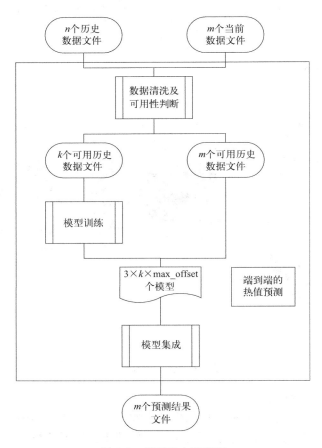

图 7-5　模型嵌入流程图

（4）将所有历史数据模型和 m 个当前数据片段文件投入模型预测模块，根据模型名称（项目名 _ 换热站/热源 _ 换热站名/热原名）将当前数据片段文件与历史数据模型一一匹配。若匹配成功，则可给出基于 MLR 模型和 GBR 模型的预测结果和置信度；若匹配失败，则无法给出。特别地，若当前数据片段文件仅包含一条数据（即当前数据文件不满足可用性标准），则无法给出基于 LSTM 的预测结果。

（5）按预设集成比例对三种模型给出的结果进行集成，最终生成 m 个预测结果文件。

（6）根据热耗预测模型的计算结果，将未来的逐时热耗下发到现场控制器，实现前馈控制，如图 7-6 所示。

供热系统在线调控平台是运用物联网、大数据、人工智能、建模仿真等技术统筹分析供热生产的运行数据、环境因素及用户的用热需求，以支持供热运行决策过程中人的思考决策；同时运用模型预测等先进控制技术，智能化调控供热生产的各环节，从而满足用户的个性化用热需求。

为了更好地使用供热系统的发展和供热功能模块的需求变更与升级，供热系统在线调控平台按模块采用分布式、模块化设计，以方便后期可以按模块分别安装、运维、需求变更、升级等，并按模块灵活授权给不同的管理角色。

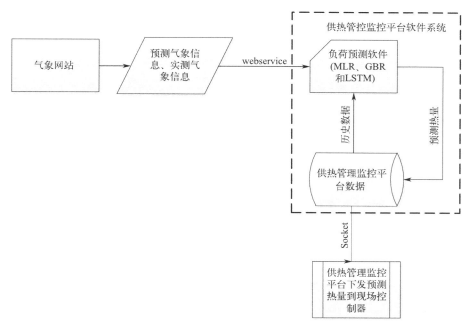

图 7-6　供热量预测与控制图

7.2　数据驱动空调系统控制技术

7.2.1　空调系统多参数优化控制方法

1. 冷源系统节能影响因素分析

对于冷源系统而言,其系统节能已经成为目前研究的重点之一。在过往的研究历史中,对于冷源系统节能,主要有以下研究内容和结论:

1) 制冷机组节能

影响制冷机组能耗的因素主要有三个:负荷、冷冻水出水温度、冷却水进水温度等,如果从单一因素角度考虑,目前的研究结论基本一致:即在一定的负荷率的情况下,如果保持冷却水进水温度不变,制冷机组的 COP 随着冷冻水出水温度的升高,其 COP 值会有一定的提升;如果保持冷冻水出水温度不变,制冷机组的 COP 随着冷却水进水温度的升高会有一定的降低,如图 7-7 所示。

同时,冷冻水出水温度、冷却水进水温度的变化会带来冷冻水和冷却水流量的变化,所以又有如下的变化规律:在一定的负荷率下,制冷机组 COP 会随着冷冻水流量的增大而出现降低,随着冷却水流量的增大出现升高的趋势,如图 7-8 所示。

另一方面,在相关的研究中,发现制冷机组的 COP 与负荷率的关系也是复杂关系,并不是单纯的线性关系,如上文在建模过程中,发现的制冷机组能耗与负荷率的非线性关系一样。

于是,单纯的改变某一单一因素,都无法真正地实现制冷机组节能。

2) 水泵节能

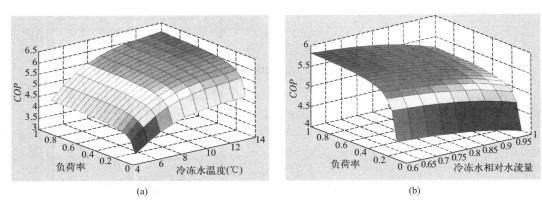

图 7-7　特定负荷率下，制冷机组 COP 与冷冻水温度、冷冻水流量的关系

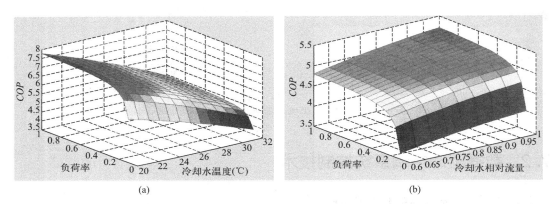

图 7-8　特定负荷率下，制冷机组 COP 与冷却水温度、冷却水流量的关系

对于水泵而言，其变化规律相对单一，水泵的能耗随着流量的增加而增加，这可以从上一章节的水泵系统能耗模型中得到。

3）冷源系统节能

冷源系统能耗是制冷机组能耗与水泵的能耗总和，因而，根据制冷机组和水泵能耗的变化规律，与上一章节得到的能耗模型结合，可以发现，对于冷源系统而言，单纯地进行单一因素的优化控制并不能完全实现系统节能，而应该综合考虑多种因素的影响变化，进行多控制参数综合优化。

上述的结论主要是基于理论计算、实验和模拟的方法，本研究基于实际的运行数据，对冷源系统进行全面的控制参数优化，尽可能最大限度地实现系统节能。

2. 空调冷源系统优化控制建模

1）输入参数的选取

本研究中，将制冷机组的实时负荷（负荷率）作为已知参数。事实上，制冷机组的负荷在实际工程中是未知的，但是可以通过负荷预测方法进行预测，这是本书下一章的主要内容。本章把其看成是已知参数，并且作为优化控制的输入参数。

2）优化参数的选取

上述分析已经表明了各个控制参数对冷源系统能耗的影响，因而，对冷源系统优化而言，首要的任务就是优化变量的选取。鉴于本研究的研究基础，以及工程项目中的实施经验，确立了如下的优化参数：

（1）优化参数应该是可以进行直接或者间接控制的参数。对于冷源系统而言，进行控制优化的最终目标是实现系统节能，并且被付诸实践，因而，在选取的优化控制参数的过程中，对于各个参数的控制应该是可行的。在本研究中，我们选取制冷机组的冷冻水出水温度、冷却水进水温度、冷冻水泵流量、冷却水泵流量、冷却塔风机频率作为主要的5个优化控制参数。

冷冻水出水温度可以通过制冷机组的控制主界面进行设置，其本质是改变冷水机组的导叶开度，故制冷机组的冷冻水出水温度是可控参数。

冷却水进水温度，在一般的冷却塔系统中可以通过冷却塔调节冷却风扇的频率实现，在本研究中的地源热泵系统中，可以通过补水系统的自来水与冷却水混合实现，故制冷机组的冷却水进水温度是可控参数。

冷冻水泵流量、冷却水泵流量可以通过变频器调节水泵电机转速，实现频率调节流量，故冷冻水泵、冷却水泵的流量也是可控参数。

冷却塔风机频率是可控参数，通过变频器直接调节。

（2）各个控制参数应该是相对独立的。一方面，优化控制应该要尽量优化可以控制的各个参数，这样可以保持最大限度的节能；另一方面，如果优化参数之间的线性关系过于明显，多个控制参数之间存在明显的耦合关系，那么，同时选取这些参数作为优化控制参数是不理智的，造成了资源的浪费，对于算法而言，多一个控制参数，优化算法的复杂度就上升了一个层次，考虑到优化算法本身的适用性，如果算法在优化的过程中，参数过多，可能导致算法不收敛，优化失败。

综上所述，本研究选取冷冻水出水温度、冷却水进水温度、冷冻水泵流量、冷却水泵流量、冷却塔风机频率这5个参数作为优化参数。

3）约束条件的建立

上面确定了优化控制的5个参数，在实现控制的过程中，需要为优化参数制定一个参数的范围，即控制参数的约束条件。很显然，参数的约束条件应该是保证系统稳定、高效运行的条件。

制冷机组的冷冻水出水温度、冷却水进水温度不能过低和过高，否则会导致设备故障。这里假设冷冻水出水温度的上下限分别为 $T_{eo-high}$、T_{eo-low}；冷却水进水温度的上下限分别为 $T_{ci-high}$、T_{ci-low}。一般而言，以在北京地区的电驱动离心式冷水机组为例，基于实际的制冷机组运行数据，发现在实际运行过程中，制冷机组的冷冻水出水温度最低下限为5℃、最高上限为13℃左右；冷却水进水温度一般控制在20℃以上，不超过33℃。

对于变频水泵，流量是通过变频器变频控制，过低的水泵频率会导致水泵运行效率低下，甚至有可能出现故障，一般而言，频率的下限值不得低于25Hz（50%的额定频率）。在实际项目应用中，频率取60%～100%的额定频率，即30～50Hz为宜。对频率与流量的关系进行简单的换算（不要求过于精确）可以得到流量的约束条件，表示为：

$$0.6V_0 \leqslant V \leqslant V_0 \tag{7-5}$$

式中　　V_0——水泵额定流量（m³/h）；

　　　　V——水泵实际流量（m³/h）。

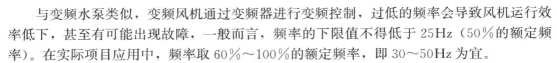

与变频水泵类似，变频风机通过变频器进行变频控制，过低的频率会导致风机运行效率低下，甚至有可能出现故障，一般而言，频率的下限值不得低于25Hz（50%的额定频率）。在实际项目应用中，频率取60%～100%的额定频率，即30～50Hz为宜。

4）目标函数的确立

上述给出了优化参数的变化范围，给定了相关的约束条件。对于冷源系统，需要确定一个函数关系，作为最终约束的目标函数。很显然，本研究最终的目的是优化相关的控制参数，使冷源系统的总能耗最低，即本研究的目标函数可以表述为：

$$\min(p_{\text{cold-source}}) = \min(\sum p_{\text{chiller}} + p_{\text{eo-pump}} + p_{\text{ci-pump}} + p_{\text{tow}}) \tag{7-6}$$

服从于以下约束条件：

$$
\begin{cases}
T_{\text{eo-low}} \leqslant T_{\text{eo}} \leqslant T_{\text{eo-high}} \\
T_{\text{ci-low}} \leqslant T_{\text{ci}} \leqslant T_{\text{ci-high}} \\
0.6 V_{\text{e-o}} \leqslant V_{\text{eo}} \leqslant V_{\text{e-o}} \\
0.6 V_{\text{c-i}} \leqslant V_{\text{ci}} \leqslant V_{\text{c-i}} \\
0.6 f_{\text{o}} \leqslant f_{\text{t}} \leqslant f_{\text{o}}
\end{cases} \tag{7-7}
$$

式中　T_{eo}——制冷机组冷冻水出水温度（℃）；

$\quad T_{\text{eo-low}}$——制冷机组冷冻水出水温度下限值（℃）；

$\quad T_{\text{eo-high}}$——制冷机组冷冻水出水温度上限值（℃）；

$\quad T_{\text{ci}}$——制冷机组冷却水出水温度（℃）；

$\quad T_{\text{ci-low}}$——制冷机组冷却水出水温度下限值（℃）；

$\quad T_{\text{ci-high}}$——制冷机组冷却水出水温度上限值（℃）；

$\quad V_{\text{eo}}$——冷冻水泵流量（m^3/h）；

$\quad V_{\text{e-o}}$——冷冻水泵额定流量（m^3/h）；

$\quad V_{\text{ci}}$——冷却水泵流量（m^3/h）；

$\quad V_{\text{c-i}}$——冷却水泵额定流量（m^3/h）；

$\quad f_{\text{t}}$——冷却塔风机运行频率（Hz）；

$\quad f_{\text{o}}$——冷却塔风机额定频率（Hz）。

综上所述，我们确立了本研究优化控制的目标函数与约束条件，接下来的工作就是对目标函数进行求解。很显然，这是个涉及多个参数、多个目标的求解问题，普通的方法已经很难进行计算，这里我们需要运用一些机器学习算法进行多参数多目标问题的求解。

3. 优化问题的求解策略与算法

1）多目标优化问题

对于许多的复杂系统，尤其是工业与制造业、交通与运输行业、能量的传输与分配等，都会存在着这样的一个现象和问题：即要实现的目标（常常以函数的方式表达），存在着若干约束条件，要求在约束条件下，能实现这个目标的最优化求解。这就是多目标优化问题的自然语言表述，以数学的语言描述，可以表征为：

$$\min[f_1(x), f_2(x), \cdots, f_m(x)] \tag{7-8}$$

$$s.t. \begin{cases} lb \leqslant x \leqslant ub \\ Aeq \times x = beq \\ A \times x \leqslant b \end{cases}$$

式中　$f_i(x)$——需要进行优化的目标函数；

　　　　x——一组向量，是待优化的参数的向量表达；

　　lb、ub——参数 x 的限定范围，分别表示为参数的下限和上限；

$Aeq \times x = beq$——参数 x 的线性约束条件；

$A \times x \leqslant b$——参数 x 的非线性约束条件。

为了进行多目标问题的优化，需要用到一些算法进行求解。从算法的角度出发，可以将相关的算法分成两类：传统方法和机器学习算法。

（1）传统方法的核心是将多目标的问题减少为单目标，再利用单目标问题的求解方法进行计算。传统的多目标优化算法有约束法（将优化的某些目标作为约束条件，直至降为单目标）、加权法（为多目标分类权重，从而组合成单目标）等方法。很显然，传统的多目标优化算法本质上是单目标优化算法的一种变化，因而，存在着一些固有缺点：只能得到唯一的解、多个目标函数可能存在着不同的量纲、无法进行合理统一等。

传统的多目标函数优化算法存在着一些固有缺陷，因而不能总是保证能得到合适的结果，甚至于往往许多问题，传统方法根本无法进行求解。因而，近年来，一些新兴的机器学习算法得到了重视，开始被广泛使用。

（2）在多目标的优化问题中，新兴的机器学习算法有遗传算法、粒子群算法、蚁群算法等。从本质上，这些算法有其共性，都是模拟自然界的一些法则寻优的过程，本研究中采用粒子群算法进行优化求解。

2）粒子群算法原理及其实现

（1）粒子群算法原理

遗传算法的发展与应用使得科学家们和研究人员意识到，这种进化的自然概念与数学分析中的优化存在着不谋而合的一些联系，本质上有其相通之处。于是，研究人员开始关注更多的自然与生物的演化规律，试图结合更多的自然规律，得到更加高效简洁的优化算法。其中的一类算法代表，就是结合鸟群群体运动规律得到的粒子群算法，把鸟群中的个体成为粒子。

在鸟类群体的运动中，有一些基本的运行规律：在寻找食物的时候，群体中一个个体对食物感到敏感，也就是掌握了食物的一些相关信息，那么群体之间就会相互通信、传递信息，最终某个个体引导整个群体寻找到食物。

鸟类群体运动中的"食物"相当于多目标优化问题中的最优解，这种鸟群寻找食物的方式为优化算法提供了一种很好的思路，即启发式搜索，在启发式搜索的基础上，形成了全局优化技术，这就是粒子群算法的原理所在。

式（7-9）为典型粒子群算法 PSO（Particle Swarm Optimization，PSO）的数学模型：

$$PSO = PSO(fitvalue, P_0, m, w, c_1, c_2, T) \tag{7-9}$$

式中　$fitvalue$——适应度函数；

　　　　P_0——初始种群；

　　　　m——初始种群规模；

　　　　w——惯性权重；

　　c_1、c_2——加速度系数；

　　　　T——粒子群算法收敛条件。

下文对典型粒子群算法的数学模型及流程进行说明解释。

（2）粒子群算法流程

对粒子群算法进行说明，必须配合一些必要的数学描述。

对于 N 维目标搜索空间（可能的解空间），有 m 个粒子组成了一个群落（与鸟群类似），第 i 个粒子在 N 维空间中会有一个位置，用符号 X_i 表示，同时，它会有一个速度，用符号 v_i 表示。在这个位置，可以计算出该粒子的适应度函数值 $fitvalue_i$，那么，很显然，在飞行过程中，该粒子会有曾经达到的最大的适应函数值和达到最大适应函数的位置，分别用 $Pbest_i$ 和 X_i^{Pbest} 表示；同时，种群中所有粒子飞行中会经历一个最好位置 $Gbest$，其索引用符号 g 表示。

那么，粒子群算法就是对上述过程寻找最好位置的一个算法，其可分为典型的 5 个步骤。

①粒子群初始化。与遗传算法的概念相似，即给定一组初始粒子，以其为开始迭代的最原始值。在粒子群算法中，通常给定粒子群的规模 m 及相应的每个粒子的初始位置和速度。

一般来说，初始种群的规模也会影响粒子群算法的收敛特性。初始种群规模如果过小，那么收敛可能会陷入局部收敛；如果初始种群的规模过大，又可能会造成收敛速度低、算法效率低的状况。

对于本研究，初始化种群采取随机的策略，并不人为指定。

②确定适应度函数 $fitvalue$。$fitvalue$ 是粒子在运动过程中，其位置的一个评价函数，用来衡量此位置是否是最佳位置。在粒子运动过程中，就是反复对 $fitvalue$ 求值寻优的过程。

一般而言，在粒子运动中，可以将位置直接作为适应函数 $fitvalue$，$fitvalue$ 函数的值也就是位置的值。

对于本研究，设定 $fitvalue$ 为冷源系统能耗模型的值。

③寻优过程。所谓寻优的过程，即在运动过程中，如果 $fitvalue_i > Pbest_i$，那么就设定 $fitvalue_i = Pbest_i$，$X_i^{Pbest} = X_i$；如果 $fitvalue_i > Pbest_i$，那么就重新设置 $Gbest$ 的索引号 g，因为此时的 $fitvalue_i$ 为运动到此刻的最佳值。

④运动过程。当一步的迭代截止时，就会根据③得到截止到这一步的最佳值；但是，迭代过程并未终止，还需要继续，这就是运动的过程。在粒子运动的过程中，粒子的位置和速度会发生相应的变化。一般而言，是通过下列的函数关系进行位置与速度更新：

$$v_{id} = wv_{id} + c_1 r_1 (x_{id}^{Pbest} - x_d) + c_2 r_2 (x_{gd}^{Gbest} - x_{id}) \tag{7-10}$$

$$x_{id} = x_{id} + v_{id} \tag{7-11}$$

式中　x_{id}——粒子 i 飞行速度矢量的第 d 维分量；

　　　v_{id}——粒子 i 飞行位置矢量的第 d 维分量；

　c_1、c_2——运动的加速度；

　r_1、r_2——随机数，范围为 [0，1]；

　　　w——惯性权重。

在运动过程中，各个参数具有不同的作用，在粒子群算法中影响最大的几个参数如下：

惯性权重 w，是粒子运动惯性的一种表示，与物理中的惯性概念类似。在算法运行过程中，如果 w 过小，则会导致收敛于局部解；而较大的 w，会使得算法跳出局部解，向全局解搜索，但是，过大的 w 也会导致算法不稳定，可能不收敛。在本研究中，我们取 w 为 0.5。

加速度 c_1 和 c_2，顾名思义，加速度的大小会影响算法的速度。c_1 和 c_2 越大，会让算法快速地到达最优解附近。很显然，如果 c_1 和 c_2 过大，那么解就会在最优解附近徘徊，永远不可能达到最优；而 c_1 和 c_2 如果过小，又会导致运动过于缓慢，可能到达迭代次数了，还是没有到达最优。一般而言，c_1 和 c_2 可以取 0～4 的数值。本研究中，我们取加速度 c_1 和 c_2 为 1。

⑤收敛条件 T。与遗传算法类似，收敛条件即是算法终止条件，可以取固定收敛步数，也可以设定当每次迭代的结果差值为微小值时，迭代停止。

在本研究中，我们设定收敛条件为固定迭代次数 $T_{\max}$。

综上所述，通过上述的 5 个步骤，我们确定了粒子群算法的典型应用步骤，并且根据本研究的特点，对典型的关键参数进行了约定。

（3）粒子群算法的实现

根据上文，我们已经确立了本优化问题的粒子群求解的一些关键步骤和关键参数，由此，可以得到粒子群求解在本研究中的算法流程图和伪代码图如图 7-9 和图 7-10 所示。

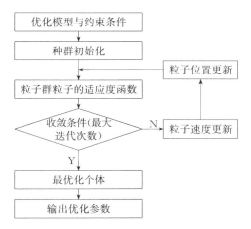

图 7-9　优化问题粒子群算法流程图

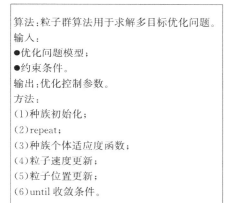

图 7-10　优化问题粒子群算法伪代码图

7.2.2　自适应控制策略

通常人们所说的自适应特征是人类或者其他生物为了能够适应其周围的环境变化，来改变自己的生活习惯的一种方法。在自动控制领域，自适应控制则是为了适应系统被控对象自身的变化情况和外界干扰而引起的动态变化，控制系统能够自我修正其控制参数的一种智能控制方法。

对于空调冷源系统而言，常见的被控设备主要有冷水机组、水泵、冷却塔等，被控参数则是冷水机组冷冻水出水温度、冷却出水温度、水泵流量（频率）等。空调系统额输入参数，即所谓的外界干扰引起的直接变化是空调系统负荷。对空调系统而言，自适应控制策略应能根据系统负荷的变化，及时调整被控参数。

本研究中，我们根据空调系统负荷预测与优化控制的结果，提出了一种空调系统的自适应控制策略。

以预测负荷作为控制优化的输入参数，将优化后的各个控制参数作为空调冷源系统各设备的控制设定值。

考虑到冷源系统建模、负荷预测的算法误差皆在5%以内，以及空调冷源系统的运行稳定性，对上述控制策略进行优化，形成最终的空调系统前馈控制策略。

以小时为基本单位，以逐时预测负荷所在区间的上限负荷作为输入参数；将优化后的各个控制参数作为空调冷源系统各设备的控制设定值（注：将负荷率从高到低按照5%的间隔进行分区间）。因此，自适应控制策略可以用表7-2表示。

空调系统的自适应控制策略　　　　　　　　　　　　　　　　　表7-2

预测负荷率所在区间	预测负荷率所在区间上限	控制策略（各设备的控制参数）				
		冷冻水出水温度（℃）	冷却水进水温度（℃）	冷冻水泵流量（m³/h）	冷却水泵流量（m³/h）	冷却塔风机频率（Hz）
100%～95%	100%	＊	＊	＊	＊	＊
95%～90%	95%	＊	＊	＊	＊	＊
90%～85%	90%	＊	＊	＊	＊	＊
85%～80%	85%	＊	＊	＊	＊	＊
80%～75%	80%	＊	＊	＊	＊	＊
75%～70%	75%	＊	＊	＊	＊	＊
70%～65%	70%	＊	＊	＊	＊	＊
65%～60%	65%	＊	＊	＊	＊	＊
60%～55%	60%	＊	＊	＊	＊	＊
55%～50%	55%	＊	＊	＊	＊	＊
50%～45%	50%	＊	＊	＊	＊	＊
45%～40%	45%	＊	＊	＊	＊	＊

7.2.3　无人值守控制系统

基于空调系统的自适应控制策略与方法，本书研发了空调系统的自适应控制模块与系统，充分运用现代物联网技术、人工智能技术、群控技术，结合数据挖掘技术、现代统计学分析技术、运筹优化技术等技术手段，感知、整合、分析、优化系统运行的一系列分析方法，实现空调系统的微观管理到宏观＋微观管理，从局部优化到整体优化。

控制系统包括：物联网监测模块、数据在线采集模块、数据存储模块、故障识别与报警模块、节能数据分析模块、集中优化控制策略模块、前馈控制模块、传感器、控制器、数据传输设备等。具体子系统模块构成如图7-11所示，硬件连接图如图7-12所示。

物联网监测模块。对空调系统相关参数进行实时的监测，监测参数主要针对空调系统中的各设备和各系统，主要监测采集参数包括室内外环境参数、设备的状态参数、设备运行参数、系统状态参数、系统运行参数、设备的能耗数据、系统的能耗数据、其他参数等。

数据在线采集模块。通过数据采集单元对物联网监测的各个参数进行采集，本系统中的数据采集单元研发内置了适用于不同传输协议的传输接口，数据采集单元可以是（不限

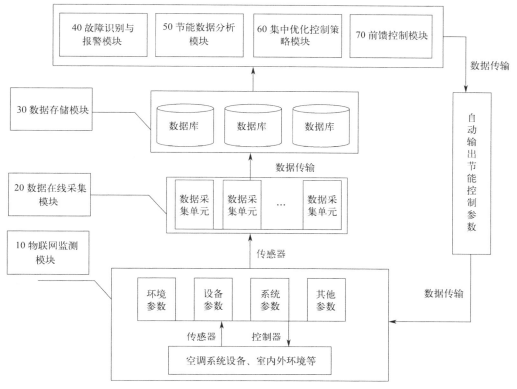

图 7-11 空调前馈控制系统架构图

于）IP 采集器、Modbus 采集器等。

数据存储模块。通过结构性数据库及相应的数据传输协议，对数据采集模块采集到的数据进行实时的存储，本系统中的数据存储模块提供了多种数据库开放接口，如 MySql、Oracle 等。

故障识别与报警模块。通过实时分析设备、系统的状态参数和运行参数，根据内置的故障检测算法对设备与系统进行故障检测与识别，进而实现实时的故障报警。本系统中内置了研发的故障识别算法和故障诊断库，以及基于树结构的故障检测与识别方法。

节能数据分析模块。对数据库中存储的设备及系统运行数据进行实时的分析，通过展示单元、对比分析单元的数据运算，在节能潜力分析单元计算出设备及系统的节能潜力。本系统中的节能数据模块内置了研发出的节能数据分析算法：离线与在线数据训练设备与系统建模方法，全方位的能耗计算（同比、环比等）、能耗阈值计算方法，挖掘出设备及系统的节能潜力。

集中优化控制策略模块。在节能数据分析模块基础上，在历史数据建模单元中实现优化控制问题的建模，通过内置研发的优化控制算法，实现离线与在线的控制参数优化，形成新的控制策略。

前馈控制模块。负荷预测单元的负荷作为控制的输入参数，与集中优化控制策略模块产生的控制策略结合，形成前馈控制策略，并通过数据传输装置，传输到控制器，以控制器进行设备及系统的控制参数设定。

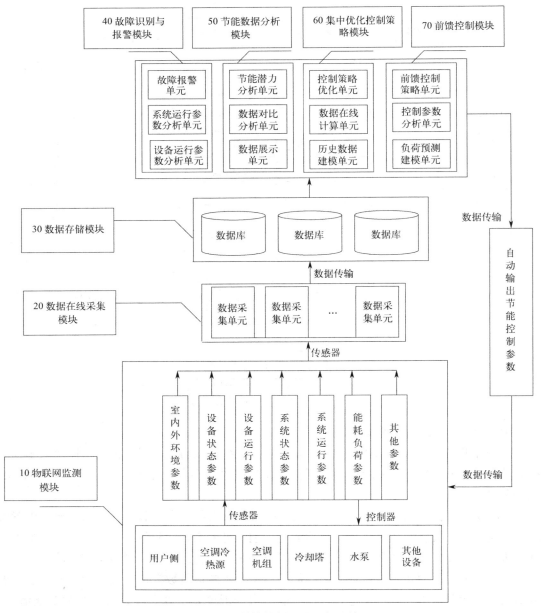

图 7-12　空调前馈控制系统硬件连接图

7.3　"四位一体"平台技术

7.3.1　系统架构

本平台的技术原理如图 7-13 所示。从图 7-13 中可见，本平台优于传统的公共机构能耗监管系统的部分在于：实现了公共机构整个建筑中主要耗能设备和能源的闭环调控。由于实施节能的关键是提高建筑物用能设备的能效以及保障建筑物具有良好的物理性能。因此，作为以信息化作为主要解决手段的本平台，需要完成对于建筑物静态和动态信息的采集和处理。主要体现在：

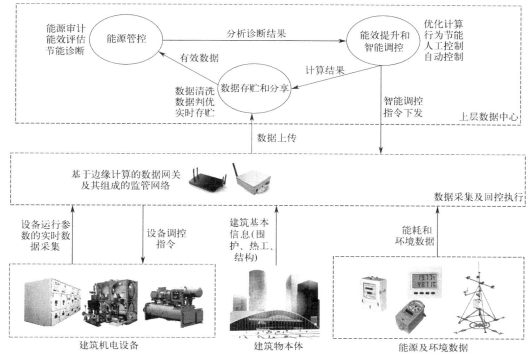

图 7-13　平台技术原理示意图

（1）本平台通过监测公共机构的建筑物实时能耗和重点耗能设备的运行参数和状态，进行能效统计、分析、评估和诊断，最终发现耗能改进节点，实施节能优化，从而达到提高建筑物用能效率的目的。

（2）本平台通过监测公共机构的建筑围护结构、室内外环境等物理参数，评估建筑物理性能的衰变水平，通过有针对性地实施节能优化、改造方案，保障建筑物良好的物理性能。

针对图 7-13 需要实现的技术目标搭建的平台系统，其数据流转和处理的过程如图 7-14 所示。

7.3.2　技术实现

本平台依据住房和城乡建设部、国家卫生与计划生育委员会、教育部、国家机关事务管理局、工业与信息化部相关导则和软件开发指导说明书的要求设计、研发，并根据实际应用需求增加部分新的应用实现。

本平台是通过自动化技术、测控技术、网络技术和数据融合处理技术等的综合应用，为用户提供绿色、智能的能源管理解决方案，实现从"传感器到用户桌面"的信息融通和整合。本平台在软件结构上分为四个层次：数据感知层、数据融合层、基础平台层、应用系统层，每个层次完成不同的任务，下层为上层提供相应的技术支持服务。体系遵循国家相关技术标准，具有身份认证、数据加密、数据备份、病毒防范等相关安全保障体系。平台软件架构如图 7-15 所示。

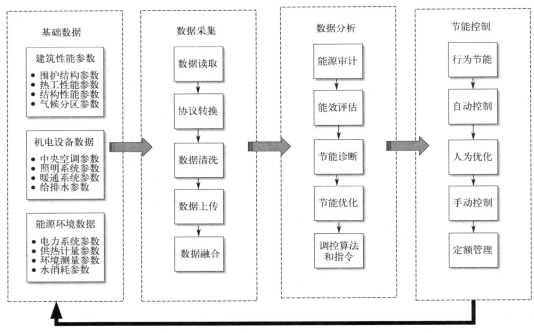

图 7-14 平台数据流程示意图

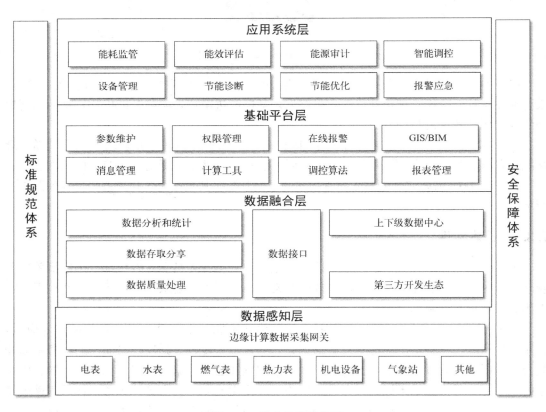

图 7-15 平台软件架构图

1. 数据感知层

数据感知层的主要功能就是实现基于边缘计算的数据采集、前端缓存、数据预处理和实时传输回招等，最终实现设备和数据的"解耦"，并实时地向数据融合平台发送可靠的数据。

2. 数据融合层

数据融合层将实现针对现场采集数据、建筑物基础数据、基本处理方法等来自于异源异构数据的融合和存贮，可实现对采集上来的原始数据进行有效性验证、数据清洗，进行相应的分项能耗数据计算，并通过建筑物的数字化模型进行数据的组织、协调和分享。系统对接收的原始数据包进行校验和解析，规范化采集时间，规范和整理相应的数据。例如：根据配电支路安装仪表的情况构造用能模型，并根据用能模型对原始采集数据进行拆分计算得到分项能耗数据，并将原始能耗数据和分项能耗数据保存到数据库中。

数据接口系统是对于不同来源的能耗数据，最终上传到市级、省级以及更高层的数据中心进行能耗数据的存储和展示。数据接口系统包括数据上报子系统和数据接收子系统。

数据上报子系统通过定时任务调度自动从数据库中提取能耗分类分项数据，合并整理打包后发送到上一级的数据中心。数据交换格式为压缩的 XML 数据包。数据上报子系统主要包括数据提取、数据打包、数据上传、接收反馈结果等功能。

数据接收子系统接收下级数据中心发送的能耗数据，完成数据合法性校验和认证后将数据保存到数据库中，与数据上报子系统对应。数据接收子系统主要包括数据接收、数据解包、数据校验、数据处理和存储、发送反馈结果等功能。

3. 基础平台层

基础平台层包括基础参数管理、权限管理、数据库管理等功能。基础平台对智能调控平台需要的所有数据字典和公共机构概况等基础信息、建筑用能支路及监测仪表安装等专业配置信息、时间同步信息和用户权限信息等进行录入和维护。

4. 应用系统层

应用系统层提供基于数据融合平台和基础平台层的内容进行面向终端客户的人机交互应用系统功能。主要体现在：

（1）能效评估。为了能对节能技术或节能手段使用的效果进行量化评估，以月、季度、年为单位对公共机构能效水平进行评估。

（2）能源审计。根据国家有关节能法规和标准，对能源使用的物理过程和财务过程进行检测、核查、分析和评价的活动。

（3）节能诊断。通过数据挖掘技术分析公共机构的建筑物及其重点用能设备的能耗数据，发现用能系统（过程）中的节能潜力，优化系统用能过程，提高用能效率。

（4）节能优化。依据节能诊断的结果提出系统的节能优化方案，包括行为节能、人为节能操作、自动节能控制等，以提高系统的用能效率。

通过以上软件体系的实现，可以达到快速完成应用系统的目标。目前提供的体系的特点主要体现在：

（1）基于组件模式，降低各模块耦合性，实现功能模块的自由组合。平台提供了大量的公共组件，可以根据用户的需求自由组合出全新的应用界面。

（2）健全的安全机制，对关键数据进行加密存储，防止各种入侵攻击，有效地防止泄密事件，确保系统和数据的安全。

（3）对大数据、大并发进行了深入的优化处理，建立强大的缓存机制，确保了系统响应时间，提高了用户体验。

（4）提供了完善的增容、扩展机制，确保系统在未来的可持续发展。

在具体的实现方面，软件的实现主要由四个平台模组构成，如图 7-16 所示。

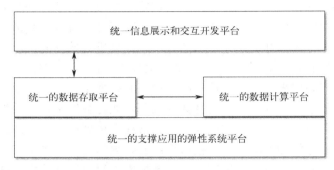

图 7-16　软件平台的相互关系

统一的数据存取平台：其主要是运用物联网技术打通了数据从传感器到桌面的所有关键点，实现现场数据到桌面的无缝连接。同时平台考虑到数据整合的需求，运用物联网技术将不分专业、不分行业的同类型数据进行全面整合，并且为实现系统开发的分层次、分享协作的目标，在系统存取平台的实现过程中建立了一系列内部规范和服务模块，便于实现高效率的开发。

统一的数据计算平台：其实现了针对客户业务进行数据处理。例如，将存贮在数据平台中的大量基础数据提取出来，由专业人员进行抽取、分析、判断，整理出来的有效信息服务于客户。因此，统一的数据计算平台为不同行业的业务人员提供了若干种实现分布式数据分享的服务，使得人们能够在任何场合获取有用的信息。该平台实现的最终目标是建立计算机编程语言无关的数据存取方法和业务计算库，让不具备较强计算机编程能力的其他专业人员能够方便地存取存贮在数据中心的数据。而经过处理的结果也可以作为其他应用的入口，发挥出更多的价值。

统一信息展示和交互开发平台：其旨在通过自由的组合，提供给客户完美的客户体验。交互界面的生成由系统数据融合、信息关联以及全面解决方案等技术作为支撑，实现在平台中通过组合、定制等手段，完成不同类型的客户以及不同类型的终端的信息展示和交互。

统一的支撑应用的弹性系统平台：其用于支撑上述三层体系应用构架的硬件平台和软件平台。支撑应用的硬件平台主要包括：现场数据采集及通信单元、数据中心前置机系统集群、数据库服务器集群、发布数据库体系、应用数据库体系、存贮体系、数据中心安全体系以及能源保障体系等；支撑应用的软件平台主要包括：操作系统、数据库系统、统一的身份认证体系、统一的开发事件和日志系统、统一的索引系统、用于支持团队开发的研发过程管理系统等。

7.3.3　智能调控机制

作为"四位一体"技术核心的实现平台，平台内部集成了基于协调控制理论的算法集合。本平台的统一存取平台实现了设备到数据的"解耦"，使得存入中心数据仓库的所有数据仅带有针对建筑相对应测量变量的属性，而不需要关注其数据处理设备的属性，如图 7-17 所示。

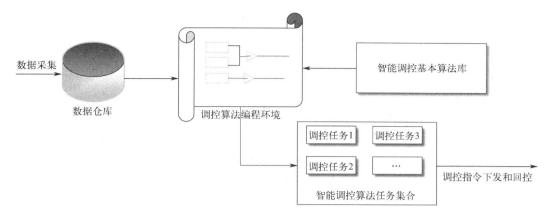

图 7-17　智能调控的运行机制

同样地，在数据的使用中，我们可以通过计算平台中内置的或者临时编制的脚本算法实现针对数据的后期处理，这些处理主要体现在：

（1）中间变量的计算。通过设备、能源相应的内部逻辑关系，将现场采集的数据进行二次计算，从而得到新的计算指标。如：电力的三相不平衡度、空调的效率等。这些变量在计算后可以作为新的变量数据进行后续的计算，或者直接进行人机交互。

（2）设备智能调控的算法实现。通过数据库中的不同类型的设备参数、能源参数、环境参数以及机电设备的运行参数。在计算平台实现设备智能协调控制的算法实现，并通过数据输出语句进行实际控制动作的实现。如：空调的调控算法、照明的调控算法等。

（3）平台的智能协调控制策略，实现了可编程的控制算法的在线测试、在线运行的目标。面向数据的计算机制，可以保证由非计算机专业人员进行交互编程，从而实现智能调控的目标。

能源调控供热系统、空调系统、照明系统、智能插座如图 7-18～图 7-21 所示。

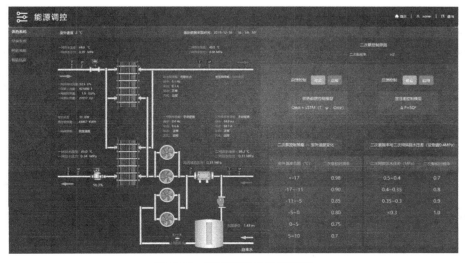

图 7-18　能源调控供热系统图

135

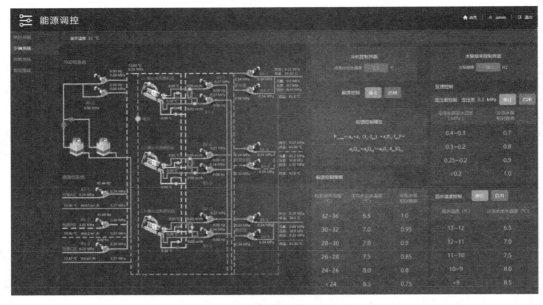

图 7-19　能源调控空调系统图

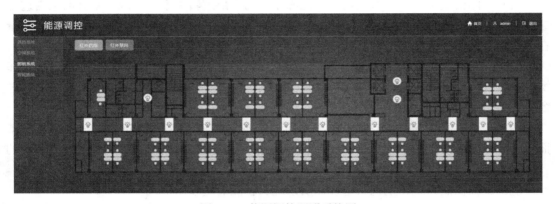

图 7-20　能源调控照明系统图

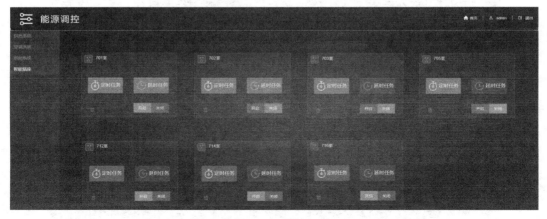

图 7-21　智能插座图

8

建筑机电系统综合效能调适技术

8.1 公共机构新建建筑综合效能调适技术

8.1.1 公共机构新建建筑综合效能调适技术体系

1. 目标原则

基于国外调适技术标准的梳理和分析，结合国内建筑机电系统在运行中存在的主要问题，确定了调适技术体系建立的目标和原则。

1）以项目为对象，强调项目的个性化需求

标准规范主要从专业的角度，提出了各项技术应用的基本要求和通用性规定，而对于实际建筑而言，由于建筑所处区域的气候特点、建筑类型、使用功能的不同，导致建筑的功能需求、负荷特性也相应不同，也就是说建筑具有很强的个性化特征。简单、通用性的规定不能保证设备和系统的实际使用效果，因此调适应从项目自身的特点和需求出发，强调各项技术在项目应用中的具体要求，坚持以"项目需求目标为导向"落实各阶段调适工作的技术要求。

2）以项目实际使用效果为目标，强调全过程和全专业

调适的目标是保证系统实际使用效果满足设计和使用要求，因此需要克服目前规范按专业和阶段设置的局限性，强调项目机电系统的整体性，避免不同专业和不同阶段衔接缺位、脱节等问题，建立以项目实际使用效果为目标，贯穿项目设计、施工和运行全过程、全专业的调适技术体系。

3）突破质量验收，关注动态性能，强调实际使用效果的验证

目前的施工验收规范主要侧重于设备和系统的安装质量检查和性能检测，但是随着建筑功能需求和技术的不断发展，特别是控制系统的快速发展，使得设备和系统之间的关联性和耦合性不断增强，系统的动态调节性能成为影响使用效果提高系统实际运行能效的重要因素。因此调适体系应重点关注于系统、设备之间的匹配性和系统动态调节性能，加强系统不同运行工况下的效果验证。

4）结合我国实际情况，提高技术体系的可实施性和可操作性

调适技术体系以项目实际使用效果为目标，贯穿项目设计、建造和运行全过程、全专业，必然会与现有标准体系，特别是施工验收规范产生交叉，因此在体系建立过程中要注意与现有标准规范的兼容和协调，同时要充分考虑我国的实际情况，体现我国建筑行业的

特点，提高技术体系的可实施性和可操作性。

2. 体系架构

基于调适的目标和原则，提出了适合我国国情的调适体系架构，体系架构包括调适管理要素、调适流程以及调适方法三个方面，其中调适管理要素主要包括调适需求书、调适团队、调适范围和内容、质量控制措施以及培训要求五个方面。调适流程按项目建设全过程分为规划、设计、施工和运营四个阶段，按施工阶段调适的具体工作流程分为预检查、检查、性能调适、联合调适、交接培训和季节性验证六个阶段。调适方法主要包括设备和系统的检查方法、测试方法、非标工况设备验证方法、联合调适方法和季节性验证方法。具体的体系架构如图 8-1 所示。

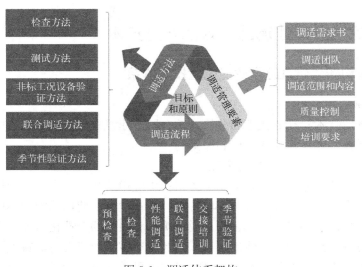

图 8-1　调适体系架构

3. 调适管理要素

1）调适需求书

调适目标是开展调适工作的基础，调适目标以调适需求书的方式表达，调适需求书由调适顾问根据项目的实际情况编制，并由业主进行确认，目的是将项目需求分解为不同层面、不同维度的技术指标，实现调适目标的参数化、指标化、措施化。作为各项调适工作开展的目标和依据，调适需求书应随着执行过程中需求的变化，不断更新和补充。调适需求书一般应包括以下内容：

（1）使用需求层面

使用需求层面主要是从建筑和系统使用的角度，提出相关要求，一般包括但不局限以下方面：

①功能需求，包含建筑概况、楼层设置、功能分区、空间方位、面积大小、人员密度、使用时间、使用要求等相关信息。

②不同功能区间的舒适性、健康性等方面需求，包括室内外环境参数，如温度、相对湿度、风速、噪声、舒适度、照度、二氧化碳浓度、PM2.5 浓度、甲醛浓度、室内外静压差等。对于有控制精度要求的区域，应明确参数控制的精度范围。对于信息中心等特殊

区域，应根据其特殊的使用性质明确相关控制参数要求。

③建筑节能方面的需求，主要指业主对建筑投入实际运行后的能耗水平以及设备和系统能效的预期目标。

④设备设施美观性、维护性和操作性等方面需求，主要指机电设施设备、管路安装方式、维修维护空间、系统使用和操作等方面的要求。

⑤认证、标识等需求，建筑申请"绿色建筑""健康建筑""能效标识""LEED""WELL"等认证标识要求，需要按照相关规范条文落实到调适需求书中。

（2）设备设施层面

设备设施层面主要是指为了满足建筑的使用需求，对系统设置和性能指标提出要求，一般包括但不局限以下方面：

①设备系统的设置，指根据项目的功能使用需求和相关标准规范的要求，所确定的系统形式、主要设备、技术措施、安装位置以及负责的空间区域等相关信息。

②设备和系统配置性能要求，指项目主要机电设备，如冷水机组、组合式空调机组、送排风机等设备的性能参数以及安全和能效方面的要求。

③自控系统的控制要求，指对机电控制系统实现的控制功能、控制逻辑、控制参数、控制精度以及对传感器、执行器等硬件设备的要求。

④系统安全性、可靠性和节能性要求，指从系统安全、可靠和高效运行的角度提出的技术要求，如主要设备的安全认证、电气系统谐波畸变率、电能质量、冷源系统综合能效比、输送系数、水力平衡度等。

（3）具体实施层面

主要是指从调适工作具体实施角度所提出的相关要求，包括调适所涉及的系统和设备、调适内容、调适团队、调适实施周期、调适过程中的质量控制要求、合格判定标准、验收方式、成果文件、安全、培训等相关要求。

2）调适团队

调适团队由调适顾问根据项目调适的工作内容确定，一般应包含建设（业主）单位、调适顾问、机电总承包单位、设计单位、设备供应商、系统服务商和运营管理单位等。各单位应确定参与调适工作的负责人及具体工作人员，并明确职责，各单位主要职责如下：

（1）建设（业主）单位

①确定调适工作需求；

②确定调适顾问，确认调适目标；

③协调其他单位参与、配合调适工作；

④组织调适成果验收、确认。

（2）调适顾问

①编制项目调适需求书；

②编写调适计划及方案；

③组建调适团队；

④组织召开调适例会；

⑤组织总包、机电专业承包、设备供应商编写设备和系统调试方案；

⑥组织调适团队实施设备和系统调适工作；

⑦组织调适过程中技术问题的讨论；

⑧对调适结果进行检查、确认、复验；

⑨组织总包单位、机电专业承包单位、设备供应商等对运营管理单位开展培训工作；

⑩组织编写系统手册；

⑪负责编写调适报告。

（3）总包单位、机电专业承包单位

①按照工程建设标准进行施工，对工程整体施工质量负责；

②按照调适方案实施各系统调试工作，并提交调试报告；

③按照调适方案组织分包单位、设备供应商实施专项调试工作；

④参与调适例会；

⑤对调适工作中发现的问题组织整改，并提交整改报告。

（4）设计单位

①按照工程建设标准进行设计，对工程整体的设计质量负责；

②对各专业施工单位或供应商提供的深化设计图纸进行确认；

③提供必要的调适依据文件，如设计图纸、系统负荷计算书、水系统和风系统的水力平衡计算报告、自控系统的控制原理和控制说明等相关技术资料；

④参与调适过程中技术问题的解决；

⑤参与最终效果验证。

（5）监理单位

①参与调适例会；

②对设备和系统安装进行质量监管，并协助提供相关设备和系统的验收资料；

③协助调适顾问开展调适工作，对系统的整改过程进行监督。

（6）设备供应商

①参与调适例会；

②提供设备技术参数等相关资料；

③协助调适顾问编写设备调适方案；

④协助总包单位、机电专业承包单位开展设备调适工作，确保设备性能满足设计和使用要求；

⑤对调适过程中发现存在问题的设备进行调试或更换。

（7）运营管理单位

①参与调适例会及主要调适过程；

②提出培训要求和建议；

③参加培训；

④协助调适顾问开展运营阶段的调适工作，包括但不限于提供监测数据、能耗数据，配合现场测试等工作。

3）调适范围和内容

随着调适技术的不断发展，调适的范围也在不断扩展。调适技术发展初期主要是针对供暖空调系统，目前已经逐渐扩展到电气系统，给水排水系统，电梯系统，消防系统，建筑材料、围护结构等系统。一般来说建筑机电系统主要包括供暖空调系统、电气系统、给水排水系统、电梯系统和消防系统（图8-2）。由于我国对消防系统实行专业化管理，由专业机构负责对其进行相关验收，电梯系统相对独立，且自动化程度比较高，因此建筑的机电系统调适主要包括供暖空调系统、电气系统、给水排水系统以及相关的控制系统，各系统又包含多个子系统，系统之间既相互独立又互相交叉，如给水排水系统包含供暖空调补水系统、冷却水系统等。

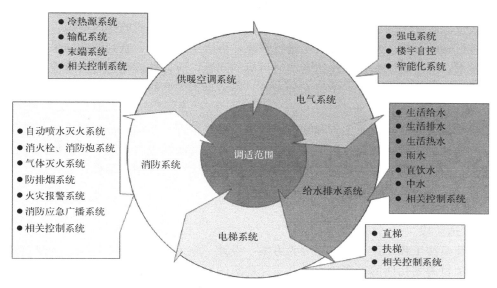

图8-2 建筑机电系统调适范围示意图

调适顾问应根据具体业主项目需求，基于调适目标确定调适范围和内容，并根据调适范围明确调适工作实施的范围和工作边界，以便后续方案、计划的制定和执行。

4）质量控制

完善的质量控制是确保调适效果的关键，应通过调适工作的例会制度、偏离调适目标时的跟踪处理机制、调适过程中的复验和调适完成后验收确保调适效果。

（1）例会制度

例会制度应在项目调适启动会上确定，是维持项目调适进程和质量的关键措施。通过会议协调、确定调适过程中的冲突、问题、进度调整等，确保调适团队各方在整个调适过程保持良好的沟通和共识。调适顾问应对例会上讨论的问题进行整理并形成会议记录，记录会议时间、地点、参加会议人员、会议解决的问题、待处理问题的责任方和时间节点。

（2）调适复验

调适复验是对调适结果确认的手段，因此在调适过程中，调适顾问应对调适结果进行复验，复验方法及判定标准应在项目调适需求书中明确。复验前总包或设备供应商应提供检查、测试、调试等记录文件，复验由调适顾问组织，开展工作前应确定参与复验的单位和具体人员，以便对过程中的问题进行确认及整改责任落实。对于复验过程中发现的问题，应汇总记录并制定整改措施。整改完成后，应进行第二次复验，直到复验结果满足建设（业主）单位项目需求。

（3）调适验收

建筑机电系统调适完成后，建设（业主）单位应组织验收，并形成验收记录。调适验收宜在所有调适工作结束后进行，实际工程项目为了和其他验收工作保持一致，根据建设（业主）单位要求亦可以在季节性验证前组织验收，完成季节性验证后再对调适资料进行补充和完善。

（4）偏离处理

在实际工程中，不可避免出现调适结果与项目调适需求书要求不一致的情况，当调适结果复验及验收结果与项目调适需求书发生偏离时，应采取必要的整改措施。对调适结果的偏离进行诊断分析，对发现的问题进行整改，再次实施调适，直到调适结果能够满足需求书的要求；对于难于通过整改达到调适目标的问题，应评估该问题对后续使用和效果的影响程度，并和建设（业主）单位充分沟通，确定是否需要修改项目调适需求书。

5）培训要求

项目交付阶段应组织业主方和物业团队进行系统培训。培训人员包括设备、部件供应商，弱电分包商，调适顾问。培训前应首先与物业管理团队进行沟通，根据他们的技术水平与经验，和设备供应商一起确定培训的内容。培训组织方应制定培训计划，确定每次培训的内容、培训人员、时间安排。

4. 调适流程

1）调适阶段

新建建筑按工程建设过程可以分为方案、设计、施工和运营四个阶段。新建建筑调适一般始于项目筹划初期的方案阶段，并贯穿建筑的设计、施工和运营全过程。通过全过程的调适，不仅可以充分协调、管理各环节的施工进度，及时解决施工过程中出现的问题，保证建筑机电系统的建造质量；同时又可以提前发现方案和设计阶段的潜在问题，避免由于方案和设计缺陷对建筑的使用效果造成影响，减少了施工阶段的项目变更和返工，保证了项目的进度和预算，节约了项目成本。国外的相关研究表明，通过开展新建建筑全过程的调适，平均可实现大约 13％ 的节能效果，降低 15％～35％ 的运行维护费用，减少 2％～10％ 规模的工程返工率。

2）调适工作内容

虽然从保证实际使用效果的角度考虑，机电系统的调适工作宜从项目方案阶段开始，涵盖设计、施工和运营全过程，但是从以往调适项目案例来看，目前大部分调适项目均是从施工阶段开始介入的。

施工阶段调适是调适工作具体实施的重要阶段，按照调适的具体工作内容，施工阶段的调适可以分为调适预检查、检查、性能调适、联合调适、交接培训和季节性验证六个阶段。具体调适流程如图 8-3 所示。各阶段主要调适工作如下：

3）调适程序

国外的经验表明，通过建立标准的调适程序，实现调适工作的流程化和标准化是保证调适质量、提高调适效率、降低调适成本的重要手段。本书基于调适流程，结合主要机电设备的功能特点，制定了冷水机组、组合式空调机组、锅炉、水泵、冷却塔、风机盘管等主要机电设备的调适程序。调适程序包括调适要点、调适准备工作和注意事项、操作程序。

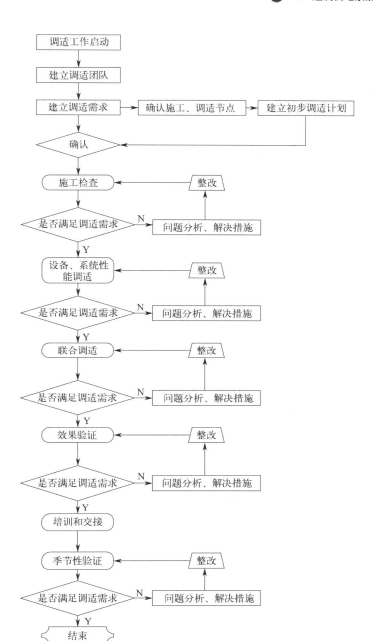

图 8-3　施工阶段调适工作流程

（1）调适要点

根据调适需求书及设备的特点，明确设备的调适目标以及重点关注的性能、功能要点。

（2）调适注意事项和准备工作

明确调适前的准备工作，包括设备样本及技术参数等资料的搜集，准备现场用的图纸及操作表格、仪器仪表等；明确检查、性能调适、控制验证等各阶段工作开展的条件、工

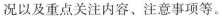

况以及重点关注内容、注意事项等。

（3）操作程序

操作程序分为检查、性能调适和控制功能验证，描述了设备各阶段调适工作的具体操作方法，操作程序主要以记录表格形式呈现。

5. 调适方法

制定科学合理的调适方法是保证调适效果的前提和基础。调适方法按调适内容的不同，可以分为设备性能调适和系统运行联合调适。其中设备性能调适的目标是保证设备实际性能和控制功能达到设计要求，系统安全可靠运行，主要在设备和系统施工安装阶段实施。设备性能调适主要针对特定工况下设备和系统性能，因此也可以称为静态调适。

系统联合运行调适主要是验证所有的设备动态性能、设备之间的匹配性和协同性，保证系统的整体性能和运行效果满足实际的使用要求。系统联合运行调适主要在设备系统安装完成后、正式投入使用之前和使用过程中实施。系统联合运行调适主要针对系统在实际运行工况下的设备性能和使用效果，因此也可以称为动态调适。设备性能调适是系统联合运行调适的前提和基础，而系统联合运行调适是对系统是否达到设计目标和实际使用要求的最终验证。

在设备性能调适方法方面，本书针对建筑机电系统的典型系统形式和主要用能设备，从设备性能、控制功能、综合效果三个方面，梳理了主要设备性能、控制功能和综合效果测试和验证方法，结合机电系统建造流程，分析系统建造过程中可能对设备和系统性能产生影响的潜在因素，制定了对应的控制措施，形成针对冷水机组、组合式空调机组、锅炉、水泵、冷却塔、风机盘管机组等主要设备和系统形式的调适方法，并针对设备现场测试和试验室测试条件的不同，采用理论分析的方法，识别设备性能的主要影响因素，利用基于实际数据的建模技术和关键参数测试方法，实现了在不同工况下的设备性能验证。

在系统联合运行调适方法方面，本书将建筑楼控和监测系统的实际运行数据和贝叶斯、决策树等大数据挖掘技术相结合，从系统的功能性、舒适性和节能性三个方面，建立了基于系统实际运行数据的诊断、评估和验证方法，将目前基于典型季节测试结合人为分析的季节性验证提升到基于实际运行数据结合数据挖掘方法的全工况、自动的效果验证，在提高了验证的科学性、可操作性和可持续性的同时，降低了调适的成本。

8.1.2 公共机构新建建筑综合效能调适关键技术

1. 性能验证方法研究

机电系统调适是测试、验证、调整到再测试、再验证和再调整的过程。目前在设备和系统测试方面，国内已经编制了相应的测试方法标准，但是在设备和系统验证方面，特别是在实际运行工况下的设备性能验证方法方面相对缺失，这也是造成目前调试工作流于形式，调试效果差的主要原因。尤其是对于暖通空调系统，由于其具有运行工况变化大、设备和系统耦合性强、自控系统复杂等特点，使得其设备性能验证显得尤为重要。

种种因素均会导致在实际的调适过程中，设备性能验证调适工况与标准规定的试验室试验工况的不同，在不同工况下设备实际运行性能必然与试验室试验工况下的性能存在差异，因此，直接用产品或设计标准中规定试验工况下测得的性能指标值来进行实际运行中设备性能的验证和验收是不太合理的，因此需要研究适用于非标准工况下测试得到的设备实际运行性能的评价方法。

通常暖通空调系统设备的性能,包括相关制冷制热能力、输送能力、末端设备换热能力等,空调设备实际性能的影响因素按性质可以分为内部因素和外部因素两部分。为了消除外部因素对设备性能的影响,实现对设备性能的统一评价,设备标准对设备名义参数的测试工况进行了规定,也就是我们所说的标准工况。

所谓内部因素主要指与设备制造工艺、制造水平、部件性能等设备自身性能相关的固有因素,包括设备类型、设备关键部件尺寸、设备材质、制造水平等。此类因素对于确定的设备而言为固定信息,设备确定后此类因素也随之确定,其对设备的影响也随之确定。外部因素主要指运行期间系统负荷、外部环境、运行参数等与设备自身性能无关的因素,包括安装符合度、设备所处的现场环境参数、设备内流体参数、设备服务的建筑负荷特性等。此类因素对确定的设备而言为变量参数,尤其环境参数、负荷特性等实时变化,其对设备运行性能影响也是实时变化的,即外部因素影响设备展现的实时性能(图8-4)。

图 8-4　典型设备性能主要影响因素

本书通过对不同空调设备性能参数和影响因素的研究,提出了基于设备实际性能数据的模型验证法和基于设备原理分析的关键参数测试法,实现了对冷水机组、水泵、冷却塔和组合式空调机组等末端换热设备在变工况下的性能验证。

1)冷水机组

根据某冷水机组厂家提供的400RT的定频螺杆机组不同工况下的性能参数数据,将满负荷和部分负荷数据一一对应进行回归,建立了冷水机组性能模型。其中随机抽取80%工况数据作为训练样本,剩余20%的工况数据作为验证样本对模型进行检验以保证模型的稳定性与可靠性。

根据冷水机组厂家提供的400RT定频螺杆机组50组满负荷及60组部分负荷不同工况下的性能数据,利用DOE-2模型公式进行拟合回归,建立了冷水机组性能模型,利用该模型即可实现对变工况下冷水机组性能的验证,模型拟合结果详见表8-1、表8-2和图8-5、图8-6。

满负荷工况数据　　　　　　　　　　　　　　　　　表 8-1

工况	负荷率(%)	冷冻水流量(m³/s)	冷却水流量(m³/s)	冷却水供水温度(℃)	冷冻水出水温度(℃)	冷却水回水温度(℃)	冷冻水回水温度(℃)	功率(kW)	制冷量(kW)	COP
1	100	67.7	79.81	16	4	20.89	9.16	166.4	1468	8.82
2	100	67.7	79.81	20	4	24.81	8.99	185.4	1423	7.68
3	100	67.7	79.81	24	4	28.7	8.79	206.2	1365	6.62

工况	负荷率 （％）	冷冻水 流量 （m³/s）	冷却水 流量 （m³/s）	冷却水 供水温度 （℃）	冷冻水 出水温度 （℃）	冷却水 回水温度 （℃）	冷冻水 回水温度 （℃）	功率 （kW）	制冷量 （kW）	COP
4	100	67.7	79.81	28	4	32.59	8.58	229.1	1306	5.70
5	100	67.7	79.81	32	4	36.49	8.37	254.8	1246	4.89
6	100	67.7	79.81	35	4	39.41	8.21	275.6	1199	4.35
7	100	67.7	79.81	40	4	44.28	7.93	313.7	1119	3.57
…										
44	100	67.7	79.81	16	10	21.48	15.86	168.7	1662	9.85
45	100	67.7	79.81	20	10	25.45	15.75	187.9	1634	8.70
46	100	67.7	79.81	24	10	29.47	15.69	209.6	1616	7.71
47	100	67.7	79.81	28	10	33.51	15.66	233.6	1607	6.88
48	100	67.7	79.81	32	10	37.39	15.43	259.2	1542	5.95
49	100	67.7	79.81	35	10	40.28	15.23	280.0	1486	5.31
50	100	67.7	79.81	40	10	45.11	14.9	318.5	1391	4.37

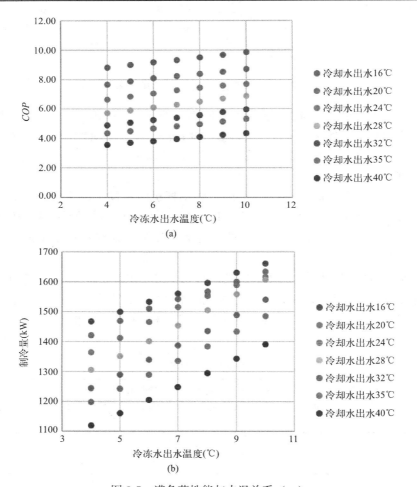

图 8-5　满负荷性能与水温关系（一）

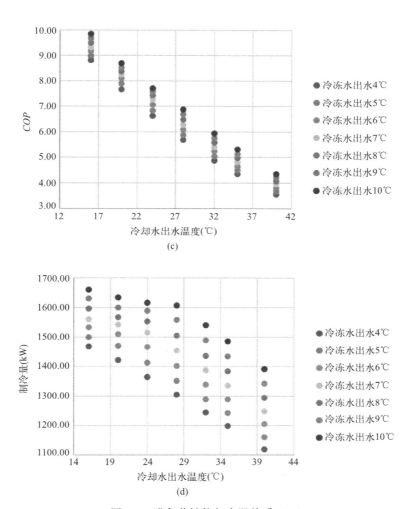

图 8-5 满负荷性能与水温关系（二）

部分负荷工况数据　　　　表 8-2

工况	负荷率（%）	冷冻水流量（m³/s）	冷却水流量（m³/s）	冷却水供水温度（℃）	冷冻水出水温度（℃）	冷却水回水温度（℃）	冷冻水回水温度（℃）	功率（kW）	制冷量（kW）	COP
3	90	67.7	79.81	20	4	24.33	8.49	167.3	1280	7.65
4	75	67.7	79.81	20	4	23.61	7.74	140.2	1067	7.61
5	50	67.7	79.81	20	4	22.43	6.50	100.0	711.1	7.11
6	25	67.7	79.81	20	4	21.24	5.25	57.7	355.6	6.16
7	10	67.7	79.81	20	4	20.53	4.50	34.2	142.2	4.16
...										
69	90	67.7	79.81	40	9	44.49	13.25	285.8	1208	4.23
70	75	67.7	79.81	40	9	43.74	12.54	237.8	1007	4.23
71	50	67.7	79.81	40	9	42.59	11.36	189.5	671	3.54

工况	负荷率 （％）	冷冻水 流量（m³/s）	冷却水 流量（m³/s）	冷冻水 供水温度 （℃）	冷冻水 出水温度 （℃）	冷却水 回水温度 （℃）	冷冻水 回水温度 （℃）	功率 （kW）	制冷量 （kW）	COP
72	25	67.7	79.81	40	9	41.41	10.18	135.6	335.5	2.47
73	10	67.7	79.81	40	9	40.63	9.47	80.6	134.2	1.67

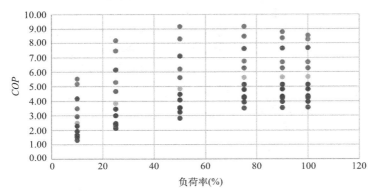

图 8-6　部分工况性能与水温关系

该冷机模型满负荷制冷量与额定制冷量比值 CAPFT，额定 COP 与满负荷 COP 比值 EIRFT 以及部分负荷功率与额定功率、CAPFT、EIRFT 三项乘积的比值 EIRFPLR 的拟合结果见表 8-3～表 8-5。

CAPFT 拟合结果　　　　　　　　　　　　　　表 8-3

CAPFT 模型		非标准化系数		标准系数	t	Sig.
		系数	标准误差	试用版		
变量	（常量）	0.973093688948931	0.032	—	30.060	0.000
	T_{wo}	0.016703455284696	0.005	0.348	3.068	0.004
	T_{co}	0.002136001543585	0.002	0.172	1.382	0.174
	T_{wo}^2	−0.000198059005839	0.000	−0.058	−0.574	0.569
	T_{co}^2	−0.000233464451512	0.000	−1.237	−10.402	0.000
	$T_{co} \times T_{wo}$	0.000548633517798	0.000	0.502	6.974	0.000

EIRFT 拟合结果　　　　　　　　　　　　　　表 8-4

EIRFT 模型		非标准化系数		标准系数	t	Sig.
		系数	标准误差	试用版		
变量	（常量）	0.557154848790581	0.024	—	23.636	0.000
	T_{wo}	0.011274631801822	0.004	0.079	2.844	0.007
	T_{co}	−0.008863927437744	0.001	−0.239	−7.875	0.000
	T_{wo}^2	0.001354599863435	0.000	0.134	5.394	0.000
	T_{co}^2	0.000886409114655	0.000	1.578	54.234	0.000
	$T_{co} \times T_{wo}$	−0.001947894572609	0.000	−0.599	−34.001	0.000

EIRFPLR 拟合结果　　　　　　　　　　　　　　　　　表 8-5

模型 RIRFPLR		非标准化系数		标准系数	t	$Sig.$
		系数	标准误差	试用版		
变量	（常量）	-0.201008399266877	0.053	—	-3.828	0.000
	T_{co}	0.012178006043702	0.003	0.327	3.575	0.001
	PLR	1.482527700818130	0.111	1.742	13.400	0.000
	PLR^2	-1.069953247771690	0.221	-1.422	-4.839	0.000
	$T_{co} \times PLR$	-0.006788132570825	0.001	-0.312	-6.107	0.000
	PLR^3	0.698320580918169	0.132	0.943	5.302	0.000
	T_{co}^2	-0.000075544246534	0.000	-0.134	-1.354	0.180

为验证模型的准确性，分别针对训练样本和测试样本建立的模型进行了验证。模型拟合度为 0.988，说明该模型可以代表 98.8% 的样本性能。训练样本的 NMBE 和 CV-RMSE 分别为 1.78% 和 3.48，测试样本的 NMBE 和 CV-RMSE 分别为 1.53% 和 3.03%，预测功率值与实际功率值偏差很小。

2）水泵

根据某水泵厂家提供的一台水泵性能曲线及 11 组测试数据，根据选定的三次回归模型方法进行拟合，设备性能数据见表 8-6。根据三次回归方程形式，分别建立水泵的流量扬程、流量功率和流量效率曲线回归方程（图 8-7）。各参数拟合结果如下：

$$H = 53.176481 + 0.012767 \times Q + 0.000018 \times Q^2 - 0.000001 \times Q^3 \tag{8-1}$$

$$\eta = 0.227008 + 0781777 \times Q - 0.002403 \times Q^2 + 0.000002 \times Q^3 \tag{8-2}$$

$$P = 18.86 + 0.041574 \times Q + 0.000367 \times Q^2 - 0.000001 \times Q^3 \tag{8-3}$$

离心泵性能数据　　　　　　　　　　　　　　　　　表 8-6

序号	流量 Q(m³/h)	扬程 H(m)	功率 P(kW)	效率 η(%)
1	18.0	53.2	20.1	13.0
2	36.0	53.9	20.3	26.0
3	72.0	54.0	23.5	45.0
4	108.0	53.8	26.8	59.0
5	119.9	53.0	27.9	62.0
6	144.0	53.0	30.8	67.5
7	162.0	52.4	32.2	71.8
8	180.0	51.5	34.1	74.0
9	200.2	50.0	36.3	75.0
10	216.0	48.2	37.7	75.2
11	240.1	46.0	40.6	74.0

3）冷却塔

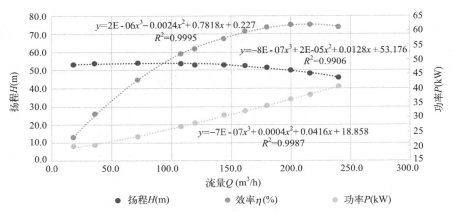

图 8-7　基于厂家性能曲线数据的水泵性能模型方程

以冷却水温法为例，本书根据某冷却塔现场测试工况（工况参数见表 8-7）及假定出水水温计算得到特性数。绘制的特性数与出水水温的关系图如图 8-8 所示，关系式拟合度为 0.9984。

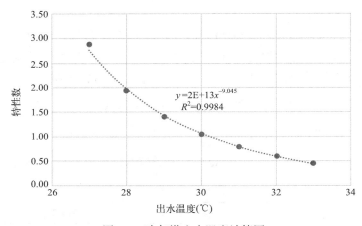

图 8-8　冷却塔出水温度计算图

冷却塔测试数据　　　　　　　　　　　　　　　　　　　　　表 8-7

测试内容	测试结果	测试内容	测试结果
进塔干球温度（℃）	31.0	冷却水量（m³/h）	429.1
进塔湿球温度（℃）	24.7	进塔水温（℃）	38.5
大气压（kPa）	101.3	出塔水温（℃）	30.9
自然风速（m/s）	1.3	风机功率（kW）	15.2

测试进塔水量及风机功率，计算进塔风量，进而求得现场工况气水比，根据厂家提供的热力特性曲线计算该工况下的特性数，查询特性数对应的出水温度，即为预测出水温度。

最终计算得到与设计相比实际达到的温降效果为 103%，满足设计要求（表 8-8）。

冷却塔性能验证结果 表 8-8

验证内容	实测值	预测值	偏差
出水温差	7.6	7.4	2.63%
冷却能力	—	103%	—

4) 换热器动态性能验证

(1) 根据现场情况设定水温,确保测试工况为干工况。

(2) 调整水泵流量及风量达到额定工况。

(3) 计算换热量。水侧温度流量测量相对简单、准确,可首先通过水侧计算换热量:

$$Q_水=G_水 c_水(t'_1-t''_1) \tag{8-4}$$

式中 $c_水$——水的比热 [kJ/(kg·K)];

$G_水$——水流量 (kg/s)。

不考虑换热过程的热量散失,换热量 $\Phi=Q_水$。

(4) 计算换热温差。对于换热器热工计算公式 $Q=KA\Delta t_m$,其中,Δt_m 为换热器的平均温差,是整个换热面上冷热流体温差的平均值。它是考虑冷热两流体沿传热面进行换热时,其温度沿流动方向不断变化,因此,温差 Δt 也是不断变化的。换热器的平均温差的数值,与冷热流体的相对流向及换热器的结构型式有关。

根据热平衡方程式:

$$Q=G_1c_1(t'_1-t''_1)=G_2c_2(t'_2-t''_2) \tag{8-5}$$

式中 G——流体的质量流量 (kg/s);

c——流体比热 [J/(kg·℃)];

t'——流体入口温度 (℃);

t''——流体出口温度 (℃)。

应用对数平均温差法,对于顺流和逆流换热器,平均温差的计算公式如下:

$$\Delta t_m=\frac{\Delta t'-\Delta t''}{\ln\dfrac{\Delta t'}{\Delta t''}}=\frac{\Delta t''-\Delta t'}{\ln\dfrac{\Delta t''}{\Delta t'}} \tag{8-6}$$

用对数平均温差计算虽然较精确,但是计算过程较复杂。当 $\dfrac{\Delta t'}{\Delta t''}<2$ 时,可用算数平均温差代替对数平均温差(误差小于 4%)。即:

$$\Delta t_m=\frac{\Delta t'+\Delta t''}{2}=\Delta T=\frac{(t_{水出口}-t_{风出口})+(t_{水入口}-t_{风入口})}{2} \tag{8-7}$$

(5) 计算实际传热系数与额定传热系数比:

$$\Phi=k_{实际}A\Delta T \tag{8-8}$$

其中 ΔT 为平均温差,换热面积 A 可由产品基本参数得到,可以得到:

$$\frac{k_{实际}}{k_{额定}}=\frac{\Phi}{\Delta T}\bigg/\frac{\Phi_{额定}}{\Delta T_{额定}} \tag{8-9}$$

(6) 验证设备性能符合性。根据计算实际换热系数与额定换热系数比值,对换热器传热性能进行判定。

2. 联合运行调适方法

1）联合调适方法建立思路

系统联合运行调适方法的确定，需要紧密结合所研究问题的特性，"基础功能性、舒适性、节能性问题"分别具有不同的特点与需求，解决这三方面的调适问题必须选择适合的方法建立模型。

根据前文分析，系统联合运行调适方法解决多设备协同问题，其关联性、耦合性强，且不同类型的调适问题具有各自的特点，需要针对问题特点选取适用的方法，因此，联合运行调适方法并非简单的基于工程经验的分析，也并非单纯基于数据的运算，而是两者的充分结合。

联合运行调适方法主要包含两部分：

（1）基础规则。针对系统及设备的调适，需要以其基本原理为基础，分析问题的基本原理，并形成判定规则。该部分基础规则是"专家规则、工程经验"的量化，将其用具体的公式、方法进行描述，也是所有调适的基础。

（2）数学建模。单一的规则是难以完成复杂问题的分析的，需要多个规则进行组合，按层级逻辑逐级判定或结合多个设备的运行数据进行综合分析，才能得出最准确的结论，因此，在规则的基础上，需要结合数据挖掘分析方法，建立数学模型。

以规则为基础，建立数据挖掘分析模型，这是联合运行调适方法建立的基本思路。

2）调适基础规则建立

（1）规则梳理思路

规则的梳理基于"专家规则、工程经验"开展，梳理过程中抓住主要问题，包含主要设备、覆盖重点环节，按照"从小到大、以点到面"的原则，保证了规则的全面性、科学性、逻辑性。

梳理过程包含以下几个部分：

①明确问题发生位置

规则梳理以问题发生的位置为出发点，对关键设备进行问题梳理，包括末端设备、空气处理机组、冷机等，每个关键设备按照其功能段的顺序，依次进行梳理，如 AHU 的新风段、混风段、送分段、回风段等，每个功能段又有其关键部件，如新风段包含传感器、阀门等，如此逐层筛查总结梳理问题，尽可能保证问题并无遗漏。

②明确问题发生的工况

主要分为过渡季、制冷、制热等工况，不同工况下可能发生的问题不同，可能出现问题的设备及系统也不同。

③对问题进行详细描述及量化

对问题进行详细的文字描述，同时结合其原理，建立较为准确的量化规则，明确问题判定"是/否"的规则，以此作为后续模型建立的关键。

④分析问题的影响

结合问题实际发生的可能性、严重程度等，明确问题的影响，便于对问题进行归类和逻辑梳理。

（2）建立基础规则库

根据调适体系研究，该部分内容主要分为基础功能性调适、室内效果调适、节能效果调适三个方面，这三部分模型建立研究工作都是基于空调系统不同环节的问题进行的，针对空调系统不同环节常见问题进行梳理，建立包含问题特征、问题原因、识别判定规则、影响等内容的效果问题规则库，是后续模型建立的基础。

①空气处理机组效果问题规则库（表8-9）

空气处理机组效果问题规则库

表8-9

序号	问题所属部件		问题名称	运行工况	问题描述	识别判定规则	影响
1	新风段	温(湿)度传感器	新风温度传感器读数不准	过渡季/新风制冷	传感器读数不准确，读数与真实温度有偏差	$T_{oa}-T_{oa,ref}>\varepsilon_t$	舒适度
2			新风温度传感器读数冻结	过渡季/新风制冷	传感器读数长时间不发生变化	T_{oa}无变化，24h	舒适度/节能
3			新风温度传感器掉线/损坏	过渡季/新风制冷	传感器长时间无读数	T_{oa}缺失，1h	舒适度/节能
4		阀门	新风阀门卡死	所有工况	新风阀门应该关闭，但由于卡住无法完全关闭	$T_{oa}-T_{oa,ref}<\varepsilon_t$，室外新风阀关到最小	舒适度/节能
5	混风段	温(湿)度传感器	混风温度传感器读数不准	所有工况	传感器读数不准确，读数与真实温度有偏差	$T_{sa}<T_{ma-et}$，$\|(T_{ma}-T_{ra})/T_{oa}-T_{ra}\|>\varepsilon_t$	舒适度
6			混风温度传感器读数冻结	所有工况	传感器读数长时间不发生变化	T_{ma}无变化24h	节能
7			混风温度传感器掉线/损坏	所有工况	传感器长时间无读数	T_{ma}缺失，1h	节能
8		阀门	混合段三相阀门卡死	所有工况	混风阀门无法达到预定开度	$\|OAD_{actual}-OAD_{max}\|\leqslant\varepsilon_d$	节能
9	空气处理段	压差传感器	压差传感器冻结	所有工况	传感器读数长时间不发生变化	P_f无变化，24h	舒适度/节能
10			压差传感器掉线/损坏	所有工况	AHU运行期间，传感器长时间无读数或读数为0	AHU=on，P_f缺失 or 0，1h	舒适度/节能
11		过滤器	过滤器脏堵	所有工况	过滤器脏堵，造成阻力增大，进出口压差增大	$\Delta p_{filter}>1.2\times\Delta p_{filter,expected}$	舒适度/节能
12		盘管	盘管脏堵	所有工况	导致换热面积不够，换热效率降低，换热不足	$\|T_{sa}-T_{ma}\|<\varepsilon_t$	舒适度/节能
13			盘管性能不足/异常	所有工况	盘管最大换热量不能满足需求，选型过小	$\|T_{sa}-T_{ma}\|<\varepsilon_t$	舒适度/节能
14			冷冻水温度过高/低	制冷工况	冷冻水温度与设定值偏差过大	$\|T-T_{set}\|>\varepsilon T_1$	舒适度/节能

序号	问题所属部件		问题名称	运行工况	问题描述	识别判定规则	影响
15	空气处理段	盘管	热水温度过高/低	制热工况	热水温度与设定值偏差过大	$\|T-T_{set}\|>\varepsilon T_2$	舒适度/节能
16			冷源侧供水不足	所有工况	水阀全开,水流量低于设定值,且偏差较大	开度=100%,$\|Q-Q_{set}\|>\varepsilon Q_1$	舒适度/节能
17		阀门	盘管水阀执行器掉线/损坏	所有工况	水阀执行器不能根据控制信号进行调节,无执行器信号	执行器信号缺失	舒适度/节能
18			盘管阀泄漏、关闭不严	所有工况	阀门显示关闭,盘管仍有流量	阀门关闭,$W_{cwp}>0$	舒适度/节能
19		温度传感器	供水温度传感器不准	所有工况	AHU侧水温传感器示数与冷机出水温度读数偏差较大,若冷机温度传感器读数准确,则为AHU侧水温传感器读数不准	$T_{hw}<T_{hw,spt}-\theta T_{hw}$	舒适度/节能
20			供水温度传感器读数冻结	所有工况	传感器读数长时间不发生变化	T_w 无变化,24h	舒适度/节能
21			供水温度传感器掉线/损坏	所有工况	传感器长时间无读数	T_w 缺失,1h	舒适度/节能
22	送风段	风机	风机机械故障	所有工况	风机皮带打轮、叶轮损坏等	风机满负荷,$F_{sa}<F_0-E_f$	舒适度/节能
23			风机选型不当	所有工况	风机选型过小/过大	风机满负荷,$F_{sa}<F_0-\varepsilon F$	舒适度/节能
24			风机变频功能未能实现	所有工况	设备频率保持额定,无法调整	f 无变化,$f=50Hz$	舒适度/节能
25			风机不能自动变频	所有工况	设备不能根据运行情况自动调整频率	f 无变化	舒适度/节能
26		温度传感器	送风温度传感器读数冻结	所有工况	传感器读数长时间不发生变化	T_{sa} 无变化,24h	舒适度/节能
27			送风温度传感器掉线/损坏	所有工况	传感器长时间无读数	T_{sa} 缺失,1h	舒适度/节能
28		压力传感器	静压传感器读数冻结	所有工况	传感器读数长时间不发生变化	P_s 无变化,24h	舒适度/节能
29			静压传感器掉线/损坏	所有工况	传感器长时间无读数	P_s 缺失,1h	舒适度/节能

续表

序号	问题所属部件		问题名称	运行工况	问题描述	识别判定规则	影响
30	送风段	控制	送风温度设定值偏低	所有工况	AHU 设定送风温度低于室内设计参数	$T_{sa,set}<T_0-\varepsilon_t$	舒适度/节能
31			送风温度设定值偏高	所有工况	AHU 设定送风温度高于室内设计参数	$T_{sa,set}>T_0+\varepsilon_t$	舒适度/节能
32			AHU 静压设定点偏低	所有工况	在相应机组运行状态下,静压设定点偏低,使得风量偏小	$\Delta p<0.05\times\Delta p\cdot\text{expected}$	舒适度/节能
33			AHU 静压设定点偏高	所有工况	在相应机组运行状态下,静压设定点偏高,使得风量偏大	$\Delta p>0.05\times\Delta p\cdot\text{expected}$	舒适度/节能
34		风道	送风前管路泄露	所有工况	送风管路泄露,送风量偏小	$F_{sa,leaking}>0.05\times F_{sa}$	舒适度/节能
35			风道堵塞	所有工况	送风道堵塞,导致风压异常	$P_s>P_0$	舒适度/节能
36	回风段	温(湿)度传感器	回风温度传感器读数冻结	所有工况	传感器读数长时间不发生变化	T_{ra} 无变化,24h	舒适度/节能
37			回风温度传感器掉线/损坏	所有工况	传感器长时间无读数	T_{ra} 缺失,1h	舒适度/节能
38		阀门	回风阀门堵塞、卡住	所有工况	回风阀门无法达到需求开度	$\mid(T_{ma}-T_{ra})/T_{oa}-T_{ra}\mid>\varepsilon_f$	舒适度/节能
39		风机	回风机停机	所有工况	回风机控制信号为 on,风机未正常运转	$P_{r\_fan}=0$	舒适度/节能
40			回风机转速异常	所有工况	回风机转速和送风机转速偏差过大,回风是 90%送风机转速	$N_{re}<90\%\times N_{sa}$	舒适度/节能

②送风末端效果问题规则库（表8-10）

送风末端效果问题规则库 表 8-10

序号	问题所属部件		问题名称	适用工况	问题描述	识别判定规则	影响
1	传感器	温度传感器	送风温度传感器掉线、冻结	所有工况	无读数或读数反馈值不变化	无读数或 T_{zone} 无变化,24h	舒适度
2			送风温度传感器损坏	所有工况	示数波动过大	$\mid T_{zone}-T_{zone,acv}\mid>t_{set}$	舒适度

续表

序号	问题所属部件		问题名称	适用工况	问题描述	识别判定规则	影响
3	传感器	温度传感器	多个温度传感器读数过大	所有工况	多个房间出现送风温度高于设定值较多情况	$T_{supply} - T_{supply,set} > t_1$，房间数 $n>2$	舒适度/节能
4			多个温度传感器读数过小	所有工况	多个房间出现送风温度低于设定值较多情况	$T_{supply} - T_{supply,set} < -t_1$，房间数 $n>2$	舒适度/节能
5		风量传感器	送风量传感器损坏	所有工况	示数失准	$F_{air} > 5\% F_{max}$，AHU=off	舒适度
6			多个风量传感器读数过大	所有工况	多个房间出现送风量高于设定值较多情况	$F_{supply} - F_{supply,set} > F_1$，房间数 $n>2$	舒适度/节能
7			多个风量传感器读数过小	所有工况	多个房间出现送风量低于设定值较多情况	$F_{supply} - F_{supply,set} < -F_1$，房间数 $n>2$	舒适度/节能
8			房间送风量过低	所有工况	box送风量与预设风量对比相差较多	$F_{air} - F_{set} < -50\% F_{set}$	舒适度/节能
9			房间送风量过高	所有工况	box送风量与预设风量对比相差较多	$F_{air} - F_{set} > 50\% F_{set}$，15min	舒适度/节能
10			风量无法调节变化	所有工况	风量不随风阀控制而改变	不同阀门开度，F=定值，持续6h	舒适度/节能
11	控制器	设定值	房间温度设定值偏低	所有工况	末端温度设定值偏离设计值较低	$T_{set} - T_{set,design} < -t_{set}$	舒适度/节能
12			房间温度设定值偏高	所有工况	末端温度设定值偏离设计值较高	$T_{set} - T_{set,design} > t_{set}$	舒适度/节能
13			最高风量值偏小	所有工况	最大风量设定过小	$F_{set} - F_{set,design} < -f_{set}$	舒适度
14			最低风量值偏大	所有工况	最大风量设定过大	$F_{set} - F_{set,design} > f_{set}$	舒适度
15		控制部件	box控制器掉线、损坏	所有工况	box控制器无控制信号	人工排查	舒适度
16			温控器位置错误	所有工况	温控器位置不对应，接线错误，安装位置不对，太阳直射等	人工排查	舒适度
17			阀门强制控制异常	所有工况	阀门强制控制过久，长时间保持手动控制模式	mandmpEna=true，24h	节能/设备健康度
18	执行器阀门	阀门	阀门无法正常开关	所有工况	阀门无法正常随控制信号开启或关闭	人工排查	舒适度
19		执行器	执行器断开	所有工况	执行器与控制器连接断开	人工排查	舒适度
20		阀门	连杆损坏	所有工况	阀门控制连杆损坏	人工排查	舒适度

序号	问题所属部件		问题名称	适用工况	问题描述	识别判定规则	影响
21	组件故障	盘管	再热盘管故障	制热工况	盘管换热能力不足、泄露等	人工排查	舒适度
22		箱体	VAVbox漏风	所有工况	box静压箱风口没封住	人工排查	舒适度
23		风道	送风道漏风	所有工况	送风道损坏,出现漏风	人工排查	舒适度
24			二次回风堵塞	制热工况	回风道堵塞,影响回风量	人工排查	舒适度
25	其他	运行	出现高温极端天气	所有工况	实际供冷量与设计供冷量不匹配:出现高温极端天气,当日室外平均温度水平远高于标准设计参数	$T>1.2 \times T_{\max, acv}$	舒适度/节能
26		运行	出现低温极端天气	所有工况	实际供冷量与设计供冷量不匹配:出现低温极端天气,当日室外平均温度远低于近期最大负荷的均值	$T<0.1 \times T_{\max, acv}$	舒适度/节能
27		运行	房间负荷过大	制冷工况	南向房间计算时为拉窗帘,运行工况与设计不同	人工排查	节能
28		维护	围护结构漏风	所有工况	围护结构保温性较差,存在漏风,增大室内负荷	人工排查	节能
29		选型	box选型过小	所有工况	额定值与实际负荷对比	$Q_0<0.8 \times Q_{\max, acv}$	舒适度/节能
30		选型	box选型过大	所有工况	额定值与实际负荷对比	$Q_0>1.2 \times Q_{\max, acv}$	舒适度/节能

③ 冷热源侧效果问题规则库（表8-11）

冷热源侧效果问题规则库　　　　表8-11

序号	问题名称	适用工况	问题描述	识别判定规则	影响
1	冷水机组频繁启停	夏季/过渡季	冷水机组启停间隔小于半小时,持续时间较长	Nchiller_status on_off >4,1h	设备基础功能
2	冷机无需求运转	夏季/过渡季	任何AHU都不运转,冷站运转,持续30min	CH_status＝on,AHU_status＝off, 30min	设备基础功能/节能
3	冷机停机,水泵运行	夏季	二次泵或一次泵启动,冷机不运转,持续30分钟	P_{Pump} 或 S_{Pump}＝on, Chiller＝off, 30min	设备基础功能/节能
4	冷却水供水温度偏高	夏季	冷却水供水温度高,导致机组冷凝温度升高,冷凝压力升高,机组性能下降,还有可能出现机组高温报警	CW_H>32℃, 30min	设备基础功能/节能

序号	问题名称	适用工况	问题描述	识别判定规则	影响
5	冷却水供水温度过低	各种工况	冷却水供水温度过低;可能导致排气温度过低,影响压缩机回油,引起压缩机故障	CW_H<19℃,30min	设备基础功能/节能
6	冷却水供水量偏低	各种工况	冷却水供水量偏低,导致机组性能下降	CW_V<70%,30min	设备基础功能/节能
7	冷冻水供水量偏低	各种工况	冷冻水供水量过低,例如低于机组最小允许流量	CW_V<50%,30min	设备基础功能/节能
8	冷凝器结垢严重	各种工况	冷凝器结垢严重,导致冷凝器换热性能下降,冷凝温度和换热性能下降,换热温差增大	—	设备基础功能
9	冷冻水供回水温差为负值	夏季	冷冻水供水温度高于回水温度1度,至少一台冷机运转,30min	CH_S_Temp - CH_R_Temp≥1℃,30min	设备基础功能/节能
10	一次冷冻水泵运行异常(启动故障)	夏季和过渡季	二次泵启动,一次泵不运转,持续30min	P. Pump = off and S. Pump =on,30min	设备基础功能/节能
11	一次冷冻水泵运行异常(停机故障)	夏季和过渡季	二次泵关闭,一次泵运转30min以上	P. Pump = on and S. Pump=off,30min	设备基础功能/节能
12	一次冷冻泵开启台数与冷机开启台数不一致,与设计不符	夏季	一次泵运行台数与冷机运行台数不匹配	NO.(P. Pump = on)≠NO. (Chiller=on)	设备基础功能/节能
13	冷却泵开启台数大于冷机开启台数,与设计不符	夏季	冷却水泵开启台数与冷机开启台数与设计不相符,持续30min;一般是冷却水泵开启台数大于冷机台数	—	设备基础功能/节能
14	二次冷冻水泵运行异常(启动故障)	夏季和过渡季	有AHU运转,且水阀开度大于10%,二次泵不启动,持续30min	AHU_S=on,Dmp_pos>=10%, and S. Pump = off,30min	设备基础功能/节能
15	最不利末端压差值与设定值比偏差较大	夏季和过渡季	二次泵最不利末端压差与设定点之差绝对值超过10%,30min	|DP-DP_set|≥10% DP_set,30min	设备基础功能/节能
16	冷冻水"大流量小温差"	夏季	冷冻水回水温度低,冷冻水供水温差小于等于2℃,至少一台冷机运转,30min	CH_R_Temp - CH_S_Temp≤2℃,30min	节能
17	冷冻水供水温度无重置策略	夏季/过渡季	冷冻水供水温度设定点工作时间变化小于1度,冷冻水供回水温差小持续时间较久	maxCHWT-minCHWT<1℃(Chiller=On)	节能
18	冷冻水供水温度过低	过渡季	冷冻水供水温度为7℃,冷冻水供回水温差小持续时间较久,所有AHU水阀开度<50%,冷冻水温度设定点保持最低点,持续30min	Dmp_pos<50%, CHWT_SPT = minCHWT_SPT	节能
19	冷水机组在负荷率低的情况下运行,可能频繁启停	夏季/过渡季	所有AHU水阀开度<10%,冷站运转,持续30min	Dmp_pos<10%, (Chiller=On) 30min	节能/设备安全温度

续表

序号	问题名称	适用工况	问题描述	识别判定规则	影响
20	冷机单机运行时间过长	夏季	冷机运行时间相差过大,未切换交替运行	Max_running hours-Min_running hours≥24h	节能/设备安全温度
21	冷水机组运行效率过低	夏季	冷水机组实际运行 COP 与铭牌值相比过低	chillerCOP＜0.8×COPdesign,1h	节能
22	冷源系统综合运行能效过低	夏季	冷站实际运行综合能效与设计值相比过低	CoolingsysCOP＜0.6×CoolingsysCOP,1h	节能
23	冷源系统总运行能耗偏高	夏季	根据室外气象条件等预测冷源系统总能耗,实际运行能耗和预测能耗相比偏高	—	节能
24	冷水机组运行能耗偏高	夏季	根据相应的运行工况,室外气象参数,供回水温度和流量,预测冷水机组的运行功率,实际运行能耗比预测能耗高	—	节能
25	水泵运行能耗偏高	夏季	根据实际运行的水泵流量和扬程,预测水泵运行能耗,实际运行实际运行能耗比预测能耗高	—	节能
26	冷却塔运行能耗偏高	夏季	根据实际运行的水泵流量和扬程,预测水泵运行能耗,实际运行实际运行能耗比预测能耗高	—	节能

3）基于鱼骨图的调适规则逻辑分析

影响建筑空调系统效果的问题互相耦合，存在多层复杂逻辑关系，使用鱼骨图梳理各层级问题关系，有助于建立完整的效果调适方法体系，同时鱼骨图也作为后续调适模型建立的理论基础。

针对影响建筑空调系统基础功能性、室内效果、节能效果的最常见的 8 个问题表征，进行鱼骨逻辑图梳理。鱼骨图的主要目的为理清不同问题之间的先后层级、包含被包含关系，将问题规则库中的问题按照逻辑顺序搭建成可供识别的结构，以此作为后续模型的基础。本研究目前选取的 8 个典型问题表征分别为：（1）传感器读数异常；（2）VAVbox 送风量异常；（3）室内温度异常；（4）AHU 送风温度异常；（5）AHU 送风量异常；（6）冷源能耗过高；（7）输配能耗过高；（8）末端设备能耗过高。绘制 8 个典型问题表征的问题识别逻辑鱼骨图，如图 8-9～图 8-16 所示。

（1）传感器读数异常

传感器读数异常影响了其他运行参数的获取，传感器读数错误会导致其他故障误判、漏判，所以传感器读数异常是所有异常问题的基础，需要先判断传感器正确无误后，才能进行后续调适工作。

传感器读数异常主要具体表现包括传感器无读数、读数偏差、读数漂移、读数多散点、读数间歇性缺失。每个具体表现所对应的不同的故障原因，如图 8-9 所示。

（2）VAVbox 送风量异常

VAVbox 送风量是直接影响室内温湿度效果的重要指标，也是送风末端的重要参数，

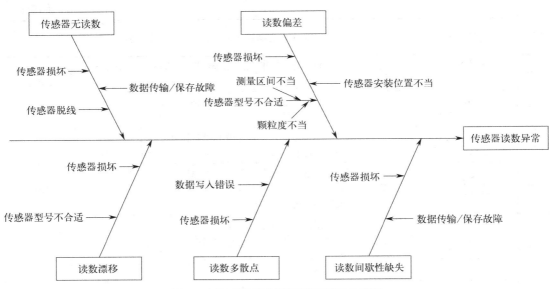

图 8-9　传感器读数异常问题调适鱼骨图

VAVbox 可能发生的故障一般可由送风量参数进行判定。送风量异常表征的具体故障可能为温度传感器、风量传感器异常，传感器异常逻辑梳理参考图 8-9 所示；其他故障还可能为 box 控制异常、box 部件故障，如图 8-10 所示。

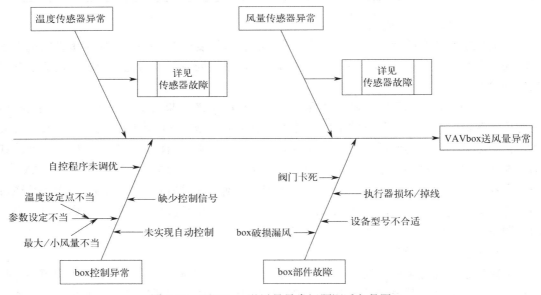

图 8-10　VAVbox 送风量异常问题调适鱼骨图

（3）室内温度异常

室内温度值是评判房间效果的最重要指标，导致该故障表征的具体故障包括温度传感器异常、送风量异常（分别参考图 8-9、图 8-10）、负荷异常、送风温度异常。负荷异常可能由极端天气、围护结构损坏等原因造成，送风温度异常可能由温度设定值不当、

AHU/冷源侧故障导致，如图 8-11 所示。

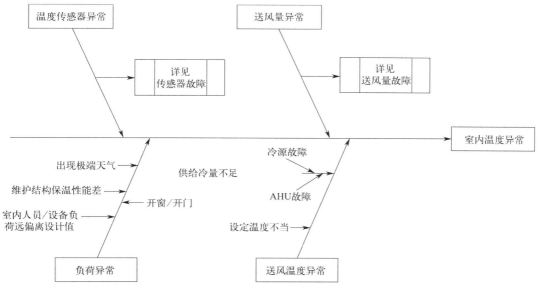

图 8-11　室内温度异常问题调适鱼骨图

（4）AHU 送风温度异常

AHU 机组是连接冷源侧和末端侧的重要环节，是空气处理的主要部件，送风温度值是 AHU 机组最重要参数之一，直接影响室内参数，间接反映冷源侧运行效果，是验证空气处理机组故障的关键指标。AHU 送风温度异常表征可能由温度传感器异常、盘管供冷/热不足、AHU 控制异常等故障导致，其具体原因参考图 8-12 所示。

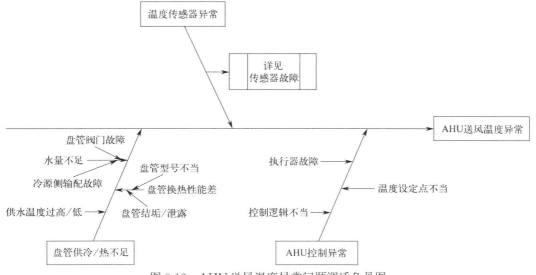

图 8-12　AHU 送风温度异常问题调适鱼骨图

（5）AHU 送风量异常

AHU 送风量同样是机组重要参数之一，是验证空气处理机组的关键指标。通过送风量判定，风量异常表征可能由风量传感器异常、风机故障、控制故障、AHU 部件故障所导致，具体故障原因如图 8-13 所示。

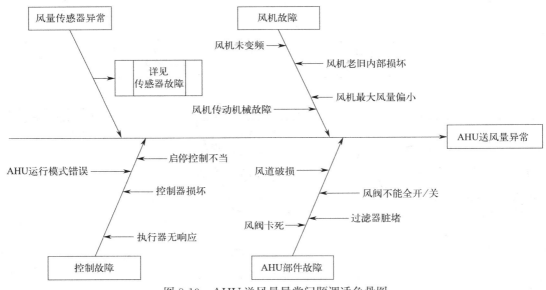

图 8-13　AHU 送风量异常问题调适鱼骨图

（6）冷源能耗过高

冷源能耗是空调系统能耗的重要组成部分之一，冷源能耗过高故障表征可能由冷机硬件性能故障、建筑负荷过大、未采用节能措施、运行方式不当、能耗数据错误等故障导致，具体原因如图 8-14 所示。

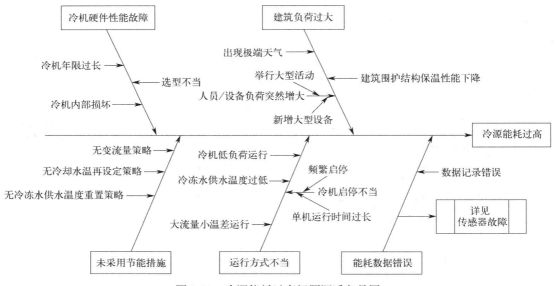

图 8-14　冷源能耗过高问题调适鱼骨图

（7）输配能耗过高

输配能耗是空调系统能耗重要组成部分之一，输配能耗过高故障表征可能由输配硬件性能故障、建筑负荷过大、未采用节能措施、运行方式不当、能耗数据错误等故障导致，如图 8-15 所示。

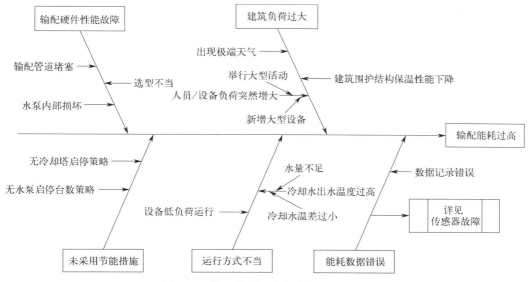

图 8-15 输配能耗过高问题调适鱼骨图

（8）末端设备能耗过高

末端设备能耗是空调系统能耗重要组成部分之一，末端设备能耗过高的表征可能由建筑负荷过大、未采用节能措施、能耗数据错误等故障导致，如图 8-16 所示。

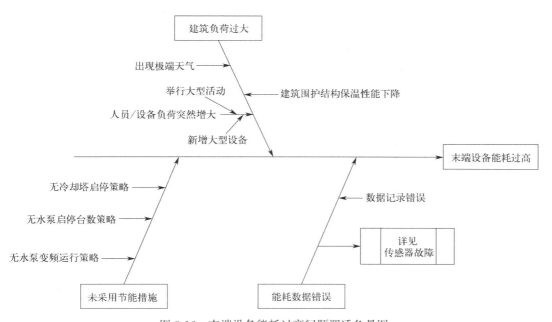

图 8-16 末端设备能耗过高问题调适鱼骨图

8.1.3 公共机构新建建筑综合效能调适技术应用

以福州数字中国会展中心为例，介绍调适技术的应用。

1. 项目概况

2019 年第二届数字中国建设峰会场馆位于福建省福州市长乐区，是为举办全国信息化领域重大会议而服务的会议展览中心，是"数字中国"面向全球的重要窗口和展示中心。本次数字中国建设峰会数字健康分论坛、网络科技分论坛将分别在会展中心云帆厅和福海厅举行，会展中心今后还拟承接"一带一路"等国际级会议。该项目位于福州滨海新城东湖路东侧、智慧路南侧，规划用地 66.7 亩，总面积 105200m²，其中地上 75440m²，地下 29760m²。含 1 个可容纳 3000 人的主会场，10 个分会场和 400 个停车泊位。

建筑地上 3 层、地下 1 层。地下 1 层主要为人防区域、地下车库、制冷机房等辅助用房，地上 1 层包括门厅、主会议厅、展厅及辅助区域，地上 2 层为贵宾休息厅、高端会议厅、小会议厅及空调机房等。地上 3 层为同声传译室、灯光机械控制室、音频视频控制室、会议室区域等。建筑外观图如图 8-17 所示。

图 8-17 福州数字中国会展中心建筑外观图

2. 调适范围

本项目调适区域为数字中国峰会所涉及的重要功能区域，调适的范围为空调系统及相关自控系统和电气系统。调适的内容涵盖设计、施工和运行全过程。

1）调适区域

本项目调试区域为本次峰会涉及的重要功能区域，具体位置见表 8-12。

<table>
<tr><td colspan="4">调适区域</td><td>表 8-12</td></tr>
<tr><td>序 号</td><td>名称</td><td>楼层</td><td>面积（m²）</td></tr>
<tr><td>1</td><td>主会议厅（云帆厅）</td><td>首层</td><td>4624</td></tr>
<tr><td>2</td><td>贵宾室（贵宾室 1、2）</td><td>首层</td><td>578</td></tr>
<tr><td>3</td><td>云帆厅西侧厅</td><td>首层</td><td>2190</td></tr>
<tr><td>4</td><td>展厅（风正馆）</td><td>首层</td><td>9795</td></tr>
</table>

序 号	名称	楼层	面积(m²)
5	云帆厅东侧厅	首层	2390
6	高端会议厅(福海厅)	2层	4572
7	贵宾室(贵宾室3、5、6)	2层	723
8	2层福海厅侧厅	2层	4600
9	中小型会议室	2层	3565
10	中小型会议室	2层	4918

2)调适范围

本项目调适的范围为空调系统及相关自控系统、电气系统,具体涉及的设备如图 8-18 所示。空调系统调适工况为夏季及过渡季。

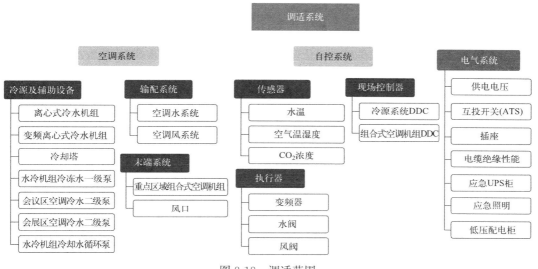

图 8-18 调适范围

3. 组织与管理

调适顾问在调适的全过程中负责项目的组织与管理,为确保项目调适工作的顺利开展,在调适的组织和实施方面主要完成以下工作:

1)编制调适需求书

为满足会议的高需求,项目设计阶段调适顾问与业主、设计单位积极沟通,编写了项目调适需求书,明确了本项目的调适范围、调适目标、调适内容、验收及交付标准。

在调适范围方面,根据建设方的需求,结合本项目的特点,明确了调适的系统包括供暖空调系统和电气系统。其中空调系统主要包括空调冷热源系统、重点区域末端系统以及相关的自控系统。电气系统主要包括低压配电系统、照明系统、应急电源系统等。

在调适目标方面,根据本项目定位、特点和使用需求,从安全性、舒适性、节能性、耐久性、可控可调性、系统可维护性、灵活性和美观性等方面明确了调适目标,并通过与设计、设备供应商等调适团队成员的沟通和协商,实现了目标的措施化、参数化和指标化。

在调适内容方面,根据调适范围和调适目标,确定了具体的调适内容,如图 8-19 所示。

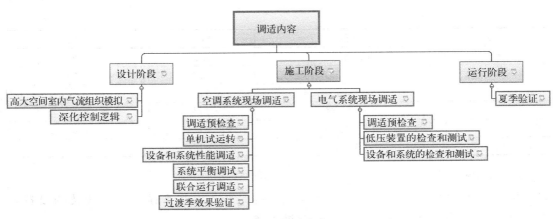

图 8-19　调适内容

项目验收标准主要根据调适目标，参照设计图纸和国内相关设计及施工验收规范，并结合本项目的实际特点进行细化后确定。空调系统主要从施工质量控制、设备及系统性能、运行效果及室内环境保障方面细化验收及交付标准，各项要求如图 8-20 所示。电气系统则主要是从施工质量安全及供电能力上细化标准，如图 8-21 所示。

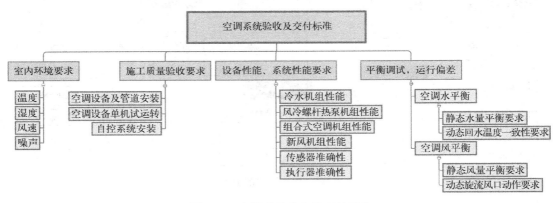

图 8-20　空调系统验收及交付标准

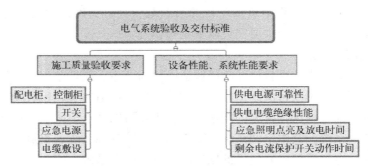

图 8-21　电气系统验收及交付标准

调适需求书通过建设方和调适团队全体成员的认可，成为后续调适工作开展的基础。

2）组建调适团队

在调适工作启动后，调适顾问首先建立了调适团队并明确了各方职责。调适团队包括建设（业主）单位、调适顾问、总承包单位、设计单位、设备及自控供应商、运营管理单位等。团队的成员构成如图 8-22 所示。

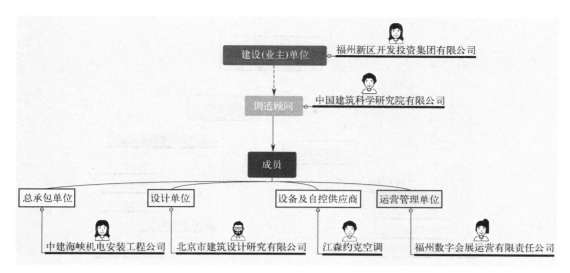

图 8-22 调适团队构成

3）制定调适流程

本项目的调适工作横跨了设计、施工及运行阶段。根据调适内容结合项目建设进度，明确了调适各阶段的主要工作和调适流程（图 8-23）。

（1）设计阶段

①编制业主项目需求书；

②组建调适团队；

③高大空间室内气流组织模拟；

④深化控制逻辑。

（2）施工阶段

①空调系统现场调适

A. 调适预检查；

B. 单机试运转；

C. 设备和系统性能调适；

D. 系统平衡调试；

E. 联合运行调适；

F. 过渡季效果验证。

②电气系统现场调适

A. 调适预检查；

B. 低压装置的检查和测试；

C. 设备和系统的检查和测试。

（3）运行阶段

①夏季效果验证；

②调适复验；

③项目交付；

④运行培训。

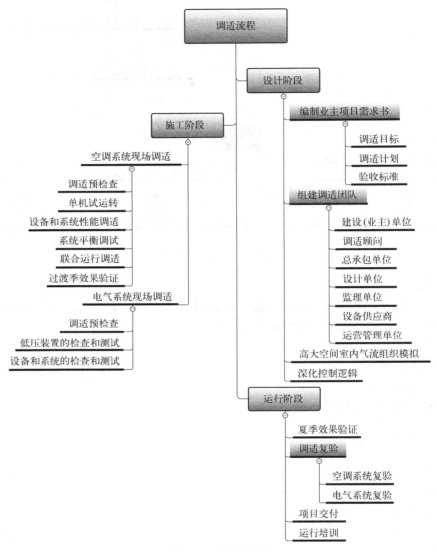

图 8-23　调适流程

4）编制调适计划

2019 年数字中国峰会预计 5 月 6 日召开。为确保峰会的顺利召开，调适顾问根据项目的建设进度，制定了各项关键工作的里程碑，如图 8-24 所示，并制定了调适计划，如图 8-25 所示。

5）编制调适程序

调适程序是实现调适工作流程化和标准化，保证调适质量、提高调适效率、降低调适成本的重要手段。调适顾问按照项目的调适流程，根据系统的具体配置情况，编制了冷水

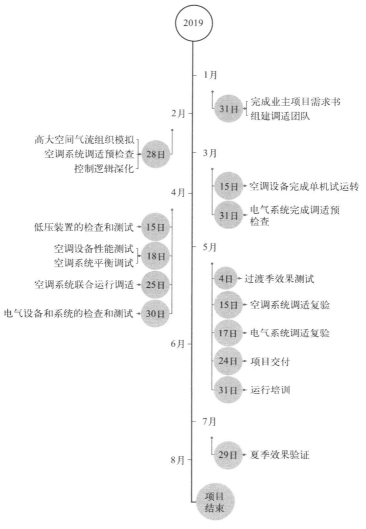

图 8-24 项目里程碑

机组、组合式空调机组、水泵、冷却塔等主要机电设备的调适程序。调适程序包括调适要点、调适准备工作和注意事项、操作程序。操作程序围绕检查、单机试运转、性能调适和控制功能验证各阶段，描述了各阶段调适工作的具体操作方法，操作程序主要以记录表格形式呈现（图 8-26）。

6）制定调适过程管理制度

调适过程中建立例会制度，每周一会。调适例会由调适顾问主持，调适团队参加。通过会议协调，确定调适过程中的冲突、问题、进度调整等，确保调适团队各方在整个调适过程保持良好的沟通和共识。会后形成会议记录，记录会议时间、地点、参加会议人员、会议解决的问题、待处理问题的责任方和时间节点。

在调适过程中，调适顾问对于发现的问题编写问题日志，记录出现的问题及解决措施。问题日志作为调适过程中重要的质量控制文件，详细记录调适过程中出现的所有问题，调适顾问在调适例会上针对重要或疑难问题组织相关人员进行讨论，提出合理的解决

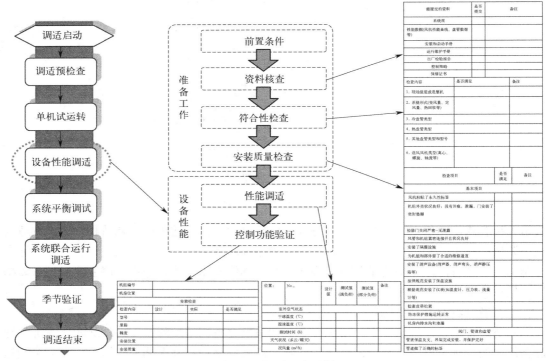

图 8-25　调适计划

图 8-26　调适程序示例

方案并对问题进行持续跟踪，直到问题得到解决或妥善处理。

　　当调适进度滞后或调适问题需要团队中的负责单位及时解决时，调适顾问签发工程联系单，要求责任单位定期解决，确保工程进度。

7）制定调适仪器的精度要求

为保证测试的准确性，现场调适工作开展前，调适顾问根据调适内容，提出调适所用仪表的准确度和精度等级要求。

4．调适结果

1）设计阶段调适结果

（1）重点区域的室内气流组织优化

在设计过程中，调适顾问针对气流组织复杂的四个区域展开了模拟分析。模拟区域为1层展厅、西门厅、主会议厅以及2层高端会议厅。模拟优化指标为重点位置的温度、风速、人员活动区内预计平均热感觉指数（PMV）和预计不满意率（PPD）等。通过以上指标评估：

①室内是否存在通风死角区域；

②风口射流能否到达人员活动区域；

③是否存在局地风速过大问题；

④室内热环境是否达到设计要求。

（2）空调自控系统控制逻辑深化

调适顾问依据设计原则、用户需求以及现场条件，对空调自控系统的控制逻辑进行深化。深化内容包括：

①冷源系统（图 8-27）

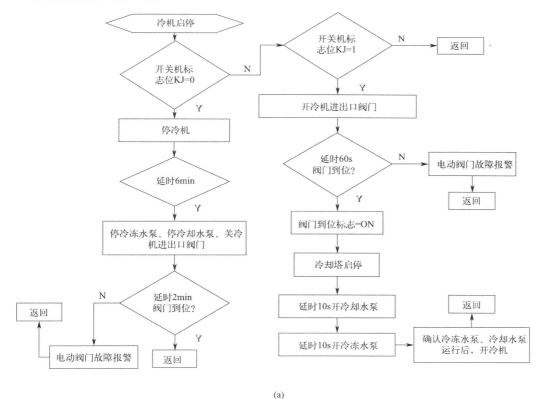

(a)

图 8-27 冷源系统控制流程图（一）

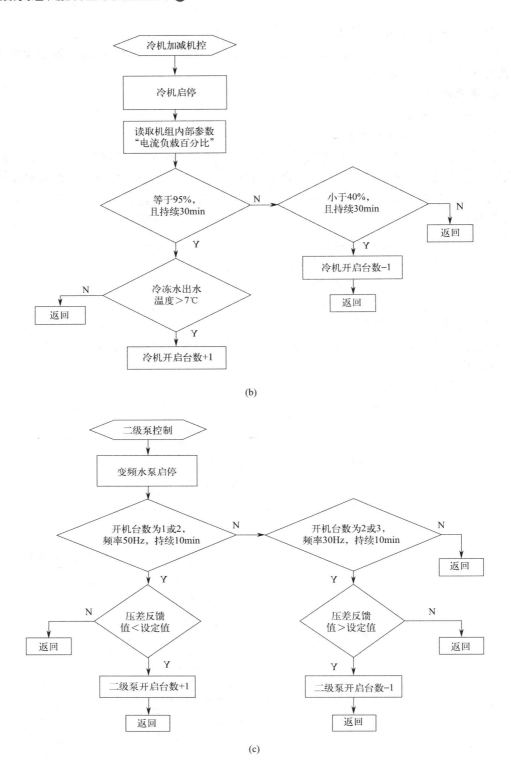

(b)

(c)

图 8-27　冷源系统控制流程图（二）

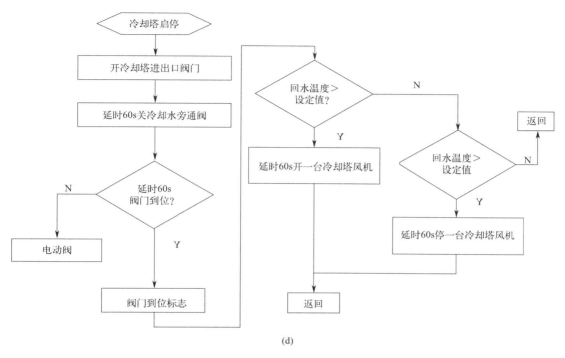

(d)

图 8-27 冷源系统控制流程图（三）

（a）冷冻站系统控制流程（冷机启停）；（b）冷冻站系统控制流程（冷机加减机控制）；

（c）冷冻站系统控制流程（二级泵控制）；（d）冷冻站系统控制流程（冷却塔启停）

②组合式空调机组（图 8-28）

2）施工阶段调适结果

（1）供暖空调系统调适结果

①安装检查

调适顾问主要从设备标识、连接管道、自控设备安装等方面开展检查工作。

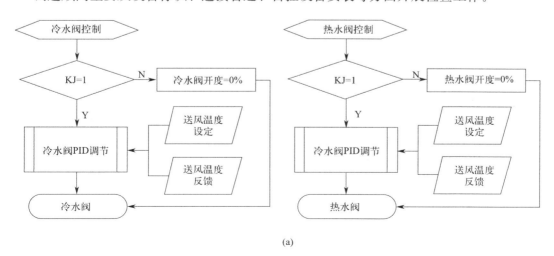

(a)

图 8-28 组合式空调机组控制流程图（一）

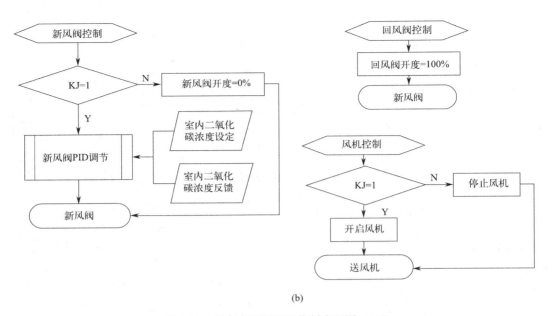

(b)

图 8-28　组合式空调机组控制流程图（二）
（a）福州空调机组水阀控制流程；（b）福州空调机组风机风阀控制流程

A. 冷源系统检查结果

a. 设备及管路、部件安装大部分都满足规范要求；

b. 所有设备、管路、阀门等主要部件均未做永久性标识；

c. 连接管道的保温平整、密实、完好，仅个别位置保温不严密；

d. 自控系统的传感器、执行器的安装均满足要求。

B. 组合式空调机组检查结果

a. 设备及风管、部件安装大部分都满足规范要求；

b. 机组箱体上的标识，如铭牌参数永久性标识、机组唯一性标识（编号）及功能段标识均正确，但风管路标识未贴；

c. 由于现场成品保护不到位，大部分机组过滤器脏堵，表冷器表面翅片倒伏严重；

d. 部分风管与机箱预留口连接不规范，仅用铁丝连接；

e. 个别机组检修门被水管挡住，无法全开；

f. CO_2 浓度传感器安装位置错误。

C. 自控系统安装检查

现场自控设备已经安装且接线完成后，按施工图和设备安装图对设备安装位置、安装工艺检查，根据控制器接线图对模块及设备接线进行检查，安装是否符合国家标准《智能建筑工程质量验收规范》GB 50339—2013 的要求，并对核查结果进行记录。传感器安装问题主要是 CO_2 浓度传感器未安装在回风管上，不能反映室内空气水平；执行器安装问题主要是阀门安装前未正确设置零点、安装位置不正以及接线错误；控制器安装无问题。

D. 单机试运转

每项设备检查前先进行预检查及条件确认，确保设备能够进行运转，然后运转设备检查其是否正常。根据峰会使用需求，冷水机组供应商对 WCC-2 变频离心式冷水机组和两台离心式冷水机组 WCC-1-1、2 进行了单机试运转调试，调试完成后三台机组运行正常。冷却塔供应商对三台冷却塔进行单机调试，调试完成后运行正常。

调适顾问现场对各级水泵进行单机试运转检查，运转正常。首次运转时，由于自控未上线，不能实现远程启停，整改后可实现远程控制。

对调适区域组合式空调机组进行试运转检查。在条件确认时发现部分风机的固定块未拆除、阀门不能正常开启，经整改后满足试运转条件。试运转时，发现部分风机接线错误导致风机反转，经整改后恢复正常。

E. 设备性能调适

a. 冷源系统性能测试

通过对 3 台冷水机组、4 台 1 级冷冻水泵、4 台会议区 2 级水泵、4 台会展区 2 级水泵、4 台冷却水泵的实际运行性能进行测试：两台冷水机组均在 71％～79％ 负荷率下运行，机组 COP 分别为 6.53、6.11 和 6.4，均高于机组额定值。冷冻水供水温度能够满足设计要求，冷冻水回水温度、冷却水进出口温度均低于设计值。冷却水泵、冷冻水一级泵和二级泵流量、扬程及功率均符合设备的额定值。

b. 重要区域全空气空调系统性能调适

通过对峰会涉及区域空调机组进行性能测试，共计完成 66 台组合式空调机组的性能测试工作。经过测试的空调机组性能全部满足设计铭牌值及规范要求，详细结果见调适报告。

F. 系统平衡调试

a. 冷冻水系统平衡调试

水系统平衡方法如下：调试前先将冷水机组、冷冻水一级二级泵调整到设计工况，使冷冻水总量满足设计要求，然后对空调水系统干管的静态平衡阀进行调试，将各干管水量调整至设计要求。末端空调机组及新风机组则将动态平衡电动调节阀设置为设计流量；风机盘管各层支路将自力式压差平衡阀设置为设计压差。平衡调试完成后，对各末端及支路流量进行验证，如有不满足设计要求的支路则进行微调。

会展中心空调水系统共分 3 路，分别接至地上会议区、地上会展区和地下员工餐厅及厨房区。对空调水系统主干管冷冻水总流量进行测试，测试主干管流量均满足设计及规范要求。

b. 风系统平衡调试

会议区主会议厅、高端会议厅、中型会议室、贵宾休息室、会展区、通廊、侧门厅等均采用一次回风全空气空调系统。调适区域组合式空调机组总风量在前一阶段测试中均验证满足设计铭牌值及规范值要求，还需对各风口风量进行调适，使其满足设计要求，从而达到平衡性要求。

组合式空调机组的风系统静态平衡调试主要是依据气流组织模拟结果，将各风口调整至设计值。

首先将回风阀、末端风口前的阀门全开，新风阀按设计要求设定。然后机组工频运行，测量机组总送风量。如风量偏大，则通过关小回风阀或降低机组频率将风量调整至设计值；如风量偏小，则检查原因。总风量调整至设计风量后，通过调节风阀，将风口风量调整至设计风量。以 1 层主会议厅为例，由 8 台空调机组负责送风，共有风口 110 个。通过对风口风量调适，除 3 个风口外，其余风口风量与设计风量偏差均不大于 15%，满足规范要求，调试结果如图 8-29 所示，风系统风口布置如图 8-30 所示。

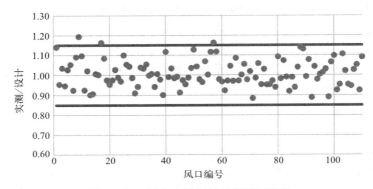

图 8-29　1 层主会议厅风平衡调试结果

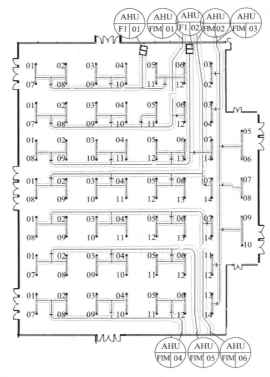

图 8-30　1 层主会议厅风口布置图

风系统动态平衡调试主要是调试电动旋流风口。电动旋流风口可通过自控调试角度。调试方法为：通过中控检查各风口是否在线；通过中控操作风口角度，现场人员查验风口是否按要求变换角度；如不变换或角度调节反向，则现场检查接线。

c. 自控功能验证

控制功能验证的内容为设备的传感器、执行器及现场控制器的单点验证和受控设备的单机调试。

● 传感器的验证

传感器的验证方法如下：检查所有传感器的型号、精度、量程与所配仪表是否相符，并进行刻度误差校验，是否达到产品技术文件要求；控制器读取的传感器数据与现场的测量值、状态是否一致。

验证结果如下：

冷源系统验证。冷源系统主要验证了水温传感器，总计验证4点，偏差较大点位数量是2，总体合格率50％。

组合式空调机组验证。送回风温度传感器总计验证132点，其中有3个点送风温度偏差大于1℃，总体合格率98％；送回风湿度传感器总计验证132点，其中有15个点送回风湿度度偏差大于5％，总体合格率89％；室内温度传感器总计验证28点，其中有14个点偏差较大，总体合格率50％；室内湿度传感器总计验证28点，其中有4个点偏差较大，总体合格率71％；CO_2浓度传感器总计验证132点，其中有25个点偏差较大，总体合格率62％。

以上问题发现后，反馈给弱电单位，弱电单位检查偏差较大的传感器的原因，部分传感器是由于自控系统输错了型号或量程范围，重新输入后满足要求，部分则是精度较差，更换后正常。

● 执行器的验证

执行器的验证方法如下：执行器进行动作特性校验，执行器的动作和动作顺序是否与设计的工艺要求相符；控制器读取的执行器状态示范是否与现场的状态一致；调节阀和其他执行机构作调节性能模拟试验，测定全行程距离与全行程时间，调整限位开关位置，标出满行程的分度值，是否达到产品技术文件要求。

验证结果如下：

冷源系统验证。冷水机组的电动蝶阀开关控制、冷却水管旁通阀调节控制均正常；冷冻水二级泵频率调节控制正常。

组合式空调机组验证。冷水阀不可控数量为11台，占总数量的17％，热水阀不可控的数量为10，占总数量的15％，其中多数为反转；新风阀不可控数量为24台，占总数量的36％，回风阀不可控的数量为16，占总数量的24％，其中多数为反转；风机启停控制不可控数量为3台，占总数量的5％，频率全部可控。

以上问题发现后，反馈给弱电单位，经检查发现，反转主要是初始跳线设置不对，重新设置后满足要求，风机启停不可控则接线问题，重新接线后正常。

● 现场控制器的验证

现场控制器的验证方法如下：验证通讯功能和单点功能是否符合技术文件要求；模拟现场控制器失电，重新恢复供电后，控制器是否能自动恢复失电前设置的运行状态；模拟上位机停机状态，现场控制器是否能正常工作；模拟现场控制器与上位机通信网络中断，现场设备是否能保持正常的自动运行状态，且上位机是否有控制器离线故障报警信号；现场控制器时钟是否与上位机时钟保持同步。

验证结果如下：

冷源系统验证。在各系统按正常使用状态下运行，并确认系统所有控制环路控制逻辑正常，将各系统设置成自动模式运行后，对冷源系统中控界面各参数、现场各部件进行观察，验证冷源系统的运转正常及各项功能均可以正常实现，冷源系统逻辑验证见表 8-13。

冷源系统逻辑验证结果 表 8-13

分类	功能	验证结果
启停控制	根据时间表程序或开机命令自动控制开关蝶阀、冷却塔、循环水泵、冷机等顺序启动，并累计运行时间	√
	冷机停止时，水泵、冷却塔、开关蝶阀连锁关闭	√
安全保护功能	冷机、水泵、冷却塔运行状态反馈、开关蝶阀状态反馈、供回水温度和压力反馈等关键数据历史记录	√
	冷水机组、风冷热泵机组运行后，当水流量很小或断流时，应提供报警并停止相应的机组运行	√
	冷却塔存水盘水位状态监测	√
系统控制逻辑	根据冷冻水供、回水温度和供水流量计算实际所需冷负荷量	√
	根据机组负载率调整制冷机组的启停和水泵运行台数	√
	当通过旁通管路的水量相当于一台循环泵的流量时，停止一台循环泵和一台冷水机组的工作	√
	根据冷却循环水供/回水总管上温度差值，控制冷却塔风机的启停和运行台数	√
	根据冷却水供水温度自动调节旁通阀，维持过渡季供水温度恒定	√
	根据冷冻水供/回水压差自动调节冷冻水二级泵频率，维持供回水压差恒定	√

组合式空调机组验证。对会展中心调适区域组合式空调机组控制逻辑进行验证，验证其运转正常及各项功能均可以正常实现，验证结果见表 8-14。

组合式空调机组逻辑验证结果 表 8-14

分类	功能	验证结果
启停控制	根据时间表程序自动控制风机启停，并累计运行时间	√
	风机停止时，新风阀和水阀连锁关闭	√
	静电除尘启停控制	√
	紫外线杀菌启停控制	√
安全保护功能	风机频率反馈、冷水阀开度反馈、送风温度反馈等关键数据历史趋势记录	√
	风机的故障报警	√
	初效过滤器压差超限时的堵塞报警	√
系统控制逻辑	根据回风温度控制变频器频率来调节风量	√
	根据回风温度设定值调节冷水阀	√
	供冷/供热/过渡季工况以及工况自动转换	√
	新风阀、回风阀控制策略	√

②过渡季季节性效果验证

根据天气预报选择在室外温度较高的工况下，对重点区域空调系统综合效果进行测试验证，确保室内空调效果满足设计及使用要求。2019 年 5 月 3 日，室外最高气温达到 30℃，对云帆厅、福海厅、风正馆的室内温度、相对湿度、风速、噪声、室内舒适度进行测试，测试结果见表 8-15。以云帆厅为例，各测点测试结果如图 8-31～图 8-34 所示。

A. 各房间的室内实测温度平均值均低于设计值。

B. 各房间的室内实测湿度平均值均接近设计值。

C. 各房间的平均风速均低于《民用建筑供暖通风与空气调节设计规范》GB 50736—2012 的风速限制。

D. 各房间的室内舒适度符合《民用建筑供暖通风与空气调节设计规范》GB 50736—2012 的一级标准。

室内综合效果实测结果

表 8-15

房间名称		云帆厅	福海厅	风正馆
温度(℃)	设计值	24.0	24.0	26.0
	实测平均值	23.5	23.3	25.4
湿度(%)	设计值	55	55	60
	实测平均值	54	54	59
风速(m/s)	标准值	0.30	0.30	0.30
	实测平均值	0.22	0.14	0.25
噪声(dB(A))	设计值	40	40	55
	实测平均值	40	39	52
PMV	标准值一级	$-0.5 \leqslant PMV \leqslant 0.5$	$-0.5 \leqslant PMV \leqslant 0.5$	$-0.5 \leqslant PMV \leqslant 0.5$
	实测平均值	-0.02	-0.43	0.5
PPD(%)	标准值一级	$\leqslant 10\%$	$\leqslant 10\%$	$\leqslant 10\%$
	实测平均值	5.3	9.0	5.3

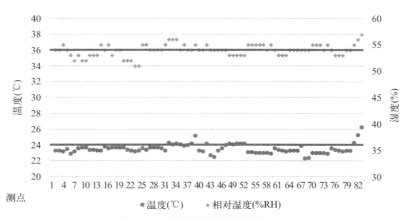

图 8-31　云帆厅温湿度实测结果

（2）电气系统调适结果

①安装检查

电气系统安装检查区域为重点区域内的电气设备以及相关供电设备。通过现场检查可知，电气操作空间较大；重点位置的电气设备和线路的标识清晰明确；插座、灯具、隔离开关等器具和电器元件连接正确。

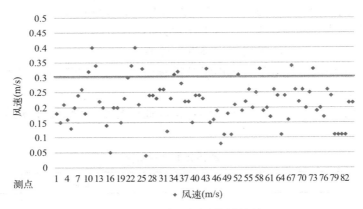

图 8-32　云帆厅风速实测结果

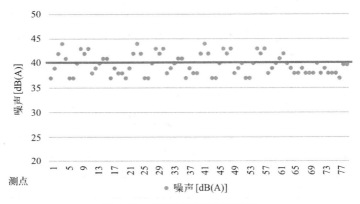

图 8-33　云帆厅噪声实测结果

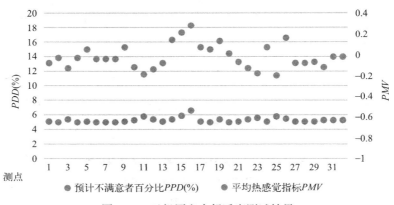

图 8-34　云帆厅室内舒适度测试结果

在抽查的 81 个插座回路中个别回路存在三孔插座火线、地线开路以及安装质量差的情况，不符合《建筑电气工程施工质量验收规范》GB 50303—2015 第 20.1.3 条第 1 款"对于单相三孔插座，面对插座的右孔应与相线连接，左孔应与中性导体（N）连接"及第 2 款"单相三孔插座的保护接地导体（PE）应在上孔"的规定。施工单位及时整改，以上问题已解决。

②电气系统低压装置的检查和测试

低压装置的检查和测试主要是检查供电电源可靠性、剩余电流保护开关动作及插座接线线序等。检测结果如下：

A. 抽测 90 个低压配电柜进线处三相电压值，其中有 10 台低压配电柜三相偏差电压百分比高于标准允许偏差±7％的要求，其余均满足要求，如图 8-35 所示。

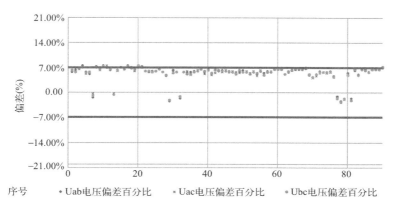

图 8-35　三相电压测试及偏差计算结果

B. 编号为 AL1-M3a-ZG1 的低压配电柜 B 相缺相（图 8-36），导致三相电压值偏差较大。

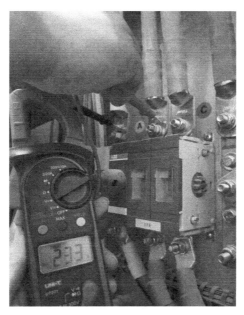

图 8-36　AL1-M3a-ZG1 配电柜 B 相缺相

C. 对 81 个插座回路剩余电流和保护动作时间进行检测，均小于 30ms，均符合标准的要求，如图 8-37 所示。

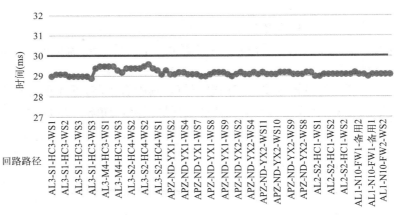

图 8-37　插座回路保护动作时间

③电气系统主要设备和系统检查和测试

主要设备和系统检查和测试包括：互投开关（ATS）动作检验；线缆绝缘检验；应急电源（UPS）稳定性检测；EPS应急照明检测；配电柜（箱）安装检查。结果如下：

A. 互投开关（ATS）动作检验

a. 一层和夹层有 9 个 ATS 开关主板烧坏无法正常投入使用。

b. 二层和三层动作检验合格。

B. 线缆绝缘检验

从北部、中部、南部配电室抽测的电缆绝缘电阻值均小于 0.5 MΩ，绝缘性能满足标准要求。

C. 应急电源（UPS）稳定性检测

a. UPS 的规格、型号，均符合设计要求。

b. UPS 应急切换动作正确，主供断电后蓄电池维持供电均大于 30min，满足使用要求。

c. 对其中 5 台 UPS 柜的输出状态进行检测，具体检测结果见电气报告。

D. EPS 应急照明检测

a. 共抽测了 14 组应急出口指示灯，除夹层北侧走廊应急出口指示灯和 1 层展厅东南侧应急出口指示灯无法强制点亮外，其余应急灯具的设置位置及疏散指示标志间距符合规范要求。

b. 应急照明系统（EPS）的规格、型号，均符合设计要求。EPS 应急切换动作正确，现场抽查疏散指示标志及应急灯具的放电时间均大于 30min，符合规范要求。

E. 配电柜（箱）安装检查

a. 配电柜（箱）接线端子的牢固性全部合格。

b. 存在配电柜开关端子与进出线接线匹配问题的配电箱共 3 台，占全部抽测箱（柜）的 3%。

c. 存在配电柜（箱）接地可靠性问题的共 2 台，占全部抽测箱（柜）的 2%。

d. 存在操作安全问题［如配电柜（箱）内缺少相间隔板、无防火封堵、端子缺少挡板或挡板损坏等］的共 88 台，占全部抽测箱（柜）的 97%。

e. 存在配电柜内接线不规范的配电箱共 13 台，占全部抽测箱（柜）的 14%。

f. 存在进线规格标识不合格的共 16 台柜（箱），占全部抽测箱（柜）的 18%；断路器整定值全部符合设计要求。

3）运行阶段调适结果

运行阶段的季节性验证为夏季工况验证，过渡季验证已在施工阶段完成。验证结果如下：

（1）冷水机组性能测试

2019 年 7 月 24 日分别对开启的 1 号离心式冷水机组和 2 号离心式冷水机组进行性能测试。测试期间，循环水泵的开启状态为：工频开启 2 台 1 级冷冻水泵，会议区工频开启 2 台 2 级冷冻水泵，会展区工频开启 1 台 2 级冷冻水泵，工频开启 2 台冷却水泵，冷却塔工频开启 2 台。

①两台冷水机组均在满负荷率下运行，机组 COP 分别为 5.93 和 5.89，均高于机组额定值。

②冷冻水供水温度能够满足设计要求，冷冻水回水温度、冷却水进出口温度均接近设计值。

（2）冷源系统性能及效果测试

在开启两台冷水机组、工频开启 2 台 1 级冷冻水泵、会议区工频开启 2 台 2 级冷冻水泵、会展区工频开启 1 台 2 级冷冻水泵、工频开启 2 台冷却水泵、冷却塔工频开启 2 台工况下，对冷源系统性能进行测试，系统制冷平均性能系数 4.72，冷冻水出水温度能够维持在设计值。

在中午炎热时刻，通过调整冷却泵开启台数及频率，将单台冷却塔的流量调整为设计流量，测量冷幅，测试结果见表 8-16。从表 8-16 中可知，冷幅小于 2℃。

冷却塔性能测试结果　　　　　　　表 8-16

冷却塔编号	设计流量（m³/h）	实测流量（m³/h）	室外湿球温度（℃）	出塔水温（℃）	冷幅（℃）
CT-1-1	900	878	30.3	32.1	1.8
CT-1-2	900	882	30.2	31.9	1.7

（3）室内环境效果抽测，抽测区域为云帆厅、福海厅及风正馆。

根据天气预报选择在室外温度较高的工况下，对重点区域空调系统综合效果进行测试验证，确保室内空调效果满足设计及使用要求。2019 年 7 月 24—25 日，室外最高气温达到 35℃，经过对重要区域的空调系统及其运行模式进行调适后，对云帆厅、福海厅、风正馆的室内温度、相对湿度、风速、噪声、室内舒适度进行测试，测试结果见表 8-17。以云帆厅为例，各测点测试结果如图 8-38～图 8-41 所示。

①各房间的室内实测温度平均值均低于设计值。

②各房间的室内实测湿度平均值均接近设计值。

③各房间的平均风速均低于《民用建筑供暖通风与空气调节设计规范》GB 50736—2012 的风速限制。

④各房间的室内舒适度符合《民用建筑供暖通风与空气调节设计规范》GB 50736—2012 的一级标准。

室内综合效果实测结果

表 8-17

房间名称		云帆厅	福海厅	风正馆
温度(℃)	设计值	24.0	24.0	26.0
	实测平均值	23.5	23.2	25.1
湿度(%)	设计值	55	55	60
	实测平均值	53	55	60
风速(m/s)	标准值	0.30	0.30	0.30
	实测平均值	0.25	0.17	0.22
噪声[dB(A)]	设计值	40	40	55
	实测平均值	40	40	52
PMV	标准值一级	$-0.5 \leqslant PMV \leqslant 0.5$	$-0.5 \leqslant PMV \leqslant 0.5$	$-0.5 \leqslant PMV \leqslant 0.5$
	实测平均值	-0.03	-0.33	0.49
$PPD(\%)$	标准值一级	$\leqslant 10\%$	$\leqslant 10\%$	$\leqslant 10\%$
	实测平均值	5.5	8.4	4.7

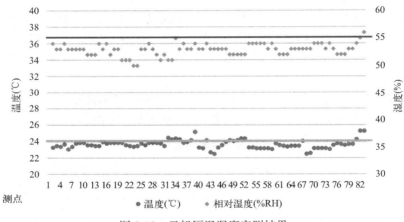

图 8-38 云帆厅温湿度实测结果

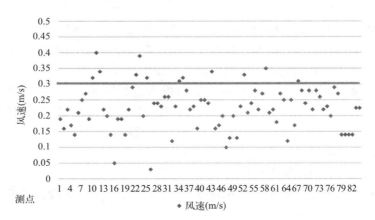

图 8-39 云帆厅风速实测结果

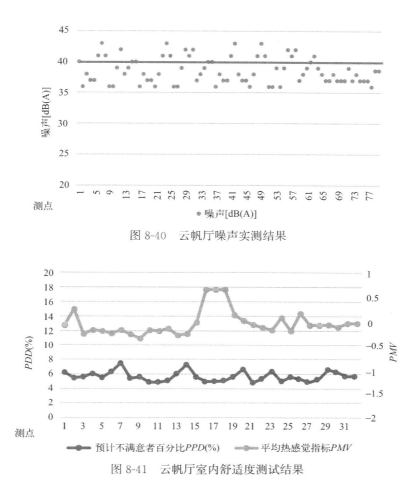

图 8-40　云帆厅噪声实测结果

图 8-41　云帆厅室内舒适度测试结果

8.2　既有公共机构建筑综合效能调适技术

8.2.1　既有公共机构建筑机电设备及系统评估与识别技术

1. 识别及评估指标制定方法

为了得到能耗指标，在已有典型负荷曲线的情况下，需要一套从负荷到能耗的计算方法，从而得到相应的能耗指标。在能耗指标的制定过程中，发现有很多影响能耗的因素是通过计算无法明确得到的，因此只针对可以计算出的指标进行分析。

首先将总能耗划分为空调能耗、照明能耗、设备能耗以及其他能耗四个部分。在空调能耗中，包括冷机能耗、冷却泵能耗、冷冻泵能耗、冷却塔能耗、供暖泵能耗、热泵供暖能耗或燃气供暖耗量。

对于能耗指标的计算，先依据对数栋建筑的能耗调研情况进行假设，再通过大量建筑的实际能耗对指标进行验证。当能耗指标对大部分建筑适用时，认为这套指标为有效指标。

1）冷机能耗指标计算

185

通过对多栋相似系统建筑的调研，冷机平均 COP 为5，因此，冷机能耗为供冷季冷负荷总量和平均 COP 的比值（图8-42）。

$$冷机能耗＝\frac{供冷季冷负荷总量}{5} \qquad (8\text{-}10)$$

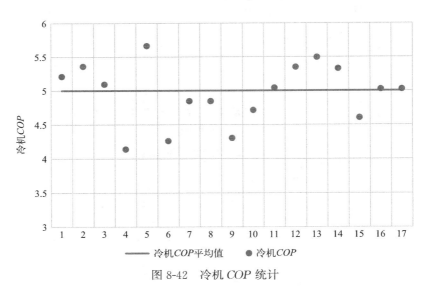

图 8-42　冷机 COP 统计

2）冷却泵及冷冻泵能耗指标计算

通过对多栋相似系统且运行没有明显问题的建筑的调研，统计得出冷却泵和冷冻泵能耗一般均为冷机能耗的20%（图8-43和图8-44），由此可以算出冷却泵和冷冻泵能耗；

$$冷却泵能耗＝冷机能耗×20\% \qquad (8\text{-}11)$$
$$冷冻泵能耗＝冷机能耗×20\% \qquad (8\text{-}12)$$

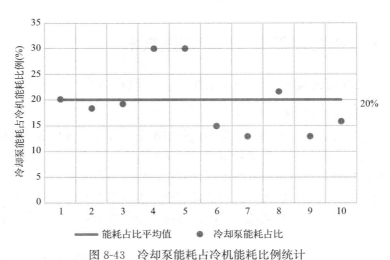

图 8-43　冷却泵能耗占冷机能耗比例统计

3）冷却塔能耗指标计算

通过对多栋相似系统且运行没有明显问题的建筑进行调研，统计得冷却塔能耗约为冷

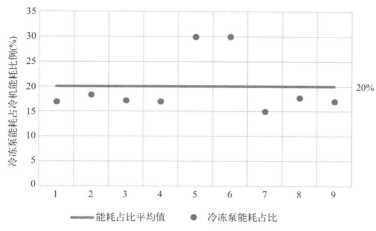

图 8-44　冷冻泵能耗占冷机能耗比例统计

机能耗的 8%（图 8-45），可以算出冷却塔能耗：

$$冷却塔能耗＝冷机能耗×8\% \tag{8-13}$$

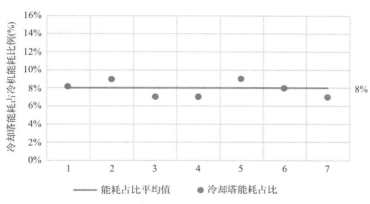

图 8-45　冷却塔能耗占冷机能耗比例统计

4）供暖季节燃气耗量指标计算

若供热系统为天然气供热，天然气热值为 $10.12\text{kW} \cdot \text{h/m}^3$，通过对多栋相似系统且运行没有明显问题的建筑的调研，统计得出锅炉实际效率约为 0.88（图 8-46）。由此可以算出天然气耗量：

$$天然气耗量＝\frac{热负荷总量}{10.12×0.88} \tag{8-14}$$

5）供暖季节热泵能耗指标计算

若供热系统为热泵供热，通过对多栋相似系统且运行没有明显问题的建筑的调研，热泵平均 COP 约为 3（图 8-47）。由此可以算出热泵能耗：

$$热泵能耗＝\frac{热负荷总量}{3} \tag{8-15}$$

6）供暖泵能耗指标计算

假设冬季供暖使用 COP 为 3 的热泵，通过对多栋相似系统建筑且运行没有明显问题

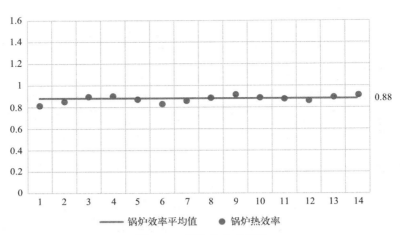

图 8-46　锅炉热效率统计

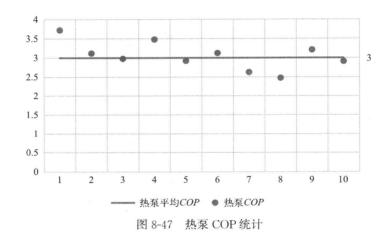

图 8-47　热泵 COP 统计

的调研，供暖泵能耗约占热泵的 10％（图 8-48），可以计算出供暖泵能耗：

$$供暖泵能耗＝热负荷总量/3×10％ \tag{8-16}$$

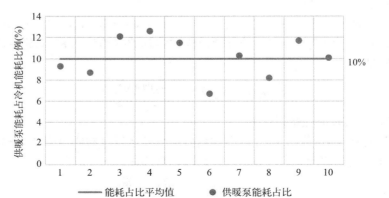

图 8-48　供暖泵能耗占热泵能耗比例统计

7）照明能耗指标计算

《建筑照明设计标准》GB 50034—2013 中普通办公室照明功率密度现行值为 $9\mathrm{W/m^2}$，走廊区域照明功率密度现行值为 $4\mathrm{W/m^2}$，一般机关办公楼灯具使用系数约为 0.8，据此可以得出照明能耗：

$$照明能耗=\frac{0.8\times[9\times15160+4\times(23000-15160)]\times10\times250}{1000}=335600\mathrm{kW\cdot h}$$

2. 修正方法研究

建筑主要存在办公人数不同、上班时长不同、照明形式不同三个方面的差异，因此一般修正因素为人员密度、人员作息和照明功率密度。其中部分设备能耗还会受到自身设备参数的影响，如冷机 COP 等，也需要单独进行修正。用不同的人员密度、人员作息和照明功率密度对标准负荷模型进行控制变量的修改，模拟计算之后得出如下各类能耗的修正方式。

1）人员密度修正

通过对模型中的人员密度进行修改，可以得出不同人员密度下的各项能耗，从而绘制出人员密度对各能耗指标的影响曲线。在曲线中拟合出相应的公式，即可对实际能耗进行人员密度的修正。以上海地区机关办公楼为例，可以得出以下影响曲线（图 8-49～图 8-51）。

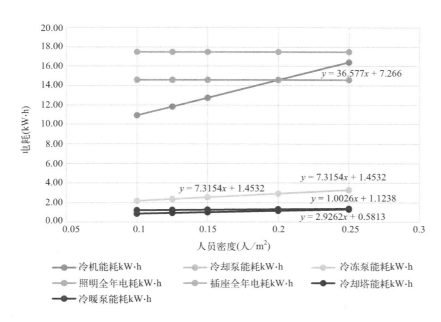

图 8-49 人员密度影响曲线

2）人员作息修正

通过对模型中的人员作息进行修改，可以得出不同人员作息下的各项能耗，从而绘制出人员作息对各能耗指标的影响曲线。在曲线中拟合出相应的公式，即可对实际能耗进行人员作息的修正。以上海地区机关办公楼为例，可以得出以下影响曲线（图 8-52～图 8-54）：

3）照明功率密度修正

通过对模型中的照明功率密度进行修改，可以得出不同照明功率密度下的各项能耗，

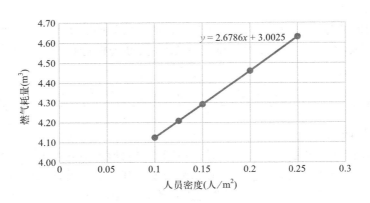

图 8-50　供暖季燃气耗量

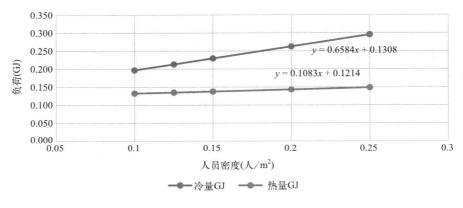

图 8-51　冷量及热量修正

从而绘制出照明功率密度对各能耗指标的影响曲线。在曲线中拟合出相应的公式，即可对实际能耗进行照明功率密度的修正。以上海地区机关办公楼为例，可以得出以下影响曲线（图 8-55～图 8-57）：

4）冷机 COP 修正

在空调系统中，冷机和冷却泵能耗不仅受到人员密度、照明功率密度等外界因素的影响，也会受到冷机设备本身的 COP 的影响。不同的冷机 COP 会直接影响能耗指标，因此要进行修正。

已知冷机能耗为冷负荷总量和冷机 COP 的比值，在负荷不变的情况下，可以得出如下公式：

$$冷机修正能耗 = \frac{冷机实际能耗 \times 冷机额定\ COP}{5} \qquad (8\text{-}17)$$

冷却泵能耗为冷机能耗加上冷量除以冷却泵的输配系数，在冷量和输配系数不变的情况下，可以得出冷却泵能耗和冷机 COP 的关系公式如下：

$$\frac{修正冷却泵能耗}{实际冷冻泵能耗} = \frac{冷量 + 修正冷机能耗}{冷量 + 实际冷机能耗}$$

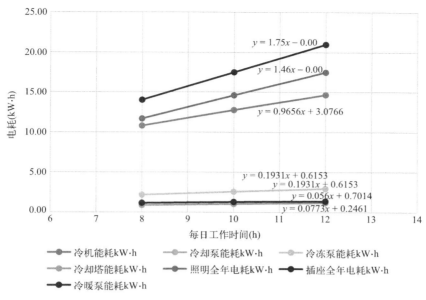

图 8-52　人员作息修正曲线

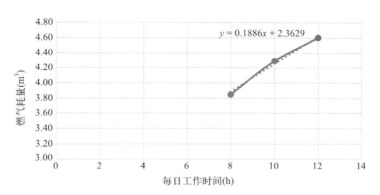

图 8-53　供暖季燃气耗量

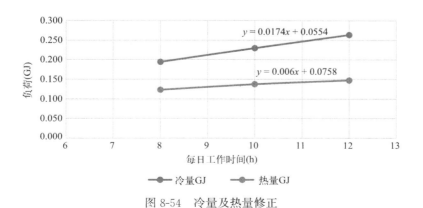

图 8-54　冷量及热量修正

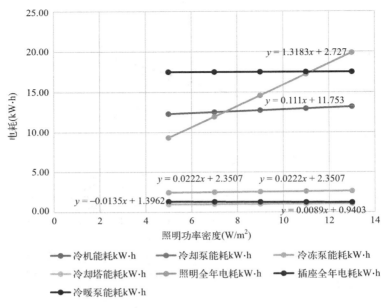

图 8-55　照明功率密度修正曲线

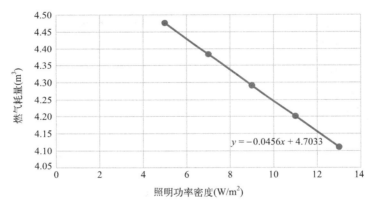

图 8-56　供暖季燃气耗量

$$=\frac{1+\text{修正冷机能耗/冷量}}{1+\text{实际冷机能耗/冷量}}=\frac{1+\dfrac{1}{\text{修正 }COP}}{1+\dfrac{1}{\text{额定 }COP}}\qquad(8\text{-}18)$$

因此可以得出冷却泵能耗指标关于冷机 COP 的修正公式：

$$\text{冷却泵修正能耗}=\text{冷却泵实际能耗}\times\frac{6}{5}\times\frac{1}{1+\dfrac{1}{\text{冷机额定 }COP}}\qquad(8\text{-}19)$$

5）变频修正

除以上因素以外，有些建筑使用较为节能的变频水泵和冷却塔，由于我们的能耗指标是针对设备是否需要调适给出的，因此对于变频水泵和冷却塔也要进行相应的修正，修正

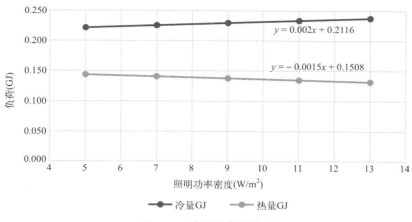

图 8-57 冷量及热量修正

公式如下：

$$变频水泵修正能耗＝变频水泵实际能耗×2 \tag{8-20}$$
$$变频冷却塔修正能耗＝变频冷却塔实际能耗×2 \tag{8-21}$$

6）能耗指标汇总（表 8-18）

能耗指标汇总 表 8-18

拆分项	机关办公楼			门诊楼			住院楼		
	夏热冬冷	寒冷地区	夏热冬暖	夏热冬冷	寒冷地区	夏热冬暖	夏热冬冷	寒冷地区	夏热冬暖
冷机能耗[kW·h/(m²·年)]	12.75	10.31	21.12	14.60	11.33	28.89	23.48	18.97	49.67
冷却泵能耗[kW·h/(m²·年)]	2.55	2.06	4.22	2.92	2.27	5.78	4.70	3.79	9.93
冷冻泵能耗[kW·h/(m²·年)]	2.55	2.06	4.22	2.92	2.27	5.78	4.70	3.79	9.93
冷却塔能耗[kW·h/(m²·年)]	1.02	0.82	1.69	1.17	0.91	2.31	1.88	1.52	3.97
供暖泵能耗[kW·h/(m²·年)]	1.21	2.36	—	1.58	2.96	—	4.38	8.22	—
热泵供暖能耗[kW·h/(m²·年)]*	12.05	23.59	—	15.76	29.62	—	43.82	82.18	—
燃气供暖用量[m³/(m²·年)]*	4.06	7.95	—	5.31	9.98	—	14.76	27.68	—
照明能耗[kW·h/(m²·年)]	14.59	14.59	14.59	21.12	21.12	21.12	16.66	16.66	16.66
冷量[GJ/(m²·年)]	0.230	0.186	0.380	0.263	0.204	0.520	0.423	0.342	0.894
热量[GJ/(m²·年)]	0.130	0.255	—	0.170	0.320	—	0.473	0.888	—

注：若冬季采用热泵供暖，则对应热泵供暖能耗指标；若冬季采用燃气锅炉供暖，则对应燃气供暖用量指标。

8.2.2 基于实测数据和持续优化的典型公共机构机电系统调适关键技术

1. 基于连续监测数据的空调系统多机组冷源优化调适方法

1）基于运行监测数据对冷机性能进行调适的基本方法

冷水机组实际运行过程中存在的典型问题可以归纳为以下 3 个方面：（1）冷水侧、冷却水侧运行性能不佳导致冷水机组蒸发温度过低、冷凝温度过高，进而导致实际运行 $ICOP$ 偏低；（2）冷水机组自身性能不佳，额定 $DCOP$ 偏低；（3）调控策略不合理导致冷水机组没有运行在最佳的负荷率下，进而导致冷水机组实际运行 $DCOP$ 较额定值偏低。针对上述问题，本书将冷水机组调适方法归纳为外因、内因以及内外因协同 3 个方面，并有针对性地提出调适优化建议。

图 8-58　冷水机组节能调适方法

图 8-58 所示，外因主要包括"外部"需求和"外部"条件，即待解决的外部问题或者外部能提供的有利条件。对于冷水机组，其外因即为冷水侧和冷却水侧的工作环境，在实际运行过程中，优化机组工作的外因主要从降低冷凝温度或提高蒸发温度两方面入手。对于冷凝侧，通过优化冷却塔换热性能、减少换热环节等手段，降低冷却水温度，进而降低冷凝温度。对于蒸发侧，通过合理匹配末端供冷需求，例如对于一、二次水系统避免逆向旁通混水，对于多级板式换热器水系统，强化板式换热器换热性能，避免冷水供水温度过低，进而通过提升蒸发器换热性能提高蒸发温度，从而使得冷水机组运行在更小的压缩比下，获得更高的 $ICOP$。

冷水机组的"内部调适"，就是通过调适提升冷水机组各个工况下的实际运行 $DCOP$，主要工作是研究冷水机组内部的、相对固有的技术参数或特征，例如冷水机组的蒸发器和冷凝器的换热性能会随着供液控制策略或长期运行结垢而发生变化，制冷剂的充灌量、纯度等都会影响其在压焓图下的实际表现，不同制冷量需求下的压缩机入口调节装置（如入口导叶阀，Inlet Guide Vanes，IGV）的调节策略，或者变频冷机的速度调节与IGV 如何协调等，这都会导致冷水机组在不同蒸发器和冷凝器饱和温度及部分制冷量需求下的实际制冷性能，偏离理想状态的程度。对于定频冷机而言，主要与冷水机组在不同冷却水进口温度、不同负荷率下的性能曲线有关。如果是变频冷水机组，在此基础上，还需要考虑不同转速、入口导叶阀开度下的冷水机组性能曲线。这是因为实际变频冷水机组在全年不同工况下的运行状态与定速冷水机组不同，而且更加复杂。不过本书研究提出的方法不仅适用于定速冷水机组，也适合变频冷水机组，只需要在模型中增加压缩机频率或转速这一变量。

$$DCOP \begin{cases} f(DT, PLR, Chiller) \\ f(DT, PLR, \nu, Chiller) \end{cases} \tag{8-22}$$

其中：$DT = T_c - T_e$，PLR 为冷机负荷率，ν 为压缩机频率，$Chiller$ 为冷机品牌、型号等自身特征。

在实际运行过程中，对于不同运行工况、不同负荷率，冷水机组的运行性能都应该与相应的额定性能对标，而不仅是与铭牌上标称的额定工况下的性能进行对比。如果出现性能衰减的情况，就应该及时进行测试分析，与厂家积极沟通解决，从而保证冷水机组在全工况下高效运行。

内外因协同,是指在既精确掌握研究对象外部需求和外部条件,又准确了解研究对象内部固有技术特征和能力的前提下,内外兼顾、由内而外、精准匹配的运行调节过程。因此,对于冷水机组的性能持续调适可以分为两部分,一是根据各种天气条件、冷量需求等,通过调适提升 $ICOP$;二是通过台数控制、机组内部换热性能提升、控制策略改善等调适手段,通过提升 $DCOP$ 达到提升冷水机组实际 COP。即一方面要根据末端供冷需求,以及工作的冷冻、冷却侧环境进行调适,另一方面结合冷水机组自身调控性能和换热性能,调节冷机台数,使得每台冷机运行在当前工况下有最优负荷率(PLR),从而提升冷水机组的实际运行性能。对于工频冷水机组,其全工况下的运行性能基本都随着负荷率的增大而提升,因此在实际运行过程中,需要根据末端供冷需求,通过合理的开机组合,使得每台冷水机组都运行在较高的负荷率下,从而提升冷水机组实际运行性能。而对于变频冷水机组,由于其运行最优负荷率随压缩比的变化而改变,因而对于不同的外部工作环境,首先需要明确冷水机组工作时的最优负荷率,随后通过台数和频率的调节,使得每台冷水机组高效运行。

而本书研究的一个关键突破在于通过运行过程中对冷水机组冷凝温度、蒸发温度、实际供冷量、冷凝排热量、压缩机电耗等参数的测量,得到冷水机组多工况运行的实际状态参数,并且经过模型分析,计算出各个实际工作状态点的 $COP/ICOP/DCOP$,并分析其在全年出现的频率、随饱和蒸发温度与饱和冷凝温度之差(简称两器温差 DT)以及负荷率(实际供冷量与额定供冷量的比值 PLR)的变化规律,从而实现基于运行监测数据对冷水机组开展持续优化调适。

2)持续调适的主要步骤

(1)基于实测数据明确冷水机组运行现状

在开展冷水机组调适优化之前,需要明确当前冷水机组实际运行性能。因此基于实测数据,对冷水机组运行性能关键评价指标及其影响因素进行定量刻画及分析,明确实际运行能效,挖掘运行过程中存在的典型问题,才能更加有针对性地开展持续调适工作,主要步骤及工作如下:

①以年为颗粒度,分析冷水机组供冷季整体运行性能,评价实际运行性能优劣。

②以月为颗粒度,分析冷水机组运行性能随室外气温变化情况,评价供冷季不同工况运行性能优劣。

③以小时为颗粒度,构建冷水机组 $COP/DCOP$—运行压比—运行负荷率分布图,并与额定性能进行对标,从而明确冷水机组运行 $COP/DCOP$、压比及负荷率的分布及之间的影响规律,判断冷水机组运行调控是否合理。

④基于上述分析结果,挖掘冷水机组在运行过程中存在的典型问题,并针对性地提出调适优化方案。

(2)基于实测数据建立冷水机组模型

对于冷水机组变工况运行性能的模型建立,重点在于通过实测运行数据对冷水机组不同工况下 $COP/ICOP/DCOP$ 变化规律进行数学表述。$DCOP$ 则受到运行负荷率及运行压比的影响,以定频冷水机组为例,$DCOP$ 数学模型表达见式(8-23)~式(8-25)。

$$DCOP = A \cdot PLR^2 + B \cdot PLR \cdot T_{ce} + C \cdot T_{ce}^2 + D \cdot PLR + E \cdot T_{ce} + F \quad (8-23)$$

$$T_{ce} = T_c - T_e \quad (8-24)$$

$$PLR = \frac{Q_e}{Q_{e,0}} \tag{8-25}$$

式中　T_{ce}——蒸发冷凝温差（K），用以表征压缩比；

　　PLR——冷水机组运行负荷率；

　　$A \sim F$——拟合常数。

在明确 $DCOP$ 数学模型后，采用冷水机组供冷季不同工况的实际运行数据，以 70% 已有运行数据作为训练集，回归冷水机组性能模型中的关键参数 $A \sim F$，再以其他 30% 已有运行数据作为检验集，检验模型准确性。随后根据 $ICOP$ 与 $DCOP$ 乘积即可得到冷水机组实际运行 COP，进而得到其不同工况下实际运行性能的准确刻画模型，用以指导冷水机组供冷季运行调控。

（3）基于实测数据建立供冷负荷预测模型

利用支持向量机 SVM 模型，建立冷站供冷需求（负荷）预测模型。同样以 70% 已有运行数据作为训练集，回归供冷需求预测模型中的关键参数，再以其他 30% 已有运行数据作为检验集，检验模型准确性。支持向量机（SVM，Support Vector Machine）是一种基于统计学习理论的模式识别方法，在解决小样本、高维度及非线性的分类问题中应用非常广泛，并能够推广应用到函数拟合等其他机器学习问题中。支持向量机方法是建立在统计学习理论的 VC 维理论和结构风险最小原理基础上的，根据有限的样本信息在模型的复杂性（即对特定训练样本的学习精度）和学习能力（即无错误地识别任意样本的能力）之间寻求最佳折中，以求获得最好的推广能力，这是非常适合公共机构这类建筑基于已有运行数据预测供冷或供热需求的。

对于冷负荷预测模型的建立，首先需要明确建筑冷负荷组成。根据建筑功能特点与围护结构特点，夏季供冷负荷可归纳为 5 个组成部分，包括：①通过围护结构传入热量所形成的供冷负荷；②通过外窗和玻璃幕墙进入太阳辐射热量所形成的供冷负荷；③有组织新风与无组织渗风带入热量所形成的供冷负荷；④人体散热量所形成的供冷负荷；⑤各种电器设备发热量所形成的供冷负荷。根据上述供冷负荷构成，可以计算各个时刻的夏季冷负荷，见式（8-26）：

$$Q_\tau = a(t_{out,\tau} - t_{n,\tau}) + b \times J_\tau + cN_\tau(H_\tau - H_{n,\tau}) + d(H_\tau - H_n)$$
$$+ 1.2ev_\tau^2(H_\tau - H_n) + fn_\tau(q_s + q_1) + gW_\tau \tag{8-26}$$

式中　$t_{out,\tau}$——τ 时刻室外温度（℃）；

　　$t_{n,\tau}$——τ 时刻室内温度（℃）；

　　J_τ——τ 时刻室外太阳辐射强度（W/m²）；

　　N_τ——τ 时刻航站楼新风机开启台数；

　　H_τ——τ 时刻室外空气焓值（kJ/kg）；

　　$H_{n,\tau}$——τ 时刻室内空气焓值（kJ/kg）；

　　v_τ——τ 时刻室外主要风向平均风速（m/s）；

　　n_τ——τ 时刻室内主要人员数；

　　q_s——单位人员显热发热量（W）；

　　q_1——单位人员潜热发热量（W）；

W_τ——τ 时刻灯光设备发热量（W）；

$a \sim g$——系数，根据历史数据回归拟合得到。

式(8-26) 是基于热量传递的物理过程所建立的数学模型，采用回归分析的方法，利用实际供冷量连续测试和计量的数据作为训练集合，回归出模型中未知的参数或者获取难度大的参数，并代入检验集中的数据进行模型检验，并且将通过检验的模型作为未来运行调节决策过程所需的负荷预测模型。这一方法介于"白箱模型"和"黑箱模型"之间，以基于物理概念的空调系统供冷负荷模型作为基础，采取已有运行数据，进行数学回归方法，得到部分未知参数，准确描述建筑供冷负荷，并在未来根据更多运行数据，提升模型精度，实现"自学习"。根据上述分析，预测模型的建立及应用的技术路线如图 8-59 所示，分为以下 3 步：

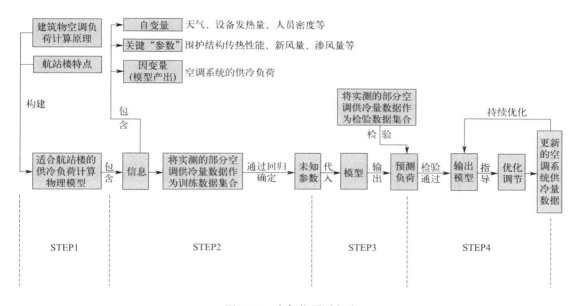

图 8-59　冷负荷预测方法

①根据暖通空调负荷计算原理，构建负荷计算的物理概念模型。

②将已有自变量与因变量数据，依照时间维度划分为两个集合，其中多数数据构建成为训练集合，少数数据构建成为检验集合。以训练集合的数据进行系数拟合，得到需要的未知参数。

③将得到的未知参数代入检验集合中，应用模型对计算结果进行比对，检验模型的准确性。

利用供冷需求预测模型和冷水机组性能模型，采取"负荷预测＋COP 预测"即"冷水机组性能及电耗预测"的方法，优选出最合理的开机组合，并在下一个调适决策周期，用实测供冷量、电耗、COP 等数据验证供冷需求预测模型和冷水机组性能模型，如此反复迭代，持续更新模型和调适方法，实现更加精准的基于模型的冷水机组调适过程。图 8-60 给出了基于负荷预测的冷水机组运行调控策略。冷水机组在运行过程中，首先判断总管供水温度与设定值的差别。若实际值偏高，且冷量需求大于当前开机组合的最大容量，则增加 1 台冷水机组运行。若实际供水温度偏高但冷量需求小于当前开机组合的最大容量，则维持当前开机组合，降低各台冷水机组供水温度设定值。若实际供水温度低于设定值，且冷量需求大于当前开机组合的最小容量，则维持当前开机组合，提高各台冷水机组供水温度设定值。若此时冷量需求小于当前开机组合的最小容量，则需要利用负荷预测模型预测未来 1h 内负荷是否回有大幅度增长，若没有则关闭一台冷水机组运行。若未来1h 内负荷会有大幅增长，且超过减机后冷水机组组合的容量上限，则维持当前开机组合，提高各台冷水机组供水温度设定值。

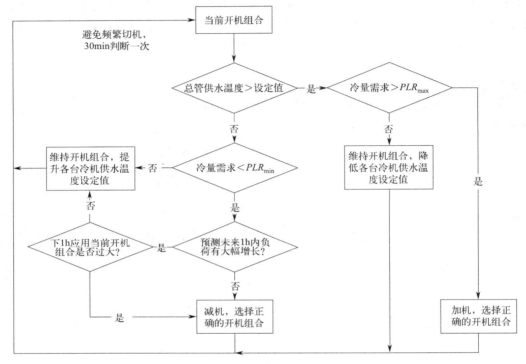

图 8-60　冷水机组运行调控策略

2. 基于连续监测数据的既有建筑复杂空调水系统优化调适方法

根据多路空调水系统末端回水温度测量及各末端支路上的阀门开度现状，进行水系统平衡调适，难点在于阀门开度与实际水量之间的关系，不仅是非线性，而且还存在着一定的不确定性。基本的方法是"手动"调适方法，即通过人工测量、分析、判断进行调节。整体调适思路如图 8-61 所示，首先根据实测的各末端回水温度和对应的阀门开度，按供回水温差和阀门开度分别排序，从供回水温差最小的末端开始调节。

（1）首先需要开展的是各个末端热力平衡的调适工作。图 8-62 所示，先排查供回水温差最小的若干末端，根据现有阀门开度和供回水温差与平均供回水温差的偏差，判定阀门关小幅度。上述供水温差最小的若干末端阀门开度接近 100%，或处于阀门开度排序最大的若干个末端，其循环流量较大，则应优先调适，关小其阀门，带来整体效益会更为明显。

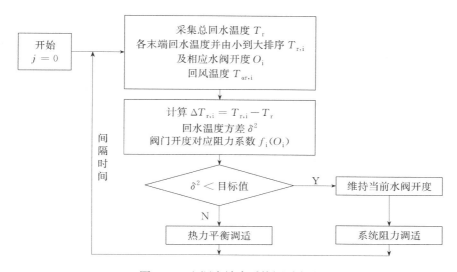

图 8-61 空调末端水系统调适方法

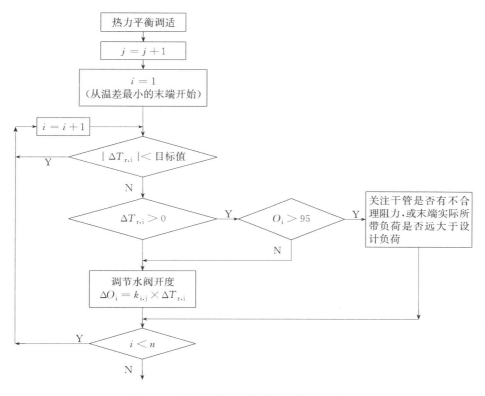

图 8-62 空调末端水系统热力平衡调适方法

（2）其次排查供回水温差最大的若干末端，根据现有阀门开度和供回水温差与平均供回水温差的偏差，估计阀门开大幅度。如其中有阀门开度接近 100%，或处于阀门开度排序最大的若干个末端，则需重点关注其干管上是否有不合理阻力，或末端实际所带负荷是否远大于设计负荷。

（3）随后根据试算的阀门调节幅度，在空调负荷相对稳定的时间段内分别调节各个末端阀门开度，待系统稳定后，再次根据各末端实测回水温度，计算供回水温差的方差，进行水系统热力性能评估；并记录各支路供回水温差变化值，和阀门开度改变值之间的比例关系。此时，最好监测水系统整体流量和总供回水温差，作为系统整体空调负荷相对稳定的依据。

（4）重复上述工作，使得偏离平均供回水温差的末端偏差逐步缩小，系统趋向收敛。特别是根据各支路水阀开度调节幅度和供回水温差变化值之间的关系，不断修正阀门调节幅度的估计值，保证阀门调节方向是正确的。这也是算法收敛的关键所在：既不能让供回水温差的方差递减得太快，因为系统存在耦合性，不可能一步到位，但是也不能递减过慢，否则虽然最后会收敛，但是时间会很长，系统实际负荷也可能变化。

（5）在完成各个末端热力平衡调适后，接下来的工作即为开展水系统整体阻力调适。图 8-63 所示，阻力调适的目标在于降低水系统阻力系数，即整体增大各空调末端水阀开度。根据水系统调控策略，通过调节末端压差设定值或其他参数，在满足室内环境需求的情况下，使得末端支路的水阀开度尽量打开，其中至少有 1 个水阀全开（开度 100%）。

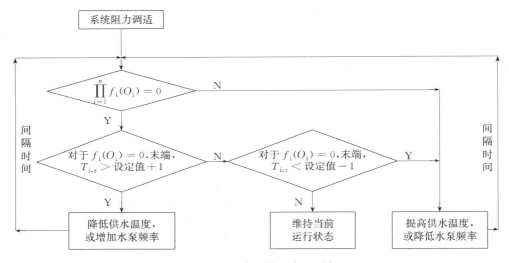

图 8-63　空调水系统阻力调适方法

3. 空调热源系统持续优化调适技术

根据热源系统外部约束和内部负荷特性两方面的研究，可以看到热源系统的运行效率 $\eta_{总}$ 主要取决于系统热力效率 $\eta_{热}$ 和机械效率 $\eta_{机}$ 两方面的因素影响。

$$\eta_{总} = \eta_{热} \times \eta_{机} \tag{8-27}$$

其中，系统热力效率主要取决于系统运行温度工况，热泵式系统从降低供水温度和提升蒸发温度两方面考虑，而锅炉式系统主要从降低供水温度着手。在单台主机满足确定负荷时，热力效率是系统效率的决定性因素，因此需优先确定满足外部负荷需求的最优供水温度。在此基础上进一步根据系统机械效率特性，寻找最优负荷调节策略，使各主机在效率较高的负荷率下工作。具体调适步骤如下：

（1）根据室外温度、每天不同时段或者建筑使用状况重设供水温度。最佳供水温度可通过试错法进行多次现场试验确定，调节供水温度并观察末端房间状态参数反馈，找到同时满足末端房间需求的最低供水温度。

（2）通过现场实测数据回归或采用厂家提供样本等方法，建立热源主机的性能模型，确定系统部分负荷效率特性。

（3）通过最优化问题的构建和求解，确定单机加卸载和多台主机同时运行的效率临界点和最优切换点，使主机在效率较高的部分负荷工况下运行。

（4）该方法的调适流程如图8-64所示。

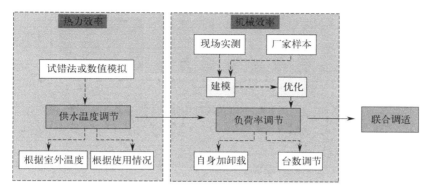

图8-64　热源系统联合调适流程图

该热源调适方法针对典型热源系统形式，基于"内外协同"的思想，结合自学习建模和人工智能算法问题求解，无需事先已知系统具体参数，而完全根据现场实测数据构建和求解最优化问题，获得兼顾外部负荷需求和内部负荷特性的热源运行策略。

4. 空调末端系统与室内环境控制效果动态评估调适技术

1）末端系统调适

末端系统的运行与室内温湿度、气流组织直接相关，其调适工作也需要与室内环境控制效果相结合。针对不同末端系统形式，本研究提出以送风量和室内温度设定值为调适变量，在满足不同时段房间环境的具体要求的前提下，通过对送风量和室内温度设定值的重设，达到节约能源消耗的目标。

（1）送风量调适

送风量调适为根据房间不同时段的不同需求，动态设置送风量。对于变风量系统，可以在房间非工作期间使用更小的送风量，对于定风量系统也可以减小总的送风量。送风量的调适可以采取以下措施：

①对于使用规律确定的房间，如教室、办公室等，送风量的调适可以根据房间的使用时间表来进行，在房间无人使用或轻度使用时，减小送风量。

②对于房间自身使用人员传感器控制照明设备。在无人的时候关闭照明设备，可将送风量调适与照明设备相结合，使用人员传感器控制送风量调适。

③对于室内温度设定值动态变化的房间，可将送风量控制与室内温度设定值相结合。

房间所需的实际送风量取决于末端系统类型、房间几何尺寸、负荷比等参数。下面对某典型公共机构建筑应用风量重设策略。该建筑采用变风量系统，末端装置为单风道再热式变风量末端，建筑使用时间为7：00到18：00，在工作时间内设定最小送风量为60％，非工作时间内设定最小送风量为 20%。采用 EnergyPlus 模拟未采用风量重设与应用风量重设这两种工况的建筑能耗，结果如图 8-65 和图 8-66 所示。

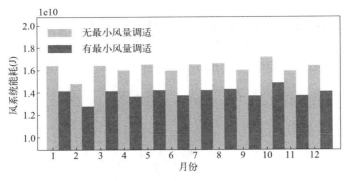

图 8-65　风系统耗电量比较

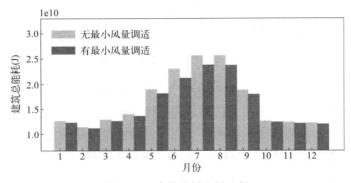

图 8-66　建筑总耗电量比较

可以看到，通过末端系统的送风量调适可以使系统在非使用期间使用更小的送风量，在保证房间环境要求的同时，降低风系统的能耗，同时对于水系统、热源侧乃至系统总能耗都产生积极的影响。

（2）房间温度调适

与居住建筑不同，公共机构建筑的使用方式通常很有规律性，同一栋建筑内不同房间的使用时间通常是相似的，这使得通过重设室内温度来降低能耗成为可能。以上述公共机构建筑为例，根据该建筑使用时间特点，确定其冬季和夏季室内温度设定值如图 8-67 所示。

分别按有无室内温度重设两种工况，模拟该建筑的全年运行状况，得到总耗电量与燃气消耗量的结果，如图 8-68 所示。

可以看到，是否根据建筑使用时间重设室内温度，对于系统总耗电量影响较小，而对于燃气消耗量有较大的节能潜力。另外，相对于风量重设，室内温度重设的节能潜力较小，主要原因如下：

①公共机构建筑通常有较大的热容量和热惯性，非工作期间建筑吸收的负荷最终仍然需要通过暖通空调系统进行处理。

②室内温度重设策略相当于将建筑负荷的处理时间从夜间转移到白天，而不同时段室

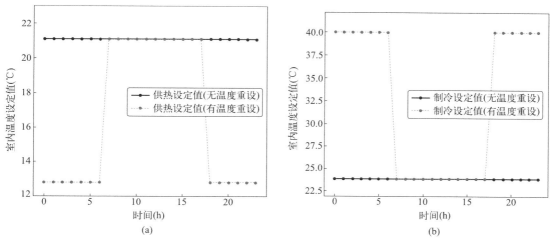

图 8-67 采用室内温度重设的冬季和夏季的温度设定值

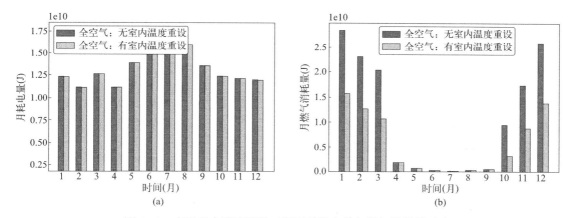

图 8-68 有无室内温度重设工况下总耗电量与燃气消耗量对比

外气象参数的差异导致系统的运行效率不同。对于制冷而言，夜晚的运行工况好于白天（室外温度更低），制冷系统的能效更高；对于供暖而言，热泵式热源系统夜晚的运行能效低于白天（室外温度更低），而对锅炉式热源影响不大。另外，对于采用"分时电价"的地区，通常白天收费标准更高，进一步降低室内温度重设策略的成本优势。

③采用室内温度重设策略需要在工作期间开始之前，将房间环境调节到舒适区间，通常需要 $1\sim2h$ 的预热或预冷时间，制热或制冷能力小的系统甚至需要更长时间，使得节能潜力进一步降低。

2）风量平衡调适方法与步骤

建筑内部不同区域与送风系统以及室外环境之间的风量平衡示意图如图 8-69 所示，其中 m_S 为房间送风，m_{Inf} 为房间渗风，m_R 为房间回风，m_{EX} 为房间排风，m_{XS} 和 m_{XR} 为不同区域间的混风。

（1）区域热平衡、湿平衡和 CO_2 平衡

建立房间的区域热平衡、湿平衡和 CO_2 平衡方程，方程左侧为房间温度、湿度和

CO_2 的瞬态项，右侧为各种引起参数变化的对流项、扩散项和源项。

$$\rho_a V_z C_p \frac{dT_z}{dt} = \sum Qt_i + \sum Qt_c + \sum [m_{zi} C_p (T_{zi} - T_z)]$$
$$+ m_{inf} C_p (T_o - T_z) + m_{sys} C_p (T_{sys} - T_z)$$

$$\rho_a V_z \frac{dW_z}{dt} = \sum Qw_i + \sum Qw_c + \sum [m_{zi}(W_{zi} - W_z)] + m_{inf}(W_o - W_z) + m_{sys}(W_{sys} - W_z)$$

$$\rho_a V_z \frac{dC_z}{dt} = \sum Qc_i + \sum [m_{zi}(C_{zi} - C_z)] + m_{inf}(C_o - C_z) + m_{sys}(C_{sys} - C_z)$$

其中，T_z、T_{zi}、T_o、T_{sys} 分别为区域、混风、室外、送风的温度（℃）；W_z、W_{zi}、W_o、W_{sys} 分别为区域、混风、室外、送风的含湿量（kg/kg）；C_z、C_{zi}、C_o、C_{sys} 分别为区域、混风、室外、送风的二氧化碳浓度（ppm）；ρ_a、V_z、C_p 分别为区域内空气的密度（kg/m³）、体积（m³）、比热容（kJ/（kg·K））；m_{zi}、m_{inf}、m_{sys} 分别为混风、渗风、送风的风量（kg/s）；Qt_i 和 Qt_c 分别为内部源项和对流所引起的得热量（kJ/s）；Qw_i 和 Qw_c 分别为内部源项和对流所引起的得湿量（kJ/s）；Qc_i 内部源项所引起的 CO_2 负荷（kg/s）。

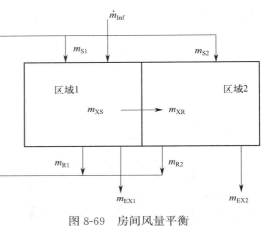

图 8-69 房间风量平衡

（2）渗风量识别

区域模型的参数变化与引起变化的各项之间的关系如图 8-70 所示，可见进出区域的各部分风量、对流传热传质以及室内人员或设备共同决定了室内参数的变化。通过上述模型可以看到，通过方程右侧各项的计算可以得到房间参数的变化，即数值模拟的正向过程。而反过来，若已知房间参数变化和右侧某些项，可以反向计算得到右侧其他项。

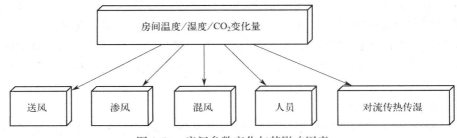

图 8-70 房间参数变化与其影响因素

对上述平衡方程进行时间离散，可以得到反向计算渗风量或混风量的公式，并进一步根据室内效果评估，判断该风量对室内参数的利弊，从而进行相应调节。

$$m_{\text{inf}}=\dfrac{\rho_a V_z C_p\left(\dfrac{11}{6}T_z^t-3T_z^{t-\delta t}+\dfrac{3}{2}T_z^{t-2\delta t}-\dfrac{1}{3}T_z^{t-3\delta t}\right)/\delta t}{C_p(T_o-T_z^t)}$$

$$-\dfrac{\sum Qt_i+\sum Qt_c+\sum[m_{zi}C_p(T_{zi}-T_z)]+m_{sys}C_p(T_{sys}-T_z)}{C_p(T_o-T_z^t)}$$

$$m_{\text{inf}}=\dfrac{\rho_a V_z\left(\dfrac{11}{6}W_z^t-3W_z^{t-\delta t}+\dfrac{3}{2}W_z^{t-2\delta t}-\dfrac{1}{3}W_z^{t-3\delta t}\right)/\delta t}{W_o-W_z^t}$$

$$-\dfrac{\sum Qw_i+\sum Qw_c+\sum[m_{zi}(W_{zi}-W_z)]+m_{sys}(W_{sys}-W_z)}{W_o-W_z^t}$$

$$m_{\text{inf}}=\dfrac{\rho_a V_z\left(\dfrac{11}{6}C_z^t-3C_z^{t-\delta t}+\dfrac{3}{2}C_z^{t-2\delta t}-\dfrac{1}{3}C_z^{t-3\delta t}\right)/\delta t}{C_o-C_z^t}$$

$$-\dfrac{\sum Qc_i+\sum[m_{zi}(C_{zi}-C_z)]+m_{sys}(C_{sys}-C_z)}{C_o-C_z^t}$$

（3）风量平衡调适方法与步骤

通过上述风量平衡分析可以看到，根据室内环境的区域热平衡、湿平衡与 CO_2 平衡方程，可通过方程离散反算渗风量，从而识别建筑无组织渗风，可用于进一步指导室内环境控制效果改善。因此，本书提出风量平衡调适方法，具体步骤如下：

①采用空间多点动态测量技术采集不同房间环境状态参数，对于自控系统完善的空调系统，可直接利用系统自身采集数据。

②根据室内环境的区域热平衡、湿平衡和 CO_2 平衡方程，离散并反算无组织渗风量，得到无组织渗风的风量和位置。

③根据房间环境参数的分析，确定无组织渗风的实际作用。

A. 对于正面作用的渗风，可通过调节房间送风量和新风量，维持房间舒适环境，以充分利用渗风能量，如过渡季新风冷量。

B. 对于负面作用的渗风，及时查找房间渗风点并采取措施，降低渗风对于室内环境和系统能耗的负面影响。

该方法的调适流程图如图 8-71 所示。

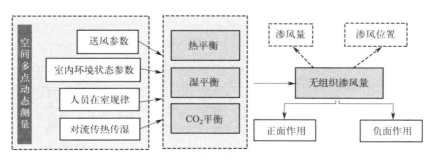

图 8-71 风量平衡调适流程图

本书提出的风量平衡调适方法，根据室内环境"反馈"控制机制，通过对房间状态参数和系统输出的动态多点监测，反算室内环境控制的"外扰"，实现末端房间的无组织渗风的识别，并进一步根据渗风作用采取相应措施，达到提升室内环境控制效果及能效的目的。

8.2.3 既有公共机构建筑机电系统优化运行技术应用

1. 冷源优化调适方法案例说明

1）项目运行基本情况

上述调适关键技术包括冷水机组的性能分析模型、调适重点关注环节及主要参数。研究团队将上述关键技术在实际工程项目中进行了实施应用，取得了明显的节能效果，表 8-19 显示了选取项目的基本信息，表 8-20 显示了系统冷水机组额定参数。

所选取系统的基本信息　　　　　　　　　　　　　　表 8-19

所在建筑类型	系统 A 办公楼	冷水系统形式	一次泵系统
气候区	夏热冬暖地区	冷水系统控制策略	变频
建筑面积(m^2)	142793	冷却水系统形式	开式冷却塔＋2 级板式换热器
末端功能	常规系统＋数据机房	冷却水系统控制策略	变频
冷水机组装机容量(kW)	32673	供冷时间	全年
冷水机组形式	工频		

系统 A 冷水机组额定参数　　　　　　　　　　　　表 8-20

冷水机组编号	制冷量(kW)	功率(kW)	COP	类型
CH1～4	6331	1171	5.41	工频
CH5	3623	659	5.50	工频
CH6、7	1864	358	5.21	工频

根据历史数据分析得到该项目全年供冷量为 3367.5 万 kW·h，折合单位面积供冷量 235.8kWh/m^2。冷水机组全年平均 COP 仅为 4.98，存在优化的空间。

图 8-72 和图 8-73 分别显示了该项目 7 台冷机逐月平均 COP 和全年平均 COP，可以看到，夏季供冷高峰期，作为供冷主力的 2、3、5 号冷机，其全年平均 COP 远低于额定

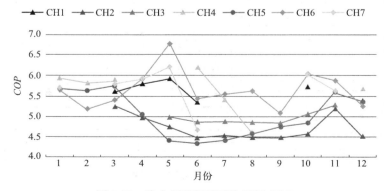

图 8-72　冷水机组逐月平均运行 COP

值。而 4、6、7 号冷机，主要在过渡季和夜间开启，室外气温较低，得益于较低的冷却水温，实际工况优于额定工况，使得其运行 COP 高于额定值。其实际性能是否达到相应工况对应额定值，需要结合冷机变工况性能曲线进行判定。1 号冷机作为备用冷机，全年基本不开启，此处不作详细分析。

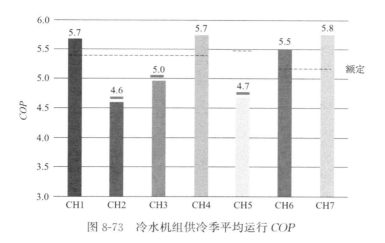

图 8-73　冷水机组供冷季平均运行 COP

图 8-74 显示了 2、3、5、6 号冷机全年 COP 的分布情况。

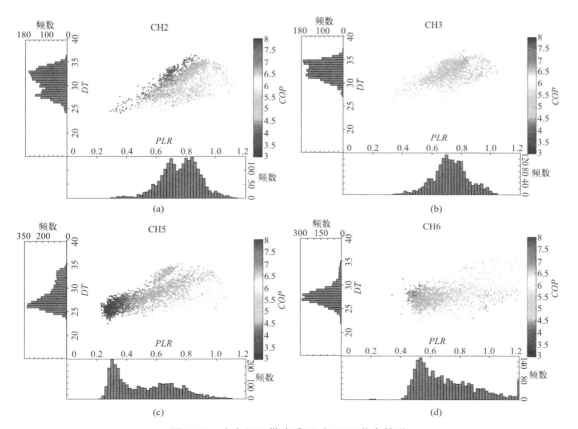

图 8-74　冷水机组供冷季逐时 COP 分布情况

可以看到，对于两台主力大机，CH2、3 运行工况相似，负荷率集中在 60％以上，但 CH2 整体性能低于 CH3；CH5 有很长一段时间负荷率非常低（30％左右），导致 COP 较低；CH6 运行压比整体小于前三者（主要运行在夜间和过渡季），COP 较高，但是其运行负荷率整体偏低。

图 8-75 分析了这四台冷机全年逐时 DCOP 的分布情况，可以看到，CH3 DCOP 整体高于 CH2，也使得其 COP 高于 CH2；而对于 CH5，由于其大部分时间工作在低负荷率，其中有很长一段时间负荷率非常低（30％左右），导致 DCOP 较低，进而使得其 COP 偏低；CH6 高负荷率下运行情况良好，但其运行负荷率也集中在 80％以下。

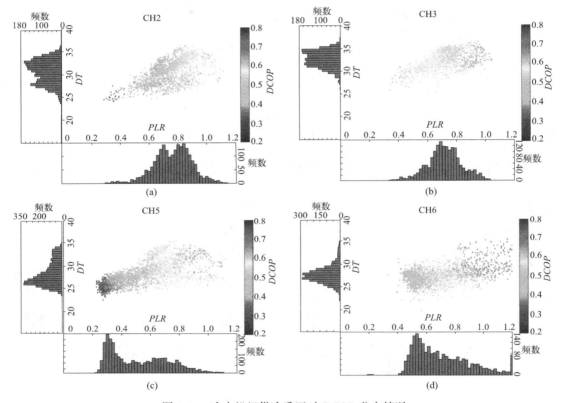

图 8-75　冷水机组供冷季逐时 DCOP 分布情况

由于该项目的冷机全采用定频冷机，在部分负荷、部分压比运行工况下，仅通过调节导液阀（IGV）开度调节冷机出力。图 8-76 显示了 2、3、5 号冷机全年逐时 IGV 开度的分布情况（6、7 号冷机缺少 IGV 监测数据）。图 8-77 显示了 5 台冷机全年 IGV 开度的统计结果。可以看到，1～5 号冷机全年 IGV 开度普遍低于 60％，作为夏季主力的 5 号冷机，其全年 IGV 开度普遍低于 40％。IGV 开度偏低会导致冷机 DCOP 降低，也就进一步解释了冷机运行性能不佳的原因——运行负荷率偏低。

CH1、4 的 COP 高于额定工况标称 COP 主要得益于过渡季运行冷却水更低，但由于 IGV 开度较小，其运行 COP 应该还是低于当前工况的额定值，具体偏差需要结合冷机变工况性能曲线进行分析。

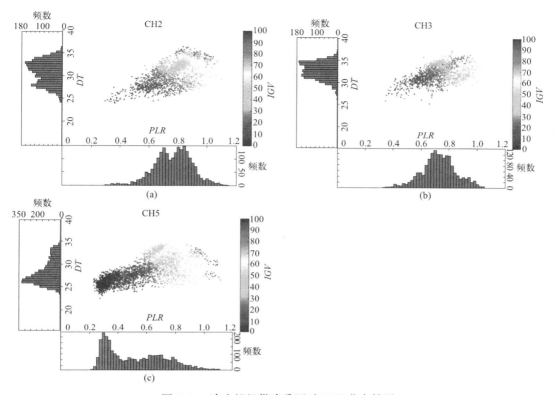

图 8-76　冷水机组供冷季逐时 IGV 分布情况

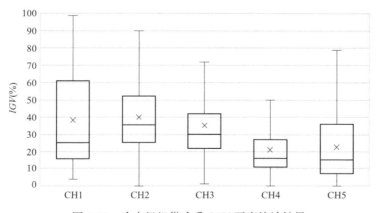

图 8-77　冷水机组供冷季 IGV 开度统计结果

2）优化冷水机组运行外部条件

如前所述，系统 A 冷却水侧采用开式冷却塔＋2 级板式换热器换热的形式。冷却水系统实际水温分布如图 8-78 所示。

实测工况下，室外湿球温度为 26.2℃，此时冷却塔出水温度达到 28.8℃，冷却塔逼近度为 2.6℃。通过一次板式换热器换热后，二次侧供水温度为 30.0℃，一次侧板式换热器逼近度为 1.2℃。通过二次侧板式换热器换热后，冷凝侧供水温度即冷水机组冷却水侧

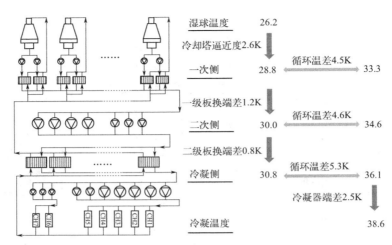

图 8-78　系统 A 冷却水侧水温分布

进水温度为 30.8℃，二次侧板式换热器逼近度为 0.8℃。冷凝侧循环温差为 5.3℃，冷水机组冷却水侧出水温度为 36.1℃。冷水机组冷凝温度为 38.6℃，冷凝器换热端差为 2.5℃。由此可见，从室外湿球温度到冷水机组冷凝温度，经过了四次温升和一次循环温差。这四个关键环节直接影响了冷水机组的运行性能，反映了冷却侧换热效果是否良好。

由此可见，在实际运行过程中，为了降低冷水机组冷凝温度，需要对冷却水系统进行调适。对于冷却塔，通过优化气流组织、合理搭配冷却塔台数与频率优化换热性能，降低冷却塔出水温度。如果由于承压或水质要求，需要加装板式换热器，则需要优化板式换热器换热性能，减少板式换热器换热带来的温升。对于冷水机组冷凝器，则需要避免盘管脏堵或制冷剂充灌量不足的问题，优化冷凝器换热性能。通过冷却水侧系统调适优化，降低冷凝温度，提升冷水机组运行性能。

图 8-79 显示了系统 A 全年逐月冷水供水温度。由于系统 A 冷水机组同时承担常规系统和数据机房的冷水供水，受数据机房供水温度要求的限制，冷水机组全年供水温度不能超过 7.5℃，实际逐月供水温度基本低于 7℃。

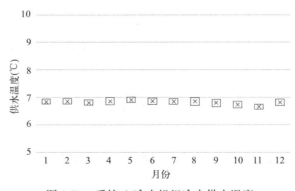

图 8-79　系统 A 冷水机组冷水供水温度

由此可见，当末端同时存在常规供冷需求和特殊供冷需求时，在系统设计阶段就应该分别加以考虑。对于特殊供冷需求末端，单独设置冷水机组，根据其技术要求全年维持低温供水。而对于常规末端，由于末端负荷随室外温度变化，全年供水温度也应该随室外温度变化进行相应的调节，在供冷高峰期，往往同时存在着较大的除湿需求，冷水机组供水温度应该保持在设计值，多为 $7\sim8\text{℃}$，而随着室外气温的降低，供冷需求和除湿需求同步降低，此时可以适当提高供水温度，提高蒸发温度，进而提升冷水机组运行性能。

3）提升冷水机组全工况运行性能

在优化冷水机组外部工作环境后，为了最大化利用外部有利条件带来的效益，就需要保证冷水机组自身运行性能达到标称值。这项工作不仅要考虑额定工况下实际运行性能是否达标，更应该重点考察冷水机组不同工况下的运行性能是否达标。此时就需要通过设备厂商提供的冷水机组样本，折算出不同冷却水进水温度、负荷率下冷水机组的标称性能，进而分析冷水机组全工况下实际运行性能与样本标称值的差别。

以系统 A 1 号变频冷水机组为例对全工况运行性能进行详细分析。图 8-80 显示了该冷水机组在不同冷却水进水温度、负荷率下的 COP，$DCOP$ 性能曲线。

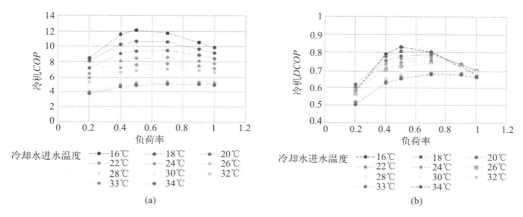

图 8-80　系统 A 1 号冷水机组 COP、$DCOP$ 性能曲线
(a) COP；(b) $DCOP$

图 8-81 形成的包络线意味着冷却水进水温度处于 $16\sim34\text{℃}$、负荷率处于 $0.2\sim1.0$ 时，冷水机组运行 COP、$DCOP$ 应该处于该包络线内。

通过对比可以看到，系统 A 的 1 号冷水机组 COP、$DCOP$ 与冷水机组的标称值均存在较大的偏差，大量工作点低于标称值的包络区域，而且随着负荷率的降低，偏差逐渐增大，冷水机组性能仍有提升空间。为了解决问题，需要与厂家沟通进行调试优化，将冷水机组全工况实际运行性能提高至额定值。

4）内外协同，保证冷水机组运行在最优负荷率

在优化冷水机组外部工作环境，并确保冷水机组自身全工况运行性能达到标称值后，就需要根据末端供冷需求，通过合理的控制策略，使得每台冷水机组都运行在最优的负荷率下，从而提升冷水机组实际运行性能。对于工频冷水机组，其全工况下的运行性能基本都随着负荷率的增大而提升，因此在实际运行过程中，就需要保证每台冷水机组都运行在较高的负荷率下。而对于变频冷水机组，由于其运行最优负荷率随其压缩比的变化而改变，因而对于不同的外部工作环境，首先需要明确冷水机组工作的最优负荷率，随后通过台数和频率的调节，使得每台冷水机组高效运行。以系统 A 为例介绍工频冷水机组内外

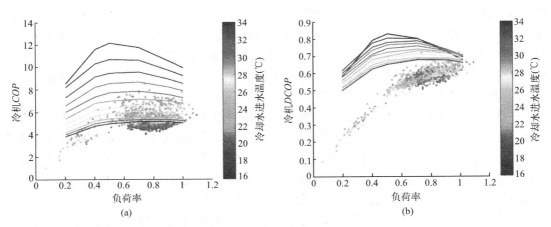

图 8-81 系统 A 的 1 号冷水机组实际运行 COP、DCOP 与性能曲线对比
(a) COP；(b) DCOP

协同的重点工作。

如前所述该系统冷水机组在实际运行中存在的一个典型问题为运行负荷率偏低，而对于定频机而言，负荷率偏低直接导致其运行性能不佳。

冷水机组运行组合　　　　　　　　　　　　　　　　　　　　表 8-21

组合情况	小时数(h)	制冷量(kW)	负荷率下限
1S	2706	1864	—
1M	2462	3623	0.51
2S	35	3728	0.97
1M+1S	135	5487	0.68
1B	1390	6331	0.87
1B+1S	299	8195	0.77
1B+1M	222	9953	0.82
1B+1M+1S	27	11817	0.84
2B	1131	12661	0.93
2B+1S	29	14525	0.87
2B+1M	262	16284	0.89

注：B、M、S 分别表示大机、中机、小机。

表 8-21 显示了 2017 年系统 A 冷水机组实际开机组合情况，可以看到，由于冷水机组共有 3 种不同装机容量，开机组合较为复杂。表 8-21 中负荷率下限表征当前开机组合下的最低负荷率，如果负荷率低于该值，可以切换成更小容量的开机组合，保证实际运行的冷水机组负荷率不至于过低。

但实际运行结果（图 8-82）表明，除了 1M+1S 开机组合冷水机组普遍运行在最低负荷率之上以外，其他开机组合的运行负荷率均普遍低于最低负荷率。

结合表 8-21 来看，运行小时数较多的"1M""1B""2B"开机组合，其实际运行负荷率均远低于该组合下的负荷率下限。这也就导致了 2、3、5 号冷机运行性能远低于额定值的情况。

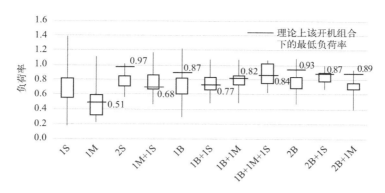

图 8-82 各开机组合负荷率分布

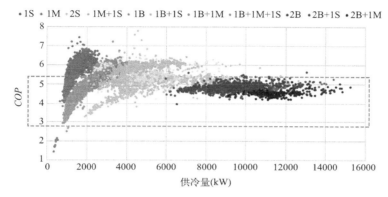

图 8-83 各开机组合冷水机组整体 *COP* 分布

图 8-83 显示了个开机组合平均 *COP*，可以看到，由于开机组合不合理，导致冷机实际运行负荷率偏低，进而导致冷机运行 *COP* 普遍偏低，且低于该供冷量下小容量开机组合的 *COP*。由此可见，优化开机组合，提高冷机运行负荷率，是提升冷机运行 *COP* 的关键途径，也是当务之急。

依据该思路，研究团队对冷水机组开机组合进行了优化，确保每种开机组合的实际运行负荷率均高于负荷率下限。由于缺少冷水机组变工况的额定性能曲线，研究团队对 7 台冷水机组供冷季的逐时运行数据进行拟合，得到了其在不同负荷率、不同压比下的运行性能。各冷水机组拟合常数见表 8-22。

各冷水机组拟合常数 表 8-22

机组	2 号	3 号	4 号	5 号	6 号	7 号
A	−0.27200	−0.45130	−0.61218	−0.51840	−0.16880	−0.53540
B	−0.00092	−0.00041	−0.00123	−0.00056	−0.00037	−0.00017
C	−0.45680	0.20730	−0.15664	−0.42210	−0.42890	−0.16350
D	0.02687	−0.02327	0.00433	0.00024	0.01127	−0.01954
E	0.03641	0.04587	0.07594	0.03847	0.01894	0.03507
F	0.23410	0.57770	0.05464	0.90610	0.67790	1.02300

根据上述分析，对于冷机开机组合，需要按实际冷量开机，特别是一定要及时减机。图 8-84 显示了优化后冷机加减载策略。

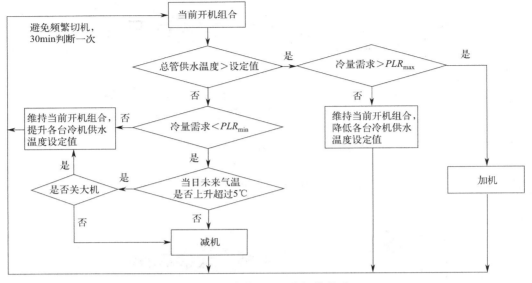

图 8-84　冷水机组运行调控策略

在运行过程中，每 30min 采集一次当前开机组合和系统运行状态。控制逻辑如下：

（1）当总管供水温度大于设定值时，如果冷量需求也大于当前开机组合能提供的最大冷量，则需要加机，如果冷量需求小于当前开机组合能提供的最大冷量，则维持当前开机组合，降低各台冷机供水温度设定值，以降低总管供水温度。

（2）当总管供水温度小于设定值时，如果冷量需求大于当前开机组合冷量下限，则维持当前开机组合，提升各台冷机供水温度设定值，以提高总管供水温度。

（3）当总管供水温度小于设定值时，如果冷量需求小于当前开机组合冷量下限，则需要预测当日供冷需求是否会持续上升至需要开启大机组。如果不会，则减机；如果会，则维持当前开机组合，提升各台冷机供水温度设定值，避免关闭大机后需要再次开启。

以 6 月 20 日典型日为例，如图 8-85 所示，该日白天开启 2 台大机运行，20：00—

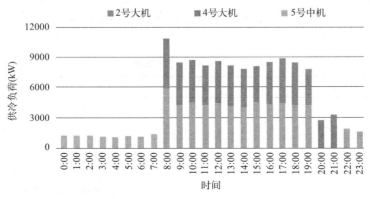

图 8-85　调适典型日冷水机组实际运行情况

21：00 开启 1 台大机运行，夜间开启中机运行。该运行组合下，大机、中机平均负荷率仅为 80% 和 37%，中机处于低负荷运行。典型日平均 COP 仅为 4.50。

图 8-86 显示了冷站优化开机组合运行情况，在 23：00—7：00，将 1 台中机切换为 1 台小机运行。9：00—19：00，关闭 1 台大机，由中机、小机灵活搭配。20：00—21：00，将 1 台大机切换为 1 台中机运行。通过优化开机组合，大机、中机平均运行负荷率提升至 88% 和 83%，小机平均运行负荷率也能达到 74%。冷机平均 COP 提升至 5.44，当日节能量达到 17.2%，节能效果显著。

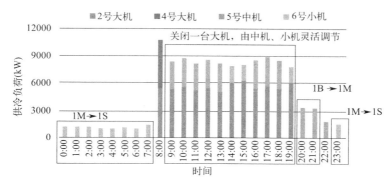

图 8-86 调适典型日冷水机组优化开机情况

同样以供冷季逐时冷负荷为基础，通过开机组合的优化，得到优化前后冷水机组运行负荷率、运行性能结果，见表 8-23 和表 8-24。

优化前后冷水机组负荷率对比 表 8-23

冷水机组编号	优化前	优化后
CH1～4	0.753	0.911
CH5	0.525	0.808
CH6、7	0.748	0.739

优化前后冷水机组 COP 对比 表 8-24

冷水机组编号	优化前	优化后
CH1～4	4.94	5.49
CH5	4.71	5.83
CH6、7	5.64	5.38
平均值	4.98	5.56

由表 8-23 和表 8-24 可见，通过开机组合的优化，CH1～5 全年平均负荷率和 COP 均得到了大幅度的提升。全年平均 COP 由 4.98 提升至 5.56，性能提升 11.6%。

5）案例总结

（1）对于冷凝侧，可以通过优化冷却塔换热性能、减少换热环节等手段，降低冷却水温度，进而通过提升冷凝器换热性能降低冷凝温度。

（2）对于蒸发侧，通过合理匹配末端供冷需求，例如对于一、二次水系统避免逆向旁通混水，使得常规系统能根据室外温度调节供水温度，避免冷水供水温度过低，进而通过提升蒸发器换热性能提高蒸发温度。对于多级板式换热器水系统，强化板式换热器换热性能。对于特殊供冷需求末端，单独设置冷水机组，根据其技术要求全年维持低温供水。

（3）在优化冷水机组外部工作环境后，为了最大化利用外部有利条件带来的效益，就需要保证冷水机组在不同工况下的运行性能都能达到标称值。如果出现性能衰减的情况，就应该及时进行测试分析，与厂家积极沟通解决，从而保证冷水机组在全工况下高效运行。

（4）在优化冷水机组外部工作环境，并确保冷水机组自身全工况运行性能达到标称值后，需要根据末端供冷需求，通过合理的控制策略，使得每台冷水机组都运行在最优的负荷率，从而提升冷水机组实际运行性能。

2. 热源系统的调适案例分析

选取沈阳建筑大学机关办公楼（图 8-87）作为调适案例，采集构建回归模型的基础数据，分析系统运行能效。沈阳建筑大学校部办公楼建筑面积 $10997m^3$，建筑高度 19.20m，设地下 1 层，地上 5 层。

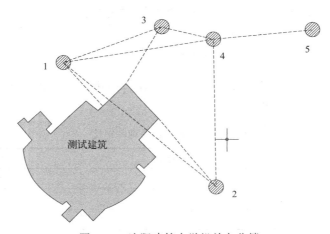

图 8-87　沈阳建筑大学机关办公楼

空调冷热源采用两台富尔达地温中央空调机组，设计冷媒温度为 7～12℃，热媒温度为 50～45℃，单台制冷量为 401.4kW，制热量为 545.3kW，总制冷量为 802.8kW，总制热量为 1090.6kW。档案馆、会议室以及会议室外部庭院均采用低速全空气系统，中庭和办公部分采用风机盘管加新风系统。末端系统中内庭院采用侧送风侧回风的气流组织形式，档案馆、会议室及办公部分均采用顶送顶回的气流组织形式。本次实测从 2018 年 1 月 14 日开始，到 2018 年 2 月 7 日结束，测试参数包括室外气象参数、热源运行参数以及末端系统参数，如图 8-88 和图 8-89 所示。

从热源系统实测数据可以看到，该热源系统主要存在如下问题：

（1）供水温度固定。在运行期间，室外温度最低−28℃，最高温度 4℃，建筑负荷随室外温度变化存在较大波动。而主机供水温度在测试期间始终设置在 39～42℃ 的范围内，导致主机始终处于不利的运行工况下，能源利用效率低。

（2）机组加卸载方式不合理。从测试数据可以看到，主机运行在某些测试时间段内存

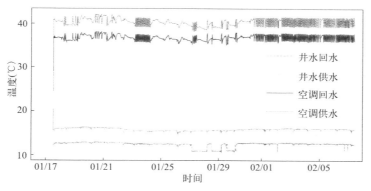

图 8-88　测试期间主机 1 运行温度

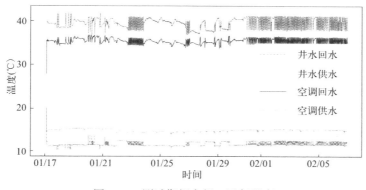

图 8-89　测试期间主机 2 运行温度

在频繁启停现象，原因在于主机调节方式为阶梯式调节，而供水温度设定值始终不变。主机通过调节滑阀开度阶梯式改变主机输出能力，在某些外部负荷需求下无法满足外部负荷需求。即部分卸载时，主机输出小于外部需求，而部分加载时，主机输出又大于外部需求，从而导致主机频繁启停。

联合热源系统外部环境约束和内部负荷特性的研究，以建筑负荷需求确定外部运行环境，作为热源系统运行温度的约束条件，结合热源系统部分负荷调节特性，以运行过程能耗为优化目标，构建以供水温度和负荷率为被控变量的最优化问题，并采用遗传算法进行求解，实现协同优化调适。将该方法应用于前述沈阳建筑大学机关办公楼热源系统中，结果如图 8-90 所示。

可以看到，相对于现有固定供水温度的运行方式，优化后由于考虑了室外温度的变化，供水温度有较明显的下降，有利于提升热源系统能效。另外，现有运行方式采取按次序的负荷分配方式，即依次投入主机，优先满负荷运行，而优化后各主机负荷平均分配。

从优化后的结果来看，如图 8-91 所示，优化后在各个时段均有一定的节能潜力，测试期间最大节能潜力为 31％，平均节能潜力为 19％。

对该系统进行全年不同时间的控制策略优化，结果如图 8-92 所示。供暖期从 10 月份到第二年的 3 月份，通过应用协同调适方法，每个月都有一定的节能潜力，最大节能 22％。另外，节能潜力与室外温度的变化趋势相反，室外温度越低时，节能潜力越大。

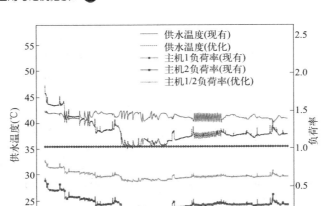

图 8-90　现有控制方式和优化控制方式的运行参数比较

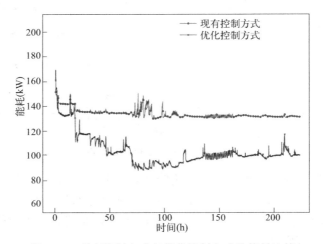

图 8-91　现有控制方式与优化控制方式的能耗比较

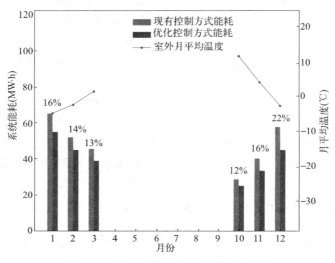

图 8-92　热源系统全年运行模拟与优化

3. 风量平衡调适案例分析

选取某小型办公室，测试室内、室外和送风处的温度、湿度和 CO_2 浓度，测试间隔为1min。为验证渗风和混风对室内参数变化的影响，测试期间不定期的人为启闭窗户，模拟无组织渗风。测试期间的温度、湿度、CO_2 的变化趋势如图8-93～图8-95所示，可以看到在人为启闭窗户期间，室内参数产生较大幅度的波动。

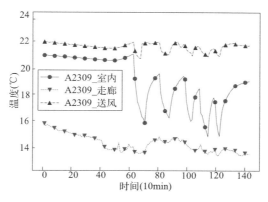

图 8-93 温度变化

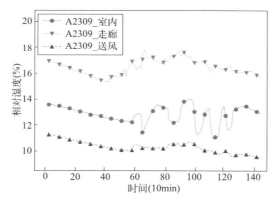

图 8-94 相对湿度变化

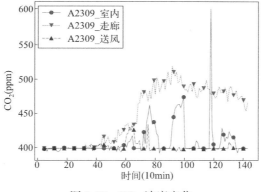

图 8-95 CO_2 浓度变化

　　根据上述模型，分别采用室内温度、湿度和 CO_2 作为选定室内参数，反向计算由于启闭窗户产生的渗风量。结果如图 8-96～图 8-98 所示，通过温湿度测试结果反向计算渗风量可以获得较好的结果，而 CO_2 的测试过程中由于测试设备存在较大误差，导致计算结果与实际情况不符。

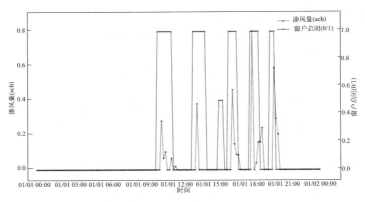

图 8-96　使用温度计算得到渗风量

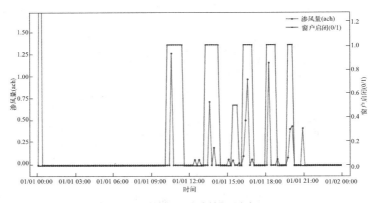

图 8-97　使用湿度计算得到渗风量

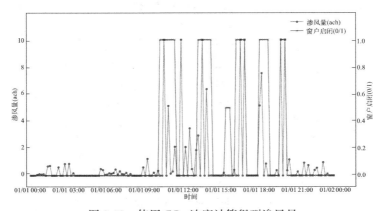

图 8-98　使用 CO_2 浓度计算得到渗风量

可见，本书提出的风量平衡调适方法，依据房间热平衡、湿平衡和 CO_2 平衡理论，能够通过对房间状态参数的实时监测，实现对房间无组织渗风的识别。该方法实际操作简单，测试方法成熟，在自控设施完善的空调系统中，可充分利用现有自控系统采集数据，通过对室内环境外扰的动态识别，可预估房间的无组织渗风量，并给出渗风房间位置。

9

新型采光与高效照明技术

新型采光与高效照明技术研究基于两类典型公共机构，即办公建筑和教育建筑的光环境质量、照明模式等特征，建造可变空间实验舱，在可变空间实验舱中对办公、教室两类建筑开展基于行为模式与功能需求的照明影响实验，获取两类典型建筑中影响照明环境质量的特定照明参数与各建筑不同照明模式效能函数间明确的映射关系。基于照明静态实验结果，推导两类建筑中照明参数与评价指标值间的映射规律，并针对办公建筑工作模式、教育建筑上课模式、自习模式开展动态实验研究，从而获知基于行为模式与功能需求的照明影响规律，建立典型公共机构光环境评价和能耗计算的数学模型。基于智能照明系统设计评价新方法，研究自适应照明控制技术并研发新型采光装置。

9.1 典型公共机构光环境质量和照明能耗基础研究

9.1.1 视觉实验

1. 可变空间实验舱

可变空间实验舱位于天津大学内建筑学院（图 9-1），该舱实验总面积为 576m²，深灰色水泥地面，下设辐射式制冷空调，热源为地源热泵，热泵置于空间周围地面的地下，

图 9-1　天津大学建筑学院可变空间实验舱

采用单一温控方式能够实现较小范围内的温度调节，空间外部具有外遮阳构件，能够控制天然光的摄入量。

实验空间内部（图 9-2）顶板由 16 块 6m×6m 的方形模块组成，由升降系统控制，可实现 3～9m 范围内的高度调节，每个方形模块上装有 12 盏大功率 LED 灯具，灯具直径 30cm，灯具布置采用横向四盏，间距 1.5m，纵向三盏，间距 2m 的方式布置。空间的四周边缘每间隔 6m 安装有一个独立的大功率空调，可以在地板辐射制冷热的基础上进一步增加温度的调节范围。

图 9-2　天津大学建筑学院可变空间实验空间内部

2. 照明光源

1）重点照明光源（表 9-1 和表 9-2）

重点照明光源构成

表 9-1

型号	DKL-CL016D30W01	DKL-DL018D30W01	DK16-C36F1
名称	30W 双色温调光天花射灯	30W 双色温调光轨道射灯	12W 双色温调光橱柜灯
图片			
尺寸	φ158×H100mm 开孔 145mm	L210×W120×H275mm	L500×W39×H9mm

续表

光源	三板双色温光源	三板双色温光源	2835 贴片双色温
功率	(24～36)W×2	(24～36)W×2	12W×2
色温	2700～6500K	2700～6500K	2700～6500K
显色指数	≥80	≥80	≥80

光源控制系统   表 9-2

系统	无线控制平台	群组控制系统	光源色温调节系统
图片			

2）环境照明光源

智能照明控制系统在每块顶板上均匀布置了 12 盏 LED 灯，场景中共计 24 盏 LED 灯，每个灯内部有两个光源，每个光源是由多种颜色的芯片组合发光后与荧光粉作用发出可见光，A 光源的相关色温值为 2670K，B 光源的相关色温值为 6700K，A、B 两光源的输出范围均为 10%～100%，分度值为 1%，光源输出与功率输出呈线性关系，通过改变两种光源的比例可实现相关色温的调节；通过改变两种光源的输出功率，可实现在一定范围内与一定精度下光通量的连续调节。典型色温下光源光谱构成如图 9-3 所示。

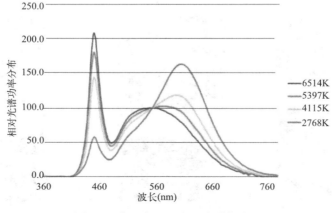

图 9-3 典型色温下光源光谱构成图

3. 实验场景与参数测量

在可变空间实验舱中搭建大、小实验空间，空间参数分别为：大空间长 24m、宽 12m、高 9m；小空间长 12m、宽 12m、高 3m，如图 9-4 所示。实验人员测试位置如图 9-5 所示。

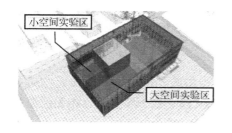

图 9-4　空间分割示意图

图 9-5　被试位置

实验选取中心布点法，选取 3m×3m 网格，测点布置如图 9-6 和图 9-7 所示。测试点高度选取 0.75m 工作面和地面，测量设备选用分光辐射亮度计 CL-500A，测得每个测点的照度、光源的相关色温值以及光源的平均显色指数（Ra），每个测量点的照度值测量两次后取平均作为该工况的照度参数值。

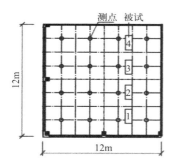

图 9-6　小空间测点布置

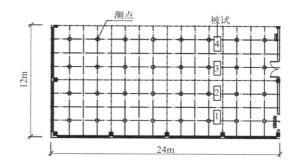

图 9-7　大空间测点布置

实验空间内墙面反射比 0.70，被试人所在位置统一眩光值为 12，0.75m 水平面照度均匀度值为 0.88，显色指数值为 88，均满足《建筑照明设计标准》GB 50034—2013 的标准要求。

9.1.2　办公建筑照明系统基础研究

1. 办公空间智能照明系统设计评价新方法

1）照明能耗

照明能耗等于光通量与光效的比值，照度是单位面积上接受可见光的光通量，光效取 85lm/W。办公建筑节能系数见表 9-3。

办公建筑节能系数划分表　　　表 9-3

照度值	能耗		评价系数
	小空间	大空间	
50～250lx	85～424W	170～847W	+3

照度值	能耗		评价系数
	小空间	大空间	
250～450lx	424～727W	847～1525W	+2
450～650lx	727～1102W	1525～2203W	+1

2）视觉舒适度模型

通过 SPSS 软件进行独立样本 t 检验和数据正态性检验，得到小空间和大空间对视觉舒适度没有影响的结论，通过支持向量机数据挖掘算法建立基于照度值、相关色温值的视觉舒适度模型。

图 9-8 中由上到下共分为四个颜色区，淡黄、黄色、红色、深红，分别代表舒适区、较舒适区、较不舒适区、不舒适区，定义其评价系数分别为 0、+1、+2、+3，该模式照度限值区间：照度 [0，600] lx，色温 [3300，5500] K。

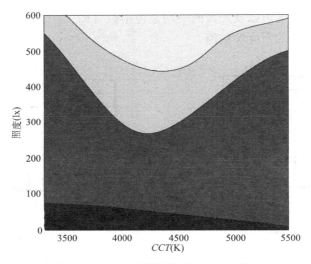

图 9-8　办公建筑视觉舒适度 SVM 模型

3）视觉敏锐度模型

视觉敏锐度数学模型是通过非线性拟合得到的。以"视锐度变化量"为被解释变量，以"平均照度"解释变量，分别对小空间和大空间的实验数据进行分析（图 9-9），拟合得到公式：

$$（小空间）Y=-0.045LnX+0.339 \tag{9-1}$$

其中 Y 表示小空间视锐度变化量，X 表示小空间照度值。

$$（大空间）Y=-0.047LnX+0.347 \tag{9-2}$$

其中 Y 表示大空间视锐度变化量，X 表示大空间照度值。

4）光环境质量综合评价方法

办公建筑大、小空间光环境综合评价数据见表 9-4 和表 9-5。

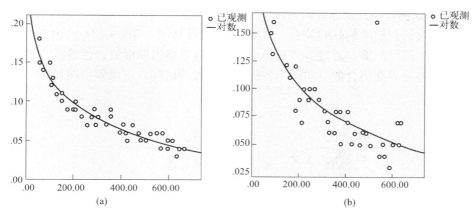

图 9-9 大小空间照度对视锐度影响拟合曲线

（a）小空间；（b）大空间

办公建筑小空间光环境综合评价数据表 表 9-4

照明能耗		视锐度	视觉舒适度(0,+1,+2,+3)			
			0	+1	+2	+3
85～424W	+3	+1	0	3	6(C)	—
424～727W	+2	+1.545	—	3.090	6.180(B)	—
727～1102W	+1	+2.123	2.123	4.246	6.369(A)	

办公建筑大空间光环境综合评价数据表 表 9-5

照明能耗		视锐度	视觉舒适度(0,+1,+2,+3)			
			0	+1	+2	+3
170～847W	+3	+1	0	3	6(C)	—
847～1525W	+2	+1.598	—	3.196	6.392(B)	—
1525～2203W	+1	+2.280	2.280	4.560	6.840(A)	

　　将办公建筑光环境质量综合评价方法编写成软件，通过选定建筑类型与照明模型确定软件的内置函数，在给定任意照明参数组合（照度值、相关色温值）的前提下，能够给出该参数组合在静态下的舒适度等级、照明能耗值和光环境质量的综合评级，软件运行过程图如图 9-10 所示。

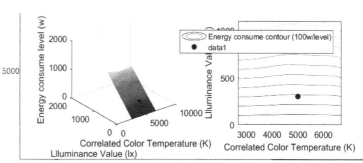

图 9-10 光环境质量综合评价软件

227

2. 办公建筑典型模式动态评价方法

结合学习时长与照度偏好的关系，《建筑照明设计标准》GB 50034—2013 中照明数量与质量的提级、降级标准，通过 MATLAB 数值工具建立出照度值、色温值、时长的三维舒适度模型，各分界面围合的空间即为各舒适等级的区间，三维效果图如图 9-11 所示。

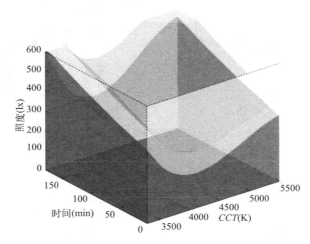

图 9-11　办公建筑动态设计评价模型三维可视图

图 9-12 分别为 $t=0$min、$t=60$mins、$t=120$mins、$t=180$mins 时的切片，能够反映在这四个典型时刻视觉舒适度与照度值、相关色温值的对应关系，能够充分揭示与照明参数、视觉时长三者间的耦合关系，该模式照度限值区间：照度 [0，600] lx，色温：[3300，5500] K。《建筑照明设计标准》GB 50034—2013 传统评价方法：办公室水平面照度下限值 300lx（普通）、500lx（高档），UGR 上限值 19、U_0 下限值 0.60、Ra 下限值 80。

3. 办公照明控制系统动态设计评价指南

表 9-6 为办公照明控制系统设计评价指南，该表给出了四种视觉时长下四种典型色温下最舒适、次舒适两种光环境质量要求下的最优照明参数值组合。例如在办公建筑中视觉作业 60mins 时，要保证最佳的视觉感受如何来确定对应的照明参数值组合，从指南中可以找到 60mins 的部分，有四种相关色温值可以选择，可根据使用者偏好任意选择一种色温值（如 5500K），然后在照度下限值中查找最舒适一栏对应的数值（473.94lx），则 5500K、473.94lx 就是该要求下最优的照明参数组合，也是满足该要求下最节能的照明参数组合，其他情况下同理，其他建筑类型中动态模式下的设计评价指南使用方法同此。

办公照明控制系统设计评价指南　　　　　　　　　　　　　　　表 9-6

时间	相关色温（K）	照度下限值（lx）	
		最舒适	次舒适
$T=0$min	3400	447.26	325.31
	4100	294.96	179.19
	4800	346.42	248.36
	5500	400.47	337.84

续表

时间	相关色温(K)	照度下限值(lx)	
		最舒适	次舒适
T＝60mins	3400	529.32	385.00
	4100	349.07	212.07
	4800	409.98	293.93
	5500	473.94	399.82
T＝120mins	3400	600.00	457.17
	4100	414.51	251.82
	4800	486.83	349.03
	5500	562.79	474.77
T＝180mins	3400	600.00	541.84
	4100	491.28	298.46
	4800	576.99	413.67
	5500	600.00	562.70

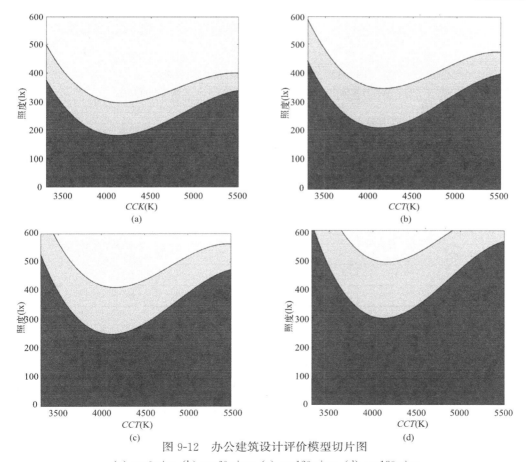

图 9-12 办公建筑设计评价模型切片图

(a) $t＝0$min；(b) $t＝60$mins；(c) $t＝120$mins；(d) $t＝180$mins

9.1.3 教育建筑照明系统基础研究

1. 教室智能照明系统设计评价新方法

1）光环境质量系数（表9-7）

表 9-7

光环境质量系数

$qc=es×cd-level$	光环境质量	$qc=es×cd-level$	光环境质量
$11≤lqc<12$	A	$5≤lqc<8$	C
$8≤lqc<11$	B	$0≤lqc<5$	D

2）光环境质量系数计算软件（图9-13）

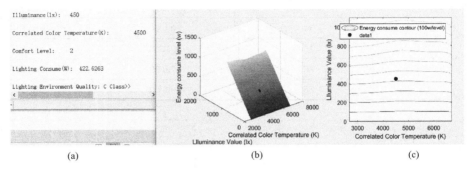

图 9-13　光环境质量系数计算应用效果

（a）软件计算输出；（b）三维模型可视化；（c）二维模型可视化

3）光环境质量分类方法（表9-8）

表 9-8

光环境质量分类方法

照明能耗		视觉舒适度（0，+1，+2，+3）			
		0	+1	+2	+3
$0≤e(W)<400$	+4	0	4	8(C)	12(A)
$400≤e(W)<600$	+3	0	3	6	9(B)
$600≤e(W)<800$	+2	0	2	4	6
$800≤e(W)<1000$	+1	0	1	2	3
$1000≤e(W)$	0	0	0	0	0

2. 教室典型模式动态评价方法

结合学习时长与照度偏好的关系，《建筑照明设计标准》GB 50034—2013中照明数量与质量的提级、降级标准，通过 MATLAB 数值工具建立出照度值、色温值、时长的三维舒适度模型，各分界面围合的空间即为各舒适度等级的区间，三维效果图如图9-14所示。

图9-15分别为 $t=0min$、$t=60mins$、$t=120mins$、$t=180mins$ 时的切片，能够反映在这四个典型时刻视觉舒适度与照度值、相关色温值的对应关系，能够充分揭示与照明参数、视觉时长三者间的耦合关系，该模式照度限值区间：照度［0，600］lx，色温：［3000，6000］K。《建筑照明设计标准》GB 50034—2013 传统评价方法：教室课桌面照

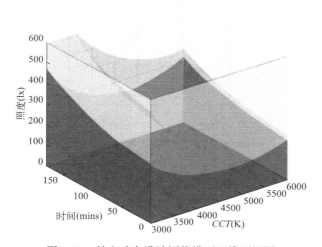

图 9-14　教室动态设计评价模型三维可视图

度下限值 300lx（美术教室桌面照度下限值 500lx）、UGR 上限值 19、U_0 下限值 0.60、Ra 下限值 80（美术教室 Ra 下限值 90）。

3. 教室照明控制系统动态设计评价指南

教室照明控制系统设计评价指南　　　　　　　　　　　　　表 9-9

时间	相关色温（K）	照度下限值（lx）	
		最舒适	次舒适
$T=0$min	3400	412.77	216.41
	4100	294.40	160.78
	4800	236.27	145.75
	5500	210.91	162.18
$T=60$mins	3400	454.10	238.08
	4100	323.88	176.88
	4800	259.93	160.35
	5500	232.03	178.42
$T=120$mins	3400	536.81	281.45
	4100	382.87	209.10
	4800	307.28	189.55
	5500	274.29	210.92
$T=180$mins	3400	688.43	360.94
	4100	491.02	268.16
	4800	394.07	243.09
	5500	351.77	270.50

表 9-9 为教室照明控制系统设计评价指南，该表给出了四种视觉时长下四种典型色温下最舒适、次舒适两种光环境质量要求下的最优照明参数值组合。例如在教室中视觉作业

231

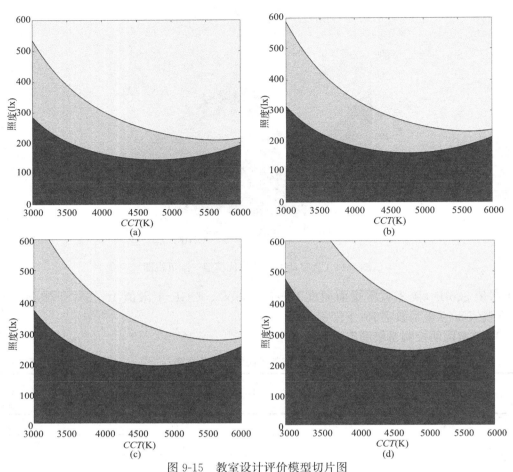

图 9-15　教室设计评价模型切片图

（a）$t=0$min；（b）$t=60$mins；（c）$t=120$mins；（d）$t=180$mins

60mins 时，要保证最佳的视觉感受如何来确定对应的照明参数值组合，从指南中可以找到 60mins 的部分，有四种相关色温值可以选择，可根据使用者偏好任意选择一种色温值（如 5500K），然后在照度下限值中查找最舒适一栏对应的数值（232.03lx），则 5500K、232.03lx 就是该要求下最优的照明参数组合，也是满足该要求下最节能的照明参数组合。

9.2　自适应照明控制技术

典型公共机构光环境设计评价新方法使得获得典型公共机构不同照明模式下最优光环境质量的照明参数组合变得非常便捷，但是这样的一组最优的照明参数组合实际上是建筑在不同照明模式下的控制目标，要使实际的建筑空间在不同照明模式下达到设计评价新方法给出的最优照明参数组合值，需要进一步构建典型公共机构智能照明系统的基础数学模型，具体需要构建各典型公共机构不同照明模式下照明控制系统的控制模型。本节将介绍办公建筑和教育建筑构建的不同照明模式下的自适应照明控制技术。

9.2.1 办公室智能照明系统控制算法

实现照明系统自适应控制，通过输出合理的控制参数实现相应的控制目标，需将检测变量、控制变量、输出变量、实际值、目标值等重要指标参数化，将实际建筑空间中天然光动态变化等对于光环境质量影响的规律数学化，转化为计算机语言统一构成典型公共机构智能照明系统控制算法，研发自适应照明控制技术。

根据办公室空间特点，为实现照明系统智能控制，需合理选择采集、设定参数以使目标控制参数输出相应条件下的需求数值，达到理想的控制效果。

自适应照明控制算法中的设定参数包括：计算周期、计算周期计时器、执行器输出时照度差值的阈值、室外天空照度、室外自然光相关色温、建筑 0.75m 水平面的采光系数平均值、标准中理想桌面照度值、标准中照明光源理想相关色温值。

采集输入参数包括：自然光射入建筑空间的照度值、射入建筑空间自然光的相关色温值、工作桌面照度输出理论值、工作光源相关色温输出理论值、休息桌面照度输出理论值、休息光源相关色温输出理论值。

控制系统输出参数包括：照明控制系统输出照度值（0.75m 桌面）、照明控制系统输出光源相关色温值（0.75m 桌面）。

具体控制输出参数如下：

$$E_{\text{output-desk}}=\begin{cases} E_{\text{in-light(work)}}=500-\Psi\times E_{\text{outside}}, \text{工作时段} \\ E_{\text{in-light(relax)}}=300-\Psi\times E_{\text{outside}}, \text{休息时段} \end{cases}$$

$$C_{\text{output-desk}}=\begin{cases} C_{\text{in-light(relax)}}=\dfrac{500\times4500-\Psi\times E_{\text{outside}}\times C_{\text{outside}}}{500-\Psi\times E_{\text{outside}}}, \text{工作时段} \\ C_{\text{in-light(class)}}=\dfrac{300\times3500-\Psi\times E_{\text{outside}}\times C_{\text{outside}}}{300-\Psi\times E_{\text{outside}}}, \text{休息时段} \end{cases}$$

控制系统输出参数基于设定参数和采集输入参数动态调节，并基于设定的执行器输出中断条件，即当下一时刻的自然光射入建筑空间的照度值与上一时刻值的差值小于（大于）执行器输出时照度差值的阈值，照明控制系统输出控制参数为上一时刻（下一时刻）的执行器输出值。

9.2.2 教室智能照明系统控制算法

根据教室的空间特点，为实现照明系统智能控制，分别针对教室的黑板上课模式、自习模式以及投影上课模式，合理选择采集、设定参数以使目标控制参数输出相应条件下的需求数值，达到理想的控制效果。

在黑板上课模式下，自适应照明控制算法中的设定参数包括：计算周期、计算周期计时器、执行器输出时照度差值的阈值、室外天空照度、室外自然光相关色温、建筑 0.75m 水平面的采光系数平均值、标准中理想桌面照度值、标准中照明光源理想相关色温值。

采集输入参数包括：自然光射入建筑空间的照度值、射入建筑空间自然光的相关色温值、课间桌面照度输出理论值、课间光源相关色温输出理论值、基于时间变化的疲劳照度值（0.75m 桌面）、上课桌面照度输出理论值、上课光源相关色温输出理论值。

控制系统输出参数包括：照明控制系统输出照度值（0.75m 桌面）、照明控制系统输出光源相关色温值（0.75m 桌面）、照明控制系统输出照度值（黑板面）、照明控制系统输出光源相关色温值（黑板面）。

具体控制输出参数如下：

$$E_{\text{output-desk}} = \begin{cases} E_{\text{in-light(relax)}} = 300 - \Psi \times E_{\text{outside}} \text{,课间时段} \\ E_{\text{in-light(class)}} = E_{\text{in-light(fatigue)}} - \Psi \times E_{\text{outside}} \text{,上课时段} \end{cases}$$

$$C_{\text{output-desk}} = \begin{cases} C_{\text{in-light(relax)}} = \dfrac{300 \times 5500 - \Psi \times E_{\text{outside}} \times C_{\text{outside}}}{300 - \Psi \times E_{\text{outside}}} \text{,课间时段} \\ C_{\text{in-light(class)}} = \dfrac{E_{\text{in-light(fatigue)}} \times 5500 - \Psi \times E_{\text{outside}} \times C_{\text{outside}}}{E_{\text{in-light(fatigue)}} - \Psi \times E_{\text{outside}}} \text{,上课时段} \end{cases}$$

$$E_{\text{output-blackboard}} = \frac{E_{\text{output-desk}}}{0.644} \text{（大教室）}$$

$$E_{\text{output-blackboard}} = \frac{E_{\text{output-desk}}}{0.8} \text{（小教室）}$$

$$C_{\text{output-blackboard}} = C_{\text{output-desk}}$$

控制系统输出参数基于设定参数和采集输入参数动态调节，并基于设定的执行器输出中断条件，即当下一时刻的自然光射入建筑空间的照度值与上一时刻值的差值小于（大于）执行器输出时照度差值的阈值，照明控制系统输出控制参数为上一时刻（下一时刻）的执行器输出值。

在自习模式和投影上课模式下的控制算法基本一致，主要是取消了课间状态。

9.2.3　新型传感器研发

作为智能照明系统的核心部件，该研究对新型传感器（图 9-16）进行了研发，其主要特点如下：

（1）同时采集照度、人员在室情况和灯具电参数信息，测试间隔可在 10s～10min 范围内调节。

（2）采用 2.4G 或蓝牙等多种传输数据协议，与采集工作站连接组网，通过 IOT 物联网技术将数据上传至数据平台。

（3）利用数据平台，对传感器的历史数据进行分析，并利用自适应控制算法优化控制策略，实现照明节能的目标。

利用该成果，在 CABR 节能示范楼建立了智能照明监测平台，采用无线传输及物联网技术，对办公室的光环境、照明能耗与人员在室情况进行持续监测检测，并根据实时监测数据对控制策略进行优化。

通过对人员离开时间的聚类分析，提出了针对办公室人员移动特征的优化延时策略。以 CABR 示范楼为例，延时设定时间可设为 3～5min，与固定 15min 的延时策略相比，能耗降低 10%～16%左右。

在照明标准值的基础上，利用光传感器的历史监测数据，分析人员的使用习惯，对阈值进行自适应调节，手动开灯。该控制策略提高了天然光利用率，与固定照度阈值的控制

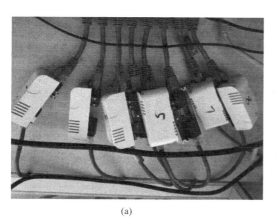

(a)

(b)

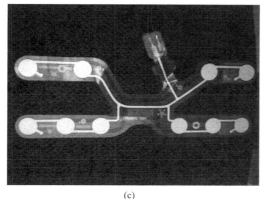

(c)

(d)

图 9-16 智能照明监测平台所用传感器及数据采集仪

策略相比，照明能耗降低 20％以上。

9.3 新型采光装置

基于我国光气候数据和不同类型公共机构的光环境需求，通过优化设计，研发适用于公共机构建筑中庭和地下空间等区域的新型高效导光管系统。利用动态模拟方法和模型实验，模拟在全年不同气象条件下的导光管性能，并与人工照明系统协同控制，改善天然采光的不稳定性。针对公共机构大进深空间的采光不足问题，利用非成像光学设计方法和超疏水自清洁新材料，研发新型自清洁智能可调节导光系统，经第三方检测，系统透光效率达到 66％，较《导光管采光系统技术规程》JGJ/T 374—2015 中 60％的标准要求提高了 10％。

9.3.1 增加反光片来提高导光管的采光效率

基于对采光罩内无反光片时的导光管采光效率实验分析，对比分析增加不同大小的反光片、不同形式反光片以及不同管径导光管对于采光效率的影响。

1. 增加不同大小的反光片

基于针对 4 个典型日期——春分、秋分、夏至、冬至的实验，讨论分析直射光下反光片大小对导光管系统天然采光性能的影响。

实验结果表明，当采光罩内增加反光片后，直射光下春分日及冬至日各时刻的平均照度均得到了提高，说明增加反光片后该系统对低角度入射光线的收集能力有了明显提升，可以使更多的天然光通过导光管进入室内，提高了室内地面的平均照度，改善了室内的光环境。而在夏至日，增加反光片不利于对夏至日高角度入射光线的收集，减少了进入室内的光通量，使该系统的采光效果变差。

从全年来看，反光片的使用使得室内地面的日平均照度随季节的波动变小，有利于改善室内光环境；而且，若以 4 个典型日期的平均值照度值作为年平均照度值，则直射光下室内地面的年平均照度可提高 13.43%，从这两方面来讲，反光片的使用有利于提高地面平均照度，改善室内采光质量。

实验结果表明，在各个典型日期均采用最佳采光方案时，相对于原始方案导光管系统的采光性能都得到了一定程度的改善。然而，在导光管系统的实际工程应用中，每个季度都根据最佳采光方案去更换反光片是不现实的，因为这样做将会投入大量的人力物力，增加后期的维护及使用成本。因此，综合考虑该系统的全年运行，选择春分日的最优方案，即选择反光片 $\alpha=30°$、$\beta=150°$，作为该系统全年使用的采光方案。

2. 反光片在不同管径导光管系统中的应用

分别建立直径为 530mm 和 750mm 的导光管系统模型，各部分的材质属性不变。对带有不同大小反光片的导光管系统及无反光片的系统共计 21 种方案分别进行采光模拟，从春分、秋分、夏至日及冬至日 4 个典型日期分别分析直射光下反光片对该系统采光性能的影响，最后从全年运行的角度选择最佳大小的反光片；通过反光片在北京地区直径350mm、530mm 及 750mm 导光管系统中的应用，对比分析导光管管径对反光片最佳尺寸的影响。

实验结果表明：

（1）在不同管径的导光管系统中，反光片的最佳尺寸均为 $\alpha=30°$、$\beta=150°$。

（2）反光片在冬至日使用的效果最好，春分、秋分次之，而在夏至日反光片的使用会使室内平均照度有小幅度的下降。

（3）随着管径的增加，在各个典型日期室内的平均照度提高百分比和年平均照度提高百分比都随之减小，但降低幅度很小，表明在大管径的导光管中应用反光片的效果没有在小管径的导光管中好，原因在于大管径的导光管本身采光效率就高于小管径，故而使用反光片虽然可以进一步提高效率，但其作用反而没有小管径的导光管那么明显。

3. 其他形式反光片对采光的影响

除反光片大小以及导光管管径外，研究其他几种形式的反光片布置形式对该系统采光的影响，分别为球面反光片、在采光罩一侧布置形如百叶的锥面反光片、在采光罩内两侧都布置反光片、将球面反光片改为锥面，实验在直径 350mm 导光管系统模型中进行，如图 9-17 所示。

与原始方案相比，从全年地面平均照度的角度分析，方案二的采光效果最差，方案四即增加锥面反光片后全年采光效果最佳，地面平均照度提高 13.75%。为了更深入地研究锥面反光片对采光的影响，研究将半球型采光罩更改为圆台（柱）型，并分别在内部布置锥（柱）面放光片，如图 9-18 所示。

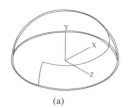 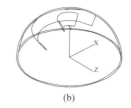 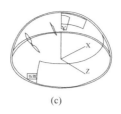 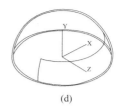

(a)　　　　　　　　(b)　　　　　　　　(c)　　　　　　　　(d)

图 9-17　反光片的不同布置形式

（a）方案一；（b）方案二；（c）方案三；（d）方案四

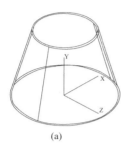 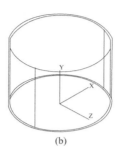

(a)　　　　　　　　　　　(b)

图 9-18　锥面反光片对采光的影响

（a）圆台型；（b）圆柱型

实验结果表明，与原始方案相比，锥面反光片的使用使春分、秋分及冬至日的采光效果明显提高，并且地面平均照度随着 H/D 的增大而逐渐增大，而夏至日的采光效果比原始方案较差，并且地面平均照度随着 H/D 的增大而逐渐减小。与锥面反光片相比，柱面反光片的使用使得各个典型日期的采光效果都得到了改善，并且当 H/D 值相同时，在春分、秋分及夏至日圆柱采光罩的采光效果要优于圆台，而在冬至日则相反。

与原始方案相比，无论是锥面反光片还是柱面反光片，其全年平均照度值都要高于原始方案，并且随着 H/D 的增大而逐渐增大；当 H/D 值相同时，柱面反光片的采光效果更好。当 $H/D=0.75$ 时，相较于原始方案，锥面反光片及柱面反光片可分别使全年平均照度提高 33.24% 和 47.25%。

9.3.2　采用新型采光罩提高导光管采光效率

针对采光罩对于导光管采光效率的影响，选用最为合理的采光罩以提升采光效率，对采光罩厚度对天然采光的影响以及不同天气条件下光通量变化、高度方向照度变化、水平方向照度分布对采光效率的影响展开了研究。

该阶段研究对比了球型和晶钻型采光罩，采光罩的材质为 PC，直径为 350mm，厚度分别为 3mm、4mm、5mm 及 6mm。实验结果表明，随着采光罩厚度的增加，内部所测照度值逐渐减小，表明采光罩厚度对其透光率有明显的影响，因此采光罩在满足抗冲击性能的条件下，较薄的采光罩更加有利于采光。

在不同天气条件下光通量变化的实验结果表明，在晴天时，晶钻型采光罩在各个时刻引入的光通量都要比球型采光罩引入的多，并且在上午及下午提升较为明显，而阴天时则相反，晶钻型采光罩引入的光通量要低于球型。

在不同天气条件下高度方向照度变化的实验结果表明，在晴天时，带有反光片的导光管系统在漫射器下方不同距离处的照度值均要高于无反光片的系统，而在阴天时则正好相反，表明反光片的应用在晴天时有利于改善采光。

在不同天气条件下水平方向照度变化的实验结果表明，晴天时，各时刻的照度均匀度与平均照度呈负相关，平均照度高时均匀度较差，平均照度低时均匀度反而更好；在多云天气下，平均照度曲线和均匀度曲线变化不规律，在某些时刻存在突变点，主要是云层厚度及位置多变引起的；在阴天条件下，因为阴天时引入室内的主要为天空漫射光，方向性较差，漫射器上不会出现亮斑，所以室内的照度分布都比较均匀。

9.3.3　超疏水表面采光罩自清洁机理及实验研究

该研究采用模板气相沉积法制备透明超疏水表面，研究煅烧温度、纳米炭黑质量、正硅酸四乙酯（TEOS）体积、气相沉积时间和氨水体积比等因素对薄膜接触角和透光率的影响。

以表面黏附粉尘质量为指标，以普通表面为参照研究超疏水表面的防附尘性。根据超疏水载玻片和普通载玻片在不同静置时间和倾斜角度的情况下表面所黏附粉尘的质量变化，可以发现两种表面的粉尘质量均是随静置时间的增长而增大，但无论哪种角度，超疏水表面的粉尘质量均小于普通载玻片表面的粉尘质量，所以超疏水表面防附尘效果显著，更能保持采光罩表面的清洁，提高采光效率。

在防结露性能方面，超疏水表面所有液滴的等效直径为 $50\mu m$，液滴覆盖率为 45%，而未处理表面所有液滴的等效直径为 $120\mu m$，液滴覆盖率为 72%，所以超疏水表面可实现对冷凝液滴的自清洁。

第 3 篇

公共机构建筑绿色节能改造及运行技术指南

10

公共机构建筑绿色改造技术现状及需求

为了摸清公共机构既有建筑现状、与绿色建筑的差距和改造需求，以及现有公共机构建筑绿色技术应用情况，在 2014 年 1 月—2015 年 9 月期间，以"十二五"期间全国所建设 2000 家节约型公共机构示范单位为调研样本，通过实地调研和对上报材料的筛选，对其中 600 家节约型公共机构示范单位创建方案开展调研，并对东北三省、山东、河南、北京、四川、云南、贵州等省市 87 家公共机构开展实地调研，完成五个气候区典型城市的国家机关、学校、医院建筑绿色改造现状分析，提出公共机构绿色改造现状及存在的问题。

10.1 严寒和寒冷地区现状

严寒寒冷地区共调研公共机构 246 家，其中国家机关 140 家、学校 72 家、医院 34 家。各类型公共机构分布比例如图 10-1 所示。

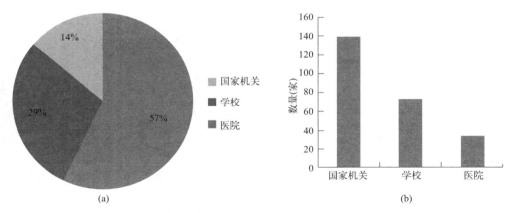

图 10-1　严寒及寒冷地区各类型公共建筑分布图

10.1.1 国家机关

严寒及寒冷地区国家机关改造中主要进行节能及节水改造，节地、室内外环境改善方面涉及较少，节材主要从废旧物品收集处置、节约办公耗材、无纸化办公、减少一次性用品使用方面考虑。140 家国家机关中仅 1 家单位采取节地技术，节能及节水技术采用率达

100%。以绿色改造技术应用总量为分母，计算节地、节能、节水、节材及室内外环境改善技术分布比例如图 10-2 所示。

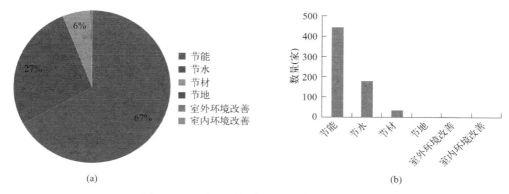

图 10-2 国家机关绿色改造技术比例分布图

1. 节地技术

只有 1 个单位在改造工程中采取了立体停车库和地下停车场技术，节约了地面空间，有效利用地下空间。

2. 节能技术

政府机关改造中节能技术主要包括围护结构节能技术、暖通空调系统节能、配电及照明改造、计量与监控、可再生能源利用以及其他节能技术如办公设备节能、食堂炉灶和排烟系统节能、电开水器节能、车辆节油、节能采购等。

1）围护结构节能技术

严寒和寒冷地区政府机关办公建筑围护结构节能改造技术以外墙保温、屋面保温、外窗更换节能窗为主，部分单位还采取了增设门斗、玻璃贴膜、外门窗增设密封条等节能技术措施。各类型技术采用具体分布见表 10-1。

围护结构节能技术　　　　　　　　　　　　　　　　　　表 10-1

序号	技术类型	数量（个）
1	外墙外保温	27
2	屋面保温	15
3	外窗更换	15
4	外窗密封	1
5	玻璃贴膜	2
6	门斗	2
7	遮阳	2
8	玻璃幕墙节能	4

2）暖通空调系统节能

严寒和寒冷地区政府机关办公建筑供暖空调系统节能改造技术以水泵和风机变频改造、冷热源节能改造（燃煤改燃气、冷水机组变频、锅炉供暖气候补偿、分时分区控制等）、供暖管线改造、分体空调及散热器更换、运行节能等为主，还有采取冷热量余热回收、供冷供热计量、室内温度控制管理、供暖空调系统清洗等措施的。各类型技术采用具体分布见表10-2。

暖通空调系统节能技术　　　　　　　　表 10-2

序号	技术类型	数量（个）
1	冷热源改造	13
2	冷却塔改造	2
3	泵和风机变频改造	18
4	供暖管线更换及保温	13
5	供暖空调末端温度控制	9
6	供冷供热计量	10
7	更换空调、散热器设备	12
8	余热回收	5
9	空调清洗更换过滤网	6
10	运行节能	16

　　3）配电及照明改造

公共机构普遍进行了照明节能改造，更换节能灯具，进行公共区域照明控制系统改造，或者采取隔盏开启的节能运行措施。部分单位还安装了照明节电器。部分单位进行了变压器更换和配电系统节能改造、电梯更换或采取节能运行措施。各类型技术采用具体分布见表10-3。

配电与照明节能技术　　　　　　　　表 10-3

序号	技术类型	数量（个）
1	节能灯具更换	82
2	照明智能控制	76
3	灯具开启模式	4
4	照明节电器	7
5	变压器更新	4
6	配电系统节能	8
7	电梯节能	8

　　4）计量与监控

有47个单位进行了能源分项计量与节能监管平台建设。

　　5）可再生能源利用

太阳能热水系统、太阳能路灯采用的相对较多，太阳能光伏发电、地源热泵技术也有采用。各类型技术采用具体分布见表10-4。

可再生能源利用技术　　　　　　　　　　　　表 10-4

序号	技术类型	数量（个）
1	太阳能光伏发电	8
2	太阳能热水	10
3	地源热泵	8
4	太阳能路灯	9

6）其他节能技术

包括办公设备节能、食堂炉灶和排烟系统节能、电开水器节能、车辆节油、节能采购等。

3. 节水技术

大部分单位进行了节水器具的更换，并采取节水的绿化灌溉方式，部分单位采取了雨水收集利用措施，部分单位进行了中水回用。所采用的节水技术分布情况见表 10-5。

节水技术　　　　　　　　　　　　表 10-5

序号	技术类型	数量（个）
1	节水器具更换	79
2	绿化灌溉	50
3	节水运行管理	15
4	非传统水源利用	33

4. 节材技术

目前机关节材主要从废旧物品收集处置、节约办公耗材、无纸化办公、减少一次性用品使用方面考虑。改造过程中的节约建材，需要与维修改造工程同步考虑。

5. 室外环境改善技术

主要是通过采取室外绿化来降低环境负荷。

6. 室内环境改善技术

没有采取室内环境改善技术。

10.1.2　学校

调研站点中严寒及寒冷地区学校改造中主要进行节能及节水改造，节地、室内外环境改善方面涉及较少，室外环境改善主要通过校园绿化来减少环境负荷，节材主要从废旧物品收集处置、节约办公耗材、无纸化办公、减少一次性用品使用方面考虑。72 家学校中节能及节水技术应用率高达 100%，未采用节地技术及室内外环境改善技术。以严寒及寒冷地区学校绿色改造技术应用总数为分母，计算严寒及寒冷地区学校绿色改造技术分布图，如图 10-3 所示。

1. 节地技术

没有学校采取节地技术。

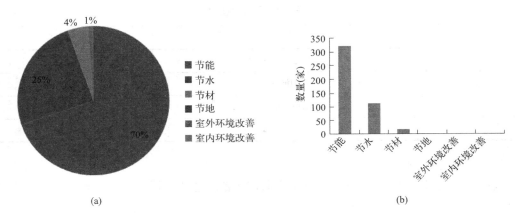

图 10-3 学校绿色改造技术分布图

2. 节能技术

学校改造中节能技术主要包括围护结构节能技术、暖通空调系统节能、配电及照明改造、计量与监控、可再生能源利用以及其他节能技术如办公设备节能、食堂炉灶和排烟系统节能、电开水器节能、车辆节油、节能采购等。

1）围护结构节能技术

严寒和寒冷地区学校建筑围护结构节能改造技术以外墙保温、屋面保温、外窗更换节能窗为主，部分单位还采取遮阳技术。各类型技术采用具体分布见表 10-6。

围护结构节能技术   表 10-6

序号	技术类型	数量(个)
1	外墙保温	20
2	屋面保温	12
3	外窗更换	18
4	遮阳	4

2）暖通空调系统节能

严寒和寒冷地区学校建筑供暖空调系统节能改造技术以冷热源节能改造（燃煤改燃气、冷水机组变频、锅炉供暖气候补偿、分时分区控制等）、节能运行管理、浴室节能改造为主，还有采取分时分区控制、供暖管线更换和保温、空调和散热设备更换、供热计量等措施。部分学校进行了分体空调控制改造，有 1 所学校进行了热力站托管。各类型技术采用具体分布见表 10-7。

暖通空调系统节能技术   表 10-7

序号	技术类型	数量(个)
1	热力站托管	1
2	冷热源改造	11
3	分时分区控制	6
4	分体空调控制改造	2

续表

序号	技术类型	数量（个）
5	泵和风机变频改造	5
6	供暖管线更换及保温	6
7	浴室节能改造	8
8	供冷供热计量	6
9	更换空调、散热器设备	6
10	运行节能	11

3）配电及照明改造

公共机构普遍进行了照明节能改造，更换节能灯具，进行公共区域照明控制系统改造。部分单位还安装了照明节电器。

对学生宿舍、办公用电采用智能用电系统，分时控制。

部分单位进行了变压器更换和配电系统节能改造、电梯更换或采取节能运行措施。

调研站点中各类型技术采用具体分布见表10-8。

配电与照明节能技术　　　　　　　　　　　　　　　表10-8

序号	技术类型	数量（个）
1	节能灯具更换	57
2	照明智能控制	50
3	照明节电器	3
4	变压器更新	2
5	配电系统节能	1
6	电梯节能	5
7	智能用电系统	4

4）计量与监控

有37个单位进行了能源分项计量与节能监管平台建设。

5）可再生能源利用

学校中太阳能与热泵结合热水技术应用较多、太阳能路灯采用的相对较多，太阳能光伏发电、地源热泵技术也有采用。各类型技术采用具体分布见表10-9。

可再生能源利用技术　　　　　　　　　　　　　　　表10-9

序号	技术类型	数量（个）
1	太阳能光伏发电	5
2	太阳能热水	11
3	微风发电	1
4	地源热泵	5
5	太阳能路灯	8

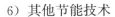

6）其他节能技术

包括办公设备节能、食堂炉灶和排烟系统节能、电开水器节能、车辆节油、节能采购等。

3. 节水技术

大部分单位进行了节水器具的更换，并采取节水的绿化灌溉方式。大部分单位采取了雨水收集利用措施，部分单位进行了中水回用。各类型技术采用具体分布见表 10-10。

节水技术 表 10-10

序号	技术类型	数量（个）
1	节水器具更换	46
2	绿化灌溉	30
3	节水运行管理	3
4	非传统水源利用	35

4. 节材技术

目前学校节材主要从废旧物品收集处置、节约办公耗材、无纸化办公、减少一次性用品使用方面考虑的比较多。改造过程中的节约建材，需要与维修改造工程同步考虑。

5. 室外环境改善技术

共 5 所学校采取校园绿化来降低环境负荷。

6. 室内环境改善技术

没有采取室内环境改善技术。

10.1.3 医院

调研站点中严寒及寒冷地区医院改造中主要进行节能及节水改造，节地、室内外环境改善方面涉及较少，节材主要从废旧物品收集处置、节约办公耗材、无纸化办公、减少一次性用品使用方面考虑。34 家医院中节能及节水技术应用率高达 100％，未采用节地技术及室内外环境改善技术。以严寒及寒冷地区医院绿色改造技术应用总数为分母，计算严寒及寒冷地区医院绿色改造技术比例分布如图 10-4 所示。

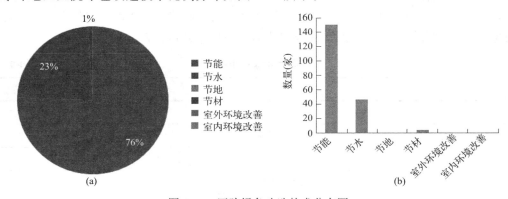

图 10-4 医院绿色改造技术分布图

1. 节地技术

没有医院采取节地技术。

2. 节能技术

医院改造中节能技术主要包括围护结构节能技术、暖通空调系统节能、配电及照明改造、计量与监控、可再生能源利用以及其他节能技术如办公设备节能、食堂炉灶和排烟系统节能、电开水器节能、车辆节油、节能采购等。

1）围护结构节能技术

严寒和寒冷地区医院建筑围护结构节能改造技术以外墙保温、屋面保温、外窗更换节能窗为主。各类型技术采用具体分布见表10-11。

围护结构节能技术　　　　　　　　　　　　　　　表 10-11

序号	技术类型	数量（个）
1	外墙保温	6
2	屋面保温	3
3	外窗更换	6

2）暖通空调系统节能

严寒和寒冷地区医院建筑供暖空调系统节能改造技术以冷热源节能改造（燃煤改燃气、冷水机组变频、锅炉供暖气候补偿、分时分区控制等）、节能运行管理、浴室节能改造为主，还有采取分时分区控制、供暖管线更换和保温、空调和散热设备更换、供热计量等措施。有1个医院进行了能源站合同能源管理改造。各类型技术采用具体分布见表10-12。

暖通空调系统节能技术　　　　　　　　　　　　　　表 10-12

序号	技术类型	数量（个）
1	能源站合同能源管理	1
2	冷热源节能改造	9
3	泵和风机变频改造	5
4	供暖管线更换及保温	5
5	供冷供热计量	4
6	更换空调、散热器设备	6
7	新风热回收	1
8	空调清洗	3
9	水力平衡	6

3）配电及照明改造

公共机构普遍进行了照明节能改造，更换节能灯具，进行公共区域照明控制系统改造。部分单位进行了变压器更换和配电系统节能改造、电梯更换或采取节能运行措施。1个单位采用了地下车库光导管照明技术。各类型技术采用具体分布见表10-13。

配电与照明节能技术　　　　　　　　表 10-13

序号	技术类型	数量(个)
1	节能灯具更换	30
2	照明智能控制	25
3	配电系统节能	6
4	电梯节能	9
5	地下车库光导管照明	1

4）计量与监控

有 13 个单位进行了能源分项计量与节能监管平台建设。

5）可再生能源利用

医院中应用太阳能热水洗浴技术较多，地源热泵技术也有采用。各类型技术采用具体分布见表 10-14。

可再生能源利用技术　　　　　　　　表 10-14

序号	技术类型	数量(个)
1	太阳能热水	8
2	地源热泵	2

6）其他节能技术

包括办公设备节能、食堂炉灶和排烟系统节能、电开水器节能、车辆节油、节能采购等。

3. 节水技术

大部分单位进行了节水器具的更换，并采取节水的绿化灌溉方式。大部分单位采取中水回用技术，利用反冲洗废水。各类型技术采用具体分布见表 10-15。

节水技术　　　　　　　　表 10-15

序号	技术类型	数量(个)
1	节水器具更换	17
2	绿化灌溉	12
3	节水运行管理	5
4	非传统水源利用	12

4. 节材技术

目前医院节材主要从废旧物品收集处置、节约办公耗材、无纸化办公、减少一次性用品使用方面考虑。改造过程中的节约建材，需要与维修改造工程同步考虑。

5. 室外环境改善技术

没有采取室外环境改善技术。

6. 室内环境改善技术

没有采取室内环境改善技术。

10.1.4 小结

1. 在国家机关，幕墙节能、玻璃贴膜、遮阳技术、增设门斗、供暖空调室温控制、照明开启模式、照明节电器、电梯节能等技术具有特点。国家机关（140 家）采用节能技术共计 443 项，其中，23 家采用围护结构改造技术 68 项：玻璃幕墙应用技术占 6%，玻璃贴膜、门斗及遮阳技术各占 3%，外窗密封技术占 1%，这几种技术在学校及医院调研中无涉及；57 家采用暖通空调系统改造技术，共计 104 项：供暖空调末端温控技术占 9%，该技术在学校及医院调研中未涉及；81 家采用配电与照明绿色技术，共计 189 项：照明开启模式 2%、照明节电器 4%、电梯节能 4%，这种技术具有特点。

2. 在学校，浴室节能、分时分区供暖、热力站托管、智能用电系统、非传统水源利用具有特点。学校（72 家）采用节能技术共计 305 项，其中，45 家采用暖通空调系统改造技术，共计 62 项：浴室节能改造占 13%，分时分区控制占 10%，热力站托管占 2%，上述几种技术在国家机关及医院调研中均未涉及，具有技术特点；62 家采用配电与照明绿色技术，共计 122 项：智能用电系统占 3%，在国家机关及医院中均未涉及。

3. 在医院，能源站合同能源管理、空调清洗、新风热回收、电梯节能、地下车库光导管照明、太阳能热水洗浴、反冲洗废水回用等技术具有特点。医院（34 家）采用节能技术共计 197 项，其中，28 家采用暖通空调系统节能技术，共计 40 项：能源站合同能源管理形式占 3%，新风热回收技术占 3%，空调清洗技术占 8%，而国家机关改造中空调清洗技术占 6%，学校改造中并未采用空调清洗技术，上述几种技术在医院改造中具有特点；34 家采用配电与照明系统改造技术，共计 189 项：地下车库光导管照明技术占 1%，电梯节能占 13%，而国家机关改造中电梯节能技术占 4%，学校改造中电梯节能技术占 4%，上述两种技术在医院改造中具有特点。

4. 在可再生能源应用方面，太阳能路灯、太阳能热水和地源热泵技术应用较多，太阳能光伏发电技术应用较少。国家机关（140 家）中采用可再生能源利用技术（20 家）共计 35 项，其中，太阳能热水技术占 29%，太阳能路灯技术占 26%，地源热泵技术占 23%，太阳能光伏发电技术占 23%；学校（72 家）中采用可再生能源利用技术（37 家）共计 47 项，其中，太阳能热水技术占 43%，太阳能光伏发电技术占 26%，太阳能路灯技术占 19%，地源热泵技术占 11%，微风发电技术占 2%；医院（34 家）中采用可再生能源利用技术（11 家）共计 11 项，其中，太阳能热水技术占 73%，地源热泵技术占 18%，太阳能路灯技术占 9%。

10.2 夏热冬冷地区现状

夏热冬冷地区调研公共机构共 194 家，其中国家机关 92 家、学校 60 家、医院 42 家。各类型公共机构分布比例如图 10-5 所示。

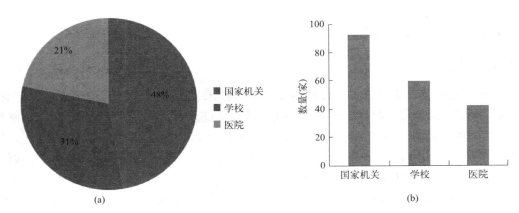

图 10-5　夏热冬冷地区各类型公共建筑分布图

10.2.1　国家机关

调研站点中夏热冬冷地区国家机关改造中主要进行节能及节水改造，节地、室内外环境改善方面涉及较少，节材主要从废旧物品收集处置、节约办公耗材、无纸化办公、减少一次性用品使用方面考虑。92 家国家机关中节能及节水技术应用率高达 100％，未采用节地技术及室内外环境改善技术。以夏热冬冷地区国家机关绿色改造技术应用总数为分母，计算夏热冬冷地区国家机关绿色改造技术分布图如图 10-6 所示。

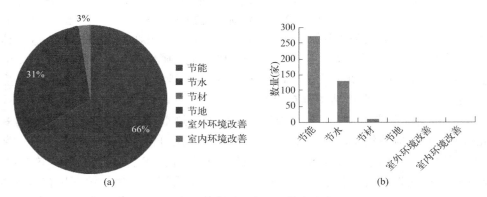

图 10-6　国家机关绿色改造技术分布图

1. 节地技术

没有政府机关采取节地技术。

2. 节能技术

政府机关改造中节能技术主要包括围护结构节能技术、暖通空调系统节能、配电及照明改造、计量与监控、可再生能源利用以及其他节能技术如办公设备节能、食堂炉灶和排烟系统节能、电开水器节能、车辆节油、节能采购等。

1）围护结构节能技术

调查的项目中，夏热冬冷地区政府机关办公建筑围护结构节能改造比例较低。其中内外遮阳、玻璃贴膜等遮阳措施应用较多，外墙、屋面保温及外窗更换技术、屋面绿化也有采用。各类型技术采用具体分布见表10-16。

围护结构节能技术

表 10-16

序号	技术类型	数量（个）
1	外墙保温隔热	7
2	屋面保温	4
3	屋面绿化	2
4	外窗更换	3
5	玻璃贴膜	3
6	外遮阳	2
7	内遮阳帘	3

2）暖通空调系统节能

夏热冬冷地区政府机关办公建筑多数没有供暖系统，空调系统节能改造以冷源机组改造为主，包括制冷机组更换制冷剂、变频改造、集中控制系统改造、更换冷机、改为VRV空调系统、分体空调更换等，以及风机和水泵变频改造；还有采用分体空调智能控制、新风热回收以及空调清洗等技术的。各类型技术采用具体分布见表10-17。

暖通空调系统节能技术

表 10-17

序号	技术类型	数量（个）
1	中央空调冷机改造	4
2	冷源改为 VRV	6
3	变频调速改造	10
4	更换分体空调设备	15
5	分体空调智能控制	3
6	新风回收	1
7	空调清洗更换过滤网	6

3）配电及照明改造

公共机构普遍进行了照明节能改造，更换节能灯具，进行公共区域照明控制系统改造。电梯节能改造技术应用较多。

部分单位进行了变压器更换和配电系统节能改造。

调研站点中各类型技术采用具体分布见表10-18。

配电与照明节能技术

表 10-18

序号	技术类型	数量（个）
1	节能灯具更换	65
2	照明智能控制	52
3	变压器节能	1
4	配电系统节能	8
5	电梯节能	17

4）计量与监控

有 45 个单位进行了能源分项计量与节能监管平台建设。

5）可再生能源利用

太阳能光伏发电技术应用比例较高，太阳能热水系统、太阳能路灯技术也有应用，没有应用地源热泵技术。各类型技术采用具体分布见表 10-19。

可再生能源利用技术　　　　　　　　　　　　　　　　表 10-19

序号	技术类型	数量（个）
1	太阳能光伏发电	13
2	太阳能热水	2
3	太阳能路灯	1

6）其他节能技术

包括办公设备节能、食堂炉灶和排烟系统节能、电开水器节能、车辆节油、节能采购等。

3. 节水技术

大部分单位进行了节水器具的更换，并采取节水的绿化灌溉方式，非传统水源利用技术应用较多。各类型技术采用具体分布见表 10-20。

节水技术　　　　　　　　　　　　　　　　　　　　　表 10-20

序号	技术类型	数量（个）
1	节水器具更换	42
2	绿化灌溉	21
3	节水运行管理	30
4	非传统水源利用	35

4. 节材技术

目前机关节材主要从废旧物品收集处置、节约办公耗材、无纸化办公、减少一次性用品使用方面考虑。改造过程中的节约建材，需要与维修改造工程同步考虑。

5. 室外环境改善技术

主要是通过采取室外绿化来降低环境负荷，有 1 家单位采取屋顶绿化、垂直绿化技术。

6. 室内环境改善技术

没有采取室内环境改善技术。

10.2.2　学校

调研站点中夏热冬冷地区学校改造中主要进行节能及节水改造，节地、室内外环境改善方面涉及较少，节材主要从废旧物品收集处置、节约办公耗材、无纸化办公、减少一次性用品使用方面考虑。60 家学校中节能及节水技术应用率高达 100%，未采用节地技术及室内外环境改善技术。以夏热冬冷地区学校绿色改造技术应用总数为分母，计算夏热冬冷地区学校绿色改造技术分布图如图 10-7 所示。

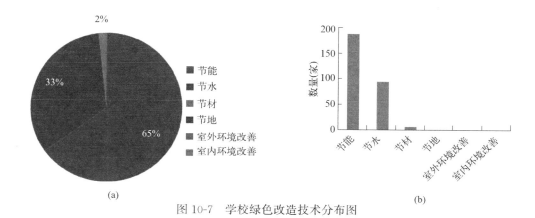

图 10-7 学校绿色改造技术分布图

1. 节地技术

没有学校采取节地技术。

2. 节能技术

学校改造中节能技术主要包括围护结构节能技术、暖通空调系统节能、配电及照明改造、计量与监控、可再生能源利用以及其他节能技术如办公设备节能、食堂炉灶和排烟系统节能、电开水器节能、车辆节油、节能采购等。

1）围护结构节能技术

调查的项目中，夏热冬冷地区学校建筑围护结构节能改造比例较低。其中遮阳、玻璃贴膜等遮阳措施应用较多，屋面、外墙保温及外窗更换技术、屋面绿化也有采用。各类型技术采用具体分布见表 10-21。

围护结构节能技术 表 10-21

序号	技术类型	数量(个)
1	外墙保温	3
2	屋面保温隔热	3
3	屋面绿化	1
4	外窗更换	2
5	外窗贴膜	1
6	外遮阳	2

2）暖通空调系统节能

夏热冬冷地区学校建筑多数没有供暖系统，浴室空气源热泵、太阳能热水系统改造应用较多，还有采用分体空调更换及集中控制改造技术的。各类型技术采用具体分布见表 10-22。

暖通空调系统节能技术 表 10-22

序号	技术类型	数量(个)
1	分体空调更换	6
2	空调智能控制	4
3	浴室节能改造空气源热泵、太阳能供热	20
4	空调清洗更换过滤网	3

3）配电及照明改造

公共机构普遍进行了照明节能改造，更换节能灯具，进行公共区域照明控制系统改造。LED太阳能路灯节能技术应用较多。对学生宿舍、办公用电采用智能用电系统，分时控制。部分单位进行了变压器更换和配电系统节能改造。各类型技术采用具体分布见表10-23。

配电与照明节能技术　　　　　　　　　　　　　　　　表10-23

序号	技术类型	数量（个）
1	节能灯具更换	40
2	照明智能控制	26
3	变压器节能	1
4	配电系统节能	2
5	LED太阳能路灯	10
6	智能用电系统	3

4）计量与监控

有41个单位进行了能源分项计量与节能监管平台建设。

5）可再生能源利用

学校中浴室空气源热泵热水系统、太阳能热水系统，以及太阳能与热泵结合热水技术应用较多，太阳能路灯，太阳能光伏发电、沼气技术也有采用。各类型技术采用具体分布见表10-24。

可再生能源利用技术　　　　　　　　　　　　　　　　表10-24

序号	技术类型	数量（个）
1	太阳能光伏发电	1
2	太阳能热水	5
3	空气源热泵热水系统	9
4	沼气池	1
5	太阳能路灯	2

6）其他节能技术

包括办公设备节能、食堂炉灶和排烟系统节能、电开水器节能、车辆节油、节能采购等。

3. 节水技术

大部分单位进行了节水器具的更换，并采取节水的绿化灌溉方式，大部分单位采取了雨水收集利用措施，部分单位进行了中水回用。各类型技术采用具体分布见表10-25。

节水技术　　　　　　　　　　　　　　　　表10-25

序号	技术类型	数量（个）
1	节水器具更换	31
2	绿化灌溉	15

序号	技术类型	数量(个)
3	节水运行管理	25
4	非传统水源利用	24

4. 节材技术

目前学校节材主要从废旧物品收集处置、节约办公耗材、无纸化办公、减少一次性用品使用方面考虑。改造过程中的节约建材，需要与维修改造工程同步考虑。

5. 室外环境改善技术

没有采取室外环境改善技术。

6. 室内环境改善技术

没有采取室内环境改善技术。

10.2.3 医院

调研站点中夏热冬冷地区医院改造中主要进行节能及节水改造，节地、室内外环境改善方面涉及较少，节材主要从废旧物品收集处置、节约办公耗材、无纸化办公、减少一次性用品使用方面考虑。42家学校中节能及节水技术应用率高达100%，未采用节地技术及室内外环境改善技术。以夏热冬冷地区医院绿色改造技术应用总数为分母，计算夏热冬冷地区医院绿色改造技术分布图如图10-8所示。

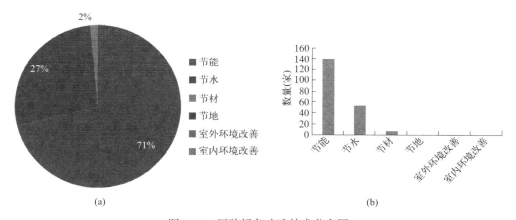

图 10-8 医院绿色改造技术分布图

1. 节地技术

没有医院采取节地技术。

2. 节能技术

医院改造中节能技术主要包括围护结构节能技术、暖通空调系统节能、配电及照明改造、计量与监控、可再生能源利用以及其他节能技术如办公设备节能、食堂炉灶和排烟系统节能、电开水器节能、车辆节油、节能采购等。

1）围护结构节能技术

调查的项目中，夏热冬冷地区医院建筑围护结构节能改造比例较低。其中玻璃贴膜、外遮阳等遮阳措施应用较多,屋面、外墙保温及外窗更换技术也有采用。各类型技术采用具体分布见表10-26。

围护结构节能技术 表 10-26

序号	技术类型	数量(个)
1	外墙保温	4
2	屋面保温隔热	1
3	外窗更换	4
4	外窗贴膜	2
5	外遮阳	1

2）暖通空调系统节能

夏热冬冷地区医院建筑多数没有供暖系统,但普遍应用生活热水和蒸汽系统。因此蒸汽系统节能改造,空气源热泵和太阳能热水系统改造应有较多,部分项目采用合同能源管理方式对中央空调系统进行节能改造,冷机制冷剂更换、智能控制、变频改造技术也有应用。各类型技术采用具体分布见表10-27。

暖通空调系统节能技术 表 10-27

序号	技术类型	数量(个)
1	合同能源管理	2
2	冷机改造	3
3	变频改造	2
4	空调智能控制	3
5	空气源热泵、太阳能供热水	7
6	燃煤(油)改燃气锅炉	2
7	蒸汽系统节能改造	6

3）配电及照明改造

公共机构普遍进行了照明节能改造,更换节能灯具,进行公共区域照明控制系统改造,部分应用照明节电器。电梯节能技术应用较多。部分单位进行了变压器更换和配电系统节能改造。各类型技术采用具体分布见表10-28。

配电与照明节能技术 表 10-28

序号	技术类型	数量(个)
1	节能灯具更换	32
2	照明智能控制	23
3	照明节电器	4
4	变压器节能	1
5	配电系统节能	2
6	电梯节能	6

4）计量与监控

有 26 个单位进行了能源分项计量与节能监管平台建设。

5）可再生能源利用

医院中浴室空气源热泵热水系统、太阳能热水系统以及太阳能与热泵结合热水技术应用较多，太阳能路灯，太阳能光伏发电也有采用。各类型技术采用具体分布见表 10-29。

可再生能源利用技术 表 10-29

序号	技术类型	数量（个）
1	太阳能光伏发电	1
2	太阳能热水	3
3	空气源热泵热水系统	4
4	风光互补路灯	1

6）其他节能技术

包括办公设备节能、食堂炉灶和排烟系统节能、电开水器节能、车辆节油、节能采购等。

3. 节水技术

大部分单位进行了节水器具的更换，并采取节水的绿化灌溉方式。部分单位采取雨水中水回用技术，利用反冲洗废水。各类型技术采用具体分布见表 10-30。

节水技术 表 10-30

序号	技术类型	数量（个）
1	节水器具更换	18
2	绿化灌溉	9
3	节水运行管理	13
4	非传统水源利用	14

4. 节材技术

目前医院节材主要从废旧物品收集处置、节约办公耗材、无纸化办公、减少一次性用品使用方面考虑。改造过程中的节约建材，需要与维修改造工程同步考虑。

5. 室外环境改善技术

没有采取室外环境改善技术。

6. 室内环境改善技术

没有采取室内环境改善技术。

10.2.4 小结

1. 在国家机关，采用绿色改造技术共计 441 项，节能技术占 66%，节水技术占 31%，节材技术占 2%。

（1）在节能方面，采用节能技术共计 273 项，其中 13 家采用围护结构改造技术 24 项，外墙保温隔热占 29%，屋面保温占 17%，外窗更换占 13%，玻璃贴膜占 13%，外遮阳技术占 8%；45 家采用暖通空调系统改造技术共计 45 项：空调智能控制技术占 7%；55

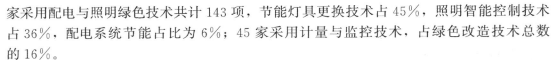

家采用配电与照明绿色技术共计 143 项，节能灯具更换技术占 45%，照明智能控制技术占 36%，配电系统节能占比为 6%；45 家采用计量与监控技术，占绿色改造技术总数的 16%。

（2）在节水方面，采用节水技术共计 128 项，其中 42 家采用节水器具更换技术，占 45%；50 家采用绿化灌溉技术，占 28%；33 家采用非传统水源利用技术，占 19%；15 家采用节水运行管理技术，占 8%。

（3）16 家采用可再生能源利用技术 16 项，其中采用太阳能光伏发电技术 13 家，占 81%，采用太阳能热水技术 2 家，占 13%，采用太阳能路灯技术 1 家，占 6%。

（4）分体空调集中控制、空调清洗、屋面与垂直绿化、太阳能光伏发电、电梯节能等技术具有特点。2 家采用屋面与垂直绿化技术，占 8%；空调清洗技术占 13%；采用电梯节能技术 17 项，占 12%；13 家采用太阳能光伏发电技术，占 81%。

2. 在学校，采用绿色改造技术共计 286 项，节能技术占 65%，节水技术占 33，节材技术占 2%。

（1）在节能方面，采用节能技术共计 186 项。6 家采用围护结构改造技术 12 项，外墙保温技术占 25%，屋顶保温隔热技术占 25%，外窗更换占 17%，外遮阳技术占 17%，外窗贴膜技术占 8%；33 家采用暖通空调系统改造技术共计 33 项，空调智能控制技术占 12%；53 家采用配电与照明绿色技术共计 82 项，节能灯具更换技术占 49%，照明智能控制技术占 32%，配电系统节能占比 2%；41 家采用计量与监控技术，占绿色改造技术总数的 22%。

（2）在节水方面，采用节水技术共计 95 项，其中 31 家采用节水器具更换技术，占 33%；25 家采用节水运行管理技术，占 26%；24 家采用非传统水源利用技术，占 25%；15 家采用绿化灌溉技术，占 16%。

（3）14 家采用可再生能源技术 18 项，其中采用太阳能光伏发电技术 1 家，占 6%，采用空气源热泵技术 9 家，占 50%，采用太阳能热水技术 5 家，占 28%。

（4）在学校，浴室采用空气源热泵和太阳能热水系统节能、LED 太阳能路灯、屋面绿化、分体空调集中控制、非传统水源利用具有特点。20 家采用浴室节能改造技术，占 61%；10 家采用太阳能路灯技术，占 12%；1 家采用屋面与垂直绿化技术，占 8%。

3. 在医院，采用绿色改造技术共计 197 项，节能技术占 71%，节水技术占 27%，节材技术占 2%。

（1）在节能方面，医院（42 家）采用节能技术共计 140 项。12 家采用围护结构改造技术 12 项，其中外墙保温技术占 33%，外窗更换技术占 33%，外窗贴膜技术占 17%，屋面保温隔热技术占 8%，外遮阳技术占 8%；25 家采用暖通空调系统改造技术 25 项；空调智能控制技术占 12%，医院暖通空调系统改造中冷机改造技术占 12%，变频改造技术占 8%；38 家采用配电与照明绿色技术 68 项；节能灯具更换技术占 47%，照明智能控制技术占 34%，配电系统节能占比 3%；26 家采用计量与监控技术，占绿色改造技术总数的 19%。

（2）在节水方面，采用节水技术共计 54 项，其中 18 家采用节水器具更换技术，占 33%；14 家采用非传统水源利用技术，占 26%。13 家采用节水运行管理技术，占 24%；9 家采用绿化灌溉技术占 17%。

（3）9 家采用可再生能源利用技术 9 项，1 家采用太阳能光伏发电技术，占 11％，4 家采用空气源热泵技术，占 44％，3 家采用太阳能热水技术，占 33％。

（4）在医院，合同能源管理、空调清洗、蒸汽系统节能改造、电梯节能、空气源热泵和太阳能热水系统、反冲洗废水回用等技术具有特点。

4. 学校和医院太阳能热水和空气源热泵热水系统应用较多。地源热泵技术应用较少。

10.3 夏热冬暖地区现状

夏热冬暖地区公共机构共 122 家，其中国家机关 76 家，学校 27 家，医院 19 家，各类型公共机构比例分布图如图 10-9 所示。

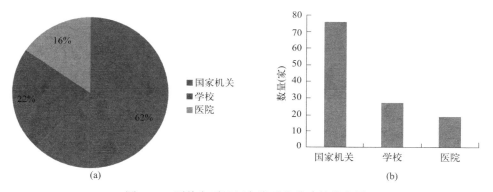

图 10-9 夏热冬暖地区各类型公共建筑分布图

10.3.1 国家机关

调研站点中夏热冬暖地区国家机关改造中主要进行节能及节水改造，节地、室内外环境改善方面涉及较少，节材主要从废旧物品收集处置、节约办公耗材、无纸化办公、减少一次性用品使用方面考虑。76 家国家机关中节能及节水技术应用率高达 100％，未采用节地技术及室内外环境改善技术，以夏热冬暖地区国家机关绿色改造技术应用总数为分母，计算夏热冬暖地区国家机关绿色改造技术分布图如图 10-10 所示。

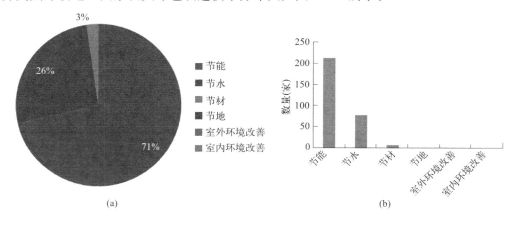

图 10-10 国家机关绿色改造技术分布图

1. 节地技术

没有政府机关采取节地技术。

2. 节能技术

国家机关改造中节能技术主要包括围护结构节能技术、暖通空调系统节能、配电及照明改造、计量与监控、可再生能源利用以及其他节能技术如办公设备节能、食堂炉灶和排烟系统节能、电开水器节能、车辆节油、节能采购等。

1）围护结构节能技术

调查的项目中，夏热冬暖地区建筑没有保温要求，普遍采用玻璃贴膜和遮阳措施，减少夏季太阳辐射进入室内，降低室内冷负荷。各类型技术采用具体分布见表10-31。

围护结构节能技术 表 10-31

序号	技术类型	数量（个）
1	玻璃贴膜	14
2	内遮阳	5
3	外遮阳	2

2）暖通空调系统节能

夏热冬冷地区政府机关办公建筑空调系统使用时间长，空调系统节能改造以冷源机组智能控制系统改造、水泵变频改造、分体空调更换为主，还有采用冷机改造、冷却塔改造、分体空调智能控制、新风热回收以及空调清洗等技术。部分单位采用空气源热泵、太阳能热水系统提供生活热水。各类型技术采用具体分布见表10-32。

暖通空调系统节能技术 表 10-32

序号	技术类型	数量（个）
1	冷机改造	3
2	冷水机组控制系统	13
3	水泵变频	16
4	冷却塔改造	2
5	新风热回收	1
6	冰（水）蓄冷	3
7	分体空调更换	6
8	分体空调集中控制	1
9	空气源热泵、太阳能热水	4
10	空调清洗	2

3）配电及照明改造

公共机构普遍进行了照明节能改造，更换节能灯具，进行公共区域照明控制系统改造。电梯节能改造、太阳能LED路灯照明技术应用较多。

部分单位进行了变压器更换和配电系统节能改造，部分单位采用合同能源管理方式进行节能改造。

调研得各类型技术采用具体分布见表10-33。

配电与照明节能技术 表 10-33

序号	技术类型	数量(个)
1	照明合同能源管理改造	5
2	节能灯具更换	55
3	照明智能控制	38
4	照明节电器	2
5	变压器节能	2
6	配电系统节能	1
7	电梯节能	4
8	LED 太阳能路灯	5

4）计量与监控

有 25 个单位进行了能源分项计量与节能监管平台建设。

5）可再生能源利用

2 个单位应用了太阳能光伏发电技术。各类型技术采用具体分布见表 10-34。

可再生能源利用技术 表 10-34

序号	技术类型	数量(个)
1	太阳能光伏发电	2
2	太阳能热水	1

6）其他节能技术

包括办公设备节能、食堂炉灶和排烟系统节能、电开水器节能、车辆节油、节能采购等。

3. 节水技术

大部分单位进行了节水器具的更换，并采取节水的绿化灌溉方式，非传统水源利用技术应用较多。各类型技术采用具体分布见表 10-35。

节水技术 表 10-35

序号	技术类型	数量(个)
1	节水器具更换	26
2	绿化灌溉	15
3	节水运行管理	15
4	非传统水源利用	22

4. 节材技术

目前机关节材主要从废旧物品收集处置、节约办公耗材、无纸化办公、减少一次性用品使用方面考虑的比较多。改造过程中的节约建材，需要与维修改造工程同步考虑。

5. 室外环境改善技术

没有采取室外环境改善技术。

6. 室内环境改善技术

没有采取室内环境改善技术。

10.3.2 学校

调研站点中夏热冬暖地区学校改造中主要进行节能及节水改造，节地、室内外环境改善方面涉及较少，节材主要从废旧物品收集处置、节约办公耗材、无纸化办公、减少一次性用品使用方面考虑。27家学校中节能及节水技术应用率高达100%，未采用节地技术及室内外环境改善技术。以夏热冬暖地区学校绿色改造技术应用总数为分母，计算夏热冬暖地区学校绿色改造技术分布图如图10-11所示。

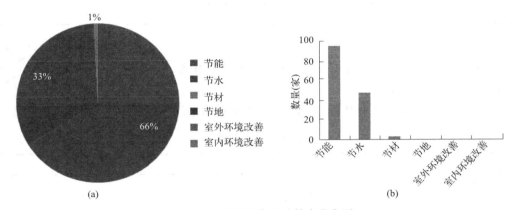

图 10-11　学校绿色改造技术分布图

1. 节地技术

没有学校采取节地技术。

2. 节能技术

学校改造中节能技术主要包括围护结构节能技术、暖通空调系统节能、配电及照明改造、计量与监控、可再生能源利用以及其他节能技术如办公设备节能、食堂炉灶和排烟系统节能、电开水器节能、车辆节油、节能采购等。

1）围护结构节能技术

调查的项目中，夏热冬暖地区建筑没有保温要求，部分采用玻璃贴膜和遮阳措施，减少夏季太阳辐射进入室内，降低室内冷负荷；还有采用种植屋面技术的。各类型技术采用具体分布见表10-36。

围护结构节能技术　　　　　　　　　　　　　　　　表 10-36

序号	技术类型	数量（个）
1	外墙浅色涂料	1
2	种植屋面	2
3	玻璃贴膜	2
4	外遮阳	2

2）暖通空调系统节能

夏热冬冷地区学校建筑分体空调使用较多，空调系统节能改造以分体空调更换、加装分体空调集中控制为主。中央空调系统智能控制改造、水泵变频改造技术也有应用。

很多学校采用空气源热泵、太阳能热水系统提供生活热水。

调研站点中各类型技术采用具体分布见表10-37。

暖通空调系统节能技术　　　　　　　　　　　　　　　　　　表10-37

序号	技术类型	数量（个）
1	冷水机组控制系统	1
2	水泵变频	3
3	分体空调更换	3
4	分体空调集中控制	4
5	生活热水系统节能	16

3）配电及照明改造

公共机构普遍进行了照明节能改造，更换节能灯具，进行公共区域照明控制系统改造。电梯节能改造、太阳能LED路灯照明技术应用较多。

部分单位进行了变压器更换和配电系统节能改造。

调研站点中各类型技术采用具体分布见表10-38。

配电与照明节能技术　　　　　　　　　　　　　　　　　　表10-38

序号	技术类型	数量（个）
1	节能灯具更换	19
2	照明智能控制	12
3	变压器节能	1
4	配电系统节能	1
5	电梯节能	2
6	太阳能LED路灯	4

4）计量与监控

有13个单位进行了能源分项计量与节能监管平台建设。

5）可再生能源利用

部分单位应用了太阳能光伏发电、太阳能路灯和太阳能热水技术。各类型技术采用具体分布见表10-39。

可再生能源利用技术　　　　　　　　　　　　　　　　　　表10-39

序号	技术类型	数量（个）
1	太阳能光伏发电	3
2	太阳能热水	1
3	太阳能路灯	4

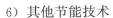

6）其他节能技术

包括办公设备节能、食堂炉灶和排烟系统节能、电开水器节能、车辆节油、节能采购等。

3. 节水技术

大部分单位进行了节水器具的更换，并采取节水的绿化灌溉方式，非传统水源利用技术应用较多。各类型技术采用具体分布见表 10-40。

节水技术 表 10-40

序号	技术类型	数量（个）
1	节水器具更换	13
2	绿化灌溉	10
3	节水运行管理	14
4	非传统水源利用	10

4. 节材技术

目前学校节材主要从废旧物品收集处置、节约办公耗材、无纸化办公、减少一次性用品使用方面考虑。改造过程中的节约建材，需要与维修改造工程同步考虑。

5. 室外环境改善技术

没有采取室外环境改善技术。

6. 室内环境改善技术

没有采取室内环境改善技术。

10.3.3 医院

调研站点中夏热冬暖地区医院改造中主要进行节能及节水改造，节地、室内外环境改善方面涉及较少，节材主要从废旧物品收集处置、节约办公耗材、无纸化办公、减少一次性用品使用方面考虑。19 家医院中节能及节水技术应用率高达 100%，未采用节地技术及室内外环境改善技术。以夏热冬暖地区医院绿色改造技术应用总数为分母，计算夏热冬暖地区医院绿色改造技术分布图如图 10-12 所示。

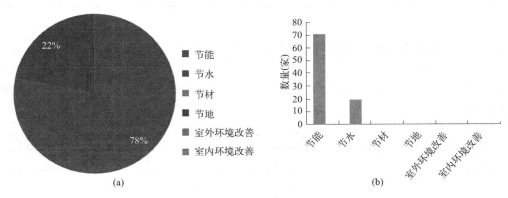

图 10-12 医院绿色改造技术分布图

1. 节地技术

没有医院采取节地技术。

2. 节能技术

医院改造中节能技术主要包括围护结构节能技术、暖通空调系统节能、配电及照明改造、计量与监控以及其他节能技术如办公设备节能、食堂炉灶和排烟系统节能、电开水器节能、车辆节油、节能采购等。

1）围护结构节能技术

调查的项目中，夏热冬暖地区医院建筑围护结构节能改造比例较低，主要应用玻璃贴膜、外遮阳等遮阳措施。各类型技术采用具体分布见表10-41。

围护结构节能技术		表 **10-41**
序号	技术类型	数量（个）
1	外窗玻璃贴膜	2
2	外遮阳	1

2）暖通空调系统节能

夏热冬暖地区医院建筑空调系统开启时间长，主要改造包括空调系统智能控制改造、风机水泵变频改造、冷却塔改造、分体空调更换等。部分单位安装风幕机、燃煤（油）改燃气锅炉、蒸汽系统节能改造等。空气源热泵和太阳能热水系统节能改造应用也较多。各类型技术采用具体分布见表10-42。

暖通空调系统节能技术		表 **10-42**
序号	技术类型	数量（个）
1	冷却塔改造	3
2	变频改造	7
3	空调智能控制改造	6
4	分体空调更换	2
5	空气源热泵、太阳能供热水	4
6	燃煤(油)改燃气锅炉	1
7	安装风幕机	1
8	蒸汽系统节能改造	1

3）配电及照明改造

公共机构普遍进行了照明节能改造，更换节能灯具，进行公共区域照明控制系统改造，部分应用照明节电器。部分单位应用电梯节能技术。各类型技术采用具体分布见表10-43。

配电与照明节能技术		表 **10-43**
序号	技术类型	数量（个）
1	节能灯具更换	15
2	照明智能控制	10

序号	技术类型	数量(个)
3	照明节电器	2
4	电梯节能	1
5	太阳能路灯	1

4）计量与监控

有 11 个单位进行了能源分项计量与节能监管平台建设。

5）可再生能源利用

没有采取可再生能源利用。

6）其他节能技术

包括办公设备节能、食堂炉灶和排烟系统节能、电开水器节能、车辆节油、节能采购等。

3. 节水技术

部分单位进行了节水器具的更换，并采取节水的绿化灌溉方式。部分单位采取雨水回用技术。各类型技术采用具体分布见表 10-44。

节水技术

表 10-44

序号	技术类型	数量(个)
1	节水器具更换	8
2	绿化灌溉	2
3	节水运行管理	6
4	非传统水源利用	3

4. 节材技术

目前医院节材主要从废旧物品收集处置、节约办公耗材、无纸化办公、减少一次性用品使用方面考虑。改造过程中的节约建材，需要与维修改造工程同步考虑。

5. 室外环境改善技术

没有采取室外环境改善技术。

6. 室内环境改善技术

没有采取室内环境改善技术。

10.3.4 小结

1. 在国家机关，采用绿色改造技术共计 297 项，节能技术占 71%，节水技术占 26%，节材技术占 2%。

（1）在节能方面，采用节能技术共计 140 项。16 家采用围护结构改造技术 21 项，其中采用外窗玻璃贴膜技术 14 家，占 67%，采用内遮阳形式 5 家，占 24%，采用外遮阳形式 2 家，占 10%；35 家采用暖通空调系统改造技术 51 项，其中泵及风机变频改造占 31%，冷水机组控制系统占 25%，分体空调更换占比 12%，空气源、水源热泵系统占 8%，分体空调智能控制系统占 2%；51 家采用配电与照明系统改造技术 112 项，其中节能灯具更换技术占 49%，照明智能控制技术占 34%，太阳能路灯技术占 4%，电梯节能技术占 4%；25 家采用计量与监控技术，占绿色改造技术总数的 12%。

（2）在节水方面，76 家采用节水技术共计 78 项，其中 26 家采用节水器具更换技术，占 33%；22 家采用非传统水源利用技术，占 28%；15 家采用绿化灌溉技术，占 19%；15 家采用节水运行管理技术，占 19%。

（3）采用可再生能源利用技术 3 家共计 3 项，其中，太阳能光伏发电技术 2 家，占 67%，太阳能热水技术 1 家，占 33%。

（4）合同能源管理、分体空调集中控制、空调清洗、冰（水）蓄冷空调、电梯节能、太阳能 LED 路灯照明、照明节电器等技术具有特点。35 家采用暖通空调系统改造技术 51 项，其中空调清洗技术占 4%，该技术在学校及医院调研中未涉及；3 家采用冰（水）蓄冷形式，该项技术在学校及医院中均未涉及；81 家采用配电与照明绿色技术 189 项，其中照明开启模式 2%、照明节电器 4%、电梯节能 4%。

2. 在学校，采用绿色改造技术共计 142 项，节能技术占 66%，节水技术占 33%，节材技术占 1%。

（1）在节能方面，采用节能技术共计 94 项。7 家采用围护结构改造技术 7 项，其中采用外窗玻璃贴膜技术 2 家，采用外遮阳技术 2 家，采用种植屋面 2 家，采用外墙涂抹浅色涂料形式 1 家；19 家采用暖通空调系统改造技术 27 项，其中生活热水系统节能技术占 59%，分体空调集中控制系统占 15%，分体空调更换占 11%，泵及风机变频改造占 11%，冷水机组控制系统占 4%；24 家采用配电与照明绿色技术 39 项，其中节能灯具更换技术占 49%，照明智能控制技术占 31%，太阳能路灯技术占比 10%，电梯节能技术占 5%；13 家采用计量与监控技术，占绿色改造技术总数的 14%。

（2）在节水方面，27 家采用节水技术共计 47 项，其中 14 家采用节水运行管理技术，占 30%；13 家采用节水器具更换技术，占，28%；10 家采用非传统水源利用技术，占 21%，10 家采用绿化灌溉技术，占 21%。

（3）8 家采用可再生能源利用技术 8 项，其中太阳能热水技术 1 家，占 13%，太阳能光伏发电技术 3 家，占 38%，太阳能路灯技术 4 家，占 50%。

（4）分体空调集中控制、屋面绿化、太阳能 LED 路灯、太阳能光伏发电等技术具有特点。19 家采用暖通空调系统改造技术 27 项：分体空调集中控制系统占 15%；2 家学校采用种植屋面形式进行屋面绿化；3 家采用太阳能光伏发电技术。

3. 在医院，采用绿色改造技术共计 87 项，节能技术占 78%，节水技术占 22%。

（1）在节能方面，采用节能技术共计 87 项。3 家采用围护结构改造技术 3 项，其中采用外窗玻璃贴膜技术 2 家，采用外遮阳技术 1 家；16 家采用暖通空调系统改造技术 25 项，其中泵、风机变频改造技术占 28%，空调系统智能控制系统占比 15%，空气源热泵、太阳能热水技术占 16%，分体空调更换技术占 8%；15 家采用配电与照明绿色技术 29 项，其中节能灯具更换技术占 52%，照明智能控制技术占 34%，电梯节能技术占 3%，太阳能路灯技术占 3%；11 家采用计量与监控技术，占绿色改造技术总数的 16%。

（2）在节水方面，19 家采用节水技术共计 19 项，其中 8 家采用节水器具更换技术，共计 17 项，占 42%；6 家采用节水运行管理技术，占 32%；3 家采用非传统水源利用技术，占 16%；2 家采用绿化灌溉技术，占 11%。

（3）蒸汽系统节能改造、电梯节能、照明节电器等技术具有特点。1家进行蒸气系统节能改造，而该项技术在学校及政府机关改造中均未涉及；2家采用照明节电器。

4. 在可再生能源应用方面，国家机关、学校太阳能光伏发电技术应用较多，各类公共机构空气源热泵热水系统应用较多。

10.4　温和地区现状

温和地区公共机构共38家，其中国家机关20家、学校10家、医院8家。各类型公共机构比例分布图如图10-13所示。

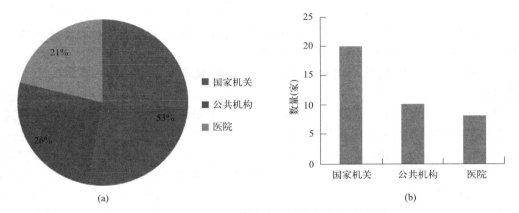

图 10-13　温和地区各类型公共机构分布图

10.4.1　国家机关

调研站点中温和地区国家机关改造中主要进行节能及节水改造，节地、室内外环境改善方面涉及较少，节材主要从废旧物品收集处置、节约办公耗材、无纸化办公、减少一次性用品使用方面考虑。20家国家机关中节能及节水技术应用率高达100%，未采用节地技术及室内外环境改善技术。以温和地区国家机关绿色改造技术应用总数为分母，计算温和地区国家机关绿色改造技术分布图如图10-14所示。

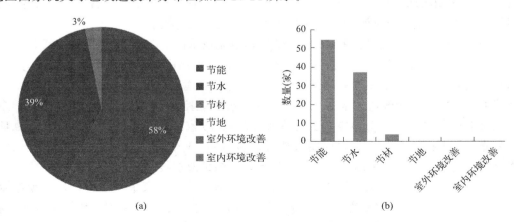

图 10-14　国家机关绿色改造技术分布图

1. 节能技术

国家机关改造中节能技术主要包括暖通空调系统节能、配电及照明改造、计量与监控、可再生能源利用以及其他节能技术如办公设备节能、食堂炉灶和排烟系统节能、电开水器节能、车辆节油、节能采购等。

1）围护结构节能技术

调查的项目，未采用围护结构节能技术。

2）暖通空调系统节能

温和地区气候宜人，冬季不需要供暖，夏季不需要空调，主要应用生活热水系统节能改造技术。各类型技术采用具体分布见表10-45。

暖通空调系统节能技术　　　　　　　　表 10-45

序号	技术类型	数量（个）
1	燃油锅炉改造	1
2	太阳能热水	1

3）配电及照明改造

公共机构普遍进行了照明节能改造，更换节能灯具，进行公共区域照明控制系统改造。电梯节能改造、太阳能 LED 路灯照明技术应用较多。各类型技术采用具体分布见表10-46。

配电与照明节能技术　　　　　　　　表 10-46

序号	技术类型	数量（个）
1	节能灯具更换	16
2	照明智能控制	10
3	电梯节能	4
4	太阳能 LED 路灯	5

4）计量与监控

有 11 个单位进行了能源分项计量与节能监管平台建设。

5）可再生能源利用

主要应用太阳能路灯和太阳能生活热水技术。各类型技术采用具体分布见表10-47。

可再生能源利用技术　　　　　　　　表 10-47

序号	技术类型	数量（个）
1	太阳能热水	1
2	太阳能 LED 路灯	5

6）其他节能技术

包括办公设备节能、食堂炉灶和排烟系统节能、电开水器节能、车辆节油、节能采购等。

2. 节水技术

大部分单位进行了节水器具的更换，并采取节水的绿化灌溉方式，非传统水源利用技术应用较多。各类型技术采用具体分布见表 10-48。

节水技术 　　　　　　　　　　　　　　　　　表 10-48

序号	技术类型	数量(个)
1	节水器具更换	12
2	绿化灌溉	8
3	节水运行管理	7
4	非传统水源利用	10

3. 节材技术

目前机关节材主要从废旧物品收集处置、节约办公耗材、无纸化办公、减少一次性用品使用方面考虑。改造过程中的节约建材，需要与维修改造工程同步考虑。

10.4.2　学校

调研站点中温和地区学校改造中主要进行节能及节水改造，节地、室内外环境改善方面涉及较少，节材主要从废旧物品收集处置、节约办公耗材、无纸化办公、减少一次性用品使用方面考虑。10 家学校中节能及节水技术应用率高达 100%，未采用节地技术及室内外环境改善技术。以温和地区学校绿色改造技术应用总数为分母，计算温和地区学校绿色改造技术分布图如图 10-15 所示。

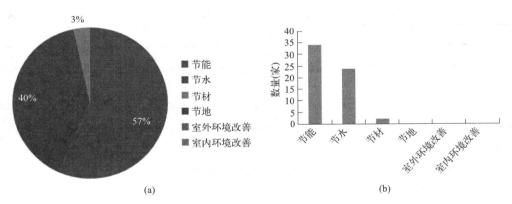

图 10-15　学校绿色改造技术分布图

1. 节能技术

学校改造中节能技术主要包括暖通空调系统节能、配电及照明改造、计量与监控、可再生能源利用以及其他节能技术如办公设备节能、食堂炉灶和排烟系统节能、电开水器节能、车辆节油、节能采购等。

1）围护结构节能技术

调查的项目未采用围护结构节能技术。

2）暖通空调系统节能

温和地区气候宜人，冬季不需要供暖，夏季不需要空调，主要应用生活热水系统节能改造技术。各类型技术采用具体分布见表 10-49。

暖通空调系统节能技术　　　　　　　　表 10-49

序号	技术类型	数量（个）
1	燃油锅炉改造	1
2	太阳能热水	5

3）配电及照明改造

公共机构普遍进行了照明节能改造，更换节能灯具，进行公共区域照明控制系统改造。太阳能 LED 路灯照明技术应用较多。各类型技术采用具体分布见表 10-50。

配电与照明节能技术　　　　　　　　表 10-50

序号	技术类型	数量（个）
1	节能灯具更换	6
2	照明智能控制	4
3	太阳能 LED 路灯	3

4）计量与监控

有 5 个单位进行了能源分项计量与节能监管平台建设。

5）可再生能源利用

主要应用太阳能路灯、太阳能生活热水、太阳能光伏发电技术。

各类型技术采用具体分布见表 10-51。

可再生能源利用技术　　　　　　　　表 10-51

序号	技术类型	数量（个）
1	太阳能光伏发电	2
2	太阳能热水	5
3	太阳能 LED 路灯	3

6）其他节能技术

包括办公设备节能、食堂炉灶和排烟系统节能、电开水器节能、车辆节油、节能采购等。

2. 节水技术

大部分单位进行了节水器具的更换，并采取节水的绿化灌溉方式，全部采用非传统水源利用技术。各类型技术采用具体分布见表 10-52。

节水技术　　　　　　　　表 10-52

序号	技术类型	数量（个）
1	节水器具更换	6
2	绿化灌溉	3
3	节水运行管理	5
4	非传统水源利用	10

3. 节材技术

目前学校节材主要从废旧物品收集处置、节约办公耗材、无纸化办公、减少一次性用品使用方面考虑。改造过程中的节约建材,需要与维修改造工程同步考虑。

10.4.3 医院

调研站点中温和地区医院改造主要进行节能及节水改造,节地、室内外环境改善方面涉及较少,节材主要从废旧物品收集处置、节约办公耗材、无纸化办公、减少一次性用品使用方面考虑。8家医院中节能及节水技术应用率高达100%,未采用节地技术及室内外环境改善技术。以温和地区医院绿色改造技术应用总数为分母,计算温和地区医院绿色改造技术分布图如图10-16所示。

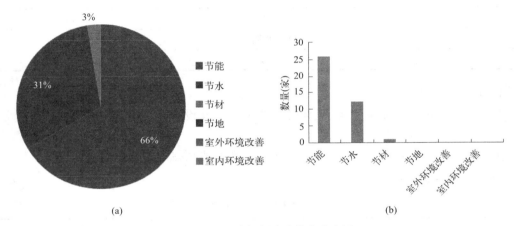

(a)   (b)

图 10-16　医院绿色改造技术分布图

1. 节能技术

医院改造中节能技术主要包括暖通空调系统节能、配电及照明改造、计量与监控、可再生能源利用以及其他节能技术如办公设备节能、食堂炉灶和排烟系统节能、电开水器节能、车辆节油、节能采购等。

1)围护结构节能技术

调查的项目未采用围护结构节能技术。

2)暖通空调系统节能

温和地区气候宜人,冬季不需要供暖,夏季不需要空调,主要应用生活热水系统节能改造技术以及蒸汽系统节能改造技术。各类型技术采用具体分布见表10-53。

暖通空调系统节能技术　　　　　　　　　　　　　　　　　表 10-53

序号	技术类型	数量(个)
1	热水系统节能	3
2	蒸汽系统改造	2

3)配电及照明改造

公共机构普遍进行了照明节能改造,更换节能灯具,进行公共区域照明控制系统改造。风光互补路灯照明技术、照明节电器、配电系统节能技术也有应用。各类型技术采用具体分布见表10-54。

配电与照明节能技术　　　　　　　　　　　　　表 10-54

序号	技术类型	数量（个）
1	节能灯具更换	7
2	照明智能控制	4
3	照明节电器	1
4	配电系统节能	1
5	太阳风力路灯	1

4）计量与监控

有3个单位进行了能源分项计量与节能监管平台建设。

5）可再生能源利用

主要应用太阳能路灯、太阳能生活热水、太阳能光伏发电技术。

各类型技术采用具体分布见表10-55。

可再生能源利用技术　　　　　　　　　　　　　表 10-55

序号	技术类型	数量（个）
1	太阳能光伏发电	1
2	太阳能热水	2
3	太阳能风力路灯	1

6）其他节能技术

包括办公设备节能、食堂炉灶和排烟系统节能、电开水器节能、车辆节油、节能采购等。

2. 节水技术

大部分单位进行了节水器具的更换，部分采用非传统水源利用技术。各类型技术采用具体分布见表10-56。

节水技术　　　　　　　　　　　　　　　　表 10-56

序号	技术类型	数量（个）
1	节水器具更换	5
2	节水运行管理	4
3	非传统水源利用	3

3. 节材技术

目前医院节材主要从废旧物品收集处置、节约办公耗材、无纸化办公、减少一次性用品使用方面考虑。改造过程中的节约建材，需要与维修改造工程同步考虑。

10.4.4　小结

1. 在国家机关，采用绿色改造技术共计94项，节能技术占57%，节水技术占39%，

273

节材技术占 3%。

（1）在节能方面，采用节能技术共计 54 项，其中未采用围护结构改造技术，暖通空调系统改造中燃油锅炉改造及太阳能热水系统改造技术各 1 项；17 家配电与照明绿色技术共计 35 项，其中节能灯具更换技术占 46%，照明智能控制技术占 29%，太阳能路灯技术 14%，电梯节能技术占 11%；11 家采用计量与监控技术，占绿色改造技术总数的 20%。

（2）在节水方面，20 家采用节水技术共计 37 项。其中 12 家采用节水器具更换技术，占 32%；10 家采用非传统水源利用技术，占 27%；8 家采用绿化灌溉技术，占 22%；7 家采用节水运行管理技术，占 19%。

（3）在可再生能源利用方面，政府机关太阳能路灯技术占 14%。

（4）电梯节能、太阳能 LED 路灯照明、绿化灌溉等技术具有特点。17 家采用配电与照明系统改造技术，共计 35 项，电梯节能技术占 11%，该技术在学校及医院调研中未涉及。政府机关配电与照明系统改造中，太阳能路灯技术占 14%，而学校配电与照明系统改造中，太阳能路灯技术占 23%，医院配电与照明系统改造中，太阳能路灯技术占 7%。20 家采用节水技术共计 37 项，其中，绿化灌溉技术占 22%；学校节水技术中，绿化灌溉技术占 13%，而医院中并未涉及绿化灌溉技术。

2. 在学校，采用绿色改造技术共计 60 项，节能技术占 57%，节水技术占 40%，节材技术占 3%。

（1）在节能方面，采用节能技术共计 34 项，其中，未采用围护结构改造技术，暖通空调系统改造中采用燃油锅炉改造及太阳能热水系统改造总共 6 项：燃油锅炉改造 1 项，太阳能热水系统改造 5 项；10 家采用配电与照明绿色技术，共计 13 项：节能灯具更换技术占 46%，照明智能控制技术占 31%，太阳能路灯技术 23%；5 家采用计量与监控技术，占绿色改造技术总数的 15%。

（2）在节水方面，10 家采用节水技术共计 24 项，其中 10 家采用非传统水源利用技术，占 42%；6 家采用节水运行管理技术，占 25%；6 家采用节水器具更换技术，占 25%；3 家采用绿化灌溉技术，占 13%。

（3）在可再生能源利用方面，10 家采用可再生能源利用技术，其中采用太阳能光伏发电技术 2 家。

（4）在学校，太阳能 LED 路灯、太阳能光伏发电等技术具有特点。10 家采用可再生能源利用技术，其中采用太阳能光伏发电技术 2 家，其余采用太阳能热水系统 5 家，采用太阳能路灯技术 2 家；医院改造中采用可再生能源利用技术共计 4 家，其中采用太阳能光伏发电技术 1 家，采用太阳能热水技术 2 家，采用太阳能风力路灯技术 1 家；而政府机关改造中仅涉及太阳能热水系统及太阳能路灯技术的应用。

3. 在医院，采用绿色改造技术共计 39 项，节能技术占 67%，节水技术占 31%，节材技术占 3%。

（1）在节能方面，采用节能技术共计 26 项，无围护结构改造技术，暖通空调系统改造中采用热水系统节能及蒸汽改造技术共计 5 项：其中，3 家采用热水系统节能技术，2 家采用蒸汽系统改造技术；8 家采用配电与照明绿色技术 14 项：节能灯具更换技术占 50%，照明智能控制技术占 29%，配电系统节能技术占 7%，太阳能路灯技术占 7%；3

家采用计量与监控技术，占绿色改造技术总数的 12%。

（2）在节水方面，8 家采用节水技术共计 12 项，其中 5 家采用节水器具更换技术，占 42%；4 家采用节水运行管理技术，占 33%；3 家采用非传统水源利用技术，占 25%。

（3）在可再生能源利用方面，医院改造中采用可再生能源利用技术共计 4 家，其中采用太阳能光伏发电技术 1 家。

（4）蒸汽系统节能改造、照明节电器、太阳能 LED 路灯、太阳能光伏发电等技术具有特点。8 家医院采用节能技术共计 26 项，其中采用蒸汽系统改造技术 2 家，而学校及政府机关改造中均未涉及此技术。8 家医院采用配电与照明系统改造技术，共计 14 项：采用照明节电器 1 家，而该项技术在学校及政府机关改造中均未涉及。医院改造中采用可再生能源利用技术共计 4 家，其中采用太阳能光伏发电技术 1 家；学校改造中 10 家单位采用可再生能源利用技术，其中采用太阳能光伏发电技术 2 家；政府机关改造中并未涉及此项技术。

4. 在可再生能源应用方面，温和地区太阳辐射照度较强，太阳能利用具有优势，学校、医院太阳能光伏发电技术应用较多，各类公共机构太阳能 LED 路灯、太阳能生活热水系统应用较多。

10.5 公共机构改造经济影响因素

公共机构绿色改造技术的经济性分析主要表现为绿色改造是否与特定区域的经济承受能力和经济价值相匹配。经济承受能力即实施某项技术时是否能获得足够的资金支持，这不仅取决于该区域现有的经济发展水平和居民的支付能力，同时也依托于政府提供的财政支持。政府财政支撑政策如下：

（1）财政部、国家发展改革委《合同能源管理项目财政奖励资金管理暂行办法》
（2）财政部、建设部《可再生能源建筑应用专项资金管理暂行办法》
（3）财政部、国家发展改革委《节能技术改造财政奖励资金管理办法》
（4）财政部《太阳能光电建筑应用财政补助资金管理暂行办法》

经济价值，是指应用某项技术可获得的直接和间接经济效益，具体表现为产品价值的提升，可用技术的投资回报周期衡量，根据技术的投资回报周期与区域支撑能力的吻合度来判断经济适宜度。本次调研主要以区域现有的经济发展水平来评定该区域的经济承受能力。

因我国人口分布不均、地理特征不同以及各区域经济水平之间的差异，区域经济发展水平高低用人均 GDP 来衡量，结合不同气候区域，分别列出同一气候区各主要城市人均 GDP 排名，以此作为某一地区的宏观经济运行状况的有效评价指标。各气候区主要城市列表、2014 年各省市经济发展能力排名及 2014 年同一气候区主要城市经济发展能力排名列表分别见表 10-57～表 10-59，其中 2015 年同一气候区主要城市经济发展能力排名以2014 年全国主要城市人均 GDP 排名数据表为依据。

各气候区代表城市　　　　　　　　　　　　　　　　表 10-57

严寒地区	博克图、伊春、呼玛、海拉尔、满洲里、阿尔山、玛多、黑河、嫩江、海伦、齐齐哈尔、富锦、哈尔滨、牡丹江、大庆、安达、佳木斯、二连浩特、多伦、大柴旦、阿勒泰、那曲、长春、通化、延吉、通辽、四平、抚顺、阜新、沈阳、本溪、鞍山、呼和浩特、包头、鄂尔多斯、赤峰、额济纳旗、大同、乌鲁木齐、克拉玛依、酒泉、西宁、日喀则、甘孜、康定

寒冷地区	丹东、大连、张家口、承德、唐山、青岛、洛阳、太原、阳泉、晋城、天水、榆林、延安、宝鸡、银川、平凉、兰州、喀什、伊宁、阿坝、拉萨、林芝、北京、天津、石家庄、保定、邢台、济南、德州、兖州、郑州、安阳、徐州、运城、西安、咸阳、吐鲁番、库尔勒、哈密
夏热冬冷地区	南京、蚌埠、盐城、南通、合肥、安庆、九江、武汉、黄石、岳阳、汉中、安康、上海、杭州、宁波、温州、宜昌、长沙、南昌、株洲、永州、赣州、韶关、桂林、重庆、达县、万州、涪陵、南充、宜宾、成都、遵义、凯里、绵阳、南平
夏热冬暖地区	福州、莆田、龙岩、梅州、兴宁、英德、河池、柳州、贺州、泉州、厦门、广州、深圳、湛江、汕头、南宁、北海、梧州、海口、三亚
温和地区	昆明、贵阳、丽江、会泽、腾冲、保山、大理、楚雄、曲靖、泸西、屏边、广南、兴义、独山

2014 各省市 GDP 排名 表 10-58

排名	省份	人口(万)	2014 年 GDP(亿元)	2014 年人均 GDP(万元)
1	天津市	1516.81	15722.47	10.37
2	北京市	2151.6	21330.83	9.91
3	上海市	2415.2	23560.94	9.76
4	江苏省	7960	65088.32	8.18
5	浙江省	5508	40153.50	7.29
6	内蒙古自治区	2505	17769.51	7.09
7	辽宁省	4391	28626.58	6.52
8	广东省	10724	67792.24	6.32
9	福建省	3806	24055.76	6.32
10	山东省	9789	59426.59	6.07
11	吉林省	2752	13803.81	5.02
12	重庆市	2970	14265.04	4.80
13	湖北省	5816	27367.04	4.71
14	陕西省	3775	17689.94	4.69
15	宁夏回族自治区	662	2752.10	4.16
16	新疆维吾尔自治区	2298	9264.10	4.03
17	湖南省	6737	27048.46	4.01
18	河北省	7384	29421.15	3.98
19	青海省	583	2301.12	3.95
20	黑龙江省	3833	15039.38	3.92
21	海南省	903	3500.72	3.88
22	河南省	9436	34939.38	3.70
23	四川省	8140	28536.66	3.51
24	山西省	3648	12759.44	3.50
25	江西省	4542	15708.59	3.46
26	安徽省	6083	20848.75	3.43

排名	省份	人口(万)	2014 年 GDP(亿元)	2014 年人均 GDP(万元)
27	广西壮族自治区	4754	15672.97	3.30
28	西藏自治区	318	920.83	2.90
29	云南省	4714	12814.59	2.72
30	甘肃省	2591	6835.27	2.64
31	贵州省	3508	9251.01	2.64

由表 10-58 可以看出，北京、天津、上海、江苏、浙江等省市区域经济发展水平优势显著，而西藏、云南、甘肃、贵州等省经济发展水平较弱。公共机构调研中发现经济优势明显的省市如北京等改造中多采用先进技术，改造范围广，且资金落实情况乐观；经济优势薄弱的省市如云南等地则呈现出改造技术单一，改造范围较窄且资金落实情况受限的现象。

以气候区为划分界限，进一步分析不同气候区不同城市之间的经济发展与改造情况之间的内在联系。

10.5.1 严寒及寒冷地区

北京、天津、内蒙古、山东等部分省市人均 GDP 较高，经济发展水平处于优势地位，公共机构改造参与单位较多，改造范围涉及围护结构改造、暖通空调系统改造、配电与照明系统改造、可再生能源利用等节能改造，节水器具更换、水源回收利用等节水改造，部分城市还涉及地下空间利用、室内外环境改善等改造技术，且先进技术采用率较高，改造范围较广。改造资金多为自筹，少量为财政拨款，其中还有部分机构采用合同能源管理形式。而经济发展水平较低，资金来源受限的部分城市，则参与改造的单位积极性不高，且部分仅采用更换节能灯具及节水器具等单一改造技术，绿色改造效果及绿色等级受到影响。

2014 严寒及寒冷地区主要城市 GDP 排名　　表 10-59

排名	城市	人口(万)	2014 年 GDP(亿元)	2014 年人均 GDP(万元)
1	鄂尔多斯	194.07	4162.28	21.45
2	东营	200.48	3500	17.46
3	大庆	290.45	4113.34	14.16
4	包头	265.04	3636.31	13.72
5	大连	687.6	8001.39	11.64
6	天津	1516.81	15722.47	10.37
7	呼和浩特	291	2894.05	9.95
8	北京	2151.6	21330.8	9.91
9	青岛	896.4	8692.1	9.7
10	威海	280.48	—	9.09
11	榆林	335	3005.74	8.97

排名	城市	人口(万)	2014 年 GDP(亿元)	2014 年人均 GDP(万元)
12	淄博	453.06	4029.8	8.89
13	烟台	696.82	6098	8.75
14	沈阳	825.7	—	8.67
15	郑州	826.65	6800	7.88
16	济南	681.4	—	7.68
17	鞍山	361	—	7.31
18	乌鲁木齐	330	—	7.27
19	长春	767.71	5382	7.01
20	抚顺	—	—	6.59
21	营口	—	—	6.59
22	西安	855.29	5474.77	6.4
23	延安	220.61	1386.09	6.28
24	吉林	450	2730.16	6.07
25	通辽	—	—	6.05
26	芜湖	384.21	2307.9	6.01
27	徐州	858.05	4963.91	5.79
28	贵阳	432	2497.27	5.78
29	太原	420	—	5.74
30	日照	—	—	5.62
31	潍坊	908.62	4850	5.34
32	泰安	556	—	5.02
33	哈尔滨	1063.6	5340.52	5.02
34	洛阳	662	3284.6	4.96
35	济宁	808.19	3800.06	4.7
36	德州	586.19	2596.08	4.43
37	宝鸡	374.46	1658.54	4.43
38	咸阳	494.22	2077.34	4.20
39	铜川	84.28	340.42	4.03
40	石家庄	1276.37	5300	4.15
41	聊城	635.24	—	3.78
42	临沂	1003.94	3569.8	3.56
43	安康	263.36	689.44	2.62
44	菏泽	828.78	—	2.48
45	商洛	234.61	576.27	2.46
46	南阳	1026	—	2.44

以严寒及寒冷地区上报以及筛选出的公共机构案例为参考，根据人均 GDP 高低分别挑选出排名位于高、中、低 3 个等级的城市进行分析。

人均 GDP 较高城市以内蒙古呼和浩特（人均 GDP9.95 万元）、北京（人均 GDP9.91 万元）、山东青岛（人均 GDP9.7 万元）为例。内蒙古自治区在 2014 年 31 省 GDP 排名中排名第 6，呼和浩特市人均 GDP9.95 万元，在严寒及寒冷地区公共机构调研城市中人均 GDP 排名第 1，上报公共机构改造单位 17 家，其中政府机关 11 家，学校 6 家；北京市人均 GDP9.91 万元，在 2014 年 31 省 GDP 排名中排名第 2，在严寒及寒冷地区公共机构调研城市中人均 GDP 排名第 2，上报公共机构改造单位 38 家，其中政府机关 15 家，学校 15 家，医院 8 家；山东省在 2014 年 31 省 GDP 排名中排名第 11，山东省上报公共机构改造单位 45 家，而山东青岛市人均 GDP9.7 万元，在严寒及寒冷地区公共机构调研城市中人均 GDP 排名第 3，青岛市上报公共机构改造单位 4 家，其中政府机关 3 家，学校 1 家。

人均 GDP 居中城市以山东省济南市及陕西省西安市、陕西省延安市为例。山东省在 2014 年 31 省 GDP 排名中排名第 11，山东省上报公共机构改造单位 45 家，而山东济南市人均 GDP7.68 万元，在严寒及寒冷地区公共机构调研城市中人均 GDP 排名第 9，山东省境内仅次于青岛、威海、淄博、烟台 4 个城市，但济南市作为省会城市，公共机构改造积极性仍较高，济南市上报公共机构改造单位 8 家，其中政府机关 5 家，学校 3 家；陕西省在 2014 年 31 省 GDP 排名中排名第 14，陕西省上报公共机构改造单位 81 家，而西安市人均 GDP6.4 万元，在严寒及寒冷地区公共机构调研城市中人均 GDP 排名第 17，陕西省境内仅次于榆林市，但西安市作为省会城市，公共机构改造积极性仍较高，西安市上报公共机构改造单位 8 家，其中政府机关 5 家，学校 3 家；陕西省在 2014 年 31 省 GDP 排名中排名第 14，陕西省上报公共机构改造单位 81 家，而延安市人均 GDP6.28 万元，在严寒及寒冷地区公共机构调研城市中人均 GDP 排名第 18，陕西省境内仅次于榆林市、西安市，延安市上报公共机构改造单位 4 家。

人均 GDP 较低城市以陕西省安康市及陕西省商洛市为例。陕西省在 2014 年 31 省 GDP 排名中排名第 14，陕西省上报公共机构改造单位 81 家，陕西省安康市人均 GDP2.62 万元，在严寒及寒冷地区公共机构调研单位中人均 GDP 排名接近末尾，安康市上报公共结构改造单位 5 家，政府机关 4 家，学校 1 家；商洛市人均 GDP2.46 万元，在严寒及寒冷地区公共机构调研单位中人均 GDP 排名很低，商洛市上报公共结构改造单位 8 家，政府机关 6 家，学校 1 家，医院 1 家。

10.5.2　夏热冬冷地区

苏州、南京、宁波、上海等部分城市人均 GDP 较高，经济发展水平处于优势地位，公共机构改造参与单位较多，改造范围涉及广，改造资金多为自筹，少量为财政拨款，其中还有部分机构采用合同能源管理形式。而经济发展水平较低，资金来源受限的部分城市，则参与改造的单位积极性不高，且部分仅采用更换节能灯具及节水器具等单一改造技术，绿色改造效果及绿色等级受到影响。

2014 夏热冬冷地区主要城市 GDP 排名　　　　　　表 10-60

排名	城市	人口（万）	2014 年 GDP（亿元）	2014 年人均 GDP（万元）
1	苏州	1046.6	13760.89	13.15
2	无锡	646.55	8205.31	12.69
3	长沙	722.14	7824.81	10.84
4	南京	818.78	8820.75	10.77
5	常州	459.2	4901.87	10.67
6	镇江	311	3252.38	10.46
7	杭州	884.4	9201.16	10.4
8	宁波	763.9	7602.51	9.95
9	武汉	1022	10060	9.84
10	上海	2415.2	23560.94	9.76
11	舟山	114.2	1021.66	8.94
12	扬州	445.98	3697.89	8.29
13	南通	728.28	5652.69	7.76
14	宜昌	405.97	3105	7.65
15	合肥	708	5158	7.29
16	南昌	504.3	3667.96	7.27
17	成都	1417.8	10056.59	7.09
18	湖州	289.35	1955.96	6.76
19	芜湖	—	2307.9	6.45
20	金华	536.16	3206.64	5.98
21	台州	603.8	3387.51	5.61
22	株洲	391	2160.51	5.53
23	盐城	726.02	3835.62	5.28
24	淮安	480.34	2455.39	5.11
25	襄阳	550.03	—	5.02
26	岳阳	550	2669.39	4.85
27	重庆	2970	14265.4	4.8
28	温州	912.21	4302.81	4.72
29	德阳	352.97	1515.65	4.29
30	常德	622.59	2514.15	4.04
31	自贡	273.83	1073.4	3.91
32	乐山	325.56	1207.95	3.70
33	淮南	—	789.3	3.37
34	衡阳	715	2395.56	3.35
35	宜宾	446.5	1443.81	3.23
36	雅安	153.37	462.41	3.01
37	滁州	—	1184.8	3.0
38	泸州	424.58	1259.73	2.97
39	安庆	—	1544	2.9
40	广安	322.43	919.61	2.85
41	亳州	—	850.5	1.73

以夏热冬冷地区上报以及筛选出的公共机构案例为参考，根据人均 GDP 高低分别挑选出排名位于高、中、低 3 个等级的城市进行分析。具体见表 10-60。

人均 GDP 较高城市以浙江省杭州市（人均 GDP10.4 万元）、宁波市（人均 GDP9.95 万元）、四川省成都市（人均 GDP7.09 万元）为例。浙江省在 2014 年 31 省 GDP 排名中排名第 5，上报公共机构改造单位 48 家，其中政府机关 20 家，学校 13 家，医院 15 家，杭州市人均 GDP10.4 万元，在夏热冬冷地区公共机构调研城市中人均 GDP 排名第 1，上报公共机构改造单位 9 家，其中 1 家政府机关，4 家学校，4 家医院；宁波市人均 GDP9.91 万元，在夏热冬冷地区公共机构调研城市中人均 GDP 排名第 2，上报公共机构改造单位 3 家，其中政府机关办公 2 家，学校 1 家；四川省在 2014 年 31 省 GDP 排名中排名较低，上报公共机构改造单位 59 家，但个别城市人均 GDP 较高，以成都市为例，人均 GDP7.09 万元，上报单位 7 家，均为机关办公建筑。

人均 GDP 居中城市以重庆市为例，重庆市人均 GDP7.48 万元，在夏热冬冷地区公共机构调研城市中人均 GDP 处于居中地位，上报公共机构改造单位 41 家，其中政府机关 17 家，学校 17 家，医院 7 家。

人均 GDP 较低城市以四川省宜宾市、雅安市及泸州市为例。四川省在 2014 年 31 省 GDP 排名中排名较低，四川省上报公共机构改造单位 59 家，四川省宜宾市人均 GDP3.23 万元，在夏热冬冷地区公共机构调研单位中人均 GDP 排名接近末尾，宜宾市上报公共结构改造单位 5 家，政府机关 1 家，学校 3 家，医院 1 家；雅安市人均 GDP3.01 万元，在夏热冬冷地区公共机构调研单位中人均 GDP 排名很低，雅安市上报公共结构改造单位 5 家，政府机关 2 家，学校 2 家，医院 1 家；泸州市人均 GDP2.97 万元，上报公共机构改造单位 3 家：2 家机关办公，1 家学校。

10.5.3 夏热冬暖地区

深圳、广州、珠海、佛山等部分城市人均 GDP 较高，经济发展水平处于优势地位，上报单位较多，改造范围较广。

2014 夏热冬暖地区主要城市 GDP 排名　　　　　表 10-61

排名	城市	人口(万)	2014 年 GDP(亿元)	2014 年人均 GDP(万元)
1	深圳	1062.89	16001.98	15.06
2	广州	1292.68	16706.87	12.92
3	珠海	156.02	1857.32	11.9
4	佛山	719.43	7603.28	10.57
5	中山	314.23	2823.01	8.98
6	厦门	367	3273.54	8.92
7	福州	711.54	5169.16	7.26
8	东莞	822.02	5881.18	7.15
9	泉州	812.85	5733.36	7.05
10	惠州	—	—	6.38
11	龙岩	258	1621.21	6.28

排名	城市	人口(万)	2014 年 GDP(亿元)	2014 年人均 GDP(万元)
12	柳州	372	—	5.42
13	宁德	284	1377.65	4.85
14	南宁	666.16	3148.3	4.73
15	海口	—	—	4.63
16	清远	379.5	1187.7	3.12

以夏热冬暖地区上报以及筛选出的公共机构案例为参考,根据人均 GDP 高低分别挑选出排名位于高、中、低 3 个等级的城市进行分析。具体见表 10-61。

人均 GDP 较高城市以广东省深圳市(人均 GDP15.06 万元)、广州市(人均 GDP12.92 万元)为例。广东省在 2014 年 31 省 GDP 排名中排名第 8,上报公共机构改造单位 88 家,其中政府机关 50 家。深圳市人均 GDP15.06 万元,上报公共机构改造单位 10 家,其中政府机关 7 家,学校 3 家;广州市人均 GDP12.92 万元,上报公共机构改造单位 9 家,其中政府机关 4 家,学校 3 家,医院 2 家。

人均 GDP 居中城市以福建省福州市(人均 GDP7.26 万元)、广东省惠州市(人均 GDP6.38 万元)为例。福建省在 2014 年 31 省 GDP 排名中排名第 9,上报公共机构改造单位 34 家,其中政府机关 27 家,学校 7 家。福州市人均 GDP7.26 万元,上报公共机构改造单位 4 家,其中政府机关 2 家,学校 2 家;惠州市人均 GDP6.38 万元,上报公共机构改造单位 7 家,其中政府机关 4 家,学校 2 家,医院 1 家;

人均 GDP 较低城市以福建省宁德市、广东省清远市为例。福建省宁德市人均 GDP4.85 万元,在夏热冬暖地区公共机构调研单位中人均 GDP 排名接近末尾,宁德市上报公共机构改造单位 1 家,为政府机关;广东省清远市人均 GDP3.12 万元,在夏热冬暖地区公共机构调研单位中人均 GDP 排名很低,清远市上报公共机构改造单位 3 家,均为政府机关。

10.5.4 温和地区

温和地区仅调研云南省,云南省在 2014 年全国 31 省市人均 GDP 排名中排名第 29,上报公共机构改造单位 36 家。2014 年云南省各城市人均 GDP 排名中昆明最高,为 5.64 万元。昆明市上报公共机构改造单位 8 家,其中国家机关 4 家,学校 3 家,医院 1 家;其次为玉溪市及迪庆市,玉溪市上报 2 家机关办公改造单位,其余城市上报改造单位均为 1~2 家。

10.6 公共机构建筑绿色改造差距及目标

10.6.1 改造现状

1. 按照典型公共机构分类对抽样案例占有份额进行分析,占比从大到小排序依次为政府机关、学校、医院,其中政府机关占绝对比例,达到 50% 或更高,在一定程度上反映出政府机关在推进节约型公共机构示范单位建设工作中的率先垂范作用。

2. 从节地、节材、节能、节水、改善室内环境五个绿色化改造技术应用统计分析来看，绿色改造技术应用主要体现在节能、节水两方面，占整体绿色改造技术应用总量接近100%，而节地、节材、改善室内环境绿色改造技术应用比例极低。

3. 节能技术应用方面：从节能技术应用占比来看，从高到低依次为配电与照明、供暖空调、围护结构和节能监管平台。

1）配电与照明节能改造技术集中在更换节能灯具、照明智能控制两项，达到80%。

2）供暖空调节能改造技术分布比较平均。严寒寒冷地区相对集中在泵与风机变频、热源改造、管网保温三项；夏热冬冷地区相对集中在空调智能控制、分体空调更换、泵与风机变频三项；夏热冬暖地区相对集中在泵与风机变频、可再生能源制生活热水、分体空调更换三项。

3）围护结构节能改造技术中，严寒寒冷、夏热冬冷地区以外墙保温技术占比最高，夏热冬暖地区以玻璃贴膜占比最高，但由于投资成本限制因素技术应用总量不高。

4）超过1/3抽样案例应用分项计量或节能监管平台，体现近几年住房和城乡建设部、教育部、卫生和计划生育委员会在各自主管领域推进节能监管平台的实施效果。

5）同一气候区因建筑类型不同，在节能改造技术应用方面同样存在差异。在政府机关，节能灯具更换、照明智能控制、照明节电器、玻璃贴膜、遮阳技术、供暖空调室温控制等技术应用性较强；在学校，太阳能热水、浴室节能、分时分区供暖、热力站托管、智能用电系统等技术应用性较强；在医院，太阳能热水洗浴、空调清洗、新风热回收、电梯节能、反冲洗废水回用等技术应用性较强。

4. 节水技术应用方面：节水改造技术主要集中在节水型器具更换、绿色灌溉技术、非传统水源利用三项，达到80%。

5. 可再生能源利用方面：政府机关利用比例偏低，不到5%；学校和医院应用比例稍高，主要为太阳能热水技术，反映学校和医院洗浴采用可再生能源替换的应用途径。

6. 市场化机制应用方面：绝大部分抽样案例实施绿色化改造以政府投资或自由资金为主，采用合同能源管理进行绿色化改造的应用案例比例很低，仅在个别案例中以合同能源管理模式进行太阳能热水、节能灯具绿色化改造。

7. 绿色节能改造技术应用多以业主的主观认识或解决实际问题为导向，以单项技术改造为主，相对零散孤立，集成度不高，缺少成套的节能改造技术集成体系用于指导公共机构绿色化技术改造建设。

10.6.2 公共机构建筑绿色改造差距分析

与新建建筑相比，我国既有建筑的绿色改造工作基础较为薄弱，相关标准、技术、政策、产品、机制等各方面都还有待于进一步完善，既有建筑绿色改造的推广任务比较艰巨。

1. 标准提升

通过国内外绿色建筑标准的对比分析，总结了我国公共机构开展既有建筑绿色改造时与发达国家进行绿建改造时在标准层面存在的差距，提出我国公共机构在绿色改造中需要在技术方面与评价标准与管理方面进行提升和完善。主要体现在提高围护结构热工性能、照明节电、空调节电、节约用水、节约材料、室内环境改造、室外环境保护方面。性能参数提升具体如下：

1）提高围护结构热工性能

我国在进行公共机构既有建筑绿色改造时围护结构传热系数有待需要提高。以中美、中加对比为例（表10-62）：

建筑传热系数比较［W/(m² · K)］ 表 10-62

国家	中国	美国	加拿大
屋面	0.450	0.273	2.6
重质墙	0.500	0.404	—
墙,地面以下	1.8	1.3	1.4～1.6
重质楼板	0.800	0.363	—
天窗	0.450	—	2.6
门	—	—	1.4～1.6

2）照明节电

我国在进行公共机构既有建筑绿色改造时可以采纳国外一些节电与照明技术。

（1）采光井、通风窗和建筑窗提供建筑自然的采光，降低采光用电量，通过节能电脑、电器设备等来满足节电的要求。

（2）室外灯光装置考虑减少光污染。

3）空调节电

屋顶沿着遮阳板种植植物和垂挂植物，达到降温的要求，减少对空调的使用（降低散热率），从而降低城市热岛现象。

4）节约用水

只在必要的情况下才提供饮用水。用于冲马桶和浇灌植物的水通常来自洗澡、洗漱池和回收雨水等经过处理后再利用的灰水。收集的雨水，提前过滤整合到灰水再利用系统中。双控的冲水马桶（容量在1.2～1.8L）、节水型小便池和高效的洗碗机可降低用水量。可渗水砖铺成的地面让雨水渗透到地面下而不是沿着雨水排泄系统流走。

雨水的收集：用于建筑物内用水及园林的灌溉。废水和灰水的再利用：保证建筑物垂直以便容纳灰水进行处理。灌溉系统：回收灰水用于园林灌溉。

5）节约材料

首先考虑在原有建筑物材料的基础上进行翻新。

新材料的选择是根据环境的要求来确定的。所用木材得到森林服务委员会FSC的认定，可以使用。有些材料和设备是旧材料利用，如座椅；厨房的水池是海洋材料再回收制成的；地毯和地板块采用再回收橡胶产品；工作台面由再回收玻璃做成。另外，采用如竹子地板和光纤水泥旁轨替代地板材料；建筑施工废物被再利用或回收。

6）室内环境改造

建筑物的主要场所留做公共空间，包括一个图书馆，屋顶平台，会议室，而不是用作私人办公室。工作人员同时可观赏到室外的景色达到提高工作效率的目的。

7）室外环境保护

建筑材料根据本地的情况选定，保证室内环境的健康。油漆、结合剂和其他材料只选择零挥发或低挥发性物质。建筑体现无公害的主旨，如复印室采用负压将室内空气送入室外。气候控制系统保持良好的室内条件，同时节约能源，室内居住者可以自行控制他们的室温新风和光线。二氧化碳的排放量一直处于监控状态。

2. 公共建筑既有绿色改造技术应用差距分析

以欧美国家为例，其城市体系成形早，既存建筑寿命较长，且国家经济基础相对较好，除完成既有建筑必要的保护与加固之外，其改造的主要目的是实现既有建筑的室内舒适度与建筑功能的时代性跟进。因此，早期完全以建筑节能为出发点的改造相对较少，且仅以单一技术的分项应用，如既有建筑的围护结构节能改造、既有建筑的太阳能主被动式技术应用等。

近年来，在绿色理念的大背景下，无论是从标准政策的制定，还是从评价体系的开发，基本完成了从节能建筑向绿色建筑、可持续建筑的过程转换，对不同建筑类型已经完成了施工标准、评价体系、运营管理的专项化制定的任务。而我国是发展中国家，最早的既有建筑改造同样根植于保护与加固改造，而应对建筑节能的改造也主要集中于建筑的围护结构体系（建筑的外墙、外窗、屋面、冷热桥部位等内容）。以公共建筑为例，从能耗角度来看，由于经济、舒适度以及技术体系投入等差异，导致我国公共建筑能耗强度仅为美国、加拿大的 1/3，不到日本和韩国公共建筑能耗的 1/2。尽管有《公共建筑节能设计标准》GB 50189、《绿色建筑评价标准》GB/T 50378、《公共建筑节能改造技术规范》JGJ 176 作为支撑，但是这些标准规范的共同点就是评价对象过于宽泛或评价指标不够系统。因此，以综合性绿色评价指标为依托专门面向公共建筑改造的规范仍存在缺失。

国外在建筑技术的定量化与技术仿真模拟方面较我国还具有较大的优势。如：日本东北大学池田教授在建筑风环境领域研究一直处于世界的先进水平。从目前国内的计算机仿真分析应用角度来看，常常会出现同一项技术不同软件均可以进行分析模拟且计算结果迥异，纵然是同一软件在不同的计算者手中，也会产生不同的计算结果，整体的计算仿真分析"市场"比较紊乱，加之专项分析边界设置差异（缺少统一的客观标准，实际研究者认为很难统一）以及建筑建模差异，最终导致其分析的定量结论仅仅具有定性的指导意义。

国外尤其是欧洲国家，由于其工业文明起步较早，导致其进行既有建筑改造行为先于我国，技术体系、评价标准相对成熟。我国除传统的民族建筑外，早期的既有公共建筑年限也不过 50~60 年，因而带来的既有公共建筑改造所涉及的法律法规、技术体系以及评价标准相对滞后（或尚未制定），尤其是应对既有建筑绿色改造的相关标准与要求正处在研究与制定过程中。另外，目前我国正处在城市化进程的高峰期，造成与发达国家建筑行业处于完全不同的发展阶段。欧美发达国家在十年前几乎完成了既有建筑的改造工作，由于每年新建建筑面积有限，既有建筑改造占据欧美建筑市场绝大部分份额，随着技术进步和评价标准由节能建筑向绿色建筑的转化，这些国家还在持续推进政策标准的出台和改造工作的开展。我国无论是新建建筑还是改造建筑，都在以高速增长的速度逐年递增，建筑总量持续增长，面临比发达国家更大的能源消耗、环境保护、经济发展所带来的压力，建筑节能减排的任务更为艰巨。

3. 公共建筑既有绿色改造标准差距分析

国外既有建筑改造评价涉及前期、施工、运营等环节，全生命周期评价引入同一体系相关专项进行评价。我国目前对公共建筑评价基本采取结果单一性评价，对方案前期设计评价基本空白，不利于对综合性技术体系下的适宜技术进行权衡和方案横向比对判断。此外，国外的建筑改造评价体系是结合其自身国情而产生，如果照搬照抄式地引入他国评价标准进行我国项目评价，必然存在评价尺度与评价效果的差异。如以我国的地域特征为例，国土面积辽阔，地域的差异必然导致建筑在应对自然环境、气候环境以及资源环境所要解决的主要矛盾的迥异，如：严寒地区主要解决防寒问题，夏热冬暖地区主要解决防热问题等。因此，各国绿色建筑评价标准以及既有建筑绿色改造的评价标准引入使用时，均要考虑评判标准因地制宜的差异化与辩证应用。

经过多年的发展，我国已逐步形成了较为完备的绿色建筑标准体系，包括《绿色建筑评价标准》GB/T 50378、《绿色商店建筑评价标准》GB/T 51100、《绿色办公建筑评价标准》GB/T 50908 等，为我国绿色建筑的专业化和规模化发展起到了不可估量的作用。与新建建筑相比，既有建筑绿色改造的标准发展相对滞后，标准数量明显偏少，有些专业尚存空白，远不能自成体系，不能满足现阶段面临的既有建筑绿色改造的工程实际需要。

10.6.3 公共机构既有建筑绿色改造目标

结合我国公共机构既有建筑改造现状，同时通过与国内绿色建筑标准的对比分析，从节地、节能、节水、节材、室外环境、室内环境六个方面对日后我国公共机构中国家机关和学校既有建筑改造提出改造技术、改造技术如何审查，并提出了相应技术的改造目标。具体见表 10-63。

我国国家机关既有建筑改造目标　　　　　　　　　　　表 10-63

分类	改造目标	改造技术	审查内容	具体目标
节地技术	地下空间面积与建筑总用地面积比率不小于 70%	增建地下空间	改造设计文件中的建筑地下空间各层平面与剖面设计图纸、设计说明以及地下空间面积与建筑总用地面积比率计算书	既有公共建筑现状有地下空间，改造后拓展既有公共建筑地下空间(拓展后的地下空间面积与建筑总用地面积比率不小于 50%，或提升既有地下空间的实际利用率达到 50%)；或既有公共建筑现状无地下空间，改造后增设地下空间，地下空间面积与建筑总用地面积比率不小 50%
		场地功能布局改造	改造设计文件中的场地总平面图纸、建筑首层或能反映建筑场地功能的平面图纸以及设计说明	改造后场地功能布局明晰，功能配置合理，且最大限度的满足待改主体建筑功能匹配诉求，实现既有场地的可持续利用
		场地内交通系统改造	改造设计文件中的场地总平面图纸、场地交通系统流线分析图以及设计说明	改造后场地内部交通组织清晰合理，流线设置科学。改造后的场地主要出入口 500m(或 800m)范围内增设城市公共出行措施，且出行方式≥1 种
		增加建筑垂直交通体系	改造文件中的建筑各层平面与剖面设计图纸与设计说明	改造后的建筑垂直交通体系健全，满足建筑的综合使用需求

分类	改造目标	改造技术	审查内容	具体目标
节能技术	达到《公共建筑节能设计标准》GB 50189—2015 相关要求	围护结构节能	改造设计文件中的建筑平面与剖面设计图纸与设计说明、外墙构造设计图纸与设计说明、建筑节能计算书	改造后的建筑外墙、屋面采取适宜的保温(或隔热)构造,改造后的建筑门窗采取适宜的节能门窗设计或节能门窗产品。改造后的外墙(包括非透明幕墙)传热系数、屋面传热系数满足《公共建筑节能设计标准》GB 50189—2015 中的限值要求;改造后建筑外窗气密性等级≥4 级
		暖通空调系统节能	—	水泵变流量控制策略
		建筑太阳能光热利用增设改造	改造设计文件中的建筑立面、剖面图纸、屋面平面设计图纸、太阳能光热一体化构造方案、太阳能热水量计算书以及设计说明	在进行太阳能热水技术应用时,由太阳能直接供应的热水量应达到建筑全年热水供应量的 10% 以上,且太阳能光热集热器构件应与建筑可利用外部界面一体化设计
		建筑太阳能光电利用增设改造	改造设计文件中的建筑立面、剖面以及屋面设计图纸与设计说明、太阳能光电一体化构造方案与设计说明、太阳能发电量计算书	改造后建筑采用太阳能光电利用增设,但太阳能光电构件没有与建筑外界面一体化设计
		能源计量与监测	改造设计文件中的能源分项计量系统图、建筑用能分项计量类型以及设计说明	改造后建筑 75% 的主要用能类型采用分项计量
节水技术	建筑人均用水量指标不大于公共机构平均人均用水量指标的 0.9 倍	节水器具改造	改造设计文件中的场地总平面图纸、场地传统水源用水节水规划方案以及设计说明	改造后场地内部传统市政用水采取合理的节水改造规划设计,且用水端部为节水型器具
		透水地面改造	设计文件中的场地总平面图纸、室外景观铺装图纸、室外透水地面区域、透水区域面积比值计算书以及设计说明	改造后的场地范围内透水地面面积比率不小于 25%。透水地面包括自然裸露的地面、公共与集中绿化用地、镂空率不小于 40% 的镂空铺地、植草砖、地下室顶板大于 1500mm 景观覆土等
		建筑用水分项计量改造	改造设计文件中的建筑给水排水分项计量系统图、建筑用水分项计量类型以及设计说明	改造后建筑 75% 的主要用水类型采用分项计量
		场地雨水收集与再利用改造	设计文件中的场地总平面图纸、场地雨水收集与再利用系统图纸以及设计说明	改造后的场地进行合理的雨水收集与再利用规划,且提出合理的用水分配计划、水质和水量保证方案
		建筑改造的再生水利用增设	设计文件中再生水厂区位图、再生水利用系统图以及相关设计说明	场地内非饮用水水源的使用采用市政再生水,且再生水用水量不小于非传统水源总用水量的 30%

分类	改造目标	改造技术	审查内容	具体目标
节水技术	建筑人均用水量指标不大于公共机构平均人均用水量指标的0.9倍	场地绿化改造灌溉系统	设计文件中的场地绿化灌溉系统图纸、场地总平面图(注:含有灌溉点位)以及设计说明	改造后场地绿化采用非传统水源作为灌溉水源。同时,采用合理的节水灌溉系统及喷灌、微灌等高效节水灌溉方式
		建筑垂直绿化改造灌溉系统	改造设计文件中的垂直绿化灌溉系统图纸、垂直绿化花槽平面图、垂直绿化花箱构造方案图以及设计说明	改造后建筑垂直绿化采用非传统水源作为灌溉水源,同时,采用合理的节水灌溉系统以及喷灌、微灌等高效节水灌溉方式
		建筑屋顶绿化改造灌溉系统	改造设计文件中的屋顶绿化灌溉系统图纸、屋顶绿化总图以及设计说明	改造后屋顶绿化采用非传统水源作为灌溉水源,但采用合理的节水灌溉系统以及喷灌、微灌等高效节水灌溉方式
节材技术	在保证安全和不污染环境的情况下,建筑宜使用可再利用建筑材料、可循环建筑材料和以废弃物为原料生产的建筑材料,其质量之和不低于建筑材料总质量的12%	材料分类收集	改造设计文件中的既有建筑材料与构件分类收集报告、材料或构件收集现场照片以及相关条文说明	改造拆除的有再利用价值的构件或材料进行分类回收
		材料循环使用	改造设计设计文件中的建筑平面、立面、剖面设计图纸、分类收集材料的利用方案设计图纸与设计说明、建筑材料使用量估算	改造后建筑对拆除的有再利用价值的构件或材料进行再利用或设计创作,且再利用量不低于其拆除量的30%
		就地取材	改造设计文件中的建筑平面、立面、剖面设计图纸、设计说明、建筑材料使用量估算	改造后建筑对当地建筑材料的利用量不低于总材料用量的10%
室外环境改善技术	公共建筑场地绿化占建筑基地面积的比率不小于40%	建筑垂直绿化改造	改造设计文件中的建筑立面图纸、垂直绿化设置区位图、垂直绿化增设图纸、绿墙比计算书以及设计说明	改造后建筑立面增设垂直绿化,且实现垂直绿化与建筑外围护结构改造一体化设计
		建筑屋顶绿化改造	改造设计文件中的建筑屋顶(或中部)平面图纸、绿化区域图、景观绿化方案图纸、绿化比率计算书以及设计说明	改造后建筑增设屋顶(或空中)绿化,但屋顶绿化占屋顶可绿化面的比率不小于30%
		室外风环境改善	改造设计文件中的改造后建筑总平面图纸、改造后的建筑前后压差分析报告、建筑前后压差优化设计技术要点或图例以及设计说明	改后建筑通过场地布局调整、构筑物或景观元素的介入等措施,改善了场地内待改造建筑的建筑前后压差状态,并使得压差指标满足评价标准中的相关要求
		室外噪声环境改善	改造设计文件中的场地总平面图纸、场地噪声改善设计技术要点或图例、改造后的场地噪声环境模拟分析报告以及设计说明	改造后的场地通过一系列有效降噪或减噪措施使用,改善场地的噪声环境质量,并使得改后的建筑场地噪声环境满足相关要求。同时,提供改造后的场地噪声环境影响分析报告

续表

分类	改造目标	改造技术	审查内容	具体目标
室内环境改善技术	主要功能房间的室内噪声级满足《民用建筑隔声设计规范》GB 50118—2010 中的低限要求；主要功能房间的隔声性能达到高要求标准限值；主要功能房间采光系数满足《建筑采光设计标准》GB 50033—2013 要求的面积比例 $R_A \geqslant 80\%$；地下空间平均采光系数不小于 0.5% 的面积与首层地下室面积的比例 $R_A \geqslant 20\%$；过渡季典型工况下主要功能房间平均自然通风换气次数不小于 2 次/h 的面积比例 $R_R \geqslant 95\%$；满足国务院关于室内空调温度设定标准	室内声环境	改造设计文件中的建筑平面、剖面图纸、建筑室内背景噪声控制构造设计文件以及设计说明	改造后建筑采用背景噪声控制措施，实现室内背景噪声的标准需求
		室内光环境	改造文件中的建筑各层平面、立面以及剖面设计图纸、设计说明、建筑遮阳构造方案以及相应的设计说明	改造后的建筑外立面设计增设具有综合遮阳组织构件，并尽可能与建筑外立面进行一体化设计。改造后建筑装饰性构件造价不大于工程总造价的 2%，或非节能双层外墙（或幕墙）的面积不大于外墙总建筑面积的 20%

11

公共机构建筑绿色改造技术适宜性筛选方法

近几年，绿色建筑在国内飞速发展，绿色建筑技术已由研究阶段转入大规模应用阶段，对于既有建筑绿色改造，不同于新建建筑，可采用的绿色建筑技术也具有一定的局限性，在既有建筑中选择绿色改造技术具有一定的盲目性，有必要建立一套科学的筛选方法和模式，给国家、地区相关部门确定技术的推广方向，进行区域规划提供参考，并指导投资方进行技术决策。本章提出一套适用于公共机构建筑绿色节能改造技术的适宜性筛选方法。

11.1 技术适宜性研究理论基础

目前，技术适宜性分析存在很多理论方法，通过阅读相关文献，整理出各研究阶段可能用到的各理论方法，为后期技术适宜性筛选提供理论基础。整理出各理论方法如下：

1. 筛选层次法

划分层面，并对每个层面的具体内涵、目标、作用及其相互关系作出界定。

2. 模糊综合评价法

对一个事物进行评价往往需要多个指标刻画其本质与特征。对各个指标的评价采用模糊语言将其分为不同评价等级，这些等级之间的界限是模糊的，具有模糊性。

模糊综合评价以模糊数学为基础，采用模糊语言确定事物各个指标的隶属等级，将一些边界不清、不易定量的指标等级化，然后应用模糊关系合成的原理，确定评价事物对各个等级的综合隶属度，从而对事物的隶属等级进行综合评价。

3. 层次分析法

确定各指标权重。层次之间的筛选存在一定的差异，但同一层次遵循相似的筛选准则，便可将筛选系统肢解化、层次化、简单化。层次分析法力图模拟人在决策思维过程中的三个基本特征（即分解、判断和综合），对复杂的问题进行分层次地、拟定量地、规范化地处理，同时还在整个处理过程加入统计检验。

层次分析法的基本思想是把一个复杂的问题分解成各个组成因素，并按总目标、子目标、评价标准直至具体措施的顺序分组形成递阶层次结构，通过两两比较的方式确定层次中诸因素的相对重要性，然后利用求判断矩阵特征向量的方法，求出每一层次各元素对上一层次某元素的相对权重，最后利用加权和的方法递阶归并，求出方案对总目标的权重。

4. 多目标决策分析法（TOPSIS）

通过对互斥方案的评价和排序来选出互斥方案中的最优方案。TOPSIS 根据有限个评价对象与理想化目标的接近程度来对方案进行排序，是在现有的评价对象基础上进行相对优劣的评价，是多目标决策分析中一种常用的有效方法，又称为优劣解距离法。

TOPSIS 的一般方法和步骤：（1）建立评价指标体系，确定评价指标集 U；（2）建立权重集 W；（3）构建待评价技术的各个评价指标数据序列；（4）原始数据变换的规范化处理；（5）确定理想解和负理想解。

5. 最优化理论

用于独立方案的优化决策，通过建立几个基于不同建设目标的最优化目标函数，对不同方案进行比选。独立方案之间的优化决策是指众多独立方案中，在一系列控制成本等约束条件下，寻求使建筑的节能效果最优的方案组合，由此确定每个方案的取舍，最终确定采用哪些节能方案。最优化问题的数学模型可以表述为：在满足约束条件的前提下，寻求一组优化变量，使目标函数达到最优值。

求解实际的最优化问题一般要进行两项工作。第一，建立数学模型：将实际问题抽象地用数学模型来描述，包括选择决策变量、确定目标函数、给出约束条件；第二，确定求解方法：对数学模型进行必要的简化，并采用适当的最优化方法。

6. 适宜性"三点论"

"三点性"是客观事物存在及其产生发展、运动变化的最基本的格局模式、特点和规律。按照此方法论，节能技术的适宜性也存在三种基本态势：优、中、差，对应着三种级别：适宜、适中、不适宜。

7. 综合评价理论

在现实生活中，一个事物往往具有多种属性，对客观事物进行评价需要选取多个指标反映其优劣，而这些指标之间，一般是无法直接加总的，这时可以采用综合评价法。

所谓综合评价法，就是根据统计研究的目的，以统计资料为依据，借助一定的手段和方法，对不能直接加总的、性质不同的项目进行综合，给每个评价对象赋予一定的评价值，从而揭示事物的本质及其发展规律的一种统计分析方法。其中，排序是综合评价最主要的功能，通过对若干评价对象按综合评价理论的相关方法进行排序，从中挑出最优或最劣对象。综合评价是科学决策的一项基础性工作，为人们正确认识事物、做出决策提供了科学有效的手段。

综合评价的具体方法有许多，但总体思路和操作程序是相似的，一般可分为明确评价对象和评价目标、建立评价指标体系、确定各指标权重、选择和建立评价模型、评价结果的分析等几个环节。其中建立评价指标体系、确定各指标权重、选择和建立评价模型这三个环节是综合评价的关键环节，各有通用的原则和方法可遵循，需要视具体评价工作而选择不同的处理方法。

11.2　技术适宜性筛选范围

绿色改造技术在不同区域中应用的差异性，使得绿色改造技术可以以区域为单位进行划分，进而体现出技术在任意区域的筛选具有相似性。绿色改造技术的区域差异性主要源于气候的区域差异性。调研发现，绿色改造技术与气候有着十分紧密的联系，同时还受地域文化、经济特点、区域生产条件等因素影响，这些因素都具有鲜明的区域性差异。

而对于绿色改造技术在建筑上应用的适宜性，包括两个方面：对于同类技术，主要是对技术方案对比选择，即同类技术在一个工程上只能选择其中一种；对于不同类技术，主要受实际项目条件因素限制，既相互独立又存在竞争关系，最终依靠整体性能最优进行选择，属于技术绿色技术集成应用范畴。

本书针对绿色改造技术适宜性仅从区域层面进行分析，建立适宜性筛选框架体系。

11.3 公共机构建筑绿色改造技术适宜性筛选框架

绿色改造技术种类多，针对特定区域，可以首先筛选掉一些明显不符合区域特点的技术，因此，筛选包括两个主要阶段：初步筛选和适宜性等级评价。对通过初步筛选环节的技术，进一步采用综合评价法来确定这些技术在区域中是隶属于适宜、适中、不适宜三个等级中的哪个等级。经过以上两个阶段，就可得出各技术在各区域的三种适宜性筛选结果，将绿色改造技术划分为三类，各自对应不同的推广前景和发展规划，见表11-1。适宜性等级评价又包括构建指标体系、确定指标权重计算方法这两个主要环节。综上，绿色改造技术筛选方法的构建主要包括以下几个部分的构建：

（1）初步筛选方法的构建。鉴于筛选对象的繁杂和庞大，通过一些限制性指标，首先筛选掉一些明显不符合区域特点的技术，这类技术归为明显不适宜类技术。

（2）适宜性评价指标体系的构建。指标是目标内涵的体现，是衡量测定的尺度。科学合理完成技术的适宜性评价，必须正确选择一系列的指标作为支撑，建立相应的指标体系。

（3）评价指标权重确定方法的构建。基于区域层面筛选的目的，选择一种科学的指标权重计算方法，结合对各指标相对重要程度的判断，确定各指标的权重。

（4）适宜等级评判。按照分值评判适宜性等级，不适宜＜60分，60分≤适中＜80分，适宜≥80分。

技术的适宜性分级与发展规划 表 11-1

适宜级别	技术特点	发展规划
适宜	不管从哪个方面看（如节能、环保和经济性等），技术跟区域有很高的契合度	前景广阔，非常适宜发展，应大规模推广
适中	技术跟区域在某些关键方面具有较好的契合度，某些方面契合度较差	前景广阔，较适宜发展，应尽快解决技术应用的不足，提高技术的适宜性级别
不适宜	不管从哪个方面看，技术都跟区域契合度差	此类技术不需考虑

11.4 技术初步筛选

初步筛选是为了筛选掉一些明显不符合区域要求和特点的技术，无需进行下一步的适宜性等级划分。首先，技术需要适用于改造建筑应用；其次，绿色改造技术的首要任务是改善建筑环境，提高"四节一环保"水平。因此，技术对区域建筑环境是否具有改善能力是技术筛选的首要指标，具体来说就是是否符合区域建筑环境对冷热量的需求。根据热工设计分区理论我国被分为五个区域：严寒、寒冷、夏热冬冷、夏热冬暖和温和地区，不同区域对冷热量的需求是不同的，提供冷量的节能技术在凉爽地区显然是没有意义的。再次，需要考虑环境保护、政策法规、社会风俗等方面对技术的强制性要求和规定。因此，初步筛选指标共有 6 个，若有任意一项指标选择"否"，则该技术被列为明显不适宜类技术，筛除之。筛选指标见表 11-2。

适宜性初步筛选指标　　　　　　　　　　　　　　　表 11-2

筛选指标	筛选标准
A1	技术是否适用与改造建筑
A2	技术与区域建筑环境调控需求是否一致
A3	"四节一环保"：技术是否能与当地气候相适应
A4	环境与生态保护允许性：环境保护方面的政策法规是否允许
A5	政策法规允许性：国家以及城市规划、建设、管理、能源方面的政策法规是否允许
A6	社会风俗允许性：主要是当地社会风俗文化、宗教信仰方面的禁忌是否允许

11.5　适宜性评价指标体系

不管选用任何技术，都有着共同的目标：一是希望技术能高效的运作，最大化地实现技术"四节一环保"目的。二是，满足科学技术领域以外对技术的需求，如政治、经济、文化、环境方面对技术的限制和要求。技术的适宜性评价就是评判技术与这些目标的契合程度，具体表现在以下几个方面：技术性指标、政策性指标、经济性指标、社会性指标、节能环保性指标、文化习俗限制性指标。由于政策性指标、社会性指标、文化习俗指标已经在初步筛选中应用，因此在评价指标中不再考虑，确定从技术上可行、经济上合理、节能环保三大目标作为绿色改造技术适宜性评价的一级指标，完整的指标体系见表 11-3。

适宜性评价指标体系　　　　　　　　　　　　　　　表 11-3

一级指标层（B）	二级指标层（C）	三级指标层（C×× - ×）
技术性指标（B1）	技术应用成熟度（C11）	技术发展阶段（C11-1）
		标准完善程度（C11-2）
	技术可行性（C12）	不同技术指标不同
	生产配套性（C13）	不同技术指标不同
经济性指标（B2）	经济适宜度（C21）	—
"四节一环保"指标（B3）	"四节一环保"水平（C31）	—

1. 技术性指标（B1）

技术性指标是单从技术实现角度提出来的，撇开技术以外的其他诸如经济、环境保护等限制因素，主要指那些能够满足技术高效应用的关键技术性条件，体现在技术应用成熟度、可行性、生产配套性三个指标上。这三个指标涵义复杂，具有高度概括性，因此采用指标细分法将其细化出几个分指标，构成三级指标层。

1）技术应用成熟度（C11）

投资者在选择技术时，往往会选择一些比较成熟、风险小的技术，所以只有技术的风险性在可以接受的范围内时，才有可能被采用。技术的发展阶段、工程标准规范的完善情况表征了该技术应用的成熟度。

2）技术可行性（C12）

指由技术本身工作原理与自然环境条件的适应程度的指标，表征了技术可不可用的问题，是技术能否应用的先决条件。技术高效应用应具备哪些先决条件，不同技术有不同结果。因此，C12指标下的分指标不具有通用性，各技术应分别选取。

3）生产配套性（C13）

具备了技术应用的先决条件后，如何实现是关键问题，即生产条件的配套性。把因技术自身原理造成的条件作为生产配套性的评价指标，作为生产配套性下分指标选取的原则。技术实现应具备哪些配套条件，不同技术有不同结果。因此，C13指标下的分指标不具有通用性，各技术应分别选取。

2. 经济性指标（B2）——经济适宜度（C21）

评价一个技术在区域中应用的经济适宜性，不应该单看技术本身的投资回报或者是区域的经济水平，应该根据技术的投资回报与区域支撑能力的吻合度来判断，即经济适宜度。对于经济水平相对落后的地区，投资回报周期较长的技术则不太现实，而对于经济水平相对较高的地区则可实现。

投资回报以投资回收期的指标衡量，分为高、中、低三个级别，高，$n>8$；中，$4<n<8$；低，$n<4$。

区域支撑能力以人均 GDP 排名指标衡量，分为高、中、低三个级别，高，人均 GDP 排名靠前 1/3；中，人均 GDP 排名中间 1/3；低，人均 GDP 排名后 1/3。

3. "四节一环保"指标（B3）

绿色改造技术主要任务之一就是降低能源资源消耗和减少环境污染，即节能减排。不同技术的"四节一环保"效果各不相同，且相互独立，即评价节能技术时，选用节能指标；评价节水技术时，选用节水指标分别进行评价。

11.6　适宜性评价指标权重

权重是以某种数量形式对比、权衡被评价事物总体中诸因素相对重要程度的量值。层次分析法（AHP）是由美国著名数学家萨蒂（T. L. Saaty）教授在 20 世纪 70 年代初提出的，是一种将定性和定量分析相结合的决策分析方法。它可以使人的思维过程层次化，逐层比较多种关联因素，为分析、决策、预测或控制事物的发展提供定量的依据。

AHP 主要包括两方面内容，一是建立层次模型，二是确定各元素在单一准则下的相对权重及对目标层的合成权重。

本书运用三标度法（即 0、1、2 标度法）确定各指标的权重。0 表示一个因素不如另一个因素重要；1 表示两因素一样重要；2 表示一个因素比另一个因素重要。

11.6.1 一级指标权重确定

适宜性技术评价指标体系一级指标包括三个指标，分别为：技术性指标（B1），经济性指标（B2），"四节一环保"指标（B3）。由于不同区域、不同项目技术经济需求不一致，在进行指标权重确定时存在差异，此处给出两种情况下的指标权重。

当本书 B 层中三大指标的重要性排序是：技术性指标重于"四节一环保"指标，"四节一环保"指标重于经济性指标，建立指标矩阵见表 11-4。

B 层指标的标度判断表（1）　　　　　　　　　　表 11-4

标度	B1	B2	B3
B1	1	2	2
B2	0	1	0
B3	0	2	1

最终求出一致性判断矩阵的特征向量 X，采用乘积方根法计算特征向量的近似值 $(X) = (0.5627, 0.1483, 0.2890)$，得技术性指标（B1）、经济性指标（B2）、"四节一环保"指标（B3）的相对上一层的权重分别为 0.5627、0.1483、0.2890。

当本书 B 层中三大指标的重要性排序是：技术性指标重于经济性指标，经济性指标重于"四节一环保"指标，建立指标矩阵见表 11-5。

B 层指标的标度判断表（2）　　　　　　　　　　表 11-5

标度	B1	B2	B3
B1	1	2	2
B2	0	1	2
B3	0	0	1

最终求出一致性判断矩阵的特征向量 X，采用乘积方根法计算特征向量的近似值 $(X) = (0.5627, 0.2890, 0.1483)$，得技术性指标（B1）、经济性指标（B2）、"四节一环保"指标（B3）的相对上一层的权重分别为 0.5627、0.2890、0.1483。

11.6.2 二级指标权重确定

以同样的方法确定其他各指标相对于上一指标层的权重，当 B1 下指标的相对重要性排序如下：C12＞C13＞C11，得二级指标的相对权重值，见表 11-6 中各数据，根据二级指标重要性排序不同，指标权重也不一致。

根据此套理论和方法便可确定每个绿色改造技术在每个区域的适宜性等级，以此作为技术在区域层面发展规划和选择决策的筛选原则。

技术适宜性评价指标的权重 表 11-6

一级指标层(B)	二级指标层(C)	三级指标层(C××-×)
技术性指标(B1) 0.5627	技术应用成熟度(C11) 0.1483	技术发展阶段(C11-1)
		标准完善程度(C11-2)
	技术可行性(C12) 0.5627	—
	生产配套性(C13) 0.2890	—
经济性指标(B2) 0.1483	经济适宜度(C21) 1.0	
"四节一环保"指标(B3) 0.2890	"四节一环保"水平(C31) 1.0	

11.6.3 三级指标评分方法

针对三级指标层，按照优、中、差三级进行评分，差＜60 分；60 分≤中＜80 分；优≥80 分。

11.7 围护结构节能技术适宜性分析

选取具有代表性的外墙外保温技术、外遮阳技术、节能外窗三种围护结构节能技术在不同气候区应用的适宜性进行分析。

这三种技术在技术成熟度上都已经非常完善，技术发展成熟，标准体系完善，因此技术应用成熟度（C11）均为满分 100 分。

11.7.1 外墙外保温技术

1. 初步筛选

EPS 外墙外保温技术是一项提升建筑围护结构保温性能，进而降低供暖能耗的节能技术，主要用于供暖地区。对于只采用夏季空调的地区，主要通过降低太阳辐射等遮阳方式降低空调能耗，因此，该技术与区域建筑环境调控需求不一致，与当地气候不相适应。初步筛选结果见表 11-7。

EPS 外墙外保温技术初步筛选 表 11-7

筛选指标	结果				
	严寒地区	寒冷地区	夏热冬冷地区	夏热冬暖地区	温和地区
A1	是	是	是	是	是
A2	是	是	是	否	否
A3	是	是	是	否	否
A4	是	是	是	是	是

续表

筛选指标	结果				
	严寒地区	寒冷地区	夏热冬冷地区	夏热冬暖地区	温和地区
A5	是	是	是	是	是
A6	是	是	是	是	是
结论	进一步分析			不适宜	不适宜

2. 适宜性评价

按照权重指标，对各气候区应用EPS外墙外保温技术进行评分，见表11-8。

EPS外墙外保温技术适宜性评价 表 11-8

一级指标层（B）	二级指标层（C）	严寒地区	寒冷地区	夏热冬冷地区
技术性指标（B1） 0.5627	技术应用成熟度（C11） 0.1483	100	100	100
	技术可行性（C12） 0.5627	90	90	70
	生产配套性（C13） 0.2890	100	100	100
经济性指标（B2） 0.1483	经济适宜度（C21） 1.0	80	90	6
"四节一环保"指标（B3） 0.2890	"四节一环保"水平（C31） 1.0	95	85	80
综合得分		92.42	91.01	80.271
适宜性等级		适宜	适宜	适宜

11.7.2 外遮阳技术

1. 初步筛选

外遮阳技术是一项提升建筑围护结构隔热性能，进而降低空调系统能耗的节能技术，主要用于夏季。初步筛选结果见表11-9。

外遮阳技术初步筛选 表 11-9

筛选指标	结果				
	严寒地区	寒冷地区	夏热冬冷地区	夏热冬暖地区	温和地区
A1	是	是	是	是	是
A2	是	是	是	是	是
A3	是	是	是	是	是
A4	是	是	是	是	是
A5	是	是	是	是	是
A6	是	是	是	是	是
结论	进一步分析				

2. 适宜性评价

按照权重指标，对各气候区应用外遮阳技术进行评分，见表11-10。

外遮阳技术适宜性评价   表 11-10

一级指标层(B)	二级指标层(C)	严寒地区	寒冷地区	夏热冬冷	夏热冬暖	温和地区
技术性指标(B1) 0.5627	技术应用成熟度(C11) 0.1483	100	100	100	100	100
	技术可行性(C12) 0.5627	50	70	80	90	80
	生产配套性(C13) 0.2890	80	100	100	100	70
经济性指标(B2) 0.1483	经济适宜度(C21) 1.0	50	70	80	80	70
"四节一环保"指标(B3) 0.2890	"四节一环保"水平(C31) 1.0	60	75	80	90	80
综合得分		61.95	78.83	84.92	90.98	80.04
适宜性等级		适中	适中	适宜	适宜	适宜

11.7.3 节能外窗

1. 初步筛选

断桥铝合金中空双层 Low-E 玻璃窗具有较低的传热系数和较高的遮阳系数，且气密性较好，既能保温，又能隔热遮阳，进而降低供暖空调系统能耗。初步筛选结果见表11-11。

断桥铝合金中空双层 Low-E 玻璃窗初步筛选   表 11-11

筛选指标	结果				
	严寒地区	寒冷地区	夏热冬冷地区	夏热冬暖地区	温和地区
A1	是	是	是	是	是
A2	是	是	是	是	是
A3	是	是	是	是	是
A4	是	是	是	是	是
A5	是	是	是	是	是
A6	是	是	是	是	是
结论	进一步分析				

2. 适宜性评价

按照权重指标，对各气候区应用断桥铝合金中空双层 Low-E 玻璃窗进行评分，见表11-12。

外遮阳技术适宜性评价 表 11-12

一级指标层(B)	二级指标层(C)	严寒地区	寒冷地区	夏热冬冷	夏热冬暖	温和地区
技术性指标(B1) 0.5627	技术应用成熟度(C11) 0.1483	100	100	100	100	100
	技术可行性(C12) 0.5627	90	90	90	90	80
	生产配套性(C13) 0.2890	85	90	90	90	80
经济性指标(B2) 0.1483	经济适宜度(C21) 1.0	80	95	95	95	75
"四节一环保"指标(B3) 0.2890	"四节一环保"水平(C31) 1.0	85	85	80	75	70
综合得分		87.09	91.58	89.16	87.24	78.04
适宜性等级		适宜	适宜	适宜	适宜	适中

12

公共机构建筑绿色改造技术体系

本章在公共机构典型既有建筑绿色技术应用现状调研的基础上，对公共机构既有建筑绿色改造技术进行分类，并总结目前常见的公共机构绿色改造技术，形成绿色改造技术体系。

12.1 绿色改造技术分类

绿色建筑是指在建筑的全生命周期内，最大限度地节约资源（节能、节地、节水、节材）、保护环境和减少污染，为人们提供健康、适用和高效的使用空间，并能与自然和谐共生的建筑。其核心内容是尽量减少能源、资源消耗，减少对环境的破坏，并尽可能采用有利于提升使用品质的新技术、新材料。

公共机构既有建筑绿色改造应根据地区的气候、机构特点及建筑本身的实际情况通过合理的设计，选择适宜的绿色技术来达到"四节一环保"，减少对环境的影响，实现可持续运行的目标。绿色改造技术是指能减少环境污染、节能减耗的技术、工艺或产品的总称。公共机构建筑绿色改造技术与常规公共建筑绿色技术的差异，主要体现在公共机构用能需求、改造目标等方面，公共机构信息中心、食堂、能源信息化管理等方面具有特殊改造需要，公共机构改造目标要高于一般公共建筑改造目标。

因此对公共机构既有建筑而言，绿色改造技术包括：节地与室外环境改善技术；节能技术；节水技术；节材技术；室内环境改善技术。

（1）节地与室外环境改善技术：公共机构既有建筑的地理位置、地形、建筑物布局、朝向、间距、建筑形态及相邻的建筑形态等均已固定，一般难以改变，节地与室外环境改善技术的选择也受很多局限，技术的适宜性分析尤为重要。

（2）节能技术：公共机构既有建筑的节能改造技术措施很多，应根据建筑所处气候特征、建筑围护结构和用能设备的工作现状和使用特点，经合理分析后加以选择，有条件时应尽可能利用可再生能源，并重点考虑信息中心、食堂、能源信息化管理等方面的改造。

（3）节水技术：我国全国范围水资源紧缺，节约用水尤为重要。节水技术具有普适性，主要措施包括：节水器具更换、节水运行管理、中水回用等。对于雨水比较丰富的地区可以采用雨水回用措施。

（4）节材技术：公共机构建筑绿色改造一般为装修改造，建材用量较小，节材技术主要表现在既有建筑结构加固、增层改造工程或扩建工程及装修工程中。

（5）室内环境改善技术：既有公共机构建筑的室内环境的改善应尽可能采取被动技术措施，如自然通风、自然采光、隔声降噪、室内空气品质等技术措施，在改善工作环境的同时减少建筑能耗。

12.2 公共机构建筑绿色改造技术体系

公共机构既有建筑绿色改造技术体系基本涵盖公共机构建筑绿色改造中涉及的技术类型和种类，但由于绿色建筑技术形式繁多，此处不能全部涵盖，仅给出技术措施。

按照三级指标体系对绿色改造技术进行整理分类，将节地与室外环境改善技术；节能技术；节水技术；节材技术；室内环境改善技术等绿色改造技术分类定义为一级指标；二级指标为各分类下的技术种类，如节能技术分类下包括围护结构节能技术、暖通空调节能技术、照明节能技术等技术种类；三级指标为具体技术措施。绿色改造技术体系见表12-1。

绿色改造技术体系 表 12-1

一级指标	二级指标	三级指标
节地与室外环境改善	节地	地上空间利用技术
		增建地下空间
		合理组织场地交通
	降低环境负荷	室外声环境改善
		室外光环境改善
		室外风环境改善
		室外热环境改善
	综合绿化	屋顶绿化
		垂直绿化增设技术
		室外绿化种植
节能和能源利用	围护结构节能改造	外墙保温隔热改造
		屋面保温隔热改造
		门窗、幕墙节能改造
		遮阳措施
	暖通空调系统节能改造	冷热源节能
		供暖系统节能
		空调系统节能
		生活热水系统节能
		通风系统节能
		通用设备节能
	照明节能改造	照明光源节能
		照明灯具节能
		照明控制

续表

一级指标	二级指标	三级指标
节能和能源利用	可再生能源利用技术	太阳能利用
		地热能利用
	能源管理信息化技术	楼宇控制技术
		能源计量与监测技术
		建筑能源综合管理平台技术
	数据中心节能	空调系统节能
		IT系统节能
	食堂节能	食堂节能
	其他节能技术	配电系统节能
		电梯节能
		供水节能
节水和水资源利用	节水器具和设备	节水型水嘴
		节水型便器
		节水型淋浴设施
	防漏损	防漏损
	减压限流	减压限流
	非传统水源利用技术	雨水利用技术
		中水利用技术
	绿化节水	绿化灌溉
	用水计量	用水计量
节材与材料资源利用	高性能建筑材料	高强度结构建材
		高耐久性结构建材
		耐久性好、易维护的装饰装修建筑材料
	可再利用和可再循环建筑材料	可再循环材料
		可再利用材料
		以废弃物为原材料生产的建材
	预制建材	预制砂浆、混凝土
		预制构配件
	就地取材	就地取材
	灵活隔断	灵活隔断
	土建与装修一体化	土建与装修一体化
室内环境改善技术	室内光环境改善	自然采光技术
	室内热环境	自然通风
	室内声环境	隔声降噪技术

一级指标	二级指标	三级指标
室内环境改善技术	室内空气品质	通风换气系统和装置
		功能性环保材料
		空气质量监控
	室内空间高效利用	增加无障碍设施
		增加屋顶休闲设施
		增加观光电梯等垂直交通设施
		增加各种指示标志

12.3 气候特点分析

12.3.1 建筑气候影响因素

建筑与气候的关系十分密切，绿色建筑的规划、设计、施工更是与气候息息相关。我国幅员辽阔，地形复杂，各地气候差异悬殊，为了适应各地不同的气候条件，建筑技术在选用上应反映出不同的特点和要求。

寒冷的北方，建筑需要防寒和保温，建筑布局紧凑，体态封闭厚重；炎热多雨的南方，建筑要通风、遮阳、隔热，以降温除湿，建筑讲究防晒，内外通透；沿海地区的建筑还要防台风和暴雨；高原之上的建筑要注意强烈的日照、气候干燥的多风沙等。因此，在进行绿色改造技术气候适宜性分析时，需要充分考虑各区域建筑与气候的关系，合理利用当地气候资源，改善环境功能和使用条件，提高建筑绿色改造效果。

建筑气候区划反映的是建筑与气候的关系，主要体现在各个气象基本要素的时空分布特点及其对建筑的直接作用。国家标准《建筑气候区划标准》GB 50178—93 中将建筑气候区划以累年1月和7月平均气温、7月平均相对湿度等作为主要指标，以年降水量、年日平均气温≤5℃和≥25℃的天数等作为辅助指标，将全国划分成7个1级区。

建筑热工分区反映的是建筑热工设计与气候的关系，主要体现在气象基本要素对建筑物及围护结构的保温隔热设计的影响。《民用建筑热工设计规范》GB 50176—2016 中将建筑热工设计分区用累年最冷月（即1月）和最热月（即7月）平均温度作为分区主要指标，累年日平均温度≤5℃和≥25℃的天数作为辅助指标，将全国划分成5个区，即严寒、寒冷、夏热冬冷、夏热冬暖和温和地区，并提出相应的设计要求。

绿色建筑除了要求建筑热工性能的气候适应性外，还要求供暖空调技术的气候适应性。需要综合考虑建筑气候分区和民用建筑热工分区所涉及的要素。

12.3.2 各区域气候特点及建筑要求

综合考虑建筑气候区划和建筑热工分区的特点，对各气候区的气候特征进行总结。针对建筑气候特征提出建筑基本要求，见表12-2。

由表12-2可见：

（1）建筑气候区划Ⅲ、Ⅳ、Ⅴ气候区与建筑热工分区的夏热冬冷、夏热冬暖、温和地区一致。

（2）建筑气候区划Ⅰ、Ⅱ、Ⅵ、Ⅶ气候区与建筑热工分区的严寒和寒冷地区一致，但是不能与严寒、寒冷地区分别对应。这些区域的建筑需求在建筑节能和绿色建筑角度基本一致，只是部分地区需要兼顾夏季防热，所以采用建筑热工分区分为严寒、寒冷地区更适合进行绿色建筑技术筛选分析。

（3）因此，下文将采用建筑热工分区的方法进行绿色改造技术的分析。

区域气候特点及建筑要求 表 12-2

建筑热工分区	建筑气候区划	气候特点	建筑要求
严寒	Ⅰ	冬季漫长严寒，夏季短促凉爽；西部偏干燥，东部湿润；气温年较差很大，冰冻期长，冻土深，积雪厚；太阳辐射量大，日照丰富；冬半年多大风	（1）充分满足冬季防寒、保温、防冻要求，夏季可不考虑防热；（2）满足冬季日照和防御寒风要求；减少外露面积，加强冬季密闭性，合理利用太阳能；（3）冻土对建筑地基及地下管道影响；（4）防冰雹和风沙
严寒寒冷	Ⅵ	长冬无夏，气候寒冷干燥，南部气温较高，降水较多，比较湿润；气温年较差小而日较差大；气压偏低，空气稀薄，透明度高；日照丰富，太阳辐射强烈；冬多西南风，冻土深，积雪较厚，气温垂直变化明显	（1）充分满足冬季防寒、保温、防冻要求，夏季不需考虑防热；（2）满足防御寒风、防风沙要求；减少外露面积，加强冬季密闭性，充分利用太阳能；（3）防大风，地基防冻
	Ⅶ	冬季漫长严寒，南疆盆地冬季寒冷；大部分地区夏季干热，吐鲁番盆地酷热，山地较凉；气温年较差和日较差均大；大部分地区雨量稀少，气温干燥，风沙大；部分地区冻土较深，山地积雪较厚；日照丰富，太阳辐射强烈	（1）充分满足冬季防寒、保温、防冻要求，夏季部分地区兼顾防热；（2）满足冬季日照和防御寒风要求；减少外露面积，加强冬季密闭性，充分利用太阳能；围护结构厚重；（3）防风
寒冷	Ⅱ	冬季较长且寒冷干燥，平原地区夏季较炎热湿润，高原地区夏季较凉爽，降水量相对集中；气温年较差较大，日照丰富；春、秋短促，气温变化剧烈；春季雨雪稀少，多大风风沙天气，夏秋多冰雹和暴雨	（1）满足冬季防寒、保温、防冻要求，夏季部分地区兼顾防热；（2）满足冬季日照和防御寒风要求，主要房间避西晒；注意防暴雨；减少外露面积，加强冬季密闭性且兼顾夏季通风和利用太阳能；（3）防冰雹和防雷
夏热冬冷	Ⅲ	大部分地区夏季闷热，冬季湿冷，气温日较差小；年降水量大；日照偏少；春末夏初为梅雨期，多阴雨天，常有大雨和暴雨，沿海及长江中下游地区夏秋常受热带风暴和台风袭击，易有暴雨大风天气	（1）必须满足夏季防热、通风降温要求，冬季应适当兼顾防寒；（2）良好自然通风，避西晒，防雨、防潮、防洪、防雷击
夏热冬暖	Ⅳ	长夏无冬，温高湿重，气温年较差和日较差均小；雨量丰沛，多热带风暴和台风袭击，易有大风暴雨天气；太阳高度角大，日照较小，太阳辐射强烈	（1）必须满足夏季防热、通风、防雨要求，冬季可不考虑防寒、保温；（2）开敞通透，充分自然通风，避西晒、宜设遮阳；（3）注意防暴雨、防潮、防洪、防雷击
温和	Ⅴ	冬温夏凉，干湿季分明；常年有雷暴、多雾，气温年较差偏小，日较差大，日照较少，太阳辐射强烈，部分地区冬季气温偏低	（1）满足湿季防雨和通风要求，可不考虑防热；（2）湿季有较好自然通风，主要房间良好朝向；注意防潮、防雷击

12.4 通用技术

12.4.1 通用技术范围

绿色改造通用技术主要是指该技术的应用不受绿色改造项目所处的气候区域影响，不需要借助环境资源，同时不对季节性负荷产生影响，主要受项目自身的技术、经济等现状条件约束。

按照这类技术的特点，在绿色改造技术体系的基础上对绿色改造通用技术进行筛选，针对二级指标划定通用技术范围，共有 19 种技术属于绿色改造通用技术范围（表 12-3），其中节材与材料资源利用类技术全部为通用技术。

绿色改造通用技术范围　　　　　　　　　　　表 12-3

一级指标	二级指标
节地与室外环境改善	节地
节能和能源利用	照明节能改造
	能源管理信息化技术
	数据中心节能
	食堂节能
	其他用电节能技术
节水和水资源利用	节水器具和设备
	防漏损
	减压限流
	用水计量
节材与材料资源利用	高性能建筑材料
	可再利用和可再循环建筑材料
	预制建材
	就地取材
	灵活隔断
	土建与装修一体化
室内环境改善技术	室内声环境
	室内空气品质
	室内空间高效利用

12.4.2 通用技术适宜性分析

采用建立的适宜性分析方法，结合通用技术特点，对绿色改造通用技术的适宜性进行分析。

305

1. 节地与室外环境改善

节地与室外环境改善绿色改造通用技术适宜性分析见表12-4。

节地与室外环境改善绿色改造通用技术适宜性 表12-4

二级指标	三级指标	具体技术	适宜对象或条件	适用等级
节地	地上空间利用技术	楼层加建、高大空间隔断、旧建筑利用	规划批准、结构、基础符合承载要求	适中
	增建地下空间	增加地下室、地下室增层改造	规划批准、结构、基础符合承载要求,地下室层高足够	适中
	合理组织场地交通	场地交通流线规划、停车场规划	有设置的场地,不影响观瞻,规划批准、场地满足建设要求	适中

2. 节能和能源利用

节能和能源利用绿色改造通用技术适宜性分析见表12-5。

节能和能源利用绿色改造通用技术适宜性 表12-5

二级指标	三级指标	具体技术	适宜对象或条件	适用等级
照明节能改造	照明光源节能	更换T5、LED、金属卤化物等节能灯	采用非节能低效灯具的场所	适宜
	照明灯具节能	节能型镇流器、反射灯具		适宜
	照明控制	声光、人体感应、时间程序控制、遥控调光等	走廊等公共区域,学校教室、体育场馆等大型空间	适宜
能源管理信息化技术	楼宇控制技术	暖通空调、照明、用电等用能设备系统综合监控	具备监控条件	适中
	能源计量与监测技术	用电、水、冷热量计量与监测	适合各类既有建筑	适宜
	建筑能源综合管理平台技术	建立管理平台		
数据中心节能	空调系统节能	热管式空调、热泵空调等	PUE值较高,大型数据中心	适中
	IT系统节能	直流供电技术等		
食堂节能	食堂节能	灶具节能、排风节能	低耗灶具与通风设备食堂	适宜
其他节能技术	配电系统节能	节能电力变压器、谐波抑制措施等	配电系统效率低	适中
	电梯节能	调频调压调速拖动电梯、能量再生电梯、休眠和群控功能电梯	具备改造条件、层高较高;多台电梯,且不具备节能调控功能	适宜
	供水节能	变频供水、无负压供水	适合各类既有建筑	适宜

3. 节水和水资源利用

节水和水资源利用绿色改造通用技术适宜性分析见表12-6。

节水和水资源利用绿色改造通用技术适宜性　　　　　　表 12-6

二级指标	三级指标	具体技术	适宜对象或条件	适用等级
节水器具和设备	节水型水嘴	感应式水嘴、延时自闭式水嘴、陶瓷片密封水嘴	适合各类既有建筑	适宜
	节水型便器	节水型小便器、大便器	适合各类既有建筑	适宜
	节水型淋浴设施	节水型淋浴喷头、洗浴智能刷卡系统	具有淋浴设施的建筑,尤其是学校浴室	适宜
防漏损	防漏损	管网、高性能阀门替换	适合各类既有建筑	适宜
减压限流	减压限流	给水系统合理分区及设置支管减压阀	适合各类既有建筑	适宜
用水计量	用水计量	分级设置水表	适合各类既有建筑	适宜

4. 节材与材料资源利用

节材与材料资源利用绿色改造通用技术适宜性分析见表12-7。

节材与材料资源利用绿色改造通用技术适宜性　　　　　　表 12-7

二级指标	三级指标	具体技术	适宜对象或条件	适用等级
高性能建筑材料	高强度结构建材	Q345 及以上高强度混凝土、400MPa 级高强度钢筋	涉及改扩建、加层、结构加固等结构工程的改造项目	适中
	高耐久性结构建材	高耐久性的高性能混凝土,耐候结构钢或耐候型防腐涂料		适中
	耐久性好、易维护的装饰装修建筑材料	清水混凝土,采用耐久性好、易维护的外立面材料和室内装饰装修材料	外立面改造、装修改造项目	适宜
可再利用和可再循环建筑材料	可再循环材料	可在循环的钢筋、钢材、铜、铝合金型材、玻璃	结构加固、增层改造、装修	适中
	可再利用材料	旧建筑拆下的砌块、砖石、管道、板材、木地板、木制品(门窗)等再利用		适中
	以废弃物为原材料生产的建材	采用加入以废弃物为原料生产的现浇混凝土、水泥		适中
预制建材	预制砂浆、混凝土	预制砂浆、混凝土		适宜
	预制构配件	预制构、配件、墙板等		适中
就地取材	就地取材	使用施工现场 500km 范围内生产的建筑材料	适合各类既有建筑	适宜
灵活隔断	灵活隔断	拼装式或可重复拼装隔断	大空间办公建筑	适中
土建与装修一体化	土建与装修一体化	土建与装修一体化设计施工	装修改造项目	适宜

5. 室内环境改善技术

室内环境改善绿色改造通用技术适宜性分析见表12-8。

室内环境改善绿色改造通用技术适宜性 表 12-8

二级指标	三级指标	具体技术	适宜对象或条件	适用等级
室内声环境	隔声降噪技术	门窗、隔墙、楼板隔声措施,内部功能空间合理布局,设备降噪	毗邻交通干道的建筑朝向;机房、水泵房、发电机房、电梯房;会议室等大空间场所墙面、顶棚	适宜
室内空气品质	通风换气系统和装置	集中式新风系统、自然通风器	不影响观瞻的情况下	适中
	功能性环保材料	自洁玻璃、抗菌洁具、负离子涂料、电磁屏蔽功能装饰板	室内空气品质要求高的会议室等	适中
	空气质量监控	温湿度、二氧化碳、空气污染物浓度、地下车库一氧化碳监测装置	相关场所	适中
室内空间高效利用	增加无障碍设施	增加无障碍设施	建筑入口及主要活动空间	适宜
	增加屋顶休闲设施	增加屋面休闲设施	有足够的屋面面积,结合屋面绿化布置	适中
	增加观光电梯等垂直交通设施	增加观光电梯等垂直交通设施	主要公共活动空间,有设置的空间	适中
	增加各种指示标志	增加各种指示标志	建筑入口及主要公共活动空间	适宜

12.5 非通用技术

采用建立的适宜性分析方法,结合各气候区特点及建筑要求,对非通用技术绿色改造技术的适宜性进行分析。

12.5.1 节地和室外环境改善技术适宜性分析

节地与室外环境改善绿色改造技术适宜性分析见表 12-9。可见:

(1) 严寒和寒冷地区冬季需要防风,不适宜设置导风措施。

(2) 严寒地区冬季寒冷漫长,冰冻期长,不适宜应用景观水体、屋顶绿化和垂直绿化技术改善室外环境。

节地与室外环境改善绿色改造技术适宜性 表 12-9

二级指标	三级指标	具体技术	适宜对象和部位	气候适宜性				
				严寒	寒冷	夏热冬冷	夏热冬暖	温和
降低环境负荷	室外声环境改善	增设噪声屏障(构筑物、景观植被等)	改造前有室外噪声干扰的建筑	适中	适中	适宜	适宜	适宜
	室外光环境改善	减少玻璃幕墙面积	改造前对周边环境有眩光影响的建筑,且进行幕墙改造	适中	适中	适宜	适宜	适宜
		使用低发射率玻璃		适宜	适宜	适宜	适宜	适宜
	室外风环境改善	导风措施	有设置的场地,结合景观布置	不适宜	不适宜	适宜	适宜	适宜
		防风林、防风构筑物		适宜	适宜	适中	适中	适中
	室外热环境改善	景观水体	有设置的场地,结合景观布置	不适宜	适中	适宜	适宜	适宜
		透水地面	人行道、非机动车道	适宜	适宜	适宜	适宜	适宜

续表

二级 指标	三级 指标	具体技术	适宜对象和部位	气候适宜性				
				严寒	寒冷	夏热 冬冷	夏热 冬暖	温和
综合 绿化	屋顶绿化	屋顶绿化	结构、屋顶面积	不适宜	适中	适宜	适宜	适宜
	垂直绿化 增设技术	墙面垂直绿化	多层建筑,结合场地绿化 布置	不适宜	适中	适中	适中	适中
	室外绿 化种植	乔木、灌木结合的 复层绿化	有足够的设置场地,结合 场地景观布置	适中	适宜	适宜	适宜	适宜

12.5.2　节能和能源利用技术适宜性分析

节能和能源利用技术适宜性分析见表12-10。

节能和能源利用绿色改造技术适宜性　　　　表 12-10

二级 指标	三级 指标	具体技术	适宜对象和部位	气候适宜性				
				严寒	寒冷	夏热 冬冷	夏热 冬暖	温和
围护结 构节能 改造	外墙保温 隔热改造	外墙外保温	无保温或保温不符合节 能要求的墙体,结合外墙装 修进行	适宜	适宜	适中	不适宜	不适宜
		外墙内保温		适中	适中	适中		
	屋面保温 隔热改造	屋面保温层	无保温隔热层的屋面,结 合防水修缮	适宜	适宜	不适宜	不适宜	不适宜
		屋面隔热层		不适宜	不适宜	适宜	适宜	适中
		架空屋面、 种植屋面	考虑结构、屋面空间等 因素	不适宜	不适宜	适宜	适宜	适宜
	门窗、幕墙 节能改造	更换节能窗	结合外装修	适宜	适宜	适中	适中	适中
		增加一层外窗	结合原窗状况	适中	适中	不适宜	不适宜	不适宜
		密封条		适中	适中			
		设置门斗或挡风门廊	结合场地空间	适宜	适中	不适宜	不适宜	不适宜
	遮阳措施	玻璃隔热贴膜	白玻璃外窗,应不影响自 然采光	不适宜	适中	适宜	适宜	适宜
		固定遮阳	玻璃幕墙等,结合幕墙改 造,造价较高	不适宜	适中	适宜	适宜	适中
		活动遮阳	普通外窗,结合外窗改 造、外装修等	适中	适中	适宜	适宜	适宜
暖通空 调系统 节能 改造	冷热源 节能	更换热回收型 冷水机组	制冷季有热水或热负荷 需求,且需要更换机组	不适宜	适中	适中	适中	不适宜
		蓄冷技术	有峰谷电价政策	适中	适宜	适宜	适宜	适宜
		水环热泵技术	同时有供冷、供暖需求	不适宜	适中	不适宜	不适宜	不适宜
		锅炉烟气余热回收	有独立锅炉供暖的项目	适宜	适宜	不适宜	不适宜	不适宜
		自然冷源降温	冷却塔降温	不适宜	适中	适宜	适宜	适中

续表

二级指标	三级指标	具体技术	适宜对象和部位	气候适宜性				
				严寒	寒冷	夏热冬冷	夏热冬暖	温和
暖通空调系统节能改造	供暖系统节能	更换为辐射末端	地板、顶棚、楼板、毛细管辐射供暖,易于改造部位	适中	适中	不适宜	不适宜	不适宜
		供暖系统末端调节控制技术	散热器设置自力式温控阀,地暖分环控制或分户总体控制	适宜	适宜	不适宜	不适宜	不适宜
	空调系统节能	排风热回收技术	排风与新风温差大,风量大的系统	适中	适宜	适宜	适宜	适中
		变风量控制	小空间、负荷要求不一致	适中	适中	适中	适中	适中
		空调系统末端调节控制技术	空调末端配置风量、风速调控装置	适中	适中	适中	适中	适宜
	生活热水系统节能	智能刷卡系统	公共浴室	适宜	适宜	适宜	适宜	适宜
		污水热泵热水系统	公共浴室,环境资源允许	适宜	适宜	适宜	适宜	适宜
		空气源热泵热水系统		不适宜	适宜	适宜	适宜	适宜
	通风系统节能	自然通风装置	建筑空间允许	不适宜	适宜	适宜	适宜	适宜
		置换通风	压差通风	不适宜	适宜	适宜	适宜	适宜
	通用设备节能	风机、水泵变频	应用定频风机、水泵部位	适宜	适宜	适宜	适宜	适宜
可再生能源利用技术	太阳能利用	太阳能生活热水	太阳能资源丰富,且有生活热水需求	适宜	适宜	适中	适中	适宜
		太阳能供暖	太阳能资源丰富,且有供暖需求	适宜	适宜	不适宜	不适宜	不适宜
		太阳能光伏发电	太阳能资源丰富,且有布置空间	适中	适中	适中	适中	适宜
		太阳能路灯	太阳能资源丰富	适中	适中	适中	适中	适宜
	地热能利用	土壤源热泵	同时具备冷暖需求,资源环境允许	不适宜	适中	适中	不适宜	不适宜
		地下水源热泵		不适宜	不适宜	适中	不适宜	不适宜
		地表水源热泵		不适宜	不适宜	适宜	适中	适中
		污水源热泵		适中	适中	适中	不适宜	不适宜

12.5.3 节水和水资源利用技术适宜性分析

节水和水资源利用技术适宜性分析见表 12-11。

节水和水资源利用绿色改造技术适宜性　　　　　　表 12-11

二级指标	三级指标	具体技术	适宜对象和部位	气候适宜性				
				严寒	寒冷	夏热冬冷	夏热冬暖	温和
非传统水源利用技术	雨水利用技术	屋面、地面雨水收集与利用技术	有足够的雨水集蓄场地	不适宜	不适宜	适宜	适宜	适宜
	中水利用技术	中水利用技术	周边有中水或项目自身场地允许	适中	适中	适中	适中	适中
绿化节水	绿化灌溉	喷灌、滴灌等	较大的绿化场地	适中	适中	适宜	适宜	适宜
		湿度传感器或气候变化调节控制器		适中	适中	适宜	适宜	适宜

12.5.4 室内环境改善技术适宜性分析

室内环境改善技术适宜性分析见表 12-12。

室内环境改善绿色改造技术适宜性　　　　　　表 12-12

二级指标	三级指标	具体技术	适宜对象和部位	气候适宜性				
				严寒	寒冷	夏热冬冷	夏热冬暖	温和
室内光环境改善	自然采光技术	反光板、棱镜玻璃窗	外窗具备设置条件,结构允许	适中	适中	适中	适中	适中
		光导管	具备屋面、墙面开孔改造条件,结构允许	不适宜	适中	适中	适中	适中
		室内透明隔断	维修改造实施	适宜	适宜	适中	适中	适中

13

节地与室外环境改善绿色改造技术

13.1 适宜技术及适宜性等级

节地与室外环境改善绿色改造技术见表13-1。

适宜技术及适宜性等级 表13-1

二级指标	三级指标	具体技术	适宜对象和部位	通用	气候适宜性				
					严寒	寒冷	夏热冬冷	夏热冬暖	温和
节地	地上空间利用技术	楼层加建、高大空间隔断、旧建筑利用	规划批准、结构、基础符合承载要求	适中	—	—	—	—	—
	增建地下空间	增加地下室,地下室增层改造	规划批准、结构、基础符合承载要求,地下室层高足够	适中	—	—	—	—	—
	合理组织场地交通	场地交通流线规划、停车场规划	有设置的场地,不影响观瞻,规划批准、场地满足建设要求	适中	—	—	—	—	—
降低环境负荷	室外声环境改善	增设噪声屏障(增加构筑物、景观植被等)等措施	改造前有室外噪声干扰的建筑	—	适中	适中	适宜	适宜	适宜
	室外光环境改善	减少玻璃幕墙面积	改造前对周边环境有眩光影响的建筑,且进行幕墙改造	—	适中	适中	适宜	适宜	适宜
		使用低发射率玻璃		—	适宜	适宜	适宜	适宜	适宜
	室外风环境改善	导风措施	有设置的场地,结合景观布置	—	不适宜	不适宜	适宜	适宜	适宜
		防风林、防风构筑物		—	适宜	适宜	适中	适中	适中
	室外热环境改善	景观水体	有设置的场地,结合景观布置	—	不适宜	适中	适宜	适宜	适宜
		透水地面	人行道、非机动车道	—	适宜	适宜	适宜	适宜	适宜
综合绿化	屋顶绿化	屋顶绿化	结构、屋顶面积	—	不适宜	适中	适宜	适宜	适宜
	垂直绿化增设技术	墙面垂直绿化	多层建筑,结合场地绿化布置	—	不适宜	适中	适宜	适宜	适中
	室外绿化种植	乔木、灌木结合的复层绿化	有足够的设置场地,结合场地景观布置	—	适中	适宜	适宜	适宜	适宜

13.2　节地改造技术形式及特点

13.2.1　地上空间利用技术

建筑地上功能空间拓展或增层改造。在满足建筑及相关部门审批许可的条件下，通过在既有公共建筑内部增设楼层、建筑外部形态拓展或顶部增加楼层等措施，延伸或扩展既有建筑功能空间容量，提升既有建筑容积率，提高建筑土地利用价值。改造后提高原有容积率。

13.2.2　增建地下空间

建筑地下空间拓展与增设。拓展既有公共建筑竖向地下空间，或提升既有建筑地下空间的使用效率，实现改造后的建筑地下空间功能拓展的最大化，提升建筑土地利用效率。

13.2.3　合理组织场地交通

场地功能布局改造：针对待改场地功能定位需求，将场地交通、景观、休闲活动、综合停车、物业管理、垃圾分类与收集等功能进行改造重组或增设，完善与提升既有公共建筑场地功能，实现既有建筑场地功能改造升级，匹配场地新功能需求与可持续使用。该项内容通过审查改造设计文件中的场地总平面图纸、建筑首层或能反映建筑场地功能的平面图纸以及设计说明。

场地内交通系统改造：合理组织既有建筑场地内部人行与车行路线，保障改造后的场地内部交通系统中的人行与人活动区、车行与停车空间的合理改造设置。改造后的场地各股交通流线清晰，且相互不干扰。

13.3　降低环境负荷改造技术形式及特点

13.3.1　室外热环境改善

1. 设置景观水体

景观用水应优先考虑采用非传统水源，不采用市政自来水和自备地下水井供水。做好水景补水量和可利用非传统水源水量的平衡计算，合理规划设计水景，同时，景观水面的大小、水深等问题需要综合建筑、景观、工艺设计和物业管理之间的不同要求，符合住区规划、满足观赏功能、维持水质安全、减少藻类滋生，形成良好的人居生态环境。

采用雨水、再生水等作为景观用水时，水质应达到《城市污水再生利用　景观环境用水水质》GB/T 18921—2019标准要求，且不应对公共卫生造成威胁；同时做好景观水的循环处理及利用，防止水质变坏。

2. 铺设透水地面

通过对既有公共建筑场地内硬质地面的合理改造，采用铺设植草砖、透水砖等透水地面（图 13-1），对改造后场地内部的透水性地面总量实施控制，以便保证改造后的场地范围内的地面具有良好的渗透性，改善改造后场地的区域微环境，增加地下水涵养，减少地表径流，减轻排水系统负荷等。

图 13-1　透水地面

13.3.2　室外风环境改善

场地既有建筑前后压差改造：依据改造前的建筑前后压差分析报告，通过场地功能布局重组、"导风"或"障风"元素（构筑物或景观组团）增设等，改善待改造建筑主体在过渡季节与夏季期间的建筑前后压差现状，最大限度提升建筑引入室外物理环境的可能性，并使得压差指标满足评价标准中的相关要求。具体措施包括设置防风林、防风构筑物等。

13.3.3　室外光环境改善

减少建筑玻璃对室外光环境的污染，采取减少玻璃幕墙面积、使用低发射率玻璃等技术措施。

13.3.4　室外噪声环境改善

针对既有建筑改造前的场地噪声现状问题，通过控制噪声源、增设噪声屏障（增加构筑物、景观植被等）等措施，改善建筑场地噪声环境质量，使其满足国家标准《声环境质量标准》GB 3096—2008 的相关要求。

13.4　综合绿化改造技术形式及特点

13.4.1　建筑垂直绿化改造

改造建筑中增设垂直绿化，实现其本体空间绿化形式的多样化，塑造丰富的建筑竖向界面，改善建筑竖向功能区域，提升改造建筑竖向区域的空间绿化环境与物理微环境改善。

13.4.2　建筑屋顶绿化改造

改造建筑中增设屋顶（或空中）绿化，实现改造建筑本体竖向空间绿化增设，塑造丰富的建筑顶部（或中部）绿化界面，提升改造建筑竖向区域的空间绿化环境与物理微环境改善。建筑屋顶绿化类型包含屋顶绿化、空中花园、下沉庭院等形式，并通过屋顶可绿化比率实施设置控制。

14

节能和能源利用改造技术

14.1 适宜技术及适宜性等级

节能和能源利用改造技术见表 14-1。

适宜技术及适宜性等级

表 14-1

二级指标	三级指标	具体技术	适宜对象和部位	通用	气候适宜性				
					严寒	寒冷	夏热冬冷	夏热冬暖	温和
围护结构节能改造	外墙保温隔热改造	外墙外保温	无保温或保温不符合节能要求的墙体，结合外墙装修进行	—	适宜	适宜	适中	不适宜	不适宜
		外墙内保温		—	适中	适中	适中		
	屋面保温隔热改造	屋面保温层	无保温隔热层的屋面，结合防水修缮	—	适宜	适宜	不适宜	不适宜	不适宜
		屋面隔热层		—	不适宜	不适宜	适宜	适宜	适中
		架空屋面、种植屋面	考虑结构、屋面空间等因素	—	不适宜	不适宜	适宜	适宜	适宜
	门窗、幕墙节能改造	更换节能窗	结合外装修	—	适宜	适宜	适中	适中	适中
		增加一层外窗	结合原窗状况	—	适中	适中	不适宜	不适宜	不适宜
		密封条		—	适中	适中			
		设置门斗或挡风门廊	结合场地空间	—	适宜	适宜	不适宜	不适宜	不适宜
	遮阳措施	玻璃隔热贴膜	白玻璃外窗，应不影响自然采光	—	不适宜	适中	适宜	适宜	适宜
		固定遮阳	玻璃幕墙等，结合幕墙改造，造价较高	—	不适宜	适中	适宜	适宜	适中
		活动遮阳	普通外窗，结合外窗改造、外装修等	—	适中	适中	适宜	适宜	适宜

二级指标	三级指标	具体技术	适宜对象和部位	通用	气候适宜性				
					严寒	寒冷	夏热冬冷	夏热冬暖	温和
暖通空调系统节能改造	冷热源节能	更换热回收型冷水机组	制冷季有热水或热负荷需求，且需要更换机组	—	不适宜	适中	适中	适中	不适宜
		蓄冷技术	有峰谷电价政策	—	适中	适宜	适宜	适宜	适中
		水环热泵技术	同时有供冷、供暖需求	—	不适宜	适中	不适宜	不适宜	不适宜
		锅炉烟气余热回收	有独立锅炉供暖的项目	—	适宜	适宜	不适宜	不适宜	不适宜
		自然冷源降温	冷却塔降温	—	不适宜	适宜	适宜	适宜	适宜
	供暖系统节能	更换为辐射末端	地板、天棚、楼板、毛细管辐射供暖，易于改造部位	—	适中	适中	不适宜	不适宜	不适宜
		供暖系统末端调节控制技术	散热器设置自力式温控阀，地暖分环控制或分户总体控制	—	适宜	适宜	不适宜	不适宜	适宜
	空调系统节能	排风热回收技术	排风与新风温差大，风量大的系统	—	适中	适宜	适宜	适宜	适中
		变风量控制	小空间、负荷要求不一致	—	适中	适中	适中	适中	适中
		空调系统末端调节控制技术	空调末端配置风量、风速调控装置	—	适宜	适宜	适宜	适宜	适宜
	生活热水系统节能	智能刷卡系统	公共浴室	—	适宜	适宜	适宜	适宜	适宜
		污水热泵热水系统	公共浴室，环境资源允许	—	适宜	适宜	适宜	适宜	适宜
		空气源热泵热水系统		—	不适宜	适宜	适宜	适宜	适宜
	通风系统节能	自然通风装置	建筑空间允许	—	不适宜	适宜	适宜	适宜	适宜
		置换通风	压差通风	—	不适宜	适宜	适宜	适宜	适宜
	通用设备节能	风机、水泵变频	应用定频风机、水泵部位	—	适宜	适宜	适宜	适宜	适宜
可再生能源利用技术	太阳能利用	太阳能生活热水	太阳能资源丰富，且有生活热水需求	—	适宜	适宜	适中	适中	适宜
		太阳能供暖	太阳能资源丰富，且有供暖需求	—	适宜	适宜	不适宜	不适宜	不适宜
		太阳能光伏发电	太阳能资源丰富，且有布置空间	—	适中	适中	适中	适中	适宜
		太阳能路灯	太阳能资源丰富	—	适中	适中	适中	适中	适宜
	地热能利用	土壤源热泵	同时具备冷暖需求，资源环境允许	—	不适宜	适中	适中	不适宜	不适宜
		地下水源热泵		—	不适宜	不适宜	适中	不适宜	不适宜
		地表水源热泵		—	不适宜	不适宜	适中	不适宜	不适宜
		污水源热泵		—	适中	适中	适中	不适宜	不适宜

二级指标	三级指标	具体技术	适宜对象和部位	通用	气候适宜性				
					严寒	寒冷	夏热冬冷	夏热冬暖	温和
照明节能改造	照明光源节能	更换 T5、LED、金属卤化物等节能灯	采用非节能低效灯具的场所	适宜	—	—	—	—	—
	照明灯具节能	节能型镇流器、反射灯具	—	适宜	—	—	—	—	—
	照明控制	声光、人体感应、时间程序控制、遥控调光等	走廊等公共区域，学校教室、体育场馆等大型空间	适宜	—	—	—	—	—
能源管理信息化技术	楼宇控制技术	暖通空调、照明、用电等用能设备系统综合监控	具备监控条件	适中	—	—	—	—	—
	能源计量与监测技术	用电、水、冷热量计量与监测	适合各类既有建筑	适宜	—	—	—	—	—
	建筑能源综合管理平台技术	建立管理平台			—	—	—	—	—
数据中心节能	空调系统节能	热管式空调、热泵空调等	PUE 值较高，大型数据中心	适中	—	—	—	—	—
	IT 系统节能	直流供电技术等			—	—	—	—	—
食堂节能	食堂节能	灶具节能、排风节能	低耗灶具与通风设备食堂	适宜	—	—	—	—	—
其他节能技术	配电系统节能	节能电力变压器、谐波抑制措施等	配电系统效率低	适中	—	—	—	—	—
	电梯节能	调频调压调速拖动电梯、能量再生电梯、休眠和群控功能电梯	具备改造条件、层高较高；多台电梯，且不具备节能调控功能	适宜	—	—	—	—	—
	供水节能	变频供水、无负压供水	适合各类既有建筑	适宜	—	—	—	—	—

14.2 围护结构节能改造技术

围护结构节能技术主要包括：外墙与屋面保温隔热技术、外窗节能技术、遮阳技术等。针对不同的气候区域，采用不同的节能技术措施，实现节能和绿色建筑标准的相关要求。

14.2.1 外墙与屋面保温节能改造

外墙是建筑外围护结构的主体，其所用材料的保温性能直接影响建筑的耗热量。外墙节能改造技术包括外保温、内保温、夹芯保温、自保温几类，从既有建筑节能改造角度出发，主要根据气候及建筑自身特点选择外保温或内保温。

1. 外墙外保温技术

外墙外保温是在主体墙结构外侧在粘结材料的作用下，固定一层保温材料，并在保温材料的外侧用玻璃纤维网加强并涂刷粘结胶浆。此种外保温，可用于新建墙体，也可以用于既有建筑外墙的改造。目前主要流行的有聚苯板薄抹灰外墙保温、聚苯板现浇混凝土外墙保温、聚苯颗粒浆料外墙保温、聚氨酯硬泡喷涂外墙外保温等几种外保温操作方法。由于将保温材料置于建筑物墙体外侧，外墙外保温体系可以避免产生热桥，提高室内热环境质量；墙体结构材料受到保护、使用寿命延长；还可以使主体结构墙体减薄，从而增加房屋的使用面积。

2. 外墙内保温技术

它本身做法简单，造价较低，但是在热桥的处理上很容易出现问题。近年来，由于外保温的飞速发展和国家的政策导向，内保温在我国的应用有所减少，但在我国的夏热冬冷和夏热冬暖地区，还是有很大的应用空间和潜力。目前，有以下几种做法：（1）在外墙内侧粘贴或砌筑块状保温板（如膨胀珍珠岩板、水泥聚苯板、加气混凝土块、EPS 板等），并在表面抹保护层（如水泥砂浆或聚合物水泥砂浆等）。（2）在外墙内侧拼装 GRC 聚苯复合板或石膏聚苯复合板，表面刮腻子。（3）在外墙内侧安装岩棉轻钢龙骨纸面石膏板（或其他板材）。（4）在外墙内侧抹保温砂浆。（5）公共建筑外墙、地下车库顶板现场喷涂超细玻璃棉绝热吸声系统。该系统保温层属于 A 级不燃材料。

3. 屋面保温

我国的北方地区冬季寒冷，为使冬季房间内部的温度能够满足使用要求以及建筑节能的需要，应当在屋顶设置保温层。保温材料应当选择轻质、多孔、导热系数小的材料。根据保温材料的成品特点和施工工艺的不同，可以把保温材料分为散料、现场浇筑的拌合物和板块料三种。散料式和现场浇筑式保温层具有良好的可塑性，还可以用来替代找坡层。散料式保温材料主要有膨胀珍珠岩、膨胀蛭石、炉渣等。由于散料在施工时容易受到刮风及其他因素的影响，不易就位成形，施工难度较大，在实际工程中采用的较少。现场浇筑式保温材料是用散料为骨料，与水泥或石灰等胶结材料加适量的水进行拌合，在现场浇筑而成的保温层。这种保温层的加工性较好，但保温层就位之后仍处于潮湿的状态，对保温不利，往往需要在保温层中设置通气口来散发潮气，在构造上比较麻烦。板块料式保温材料主要有聚苯板、加气混凝土板、泡沫塑料板、膨胀珍珠岩板、膨胀蛭石板等。这种材料具有施工速度快、保温效果好、避免湿作业的优点，在工程中应用得比较广泛。在可能的情况下最好使用两层以上的板块叠合组成保温层，并处理好板块之间的接缝，避免热桥的现象发生。

14.2.2 玻璃幕墙的节能改造

一些公共建筑门窗面积占建筑面积比例超过 20%，而透过门窗的能耗约占整个建筑的 50%。通过玻璃的能量损失约占门窗能耗的 75%，占窗户面积 80% 左右的玻璃能耗，占第一位。公共机构建筑中的博物馆等大型公共建筑，出于美观和形象上的考虑，采用了玻璃幕墙，造成能耗居高不下。通常采用外遮阳、更换节能玻璃、玻璃贴膜等措施进行改造。

14.2.3 建筑隔热玻璃贴膜

建筑隔热膜以节能为主要目的，附带隔紫外线和安全防爆功能，这种建筑隔热膜类分为热反射膜和低辐射膜。热反射膜（又称阳光控制膜）贴在玻璃表面使房内能透过一定量的可见光，提高红外线反射率 IR，降低太阳能热量获得系数 $SHGC$，在炎热的夏季能保持室内温度不会升高太多，从而降低室内空调用电费用。低辐射膜（又称 Low-E 膜）能透过一定量的短波太阳辐射能，使太阳辐射热（近红外线）进入室内，同时又能将 90％以上的室内物体热源（如暖气设备）辐射的长波红外线（远红外线）反射回室内。Low-E 膜能充分利用室外太阳短波辐射及室内热源的长波辐射能量，因此，在寒冷地区供暖建筑中使用可起到保温节能的明显效果。

14.2.4 外窗遮阳改造

夏热冬暖地区夏季强烈的太阳辐射通过窗口进入室内是使室内过热、空调耗电量增加的根本原因之一，因而，对既有建筑外窗进行遮阳改造可从两个方向下手，一是给外窗增加外遮阳设施，通过外遮阳设施对外窗玻璃的遮挡作用，减少透过外窗玻璃进入室内的日射得热，从而减少室内空调冷负荷；另一种就是直接改变外窗玻璃的遮阳系数，由于原有玻璃的遮阳系数已经不能满足节能设计标准值，因此，可采取在原玻璃上贴膜、涂膜的方式，从而减小外窗的综合遮阳系数，达到节能的目的。

1. 固定外遮阳

固定外遮阳有水平、垂直、挡板遮阳三种基本形式。实际中可以单独选用或者进行组合，常见的还有综合遮阳、固定百叶、格栅遮阳等（图 14-1）。

（1）水平遮阳。能够遮挡从窗口上方射来的阳光，适用于南向外窗。

（2）垂直遮阳。能够遮挡从窗口两侧射来的阳光，适用于北向外窗。

（3）挡板遮阳。能够遮挡平射到窗口的阳光，适用于东西向外窗。

(a)   (b)

图 14-1　固定外遮阳改造效果

（a）格栅式固定外遮阳；（b）水平式外遮阳

2. 活动遮阳

（1）使用窗外遮阳卷帘是一种有效的措施，它适用于各个朝向的窗户。当卷帘完全放下的时候，能够遮挡住几乎所有的太阳辐射，这时候进入外窗的热量只有卷帘吸收的太阳辐射能量向内传递的部分。如果采用导热系数小的玻璃，则进入窗户的太阳热量非常少。此外也可以适当保持卷帘与窗户玻璃之间的距离，利用自然通风带走卷帘上的热量，也能有效减少卷帘上的热量向室内传递。

（2）活动百叶遮阳

有升降式百叶帘和百叶护窗等形式。百叶帘既可以升降，也可以调节角度，在遮阳和采光、通风之间达到平衡，因而在办公楼宇及民用住宅上得到了很大的应用。根据材料的不同，分为铝百叶帘、木百叶帘和塑料百叶帘。百叶护窗的功能类似于外卷帘，在构造上更为简单，一般为推拉的形式或者外开的形式，在国外得到大量的应用。

（3）遮阳篷。

（4）遮阳纱幕。

这类产品既能遮挡阳光辐射，又能根据材料选择控制可见光的进入量，防止紫外线，并能避免眩光的干扰，是一种适合于炎热地区的产品。纱幕的材料主要是玻璃纤维，具有耐火防腐、坚固耐久的特点。

3. 玻璃贴膜、涂膜改造

玻璃贴膜，是指在既有建筑原玻璃上贴一层能溶于水、反射红外线的隔热薄膜，其主要由 PET 基材复合而成；玻璃涂膜，是指在玻璃表面涂刷一层功能性建筑涂料可以有效遮蔽进入室内的太阳辐射，从而减少空调能耗。这种隔热膜材可以遮挡红外线和紫外线的辐射，对太阳辐射的阻隔率高达 80% 以上，而可见光的透过率很高。

玻璃贴膜、涂膜方式相对外遮阳改造方式要简单，节能效果明显，但冬季也会阻挡一定的太阳辐射进入室内，影响冬季供暖能耗；然而对于长夏无冬的夏热冬暖地区，这种影响基本可以忽略，因而比较适合作为夏热冬暖地区既有建筑节能改造技术的推广应用。

14.2.5　屋面遮阳

在夏热冬暖、夏热冬冷地区采用架空屋面、通风屋面、种植屋面等技术措施，实现降低屋面太阳辐射，减少建筑能耗提升室内热舒适水平的目的。

14.2.6　墙面遮阳

主要是利用建筑遮阳板、电手动百叶、直臂滑轨窗篷、遮阳篷等进行遮阳，当然也可以通过绿化进行遮阳，绿化遮阳不适宜都市大面积墙面。

14.2.7　节能外窗

外窗由窗框型材、玻璃组成，节能外窗是也由节能窗框材料、节能玻璃以及外窗开启方式综合定义。

1. 节能窗框材料

包括断热钢门窗、断热铝合金门窗、塑料门窗、木门窗四种类型，并配以双层以上中空玻璃才是节能门窗。

2. 节能玻璃

目前节能玻璃的种类有中空玻璃、真空玻璃、镀膜玻璃、吸热玻璃等。

3. 节能外窗开启方式

平开门窗和固定窗是节能门窗。

14.3 暖通空调系统节能改造技术

14.3.1 空调系统热回收技术

通风空调系统排风热量（冷量）回收，再用于空调系统，对空调系统节能具有重要的意义，并能取得显著的经济效益和环境效益。目前各种能量回收设备在空调系统中越来越广泛地被应用，国家也颁布了有关法规要求在某些建筑中必须采用热回收装置。如《公共建筑节能设计标准》GB 50189—2015 中明确规定：设有集中排风的建筑，在新风与排风的温差 $\Delta t \geqslant 8℃$ 时，当新风量 $L_o \geqslant$ 4000m^3/h 的空调系统，或送风量 $L_s \geqslant$ 3000m^3/h 的直流式空调系统，以及设有独立新风和排风的系统，宜设置排风热回收装置；并规定排风热回收装置的额定热回收效率不应低于 60%。所谓热回收系统，即回收建筑物内外的余热（冷）或废热（冷），并把回收的热（冷）量作为供热（冷）或其他加热（制冷）设备的热（冷）源而加以利用的系统。热回收方式比较多，但归纳起来共两大类，即全热回收装置和显热回收装置。全热回收装置既回收显热，又能回收潜热，此类装置有转轮式换热器

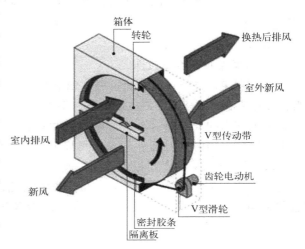

图 14-2 转轮式热回收系统

（图 14-2）、板翅式换热器和热泵式换热器。显热回收装置有热管式、中间热媒式和板式显热换热器。

14.3.2 烟气余热回收技术

烟气余热回收主要是通过某种换热方式将烟气携带的热量转换成可以利用的热量。回收烟气余热是一项重要的节能途径。烟气余热回收的利用方式主要有气—水余热回收、气—气余热回收两种，前者余热回收器出口烟气温度一般控制在露点以上；后者余热回收器出口烟气温度一般控制在露点以下。

14.3.3 水泵与风机变频调速技术

改变泵的转速可以改变泵的性能曲线，在管路曲线保持不变情况下，使工作点改变，

这种调节方式称为变速调节（图14-3）。当泵和风机的转速升高时，泵和风机的性能曲线上移，工作点上移，流量增加；反之，泵和风机的转速下降时，其性能曲线下降，工作点下移，流量减少，从而实现泵和风机的调节。变频器是通过改变电源频率来改变电动机转速的，可通过降低转速达到节能的目的。与节流相比较，变速调节具有显著的节能效果。

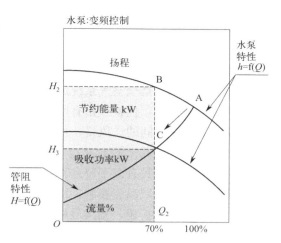

图14-3　水泵变频节能原理

14.3.4　气候补偿技术

建筑物的耗热量受室外气温、太阳辐射、空气湿度、风向和风速等因素的影响，时刻都在变化。要保证在上述因素变化的条件下，维持室内温度恒定或满足用户需求，供热系统的供回水系统就应在整个供暖期间根据室外气象条件的变化进行调节，以使锅炉供热量、散热设备的放热量和建筑物的需热量相一致，防止用户室内发生室温过低或过高的现象。及时而有效的运行调节，可在保证供暖质量的前提下，达到最大限度的节能。现在已经有一些供热运行部门针对各自具体情况制定了供暖期室外日平均气温与供水温度的关系曲线（或对照表），规定了日耗煤量，同时也开发了智能型供暖系统量化管理仪表，以科学、量化地指导司炉人员进行操作，保持供热与需热一致的最佳运行状态，达到节能目的，提高供热品质。但是这些控制没有达到动态控制，效果并不理想。室外温度的变化决定了建筑物需热量的大小，也就决定了能耗的高低，运行参数必须随时根据外温度的变化进行调整，以始终保证锅炉房的供热量和建筑物的需热量相一致，只有这样才能实现最大限度的节能。气候补偿系统通过给锅炉房提供最佳运行曲线，采用自动控制技术，实现对供暖系统的节能运行管理。

14.3.5　管网水力平衡技术

管网水力平衡技术是节能及提高供热品质的关键。通过在室外各环路及建筑物入口处供暖供水管（或回水管）路上安装平衡阀或其他水力平衡元件，并进行全面的水力平衡调试，使安装了平衡阀的各个环路的流量基本能够达到设计流量，整个系统达到水力平衡工况。

14.3.6　低温热水辐射供暖技术

低温热水辐射供暖以低温热水作为热源，以地板、墙体或顶棚为发热体，以辐射传热为主，对流换热为辅，是一种对房间热微气候进行调节的节能供暖系统。根据工程实例及研究，低温地板辐射供暖系统有如下优点：同现行散热器供暖系统相比，由于室内壁面温度的提高，减少了四周表面对人体的冷辐射，提高了人体的热舒适感；低温地板辐射供暖系统的房间沿水平方向的温度分布比较均匀，温度梯度较小，垂直方向形成特有的负梯度分布，使得房间顶部不会过热，减少围护结构的无效热损失；在相同气象条件下、在满足人体热舒适感不变的情况下，采用低温地板辐射供暖系统的房间温度比采用现行散热器供暖系统的房间温度可降低 2℃ 。

14.3.7 空调变风量技术

变风量空调系统是全空气系统的一种形式，它由单风道定风量系统演变而来。在发达国家，从 20 世纪 70 年代就开始有所研究和应用，其工作原理是当房间负荷发生变化时，它可自动控制送入房间的送风量，从而使空调机组在低负荷时的总风量下降，空调机组的送风机转速也随之降低（图 14-4）。因此，变风量系统不但能有效控制房间温度，其节能效益也是显著的。其具有以下特点：适合多房间且负荷有一定变化的场合，如办公室、会议室、展厅等；分区域温度控制；综合能效提高，设备安装容量减少，运行能耗节省；灵活性好，易于改建、扩建，尤其适用于格局多变的建筑。

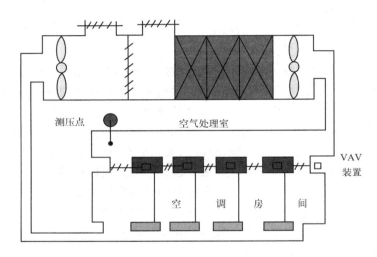

图 14-4　变风量空调系统示意

14.3.8 空气源热泵技术

在能源紧缺、强调可持续发展的今天，在某些大城市和特殊地区，出于环保的考虑，限制使用锅炉供暖，于是电动热泵技术成了人们的首选。其中又以空气源热泵冷热水机组较为常见。空气源热泵冷热水机组是由制冷压缩机、空气/制冷剂换热器、水/制冷剂换热器、节流机构、四通换向阀等设备与附件及控制系统等组成的可制备冷、热水的设备。其主要优点如下：（1）用空气作为低位热源，取之不尽，用之不竭，到处都有，可以无偿地获取；（2）空调系统的冷源与热源合二为一，夏季提供 7℃冷冻水，冬季提供 45～50℃热水，一机两用；（3）空调水系统中省去冷却水系统；（4）无需另设锅炉房或热力站；（5）要求尽可能将空气源热泵冷水机组布置在室外，如布置在裙房楼顶上、阳台上等，这样可以不占用建筑屋的有效面积；（6）安装简单，运行管理方便；（7）不污染使用场所的空气，有利于环保。

14.4 可再生能源利用技术

14.4.1 建筑太阳能光热利用增设改造

光热转换是太阳能利用的基本方式，可广泛应用于建筑供暖和为建筑物提供热水以及制冷。既有公共机构建筑改造过程中的太阳能光热利用增设，拓展建筑主体常规热水量补给源，降低能源消耗（图14-5）。有条件的地区可以利用太阳能供暖与制冷技术，降低常规能源消耗。

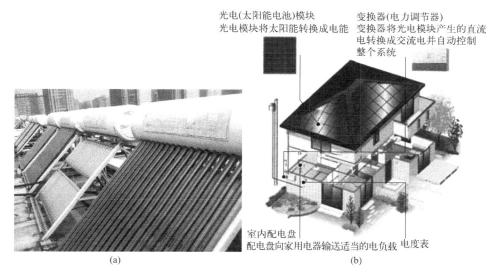

光电(太阳能电池)模块
光电模块将太阳能转换成电能

变换器(电力调节器)
变换器将光电模块产生的直流
电转换成交流电并自动控制
整个系统

室内配电盘
配电盘向家用电器输送适当的电负载

电度表

(a)　　　　　(b)

图 14-5　太阳能光热利用

14.4.2 建筑太阳能光电利用增设改造

光伏发电系统主要有两种形式，一种为独立光伏供电系统，由光伏方阵、控制器、蓄电池、逆变器、交流负载组成独立的供电系统；另一种为并网光伏供电系统，由光伏方阵、控制器、并网逆变器组成并网发电系统，将电能直接输入公共电网。太阳能光伏建筑一体化是将太阳能光伏发电方阵安装在建筑的围护结构外表面来提供电力。由于光伏方阵与建筑的结合不占用额外的地面空间，是光伏发电系统在城市中广泛应用的最佳安装方式，包括光伏方阵与建筑的结合、光电瓦屋顶、光电幕墙和光电采光顶等。既有公共建筑改造过程中，有条件的情况下可应用太阳能光电技术，并通过太阳能光电利用所产生的电量进行建筑辅助功能空间以及建筑环境用电补偿，且太阳能光电收集构件与建筑可利用外部界面一体化设计。

14.4.3 地源热泵供暖空调技术

中国地热资源蕴藏丰富，但由于地质和地球物理条件复杂，地热资源分布不均匀。中国高温地热源包括西藏羊八井地热田、云南腾冲地热田、台湾大屯地热田；中低温地热田广泛分布在板块的内部，中国华北、京津地区的地热田多属于中低温地热田，中国地热资源总量98％以上是低温地热资源。目前，中国众多的低温地热资源主要是直接利用于洗浴、供暖、种植、养殖、医疗、娱乐等方面。虽然全国直接利用总量已居世界各国前列，但利用水平和效率比较低。

地源热泵供暖空调技术是当前世界上最先进的供暖制冷新技术（图 14-6）。一般是指利用普遍存在于地下岩土层中的可再生的浅层地热能或地表热能（温度范围在 7～12℃），即岩土体、地下水或地表水（包括江河湖海水）中蕴含的低品位热能，实现商业、公用以及住宅建筑冬季供暖、夏季空调以及全年热水供应的节能新技术。以岩土体、地下水或地表水为低温热源，由水源热泵机组、地热能交换系统、建筑物内系统组成的供热空调系统，属于可再生能源利用技术。根据地热能交换系统形式的不同，地源热泵系统分为地埋管地源热泵系统、地下水地源热泵系统和地表水地源热泵系统。近十年来，全世界每年以递增 20％以上的速度在增长，到 2005 年年底，已有 33 个国家在推广这项技术。它有三大优点，一是比其他常规供暖技术可节能 50％～60％；二是环保，不排放任何废弃物；三是运行费用低，可降低 30％～70％，是供暖制冷领域解决污染节能问题的重要技术选择。

图 14-6　地源热泵供暖空调技术

14.5　照明节能技术

14.5.1　高效节能的电光源

目前常用的高效节能的电光源包括：卤钨灯、高压钠灯、金属卤化物灯、低压钠灯、发光二极管-LED灯、高效荧光灯管 T5 等。

14.5.2　高效节能照明灯具

选用配光合理、反射效率高、耐久性好的反射式灯具；选用与光源、电器附件协调配套的灯具。

14.5.3　照明控制技术

在公共机构建筑中，不同功能区域照明应用时间、照度需求等不一致。尤其是公共区域照明常开造成了一定的能源浪费。照明智能控制技术包括：声光感应控制、人体感应控制、时间程序控制、直接或遥控调光等技术。

14.6　能源管理信息化技术

能源管理信息化技术包括了楼宇控制技术、能源计量与监测技术、建筑能源综合管理平台技术等。其在节约型公共机构建设中的应用，可以有效促进公共机构节约资源管理水平的有效提升，带动公共机构能源资源利用效率的提高。

能源计量与监测技术是指通过对机关办公建筑和大型公共建筑，其中包括：办公建筑、大型商场、宾馆饭店建筑、文化教育建筑、医疗卫生建筑、体育建筑、综合建筑、其他建筑八大类建筑安装分项能耗计量装置，采用远程传输等手段及时采集能耗数据，实现建筑能耗的在线监测和动态分析功能的硬件系统和软件系统的统称。该系统对建筑能耗的各类能源数据进行分类采集，如：电、煤气、水等，并且对用电能耗进行分项计量，分为照明插座用电、空调用电、动力用电和特殊用电四大类。

建筑能源综合管理平台技术可以给出建筑物所消耗终端能源的具体数据，定量描述建筑能耗的具体特点（如发展变化特点、不同功能建筑耗能的特点、不同地域建筑耗能、建筑内不同终端用能特点等）是建筑节能工作的重要基础。改造后建筑主体的电、水、热、气等能源资源消耗分类分项计量。

14.6.1　数据中心节能技术

公共机构数据中心能耗量巨大，且多数尚未进行节能改造，具有很大节能潜力。绿色数据中心是数据中心发展的必然，数据中心节能技术包括建筑节能、运营管理、能源效率等多方面。绿色数据中心的"绿色"具体体现在整体的设计规划以及机房空调、UPS、服务器等 IT 设备、管理软件应用上，要具备节能环保、高可靠可用性和合理性。具体技术涵盖了建筑围护结构节能技术、暖通空调系统节能控制技术、热泵技术、新风处理及空调系统的余热回收技术、相变储能技术、照明节能技术、直流供电技术等。

14.6.2　优化气流组织

对于传统机房级数据中心冷却系统来说，气流组织的优劣与否决定了冷却系统能效的高低。若不注重气流组织的优化，容易出现冷气流短路、热风回流等负面现象，减少冷气流的利用率，迫使空调出风量增大，需求出风温度变低，最终使得冷却系统能耗增高。严重时甚至会出现局部热点，威胁机柜内部 IT 设备的正常运行。

因此，对于如下送风方式一类的冷却系统，优化气流组织是提升冷却系统能效直接有效的方式。针对冷气流短路、热风回流等一类的负面现象，最为常见简单的措施就是封闭冷/热通道，减少冷风与热风接触的可能性。

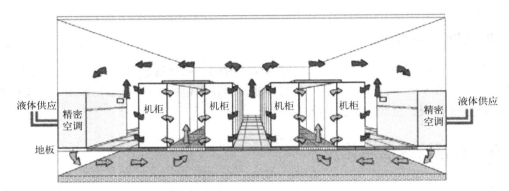

图 14-7   封闭冷通道的形式

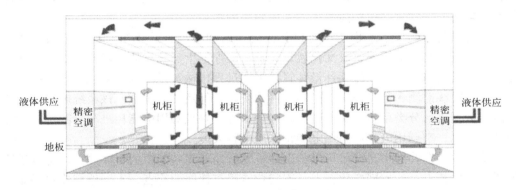

图 14-8   封闭热通道的形式

图 14-7 和图 14-8 所示，在封闭了机柜间的冷通道或热通道后，整体的气流组织变得更有序，冷气流基本全部流入了机柜内部，并且热气流在离开机柜出风口后很难再回流与冷气流掺混。这种封闭通道的方法有效减少了由于不良气流组织而导致的负面现象，提高了冷气流的利用率与制冷系统的能效，减少了出现局部热点的可能性。

若想进一步提高冷风利用效率，可以采用列间空调与精密送风的冷却方式，这样可以进一步缩短精密空调与机柜间的送风距离，但是这些方式成本偏高，需要结合实际数据中心规模以及信息设备密度等因素考虑。总之，对于带有精密空调，需要一定距离输配冷风的系统，通过封闭冷/热通道、改变输送结构等措施来优化气流组织是达到节能目的的有效手段。

14.6.3　缩小换热单元

在前面我们将目前数据中心的冷却方案技术按冷却单元的大小分为了机房级、机柜级、服务器级。冷却单元的大小反映了冷却系统的换热末端所处的位置。机房级如下送风形式的冷却系统换热末端在精密空调，机柜级如分布式冷却的换热末端在机柜背板处，服务器级如双级回路热管系统的换热末端在服务器内部。对于不同种类的冷却系统，系统内部的热量传递环节是不同的，而冷却系统的换热末端与 IT 设备发热元件间的热量传递过程是温差损失的主要环节，换句话说，换热末端越贴近服务器内的发热元件，整体传热过程的热阻则越小，相应的冷却系统的能效越高。

因此，若是想从传热机理上根本提高冷却系统的能效，达到节能效果，采用冷却单元更小的冷却系统是一种直接的方法。但是一般情况下，数据中心冷却系统的成本随着冷却单元变小而变大，对现有的机房进行改造成本相对较高，因此，缩小最小换热单元的方式比较适合能耗规模较大且使用年限较长的数据中心。另外，对于信息设备发热密度本身较高的数据中心而言，采用更小的换热单元是满足散热需求的必要方法。

14.6.4　利用自然冷源

对于一个标准的数据中心，若是传热过程与室外环境理想（室外温度足够低），冷源端是可以直接与外界环境进行热量交换而不额外对系统输入能量的。这里的外界环境相对于室内就是一个可以直接利用的冷源，这个冷源是自然形成而非人工创造的，因此称为自然冷源。充分的利用自然冷源，可以减少冷却系统内压缩机的开启时间，进而大幅减少冷却系统的功耗。

在一些严寒地区，自然冷源是非常丰富的。位于冰岛的 Verne Global 数据中心就利用冰岛天然的寒冷天气，用于数据中心内部 IT 设备的降温。而在一些环境较为恶劣的地区，也可以通过调整冷源形式来充分利用自然冷源，例如水冷塔的冷源形式，冷源温度可降低至比空气干球温度更低的空气露点温度。因此，对于如何选择合适的冷端形式以充分的利用自然冷源，因地制宜非常重要。

数据中心冷却利用自然冷源可分为两种基本形式，直接利用（图 14-9a）与间接利用（图 14-9b）。若直接引入来自自然冷源的空气，冷却系统将会非常简单，并且不需要太多的能耗输入。但是极少地区能够达到全年环境温度均满足数据中心 IT 设备的散热需求，因此仍需其他制冷系统辅助，并且直接来自室外的空气往往携带大量灰尘，湿度也不一定符合要求，空气蕴含的硫氧化物还会对 IT 元件进行腐蚀，长期运行会存在很大的风险。所以目前数据中心利用自然冷源的形式一般都为间接利用，即利用换热器让室内与室外进行热量的交换而避免直接引入室外空气。下面主要介绍两种间接利用自然冷源的冷端形式。

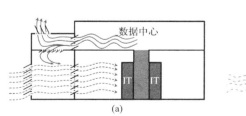 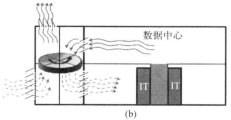

图 14-9　两种自然冷源利用形式

1. 风冷式

风冷式即冷源末端为直接与外界空气交换热量的换热器的冷端形式，内部循环一般采用制冷剂作为循环介质，配有压缩机，在制冷剂温度不满足时可与室外环境直接换热作以增压驱动辅助。图 14-10 为风冷式冷端形式的示意图。

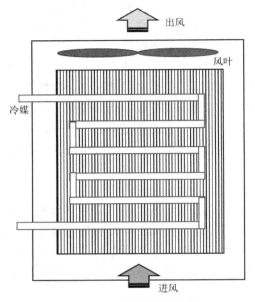

图 14-10　风冷式冷端形式

　　风冷式冷源末端利用的是室外环境空气的干球温度，即冷却循环内制冷剂的温度与外界空气的干球温度之差高于某一范围时才能达到一定的换热效果。若是室外环境的干球温度过高，压缩机等辅助设备将会开始工作，将循环工质的温度提升至可与外界环境换热的范围，但压缩机运行时间较长将会消耗大量的功耗，使得数据中心冷却能效下降。

2. 水冷式

　　水冷式冷水机组一般采用冷冻水机组或带自然冷源的冷水机组提供的冷冻水作为冷源，整体系统由冷水机组、冷却塔、水泵及传输管路等组成。一般形式如图 14-11 所示，循环水将会在冷却塔进行部分蒸发，因此当末端换热过程达到热湿平衡时，相当于循环水在向一个温度为室外环境空气湿球温度的冷源进行放热。

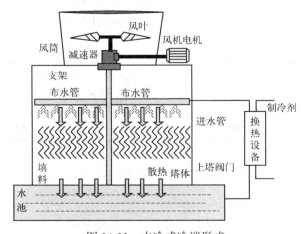

图 14-11　水冷式冷端形式

　　相比于风冷式，水冷式进行的是蒸发冷却，可进一步利用室外环境的湿球温度，因此水冷式可利用自然冷源的周期会更长，这在湿度较小的干燥地区更为明显。但是，由于在末端存在循环水的蒸发过程，水会持续性地损失，这需要周期性的对循环水进行适量的补充。另外，虽然水冷式可利用的自然冷源温度范围较广，但在高温情况下仍需蒸汽压缩循环进行辅助，同时由于循环水的量较大，输配能耗很高。

　　从上述对两种常见的冷端形式的介绍可以发现，水冷式与风冷式各有千秋，虽然水冷式的蒸发冷却可以更深地挖掘自然冷源，达到更长时间利用自然冷源的目的，但是其输配能耗以及水的损耗也不可忽视。风冷式虽然利用的仅是干球温度，但在高温工况下，能效更有优势。

　　因此，在对冷端形式分析的基础上，需要引入自然冷源地域性的概念。我国各区域的气候条件具有多样性的特点，在不同地区采用不同的自然冷源利用形式将产生很大的差异。

　　这里引入制冷负载系数 CLF（Cooling Load Factor）的概念，CLF 值即数据中心内制冷能耗与 IT 设备能耗之比，这个值越接近 0 则说明冷却系统的能效越高。根据我国各个气候地区的代表城市全年温度变化，可以计算出水冷式与风冷式在不同地区的全年 CLF 值，结果如图 14-12 所示。

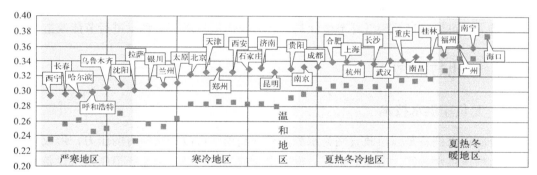

图 14-12　不同地区风冷式与水冷式全年 CLF 值

　　由图 14-12 可以看出，严寒地区相较于夏热冬暖地区 CLF 要低很多，这也反映出对自然冷源的利用可以大大提升制冷系统的能效。另外，水冷式的冷端形式整体要比风冷式的能效高，这在严寒地区尤为明显，但在夏热冬暖这些湿度较大的地区则不明显，这和在这些地区的湿球温度优势不明显有关。

　　因此，在干燥寒冷地区，水冷式较风冷式有很大的优势，其蒸发冷却温度可降至湿球温度，使得全年可利用自然冷源时间大大增加。而在湿度大的地区，两者 CLF 差异不明显，且水冷式存在水的损耗与水的输配能耗，因此整体来看风冷式则具有更大的优势。

14.6.5　温湿度独立控制

　　在数据机房的环境控制中，温度控制的重要性不言而喻，而湿度的控制同样有着重要的意义，合适的湿度对机房服务器的运行也有举足轻重的影响。相对湿度过高，机柜容易被腐蚀，发生凝水，影响机房的正常运行，可能对机房电子元件形成不可逆的损坏，造成巨大的损失。当湿度过低时，会增加电子设备产生静电的可能性。目前国际上的标准中机房内的湿度要求被控制在 50%～60%。

在常规的数据中心机房的环境控制系统中，主要的湿度控制是由空调系统完成的。当室内湿度过高时，精密空调用冷凝除湿的方法对机房内部的空气进行控制，维持机房内部湿度平衡。精密空调在除湿时，将空气的温度冷却到露点以下，凝出的水分通过凝水盘搜集后排出。在这种情况下制冷系统就需要制出温度较低的冷却水以实现对空气的除湿处理，这个过程中就会存在冷量的浪费，使得冷却系统整体能耗增高。

若使用的独立的温度控制系统，由于不需要精密空调系统对室内的湿度进行控制，温度控制系统的整体冷源温度能够得到有效提高，因此冷却系统的能效得以提高。由于温湿度独立控制的空调系统相对于常规空调系统有比较大的优势，独立控制的空调系统受到越来越多人的关注，这种方式有效提高了空调的运行效率。通过经验计算，相比于常规的空调系统，温湿度独立控制系统能够节能 20%～30%。

14.7 食堂节能技术

公共机构一般都配有食堂，尤其是大学、国家机关食堂规模较大，全天提供三餐服务，传统的食堂灶具、通风设备以及炊事电气能耗较高，且厨房热舒适环境较差，具有较大节能潜力。可以通过采用低耗节能灶具、热回收通风技术等对食堂进行节能改造。

14.8 其他节能技术

14.8.1 无负压供水技术

无负压供水设备是以市政管网为水源，充分利用了市政管网原有的压力，形成密闭的连续接力增压供水方式，节能效果好，没有水质的二次污染，是变频恒压供水设备的发展与延伸。无负压供水主要由无负压稳流罐、压力罐（隔膜式或气囊式膨胀罐）、无负压控制柜、水泵、电机、过滤器、倒流防止器、传感器、电接点压力表、管路组件、底座等组成。

14.8.2 电梯节能技术

开展电梯的节能降耗工作，有以下几种节能技术：

1. 改进机械传动和电力拖动系统

将传统的蜗轮蜗杆减速器改为行星齿轮减速器或采用无齿轮传动，机械效率可提高 15%～25%；将交流双速拖动（AC-2）系统改为变频调压调速（VVVF）拖动系统，电能损耗可减少 20% 以上。

2. 采用电能回馈器将制动电能再生利用

电梯作为垂直交通运输设备，其向上运送与向下运送的工作量大致相等，驱动电动机通常是工作在拖动耗电或制动发电状态下。当电梯轻载上行及重载下行以及电梯平层前逐步减速时，驱动电动机工作在发电制动状态下。此时是将机械能转化为电能，过去这部分电能要么消耗在电动机的绕组中，要么消耗在外加的能耗电阻上。前者会引起驱动电动机严重发热，后者需要外接大功率制动电阻，不仅浪费了大量的电能，还会产生大量的热量，导致机房升温。有时候还需要增加空调降温，从而进一步增加了能耗。利用变频器交—直—交的工作原理，将机械能产生的交流电（再生电能）转化为直流电，并利用一种电能回馈器将直流电电能回馈至交流电网，供附近其他用电设备使用，使电力拖动系统在单位时间内消耗电网电能下降，从而使总电度表走慢，起到节约电能的目的。目前对于将制动发电状态输出的电能回馈至电网的控制技术已经比较成熟，据介绍，用于普通电梯的电能回馈装置市场价在 4000～10000 元，可实现节电 30％以上。

3. 采用先进电梯控制技术

采用目前已成熟的各种先进控制技术，如轿厢无人自动关灯技术、驱动器休眠技术、自动扶梯变频感应启动技术、群控楼宇智能管理技术等均可达到很好的节能效果。

15

节水和水资源利用改造技术

15.1 适宜技术及适宜性等级

节水和水资源利用改造技术见表15-1。

适宜技术及适宜性等级 表 15-1

二级指标	三级指标	具体技术	适宜对象和部位	通用	气候适宜性				
					严寒	寒冷	夏热冬冷	夏热冬暖	温和
节水器具和设备	节水型水嘴	感应式水嘴、延时自闭式水嘴、陶瓷片密封水嘴	适合各类既有建筑	适宜	—	—	—	—	—
	节水型便器	节水型小便器、大便器	适合各类既有建筑	适宜	—	—	—	—	—
	节水型淋浴设施	节水型淋浴喷头、洗浴智能刷卡系统	具有淋浴设施的建筑,尤其是学校浴室	适宜	—	—	—	—	—
防漏损	防漏损	管网、高性能阀门替换	适合各类既有建筑	适宜	—	—	—	—	—
减压限流	减压限流	给水系统合理分区及设置支管减压阀	适合各类既有建筑	适宜	—	—	—	—	—
用水计量	用水计量	分级设置水表	适合各类既有建筑	适宜	—	—	—	—	—
非传统水源利用技术	雨水利用技术	屋面、地面雨水收集与利用技术	有足够的雨水集蓄场地	—	不适宜	不适宜	适宜	适宜	适宜
	中水利用技术	中水利用技术	周边有中水或项目自身场地允许	—	适中	适中	适中	适中	适中
绿化节水	绿化灌溉	喷灌、滴灌等	较大的绿化场地	—	适中	适中	适中	适宜	适宜
		湿度传感器或气候变化调节控制器		—	适中	适中	适中	适宜	适宜

15.2 节水器具和设备改造技术

所有用水部位均采用节水器具和设备。卫生器具应选用《当前国家鼓励发展的节水设备（产品）目录》中公布的节水器具，根据用水场合的不同，合理选用节水水龙头、节水便器、节水淋浴装置等，所有卫生器具应满足《节水型生活用水器具》CJ/T 164—2014及《节水型产品通用技术条件》GB/T 18870—2011 的要求。

目前常用节水型生活用水器具包括：节水型水嘴（水龙头），节水型便器和节水型便器系统、节水型便器冲洗阀、节水型淋浴器。其中节水型水嘴（水龙头）包括感应式水嘴、延时自闭式水嘴、陶瓷片密封水嘴。公共卫生间的洗手盆可采用感应龙头，小便斗采用感应冲洗阀，蹲式大便器可采用感应式自闭冲洗阀，座便器采用 6/3L 冲洗水箱，公共浴室的淋浴器采用刷卡计费淋浴器（图 15-1）。

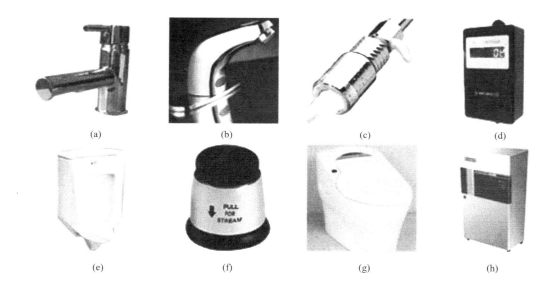

图 15-1　节水器具

（a）上喷水龙头；（b）感应龙头；（c）节水护肤淋浴器；（d）节水控制器；
（e）小便冲水器；（f）节水水嘴；（g）智能马桶；（h）节水纯水机

15.3 防漏损改造技术

1. 采取有效措施避免管网漏损。对既有建筑的老旧供水管网、阀门等进行更换。

选用耐腐蚀的管材、管道附件及设备等供水设施，避免在运行中对供水造成二次污染；选用密闭性能好的阀门、设备；鼓励选用高效低耗的设备如变频供水设备、高效水泵等。采用性能优异的塑料管道、薄壁不锈钢管、金属复合管、铜管等管道，采用可靠连接方式，减少管道或管件损坏导致的漏损。避免供水压力过高，当发现漏损时，应及时维修，损坏管件应及时更换。

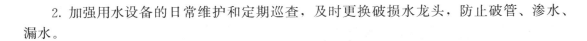

2. 加强用水设备的日常维护和定期巡查，及时更换破损水龙头，防止破管、渗水、漏水。

15.4 减压限流技术

采取减压限流的节水措施，避免出现"超压出流"的情况，对给水系统合理分区及设置支管减压阀，将用户入户管表前供水压力减至 0.2MPa。

15.5 用水计量

《中华人民共和国水法》规定用水应当计量，并按照批准的用水计划用水。安装用水计量设施，并保证其正常运行是用水单位的法定义务。用水计量设施（流量计、水表等）属于国家强制检测范围的计量器具。开展取水计量装置检测，保证计量设施的正常运行是准确记录用水户的用水量，考核其用水效率和效益的前提，是水行政主管部门实施取水许可制度和水资源有偿使用制度的基础，也是推进计划用水、节约用水的重要手段。

做好用水分项计量就是在建筑区域的用水点上安装用水的计量装置，来计量所用的水量。水量计量是进行水平衡测试、了解掌握用水规律、实行定额用水、防止水量漏失和超量用水、促进节水的重要硬件条件。为便于进行漏水探查监控，按照使用用途和水平衡测试标准要求设置分项水表，对厨卫用水、绿化浇灌用水、道路浇洒用水和景观水等分别进行用水量的计量，以便统计各种用途的用水量和漏水量。

15.6 非传统水源利用技术

针对待改造建筑场地内的传统水源使用现状，改造场地范围内的传统水源用水规划、供排水系统、用水端部节水器具使用等内容。同时，对传统水源的用水与排水定额、供排水利用量进行合理估算，以此为基础，进行系统且合理的场地传统水源利用改造规划重组。

1. 场地雨水收集与再利用改造

鼓励有条件的既有建筑场地进行雨水收集与改造再利用，在场地内部设置合理的雨水收集、雨水处理以及雨水再利用措施（图 15-2），实施场地内部非传统水源用水点的非市政水补给，节约市政水源用水与供水压力（尤其是缺水型城市）。

2. 建筑改造的再生水利用增设

项目周边有市政中水的，采用市政再生水，很好地解决了各建筑自建中水站水源不足、运行效果不稳定等问题。开展中水处理和利用，实现区域内建筑杂排水无污染少排放，是按现代化的要求建设绿色人居环境的重要内容，对缓解区域内水资源供需矛盾意义重大，也为建设现代化城市提供了一条新的思路和途径。同时，能够实现生活污水资源化，对于缓解我国水资源的紧张状况也是有积极意义的。项目周边有市政中水时，应优先利用市政中水，其利用率不低于 30%；项目周边无市政中水时，充分利用雨水和生活优质杂排水做中水原水，建筑内安装中水的回用管道。中水用于冲厕、浇洒道路和灌溉等，其利用率不低于 10%。

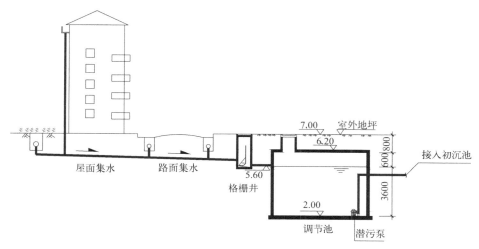

图 15-2　埋地式雨水汇集示意图

15.7　绿化节水技术

面对日趋紧张的城市供水，如何合理充分利用好灌溉用水，提高园林绿地灌水利用率和灌水效果，发展城市节水型园林，是当前急需解决的问题。绿化灌溉是指采用微喷灌等节水灌溉方式，是绿色建筑设计中的一项重要内容。公共机构绿化灌溉应要求有喷灌、微灌、滴灌、渗灌、低压管灌等节水灌溉方式，鼓励采用湿度传感器或根据气候变化的调节控制器。为增加雨水渗透量和减少灌溉量，对绿地来说，鼓励选用兼具渗透和排放两种功能的渗透性排水管。同时灌溉要在风力小时进行，避免水过量蒸发和飘散。喷灌是一种机械化高效节水灌溉技术，具有节水、省劳、节地、增产、适应性强等特点。其中包括固定、半固定式和移动式喷灌技术。微喷灌是一种现代化的精细高效节水灌溉技术，具有省水、节能、适应性强等特点，同时由于它灌水可兼施药，还可以提高药效。微喷灌比地面漫灌省水 50%～70%，比喷灌省水 15%～20%。

16

节材与材料资源利用改造技术

16.1 适宜技术及适宜性等级

节材与材料资源利用改造技术见表 16-1。节材与材料资源利用改造技术全部为通用技术，不考虑气候适用性。

适宜技术及适宜性等级 表 16-1

二级指标	三级指标	具体技术	适宜对象和部位	通用技术
高性能建筑材料	高强度结构建材	Q345 及以上高强度混凝土、400MPa 级高强度钢筋	涉及改扩建、加层、结构加固等结构工程的改造项目	适中
	高耐久性结构建材	高耐久性的高性能混凝土、耐候结构钢或耐候型防腐涂料	—	适中
	耐久性好、易维护的装饰装修建筑材料	清水混凝土，采用耐久性好、易维护的外立面材料和室内装饰装修材料	外立面改造、装修改造项目	适宜
可再利用和可再循环建筑材料	可再循环材料	可在循环的钢筋、钢材、铜、铝合金型材、玻璃	结构加固、增层改造、装修	适中
	可再利用材料	旧建筑拆下的砌块、砖石、管道、板材、木地板、木制品(门窗)等再利用	—	适中
	以废弃物为原材料生产的建材	采用加入以废弃物为原料生产的现浇混凝土、水泥	—	适中
预制建材	预制砂浆、混凝土	预制砂浆、混凝土	—	适宜
	预制构配件	预制构、配件、墙板等	—	适中
就地取材	就地取材	使用施工现场 500km 范围内生产的建筑材料	适合各类既有建筑	适宜
灵活隔断	灵活隔断	拼装式或可重复拼装隔断	大空间办公建筑	适中
土建与装修一体化	土建与装修一体化	土建与装修一体化设计施工	装修改造项目	适宜

16.2 高性能建筑材料

16.2.1 采用高强度建筑结构材料

公共机构既有建筑改造中，当涉及改建、扩建、加层、结构加固时，需要采用高强度的建筑结构材料。主要包括：Q345 及以上高强度混凝土、400MPa 级高强度钢筋。使用高强度混凝土、高强度钢筋可以解决建筑结构中肥梁胖柱问题，可增加建筑使用面积。

16.2.2 采用高耐久性建筑结构材料

公共机构既有建筑改造中，当涉及改建、扩建、加层、结构加固时，需要采用高耐久性的建筑结构材料。包括：高耐久性的高性能混凝土、耐候结构钢或耐候型防腐涂料。

16.2.3 耐久性好、易维护的装饰装修建筑材料

公共机构建筑达到一定使用年限就需要进行装修改造，因此建筑装饰装修材料的高耐久性和易维护性可以增长装修使用年限，实现节材和节约成本。合理采用清水混凝土，采用耐久性好、易维护的外立面材料和室内装饰装修材料。

16.3 可再利用和可再循环建筑材料

在全生命周期内建筑材料的循环再利用，包括可再循环材料、可再利用材料、以废弃物为原材料生产的建材。建筑在其建设期间的材料剩余及其附加物质，不能简单丢弃，要合理分类，尤其针对可再生的建材，更应进行合理再利用，既保护环境又节约资源。因此，需要将建筑施工和场地清理时产生的固体废弃物中可循环利用、可再生利用的建筑材料分离回收和再利用。建筑材料循环利用，应按自然生态模式，遵循循环经济"3R"（资源化、减量化、循环化）的原则，对建筑生命周期全过程进行监督管理，改变传统的建筑原料—建筑物—建筑垃圾的线性模式，形成建筑原料—建筑物—建筑垃圾—再生原料的循环模式，在建筑全过程中让原材料得到最大限度合理、高效、持久地利用，并将其对自然环境的影响降低到尽可能小的程度，已获得最佳技术、经济及社会效益。可再利用材料包括砌块、砖石、管道、板材、木地板、木制品（门窗）、钢材、钢筋、部分装饰材料等，以及部分现浇混凝土、水泥等加入以废弃物为原料进行生产。

16.4 预制建材

16.4.1 采用预拌砂浆与预拌混凝土

预拌砂浆与预拌混凝土具有性能好、质量稳定、减少环境污染、减少材料浪费、损耗小、施工效率高、工程返修率低等优点，实现节约材料，降低工程的综合造价。

16.4.2 采用工厂化生产的建筑预制构、配件

随着建筑工业化的发展，工厂化生产的建筑预制构、配件，甚至是预制墙板等可以大大缩短建筑施工工期，减少材料浪费，实现节能、节材。

16.5 就地取材

建材本地化是减少运输过程资源和能源消耗、降低环境污染的重要手段之一。提高本地材料使用率还可促进当地经济发展。一般要求使用施工现场 500km 范围内生产的建筑材料，并达到一定比例。

16.6 灵活隔断

建筑装修采用拼装式或可重复拼装办公隔断，主要用于室内空间的灵活分割，平时收藏在墙边或墙角，需要时通过预置在顶棚上的导轨拉出来展开，形成一堵制式隔墙，把一个大空间分隔成两个或多个小空间，便于不同的单位或团体同时使用。办公类建筑应在保证室内工作环境不受影响的前提下，较多采用灵活隔断，以减少空间重新布置时重复装修对建筑构件的破坏，节约材料。活动隔断具有易安装、可重复利用、可工业化生产、防火、环保等特点。

16.7 土建与装修一体化

土建和装修一体化设计施工，要求建筑师对土建和装修统一设计，施工单位对土建和装修统一施工。土建和装修一体化设计施工，可以事先统一进行建筑构件上的孔洞预留和装修面层固定件的预埋，避免在装修施工阶段对已有建筑构件打凿、穿孔，既保证了结构的安全性，又减少了噪声和建筑垃圾。一体化设计施工还可减少扰民，减少材料消耗，并降低装修成本。土建与装修工程一体化设计施工需要业主、设计院以及施工方的通力合作。

在土建与装修一体化设计方案中，如果采用了多种成套化装修设计方案，则可以满足不同客户的个性化、差异化需求，更有利于土建与装修一体化技术的推广。如果土建与装修一体化施工中采用工厂化预制的装修材料或部品，则可以减少现场湿作业等造成的材料浪费。

17

室内环境改善绿色改造技术

17.1 适宜技术及适宜性等级

室内环境改善绿色改造技术见表 17-1。

适宜技术及适宜性等级

表 17-1

二级指标	三级指标	具体技术	适宜对象和部位	通用	气候适宜性				
					严寒	寒冷	夏热冬冷	夏热冬暖	温和
室内光环境改善	自然采光技术	反光板、棱镜玻璃窗	外窗具备设置条件，结构允许	—	适中	适中	适中	适中	适中
		光导管	具备屋面、墙面开孔改造条件，结构允许	—	不适宜	适中	适中	适中	适中
		室内透明隔断	维修改造实施	—	适宜	适宜	适中	适中	适中
室内声环境	隔声降噪技术	门窗、隔墙、楼板隔声措施，内部功能空间合理布局，设备降噪	毗邻交通干道的建筑朝向；机房、水泵房、发电机房、电梯房；会议室等大空间场所墙面、顶棚	适宜	—	—	—	—	—
室内空气品质	通风换气系统和装置	集中式新风系统、自然通风器	不影响观瞻的情况下	适中	—	—	—	—	—
	功能性环保材料	自洁玻璃、抗菌洁具、负离子涂料、电磁屏蔽功能装饰板	室内空气品质要求高的会议室等	适中	—	—	—	—	—
	空气质量监控	温湿度、二氧化碳、空气污染物浓度、地下车库一氧化碳监测装置	相关场所	适宜	—	—	—	—	—
室内空间高效利用	增加无障碍设施	增加无障碍设施	建筑入口及主要活动空间	适宜	—	—	—	—	—
	增加屋顶休闲设施	增加屋面休闲设施	有足够的屋面面积，结合屋面绿化布置	适中	—	—	—	—	—
	增加观光电梯等垂直交通设施	增加观光电梯等垂直交通设施	主要公共活动空间，有设置的空间	适中	—	—	—	—	—
	增加各种指示标志	增加各种指示标志	建筑入口及主要公共活动空间	适宜	—	—	—	—	—

17.2 室内声环境

1. 建筑室内主要使用功能空间背景噪声改善改造，采用隔墙、楼板隔声措施，使其室内背景噪声应满足《民用建筑隔声设计规范》GB 50118—2010 中室内允许噪声标准要求。

2. 建筑内部功能空间布局合理，减少相邻空间的噪声干扰以及外界噪声对室内的影响，并采取合理措施控制设备的噪声和振动。

3. 会议室、多功能厅等专业声环境空间的各项声学设计指标应满足《剧场、电影院和多用途厅堂建筑声学技术规范》GB/T 50356—2005 中的相关要求。

17.3 室内光环境

主要功能空间室内照度、照度均匀度、光源显色性能、统一眩光值等指标满足《建筑照明设计标准》GB 50034—2013 中的有关要求。办公区域 75% 以上的主要功能空间室内采光系数应满足《建筑采光设计标准》GB 50033—2013 的要求。采用合理措施改善地下空间的天然采光效果。自然采光措施包括：

1. 简单措施：反光板、棱镜玻璃窗等。
2. 先进技术：导光管、光纤等。
3. 地下室采光：采光井、反光板、集光导光设备。

17.4 室内热环境

1. 通过合理的建筑设计和布局，有效利用自然通风来降低室外场地温度。

2. 采用遮阳措施或高反射率的浅色涂料可有效降低屋面、地面和外墙表面的温度，进而减少热岛效应。

3. 利用植被以及景观水体的冷却效用。

4. 采用透水地面替代硬表面（屋面、道路、人行道等），屋面可设计成种植屋面，降低热岛效应，调节微气候。

17.5 室内空气品质

建筑室内空气质量参数包括了空气温度、相对湿度、空气流速及新风量，此外还包括有害气体的存在浓度。室内空气质量应满足《室内空气质量标准》GB/T18883—2022 的各项指标规定。具体措施包括：

1. 建筑采用的室内装饰装修材料有害物质含量应符合国家相关标准的规定。采用具有防霉抗菌、空气净化、产生负氧离子、调温调湿、自清洁、电磁屏蔽等功能的功能性建筑材料，如自洁玻璃、抗菌洁具、负离子涂料、电磁屏蔽功能装饰板等。

2. 室内空气品质监测：温湿度、二氧化碳、空气污染物浓度的数据采集、分析、报警和调节控制，地下车库一氧化碳监测装置。

3. 通风换气系统和装置：集中式新风系统、自然通风器。

17.6　室内空间高效利用

建筑入口和主要活动空间设有无障碍设施，办公区内部公共场所设有专门的休憩空间，增加建筑垂直交通体系，增加各种指示标志等。

公共建筑改造后的垂直交通体系完善（垂直交通、物品垂直运输以及消防与疏散等功能的综合实现），或增设建筑竖向空间连系的垂直交通设施，满足改造后的公共建筑实际使用需求。尤其是适应我国老龄化使用人群增多的使用便利。

18
绿色节能改造成套技术方案

按照不同气候区的适宜性技术进行分类组合，分别建立五个不同气候区的公共机构建筑绿色改造成套技术方案，结合公共机构典型建筑绿色技术应用现状的调研数据结果，通过对方案的评价和优化比选，针对五个典型气候区，各选取出适宜性最强的一套公共机构绿色改造成套技术方案。

公共机构的成套技术方案是综合了行业众多专家的意见和大量的实际工程项目经验的一套经验方案。成套技术方案为公共机构的绿色化改造提供了在改造方案、目标选择、绿色技术等若干方面的帮助，具有重要的工程指导意义。但是，由于在实际的既有建筑绿色改造项目中，工程情况是千差万别的，不能一成不变的套用或照搬技术方案。本书提出的成套技术方案可以为相似的既有建筑绿色改造提供设计参考和指导作用，或者是按照业主的导向性需求，对已有成套技术方案做出相应的调整，这样才能发挥出典型成套技术方案的使用优势，形成适合的新的成套技术方案。

18.1 严寒地区公共机构建筑绿色改造成套技术方案

严寒地区公共机构建筑绿色改造成套技术方案见表 18-1。

严寒地区公共机构建筑绿色改造成套技术方案　　　　表 18-1

		节能	节水		节材		室内环境		室外环境	
1	围护结构改造	外墙保温EPS泡沫板	节水器具和设备	加装感应式水嘴、延迟自闭式水嘴	高性能建筑材料	采用耐久性好、易维护的外立面材料和室内装饰装修材料	室内光环境	室内透明隔断	降低环境负荷	构建防风林或构筑物
		屋面保温加气混凝土板		更换节水型小便、大便器						
		更换节能窗		加装节水型淋浴喷头						更换透水地面
		设置门斗		洗浴智能刷卡系统						

续表

	节能		节水		节材		室内环境		室外环境
2 暖通空调系统节能改造		锅炉烟气余热回收	防漏损	更换高性能阀门	预制建材	采用预制砂浆、混凝土	室内声环境	增设门窗隔声功能	—
		供暖系统末端调节控制技术							
		风机、水泵变频						设备降噪	—
3 可再生能源利用		太阳能生活热水	减压限流	给水系统分区	就地取材	使用施工现场500km范围内生产的建筑材料	室内空气品质	加设温湿度监测装置	—
								加设二氧化碳监测装置	
				设置支管减压阀				加设地下车库一氧化碳监测装置	—
4 照明节能改造		更换LED灯	用水计量	分级更换远传水表	—	—	室内空间高效设施	增加无障碍设施	—
		增设节能型镇流器							
		声光控制						增设各种指示标志	—
		设置时间控制程序							
5 其他节能技术		电梯调频调压调速拖动	—	—	—	—	—	—	—
		电梯群控功能							
		无负压变频给水							
		节能灶具							
6 能源分项计量与监测		用电、水、冷热量计量与监测,建立管理平台	—	—	—	—	—	—	—

18.2　寒冷地区公共机构建筑绿色改造成套技术方案

寒冷地区公共机构建筑绿色改造成套技术方案见表18-2。

寒冷地区公共机构建筑绿色改造成套技术方案　　　　表 18-2

		节能	节水		节材		室内环境		室外环境	
1	围护结构改造	外墙保温EPS泡沫板 / 屋面保温加气混凝土板 / 更换节能窗 / 设置门斗	节水器具和设备	加装感应式水嘴、延迟自闭式水嘴 / 更换节水型小便、大便器 / 加装节水型淋浴喷头	高性能建筑材料	采用耐久性好、易维护的外立面材料和室内装饰装修材料	室内光环境	室内透明隔断	降低环境负荷	构建防风林或构筑物 / 更换透水地面
2	暖通空调系统节能改造	蓄冷技术 / 锅炉烟气余热回收 / 供暖系统末端调节控制技术 / 排风热回收技术 / 空调系统末端调节控制技术 / 风机、水泵变频	防漏损	更换高性能阀门	预制建材	采用预制砂浆、混凝土	室内声环境	增设门窗隔声功能 / 设备降噪	—	—
3	可再生能源利用	太阳能生活热水	减压限流	给水系统分区 / 设置支管减压阀	就地取材	使用施工现场500km范围内生产的建筑材料	室内空气品质	加设温湿度监测装置 / 加设二氧化碳监测装置 / 加设地下车库一氧化碳监测装置	—	—
4	照明节能改造	更换LED灯 / 增设反射灯具 / 声光、人体感应控制 / 设置时间控制程序	用水计量	分级更换远传水表	—	—	室内空间高效设施	增加无障碍设施 / 增设各种指示标志	—	—

	节能		节水	节材	室内环境	室外环境
5	其他节能技术	电梯调频调压调速拖动	—			
		电梯群控功能				
		无负压变频给水				
		节能灶具				
6	能源分项计量与监测	用电、水、冷热量计量与监测,建立管理平台	—	—	—	—

18.3　夏热冬冷地区公共机构建筑绿色改造成套技术方案

夏热冬冷地区公共机构建筑绿色改造成套技术方案见表 18-3。

夏热冬冷地区公共机构建筑绿色改造成套技术方案　　　　　　表 18-3

	节能		节水		节材		室内环境		室外环境	
1	围护结构改造	铺设屋面隔热层	节水器具和设备	加装感应式水嘴、延迟自闭式水嘴	高性能建筑材料	采用耐久性好、易维护的外立面材料和室内装饰装修材料	室内声环境	增设门窗隔声功能	降低环境负荷	增设景观植被
				更换节水型小便、大便器						减少玻璃幕墙面积
		增设固定遮阳		加装节水型淋浴喷头				设备降噪		增设导风措施
				增设洗浴智能刷卡系统						更换透水地面
2	暖通空调系统节能改造	蓄冷技术	防漏损	更换高性能阀门	预制建材	采用预制砂浆、混凝土	室内空气品质	加设温湿度监测装置	综合绿化	种植乔木、灌木结合的复层绿化
		排风热回收技术						加设二氧化碳监测装置		
		空调系统末端调节控制技术								
		空气源热泵热水系统						加设地下车库一氧化碳监测装置		
		置换通风								
		风机、水泵变频								

续表

		节能	节水		节材		室内环境		室外环境	
3	可再生能源利用	地表水源热泵	减压限流	给水系统分区	就地取材	使用施工现场500km范围内生产的建筑材料	室内空间高效设施	增加无障碍设施	—	—
				设置支管减压阀				增设各种指示标志		
4	照明节能改造	更换LED灯	用水计量	分级更换远传水表	—	—	—	—	—	—
		增设反射灯具								
		声光、人体感应控制								
		设置时间控制程序								
5	其他节能技术	电梯调频调压调速拖动	雨水利用技术	增设屋面、地面雨水收集与利用	—	—	—	—	—	—
		电梯群控功能								
		无负压变频给水								
		节能灶具								
6	能源分项计量与监测	用电、水、冷热量计量与监测,建立管理平台	绿化灌溉	增设喷灌、滴灌等	—	—	—	—	—	—

18.4 夏热冬暖地区公共机构建筑绿色改造成套技术方案

夏热冬暖地区公共机构建筑绿色改造成套技术方案见表18-4。

夏热冬暖地区公共机构建筑绿色改造成套技术方案 表18-4

		节能	节水		节材		室内环境		室外环境	
1	围护结构改造	铺设屋面隔热层	节水器具和设备	加装感应式水嘴、延迟自闭式水嘴	高性能建筑材料	采用耐久性好、易维护的外立面材料和室内装饰装修材料	室内声环境	增设门窗隔声功能	降低环境负荷	增设景观植被
				更换节水型小便、大便器						减少玻璃幕墙面积
		增设固定遮阳		加装节水型淋浴喷头				设备降噪		增设导风措施
				增设洗浴智能刷卡系统						更换透水地面

	节能		节水	节材		室内环境		室外环境
2	暖通空调系统节能改造	蓄冷技术	防漏损	更换高性能阀门	预制建材	采用预制砂浆、混凝土	室内空气品质	加设温湿度监测装置	种植乔木、灌木结合的复层绿化
		排风热回收技术						加设二氧化碳监测装置	
		空调系统末端调节控制技术							综合绿化
		空气源热泵热水系统						加设地下车库一氧化碳监测装置	
		置换通风							
		风机、水泵变频							
3	照明节能改造	更换LED灯	减压限流	给水系统分区	就地取材	使用施工现场500km范围内生产的建筑材料	室内空间高效设施	增加无障碍设施	—
		增设反射灯具		设置支管减压阀					
		声光、人体感应控制						增设各种指示标志	
		设置时间控制程序							
4	其他节能技术	电梯调频调压调速拖动	用水计量	分级更换远传水表	—	—	—	—	—
		电梯群控功能							
		无负压变频给水							
		节能灶具							
5	能源分项计量与监测	用电、水、冷热量计量与监测,建立管理平台	雨水利用技术	增设屋面、地面雨水收集与利用	—	—	—	—	—
6	—	—	绿化灌溉	增设喷灌、滴灌等	—	—	—	—	—

18.5 温和地区公共机构建筑绿色改造成套技术方案

温和地区公共机构建筑绿色改造成套技术方案见表18-5。

温和地区公共机构建筑绿色改造成套技术方案　　　　表 18-5

		节能	节水	节材		室内环境		室外环境	
1	围护结构改造	架空屋面	节水器具和设备	加装感应式水嘴、延迟自闭式水嘴	高性能建筑材料	采用耐久性好、易维护的外立面材料和室内装饰装修材料	室内声环境	增设门窗隔声功能	降低环境负荷	增设景观植被
				更换节水型小便、大便器				设备降噪		减少玻璃幕墙面积
		增设活动遮阳		加装节水型淋浴喷头						增设导风措施
				增设洗浴智能刷卡系统						更换透水地面
2	暖通空调系统节能改造	空调系统末端调节控制技术	防漏损	更换高性能阀门	预制建材	采用预制砂浆、混凝土	室内空气品质	加设温湿度监测装置	综合绿化	种植乔木、灌木结合的复层绿化
		空气源热泵热水系统						加设二氧化碳监测装置		
		置换通风						加设地下车库一氧化碳监测装置		
		风机、水泵变频								
3	可再生能源利用	太阳能光伏发电	减压限流	给水系统分区	就地取材	使用施工现场 500km 范围内生产的建筑材料	室内空间高效设施	增加无障碍设施	—	—
		太阳能路灯		设置支管减压阀				增设各种指示标志		
4	照明节能改造	更换 LED 灯	用水计量	分级更换远传水表	—	—	—	—	—	—
		增设反射灯具								
		声光、人体感应控制								
		设置时间控制程序								
5	其他节能技术	电梯调频调压调速拖动	雨水利用技术	增设屋面、地面雨水收集与利用	—	—	—	—	—	—
		电梯群控功能								
		无负压变频给水								
		节能灶具								
6	能源分项计量与监测	用电、水、冷热量计量与监测,建立管理平台	绿化灌溉	增设喷灌、滴灌等	—	—	—	—	—	—

19
节能运行管理

公共机构建筑运行使用环节是建筑节能全过程中关键环节之一，是落实建筑节能指标、降低建筑能耗的终端环节。公共机构节能运行管理包括管理体系与制度的建立、用能设备系统节能运行管理要求等内容。

19.1 室内环境节能运行要求

建筑室内环境包括热环境、声环境、光环境和空气品质等。近年来，我国社会经济水平飞速发展，人们对室内环境舒适度要求也逐渐提高，而能源消耗和室内环境舒适性是密切相关的。在公共机构日常运行管理中，要保持适度合理的室内热湿环境、光环境和空气品质，既满足办公人员对舒适度的需求，又不过渡浪费能源，这就要求在运行管理中制定合理的室内环境运行参数，采取必要的调控技术措施。

19.1.1 室内热环境要求

采取集中供暖和集中空调的建筑，房间内的温湿度等参数需符合《民用建筑供暖通风与空气调节设计规范》GB 50736—2012 和《公共建筑节能设计标准》GB 50189—2015 的要求。

1）集中供暖时，民用建筑冬季室内计算温度应按下列规定采用：

（1）寒冷地区和严寒地区主要房间应采用 18～24℃。

（2）夏热冬冷地区主要房间冬宜采用 16～22℃。

（3）辅助建筑物及辅助用室不应低于下列数值：浴室 25℃，更衣室 25℃，办公室、休息室 18℃，食堂 18℃，盥洗室、厕所 12℃。

2）采取集中空调时，民用建筑长期逗留区域空气调节室内计算参数应符合表 19-1 的规定。辐射供暖室内设计计算温度宜降低 2℃；辐射供冷室内设计计算温度宜提高 0.5～1.5℃。

长期逗留区域空气调节室内计算参数 表 19-1

参数	舒适度灯具	温度（℃）	相对湿度（％）
冬季	Ⅰ级	22～24	30～60
	Ⅱ级	18～21	≤60

参数	舒适度灯具	温度（℃）	相对湿度（%）
夏季	Ⅰ级	24～26	40～70
	Ⅱ级	27～28	

19.1.2 室内光环境要求

主要功能空间室内照度、照度均匀度、眩光控制、光的颜色质量等指标满足《建筑照明设计标准》GB 50034—2013 中的有关要求。行政办公建筑主要功能空间的照明标准值见表 19-2。

主要功能空间的照明标准值　　　　　　　　　表 19-2

房间或场所	参考平面及其高度	照度标准值	UGR	U_0	Ra
办公室	0.75m 水平面	300	19	0.60	80
会议室	0.75m 水平面	300	19	0.60	80
视频会议室	0.75m 水平面	500	19	0.60	80
接待室、前台	0.75m 水平面	200	—	0.40	80
行政服务大厅	0.75m 水平面	300	22	0.40	80
文件整理、复印室	0.75m 水平面	300	—	0.40	80
资料、档案室	0.75m 水平面	200	—	0.40	80
门厅	地面	100	—	0.40	60
走廊、流动区域	地面	50	—	0.40	60
楼梯间	地面	30	—	0.40	60
自动扶梯	地面	150	—	0.60	60
厕所、盥洗室	地面	100	—	0.40	60
电梯前厅	地面	100	—	0.40	60

注：垂直照度不低于 300lx。

19.1.3 室内空气品质要求

通风换气是保证室内空气品质的重要措施。通过适当的开窗、新风系统控制、CO_2 监测等运行策略，使主要功能空间的 CO_2 浓度与换气次数达到相应规范要求。

采用集中空调的办公建筑，新风量不小于 $30m^3/(h \cdot 人)$，新风运行时间符合《公共建筑节能设计标准》GB 50189—2015 的设计要求。办公建筑的新风运行时间应满足表 19-3 的要求。

办公建筑的新风运行时间　　　　　　　　　　　表 19-3

建筑类别	运行时段	时间(1 为开启,0 为关闭)											
		1	2	3	4	5	6	7	8	9	10	11	12
办公	工作日	0	0	0	0	0	0	1	1	1	1	1	1
	节假日	0	0	0	0	0	0	0	0	0	0	0	0
	运行时段	13	14	15	16	17	18	19	20	21	22	23	24
	工作日	1	1	1	1	1	1	1	0	0	0	0	0
	节假日	0	0	0	0	0	0	0	0	0	0	0	0

19.2　供暖空调系统节能运行

19.2.1　节能运行策略

运行管理人员应根据室外天气的变化制定空调系统节能运行的全年调节策略，形成《空调系统节能运行全年调节策略表》（见本书数字资源附件3），确定相应的风、水系统的调节方式，空调设备的开启台数，水系统的供回水温度，风系统的送风温度，新风的用量，及时调节供冷、供热量。

19.2.2　节能监控和记录

1. 空调系统启停时间

根据建筑功能特点、空调系统的运行特点，制定《空调系统启停时间计划表》（见本书数字资源附件3），内容包括：

1）空调系统年度（或季度）运行的起止时间；

2）空调系统工作日运行起止时间；

3）空调系统设备工作日的开停机时间；

4）在非工作时间内不开空调（特殊情况除外）。

要求：作息时间固定的单位建筑，在非上班时间内应不开空调，如应开时，应降低空调房间温度运行控制标准。非上班时间空调房间温度运行标准，夏季不低于 30℃，冬季不高于 10℃。

空调系统实际运行时，操作人员对各空调设备的实际开停机时间进行记录，填写《空调系统实际运行启停时间记录表》（见本书数字资源附件3）。

2. 办公室及公共区域温度的设定、监测和记录

1）根据空调系统和空调房间的实际运行情况，预先设定冬、夏两季空调系统运行时各房间的室内温度，具体操作可通过安装在空调房间内的自动或手动温度控制装置来完成，各空调房间室内温度的设定值要满足《公共建筑室内温度控制管理办法》的规定，夏季不低于 26℃，冬季不高于 20℃。

2）根据空调房间温度监控系统的设置情况，定时监测、记录和控制空调房间的室内温度。有自动温度监控系统的，每两小时记录一次空调房间的室内温度；无自动温度监测系统的，每天记录 1～2 次空调房间的室内温度，填写《空调房间温度监测记录表》（见本书数字资源附件 3）。根据空调房间温度的检测记录结果，及时发现和查找温度异常空调房间的空调使用情况并进行及时处理。

3. 空调系统运行参数的监控

空调系统的运行参数包括空调风系统和空调水系统的温度、流量和压力，每天 2h 记录一次。空调系统形式不同，空调系统运行参数的记录表也有所不同，及时填写《中央空调运行记录表》《VRV 空调运行记录表》（见本书数字资源附件 3）。

4. 空调系统主要设备运行参数的监控

空调系统的主要设备包括冷热源、空调箱、水泵、风机、冷却塔等设备。机组运行期间每天 2h 记录一次各主要设备的运行参数，并及时填写《空调系统冷却塔运行记录表》《空调系统水泵运行记录表》《新风机房巡视记录表》（见本书数字资源附件 3）。

5. 能耗统计

每天每班组记录和统计一次空调系统的能耗情况，包括设备的耗电量、供冷（热）量、耗用燃料量，及时发现和查找能耗大的异常问题，并进行处理。

填写《配电室运行记录表》（见本书数字资源附件 3）。

19.2.3 节能技术措施

1. 在供冷工况下，水系统的供回水温差小于 3℃（设计温差为 5℃）以及在供暖工况下，水系统的供回水温差小于 6℃时（设计温差 10℃），宜采取减少流量的措施，但不应影响系统的水力平衡。

2. 空调系统运行期间，冷（热）水系统各主环路的回水温度最大差值不超过 1℃。

3. 对于多台并列运行的同类设备，应根据实际负荷情况，确定自动或手动调整运行台数，输出的总容量应与需求的冷（热）量、水量、风量等相匹配；当部分同类设备（制冷机组）停止运行时，应立即关断停止运行设备（制冷机组）前后的阀门，防止水流经不运行设备旁通。

4. 风系统运行时宜采取有效措施增大送回风温差，但不应影响系统的风量平衡。

5. 全空气系统在供冷运行时，宜采用大温差送风，并应符合下列规定：

1）送风高度小于或等于 5m 时，在冬季不宜超过 10℃；采用高诱导比的散流器时，温差可以超过 10℃。

2）送风高度在 5m 以上时，温差不宜超过 15℃。

6. 对有再热盘管的空气处理设备，运行中宜减少冷热相抵发生的浪费。

19.2.4 空调系统日常检查和定期巡检

1. 设备的开停机检查

1）全年运行空调系统的冷热源设备、空气处理设备、空气和水输送设备应做好日常开停机的检查与准备工作，季节性使用的冷热源设备、空气处理设备、空气和水输送设备在重新投入使用前做好运行前的检查与准备工作，制定《年度设备维护保养计划表》（见本书数字资源附件 3）。

2）根据制定的运行调节方案和节能措施，结合气象台预报的室外天气情况和室内负荷情况确定柜式风机盘管和组合式空调机组新回风阀门的开启度，根据室内温湿度要求调整好有关自动控制装置的设定值。

2. 巡回节能检查

1）需要作运行记录的设备，结合抄表时间要求进行巡回检查，其他设备一个班次巡回检查一次。对连续运行的设备，在运行中检查不了的内容则要在定期停机时检查。主要检查方式应为看、听、摸、嗅，一般不做拆卸检查。巡检工作及时填写《日常巡视记录表》（见本书数字资源附件3）。

2）巡回检查中发现的问题要按有关规程妥善处理，处理不了的要及时向空调班长或空调工程师汇报，同时做好有关记录。

3）巡回检查的内容

（1）办公室巡回检查

①外门窗是否开启或关闭不严，外门是否频繁开启。

②无人停留的房间空调是否关闭。

（2）仪表的巡检

①空调系统运行操作人员结合运行记录抄表时间对空调系统的计量和测量仪表进行巡检。

②检查空调系统的压力表、温度计、冷（热）量表等的读数是否处于正常范围。

（3）管道、阀门和附件的巡回检

①水管系统的巡检

A. 制冷空调的运行操作人员每天每工作班次进行一次水管系统的巡检，包括冷冻水、冷却水和凝结水管系统。

B. 检查水管的绝热层、表面防潮层及保护层有无破损和脱落，特别要注意与支（吊）架接触的部位；绝热层外表面有无结露；封闭绝热层或防潮层接缝的胶带有无胀裂、开胶的现象；有阀门的部位是否结露；裸管的法兰接头和软连接处是否漏水，焊接处是否生锈；凝结水管排水是否通畅。

C. 检查水管上阀门、附件处是否漏水；自动排气阀是否动作正常；电动调节阀的调节范围和指示角度是否与阀门开启角度一致。

D. 膨胀水箱、补水箱、软化水箱中的水位是否适中，浮球阀动作是否灵活和出水正常。

E. 支吊构件是否有变形、断裂、松动、脱落和锈蚀。

②风管系统的巡检

A. 风管法兰接头和风机及风柜等与风管的软接头处、风阀拉杆或受柄的转轴与风管结合处是否漏风；明装水管的法兰接头和软连接处是否漏水。

B. 明装风管和水管的绝热层、表面防潮层及保护层有无破损和脱落；封闭绝热层或防潮层接缝的胶带有无胀裂、开胶的现象。

C. 明装风管法兰接头和风机及风柜等与风管的软接头处、风阀拉杆或受柄的转轴与风管结合处是否漏风；明装水管的法兰接头和软连接处、阀门、附件处是否漏水；浮球阀动作是否灵活和出水正常。

（4）空调设备的巡检

①需要做节能运行记录的设备，结合抄表时间进行巡回检查，其他设备一般每个班次

检查一次。

②各设备的运转是否平稳,有无异常声音和振动。

③各设备的电气、自控系统动作是否正常。

④各设备的进出水管接头不漏水,阀门的开度在设定位置无偏移。

⑤冷却塔的水位是否适中,有无缺水或溢水现象。

(5)风机的巡检

检查风机电动机的温升情况、有无异味产生情况、轴承润滑和温升情况、运转声音和振动情况、转速情况、软接头完好情况。

(6)水泵的巡检

①电动机不能有过高的温升,无异味产生。

②轴承润滑良好,轴承温度不得超过周围环境温度 35～40℃,轴承的极限最高温度不得高于 80℃。

③轴封处、管接头均无漏水现象。

④运转声音和振动正常。

⑤地脚螺栓和其他各连接螺栓的螺母无松动。

⑥基础台下的减振装置受力均匀,进、出水管处的软接头无明显变形,能起到减振和隔振作用。

⑦转速在规定或调控范围内。

⑧电流数值在正常范围内。

⑨压力表指示正常且稳定,无剧烈抖动。

⑩出水管上压力表读数与工作过程相适应。

⑪观察油位是否在油镜标识范围内。

(7)冷却塔的运行检查

①补水浮球阀开关是否灵敏,集水槽中的水位是否合适。

②集水槽内是否有杂物堵塞散水孔。

③集水槽、各管道的连接部位、阀门是否漏水。

④有无明显飘水现象。

⑤有无异常声音和振动。

填写《空调系统冷却塔巡检记录表》(见本书数字资源附件 3)

3. 周期性节能检查

1)每周检查 1 次空调房间的温控开关动作是否正常或控制失灵。

2)每周检查 1 次空调系统的压力表、流量计、温度计、冷(热)量表、电表、燃料计量表(煤气表、油表等计量仪表)是否损坏和读数不准。

3)每周检查 1 次明装风管和水管的绝热层、表面防潮层及保护层有无脱落和破损(特别是与支吊架接触的部位);封闭绝热层或防潮层接缝的胶带有无胀裂、开胶的现象;明装非金属风管有无龟裂和粉化现象。

4)风系统和水系统的阀门检查和维护,全年运行的中央空调系统,每季度进行 1 次,季节运行的中央空调系统,系统运行前进行 1 次风系统和水系统的阀门全面检查。检查阀门的转动是否灵活,定位是否准确、稳固,是否关严、开到位或卡死。

5）每年1～2次检查制冷机组的换热器水侧表面的结垢状态、风冷式换热器表面的积尘状况；每年2次检查空调机中冷却盘管和加热盘管内外表面清洁状况。

6）每年检查2次风机盘管的风量调节开关是否正常。

7）每季度检查1次空气过滤器的前后压差和积尘情况。

8）空调自控系统在空调系统投入运行前作好设备和系统的检查，运行期间每月检查1次空调自控设备和控制系统。

19.2.5　空调设备的节能维修保养

供暖与空调设备的节能维护保养主要是对冷水机组、风机盘管、水泵机组、风机、锅炉等的节能维修保养。

1. 冷冻机组节能维护保养

冷水机组是把整个制冷系统中的压缩机、冷凝器、蒸发器、节流阀等设备以及电气控制设备组装在一起，提供冷冻水的设备。

冷冻机组的维护保养工作，一般委托维保单位进行，维保单位按照双方签订的维保合同要求，定期维保，并保留维保记录存档。

1）冷凝器和蒸发器的清洁保养

（1）对于设有冷却塔的水冷式制冷机中的冷凝器、蒸发器，每半年由制冷空调的维修组进行1次清洁养护。

（2）清洗时，先配制10％盐酸溶液（每1kg酸溶液里加0.5kg缓蚀剂）或用现在市场上使用的一种电子高效清洗剂，杀菌清洗，剥离水垢一次完成，并对铜铁无腐蚀。

（3）拆开冷凝器，蒸发器两端进出水法兰封闭，向里注清洗液，酸洗时间24h；也可用泵循环清洗，时间为12h。酸洗完后用1％的NaOH溶液或5％Na$_2$CO$_3$清洗15min，最后用清水冲洗3遍。全部清洗完毕，检查是否漏水，若不漏水则重新装好，若法兰胶垫老化，则需更换。

2）检查螺丝、螺栓、螺母及接头紧密性，适当紧固以消除振动，防止泄漏。

3）压缩机的检查和保养

（1）制冷空调维修组每年对压缩机进行1次检测和保养。

（2）检查保养内容

①检查压缩机的油位、油色，如油位低于观察镜子的1/22位置，则应查明漏油的原因并排除故障后再充注润滑油，如油已变色则应彻底更换润滑油。

②检查制冷系统内是否存有空气，如有则应排放。

③检查压缩机和各项参数是否在正常范围内，压缩机电机绝缘电阻正常0.5MΩ以上，压缩机运行电流正常为额定值，三相基本平衡，压缩机的油压正常1～1.5MPa，压缩机外壳温度85℃以下，吸气压力正常值0.49～0.54MPa，排气压力正常值1.25MPa，并检查压缩机运转时是否有异常的噪声和振动，检查压缩机是否有异常的气味。

（3）通过各项检查确定压缩机是否有故障，视情况进行维修更换。

2. 冷却塔的节能维护保养

1）冷却塔开机使用前的检查和维护保养

（1）冷却塔每年上半年，由空调操作人员对冷却塔进行1次全面维护保养，填写《设

备设施维护保养表》（见本书数字资源附件 3）。

（2）清除冷却塔内的杂物。

（3）检查、调整冷却塔风机皮带的松紧。

（4）冷却塔开机使用前除进行定期清洗维护保养工作外，还包括以下维护保养内容：

①检查测试冷却塔风机电动机的绝缘情况，其绝缘电阻应不低于 $0.5M\Omega$。

②更换风机所有轴承的润滑脂。

③清除风机叶片上的腐蚀物，必要时在风机叶片上涂防锈层。

④清洗冷却塔外壳。

⑤检查冷却塔架，金属塔架每 2 年涂漆 1 次。

2）定期维护保养

冷却塔运行期间，操作人员每天 2h 一次，对冷却塔进出水压力、电流、电压进行监控，填写《空调系统冷却塔运行记录表》（见本书数字资源附件 3）。

3）冷却塔停机期间维护保养措施

（1）冬季冷却塔停止使用期间，避免可能发生的冰冻现象，应将集水槽及管道中的水全部放光，以免冻坏设备和管道。

（2）采取措施避免因积雪而使风机叶片变形。

（3）减速装置的皮带，在停机期间取下保存。

3．风机盘管的节能维护保养

1）日常维护保养

（1）温控开关动作不正常或控制失灵，要及时修理或更换。

（2）电磁阀开关的动作不正常或控制失灵要及时修理或更换。

（3）水管接头或阀门漏水要及时修理或更换。

（4）接水盘、水管、风管绝热层损坏要及时修补或更换。

（5）盘管管路保温层状况，管路有无滴漏。

（6）及时排除风机盘管内积存的空气。

2）定期维护保养

（1）空调操作人员每半年对风机盘管进行一次清洁、维护保养，如果风机盘管只是季节性使用，则在使用结束后进行依次清洁保养。

（2）清洁维护保养的内容

①吹吸、清洗空气过滤网，冲刷、消毒接水盘。

②清洗盘管内壁的污垢，清洁风机盘管的外壳。

（3）检查风机转动是否灵活。如果转动中有阻滞现象，则应加注润滑油；如有异常的摩擦响声应更换风机的轴承。

（4）对于带动风机的电机，用 $500V$ 摇表检测线圈绝缘电阻，应不低于 $0.5M\Omega$。

（5）拧紧所有的紧固件。

3）停机使用时的维护保养

（1）风机盘管不使用时，盘管内要保证充满水，以减少管道腐蚀。

（2）在冬季不使用的盘管，且无供暖的环境下要采取防冻措施，以免盘管冻裂。

4）风机盘管的节能维护保养填写《设备设施维护保养表》（见本书数字资源附件 3）。

4. 水泵的节能维护保养

1）日常维护保养

（1）及时处理日常巡检中发现的水泵运行问题。

（2）及时向水泵轴承加润滑油。

2）定期维护保养

使用润滑油润滑的轴承每年换油一次；采用润滑脂润滑的轴承，在水泵使用期间，每工作 2000h 换油一次。

3）停机时保养

水泵停用期间，环境低于 0℃时，要将泵内的水全部放干净，以免水的冻胀作用胀裂泵体。

4）水泵的节能维护保养填写《设备设施维护保养表》（见本书数字资源附件 3）。

5. 风机的节能维护保养

1）日常维护保养

及时处理日常巡检中发现的风机运行问题。

2）定期维护保养

（1）风机一年 2 次维护保养。

（2）检查、紧固风机与基础或机架、风机与电动机，以及风机自身各部分连接松动的螺栓、螺母。

（3）每半年检查或更换 1 次轴承的润滑脂。

（4）连接部位应无泄漏，电控系统、风机壳体有无异常。

3）风机的节能维护保养填写《设备设施维护保养表》（见本书数字资源附件 3）。

6. 锅炉的节能维护保养

1）维修保养周期

（1）采用炉内水处理措施的蒸汽锅炉，每月进行 1 次。

（2）有可靠炉外水处理设备的锅炉每季度必须保养 1 次，并将保养记入记录表中。

（3）安全保护装置、控制计量仪表与锅炉本体同时进行维护保养。

2）维护保养内容

（1）清除锅炉内部水垢。

（2）清除各部积灰和烟垢，检查各部状况。

（3）清扫水位表、压力表、锅炉进水管口的汽水通路和注水器内的水垢，检查安全阀、压力表的铅封，检修水位表时，同时检查水位表上下旋塞开关把手的方向是否正确。

（4）检查锅炉各受压元件有无变形、裂纹、腐蚀、起槽缺陷，对检查出的缺陷进行记录，对影响使用的缺陷进行处理。

（5）对损坏和泄漏的人孔、手孔、各汽水阀门、看火门进行修理。

（6）检查水处理和给水设备，对漏泄的阀、异常水泵进行修理。

3）维护保养的要求

（1）锅炉经维护保养后的内部应清洁，锅炉内水垢残存应符合规定。

（2）锅炉本体无裂纹、无严重变形，燃烧及气密状态良好。

（3）安全阀、水位表、压力表等附件作用灵敏可靠。

（4）锅炉本体及管道、阀门无跑、冒、滴、漏现象。

（5）炉排和各机械设备运转正常无异状，无异音。

4）锅炉的节能维护保养填写《设备设施维护保养表》（见本书数字资源附件3）。

19.2.6 空调系统的节能维护保养

供暖与空调系统的节能维护保养包括水系统、风系统管道和阀门的维护保养，空调测控系统的维护保养。

1. 水系统的节能维护保养

水系统的节能维护保养包括冷冻水、冷却水和凝结水管系统的管道和阀门的维护保养。

1）日常维护保养

（1）及时修补水系统破损和脱落的绝热层、表面防潮层及保护层，更换胀裂、开胶的绝热层或防潮层接缝的胶带。

（2）及时封堵、修理和更换漏水的设备、管道、阀门及附件。

（3）及时疏通堵塞的凝结水管道。

（4）及时检修动作不灵敏的自动动作阀门和清理自动排气阀门。

2）定期维护保养

（1）空调操作人员每半年对冷冻（热）水管道、冷却水管、凝结水管系统管道和阀门进行一次维护保养；具体的维护保养内容如下：

①修补或重作水系统管道和阀门处破损的绝热层、表面防潮层及保护层；更换胀裂、开胶的绝热层或防潮层接缝的胶带。

②从接水盘排水口处用加压清水或药水冲洗凝结水管路。

③检查修理或更换动作失灵的自动动作阀门，如止回阀和自动排气阀。

（2）空调操作人员每半年对中央空调水系统所有阀类进行1次维护保养，进行润滑、封堵、修理。

（3）水系统的节能维护保养填写《设备设施维护保养表》（见本书数字资源附件3）。

2. 风系统的节能维护保养

风系统的节能维护保养包括风系统管道和阀门的维护保养。

1）维修时发现问题，修补风系统破损和脱落的绝热层、表面防潮层及保护层，更换胀裂、开胶的绝热层或防潮层接缝的胶带。

2）每年2次对送回风口进行1次清洁和紧固，定期清洗带过滤网的风口的过滤网。

3）每年2次对风系统的风阀进行1次维护保养，检查各类风阀的灵活性、稳固性和开启准确性，进行必要的润滑和封堵。

4）风系统的节能维护保养填写《设备设施维护保养表》（见本书数字资源附件3）。

3. 空调测控系统的节能维护保养

1）及时修理或更换动作不正常或控制失灵的温控开关。

2）及时维修或更换损坏的中央空调系统的压力表、流量计、温度计、冷（热）量表、电表、燃料计量表（煤气表、油表）等计量仪表，缺少的应及时增设。

3）每半年对控制柜内外进行1次清洗，并紧固所有接线螺钉。

4）每年校准 1 次检测器件（温度计、压力表、传感器等）和指示仪表，达不到要求的更换。

5）每年清洗 1 次各种电气部件（如交流接触器、热继电器、自动空气开关、中间继电器等）。

6）空调测控系统的节能维护保养填写《设备设施维护保养表》（见本书数字资源附件 3）。

19.3 给水排水系统节能运行

19.3.1 节能管理措施

1. 控制给水系统中配水点的出水压力，如加装水龙头限流器，调节出水量的大小，降低供水量。

2. 废水再利用，节约水资源。

3. 重视设计所选水表的设置要求及水表和表前阀门的质量要求。

4. 使用合格给水管件及配件，推广新型节水设备。

5. 加强日常巡检工作，确保设施设备经济运行，杜绝跑冒滴漏现象的发生。

19.3.2 设备设施日常巡检

1. 水泵、电机

1）水泵启动运转正常、阀门无漏水。

2）水泵轴承温度不超过 75℃。

3）水泵轴头的滴水以每分钟 10～20 滴为限。

4）水泵出水口压力表指示应在正常范围内。

5）每月检查水泵润滑情况，补充或更换润滑剂，润滑良好；每月养护 1 次水泵，并填写《水泵巡视检查表》（见本书数字资源附件 3）。

6）消防泵每日巡视 1 次，每月盘泵 1 次，每季度试运行 1 次。在试运行前检查阀门、管道等消防设施，填写《消防泵巡视记录表》（见本书数字资源附件 3）。

7）运行泵、备用泵交替运行，至少每半月 1 次，并填写《生活、消防水箱间巡检记录表》（见本书数字资源附件 3）。

8）污水泵运转正常。汛期每日巡视 1 次，平时半月巡视 1 次，检查设备运行状态；每月进行 1 次手动启动测试，填写《污水井检查表》（见本书数字资源附件 3）。

9）电机接线及接地线无松动、无锈蚀、接地良好，填写《电机电器设备维护保养记录表》（见本书数字资源附件 3）。

10）消防水泵、消防管线及消防管线阀门的手轮或扳手的颜色应为红色。管线有外保温的除外，但应有红色水流向箭头。消防管线无外保温的，应使用其他颜色的水流向箭头与管线颜色进行区分。具体执行参见《消防泵检查保养操作规程》。

2. 阀门、管道

1）阀门每季度加油，运转灵活。管线、阀门无渗漏、无严重锈蚀。

2）逆止阀性能可靠。

3）每年入冬前对破损的管道保温进行修补。

4）水泵房、水箱房内，管径为 80mm 以上的管线上的阀门应设置状态标识，用于表示阀门开启或闭合的状态。

5）填写《消防设施、设备、检查记录表》《消防设备巡视记录表》（见本书数字资源附件 3）。

3. 高、低位水箱（包括蓄水池）

1）无跑、冒、滴、漏。

2）目测水质无杂质，无异味、无漂浮物。

3）水位在规定范围之内。

4）浮球开关、消防信号及其他信号设备可靠。

5）水箱、蓄水池加盖上锁，钥匙专人管理。

6）钢板水箱有防腐、保温措施。

7）水箱泄水管、透气管及溢流管口加设金属防锈网罩，与下水道有空气隔离。

8）水箱基础无严重锈蚀。

9）水箱的水位计应有水箱内水位高低限的标注。

10）填写《生活、消防水箱间巡检记录表》（见本书数字资源附件 3）。

4. 控制系统

1）电控设备运行良好。

2）电气设备具有防水措施，配电盘、柜完好无损，接地良好。

3）信号系统灵敏可靠，水位控制、开关与联动机构无锈蚀。

4）电气控制系统器件完整，动作可靠，操作方便。

5）按要求设置控制柜绝缘垫。具体执行参见《物业设备设施运行管理文件》。

6）控制箱（柜）每月养护 1 次，养护内容包括紧固、检测、调试、清扫。

7）配电箱（柜）每月养护 1 次，养护内容包括紧固、检测、清扫。

8）填写《电机电器设备维护保养记录表》（见本书数字资源附件 3）。

19.3.3 运行维护管理

1. 给水排水运行维修人员负责水箱、水泵的日常运行和维护。

2. 对水泵房每日巡视 1 次，生活水箱房每日巡视 1 次，消防水箱房每日巡视 1 次。在巡视过程中视情况对设备进行养护，保证设备正常运行。

3. 给水排水运行维修人员将巡视及检修情况记入《生活、消防水箱间巡检记录表》（见本书数字资源附件 3）。

19.3.4 应急管理

1. 当发生自来水突发性跑水、火情、汛情等情况时，按照相关突发事故处理规程、应急预案执行。

2. 至少半年 1 次组织进行预案定期演练工作，并做好演练记录。

19.4 配电及控制系统节能运行

19.4.1 节能管理措施

1. 及时更新改造老化线路、电网、变压器、电动机等设施设备，提高电力系统运行效率和安全系数，节约线损率及不明损耗。

2. 逐步对建筑物内能耗系统进行分类、分项计量；对既有建筑结合节能改造计划，逐步做到电力分区、分项计量。

3. 在确保消防负荷、重要负荷用电的前提下，调整负载的供电模式；监测负荷三相是否平衡或基本平衡，如出现三相严重不平衡时，应对末端配电系统进行相序平衡调整。

4. 做好变压器周围的通风散热处理，降低变压器的负载损耗。

5. 增加对谐波的监测手段。

6. 安装具有功率因数自动检测和自动补偿功能的自动功率因数补偿柜。

7. 加强用电负荷的节能管理，当馈电回路已安装了多功能智能计量表时，均可对该回路的电流、电压、功率因数、电度计量等进行实时监视。

8. 当系统无多功能计量仪表时，由操作人员按规定时段进行人工抄表，记录仪表显示数据。

9. 做好配电室日运行记录，月度用电登记表，填写《低压配电运行日志》（见本书数字资源附件3），作为是否节能运行的依据。

19.4.2 电气系统日常监控与管理

1. 配电运行值班人员依据相关规定，每天1次对动力系统电气设备、照明灯具、楼层配电箱、配电室等进行巡查，并填写《电工日常巡视检查记录表》《公共区域照明巡检记录表》《会议室照明系统巡查记录表》《配电室运行记录表》（见本书数字资源附件3）。

2. 配电运行值班人员在日常巡检中发现的系统问题及时向主管汇报，并填写《值班记录表》（见本书数字资源附件3）。

3. 电气系统日常监控和管理内容

1）配电柜及动力开关柜

（1）标识齐全、正确并且清晰；柜内设备及接线完整、牢固，操作部分动作灵活、准确。

（2）二次接线准确、牢固，导线与电器连接紧密，标识清晰；接地支线敷设连接紧密。

（3）配电柜及动力开关柜，主、分路和负荷情况与仪表指示是否对应；三相负荷是否平衡，三相电压是否相同等。

（4）检查低压开关柜柜面无灰尘，仪表指示电流电压在正常范围内，电度表指示正常。

（5）检查配电箱开关有无过热现象、有无异味、开关状态是否正常。

2）低压电力电缆

（1）电缆夹层无积水、积污物，支架牢固，无松动和锈蚀现象。

（2）电缆终端洁净无损、无漏油漏胶、放电现象，接地良好。

（3）电缆接头无过热现象，接头无变形变色和漏油，温度应正常，防水设施完好，通风和排风照明设备完好。

3）照明灯具

（1）安装牢固，无脱落、松动、变形、损坏现象。

（2）灯具外观清洁、无灰尘。

（3）检查照明灯具灯管缺失、亮度、破损、异味等，无不亮、闪烁、变暗或严重光衰现象。

4）电动机

（1）电动机各部位发热情况。

（2）电动机和轴承运转的声音。

（3）各主要连接处的情况，变阻器、控制设备等的工作情况。

（4）润滑油的油面高度。

5）变压器

（1）变压器主进开关负载电流应小于总负荷电流的 80％、变压器温度应小于 90℃、电容器功率因数大于 0.95。

（2）变压器风扇工作及温度显示是否正常，设备运行无异常响动等。

19.4.3　电气系统的维护保养

1. 配电管理人员每年初针对电气系统和用电设备制定《年度保养计划》，按照设备的保养计划，安排好本部门的设备日常保养及年度的保养工作。

2. 运行值班人员一年 2 次对高低压配电柜、强电间配电箱进行保养，对设备安全、经济运行情况进行评价，填写《高低压配电柜保养记录表》《强电间保养记录表》《倒闸操作表》。

3. 供配电设施设备的维修工作执行相关设备维护保养、变压器维护保养制度，并填写《设备保养记录表》《设备设施维护保养表》《配电柜检修工作单》（见本书数字资源附件 3）。

19.4.4　节能运行数据的管理

1. 对配备多功能智能计量表的供配电系统，应定期对所采集到的数据进行节能运行分析、比较，管理人员应根据分析结果进行节能控制管理。

2. 对人工抄表的供配电系统，应根据定期采集的数据进行分析比较，从中找出耗能异常的环节及时加以调整和改进。

3. 查看每月用电量，并进行统计分析。

19.4.5　应急管理

1. 大面积事故停电处理工作按照相关应急处理预案执行。

2. 至少半年 1 次组织进行预案定期演练工作，并做好演练记录。

19.5 电梯系统节能运行

19.5.1 节能管理措施

委托电梯厂家针对电梯的使用特点，实施时间启停控制、间歇循环控制或最佳启停控制。在不影响设备安全运行和电梯轿厢环境质量前提下，优化设备或系统运行控制策略，实现节能控制。

1. 运行控制方式的选择

1) 根据电梯的数量、位置、额定速度、额定载荷以及人流量和使用频率，合理分配电梯的运行区域、停靠层站和运行时间。

2) 单台电梯应选用下集选控制方式。

3) 两台位置相邻的电梯应使用并联控制方式。

2. 待机节能管理

1) 待机时自动关闭变频器。

2) 待机时自动关闭轿厢照明。

3) 待机时自动关闭轿厢风扇。

3. 其他节能方式

1) 轿厢照明可选用 LED（发光二极管）节能灯或其他冷光源。

2) 显示面板及控制面板等电气装置可选用高效率的节能器件，如 LCD（液晶屏幕）/LED 器件。

3) 开关门机构可选用变频变压调速电机驱动，其传动机构可选用有齿皮带传动等技术。

4) 平衡系数可根据不同载荷情况进行调整。上行满载情况较多的电梯可将平衡系数调整至接近 50%，上行空载情况较多的电梯可将平衡系数调整至接近 40%。

5) 适度增加滑动导靴和导轨的润滑，推荐使用滚轮导靴。

6) 机房和井道照明应选用亮度高、能耗低的节能灯具。

7) 人流较少的电梯可考虑取消自动返回基站功能。

8) 对提升高度超过 35m 或额定运行速度超过 1.75m/s 的电梯，推荐使用能量回馈装置。

9) 推荐增加误指令消除功能、防捣乱功能和预开门功能。

10) 对含有高耗能系统的电梯设备实行强制淘汰，如下列设备：

（1）使用双速、三速电机驱动方式的。

（2）使用交流调压调速方式的。

（3）使用发电机—电动机系统的直流调速方式的。

（4）使用继电器—接触器控制方式的。

（5）使用 J 系列电机的。

11) 对使用超过十五年未进行大修，能效测试不合格或不具备维修、改造价值的高耗能电梯整机实行强制淘汰。

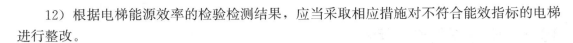

12）根据电梯能源效率的检验检测结果，应当采取相应措施对不符合能效指标的电梯进行整改。

19.5.2 电梯系统日常节能检查

1. 电梯管理人员每周对机房内机械和电器设备作巡视性检查；

2. 巡视性检查中，管理人员应对电梯进行逐层停靠运行，在运行中观察电梯是否有异常现象如：

1）电梯的照明及风扇工作是否正常。

2）电梯的启动、停车和平层情况。

3）听有无异声和异常震动。

4）闻有无异常气味出现。

3. 建立《电梯日常检查表》（见本书数学资源附件3），为日后的维修保养工作提供可靠的数据。

4. 管理人员协助维保单位检查制动器、继电器、接触器等动作是否正常，各级电压是否在正常工作范围内。

5. 管理人员协助维保单位检查机房内的温度、湿度是否正常；电动机、减速器、制动器温升是否正常。

6. 管理人员协助维保单位检查操纵箱的按钮、开关工作是否正常；指层及方向指示是否正常。

7. 做好防风、防雨、防霉、防火措施，电梯管理人员每周清理机房杂物。

8. 不要让水流入电梯井道，不要让水淋湿电梯部件。

9. 管理人员在日常节能检查中若发现问题，应及时报告，并填写《电梯日常检查表》（见本书数学资源附件3），作好相关记录。

19.5.3 电梯系统定期报检

1. 电梯管理人员在电梯安全检验合格标志有效期满前1个月向特种设备检测所申请定期检验。

2. 电梯停用1年后重新启用，或发生重大的设备事故和人员伤亡事故，或经受了可能影响其安全技术性能的自然灾害（如火灾、水淹、地震、雷击、大风等），应经特种设备检测所检验合格后方可投入使用。

3. 申请定期检验前，电梯管理人员要求电梯维保单位对电梯的机械各部件和电气设备以及各辅助设施进行1次全面的检查和维修，并按技术检验标准，进行1次全面的安全性测试。

4. 未经定期检验或者检验不合格的电梯，严禁继续使用。

19.5.4 电梯系统维护保养

1. 电梯的日常维护保养应委托维保单位进行。

2. 按照国家安全技术规范的要求，至少每15日对电梯进行1次清洁、润滑、调整和检查。

3. 电梯每次进行维护保养都必须有相应的记录，电梯管理人员必须向电梯维护保养单位索要当次维护保养的记录，并进行存档保管，作为电梯档案的内容。

4. 每月对各种安全防护装置和电控部分进行详细检查，更换各种易损部件。

5. 每季度对重要的机械部件和电气设备进行详细检查，调整和修复以下内容：曳引机注油、导轨润滑、油杯注油、更换门导靴、轿厢导靴衬板、更换破损烧蚀的安全开关和继电器等。

6. 每年进行1次全面的安全技术检验，确定电梯运行状态及不安全因素。

7. 电梯重大项目的修理应有经资格认可的维修单位承担，并按规定向特种设备安全监督管理部门备案后方可实施。

8. 电梯管理人员在电梯日常检查和维护中发现的事故隐患，及时组织有关人员或委托有关单位进行处理。

9. 建立《设备保养记录表》《设备零件更换记录表》《电机电器设备维修保养记录表》《工程维护保养表》（见本书数学资源附件3），为日后的维修保养工作提供可靠的数据。

19.5.5 电梯系统应急管理

1. 根据《特种设备安全监察条例》要求组织进行电梯系统应急演练工作，至少1年1次，并做好演练记录。

2. 当电梯系统发生以下异常情况，如电梯设备停电、电梯操作失控、水淹电梯等时，按照相关应急处理预案执行。

19.6 可再生能源系统节能运行

19.6.1 公共机构可再生能源利用概述

目前，水能、太阳能、风能、生物质能、浅层地热能、潮汐能等可再生能源得到了广泛的应用，技术正逐步完善，经济性价比不断提高，部分技术已经可以和化石能源相竞争，应用越来越普及。可再生能源具有节能、环保、可循环利用的特点，是人类社会可持续发展的必由之路。公共机构要带头利用可再生能源，为全社会做表率。

可再生能源的利用一定要因地制宜，根据当地的气候、环境、资源特点，调研用能单位的用能需求、建筑类型、负荷特点、外围基本条件、管理要求等情况，编制可再生能源利用实施方案；选择性能可靠、质量有保障、口碑好的优质产品；由行业内有资质的设计和施工队伍完成可再生能源工程项目。

公共机构的可再生能源利用主要有太阳能光热、太阳能光电、热泵这三种形式。在为某个公共机构设计可再生能源利用方案时，一定要从适用性、经济性、可靠性出发，不搞形式主义，不搞虚头巴脑的花架子。设计的可再生能源系统一定具有实用价值，在经济性上可以和常规能源相竞争，并可以长期稳定运行。为达成这一目标，应该对可再生能源系统进行优化，从设计、施工和运行维护的全过程优化。经验告诉我们，设计优化是提高可再生能源利用率、降低成本的最重要的环节，匹配合理的多能互补的可再生能源建筑供能系统是最优的，也是未来的发展方向。

太阳能具有能量密度低、间歇性不稳定、转换效率不高等特点，在设计太阳能光电、光热系统时，无论是供电、供暖还是供热水，都不要片面追求提高太阳能的保障率这单一指标，可靠性高、经济性好、自动化程度高的匹配设计才是最好的方案。

热泵系统是一种通过做功进行能量提取置换的可再生能源系统。从能量来源上，有空气源、土壤源、地下水源、污水源、河（湖、海）水源，统称为浅层地源。其中，水源热泵系统由于建造成本低而被大规模利用，但地下水源热泵系统因同层回灌困难，已不提倡使用。空气源热泵系统由于建设成本低，应用较广泛；但空气源热泵在低温环境下供暖能效较低，在严寒地区必须使用超低温空气源热泵系统，能效也不高。土壤源热泵非常适宜地下换热流动性好的地区，而且可以和太阳能、燃气、空气源、电锅炉等能量源进行复合利用，形成多能互补的建筑供能系统。

19.6.2　太阳能光伏发电系统的运行维护

1. 专业的系统设计和高质量、性能好的产品部件是光伏发电系统长期可靠运行的必要保证。光伏系统的运行与维护，首先要确保人员和设备的安全，其次要通过经济合理的定期维护，使得系统运行在最佳的发电状态，延长使用寿命，产生最大的经济和社会效益。公共机构的光伏系统运维建议选用第三方专业服务单位来完成。

2. 光伏系统在安装调试完毕后，应进行试运行和性能检查。光伏发电系统的计量仪表，关系到合同能源管理类项目的节能收益评价，政策补贴的申请，并且是系统维护管理的重要数据来源，因此必须符合计量法和电力部门的要求并有定期的校准。

3. 不同的检测部件和检测项，根据设备说明书设置不同的巡检周期，确保以经济合理的巡检保证光伏发电系统的安全和稳定。带电体和潜在的带电体具备一定的危险性，普通用户没有经过培训不应触碰该类设备，以保障人身安全。

4. 光伏发电系统的各个部件使用寿命、使用环境、产品性能等参数不尽相同，为保证光伏发电系统的运行，各个部件均应按照产品技术要求来使用。对不能正常使用的部件，需要及时维修、更换，防止事故发生。

5. 光伏系统应能自动记录并网侧三相电流、电压、频率、谐波畸变率、输出功率等各种电参数，具备故障异常报警功能。

6. 光伏组件表面的灰尘、污垢等不洁物会严重影响光伏发电系统的发电效率，因此光伏组件表面需要保持清洁，并定期清理影响光伏发电的遮挡物。

7. 定期检查逆变器、控制器、汇流箱、配电柜、输电线路、防雷接地系统等主要部位是否符合有关标准技术要求。

8. 光伏发电系统的机房应配有消防设施。

19.6.3　太阳能热水系统的运行维护

1. 专业的系统设计和高质量、性能好的产品部件是太阳能热水系统长期可靠运行的必要保证。公共机构的太阳能热水系统建议谁安装谁运维，和运维企业签订保用责任书。

2. 热水系统的计量装置主要包括水表、电表、温度传感器、液位传感器等。作为电子元器件或仪表使用一段时间后常会出现数据偏差、信号传输不畅、损坏等问题，而热水系统的计量反映系统的节水和节能效果的重要装置。因此运行管理部门对太阳能热水系统的热水计量装置应进行定期校验，建议每年不少于 1 次。

3. 公共机构的太阳能热水系统应选用高效节能的循环泵、电动阀等用电设备；控制器应能自动记录温度、流量、水位等运行数据，可以使系统维护人员了解到系统所处工况、设备衰减情况、设备故障问题等。

4. 无论是四季型还是三季型太阳能热水系统，冬季气温降至冰点以下前，都要检查并做好集热器、管道接头、保温水箱、上下水管路等的防冻措施。采用热媒介质换热的太阳能热水系统，要注意冬季突发停电等现象造成集热系统过热，减压阀能正常工作。

5. 太阳能热水系统在夏季时，要尽可能避免集热器闷晒或空晒时，做好防过热措施，同时避免冷水直接进入空晒后的真空管。

6. 太阳能热水系统控制面板应能直观反映系统所处状态，便于用户操作。用户可根据气候、用水需求、外出停用情况等对太阳能热水系统的控制进行调整，以达到更好的节能效果。热水用水有假期性变化的建筑（如学校的公共浴室、机关食堂等），提前做好各种防护措施。

7. 合理选择进水、用水时间，并调配进水和辅助加热的时间关系，有助于进一步发挥太阳能热水系统的节能效果。系统进水应尽量避免在热水用水集中时，以免辅助加热的供热比例增加。建议在用水相对较小且太阳辐照相对较弱的早晨和夜晚进行。

8. 阳台、墙面安装的太阳能热水系统集热器的固定设施若老化生锈，会使其荷载能力下降，导致系统存在安全隐患，需定期巡查。

9. 太阳能集热器在避免空晒或闷晒可选择在气温和辐照较低的夜间对集热器进水。若条件无法满足的，可选择对集热器进行暂时的遮挡，使集热器温度下降至 60℃ 以下后进水。

10. 对于屋顶设置的太阳能热水系统，有可能因为屋顶绿化的设置，造成集热器的遮挡。对于阳台和墙面设置的太阳能热水系统，低层用户有可能因为地面种植的乔灌木、晾晒的衣物、停放的车辆造成集热器的遮挡。遮挡问题会严重影响集热效果，因此需要在不同季节对集热器周边的遮挡情况采取处理。

11. 当空气质量较差，降尘较多时，集热器表面的灰尘会造成集热效果的下降，因此应通过清洗使集热效果恢复。平板型太阳能集热器比真空管型太阳能集热器更容易积累灰尘，需要在日常维护中加强对表面积灰的清除。

12. 集热器经长时间使用容易出现结垢，滋生细菌等问题。经常过热运行的集热器，结垢现象更为显著。系统长时间低温运行（热水温度≤60℃）容易滋生细菌。针对系统的结垢和滋生细菌等问题，应采用热冲击法或化学药剂法对循环管路、集热器等进行定期清洗。保持其稳定安全运行。

13. 热冲击法是通过将水加热到 90～100℃，并注入循环系统当中，维持循环 30min，将管道系统中细菌灭活。化学药剂法是将次氯酸钠等消毒剂注入系统中，并维持循环 1h以上。在使用消毒剂法杀菌后，需将管道系统用清水冲洗 2 遍以上。

14. 在集热水箱中设置镁棒，可对水垢进行吸收，从而较好防止换热系统换热效果的下降以及管道的堵塞。每 2～3 年对镁棒进行一次检查更换。

15. PE 管、铝塑复合管等管材及配件在室外暴露环境下容易受紫外线照射造成老化，从而产生漏水现象。因此在选择管材配件时应注意通过涂料防止老化，并且对易老化区域

加强管道的检查和更换频率。

16. 应定期对支撑构件进行日常检查,太阳能热水系统的支架若腐蚀会影响系统美观,并且会导致结构承载力下降,造成安全隐患。

19.6.4 地源热泵系统的运行维护

1. 根据用户的需求、当地的资源条件、气象参数、建筑特点等情况,选择水源热泵系统、土壤源热泵系统、空气源热泵系统。专业的设计和高质量、性能好的产品部件是系统长期可靠运行的必要保证。

2. 地源热泵系统建设过程当中的勘察设计、施工调试、检测验收、产品说明等文件应真实准确,并有完整存档。根据地源热泵系统规模、运行时间和自控水平,配备适宜的运行管理人员。

3. 地源热泵系统的循环泵等电气设备应采用节能设备。采用计算机集中控制的系统,应定期备份原始运行数据。既有地源热泵系统的设备更新、节能改造、系统扩容等变动项目,应有完整技术文件和资料存档。

4. 室外温湿度是影响空气源热泵系统运行能耗的主要因素;空气环境质量是影响过滤器清洗周期的主要因素。沙尘较大地区,应及时调整清洗周期。

5. 地埋管地源热泵系统要计算好地下岩土热平衡,要监测一年四季地下土壤温度变化情况。在地下土壤热交换差的地区,系统配置时尽可能设计成多能互补系统,提供岩土热平衡调节手段,并在运行过程中通过对监测数据的分析、适时调整运行策略,切实解决热平衡问题,提高系统运行效率。利用土壤源热泵系统提供生活热水的系统,应将热水使用的影响纳入热平衡运行方案。

6. 采用地表水的水源热泵系统,应定期检查取水口周围污泥、杂物等淤积情况,并及时清淤。一般在取水口前设置沉淀池,雨季汛期或水中植物繁殖期,应加强对取水头部、天然滤床、取水构筑物的监测或检查,防止漂浮物、泥沙、颗粒物等堵塞取水头部或输水管路。

7. 污水源热泵或地表水直接进入机组换热器的开式系统,地表水中的污垢会粘附在换热管内壁上,影响机组效率,自动清洗装置可在运行中自动清洗管壁,保持系统高效运行。

8. 闭式地表水系统的水下换热器上很容易生长水生植物或堆积污泥,影响换热效果,故需要定期检查与清洁,制定清洗周期预案,并根据季节及水质情况优化调整清洗周期。定期对外壁进行冲洗,冲洗时宜采用高压冲洗水枪接近水面由侧向下进行。通过对冷凝器、蒸发器进行清洗,能减少水流阻力,减少机组运行电流,降低用电功率。

9. 制冷工况下,提高冷水出口设置温度可以提高蒸发温度,提高机组制冷量,提高机组效率,减少机组能耗;制热工况下,降低热水出口设置温度,可以降低冷凝温度,提高机组制热量,提高机组效率,减少机组能耗。

10. 机房中控制柜所处环境温度过高会导致变频器频繁停止工作。若出现此现象,可将控制柜单独进行隔离,并设置空调送风口,降低控制柜区域的温度。

11. 定期检查循环泵的转子、轴、轴承磨损情况;清理和吹扫泵内脏物;检查更换润滑油;拧紧所有紧固部件,杜绝泵及辅助部分跑冒滴漏;对泵体及电动机进行防锈处理。

12. 换热系统中冬季添加防冻剂时，应检查管路、阀门密闭情况，以防系统泄漏。地埋管换热系统埋管侧补水量持续过大或分集水器的压力异常时，应及时检查集水管路和分支管路，查找泄漏源并做维修或关断分支管路的处理。地埋管穿越地下室外墙、底板时，应定期检查穿越处的渗水情况，存在渗水现象时，应及时进行防水处理。在冬季较冷时间段，室外管道部分应采取防冻措施。

13. 所有阀门、主要设备部件都应进行挂牌管理，明确阀门的开关状态，防止误操作。

19.7　运行人员管理

19.7.1　资格认证

1. 供配电系统：在岗人员必须具备电工资格证书，熟知办公区变压器所带负载的分布情况，熟悉所属各强电间及重要负载的具体位置，了解高、低压供配电系统的工作性能、状态和技术参数，了解设备操作及使用方法，严格遵守本专业相关的规范标准和操作规程。

2. 电梯系统：电梯管理人员须持有"特种设备安全管理员证"方可上岗，熟悉电梯系统分布情况，电梯设施设备的运行参数，以及熟悉本专业技术管理规范和操作规程。

3. 暖通空调系统：工作人员具备空调等级证，熟悉本专业管辖的各系统的分布状况、设备设施的工作性能、状态，了解各系统的工作运行参数，严格遵守本专业相关的规范标准和操作规程。

4. 给水排水系统：在岗人员具备相关"技术人员培训资格证书"或《水暖工资格证》，熟悉给水排水系统分布情况、给水排水系统设施设备的运行参数以及本专业技术管理规范和操作规程。

5. 所有人员（技术管理、运行操作、维修人员）的各类资格证书均应备案。

19.7.2　节能技术培训

1. 节能管理部门应制定运行技术人员的节能技术培训年度计划。组织系统运行操作和维修岗位工作人员参加。

2. 学习、培训和考核记录均应备案。

19.7.3　节能岗位职责

1. 技术管理人员的节能岗位职责要求

技术管理人员在履行系统运行管理基本职责的基础上，还要满足节能岗位职责要求：

1）总结本单位设备系统以往的运行管理经验，根据实际情况制定全年节能运行方案。

2）参与制定节能运行的各种规章制度，并监督检查操作人员的执行情况。发现能耗大的问题，及时提出改进措施，并督促改进工作。

3）掌握各系统的实际能耗状况，定期调查能耗分布状况和分析节能潜力，提出节能运行和改造建议。

4）实施能耗定额管理。

5）提出节能改造方案或制定节能型产品设备的购买计划。

6）负责运行操作人员和维修人员的节能业务培训。

2. 操作人员的节能岗位职责要求

操作人员在履行系统操作的基本职责基础上，还要满足节能岗位职责要求：

1）充分掌握和严格执行各系统的节能管理制度和节能运行操作技术规程。

2）充分掌握和严格执行各系统中使用的各类节能设备和产品的操作方法。

3）每天定时记录和统计各系统的运行能耗（电、水、热、燃料等）。

4）每天定时记录房间的温度数据。

5）及时查找各系统中存在的能源浪费故障。

6）有重大能耗事故及时向管理人员报告，并进行及时处理。

3. 维修人员的节能岗位职责要求

维修人员在履行系统维护和管理的基本职责基础上，还要满足节能岗位职责要求：

1）充分掌握和严格执行各系统的节能运行管理制度，设备的节能维护保养规程。

2）充分掌握和严格执行各系统中使用的各类节能设备和产品的维护、保养及检修方法。

3）维护保养或检修时不使用不利于空调系统节能的材料、备品和备件。

19.7.4 节能运行交接班

交接班制度是保障设备系统安全、节能运行的一项重要措施。运行交接班制度应包括下述内容：

1. 交接班工作应在下一班正式上班时间前 10～15min 内进行，接班人员应按时到岗。若接班人员因故未能准时接班，交班人员不得离开工作岗位，应向主管领导汇报，有人接班后，方可离开。

2. 按职责范围，交接班双方共同巡视检查主要设备，核对交班前的最后 1 次记录数据。

3. 交班人员应如实地向接班人员说明以下内容：

1）设备运行情况。

2）各系统的运行参数。

3）房间温度。

4）冷、热源的供应和电力供应情况。

5）系统能耗。

6）系统中有关设备、管路及各种调节器、执行器、各仪器仪表的运行情况。

7）当班运行中所产生的异常情况的原因及处理结果。

8）运行中遗留的问题，需下一班次处理的事项。

9）上级的有关指示、生产调度情况等。

4. 交接班双方要认真填写交接班记录表并签字。接班人员发现交班人员未认真完成有关工作或在交接检查时有不同意见的，可当场向交班人员询问，如交班人员不能给予明确回答或可能造成不良后果，可拒绝接班，并立即报告主管领导，听候处理意见。如果接班人员没有进行认真地检查和询问了解情况而盲目地接班后，发现上一班次出现的所有问题（包括事故）均应由接班者负全部责任。

5. 交接班时间以前发生的能耗大的问题或故障未处理完不能交接班，并由交班人员负责继续处理，接班人员配合，处理完后方可进行交接班。交接班过程中如发现问题或故障，双方应共同处理，待处理完后再办理交接班手续。

19.7.5　节能激励

1. 对各用能系统的节能运行效果进行年度考核，建立相应的节能激励制度，促进运行节能。

2. 每年度根据各用能系统全年节能效果，评选节能技术能手，给予一定的物质奖励。

第4篇

公共机构能源管理信息技术应用指南

20

公共机构节能监管平台建设现状

20.1 国家机关办公建筑和大型公共建筑节能监测系统建设现状

2008 年，住房和城乡建设部率先在北京、天津、深圳开展国家机关办公建筑和大型公共建筑节能监管体系建设示范。截至目前，北京市、上海市、重庆市、天津市、深圳市、江苏省、山东省、安徽省和黑龙江省等 9 个省市的公共建筑能耗监测平台通过国家验收，全国累计对 11000 余栋地方国家机关和大型公共建筑实施了在线监测。

20.1.1 中央级平台

国家机关办公建筑和大型公共建筑能耗监测系统中央级平台（图 20-1）主要包括以下内容：

图 20-1　国家机关办公建筑和大型公共建筑能耗数据分析中央级平台登录页面

（1）接收、存储、分析国家机关办公建筑和大型公共建筑能耗监测系统省级数据中心（下文简称省级数据中心）所上传的数据，反映全国国家机关办公建筑和大型公共建筑（下文简称大型公建）能耗水平及能耗趋势。

（2）监督全国各省级数据中心数据上传和运行情况，协调各省级数据中心的数据交换和信息交换。

（3）发布全国各省（市）大型公建节能监管体系及能耗监测系统建设动态信息、指令、相关指标、政策性与技术性文件和资料。

（4）建立科学和统一的大型公建能耗指标体系和评价基准，通过对全国和各省（市）大型公建能耗监测数据多维度分析，实现各省（市）大型公建能耗水平的横向比较、纵向分析，从而对各省（市）大型公建用能情况和建筑能耗总体情况给出评价。

（5）为大型公建能耗监测系统用户提供信息服务。

20.1.2　地方级平台

1. 浙江省

1）建筑能耗监测与监管平台建设情况

浙江省为住房和城乡建设部、财政部确定的第一批 24 个示范省市之一，于 2007 年确定了首批 10 幢国家机关办公建筑、10 家宾馆及 5 所高校的图书馆或综合办公楼作为能耗监测示范试点。自 2008 年起，将能耗监测平台建设工作列入各地市年度责任考核目标，并安排浙江省建筑节能国内专项资金补助能耗监测示范项目的开展。同年下达浙江省建筑科学设计研究院有限公司开展浙江省大型公建能耗监测模拟平台建设工作，并于当年实现模拟平台的监测与运行。

浙江省于 2010 年向住房和城乡建设部、财政部提出浙江省大型公建节能监管体系示范建设，获得国家财政补贴 1450 万元，主要用于平台软件开发、数据中心建设和能耗监测示范项目的实施。浙江省大型公建节能监管平台于 2013 年 11 月通过浙江省住房和城乡建设厅组织的验收，于 2014 年 12 月向住房和城乡建设部申请总体验收。

浙江省大型公建节能监管平台涵盖数据采集子系统、能耗监测与查询子系统、能耗监管与公示子系统、能耗统计与审计子系统、能耗对标子系统、能耗诊断评估子系统、用能报警子系统、考核管理子系统、民用建筑项目节能评估审查子系统、绿色建筑与可再生能源子系统、管理与维护子系统和市级数据中心平台等 12 个子系统。考虑到宁波市和温州市作为经济发达地区，已先于省级平台建设了市级平台，因此在省级平台建设的过程中重点研究实现了省级平台与现有市级平台的数据对接。截至 2014 年 7 月，累计已完成 497 幢建筑能耗监测并上传至省级平台。

2）节约型校园监管体系建设情况

截至 2014 年 7 月，浙江省已获得住房和城乡建设部、教育部批准的节约型校园监管体系建设示范共 7 项，包括：浙江大学、宁波大学、浙江工商大学、浙江理工大学、温州医学院、浙江财经大学、浙江师范大学。其中浙江大学、宁波大学和浙江工商大学已通过住房和城乡建设部、教育部组织的项目验收。

浙江大学于 2010 年 4 月通过项目验收后，继续推进监管体系的范围扩展和管理深化工作，利用监测得到的能耗、水耗数据，进行针对性的节能、节水改造，并于 2011 年列为住房和城乡建设部、教育部、财政部联合开展的节约型校园节能综合改造试点示范建设的首批 4 个项目之一，并于 2014 年 1 月成为全国首个完成全部改造内容并通过项目验收的高校。项目采用水源热泵、太阳能光热光伏利用、雨水回收利用、高效照明、智能优化与集中控制等技术以及建筑围护结构节能改造等，对学生的宿舍、食堂、教学大楼、办公科研楼实施节能改造示范。项目完成后，每年节能量达到 2969 tce，相当于减排二氧化碳

7778 t，节约能耗费约 1048 万元，项目投资回收期 5.5 年。

3）配套制度建设情况

浙江省大型公建制度建设逐步完善：

（1）实行目标责任考核制度。如 2009 年浙江省将开展政府办公建筑和大型公共建筑节能监管 65 项的任务通过浙江省人民政府办公厅文件《浙江省人民政府办公厅转发省经贸委等部门关于资源节约与环境保护行动计划 2009 年实施方案的通知》（浙政办发〔2009〕30 号）分解落实到各地。

（2）加强部门联动，充分发挥公共机构管理、教育、旅游、卫生等主管部门的积极性。

（3）出台了《关于加强国家机关办公建筑和大型公共建筑节能管理示范试点工作的若干意见》（浙建设〔2009〕15 号）等一系列规范性文件。

（4）加强科学技术研究，先后开展了《建筑能耗及室内温湿度远程监测技术的应用研究》和《大型公共建筑能耗分项计量与实时分析系统》等一系列课题研究。

（5）2013 年 7 月 1 日颁布实施了《国家机关办公建筑和大型公共建筑用电分项计量系统设计标准》DB 33/1090—2013，作为用电分项计量工作强制性地方标准，从源头规范了建筑能耗监测工作。

2. 重庆市

1）建筑能耗监测与监管平台建设情况

重庆市于 2009 年成为全国大型公建节能监管体系示范城市，2010 年 4 月重庆市住房和城乡建设委下达重庆市大型公建节能监管体系建设任务。2012 年 1 月，重庆市大型公建能耗监管平台示范城市建设项目通过住房和城乡建设部验收。

2012 年，重庆市发布了《公共建筑能耗监测系统建设技术规程》DBJ 50/T—153—2012，该技术规程的发布为全市新建、既有公共建筑能耗分项计量、动态监测的建设工作提供了有力的技术依据和工作指导。2012 年重庆市住房和城乡建设委印发了《重庆市公共建筑节能改造重点城市示范项目管理暂行办法》的通知，在全市范围内开展公共建筑节能改造重点城市示范项目，要求在既有公共建筑的节能改造中，对于没有安装分项计量能耗监测平台的项目，在节能改造中必须纳入此内容并列入重庆市节能监管平台进行统一管理。

截至 2014 年 3 月 20 日，重庆市已累计完成重庆洲际酒店、重庆市儿童医院、重庆帝景摩尔商业中心、长江师范学院、长寿体育中心、国际金融大厦等 249 栋建筑基础信息采集、能耗分项计量装置安装、建筑能耗监测数据上传和汇总分析工作，建筑对象涵盖了办公建筑、宾馆饭店、商场、写字楼、医院卫生、文化教育、体育教育等多种建筑类型。具体见表 20-1。

重庆市节能监管平台不同类型建筑面积与数量　　　　　　　　　　　　表 20-1

建筑功能	建筑面积（m²）	建筑数量（栋）
办公建筑	2310579	129
商场建筑	898297	20
宾馆饭店建筑	786003	27

建筑功能	建筑面积（m²）	建筑数量（栋）
文化教育建筑	2184345	45
医疗卫生建筑	306065	14
体育建筑	21200	1
综合建筑	416479	13
总计	6922968	249

重庆市公共建筑节能监管平台对重点建筑能耗实施实时监测，并通过能耗统计、能源审计、能效公示、用能定额和超定额加价等制度促进重庆市公共建筑提高自身节能运行管理水平，推动全市高耗能的公共建筑积极开展节能技术改造，培育全市建筑节能服务市场，为高能耗公共建筑的节能改造创造有利条件。

2）节能监管平台支撑作用

（1）为建筑节能诊断提供支撑

重庆市公共建筑节能监管平台完成了被监管建筑的基础信息采集、能耗分项计量装置安装和建筑能耗监测数据上传工作。在进行节能诊断时，诊断单位可以从节能监管平台软件上准确地获取诊断建筑每月、每天、每小时的照明插座用电、空调用电、动力设备用电和特殊设备用电，该分项数据为公共建筑的节能诊断提供了准确、详细的数据支撑，同时也能准确指明既有建筑节能改造的重点。

（2）为建筑节能改造提供思路

重庆市公共建筑节能监管平台的建设为业主方和节能服务公司提供了节能改造思路和方向，避免了既有建筑节能改造的盲目性。如重庆某办公大楼在节能改造前业主和节能服务公司通过节能监管平台对2013年建筑每日空调能耗曲线进行了挖掘和分析，准确地发现了该建筑空调系统非工作时间待机能耗高、过渡季节空调使用率高、每天下班未提前关空调等弊端，通过针对性的管理和技术节能手段大大降低了该建筑空调建筑能耗。

（3）为节能改造建筑提供比较准确的分项能耗数据

对于公共建筑节能改造项目，业主方均能提供几年的能耗账单和交费账单，但无分项能耗数据。节能服务公司往往均采用拆分估算方法得到分项能耗数据，因此其单项节能量、节能率不准确，也影响到总节能量、节能率的准确性。分项能耗监测平台可以提供比较准确的逐年、逐月分项能耗数据，为节能改造节能量、节能率的核定提供基础数据。通过分析几个安装有分项能耗监测平台的公共建筑改造项目，可以发现其总耗电量与业主的能耗账单相差最多的在9%左右，相差最少的在3%左右。由于用户交费账单以设在变压器高压侧电表为结算依据，分项能耗是以变压器低压出线侧电能表为计量表，因此分项能耗监测数据可信，可以作为分项能耗基础数据使用。

（4）为节能量核定提供权威认定平台

公共建筑节能监管平台的建设为业主方和节能服务公司提供了节能量核定依据，将积极引导专业化节能公司采用合同能源管理方式为用能单位实施节能改造，从而扶持和壮大节能服务产业。同时，公共建筑节能监管平台能够指导主管部门对公共建筑能效指标的制定，从而为能效交易创造基础条件，将解决大型公共建筑的节能改造资金。在整个合同能源管理和

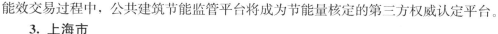

能效交易过程中，公共建筑节能监管平台将成为节能量核定的第三方权威认定平台。

3. 上海市

1）整体综述

截至 2016 年 12 月 31 日，上海市累计共有 1501 栋公共建筑完成用能分项计量装置的安装并实现与能耗监测平台的数据联网，覆盖建筑面积 6572.2 万 m²，其中国家机关办公建筑 182 栋，占监测总量的 12.1%，覆盖建筑面积约 368.5 万 m²；大型公共建筑 1319 栋，占监测总量的 87.9%，覆盖建筑面积约 6203.7 万 m²。按建筑功能分类统计情况见表 20-2。

2016 年接入上海市能耗监测平台公共建筑功能分类表　　　　表 20-2

序号	建筑类型	数量（栋）	数量占比（%）	面积（m²）
1	国家机关办公建筑	182	12.1	3684983
2	办公建筑	497	33.1	21891554
3	旅游饭店建筑	197	13.1	8412169
4	商场建筑	226	15.1	12803583
5	综合建筑	172	11.5	11080422
6	医疗卫生建筑	105	7.0	3368932
7	教育建筑	50	3.3	1855715
8	文化建筑	24	1.6	848840
9	体育建筑	20	1.3	710058
10	其他建筑	28	1.9	1066100
	总计	1501	100.0	65722356

注：其他建筑包含交通运输类建筑、酒店式公寓等无法归于 1～9 类的建筑。

年度新增接入量方面，2016 年，能耗监测平台新增联网建筑共计 213 栋，建筑面积合计约 852.7 万 m²，其中国家机关办公建筑 14 栋，覆盖建筑面积约 33.9 万 m²，大型公

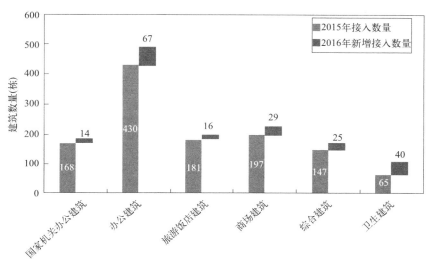

图 20-2　2016 年接入能耗监测平台主要类型建筑新增量情况

共建筑 199 栋，覆盖建筑面积约 818.8 万 m²。各主要类型建筑增量分布情况如图 20-2 所示，新增联网建筑中，办公建筑数量最多，达 67 栋，医疗卫生建筑增幅最大，达 61%，其他各类型建筑接入量增幅在 10%～20% 不等。

单栋建筑面积分布方面，接入能耗监测平台的公共建筑面积主要分布在 2.0 万～4.0 万 m²，为 657 栋，占总量的 44%；建筑面积大于 10.0 万 m² 的超大型公共建筑为 85 栋，占总量的 6%。本市能耗监测平台接入建筑面积分布情况如图 20-3 所示。

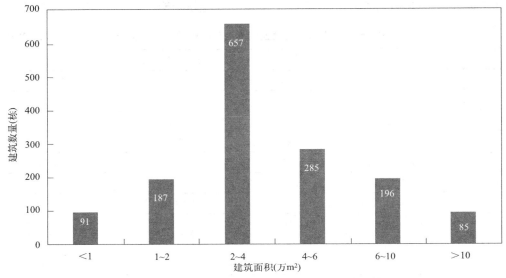

图 20-3　2016 年能耗监测平台接入建筑面积分布情况

接入能耗监测平台的大型公共建筑总平均面积约为 4.4 万 m²，其中，综合建筑和商场建筑平均面积超过 5.5 万 m²；办公建筑和旅游饭店建筑平均面积约 4.3 万 m²；医疗卫生建筑、教育建筑、文化建筑、体育建筑平均面积在 3.0 万～4.0 万 m²。国家机关办公建筑体量最小，平均面积约为 2.0 万 m²。各类型建筑平均面积情况如图 20-4 所示。

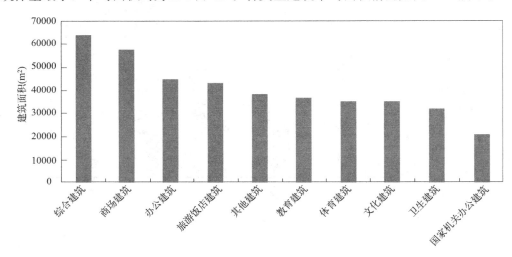

图 20-4　2016 年接入能耗监测平台各类型建筑平均面积情况

2）年度总用电量情况

2016 年，接入能耗监测平台的公共建筑年总用电量约为 69.3 亿 kW·h，其中办公建筑、商场建筑、综合建筑与旅游饭店建筑用电总量较大，四类建筑用电量占总量的 85％。各类型建筑年总用电量占比如图 20-5 所示。

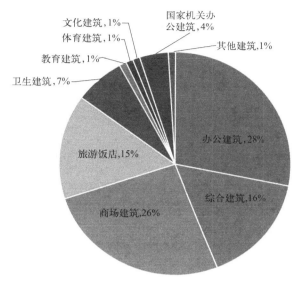

图 20-5　2016 年接入能耗监测平台建筑年总用电量占比情况

2016 年，接入能耗监测平台的公共建筑逐月用电量如图 20-6 所示。从图 20-6 中可以看出，建筑逐月用电变化情况与气温变化趋势相符，夏季随着气温不断升高，空调制冷需求逐渐增大，导致用电量也逐渐增加，在温度最高的 7、8 月建筑用电量也达到了夏季的最高；冬季随着气温不断降低，空调供暖需求逐渐增大，导致用电量也逐渐增加，在温度最低的 1 月建筑用电量也达到冬季的最高。

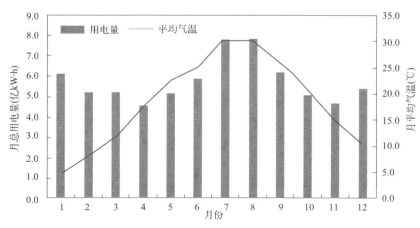

图 20-6　2016 年接入能耗监测平台建筑逐月用电量

3）历年用电量变化情况

2014—2016 年，接入能耗监测平台建筑总面积增幅约为 54％，年总用电量增幅约为

57.1％。历年能耗监测平台建筑年总用电量变化情况如图 20-7 所示。

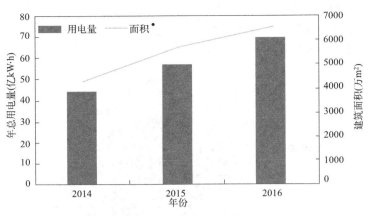

图 20-7　2014—2016 年接入能耗监测平台建筑历年用电量变化情况

2014—2016 年，接入能耗监测平台的公共建筑单位面积年平均用电量分别为 104kW·h/m²、100kW·h/m²、105kW·h/m²，历年波动范围约为 5％。其中，2015 年单位面积用电量略低于 2014 年，2016 年单位面积用电量略高于 2015 年。2016 年是本市高温日最多的一年，是 2014 年及 2015 年的近 3 倍，致使公共建筑总用电量有所增加。此外，2016 年是本市 400 万 m² 公共建筑节能改造重点城市示范项目建设完成后的第 1 年，部分改造项目，尤其是多数旅游饭店改造项目实施了油改电或气改电的技术措施，其能源结构发生变化，用电量占比增大，致使公共建筑年单位面积用电量小幅增加。

4. 北京市

北京市国家机关办公建筑和大型公共建筑能耗监测平台于 2009 年 4 月开始投入运行，目前，可实现对北京市 258 栋政府办公建筑和大型公共建筑能耗数据的采集、远程传输、动态监测和数据分析（图 20-8 和图 20-9）。

监测的能耗数据包括分类建筑能耗和分项建筑能耗。分类建筑能耗包括电、燃气、水、集中供冷、供热量等，目前监测的主要是电能及其分项能耗的数据；分项能耗包括 4 项，分别为：照明和插座用电、空调用电、动力用电、特殊用电。

监测对象：北京市国家机关办公建筑和大型公共建筑。

监测范围：东城、西城、崇文、宣武、朝阳、海淀、丰台、石景山及亦庄经济技术开发区。

图 20-8　北京市国家机关和大型公建能耗监测平台说明（1）

目前，能耗监测平台监测的建筑涉及全市共 258 栋建筑的数据，建筑面积共 1299 万 m²。

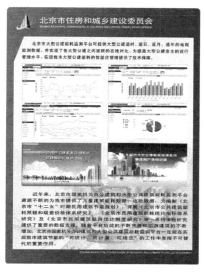

图 20-9　北京市国家机关和大型公建能耗监测平台说明（2）

5. 内蒙古自治区

内蒙古自治区建筑节能监督管理平台包括：建筑能耗统计、能源审计、能耗在线监测、能效公示、新建建筑、节约型校园、可再生能源建筑应用、大型公共建筑节能监管体系、节能改造、绿色和低碳实践、能效标识认定、合同能源管理、节能技术与产品推广应用、建筑能耗定额、节能知识库（包含建筑节能政策法规和标准规范等）、稽查执法、建筑节能日常办公共 17 个模块软件。平台登录页面及功能页面如图 20-10 和图 20-11 所示。

内蒙古自治区建筑节能监督管理中心 copyright @ 2012

图 20-10　内蒙古自治区国家机关和大型公建能耗监测平台登录页面

图 20-11　内蒙古自治区国家机关和大型公建能耗监测平台功能页面

20.2　高等学校节能监管平台建设现状

2007 年至今，教育部与住房和城乡建设部共同开展以高校节能监管平台的建设为重点工作的八批节约型校园建设工作，共计开展了 233 所高校节能监管平台的建设，高校节能监管平台建设项目分批次汇总见表 20-3。为顺利推进项目建设，教育主管部门相继出台了《高等学校校园建筑节能监管系统建设技术导则》《高等学校校园建筑节能监管系统运行管理技术导则》等技术性文件。在高校节能监管平台建设的基础上，"十二五"期间校园节能工作取得了明显成效，与 2011 年相比，2015 年生均能耗下降 15.8%，年平均降幅约 3.95%，生均水耗下降 19.3%，年平均降幅约 4.83%。

高校节能监管平台建设项目分批次汇总　　　　　　　　　　　　表 20-3

年份	批次	数量(所)	部直属高校
2007 年	第一批	12	同济大学、清华大学、浙江大学、天津大学、重庆大学、北京师范大学、华南理工大学、江南大学、合肥工业大学(9 所)
2009 年	第二批	18	北京交通大学、中国海洋大学、电子科技大学(3 所)
2010、2011 年	第三、四批	42	北京大学、中国人民大学、复旦大学、吉林大学、东南大学、湖南大学、西南交通大学、厦门大学(8 所)
2012 年	第五批	77	中国地质大学(北京)、北京化工大学、华中农业大学、华中师范大学、华东师范大学、河海大学、上海财经大学、北京林业大学(8 所)
2013 年	第六批	19	西安交通大学、武汉理工大学、华中科技大学、中南大学、中山大学、华东理工大学、上海交通大学、陕西师范大学、东北师范大学、中央财经大学、西安电子科技大学、中国农业大学、中国矿业大学(北京)、东北大学、中国传媒大学、华北电力大学、中南财经政法大学、北京科技大学(19 所)

年份	批次	数量(所)	部直属高校
2014 年	第七批	17	中国矿业大学(徐州)、南京大学、西南大学、中央音乐学院、北京语言大学、北京邮电大学、北京中医药大学、中国石油大学(北京)、对外经济贸易大学、东北林业大学、中国药科大学、东华大学、中国政法大学、南京农业大学、北京外国语大学、长安大学、兰州大学(17 所)
2015 年	第八批	4	中央戏剧学院、中央美术学院、中国地质大学(武汉)、上海外国语大学(4 所)

20.2.1 部级平台

目前高校尚未建设部级节能监管平台。

20.2.2 高校级平台

1. 首都师范大学

首都师范大学智慧能效节能监管平台系统是由"节能监控中心""网络传输系统""计量设备""中央空调节能专家模块"四部分组成的有线、无线相结合的智能网络能耗监控系统(图 20-12 和图 20-13)。

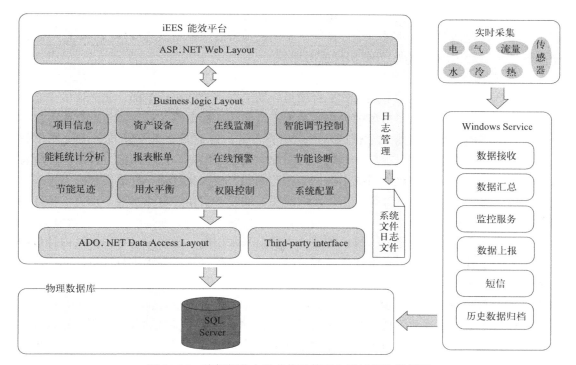

图 20-12　首都师范大学节能监管平台系统架构逻辑图

节能监管中心：由管理计算机、打印机、UPS 电源、高清液晶拼接屏及软件系统构成。

图 20-13　首都师范大学节能监管平台中控室现场

网络传输系统：该系统承担数据采集及转换任务，将来自计量表具的数据以分散或集中采集形式进行数据转换，并通过校园节能监管系统网络传输至服务器、节能监管中心。

计量设备：现场采集计量表具包括电能表、水表、冷热量表等。各类表具具备数据通信接口，并支持国家相关行业的通信标准协议。

中央空调节能专家模块：中央空调节能专家模块采用组态设备软件，监测采集中央空调运行状态，包括温度、流量、冷热量等。本模块预留后期控制改造接口。本模块与监控中心软件平台利用国际标准 OPC 协议实时通信。

1）实施方案

首都师范大学智慧能效节能监管平台项目一期工程主要针对校本部、北一校区、北二校区的水、电、热用量及图书馆中央空调系统进行在线计量监测，具体实施方案如下：

电计量方面，实施监测三个校区八座配电室（北一综合配、北一南配、北一图书馆配、本部主配、本部西配、本部 9 号配、国美配、北二配电室）低压用电，计量、分析各校区主要建筑用电及主要机电系统用电；实施监测北一校区文科楼、外语楼和图书馆三栋建筑内各配电柜支路用电，计算分析建筑内照明、插座、空调、电热水器、动力、特殊用电等分项用电。

水计量方面，重点计量北一校区各建筑入户自来水用电、中水用量，中水站内计量中水量及自来水补水量。此外，本工程对北一校区、北二校区生活热水进行计量（北一校区浴室、国际文化大厦浴室、北二校区浴室），通过计量，分析校园用水结构，及时发现并解决自来水管网跑冒滴漏问题。

热计量方面，实现北一校区热力站运行状态监测，连续采集市政一次侧供回水温度、二次侧供暖和生活用水的运行温度，监测不同分支热量消耗数据，辅助供暖运行；实现国际文化大厦运行状态监测，连续采集供回水温度、流量和热量信息，分析统计生活热水用热量。

图书馆中央空调系统，实现中央空调冷冻站运行状态实时监测，连续采集温度、压力、冷量、热量、流量等参数，辅助空调运行管理。

2）基于监管平台的能耗分析

学校的节能管理工作，主要分为日常运行管理节能和关键设备系统节能改造两种类型。日常运行管理节能是否能真正持续发挥作用，很大程度上取决于发现并诊断问题是否快捷简单。关键设备系统节能改造的出发点应根据建筑物的实际问题"对症下药"，选择性价比最高的改造方案和手段。以上两种类型的节能管理工作均建立在精准的运行能耗数据及分析的基础之上。

北一校区电耗及指标情况详见表20-4。

北一校区电耗及指标情况 表20-4

建筑类型	建筑名称	电耗（万 kW·h）	年电耗估算（万 kW·h）	建筑面积(m^2)	电耗指标$[kW·h/(m^2·a)]$
教学综合类建筑	外语楼	7.02	22.27	10995	20.3
	文科楼	17.26	54.78	15703	34.9
	综合楼	2.00	6.36	3494	18.2
图书馆类建筑	图书馆	56.55	179.47	16541	108.5
场馆类建筑	体育馆	19.47	61.78	7960	77.6
食堂餐厅类建筑	学四食堂	9.80	31.10	5943	124.5
	学五食堂	13.51	42.88		
学生宿舍类建筑	男学生宿舍	6.36	20.18	19873	20.6
	女学生宿舍	6.55	20.80		
其余建筑及系统	锅炉房、热力站	45.64	48.02	119732	4.0
	中水站	2.55	8.09	—	—
	自备井	2.96	9.40	—	—
	综合楼外电源	5.92	18.80	—	—
	其他	7.17	22.76	—	—

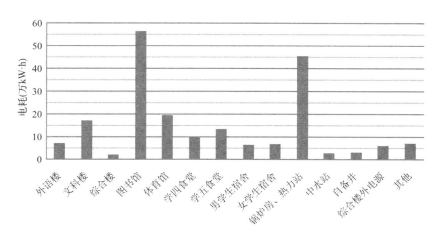

图20-14 北一校区主要建筑及系统电耗情况

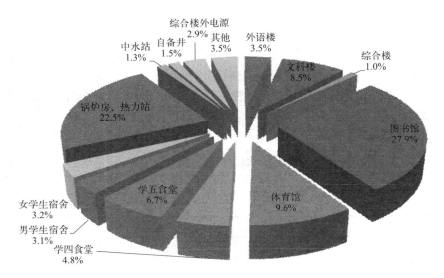

图 20-15　北一校区主要建筑及系统电耗比例情况

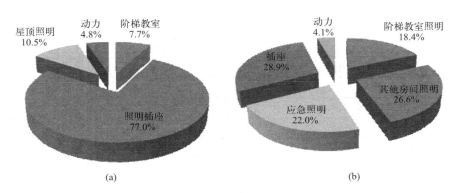

(a)　　　　　　　　　　　　　(b)

图 20-16　外语楼、文科楼电耗比例情况

（a）外语楼用电比例分项情况；（b）文科楼用电分项比例情况

由图 20-14～图 20-16 可知，北一校区图书馆电耗最大，约 56.55 万 kW·h，占北一总电耗比例的 27.8%，其次是热力站用电、体育馆用电、文科楼用电等，分别占北一校区总电耗比例的 22.5%、9.6%、8.5%。从年电耗指标来看，热力站水泵年电耗指标约为 4kW·h/m²，该指标偏高，存在较大的节能空间。此外，图书馆、体育馆及文科楼等建筑电耗及指标均较高，亦存在节能空间。

北一校区最大的用电建筑——图书馆电耗情况见表 20-5。

北一校区图书馆详细电耗情况　　　　　　　　　表 20-5

用电分类	各用电分项	电耗(kW·h)
照明插座	照明和插座	199160
	走廊和应急	62429
	室外夜景照明	1896

用电分类	各用电分项		电耗(kW·h)
暖通空调	冷热站	采暖循环泵	87770
		冷水机组	1041
		冷冻泵	—
		冷却泵	—
		冷却塔风机	—
	末端设备	空调机组	67423
		风机盘管	9272
动力用电	电梯		3873
	给水排水		3762
特殊用电	计算机房(含空调)		57878
	消防值班室及监控系统		9678
	其他未计量项		61282

由图 20-17 和图 20-18 可知，北一校区图书馆电耗中，照明插座电耗最大，其次是暖通空调用电，分别占图书馆总电耗的 46.6%、29.3%。在图书馆照明插座类电耗中，照明电耗最大，其次是走廊应急照明用电和插座用电。

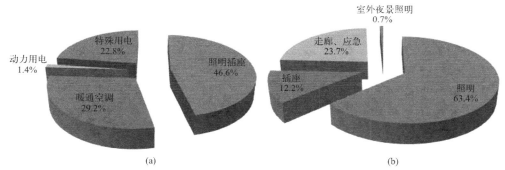

图 20-17　北一图书馆各类型用电比例

（a）北一图书馆各分项用电比例情况；（b）照明插座分项用电比例情况

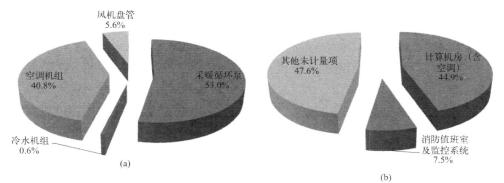

图 20-18　图书馆暖通空调分项用电比例

（a）暖通空调分项用电比例情况；（b）特殊用电分项用电比例情况

在图书馆暖通空调类电耗中，供暖循环泵电耗最大，其次是空调机组电耗。由于该时段处于冬季供暖季，故中央空调系统中的冷冻泵、冷却泵、冷却塔风机均没有电耗，而冷机的待机电耗为 1041kW·h，该部分电耗可通过完善冷机控制系统进行节省。

2. 北京交通大学

北京交通大学校区总面积近 1100 亩，建筑面积 85 万 m²，东、西两个校区，各类建筑 100 余幢，教学、科研设施完善。校区所用能源种类为电、水、天然气、供热。

北京交通大学节约型校园建筑节能监管平台于 2011 年 7 月 18 日通过了住房和城乡建设部和教育部组织的验收，二期工程于 2013 年 7 月开始实施，通过各种能耗的在线分类、分项、分户计量和分析，而且对学校集中供热系统、电开水炉、路灯、公共教室照明、分体空调、办公室用能等进行了高效能源管理，并与 3D 地图、预付费一卡通、光伏系统等结合。

1）系统架构

北京交通大学智慧能源管理系统由监管中心、主干通信网络、现场监控网络、各种智能计量装置、智能网关（用于连接第三方智能计量装置）等组成。系统分为三个层次，从下至上分别为：现场设备层（感知层）、通信网络层、系统应用层（图 20-19）。

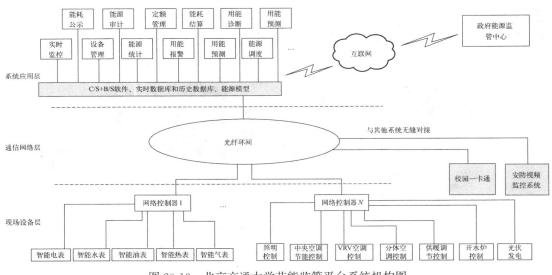

图 20-19　北京交通大学节能监管平台系统机构图

2）整体解决方案

整体解决方案包括如下子系统（图 20-20）。

3）关键技术

系统在现场设备层和通信网络层采用国际先进的 LonWorks 现场控制网络技术，实现各类智能表计、控制器、变频器等现场设备与智慧能源管理系统主干通信网的无缝衔接，通信速率高，达到能源实时在线计量、能源质量监测、能源自动化监控与自动化节能调节、安全用能监控，实现高效能源管理的目标。

3. 江南大学

2005 年，江南大学首先在全国高校提出了基于物联网技术的"数字化节约型校园"

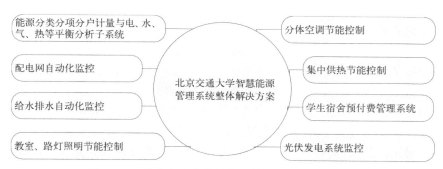

图 20-20　北京交通大学节能监管平台功能模块设计

建设思想,通过发挥物联网工程、环境工程、工业设计等多学科的优势,成立了"节能研究所",在全国率先开始了"数字化节能监管平台"的研究与建设。

江南大学数字化节能监管平台(图 20-21)的建设采用统一规划、分步实施的模式,实现了 1+1+N+M 的架构,即 1 个能源服务门户,1 个系统平台,N 个业务子系统和移动终端的发布(Mobile),目标是将能源管理过程中的"模糊"概念变成清晰数据,实现了不同人、时、地的管理及多渠道信息交互,为管理者提供了更科学的决策支持。借助于布设在校园内的近 2 万个各类传感监控点,数字化节能监管平台对能源使用、给水管网、变电所、VRV 中央空调、分体空调、路灯、安防和交通等实施全方位、立体式的数字化实时管理,监控覆盖率达 90%以上。

图 20-21　江南大学数字化节能监管平台首页

1)监管类子系统

监管类子系统是节能监管平台的基础和核心,亦是节能监管平台首要的建设内容。监管类子系统目的是解决"能源去哪儿了"这个核心问题。建设了校园电能计量管理、给水管网监测、燃气计量监管、建筑节能分析等监管类子系统,对校园供电、供水、供气和环境参数进行基于校园网的实时监测,掌握校园实时用量。

2)控制类子系统

对部分重点能源基础设施进行远程智能监控,主要包括变电所、水泵房、路灯、中央

空调等，保障重点用能设备的可靠、高效、低耗运行。

3）服务类子系统

节能监管平台监管的不是能源本身，而是人们的用能行为。通过监管培养绿色意识，养成良好习惯，促进行为节能显得尤为迫切。为此学校大力建设和完善能源服务类子系统，包括能耗公示、预付费用能管理、能源足迹、低碳计算器等，并与学校统一身份认证系统、"e 江南"校园门户进行对接。师生可以通过网页、手机 App、短信、邮件等方式随时了解自己的用能信息，进行在线交互。通过提高师生对自身能源消费的关注度和透明度，促进了能源的理性消费和自我管理，将节能从一个部门的工作变为全校师生的工作，从"要我节能"的被动行为变为"我要节能"的自觉行为。

4. 南京大学

南京大学鼓楼校区占地面积 580 亩，建筑总面积 113 万 m^2。各类建筑共计 145 幢，其中 1 万 m^2 以上建筑 23 幢。校区主要能源为水、电、气。校区现有 10kV 开闭所 3 座，10kV 变电所 16 座，10kV 箱变 2 个，2 路市政供气管网和 28 路市政供水管网。校区现有学生及职工人数约 25000 人。目前已经在鼓楼校区和仙林校区建设了节能监管平台。

1）节能监管平台结构

南京大学节能监管平台的建设，充分考虑校园智慧能源管理的发展需求，符合物联网三层架构，三个层次，分别为：智能仪表、现场控制器在内的现场设备层；智能设备联网的现场控制网络和主干通信网构成的通信网络层；面向校园能源管理需求的系统应用层，包括流程化监控界面、实时监测和控制功能，以及能源统计、分析、预测、调度等功能。

2）关键技术措施

节能监管平台的建设需从现场数据采集、现场控制网络、数据传输等方面关键技术综合考虑，以满足节能监管平台的建设需求。从能源管理的实时计量、监测和自动化节能控制的需求出发，选择 LonWorks 现场控制网络作为南京大学节能监管平台的现场控制网络，其特点在于：

（1）Lonworks 控制网络是全球通用控制网络技术，以先进的技术体系成为国际标准，并成为国家标准。

（2）具备分布式高速实时的特点，传输速率 78kbps。

（3）LonWorks 控制网络技术得到霍尼韦尔、江森、施耐德、ABB 等国际厂商支持，在建筑智能化、工业、交通、智能电网领域得到广泛应用。

（4）一对双绞线上可挂接多个不同的智能节能设备，可实现智能表计、智能终端直接联网，便于构建基于局域网或 Internet 的远程电能监管平台，节省安装费用。

（5）集能源实时在线计量、能源质量监测、能源自动化控制于一体，实现系统化能源管理的目的。

3）项目实施及效果

南京大学校园内各变电所之间有电缆沟相连，变电所和大楼之间都有管线沟通，光缆敷设方便。考虑到数据的稳定和可靠，主干通信网络采用能源系统专用的光纤环网。整个节能监管平台分为 18 个子网，通过光纤交换机相连组成一个光纤环网，对全校的能源实现监控和管理。

该项目于 2009 年 12 月投入运行，实现了全校用能的分类、分项、分户在线计量，对校园路灯、教室照明、电开水炉、单体空调、VRV 空调等用能设备进行节能控制，综合节能率达到 10% 以上，年节省标准煤 565.34t，减少碳排放 1526t，减少硫排放 9.18t，节约用电 460 万 kW·h，合计节约运行费用 243.8 余万元。

20.3 中央国家机关办公区节能监管平台建设现状

中央国家机关办公区节能监管平台建设项目于 2014 年 7 月正式启动，总体建设规模（投资概算）约 1 亿元，其中建安工程费 9000 万元，建设范围包括中央国家机关 73 个部门和教科文卫体等行业 7 个试点公共机构，共计 80 家单位，于 2018 年年底完成中央级平台和全部部委级分平台建设工作。

中央国家机关办公区节能监管平台建设分为长期目标和近期目标：

1. 长期目标是建设完善公共机构节能管理信息平台。在国管局信息化工作整体规划指导下，结合《公共机构节能管理信息系统建设规划》，统筹考虑公共机构名录库、能源资源消费数据库和综合业务信息数据库建设，以中央国家机关节能监管体系、公共机构能源资源消费统计信息系统为主干，搭建公共机构节能管理信息平台，并逐步建设完善节能考核评价、能源审计、合同能源管理等多个业务系统。

2. 近期目标是建设节能监管体系精品工程和能源管理服务市场化示范项目。实现中央国家机关本级办公区能源资源消耗数据的分类分项计量、动态采集、实时监测、统计与分析。及时发现跑冒滴漏、减少不必要的浪费；通过数据积累和分析，查找耗能重点环节，挖掘节能潜力；以技术手段推动管理节能，促进行为节能，提高中央国家机关用能管理的信息化、精细化、科学化水平，切实降低能源资源消耗。在建设中央国家机关节能监管系统的基础上，逐步纳入中央国家机关所属在京单位、各地区省级公共机构，汇总各地区已建成使用的节能监管系统数据，实现节能监管的体系化建设和大数据化应用。同时，探索项目实施市场化模式，优化服务机制，引导节能服务公司实现由设备和系统供应商向专业节能服务的转型升级。

中央国家机关办公区节能监管体系包括两个层级（图 20-22）：

1. 在各部门建设本部门能耗监测系统，对各部门办公区动力、供暖、空调、照明、给水排水、食堂、信息机房等各种设备设施所消耗的电、热、水、油、气等能源资源消耗数据进行分类分项计量和动态采集，实现能耗统计、能效评估和监测预警等功能，提高各部门用能管理的信息化、精细化水平。

2. 在国管局公共机构节能管理信息平台上建设中央国家机关节能监管系统，按月汇总各部门能耗数据，实现中央国家机关各部门能耗数据统计、对标分析、能耗基准制定、排名公示等功能，为中央国家机关节能管理政策和节能规划制定提供数据支持。

20.3.1 中央级平台

1. 软件开发平台

中央国家机关办公区节能监管平台采用通用的数据交互方式。同时，国家级平台汇集

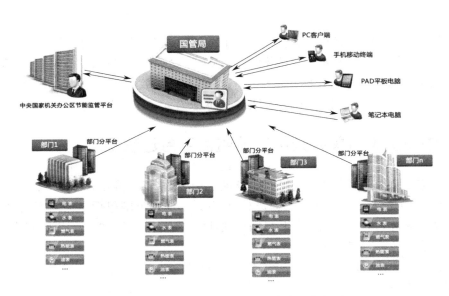

图 20-22　中央国家机关监管平台应用构架图

各个部委单位的机关办公建筑能耗监测数据等，数据量大，对存储和应用的性能要求较高。

1）依托 Microsoft. Net Framework 体系结构提供的中间层集成框架来满足高可用性、高可靠性以及可扩展性的应用需求，并提供统一的开发平台。

2）采用 Microsoft SQL Server 的关系型数据库管理系统，利用 Transact-sql 的 SQL 语言在客户机与服务器间传递客户机的请求与服务器的处理结果。

3）使用 Visual Studio 的集成开发环境。

2. 支撑软件平台

1）系统数据库平台选择 Microsoft SQL Server，并配合备份软件进行数据库双机热备。

2）本项目的操作系统选择 Windows Server（Windows Server 2008）。

3. 体系架构设计

1）平台采用物联网的"感、传、智、用"应用于建筑（群落）能源管控，基于国际标准和通用的行业标准，实现建筑群内水、电、气、热、油等全部能源数据的采集、存储、分析和应用。同时，监管平台提供海量数据存储平台，对所有参数及数据进行永久的存储、统计、分析及应用，实现建筑全生命周期运行管理的数据基础保障。

2）平台由数据中心、主干通信网络、数据采集传输单元、下属分支机构数据采集系统等组成。数据起始于中央国家机关各部委单位的上传，实现数据的传输。

3）平台采用四层网络结构：第一层为基础层，即提供数据上传接口提供各个部委单位将能耗数据传输到数据网关；第二层为数据层，即数据网关与能源管理数据中心的网络连接，主要采用 TCP/IP 的方式传输数据，并最终存储到数据中心；第三层为平台应用层，即能耗管理数据中心内部服务器、数据库、存储、能耗监测应用软件等，为能耗数据采集、实时监控、分析处理、审计、公示评价提供应用服务；第四层主要为用户表现层，即数据中心 Web 服务器到用户客户端，国管局及各上传数据的部委单位可通过 PC 的各类主流浏览器（如 IE 浏览器、搜狗浏览器等）进行系统登录访问（图 20-23）。

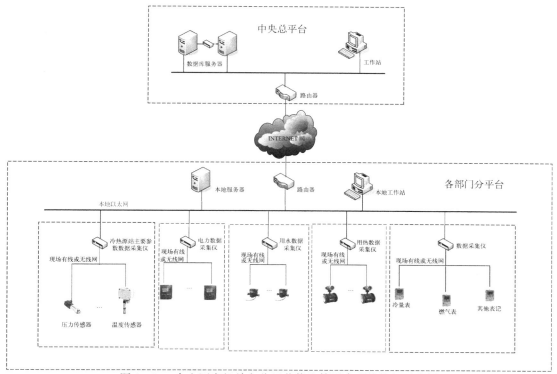

图 20-23　中央国家机关办公区节能监管平台系统构架示意图

20.3.2　部委分平台

截至 2018 年 8 月 7 日，共 79 个部门的节能监管平台通过竣工验收。部门节能监管平台建设总面积约 505 万 m²，实际安装监测点位 19455 个，与现有系统对接点位 722 个，平均建设周期 16.6 个月。

21
公共机构节能监管平台软件功能分析

对公共机构节能监管中央级和部委级平台的软件功能进行分析。中央级平台系统中间层的业务逻辑采用组件技术开发，其灵活性大、易于移植，可以快速开发、部署应用程序；用户表现方面，技术上采用多层体系架构的 .NET 平台、数据服务总线、分布式可靠消息服务等主流技术，基于目前主流的 Web2.0，结合 JS、HTML5 技术注重用户的使用体验。部委级平台各实施企业根据各自对科学管理理念和规范化管理流程的理解，结合能耗分类分项计量监测与节能管理业务特点，以及业务流程分析科学合理性、用户需求等要素，开发并设计软件功能模块，实现对分类分项能耗数据进行统一采集和管理。

21.1 中央级平台软件功能

中央级平台系统设计总体上按照满足需求、适度超前的信息利用原则，采用三层架构设计，实现分布式数据处理，完全体现平台灵活性、信息化的优势和通信能力。中央级平台软件功能列表见表 21-1。

中央级总平台软件功能列表 表 21-1

序号	功能名称	功能说明
1	首页展示	系统定期接收并汇总各部委能耗数据，以数据列表和图形(曲线图、饼图等)方式汇总显示各部委多种能源类型的用能情况
2	能耗监测	实现远程监测各部委用电、用水、用气能耗等总量及分项监测，选择拟重点监测系统进行查询、监视
3	能源资源消费统计	可生成公共机构能源资源消耗统计报表，支持数据导出功能。能源资源消费、数据中心机房、供暖能源资源等报表、统计台账
4	能耗排名公示	针对高能耗部门在一定范围内公示排名情况，针对节能前10名建筑在一定范围内公示排名情况
5	能耗对比分析	对不同部门能源资源消耗指标进行对比分析
6	节能公告	分享最新节能行业政策标准、节能措施、节能技术知识学习等内容，深入、细心发掘找出节能闪光点
7	标杆设置	支持手工定义多种能耗标杆值设置，可及时制定多部门、多能源标杆值维护
8	操作日志管理	使用平台用户相关操作记录，均可查询、可追溯

1. 平台首页展示功能

系统定期接收并汇总各部委能耗数据，以数据列表和图形（曲线图、饼图等）方式汇总显示各部委多种能源类型的用能情况（图 21-1）。

图 21-1　平台首页展示功能

2. 能耗监测

实现远程监测各部委用电、用水、用气能耗等专项监测（图 21-2）。根据相关技术导则和指南，对能耗情况进行分项监测。可通过界面上的分项用能监测选项，选择拟重点监测系统进行查询、监视，有助于重点把握高能耗系统，分析问题和制定对策。

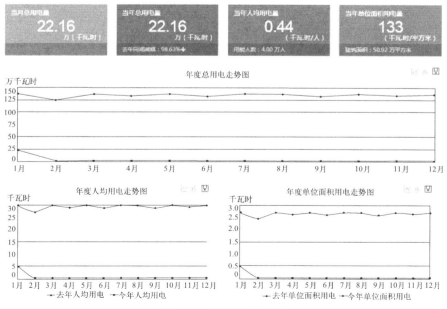

图 21-2　能耗监测功能

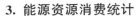

3. 能源资源消费统计

可生成公共机构能源资源消耗统计报表，支持数据导出功能。可生成能源资源消费（图21-3）、数据中心机房、供暖能源资源等报表、统计台账。

图 21-3　能源资源消费统计功能

4. 能耗排名公示

针对高能耗部门在一定范围内公示排名情况，针对节能前 10 名建筑在一定范围内公示排名情况（图21-4）。

图 21-4　能耗排名公示功能

5. 能耗基准对比分析（图 21-5）

6. 节能公告

分享最新节能行业政策标准、节能措施、节能技术知识学习等内容，深入、细心发掘找出节能闪光点（图21-6）。

7. 标杆设置

平台支持手工定义多种能耗标杆值设置，可及时制定多部门、多能源标杆值维

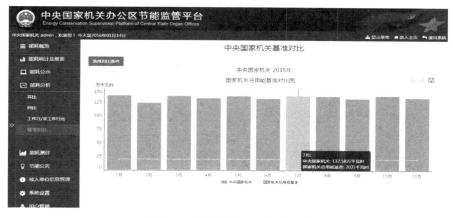

图 21-5　能耗基准对比分析功能

图 21-6　节能公告发布功能

护（图 21-7）。

图 21-7　标杆设置功能

8. 操作日志管理

使用平台用户相关操作记录，均可查询、可追溯（图 21-8）。

图 21-8　操作日志管理功能

21.2　部委级平台软件功能

各部委分平台软件虽然从形式、名称、归属类别、表现形式等方面各异，但大致结构功能包括：

（1）能效分析子系统：通过数据分析，对能耗进行分类分项统计、考核评估、节能诊断、趋势预测、节能效果分析等能耗考核。

（2）报表子系统：对用能数据进行查询分析、报表生成、曲线查看、报警查看、损耗分析。

（3）基础信息维护子系统：对建筑物信息、支路信息、量测设备信息、用能设备信息等进行维护。

（4）信息服务子系统：发布信息、政策等，第一时间向建筑业主、社会公众发布能耗信息、能耗排名等信息，实现即时信息发布。

（5）数据采集子系统：负责与数据采集器进行通信，接收采集的数据信息，下发控制指令，实现远程控制功能。远程控制功能包含数据采集器远程固件升级功能、远程仪表参数设置功能。

（6）数据处理子系统：对数据进行有效性校验、坏数清洗、数据归一化、数据入库、能耗数据拆分、分项计算、定期汇总。

（7）系统管理：维护管理用户信息，查看系统使用情况、使用者的访问轨迹、数据变更记录、系统异常信息。

具体见表 21-2。

某部委分平台软件平台功能汇总列表

表 21-2

功能分类	功能模块	功能点	功能描述
管理操作类	系统首页	部委能耗信息总览	各级用户可自定义登录首页,显示最热点数据和热点功能,定制化首页设计页面,将用户关注的能耗或建筑信息总览展示于此页面
	能效管理	用能分析	按日、月、季、年以及任意时间段,实现分类分项用能数据统计分析、同期对比分析、平衡分析等功能
		能耗趋势预测	按分区、楼宇等考核单元进行,分类分项用能趋势预测
		节能诊断	根据统计出的建筑能耗数据进行判断分析,得出能耗分析的结果,以文字或图表的形式给用户展示能耗诊断结果
		对标管理	可查看各个建筑指标完成情况,并进行指标达标排名,对指标未达标或排名靠后的建筑管理者进行提醒或警示
		能耗排名公示	可分区域、分建筑,按日、月、季度、年等时间周期,对总能耗、单位面积能耗、分类能耗量等考核类型进行排名公示
		能耗基准制定	系统可根据历史数据自动制定各级考核对象能耗基准 KPI 指标,并可以人工调整,能够根据能耗考核标准自动生成对应的预警告警阈值
	报表管理	常用报表快捷打印	按照使用习惯,罗列常用报表,省去了繁琐的选择步骤,使管理人员更为方便快捷的一键生成报表
		定制化报表打印	根据各个建筑不同的管理方式,定制个性化报表,实现不同能源类型、不同间隔、不同汇报对象的差异性报表的生成,报表可预览、可保存、可打印
	人工填报系统	人工填报	具有数据填报权限的用户可以对建筑某些无法自动采集获取的能源数据进行人工手动填报,人工填报的数据同样可以显示在相关的平台界面中
		数据修改	可以对人工填报的历史数据进行更正
		填报日志	可以查询人工填报的日志,追溯数据上报或更改的操作人、操作时间等记录
	基础信息维护	区域信息	可对多个建筑的群组进行区域划分管理
		建筑物信息	可对建筑物信息进行维护管理
		支路信息	对支路信息进行维护管理
		用能设备信息	对用能设备信息进行维护管理
		终端管理	对采集终端设备信息进行维护管理
		计量点管理	对计量点信息进行维护管理
	系统管理	菜单管理	可对系统菜单进行配置管理
		部门管理	可对各级部门进行分级管理
		用户管理	可对系统操作员及用户信息进行管理
		角色管理	可对系统角色进行配置管理
		权限授权与继承	可对系统角色记性权限授权和继承管理
		系统监测	可对系统运维异常信息进行监测管理
		报警管理	可对报警阈值及告警方式进行配置管理
		导航树设计	可对系统导航树进行配置管理

续表

功能分类	功能模块	功能点	功能描述
数据挖掘类	报表分析统计查询系统	能耗模型	不同建筑物、不同能源类型、不同分项、不同区域可设计不同的能耗模型,可以从任意角度、任意时间段观察建筑物能耗情况
		能耗对比	可以对不同建筑物、不同设备、不同区域、不同时间段、不同能耗指标进行能耗对比
		能耗排名	可以对不同建筑物、不同设备、不同区域、不同时间段、不同能耗指进行能耗排名
		能耗去向	可以从不同能源类型、不同建筑物、不同区域、不同分项的角度分析能耗去向和比例
		数据搜索	可以根据关键字查询到任意数据,包括能耗、配电支路、设备、环境参数、运行参数、气象信息、人员数量等所有系统内数据
		数据分析	可以查看任意采集点或参数的实时曲线和历史曲线
		数据对比	可以在不同量纲间进行数据对比,从而找到不同参数之间的关联性,分析能源变化原因
	节能分析与审计	节能量核算	可根据内置或定制的节能量核算方法,包括节能量平均法、作息分布法、实测求差法、软件模拟法等,自动计算节能量,协助管理人员对节能项目效果进行评估
		节能报告打印	可自动生成任意时间段内各个建筑物的节能评估报告,做为节能效果评估的评价标准
实时监控类	用能监控	能耗监测	实现分类能耗及重点用能设备在线监测
		告警功能	对能耗数据超标、用能异常及其他异常情况进行实时告警
		预警功能	对周、月能耗数据突变或接近预警阀值等情况及时预警,提醒节能
		能耗控制	系统支持用能控制功能,在具备相关接口情况下,可实现对空调、照明等设备的控制
		系统报警	可监测各个建筑物的每一个采集点的数据传输情况,及时通知管理人员数据采集的异常情况,包括异常数据、通信中断、采集器故障等
数据采集类	数据采集	自动定期采集	系统支持自动定期任务采集功能
		即时召测	系统支持即时召测功能
		数据补抄	系统提供自动数据补抄功能
		人工录入	对于无法自动采集的能耗数据,如建筑用燃煤、燃油等数据,可人工录入数据
	数据处理	数据计算	进行能耗数据拆分、分项计算及汇总计算
		数据处理	对数据进行有效性检验、坏数清洗、数据归一化、数据入库等处理功能
		数据上报	按照统一的接口规范向汇总平台或上级监管系统上报数据
		消息管理	进行系统间交互信息管理

21.2.1 能效管理子系统

能效管理子系统主要实现分类分项能耗监测与节能管理业务功能,对电、水、气、热等能耗数据进行统计分析、排名公示、能耗监测、能效评估、节能诊断、趋势预测、节能告警等，为用户提供主要的业务操作界面。系统采用 B/S 架构，利用最新的界面技术，如 EasyUI、AnyChart 等技术，遵循计算机界面设计原则，包括所见即所得、简捷、易用、美观等原则，准确把握用户的实际需求，依据《中央国家机关办公区节能监管系统工程技术指南》的要求，保证了软件功能实用，流程规范，界面美观大方，操作简单，易于使用。

1. 首页功能

首页提供信息总览和导航功能，可显示三维导航地图、三维大楼模型、分类能耗汇总（柱状图、饼图、趋势图等）、对比分析、实时监测、预警报警、环境、温湿度等信息。各信息区域布局合理美观，详略得当。点击首页上的菜单（运行监控、模式管理等），可显示进一步细节信息，三维展示功能（图 21-9）。

系统具备首页定制功能，不同用户登录后可显示不同的界面。通过自定义首页界面元素，将自己感兴趣的热点信息和功能配置在首页上，便于用户使用。

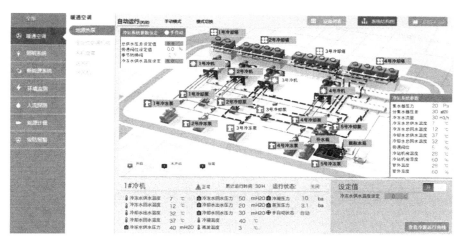

图 21-9 某部委分平台软件平台首页展示

2. 能耗监测

可对能源使用状况、重点用能设备进行监测分析，能随时了解各设备的用能情况。

1）分类能耗监测分析。在线监测整个大院或不同建筑，在不同时间周期内分类能源消耗情况。展现各分类能源转化为统一标准能源消耗情况。以图形的方式展现各分类能源消耗趋势分析，可按照日、周、月、年或自定义时间段等计算步长，分别展现该分类能耗的消耗及其同比变化情况，以便部门相关管理人员更加清晰、全面地了解部门大院内各个分类的能耗情况。

2）分建筑、楼层能耗监测。对不同建筑、楼层水、电能源消耗情况进行监测；通过图形方式展示水、电能源消耗趋势；监测不同建筑、楼层水、电能源累计消耗数据。

3）分项能耗监测。全方位在线监测各建筑单元分项能源消耗情况。

监测结果按不同时间维度采用列表或曲线图、柱状图、饼图、堆积图、气泡、仪表盘、电子表、表格等多种图形方式展现。

总能耗监测、重点能耗监测及检测点分布如图 21-10～图 21-12 所示。

图 21-10 总能耗监测界面

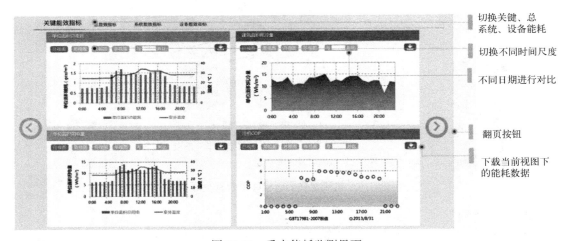

切换关键、总系统、设备能耗

切换不同时间尺度

不同日期进行对比

翻页按钮

下载当前视图下的能耗数据

图 21-11 重点能耗监测界面

3. 能耗统计

能耗数据展示平台，可供用户方便查看各项能耗使用的数量、时间、分布状况；通过展示平台，给人们提供直观的数据图形或数据报表，如柱状图、饼状图、曲线图等。WEB 数据发布展示各种能源数据，并且能定制各种方法分析数据。平台是一个多功能的、可视化的、直观的展示平台，支持用户进行功能定制，在线查看关注的数据与图形；对多个建筑在特定时间内的使用情况进行对比；对同一建筑在不同时间使用情况进行分析；对能耗以日、月、年等多种方式进行数据统计；以不同的建筑类型、行政区域方式展示数据；以不同的度量值，如：总能耗、单位面积能耗、空调单位面积能耗等，进行数据展示。此外，对于每种分析与统计都可以根据需要生成 Excel 或 Pdf 文档方便用户查看。

建筑物分类：楼宇、楼栋等。

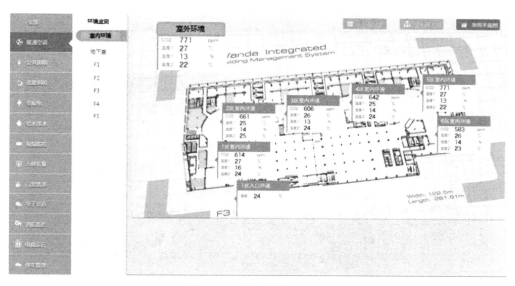

图 21-12　检测点分布界面

能耗分类：水、电、燃气、其他能源、集中供热、集中供冷、总能耗、单位面积能耗等。

能耗分项：用水分项、用电分项、用气分项、集中供暖分项、集中供冷分项、可再生能源分项、其他能源分项等。

电量分项：照明插座用电、空调用电、动力用电和特殊用电。

可将分类能耗数据按日、周、月、季度、年等折算为标准煤耗，按不同层次节点以饼图、柱状图、曲线图等形式展示标准煤耗构成。可以柱形图加曲线图形展示选定时间段内（小时、日、月、季度）用能信息（节点实际用量、同类节点平均用量）。可显示详细用能信息，以指针图显示实际用量、同类平均用量、用量排名等信息，如图 21-13 所示。

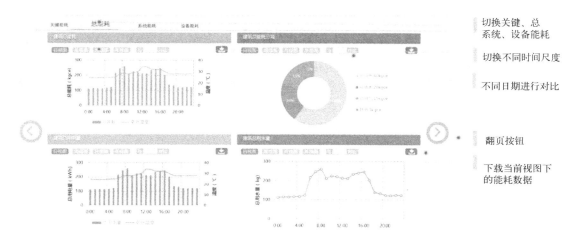

图 21-13　能耗统计展示界面

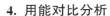

4. 用能对比分析

用能对比分析包括周用能分析、月用能分析、日水平衡分析等，同时具备同比、环比以及任意时间段对比功能（图 21-14）。

图 21-14　用能对比分析展示界面

周用能分析：以图表形式对比展示选定周用水量、用电量与前一周用水量、用电量。

月用能分析：以图表形式对比展示选定月用水量、用电量与上一年同期用水量、用电量。

5. 建筑能耗排名分类

建筑能耗排名分类包括建筑年总能耗排名、建筑年单位面积能耗排名、建筑年用电量排名、建筑年用水量排名、建筑年用气量排名、建筑年集中供暖耗热量排名、建筑集中供冷耗冷量年排名；建筑季度总能耗排名、建筑季度单位面积能耗排名、建筑季度用电量排名、建筑季度用水量排名、建筑季度用气量排名、建筑季度集中供暖耗热量排名、建筑集中供冷耗冷量季度排名；建筑月总能耗排名、建筑月单位面积能耗排名、建筑月用电量排名、建筑月用水量排名、建筑月用气量排名、建筑月集中供暖耗热量排名、建筑集中供冷耗冷量月排名；建筑日总能耗排名、建筑日单位面积能耗排名、建筑日用电量排名、建筑日用水量排名、建筑日用气量排名、建筑日集中供暖耗热量排名、建筑集中供冷耗冷量日排名。建筑能耗排名分类界面如图 21-15 所示。

6. 能效考核评估

可查询系统依据考核标准值计算得出的考核结果，以柱形加曲线图形显示。

以表格形式展示能效考核评估结果，含 KPI 排名、KPI 值、实际值、指标值、预警标识、警告标识。

7. 趋势预测

根据历史能耗数据进行能耗趋势统计分析，与制定的节能目标进行比较。建立能源消耗量与能源消耗影响因素模型，输入影响因素即可给出预测的能源消耗量。

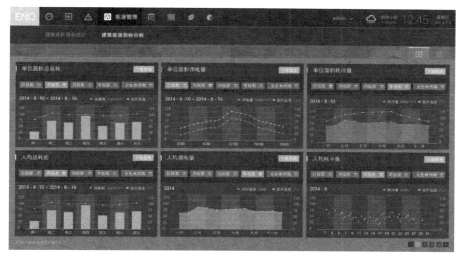

图 21-15　建筑能耗排名分类界面

8. 待机能耗分析

根据自定义的作息时间，对比分析工作时能耗与休息时能耗，有效辨别待机能耗，为提高管理节能提供依据。

可按月查询对比周工作日平均能耗、周非工作日平均能耗，可以表格、图形等多种方式展示。可按年查询对比月工作日平均能耗、月非工作日平均能耗，可以表格、图形等多种方式展示。

9. 能耗基准制定

系统可在每年年底根据既往历史用量以及季节等因素，按年度自动生成或人工指定下一年度各级节点能耗考核基准 KPI，并可以人工调整，根据能耗考核基准生成能耗预警阈值。

1）能耗考核基准 KPI 分类规则

按考核周期分为：年 KPI、季度 KPI、月 KPI、周 KPI、日 KPI；按考核类型分为：总能耗、单位面积能耗、用水量、用电量、用燃气量、集中供热量、集中供冷量、水平衡等；按电量分项分为：照明插座用电、空调用电、动力用电和特殊用电。

2）能耗考核基准 KPI 分类

其包括：

年总能耗 KPI、年单位面积能耗 KPI、年用水量 KPI、年用电量 KPI、年用燃气量 KPI、年集中供热量 KPI、年集中供冷量 KPI、年水平衡 KPI、年照明插座用电 KPI、年空调用电 KPI、年动力用电 KPI 和年特殊用电 KPI。

季度总能耗 KPI、季度单位面积能耗 KPI、季度用水量 KPI、季度用电量 KPI、季度用燃气量 KPI、季度集中供热量 KPI、季度集中供冷量 KPI、季度水平衡 KPI、季度照明插座用电 KPI、季度空调用电 KPI、季度动力用电 KPI 和季度特殊用电 KPI。

月总能耗 KPI、月单位面积能耗 KPI、月用水量 KPI、月用电量 KPI、月用燃气量 KPI、月集中供热量 KPI、月集中供冷量 KPI、月水平衡 KPI、月照明插座用电 KPI、月

空调用电 KPI、月动力用电 KPI 和月特殊用电 KPI。

周总能耗 KPI、周单位面积能耗 KPI、周用水量 KPI、周用电量 KPI、周用燃气量 KPI、周集中供热量 KPI、周集中供冷量 KPI、周水平衡 KPI、周照明插座用电 KPI、周空调用电 KPI、周动力用电 KPI 和周特殊用电 KPI。

日总能耗 KPI、日单位面积能耗 KPI、日用水量 KPI、日用电量 KPI、日用燃气量 KPI、日集中供热量 KPI、日集中供冷量 KPI、日水平衡 KPI、日照明插座用电 KPI、日空调用电 KPI、日动力用电 KPI 和日特殊用电 KPI。

3）年度 KPI 管理

可在此自动初始化指定年度 KPI 指标，包括年 KPI、季度 KPI、月 KPI、周 KPI、日 KPI，一次性生成。

4）KPI 指标调整

对于自动生成的 KPI 指标需要人工调整的，可在此查看、修改单节点任意时刻任意类型 KPI 指标值。

10. 节能诊断

对建筑能耗统计数据进行判断分析，得出能耗分析结果，以文字或图表的形式向用户展示能耗诊断结果。

1）区域性用能问题

分析建筑区域耗能分布是否合理（各分项有无超标或节能）。

建筑、区域超限情况（包括类型、次数、能耗值、超出百分比）。与标杆建筑、标杆区域相比，单位能耗、人均耗能情况、百分比情况。

2）时间性用能问题

评估周期以日、月、年为单位，对建筑总能耗水平以及区域分项能耗水平、设备能耗状况以图表及文字进行展示。对某一区域不合理时间段的能耗进行分析。

3）设备用能问题

对评估周期内的设备能耗进行汇总，如超标次数、超标时间段；KPI 指标是否合理；能效比是否符合国标；负荷率是否合理。对设备用能评估、分等级（A 为优、B 为良好、C 为一般、D 为不合格），所有评估结果存库，可查询。

11. 能耗控制

系统具备能源用量联动控制和告警功能，可根据用户需求，对空调、照明等设备进行控制。系统设置相关的控制条件（如温度、时间等），并利用相关传感器（温湿度、红外等）监测控制参数。当监测到满足设置条件时，可自动控制设备用电情况，或者向用户手机发送消息，由用户手动控制。例如，当监测到室温超过设定值，即可根据时间因素以及系统设置的控制策略，调节空调温度，或者关闭空调，也可向用户发送手机短信告警，由用户决定采取何种措施，以避免浪费。

能源用量联动控制功能需要跟设备厂家协调，开放相关的设备接口，在具备接口条件（例如空调系统接口等）的情况下，可根据用户的需要选择实施。软件系统支撑能源用量联动控制功能，只要对软件进行相关设置，即可利用设备厂家提供的接口，与被控设备进行通信，在相关辅助设备（传感器等）的配合下，实现联动控制或告警功能。

12. 能耗定额管理

根据中央机关汇总平台分配的能耗定额指标，结合本部委各部门及建筑单元的不同情况（如部门人数、耗能设备数量等），制定各部门及建筑考核单元的能耗定额指标，并提供定额分配明细查询。根据用能类别、用能性质对能耗结构进行分析。

13. 能耗预警管理

系统提供部委各部门及建筑考核单元能耗预警功能，根据各部门及建筑考核单元的能耗定额及分解到日、周、月的能耗指标，实时监测当前部门及建筑考核单元的即时能耗量，并给出预警分析，通过颜色或公告信息的方式提供给相关能耗管理负责人。该部门或建筑考核单元的用能健康状况为：红色代表能耗超标、黄色代表能耗即将超标、绿色代表能耗健康。

14. 报警管理

系统能够按照事件、环境、安全及能耗数据等不同报警类别信息，提供分别查询管理，也可进行报警信息汇总，分析报警产生的重点位置及原因，帮助管理人员快速界定报警原因。

环境报警：系统可根据各部位管理规定或个性化要求，对部委各部门或功能区域设定环境报警门限，包括温湿度、二氧化碳含量、PM2.5、有毒气体超标等，一旦超标，通过语音、短信、声光、日志等多种方式，发出报警信号。

安全报警：系统可根据配用电管理规定或设计标准，对各用电支路或重点设备进行安全门限设置，包括异常跳闸、过流、欠压、三相不平衡、功率因数过低、设备异常操作等，一旦超标，通过语音、短信、声光、日志等多种方式，发出报警信号。

数据异常报警：系统可监测重点建筑物的关键采集点的数据传输情况，及时通知管理人员数据采集的异常情况，包括异常数据、通信中断、采集器故障等。一旦异常，通过语音、短信、声光、日志等多种方式，发出报警信号。

15. 水平衡分析

针对部委需求在园区总进水口和出水口，加装远传计量水表，考核分析部委总进水量和出水量及压力，分析园区总用水情况和平衡分析；针对重点部门及建筑考核单元，在重点部门及建筑单元各给水支路安装远传水表，实现对重点部门及建筑的用水平衡计量分析。避免给水管网的跑冒、滴漏现象的发生。

16. 损耗分析

系统能够对能源使用过程中的损耗进行分析计算，针对用电情况，能够统计计算变损、线损，通过线损计算，详细了解线损构成、分布情况，对于线损异常（超过限值），系统可及时报警。同时，系统能够对降损潜力进行分析，通过加强技术和管理手段，降低能源使用过程中的异常损耗，达到节能目的。

17. 原始数据查询

可按时间段、分层次查询各测量点逐时、逐日、逐月原始数据列表，以表格形式展示。

21.2.2 分析报表子系统

系统能够根据中央国家机关办公建筑节能监管平台报表的分类及格式要求，自定义中央国家机关办公区建筑节能监管平台报表，比如：能源资源消费状况报表、数据中心机房能源消费状况报表、供暖能源资源消费状况、能源资源消费基本情况台账等报表，并能够导出成 Excel、Word、Pdf 等格式。

系统提供专用和通用的电子制表功能，可在线定制报表格式和内容，报表系统设计科学合理，具有良好的实用性和可扩展性，满足《中央国家机关办公区节能监管系统工程技术指南》中关于分析报表的要求。报表系统可据不同需求，对不同数据选择科学合理的数据分类方式（如按部门、建筑、不同能源类型等）和不同时间间隔组合成各种报表并支持导出、打印等功能。可制作定期制定和上报报表。

系统具有全图形、全汉化的显示和打印功能的支持软件，人机界面良好，采用多窗口技术和交互式操作手段，画面的调用方便、快捷，能方便地生成各种统计和分析报表，具有定时、召唤和异常情况时自动打印及屏幕拷贝等功能，信息的打印可指定于某打印机。

系统向使用者提供强大的报表输出功能，除了系统自身的报表外，还提供了可供使用者自定义的报表工具。包括：

1）使用者可通过报表系统自定义自己的报表，包括自定义模板、数据对象、统计方式（包括各种计算公式）以及输出方式的定义。

2）报表系统可建立在通用的 Excel 电子报表系统基础上，允许使用者开发符合使用者常用制表习惯的报表。

3）兼容各种版本 Excel 文件格式，支持和 Excel 的双向转换，并且功能强大，兼容 Excel 的基本所有功能。

4）可提供 Web 报表功能。支持通过 J2EE 平台以 Web 形式发布。

5）报表具有丰富的数据来源，可包含整个系统中的各种数据，基本上不受限制。具有强大的基于公式的计算功能。

6）具有图文混排功能，可以在报表上嵌入各种曲线、棒图、饼图等。

1. 报表数据管理

报表数据来源包括：

1）原始数据；

2）加工数据；

3）时日月季年统计报表数据；

4）统计汇总数据；

5）综合运算结果数据；

6）本报表列与列之间的计算结果值；

7）人工输入数据；

8）其他报表数据。

2. 报表定义

1）报表格式定义：可定义任何格式的统计报表，包括规则报表和不规则得 Excel 报表。

2）报表数据源定义：定义报表数据的数据来源、内容、过滤条件，可对多数据源进行定义。

3）连接关系定义：可成批将数据连接到表格项中，可转置。

4）图形和表格混排：在报表的某个区域，显示曲线、柱图、饼图。

3. 报表功能

1）能源资源消费报表

系统能够根据国家机关监管平台要求，提供部委能源资源消费报表、数据中心机房能源消费报表、供暖能源资源消费报表、能源资源消费基本情况台账等报表。

2）能源审计报表

本系统提供年、月、日全部建筑、分类建筑的用能数据统计，具体包含总耗能量、分项耗能量、单位面积、单位人数等指标。

根据各部委新增的基础统计系统，设计部委用能定额指标。

3）定制报表

系统能够提供（空白格式）通用格式、个性格式的报表。

21.2.3　基础信息维护子系统

1. 区域管理

区域是多个建筑的群组集合，适用于办公区多个建筑的分区域管理和考核，包含区域编码、名称、总建筑面积、总空调面积、总人数、位置等信息。

2. 建筑管理

包含建筑名称、详细地址、建筑朝向、建筑高度、建筑层数、标准层层高、建筑面积、空调面积、供暖面积、特殊区域面积、建筑功能、常驻人数、节能监管实施单位、物业管理单位、建筑结构形式、窗墙比、外墙材料、是否保温、外窗类型、有无遮阳、玻璃类型、窗框材料、空调系统形式、冷热源设备、照明灯具形式、功能区及面积、建筑编码、位置、所属区域等信息。

3. 楼层管理

管理楼层档案，包含楼层编码、名称、总建筑面积、总空调面积、位置、所属建筑、所属区域等信息。

4. 房间管理

管理房间档案，包含房间编码、名称、总建筑面积、总空调面积、位置、所属楼层、所属建筑、所属区域等信息。

5. 支路信息管理

对水、电、气、热线路及管网档案信息进行管理。

6. 用能设备信息管理

对重要用能设备信息进行维护，包括增加、删除、修改等功能。

7. 终端管理

终端即数据采集器。一个终端，可采集 32 个以上测量点，包含终端编码、名称、终端类别（水、电、气、热等）、通信地址、通信协议、位置、所属区域。

8. 测量点管理

管理电、水、燃气、集中供暖、集中供冷、其他能源应用量（如集中热水供应量、煤、燃油等）、可再生能源等各种类型测量点档案，包含测量点编码、测量点名称、测量点属性（电、水、气、热等）、测量点类型（总表、电分项、水分项等）、位置、所属终端、所属区域、所属建筑等信息。

9. 价格类型管理

管理电、冷水、排污水、市政蒸汽和热水、燃油、燃气、燃煤等各种类别价格，包含

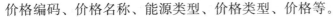

价格编码、价格名称、能源类型、价格类型、价格等。

电价举例：普通、分时、阶梯、阶梯分时价格。

10. 节假日管理

可在此录入年度节假日信息，以供系统区分工作日、周休日时使用。

系统正常按照日历计算工作日和周休日，在此可录入特殊的日期，因法定调休造成的与正常日历不符的日期，含工作日调休、周休日工作。

21.2.4 信息服务子系统

系统提供信息服务功能，通过网络、手机等方式，向部委、上级管理机构等用户发布用能相关信息。

1. 信息发布

发布国家机关各部委能耗、排名、节能窍门及相关用能政策等信息。第一时间向上级管理机构、本部委及专业能耗管理人员发布能耗信息、能耗排名等信息，实现即时信息发布。信息发布是发布内/外部信息的载体，提供通知公告/消息的发布、删除、浏览、查询功能。

参与能耗监测的上级管理机构、汇总平台建和本部委可以通过系统查看本建筑的实时原始能耗数据、分类分项能耗数据和同类型建筑的平均能耗数据等信息，并能够定制需要的消息自动发送到手机中。

2. 能效公示

能效公示模块具备能耗公示的采集、编辑、审核、发布的功能及自定义栏目管理功能，能够基于公共建筑地图的能耗监测、建筑分项用能数据分析展示、建筑用能查询等功能。监测建筑的基本信息、分项能耗、分类能耗、总能耗。建筑用能数据分析展示主要包含用能总量、同类建筑用能、详细用能数据分析展示等功能。界面采用直观的图形化界面（柱状图、饼图等呈现方式）来分析展示能耗数据。系统可查询用能项属性、分组实时值、分组历史值、同类建筑单定义建筑用能等。

3. 公用信息发布

通过网络、手机、短信等进行公共信息发布，提升信息化水平。

4. 交流互动

提供信息互动功能，组织内部交流，包括共识问题交流等。

21.3 存在共性问题

21.3.1 数据采集

各类公共机构节能监管平台的数据采集均采用自动采集和人工采集两种方式，其中电、水、集中供热、集中供冷及可再生能源消耗数据的监测采用自动实时采集方式，煤、液化石油、汽油等消耗量通过人工录入方式定期录入系统。

数据采集通过现场安装的电能表（含单相电能表、三相电能表、多功能电能表）、水表、燃气表、热（冷）量表等实现自动采集，所采用的多种能耗计量仪表等均能满足相应计量精度、计量参数、通信接口等技术条件。

公共机构节能监管平台数据采集存在的共性问题主要体现在以下几个方面：

1. 分项计量归类不准确。学校、医院等公共机构往往是建筑集群，用能设备多、电路拓扑结构复杂，致使现场勘察存在遗漏或错误；另外由于公共机构部分建筑时代久远，设计图纸等建筑基础资料纸缺失，部分线路、管线所覆盖的区域、属性不清，虽凭借技术人员现场摸查或老的维护人员回忆，但仍然存在部分电、水、热等分项能耗数据无法归类的现象，而只能采取"其他"项进行归类。

2. 由于分项线路改造实施难度大，成本高，造成分项不完整。公共机构旧有建筑室内照明插座、空调末端往往是公用电力支路，由于线路改造成本及实施难度大，使得室内照明插座和空调末端无法拆分，相应分项电量不完整。

3. 软件系统中电表倍数设置错误，造成实际消耗数据不准确。

4. 电表受位数限制，当能耗总量达到电量表量程，电表读数调回 0（图 21-16）。

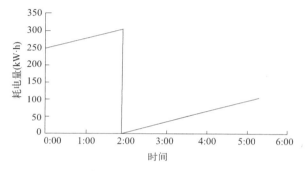

图 21-16 电表受位数限值

21.3.2 数据传输

公共机构节能监管平台数据传输子系统由底层数据传输和网络数据传输两个部分组成，底层数据传输是实现多种能耗监测计量表计到数据采集器（网关设备）之间的网络链路，计量装置和数据网管之间采用 RS-485 或 M-BUS 等符合各相关行业智能仪表的有线或无线物理接口和协议；网络数据传输是通过数据采集设备（网关设备）和网络通道向建筑节能监管平台数据中心发送采集数据，数据网关使用基于 TCP/IP 协议网络，传输采用 TCP 协议。

底层数据传输主要通过 RS485、电力载波技术（PLC）方式将各种计量表具的能耗数据上传到数据网关，对部分布线距离较长施工难度大的计量表计采用短距离无线传输技术。网络数据传输主要通过本地局域网、独立组网方式将数据网关数据传输到数据中心。对于政府机关考虑到数据安全性的问题，一般采用独立组网方式进行网络数据传输，对于学校和医院广泛采用校园网和本地局域网进行网络数据传输。对于学校、医院以及政府机关院落规模较大的公共机构，通过由连接数据网关与数据中心之间的数据中转软件实现，可安装在接入系统网络的 PC 内，为系统提供分散设置于各建筑中的数据网关与数据中心的数据中转及服务功能。

公共机构节能监管平台数据数据传输存在的共性问题主要体现在以下几个方面：

1. 数据中心与计量表具之间数据不一致。由于系统设置线路与实际不对应、电表倍数设置错误等原因，造成数据中心平台所显示的计量数据与现场安装的计量仪表读数不一致，进而导致层级计量累计偏差超出合理范围区间。

2. 上传数据存在数据丢失等质量问题。由于计量仪表、采集器及网关、网络等出现断电、故障、信号弱等原因，造成上传数据丢失。造成数据长时间缺失的原因包括：建筑物进行网络改动或发生网络故障，但运行管理人员没有通知监测平台的维护人员，导致采集器无法正常上传数据；人为拔掉网线，导致数据丢失；断电再通电后，未启动网关，导致数据无法上传。数据改正前后电量分析如图 21-17 和图 21-18 所示。

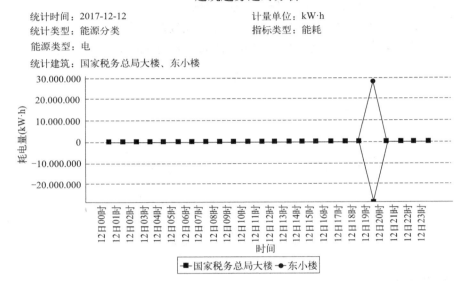

图 21-17　数据丢失导致逐时电量异常（改正前）

图 21-18　数据修复后逐时电量（改正后）

3. 网络传输不稳定。网管自身故障或网关附近有强电磁场干扰，导致数据传输不稳定，计量表具累计数据突变或数据延迟（图 21-19 和图 21-20）。

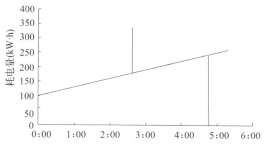

图 21-19　电表累计数据趋势线（发生突变）

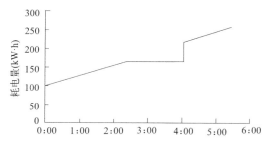

图 21-20　电表累计数据趋势线（发生延时）

21.3.3　数据分析

公共机构节能监管平台在数据分析及管理存在的共性问题主要体现在以下几个方面：

1. 缺乏对缺失数据和异常数据有效补充的方法。在建筑能耗数据中存在数据缺失数据和异常数据，现有平台往往通过简单的均值补充方法进行回补数据，以紧邻数据缺失时刻的能耗值回补缺失数据或由于给定建筑的能耗受到作息时间、气象条件等多种因素影响，且变化规律呈现非线性，因此并不适合于对建筑能耗缺失数据的补充。

2. 节能分析功能偏弱。包括用能报警逻辑、能源审计功能偏弱，无法有效挖掘节能潜力。报警类型单一，缺少对能耗异常报警的分析，缺乏报警跟踪，未设置响应处理机制；能源审计格式、内容简单，无法有效指导节能潜力分析；缺少重点设备的对比、能效分析；缺少异常能耗的诊断、定额、对比分析。

21.3.4　数据管理

1. 首页展示内容信息缺失；展示数据与采集数据未连接，导致展示数据缺失；建筑基本信息录入不完全或建筑信息变更而没有及时更新。具体如图 21-21～图 21-26 所示。

2. 缺少能源控制与优化。绝大多数高校节能监管平台为能耗展示平台，而不是能源管控平台，仅具备能源消耗的监测功能，分析能力弱，无法实现监控结合。由于既有楼宇自动控制系统、电力监测系统、重点耗能设备自控系统在数据接口上存在兼容性问题，无法实现与节能监管平台对接集成。缺少运行控制模块功能，缺少能耗预测分析。

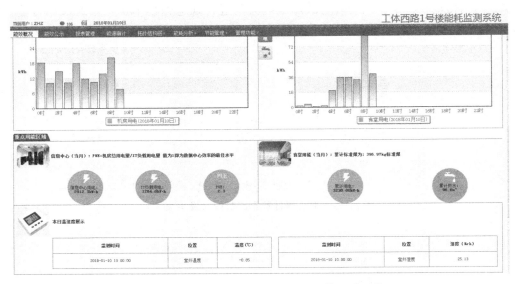

图 21-21　首页展示未显示机组 COP 值（改正前）

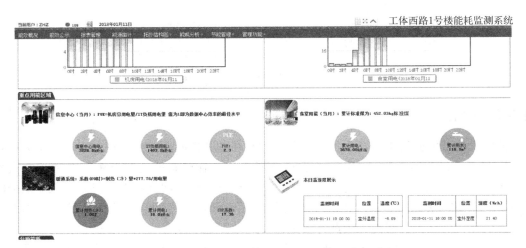

图 21-22　首页展示增加机组 COP 值（改正后）

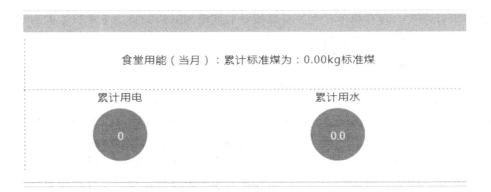

图 21-23　首页展示食堂累计用电、用水为 0（改正前）

图 21-24　首页展示食堂累计用电、用水（改正后）

图 21-25　设备台账安装地址标出详细地址（改正前）

图 21-26　设备台账安装地址标出详细地址（改正后）

22

公共机构节能监管平台设计指引

22.1 节能监管平台建设技术规范比对

住房和城乡建设部、教育部、卫生和计划委员会、国管局等部委在推动节能监管平台建设工作的同时,组织相关单位编制技术文件用于指导节能监管平台建设工作。

2009 年,住房和城乡建设部发布《国家机关办公建筑和大型公共建筑能耗监测系统分项能耗数据采集技术导则》《国家机关办公建筑和大型公共建筑能耗监测系统分项能耗数据传输技术导则》《国家机关办公建筑和大型公共建筑能耗监测系统数据中心建设与维护技术导则》《国家机关办公建筑和大型公共建筑能耗监测系统建设、验收与运行管理规范》。

2009 年,教育部发布《高等学校校园建筑节能监管系统建设技术导则》《高等学校校园建筑节能监管系统运行管理技术导则》。

2013 年,国管局发布《中央国家机关办公区节能监管体系建设工程指南》。

对住房和城乡建设部、教育部、国管局节能监管平台建设技术导则进行对比分析,见表 22-1。

节能监管平台建设技术规范比对表　　　　　　　　　　表 22-1

公共机构	住房和建设部	教育部	国管局
文件类型	导则	导则、办法	指南、规程
整合性	5 本	2 本、1 个	各 1 本
工程用语	信息化类	信息化类	建设工程
系统及环境参数	无	无	部分
节能分析	弱	弱	稍强
能源控制	无	无	无

22.2 节能监管平台设计方案

节能监管平台系统采用自动化、信息化技术,对学校能源(资源)的转换利用、输配、终端使用环节及能源计量器具实施集中动态监控和数字化管理,通过能效分析、管理、考核,实现节能降耗的管控一体化系统。

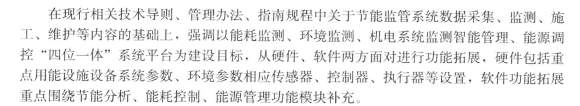

在现行相关技术导则、管理办法、指南规程中关于节能监管系统数据采集、监测、施工、维护等内容的基础上，强调以能耗监测、环境监测、机电系统监测智能管理、能源调控"四位一体"系统平台为建设目标，从硬件、软件两方面对进行功能拓展，硬件包括重点用能设施设备系统参数、环境参数相应传感器、控制器、执行器等设置，软件功能拓展重点围绕节能分析、能耗控制、能源管理功能模块补充。

22.2.1　总体目标

1. 环境监测

对建筑物室内、外环境参数进行实时监测，为建筑物负荷预测和节能管控提供基础依据。

2. 用能实时监测

对建筑和主要用能设备安装能源计量器具和监控设备，采用远传方式，对分类、分项能耗数据和系统参数进行采集，实现对用能单位的能源利用状况实时监控。

3. 设备优化管控

对建筑和主要用能设备进行能源利用效率判断，制定提高能源利用效率、降低能源消耗的操作和管理方法，对具备控制条件的用能系统进行节能优化控制。

4. 能源综合管理

建立集能源在线监测、分析、管理、控制、考核和可视化展示于一体的能源管控中心，满足能源精细化管理的需求，实现与各级平台互联互通。

22.2.2　建设原则

1. 整体规划原则

按照能源管理和信息化发展的总体要求，科学统筹规划，满足学校未来发展的需要。

2. 安全适用原则

采用先进成熟的技术和设备，性能安全可靠，安装规范，方便适用，易于维护管理，确保系统长期有效运行。

22.2.3　系统架构

1. 计量控制系统

计量控制系统完成水、电、暖能耗的数据计量和数据采集以及对水、电、暖的控制。计量控制系统主要负责能耗数据的采集，硬件控制的实现，状态信息的表达等。计量设备包括：多功能电表、智能水表、智能热计量表、电动调节阀。

2. 通信传输系统

通信传输系统包括：底层传输和校园网传输两部分。实现计量控制系统与主控中心的数据交互，充分利用现有的校园网络，尽可能减少线路敷设，节约建设成本。通信传输设备包括：智能数据网关、采集（控制）器。

底层传输：智能数据网关下行通过RS485、电力载波技术（PLC）等方式将各种计量表具的能耗数据上传到数据网关，对部分布线距离较长施工难度大的计量表计采用短距离无线传输技术。智能数据网关支持多种表型及协议，如电表、水表、热计量表、天然气表等。

校园网传输：依托现有完善的校园网络，实现可靠的数据传输，智能数据网关将通过电力线采集到的数据加密后上行经校园网上传到主控中心。

3. 管控中心

主控中心由应用层、数据库和表示层组成。主控中心设备包括：配置应用服务器、数据库服务器、Web 服务器、备份服务器交换机、防火墙、监控工作站、打印机、UPS 电源等组成。

22.2.4　数据采集

采集对象包括能耗数据、系统参数和环境参数相关数据。

1. 能耗数据应满足分类、分级、分项统计要求。分类是根据能源种类，将能耗数据采集指标分为耗电量、耗水量、燃气量（如天然气、煤气）、集中供热耗热量（含热水）、集中供冷耗冷量、其他能源应用量（如煤、油、可再生能源等）。分项是对电耗、水、燃气和可再生能源的分项采集，根据现场情况调整分项采集内容。

2. 系统参数采集

对主要用能系统参数进行采集，如温度、压力、流量等。

3. 环境参数采集

对重点区域的环境参数进行采集，如室内温度、湿度和室外温度等。

22.2.5　采集方式

采集方式包括自动采集、第三方系统集成、人工采集。

1. 自动采集

通过具备数据远传功能的计量器具实现能耗自动采集。

2. 第三方系统集成

通过与已有各类系统对接，采用标准数据接口实现数据共享。

3. 人工采集

对不具备自动采集条件的数据和信息，采用人工方式按一定周期进行采集，并录入系统。

22.2.6　计量器具、传感器、控装置配置

1. 器具选型

数字水表选型应符合：精确度不应低于 2.5 级；数字水表应能计量并远传累计流量；数字水表性能应符合《电子远传水表》CJ/T 224—2012 的相关规定；湿式数字水表防护等级应高于 IP68；数字水表必须具有通信接口，通信接口优先选用 M-BUS、RS485 形式以及无线收发接口，数据传输采用半双工通信方式。

数字水表电源可以采用外部电源、不可更换电池以及可更换电源方式。

电子式电能计量装置选型应符合：精确度等级应不低于 1.0 级；电流互感器的精确度等级应不低于 0.5 级，性能参数应符合《互感器 第2部分：电流互感器的补充技术要求》GB/T 20840.2—2014 的规定；普通电能表应具有监测和计量三相（单相）有功功率和电

流的功能；多功能电能表应至少具有监测和计量三相电流、电压、有功功率、功率因数、有功电能、最大需量、总谐波含量的功能；具有数据远传功能，至少应具有 RS-485 标准串行电气接口，采用 MODBUS 标准开放协议或符合《多功能电能表通信协议》DL/T 645—2007 中的有关规定。

数字燃气表的选型应符合：精确度应不低于 2.0 级，性能参数应符合《膜式煤气表》GB/T 6968—2019 的规定；数字燃气表应具有监测和计量燃气体积流量的功能；数字燃气表应能够保证在环境温湿度－10～40℃、45％～95％下正常工作；数字燃气表应具有数据远传功能，具有 RS-485 或者 MODBUS 标准串行电气接口，采用 MODBUS 标准开放协议或符合《多功能电能表通信协议》DL/T 645—2007 中的有关规定；对于不易安装燃气表的场合亦可采用图像采集、视频识别等方式实现燃气数据采集。

数字热（冷）量表的选型应符合：精确度等级不应低于 2.0 级，性能参数应符合《热量表》GB/T 32224—2020 的相关规定；应能计量并远传供水温度、回水温度、瞬时流量、瞬时热流量、累计流量、累计热（冷）量；应有检测接口或数据通信接口，但所有接口均不得改变热量表计量特性；必须具有检测接口或数据通信接口，接口形式可为 RS-485 或无线接口，采用 M-BUS 协议或符合《户用计量仪表数据传输技术条件》CJ/T 188—2018 的规定；应具有断电数据保护功能，当电源停止供电时，热量表应能保存所有数据，恢复供电后，能够恢复正常计量功能；应抗电磁干扰，当受到磁体干扰时，不应影响其计量特性；应有可靠封印，在不破坏封印情况下，不能拆卸热量表。

2. 传感器、控制装置

系统参数传感器的设置包括：

1）水冷式集中空调系统采集参数宜包括制冷主机用能量、冷冻水流量、冷却水流量、冷冻水进出口温度、冷却水进出口温度、单台冷机效率、分集水器温度、供回水压力。

2）风冷式集中空调供暖系统采集参数宜包括主机用能量、室内侧水流量、主机效率、主机室内侧供回水温度、分集水器温度、供水回水压力。

3）锅炉供暖系统采集参数宜包括锅炉排烟温度、进出口温度、供回水压力、循环水泵供回水压力。

4）市政供暖系统采集参数宜包括二次侧循环流量、供回水温度、供回水压力。

5）土壤源热泵或水源热泵空调供暖系统采集参数宜包括热泵主机用能量、供冷量和供热量、室内侧水流量、地源测流量、单台热泵主机效率、地源测进出口温度、室内侧进出口温度、分集水器温度、供回水压力；太阳能光电系统采集参数宜包括发电量、太阳能辐照度、太阳能转换效率；太阳能光热系统采集参数宜包括供热量、太阳能辐照度、太阳能转换效率、循环水泵电量、供水温度；风力发电系统采集参数宜包括发电量；生物质能系统采集参数宜包括供热量、循环流量、供回水温度、循环水泵耗电量、供回水压力。

6）供配电系统采集参数宜包括三项电压不平衡度、功率因数、电压偏差、谐波电压电流。

7）环境参数传感器的设置宜对重点区域的环境参数进行采集，包括室内温度、湿度、CO_2 浓度、PM2.5、室外温度、光辐照度、风速等。

8）变配电系统、暖通空调系统、照明系统、可再生能源系统等用能系统和变压器、锅炉、换热器、冷水机组、分体空调、水泵、照明灯具、热水炉等主要用能系统、设备应根据控制需求安装电动阀门、执行器、变频器等控制装置。

9）传感器、电动阀、执行器、变频器能源计量器具的安装应符合《电气装置安装工程 电缆线路施工及验收标准》GB 50168—2018、《自动化仪表工程施工及质量验收规范》GB 50093—2013 的要求。

21.2.7　数据传输

1. 数据采集器

根据现场环境、计量器具点位及传输安全等要求合理选择数据采集器。数据采集器应支持对不同种类的能源计量器具同时进行数据采集，并具有数据存储和断点续传功能。

2. 传输网络

充分利用学校现有网络资源，根据校园规模及环境条件选择通信介质和组网方式。新搭建传输网络时，采用专用通信电缆、双绞线、光缆为通信介质。在不具备有线传输，而无线传输又不受限制时，可采用无线组网，实现数据传输。

3. 数据传输

能源计量器具与数据采集器间传输应保证能源计量器具与数据采集器之间可靠通信，支持多种网络传输通信方式，采用符合相关行业标准的通信协议。对于电能表，按《多功能电能表通信协议》DL/T 645—2007 执行，对于水表、燃气表和热（冷）量表，按《户用计量仪表数据传输技术条件》CJ/T 188—2018 执行。

数据采集器与服务器间传输使用基于 IP 协议的有线或者无线方式接入网络，在传输层使用 TCP 协议，当网络发生故障时，数据采集器存储未能正常实时上传的数据，待网络连接恢复正常后进行续传，当能源计量器具或数据采集器故障未能正确采集能耗数据时，数据采集器向服务器发送故障信息。

22.2.8　系统功能

公共机构"四位一体"节能监管系统软件开发应基于互联网技术。软件主体宜采用C/S 和 B/S 结合的软件架构，应满足系统扩展及二次开发要求；且应具备与第三方系统进行数据对接的扩展接口。宜对接集成的第三方系统包括：

1）变配电监控系统；

2）空调监控系统；

3）供暖监控系统；

4）可再生能源监控系统；

5）生活热水供应监控系统；

6）照明监控系统；

7）电开水炉监控系统；

8）预付费用电管理系统；

9）其他监控系统和重点用能设备等。

软件应具有环境监测、实时监控、统计分析、预警报警、设备调控、能源调度、报表管理、基础信息管理、系统管理等功能模块（表 22-2）。

公共机构"四位一体"节能监管平台功能模块

表 22-2

序号	功能名称	功能说明
1	环境监测	室外选择性监测参数:温度、湿度、日照、风速、PM2.5 等
		室内选择性监测参数:温度、湿度、照度、CO$_2$、PM2.5 等
2	实时监测	参数自动采集、实时监测、实时报表、趋势图等形式展示
		历史数据储存、查询、汇总
		数据参数的自动补抄、及时召测
3	统计分析	能源/资源种类的消耗量按一定周期进行汇总、同比、环比等统计和分析
		主要用能设备能源利用效率进行分析
		节能量和节能率计算功能
4	预警报警	能耗总量、碳排放总量、单耗指标等指标预警及报警
		重点用能设备能耗和系统参数异常报警
		重点用能设备待机时间过长报警
		能源计量器具采集数据异常报警
5	设备调控	重点用能系统、区域和主要用能设备智能化调节与控制
		监测数据分析查找节能潜力,实现有效节能控制
6	能源调度	按需进行能耗费用和指标核算
		能耗模型预测
		能源流向图功能,能源消耗与损失
7	报表管理	报表输出
		上传接口按上级平台要求上传数据和报表
8	基础信息管理	对建筑物信息进行维护管理
		对支路信息进行维护管理
		对用能设备信息进行维护管理
		对采集终端设备信息进行维护管理
		对计量点信息进行维护管理
9	系统管理	用户管理、日志管理、信息录入、参数配置、通信设置、标准值和预警值设置
		根据权限进行增加、编辑、修改、删除等维护和操作

1. 环境监测模块功能

1)室外设置小型气象站,选择性监测参数包括:温度、湿度、日照、风速、风向、PM10、PM2.5 等。

2)室内选择典型房间,选择性监测参数包括:温度、湿度、照度、CO$_2$、PM2.5 等。

2. 实时监测模块功能

1)应具备对能耗数据、系统参数、环境参数进行自动采集、实时监测,并以工艺图或平面图、实时报表、趋势图等形式展示功能。

2)应具备历史数据储存、查询、汇总功能。

3)应具备数据参数的自动补抄、及时召测功能。

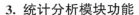

3. 统计分析模块功能

1）应具备对学校各种能源/资源种类的消耗量按年、月、周、日等适宜周期进行汇总、同比、环比等统计和分析功能，统计结果以图、表等方式展示。

2）应具备对不同建筑、不同学院等区域消耗能源/资源进行综合能耗、单位能耗、碳排放量等指标计算和排名对比。

3）应具备对变压器负载率、三项电压不平衡度、压器负荷率分析、配电网线损率、锅炉运行效率、供热输配系统效率、冷水机组 COP、冷源系统能效系数、冷却塔冷却效率、水泵运行效率、风机单位风量耗功率、新风热回收机组效率、可再生能源贡献率、信息机房 PUE 值、供水管网漏水率等主要用能设备或区域能源利用效率进行分析和对标功能。

4）应具备对节能改造项目进行节能量和节能率计算功能，计算方法按照《节能量测量和验证技术通则》GB/T 28750—2012 执行。

5）宜具备对各种能源计量数据及运行参数和环境参数进行关联分析功能。

4. 预警报警模块功能

1）应具备能耗总量、碳排放总量、单耗指标等指标预警及报警功能。

2）应具备重点用能设备能耗和系统参数异常报警功能。

3）应具备重点用能设备待机时间过长报警功能。

4）应具备能源计量器具采集数据异常报警功能。

5）宜具备多种形式的报警通知功能。

5. 设备调控模块功能

1）变配电系统应具备自动无功补偿等功能。

2）供暖系统应具备气候补偿、水泵变频、分时分区等功能。

3）集中空调系统应具备气候补偿、水泵变频、变风量、全新风运行等功能，教学楼或学生公寓等区域多联机及分体空调系统应具备分温、分区、定时、定温控制，工作时间、非工作时间控制，非空调使用季节自动断电控制等功能。

4）可再生能源系统应具备根据环境参数优化供水温度、水泵群控及变频控制、调峰及辅助模式切换等功能。

5）生活热水供应系统应具备顺序启停控制、热交换器按设定出水温度自动控制进汽或进水量、热交换器进汽或进水阀与热水循环泵连锁控制等功能。

6）教室照明系统应具备远程开启、关闭光源，并结合课程表设置定时、定量控制室内光源的功能；室外路灯照明系统应具备根据日落日出时间，自动开关和分时、分区域控制功能。

7）电开水炉应具备远程定时管理功能。

8）宜具备基于监测数据挖掘，实现自适应前馈式智能控制功能。

6. 能源调度模块功能

1）应具备对学生公寓及商业经营用房进行能耗费用核算和预付费用电管理功能。

2）蓄能装置能源系统应具备根据用能需求、负荷规律，分时段、区域分析需求侧和供给侧差异，通过能耗模型负荷预测，优化能源调度的功能。

3）应具备能源流向拓扑图功能，对能源计量数据进行计算并自动分摊，表示出能源

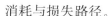

消耗与损失路径。

7. 报表管理模块功能

1）应具有报表输出功能。

2）应具有上传接口按上级平台要求上传数据和报表功能。

8. 基础信息管理模块功能

1）应具备对建筑物信息进行维护管理的功能。

2）应具备对支路信息进行维护管理的功能。

3）应具备对用能设备信心进行维护管理的功能。

4）应对采集终端设备进行维护管理的功能。

5）对计量器具和调控装置进行维护管理的功能。

9. 系统管理模块功能

1）应具有用户管理、日志管理、信息录入、参数配置、通信设置、标准值和预警值设置等功能。

2）用户可根据权限进行增加、编辑、修改、删除等维护和操作。

22.2.9 硬件要求

服务器应根据业务需求和系统架构配置节能型服务器，并根据需要采取冗余和备份措施。

互联网接入应根据能源管控中心规模和节点功能选配不同级别的路由器。

内外网信息交换应采用核心交换机，网络汇聚层和接入层应采用相应级别的交换机。

能源管控中心与外网之间宜采用硬件防火墙隔离。

存储设备应满足五年以上的数据存储要求。

22.2.10 安全要求

能源管控中心网络及存储设备宜按《信息安全技术 网络安全等级保护基本要求》GB/T 22239—2019 二级及以上标准执行，应根据实际需求配置数据安全管理系统，确保网络传输和信息安全。

第 5 篇

数据中心节能关键技术研发

23

数据中心新型冷却技术

23.1　内冷型机柜

　　分离式重力热管作为一种在一定温差驱动下可以完成工质自发循环流动和高密度相变换热的长距离高效传热工具，为取代内冷型机柜的冷冻水冷源提供了理想的替代品。其工作原理如图23-1所示。吸热端与高温流体换热，液态制冷剂吸收热量，蒸发汽化变成气态，在蒸发和冷凝侧压力差作用下携带热量通过气管流动到放热端与低温流体换热，完成热量从高温流体到低温流体的传递。气态制冷剂释放热量后冷凝成液态，在高度差 H 的作用下通过重力流回吸热端，继续蒸发吸热，完成流动和排热循环。分离式重力热管不需要外部动力（压缩机、泵），在一定的冷热端温差和高度差驱动下即可自发完成整个流动与换热过程，其优势在于吸热端和放热端布置灵活，热量传递距离远，传热密度高，具有优良的等温特性，同时由于没有动力部件，结构简单，排热能耗很小。

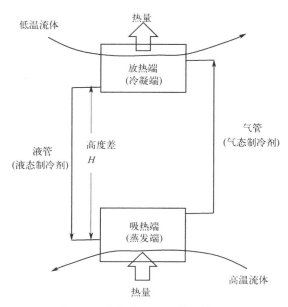

图 23-1　分离式重力热管工作原理

通过将分离式重力热管的冷端（吸热端）嵌入机柜，通过制冷剂的蒸发就近吸收 IT

设备散发的热量，再通过制冷剂蒸气的流动将热量传递到分离式热管的热端（放热端），与室外冷源进行换热，将热量搬运到室外，制冷剂蒸气冷凝成为液体，在一定高度差 H 的作用下流回机柜，继续吸收热量，从而完成流动和传热循环。这样，以制冷剂为载热媒介，就可以实现在机柜内部完成对 IT 设备产热的采集和传递，避免了携带热量的空气在机房大空间长距离传递产生冷热空气混合、空调送风分配不均和局部过热等气流组织问题。

如果将热管换热器置于服务器排风侧（图 23-2），服务器排风被冷却后不送入机房空间，而是通过绝热管道直接送回服务器进风侧，热量通过热管工质相变后被气态制冷剂带走，冷空气绕过机柜进入服务器，完成就近排热。从工作原理上看，这种方案虽然可以实现将冷源引入机柜，就近带走热源散热量，但由于要求空气和热管工质经过一次换热过程带走全部热量，由流体热容流量不匹配引起的传热损失较大。

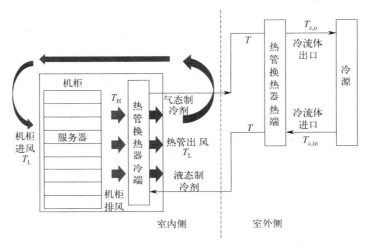

图 23-2　内置热管换热器的内冷型机柜示意图（单级）

在单级热管逆流换热系统中，由于空气侧和冷水侧流量不匹配程度较高，传热损失较大，传热温差大，导致冷源温度（$T_{c,in}$）较低。为解决上述两个问题，从改善流量匹配性和减小传热温差的角度，提出双级热管换热流程（图 23-3）。置于服务器进风侧的热管换热器 1 将机房环境温度空气冷却降温后送入机柜，带走服务器散热；置于服务器排风侧的热管换热器 2 将机柜排风冷却到机房环境温度后送入室内，完成排热过程。在这个过程中，进出机柜的空气温度和机房环境温度相同，消除了热量采集和传递过程对机房环境的影响。同时，相比单级换热，双级换热减少了流量不匹配导致的传热损失。因此，从热学原理角度定性地看，当假定两种排热流程的机房室内温度 T_0 一致时（如 $T_0=25℃$），图 23-3 所示的内冷型机柜排热流程优于图 23-2 所示的流程，在图 23-4 中给出了单级和双级热管传热过程和传热损失在 T-q 图上的示意。

通过对比说明，采用双级传热流程可以降低冷热流体和热管工质传热时的流量不匹配性，降低不匹配系数，从而减少热管吸热端和放热端传热过程的热损失，使冷源温度提高（$T_{cl,in}>T_{c,in}$），提高了内冷型机柜的传热性能。从热学原理角度看，双级传热流程的性能优于单级流程，冷源流体进口温度的提高，可以提高冷机工作效率，或者延长自然冷源

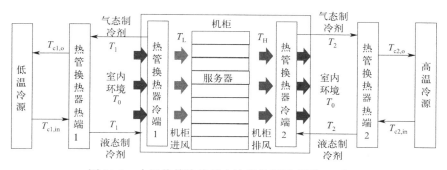

图 23-3　内置热管换热器内冷型机柜示意图（双级）

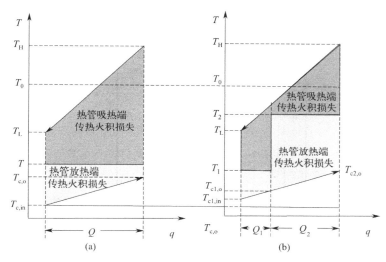

图 23-4　内冷型机柜热管传热过程 T-q 图

（a）单级；（b）双级

利用时间，从温度效率和排热能耗的角度看，双级传热流程的性能同样优于单级流程。

综上所述，对于机房传热过程，为了减少热量在采集和传递过程中的热损失，必须改变传统的集中式送回风冷却方式，将制冷剂冷源引入机柜，实行分级换热，就近带走 IT 设备散发的热量，消除冷热空气混合造成的热损失，分级换热同时也减少了流量不匹配导致的传热过程的热损失，换热级数越多，流量不匹配引起的传热损失越小，内冷型机柜的传热性能越高，而这样的多级换热流程要求进出机柜的空气必须运行在大温差（10～15℃）模式。

23.2　双级回路热管高效冷却技术

23.2.1　双级回路热管冷却形式

双级回路热管冷却方案是针对目前主流水冷方案存在的问题而提出的一种新型数据中心服务器级冷却方案。方案采用两级热管回路，一级热管回路蒸发端将服务器主要发热元件 CPU 的热量传至服务器外的冷凝端，一级冷凝端再与二级热管回路的蒸发端换热，最后二级回路循环将热量送至室外冷源，其余发热元件的热量则仍以传统的风冷方式冷却。

这种冷却方案最大的特点是以制冷剂代替水作为换热工质，并且制冷剂的循环完全由重力自驱动，无需额外泵功。避免了水进机房对服务器的潜在危险，同时省去水泵与自封接头，减少功耗与初始投资。同时，这种冷却方案下的整体传热热阻较小，CPU 部分热量可以向高温环境散热，几乎可以在大部分地区全年充分利用自然冷源，达到进一步节省能耗的目的。

23.2.2　双级回路热管设计方案

一级热管将服务器内部 CPU 的热量导出服务器，形式如图 23-5 所示。热管蒸发端紧贴 CPU，冷凝端则通过机械压紧方式与二级热管的蒸发端贴合，将 CPU 的热量传至二级热管内的制冷剂。

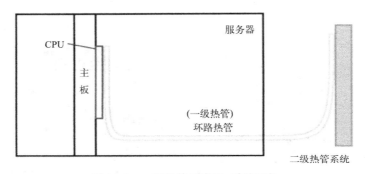

图 23-5　一级热管示意图（侧视图）

一级热管与二级热管之间采用机械夹紧的方式贴合，此种贴合方式既减少了两者之间的接触热阻，同时也在日常维护中方便服务器与冷却系统的脱离。

二级热管的功能则是将来自一级热管的热量通过制冷剂的两相循环带到室外与外界环境换热，二级热管系统由图 23-6 示意。

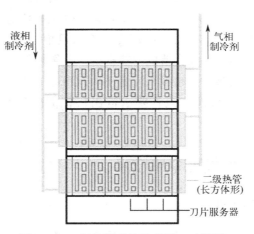

图 23-6　二级热管系统示意图（正视图）

　　二级热管蒸发端为长方体形冷板，冷板内部有液态制冷剂，机柜每一层所有的服务器与一块冷板对应，服务器引出的一级热管冷凝端紧贴相对应的二级热管。冷板内的液态制冷剂通过沸腾换热蒸发为气态制冷剂流动至室外的冷凝端，又与外界环境换热冷凝为液态制冷剂，最后在重力的带动下重新流回冷板以补充消耗掉的制冷剂，完成一次两相循环。

　　CPU 的热量由双级回路热管散至室外侧，由于二级热管内制冷剂温度较高，可与室外空气直接在空冷换热器中换热。除去 CPU 以外的散热元件的热量则仍通过每个机柜上配置的背板换热器带走。

　　从 CPU 侧到室外侧先后经过了一级热管回路与二级热管回路，传热过程中的传热热阻主要集中在不同界面间的接触热阻以及热管循环在相变过程中的沸腾和冷凝换热热阻。经过计算，得到传热过程的温差消耗如图 23-7 所示。可以发现，温差损耗主要集中在界面间的接触热阻上，这也是使用导热硅脂、机械夹紧等措施的主要原因。

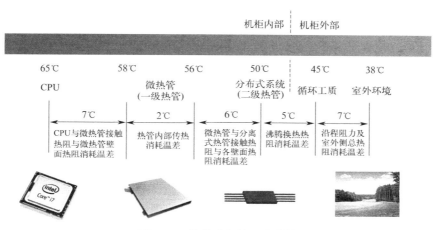

图 23-7　传热过程的温差消耗

　　由于相变换热的换热能力较强并且双级热管回路仅对 CPU 这一高温工作产热元件进行散热，室外侧二级热管的冷凝端内的气态制冷剂温度可以到达 45℃，制冷剂只需与环境直接换热即可将热量排出，因此全年几乎均可充分利用自然冷源，达到了减少制冷功耗的目的。

　　与传统方案相比，双级回路热管省去了空气换热的环节。传统方案内，空气会与CPU 换热，机房内部气流会互相掺混，空气还会有与空调内部换热器换热的环节，这些环节在整体传热过程中占的热阻较大，因此省去空气换热环节可极大减小整体传热过程中冷热源的温差，即缩小了 CPU 与外界所需环境温度的差距，从而让自然冷源得到充分的利用。图 23-8 是双级回路热管冷却方案整体的系统示意图，虽然 60% 的热量是由两级回路热管散出，但 40% 热量仍是由机柜背板换热器散出，这一部分的热量仍需要机械制冷与自然冷源相结合的冷却系统辅助。

　　从能耗角度对双级回路热管方案进行分析，为了方便比较不同系统间的制冷能耗，在这里引入一种衡量机房制冷能耗的参数——制冷负载系数 CLF（Cooling Load Factor）。

$$CLF = \frac{制冷设备能耗}{IT 设备能耗} \tag{23-1}$$

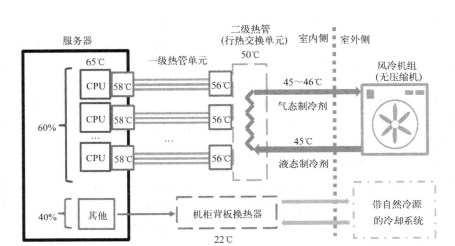

图 23-8　双级回路热管整体冷却方案

CLF 越低，则表明制冷能耗占机房总能耗的比例越低，机房整体能耗结构更加优越。

其中双级回路系统耗能制冷设备仅为室外机的风机，因此由风冷机组的年平均制冷量与风机功耗比可直接估算出这一部分的 $CLF_{双级}$ 大约为 0.02。另一部分带自然冷源的冷却系统（即复合型自然冷源系统）的全年平均 $CLF_{复合}$ 在北京、哈尔滨、广州等几个代表性城市的值分别为 0.157、0.117、0.236。因此直接按所排出热量的比例计算即可直接得到系统整体全年 CLF：

$$CLF = 60\% \times CLF_{双级} + 40\% \times CLF_{复合} \tag{23-2}$$

同时，目前仍比较常见的传统空调方案在综合我国各地平均情况后，CLF 高达 0.8 左右。表 23-1 列举了双级回路热管冷却方案在各地的理论 CLF 值的计算结果以及相对传统方案各地平均 CLF 的能耗节约比例。

双级回路系统节能效益分析　　　　　　　　　　　　　　　表 23-1

地区	全年 CLF	制冷能耗节约
哈尔滨	0.0588	92.7%
北京	0.0748	80.4%
上海	0.0840	77.5%
昆明	0.0792	79.0%
广州	0.1064	70.5%

相对传统空调方案，从计算结果来看，各地在双级回路热管与背板换热器的结合使用之下，综合各地情况后的平均值，机房在制冷设备上的能耗平均能节约 80% 左右，全年 CLF 平均能降低至 0.08 左右。以北京为例，仅使用背板换热器与带自然冷源的冷却系统的 CLF 为 0.157，而引入双级回路热管后方案全年 CLF 为 0.0748，制冷能耗减少了 52.4%，可见双级回路热管的引入带来的变化同样能说明双级回路热管在制冷能耗上的优越性。

23.3 热管复合冷却技术

23.3.1 冷源利用气候适应性分析

1. 气候区划分

我国地域辽阔，经纬度跨度较大，不同地理位置的气候相差悬殊，因此对我国各地区按气候进行划分，这样对于各气候区不同的气候特点，针对性地应用不同的调整控制策略。

我国针对一般建筑热工设计可以分为五个气候区，分区名称及指标见表23-2。

气候区划分表　　　　　　　　表 23-2

分区名称	分区指标	
	主要指标	辅助指标
严寒地区	最冷月平均温度≤−10℃	日平均温度≤5℃的天数≥145d
寒冷地区	最冷月平均温度−10~0℃	日平均温度≤5℃的天数 90~145d
夏热冬冷地区	最冷月平均温度 0~10℃， 最热月平均温度 25~30℃	日平均温度≤5℃的天数 0~90d， 日平均温度≥25℃的天数 40~110d
夏热冬暖地区	最冷月平均温度≥10℃， 最热月平均温度 25~29℃	日平均温度≥25℃的天数 100~200d
温和地区	最冷月平均温度 0~13℃， 最热月平均温度 18~25℃	日平均温度≤5℃的天数 0~90d

由表23-2，我国可分为五个气候区，分别是：严寒、寒冷、夏热冬冷、夏热冬暖和温和地区，每个气候区都有各自独特的气候特点，建筑热工应根据不同的气候特点进行相关设计。

2. 数据中心空调形式划分

我国不同地域的全年气温、湿度差别很大，而气候条件会对数据中心的能耗产生一定的影响，其中主要体现在空调设备上。目前数据中心的空调形式可分为风冷式和水冷式两大类。

1）风冷系统

数据中心制冷系统的冷凝器完全不需要冷却水，只利用空气为冷源（或者通过二次冷媒循环）使气态制冷剂冷凝。

2）水冷系统

数据中心制冷系统的冷凝器是采用水冷却高压气态制冷剂而使之冷凝的设备。冷却水可以是地下水、地表水、经冷却后再利用的循环水。

针对这两种形式，能效的计算也有所不同，现引用以下能效评价指标：

$$CLF = \frac{冷却系统耗电量}{IT\,设备耗电量} \tag{23-3}$$

$$EER = \frac{空调制冷量}{冷却系统耗电量} \tag{23-4}$$

忽略机房内除 IT 设备以外的发热量，则 IT 设备发热量与空调制冷量相等，即 CLF 与 EER 呈倒数关系。为方便下面计算，引入全年能效比 AEER 的定义式：

$$AEER = \frac{全年空调制冷量}{全年冷却系统耗电量} \qquad (23\text{-}5)$$

对于风冷式空调，具体计算步骤如下：

（1）结合表 23-3 的机房空调全年能效比（AEER）试验工况，给出风冷式空调在 A、B、C、D、E 工况下的节能标准能效比（EER）。

机房空调全年能效比（AEER）试验工况（风冷式室外机） 表 23-3

项目		全年制冷工况(用于计算 AEER)				
		A	B	C	D	E
室内机回风侧	干球温度(℃)	24	24	24	24	24
	湿球温度(℃)	17	17	17	17	17
室外机环境条件	风冷式 入口干球温度(℃)	35	25	15	5	—5

（2）确定每个工况点所代表的干球温度区间在全年干球温度分布比例，即干球温度分布系数 T_a、T_b、T_c、T_d、T_e。全国部分城市的干球温度分布系数，见本书数字资源附件 5。

（3）不同城市风冷式机房空调的全年能效比（AEER）按式(23-6)计算：

$$AEER = T_a \times EER_a \times T_b \times EER_b + T_c \times EER_c + T_d \times EER_d + T_e \times EER_e \qquad (23\text{-}6)$$

式中　$AEER$——风冷式机房空调的全年能效比；

$EER_a \sim EER_e$——风冷式空调在表中 A~E 工况条件下的节能标准 EER；

$T_a \sim T_e$——A~E 工况温度分布系数，其数值由本书数字资源附件 5 查得。

（4）根据（3）中的 AEER 计算结果及一般数据中心制冷量和 IT 设备能耗之比的经验值，得到不同城市风冷式空调数据中心 CLF。

$$CLF = \frac{1}{AEER} \qquad (23\text{-}7)$$

（5）不同城市风冷式空调 CLF 修正值见式（23-8）：

$$\Delta CLF = CLF_{1a} - CLF_0 \qquad (23\text{-}8)$$

本标准取北京（寒冷）地区风冷式制冷数据中心的能效为基准。

对于水冷式空调，具体计算步骤如下：

（1）结合表 23-4 的机房空调全年能效比（AEER）试验工况给出水冷式空调在 A、B、C、D、E 工况下的节能标准能效比（EER）。

机房空调全年能效比（AEER）试验工况（水冷式室外机） 表 23-4

项目		全年制冷工况(用于计算 AEER)				
		A	B	C	D	E(自然冷却)
室内机回风侧	干球温度(℃)	24	24	24	24	24
	湿球温度(℃)	17	17	17	17	17
室外机环境条件	水冷式 冷却水进口温度(℃)	30	25	18	10	10
	冷却水出口温度(℃)	35	出口温度由机组内置阀门控制			

（2）设每种工况下的冷却水进口温度比室外湿球温度高 4℃，则可划分湿球温度区间，并确定每个工况点所代表的湿球温度区间在全年湿球温度分布比例，即湿球温度分布系数 T_a、T_b、T_c、T_d、T_e。全国部分城市的湿球温度分布系数，见本书数字资源附件 5。

（3）不同城市水冷式机房空调的全年能效比（AEER）按式(23-9)计算：

$$AEER = T_a \times EER_a + T_b \times EER_b + T_c \times EER_c + T_d \times EER_d + T_e \times EER_e \quad (23\text{-}9)$$

式中　$AEER$——水冷式机房空调的全年能效比；

$EER_a \sim EER_e$——水冷式空调在表中 A～E 工况条件下的节能标准 EER；

$T_a \sim T_e$——A～E 工况温度分布系数，其数值由本书数字资源附件 5 查得。

（4）根据（3）中的 $AEER$ 计算结果及一般数据中心制冷量和 IT 设备能耗之比的经验值，得到不同城市水冷式空调数据中心 CLF。

$$CLF = \frac{1}{AEER} \quad (23\text{-}10)$$

（5）不同城市水冷式空调 CLF 修正值见式(23-11)：

$$\Delta CLF = CLF_{1a} - CLF_0 \quad (23\text{-}11)$$

本标准取北京（寒冷）地区风冷式制冷数据中心能效为基准。

数据中心的另一个能效评价指标为 $EEUE$，定义式为：

$$EEUE = \frac{\text{数据中心耗电量}}{\text{IT 设备耗电量}} \quad (23\text{-}12)$$

根据《数据中心 资源利用 第 3 部分：电能能效要求和测量方法》GB/T 32910.3—2016，$EEUE$ 根据气候环境和空调制冷形式的不同进行差异性调整，对应的调整值见表 23-5。

EEUE 相关调整值　表 23-5

调整因素		压缩机调整值	加湿调整值	新风调整值	UPS调整值	供电调整值	照明调整值	其他调整值	单一条件变化的 $EEUE$ 调整值
气候环境	严寒、水冷	−0.13		0	0	0	0	0	−0.13
	寒冷、水冷	−0.11		0	0	0	0	0	−0.11
	夏热冬冷、水冷	−0.04		0	0	0	0	0	−0.04
	夏热冬暖、水冷	0.03		0	0	0	0	0	0.03
	温和、水冷	−0.05		0	0	0	0	0	−0.05
	严寒、风冷	−0.03		0	0	0	0	0	−0.03
	寒冷、风冷	0		0	0	0	0	0	0
	夏热冬冷、风冷	0.04		0	0	0	0	0	0.04
	夏热冬暖、风冷	0.07		0	0	0	0	0	0.07
	温和、风冷	0.03		0	0	0	0	0	0.03
信息设备负荷使用率	25%	0	0.18	0.38	0.7	0.06	0.06	0.06	1.44
	50%	0	0.06	0.1	0.22	0.02	0.02	0.02	0.44
	75%	0	0.02	0.03	0.09	0.007	0.007	0.007	0.161
	100%	0	0	0	0	0	0	0	0

根据标准，数据中心能耗指标 $EEUE_{修正值}$ 为 $EEUE_{实测值}$ 与对应的 $EEUE_{调整值}$ 相减之值。对于 $EEUE_{调整值}$，有以下注明：

（1）对于信息设备负荷使用率小于 25％ 的数据中心，其调整值使用表 23-5 中 25％ 对应的 $EEUE_{调整值}$。

（2）对于信息设备负荷使用率大于或等于 25％，小于或等于 100％ 的数据中心，其调整值根据表 23-5 中的调整值进行等比例差值计算。

23.3.2 系统组成及特性

1. 系统组成

热管复合冷却系统由两个热管循环和一个蒸气压缩循环串并联组成，主要包含蒸发器、中间换热器、热管冷凝器和空调冷凝器四个换热部件以及蒸发器风机、冷凝器风机和压缩机三个动力部件，其结构如图 23-9 所示。该系统包含三个换热循环：

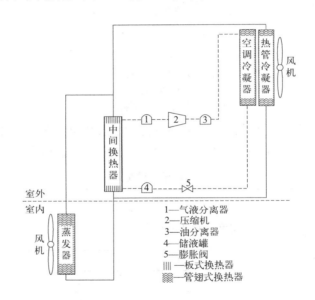

1—气液分离器
2—压缩机
3—油分离器
4—储液罐
5—膨胀阀
▦—板式换热器
▩—管翅式换热器

图 23-9　热管复合冷却系统

外侧热管循环。由蒸发器、热管冷凝器、室内风机及室外风机构成的分离式热管循环，制冷剂在蒸发器内吸收机房热量气化，沿气管进入热管冷凝器液化将热量排放到室外环境，液化后的制冷剂在重力作用下沿液管回流至蒸发器，完成一个循环，是热管复合冷却系统自然冷源利用的主要循环，当室外环境温度低于热管启动温度时，由该循环带走机房热量。

中间热管循环。由蒸发器、中间换热器和室内风机构成的分离式热管循环，制冷剂在蒸发器内吸收机房热量气化，沿气管进入中间换热器液化将热量传递至蒸气压缩循环，是热管复合冷却系统主动制冷的环节之一。

蒸气压缩循环。由中间换热器、空调冷凝器、压缩机、膨胀阀、气液分离器、油分离器、储液罐和室外风机构成。工质完成蒸气压缩循环将热量从中间换热器传递至空调冷凝

器，最终排放至室外环境，是热管复合冷却系统主动制冷的重要环节。

根据冷却尺度的不同，蒸发器的形式也不同。可以单独放置于机房对整个机房进行冷却；也可以列间空调的形式置于机柜之间形成列间级冷却方案；或以机柜背板的形式安装于机柜前后门上形成机柜级冷却方案。除了蒸发器外其余所有设备形成一个室外机安装于机房外，与蒸发器通过上升管和下降管连接。

2. 系统运行模式及特点

随着室外环境温度和机房 IT 负荷率的不同，热管复合冷却系统存在自然冷却、蒸气压缩以及复合制冷三种运行模式。系统在三种运行模式之间的切换不依赖于阀门，仅需控制压缩机的启停即可。

1）自然冷却模式

当室外环境温度足够低时，仅依靠外侧热管循环就能满足制冷需求，此时压缩机不启动。制冷工质在蒸发器中吸热气化沿气管流至中间换热器和热管冷凝器，由于压缩机未启动，气态工质在中间换热器中无法放热冷凝，阻止中间热管循环的形成；而流至热管冷凝器的工质在室外风机的作用下冷凝放热，液化后的制冷工质沿着液管回流至蒸发器，形成自然冷却循环。循环示意图如图 23-10（a）所示。在自然冷却模式下，系统退化为一个分离式热管循环系统。

2）蒸气压缩模式

当室外环境温度过高时，外侧热管停止循环，此时启动压缩机，制冷工质在蒸发器中吸热气化沿气管流至中间换热器和热管冷凝器，由于室外环境温度高，气态工质在热管冷凝器中无法放热冷凝，气态工质将充满整个热管冷凝器，外侧热管循环自动停止。而流至中间换热器的工质将热量传递给蒸气压缩循环的制冷工质，最终在空调冷凝器排放到室外环境。循环示意图如图 23-10（b）所示。在蒸气压缩模式下，系统实际上是中间热管循环和蒸气压缩循环串联换热。

3）复合制冷模式

当室外环境温度较低时，外侧热管循环启动，但制冷量又不足以满足机房需求，此时系统根据室内制冷需求调节压缩机运行频率，用以补充外侧热管循环制冷量的不足。制冷工质在蒸发器吸热气化，沿气流至中间换热器和热管冷凝器，气态工质同时在中间换热器和热管冷凝器完成热量传递和排放。循环示意图如图 23-10（c）所示。在复合制冷模式下，系统是一个较为复杂的串并联换热网络，中间热管循环与蒸气压缩循环串联换热，再与外侧热管循环并联换热。

热管复合冷却系统具有以下特点：

（1）节能性。热管复合冷却系统将主动制冷与自然冷却相结合，当室外环境温度足够低时，仅启动外侧热管循环制冷；当室外环境温度升高，仅靠外侧热管循环制冷量不足时，启动蒸气压缩循环，依靠调节变频压缩机频率，实现主动制冷与自然冷却的无级切换，最大限度地利用自然能源。热量传输依靠重力式分离热管的自发循环，不消耗额外的输配能耗。

（2）安全性。整个系统为全氟冷却系统，没有水进入机房，对 IT 设备没有任何安全隐患，且系统主动制冷和自然冷却两种形式之间的切换不依靠阀门，避免了单点故障，提高了系统运行安全性。

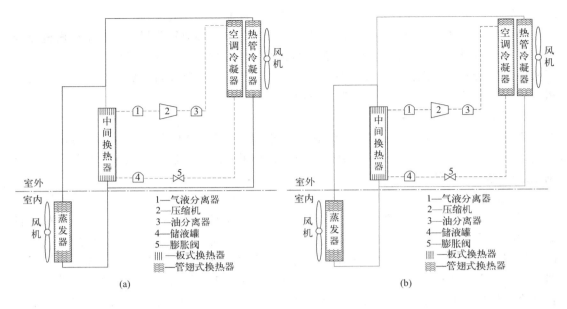

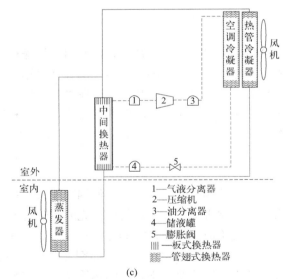

图 23-10　热管复合冷却系统运行模式示意图

（a）自然冷却模式；（b）蒸气压缩模式；（c）复合制冷模式

（3）可靠性高，运行维护方便。由于设备对于安装高度的要求，热管复合冷却系统制冷设备一般集中安装在机房顶层，自动化程度高；蒸发器分布在各个数据机房内，运行管理人员只需在机房内和集中安装制冷设备的区域进行运行维护，可设置少量全职现场运行管理人员，甚至可以不设。

（4）对安装高度有要求。由于热管复合冷却系统的热管循环均为重力式分离热管，循环动力主要来自气液管的高度差，为了避免热管冷凝器储液太多而传热性能下降，蒸发器与热管冷凝器应具有一定的安装高度差。此外，中间换热器也应与热管冷凝器形成一定的高度差，防止在夏季室外环境温度较高时，热管冷凝器转换为蒸发器的反作用。

（5）模块化配置，初始投资低。依据蒸发器形式的不同，热管复合冷却系统可实现机柜级和机房级两种尺度的冷却。当蒸发器以柜门的形式安装在机柜内部时，系统为机柜级冷却；当蒸发器以列间安装在机柜之间时，系统为列间机房级冷却。两种冷却尺度均可实现模块化配置，用户可根据当前负荷率逐步实施冷却系统，减少初始投资。

24

数据中心能效标准与评价指标

24.1 气候特征、IT 负载率等因素对数据中心能效的影响规律

24.1.1 典型重点地区数据中心能耗及用能结构分析

本节以地域分布和能源利用现状为切入点，分析各地地方政策以及资源分布对数据中心用能结构发展的影响，为从政府层面引导绿色数据中心发展提供决策基础。我国数据中心主要集中在北京、上海、广州、深圳等经济发达地区且受到用户、网络等因素影响，新建数据中心仍趋向于东部地区。

然而随着产业发展，东部地区用电负荷升高，电力供应紧张，这将促使数据中心企业出于自身发展、成本等因素，逐步迁往西部、北部等地区。2013 年五部委联合发布的《关于数据中心建设布局的指导意见》，2015 年国务院发布的《关于促进云计算创新发展培育信息产业新业态的意见》与 2018 年工业和信息化部印发的《全国数据中心应用发展指引（2017）》均推动数据中心向气候适宜、能源充足、土地价格较低的西部地区发展。

本节综合考虑数据中心行业发展和可再生能源资源状况，结合 2018 年中国各地区数据中心情况的分析，按照数据中心能耗的高低依次对广东、上海、北京、浙江、内蒙古、贵州、宁夏等具有代表性的省市进行分析和研究，重点分析了当地整体的能源结构和数据中心用能的能源结构以及当地政策对数据中心用能结构的影响。

目前中国的数据中心主要采用市电供电，这不仅是出于技术、成本和可靠性的考量，也与各省市（绿色）电力采购的政策、可再生资源分布、输配电基础设施等因素相关。各省市的市电结构中可再生能源所占比重如图 24-1 所示。

1. 广东

广东省数据中心主要位于广州、深圳等城市，部分数据中心位于东莞、佛山、惠州、梅州等地区。根据对各地区数据中心机架数与能耗的估算，2018 年广东省机架总数约 40.87 万个，年总能耗约 268.17 亿 kW·h。

2018 年广东省总用电量为 6323.35 亿 kW·h，可再生能源用电量为 2079.53 亿 kW·h，占总用电量 32.9%。"十三五"期间，广东省继续发展沿海风电并适度开发陆上风电，同时鼓励各类社会主体投资建设分布式光伏发电系统，因地制宜开发利用生物质能。

1）风能发电。继续开发湛江、茂名、阳江、惠州等沿海地区风电资源，适度有序开发韶关、清远、梅州、河源、肇庆等北部山区风电资源；积极推进珠海桂山、湛江外罗、

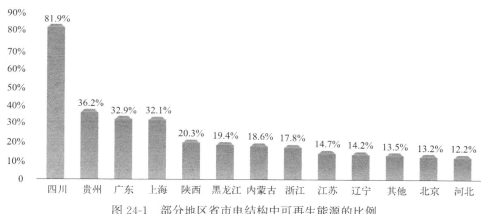

图 24-1 部分地区省市电结构中可再生能源的比例

阳江、沙扒、阳江南鹏岛、汕头南澳勒门 I 海上风电项目建设，形成海上风电规模化开发。到 2020 年风电装机规模达到 800 万 kW。

2）太阳能光伏发电。鼓励发展工商业厂房、公共建筑、民居等各类型分布式光伏发电；重点支持各类产业园区规模化发展分布式光伏发电项，因地制宜有序发展"农光互补""渔光互补""林光互补"综合利用光伏电站项目；在有条件的贫困县，积极开展光伏扶贫工程建设，实现光伏发电精准扶贫。到 2020 年太阳能光伏发电装机规模达到 600 万 kW。

3）生物质能开发利用。在确保生态和保障资源供应的条件下，因地制宜推进一批农林生物质发电项目建设；结合广东省工（产）业园区集中供热规划，适当发展生物质成型燃料锅炉集中供热工程。推进乙醇汽油在粤西地区推广使用。

基于上述情况显示，广东省的数据中心基本采用市电。分析广东省的可再生能源分布及现状发展情况，发现限制数据中心使用可再生能源的原因可能为：

1）深圳、广州等发达地区土地较为紧张，且本地可再生发电量均全额上网，由电网保价收购。

2）国家在"十三五"期间大力发展风电和太阳能光伏等可再生能源，近三年广东省也对发电企业有一些补贴政策，但针对用户端可再生能源采购，缺少政策支持。

3）目前广东省没有出台数据中心使用可再生能源的激励政策，可再生能源的成本优势目前不足以吸引数据中心大规模直购的可再生能源。

2016 年 4 月，广东省发布《广东省促进大数据发展行动计划》，建立全省统一的电子政务数据中心，以及 10 个左右地级市级政务数据分中心。2017 年 8 月 17 日，广东省印发《广东省战略性新兴产业发展"十三五"规划》，将新一代信息技术产业作为发展重点，并推动大数据应用与创新发展。同时，规划还明确加快分布式光伏与海上风电的开发利用，推进高效节能改造工程。2018 年 5 月，广东省发布了《广东省节能中心重点节能技术推广（2018—2020 年）行动方案》，明确了将绿色建筑及绿色数据中心节能技术作为重点推广技术之一。

深圳市也于 2019 年 4 月印发了《深圳市发展和改革委员会关于数据中心节能审查有关事项的通知》，鼓励数据中心建设单位采用绿色先进技术提升数据中心能效。

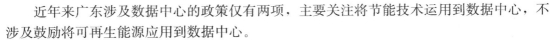

近年来广东涉及数据中心的政策仅有两项，主要关注将节能技术运用到数据中心，不涉及鼓励将可再生能源应用到数据中心。

2. 上海

上海市作为中国数据中心最重要的市场之一，目前拥有电信增值业务许可证的企业近4000家，位列中国第5位。其中，规模在500个机柜以上的数据中心有105座，上海电信、上海移动、上海联通三家运营商拥有最多的数据中心，占总体数量的51.4%。

2018年上海市总用电量为1566.66亿kW·h，可再生能源用电量为503.23亿kW·h，占总用电量32.1%。

目前，上海市市电中的可再生能源主要包括水电、风电、太阳能光伏发电等。水电主要来源于向家坝、上海800kV高压直流输电示范工程（每年可输送电量300亿kW·h）和已经建成的3条三峡至上海高压线路（每年可输送100多亿kW·h）；风电来源于上海奉贤风力发电厂、上海崇明、南汇风力发电厂并网发电和上海东海大桥海上风电场等工程，每年累计发电量约24亿kW·h；上海太阳能利用发展迅速，已建成崇明前卫村光伏发电站、临港光伏发电站等，累计发电量约5.2亿kW·h。

上海的数据中心使用的电能主要来源于市电，单独使用可再生能源属于近两年才出现的新趋势。造成这种现象的原因可能有以下几点：

1）上海的风能资源较为丰富，但是受限因素较多。如陆上风电场受湿地候鸟自然保护区等的影响；近海风电场受到航道、规划、环保、渔业、水务等条件的限制。

2）上海的平均日照辐射量低于全国平均水平，在太阳能资源方面也不具备开发优势。

3）上海市当前数据中心和节能环保的相关政策目前主要集中在从技术上降低数据中心能耗和 PUE，缺乏可再生能源使用的约束性政策。

4）上海土地资源较为紧张，因此可用于建设可再生能源发电设施的专用地块较少，而且采购可再生能源所必需的传输通道和交易机制都有待完善。

2017年3月，上海市发布《上海市节能和应对气候变化"十三五"规划》，指出要严格控制新建数据中心，确有必要建设的，必须确保数据中心能源利用效率（PUE）值优于1.5，全面推进既有数据中心节能改造。

2017年4月上海市发展和改革委员会发布《上海市2017年节能减排和应对气候变化重点工作安排》，推动开展互联网数据中心（IDC）的能效对标工作，推动数据中心能源效率（PUE）高于1.5的数据中心实施节能改造。

2018年11月，上海市制定发布了《上海市推进新一代信息基础设施建设助力提升城市能级和核心竞争力三年行动计划（2018—2020年）》，提出推进数据中心布局和节能改造，"新增机架数量控制在6万个，总规模控制在16万个，存量改造数据中心 PUE 不高于1.4，新建数据中心 PUE 限制在1.3以下"。

2019年6月上海市经信委印发《上海市互联网数据中心建设导则（2019）》，从功能定位、选址、资历资质、设计指标、评估监测等方面规范数据中心的建设，旨在管控上海市互联网数据中心建设和新增能耗，实现合理布局。其要求新建IDC第一年综合 PUE 应不高于1.4，第二年应不高于1.3。

2019年5月，上海市发改委、经信委、华东能监局联合印发的《上海市省间清洁购电交易机制实施办法（试行）》指出，优先考虑上海电网调峰能力范围内的市外风力、光伏、水力等可再生能源发电企业，并对补偿电价的计算方法做了规定。

综上所述，近三年上海市涉及数据中心的政策重点关注的是从技术上降低数据中心的能耗，而非鼓励数据中心采用可再生能源。2019 年开始试行的省间清洁购电交易机制有利于未来跨省可再生能源的消纳，上海本地数据中心有较大潜力提升可再生能源使用量。

3. 北京

北京数据中心覆盖了从小型到超大型的全部规模，其中大型及超大型数据中心主要为互联网服务，中小型数据中心主要为政府、公共事业或其他小微型企业自有。北京市数据中心主要分布在四个区域：

1）酒仙桥圈：包括蓝汛、鹏博士、世纪互联、百度、360、电信、联通等。

2）顺义天竺圈：包括蓝汛首鸣、上海斐讯、龙宇燃油、歌华、鹏博士、民生银行、联通等。

3）昌平圈：包括上海有孚、中国石油、移动等。

4）亦庄圈：包括鹏博士、中金、光环、世纪互联、移动、联通。

2018 年北京市总用电量为 1142.38 亿 kW·h，可再生能源用电量为 150.75 亿 kW·h，占总用电量 13.2%。

目前北京市的可再生能源主要包括太阳能、地热能、生物质能、风能，并呈现出太阳能资源储量相对丰富、地热及热泵系统潜力较大、生物质能资源种类多样的特点。《北京市"十三五"时期能源发展规划》指出，"十三五"期间北京市一方面加强跨区域调入可再生能源，探索建立可再生能源交易机制，逐步形成京冀晋蒙可再生能源市场，完善京冀晋蒙可再生能源协同发展机制，大力支持中国可再生能源示范区（张家口）及内蒙古自治区赤峰市、乌兰察布市和山西省大同市等可再生能源输出基地建设；另一方面充分利用本地可再生能源，充分开发太阳能和地热能，有序开发风能和生物质能。

对北京市的可再生能源分布及发展现状，发现限制数据中心使用可再生能源的原因可能有以下几个：

1）北京市辖区内鲜有专用地块用于可再生能源发电设施建设，而利用园区内有限的空地建设的发电设施也无法满足数据中心的能耗需求。

2）北京市在"十三五"期间加强跨区域调入可再生能源，并于 2018 开始试点区域性可再生能源市场化交易。但是目前的政策主要支持的是"网对网"的跨区消纳，直接参与市场化交易的用户类型目前仅限于电供暖用户、冬奥会场馆设施、电能替代用户和高新技术企业用户四种。

3）目前北京关于数据中心的政策主要关注的是限制高 PUE 数据中心的建设，引导数据中心使用可再生能源的相关政策还比较少。

2016 年 8 月，北京市发布《北京市大数据和云计算发展行动计划 2016—2020 年》，旨在指导未来 5 年北京市大数据和云计划发展。该行动将巩固大数据和云计算发展、创新与开放。到 2020 年将完成 10 个以上的创新应用示范工程以及 1000 亿的产业集群。

2016 年 12 月，北京市发布《北京市"十三五"时期信息化发展规划》，提出建设大数据与云计算基础设施，统筹建设政务数据中心体系，推进京津冀云计算数据中心统筹规划布局和共建共享，鼓励开展异地容灾备份。

2018 年 9 月，北京市更新《北京市新增产业的禁止和限制目录（2018 年版）》，目录内明确规定全市范围内禁止新建和扩建互联网数据服务、信息处理和存储支持服务中的数据中心（除 PUE 值低于 1.4 的云计算数据中心），且中心城区全面禁止新建和扩建数据中心。

与上海类似，近三年北京市涉及数据中心的政策重点关注的是从技术上降低数据中心的能耗，较少涉及鼓励数据中心采用更多可再生能源。2019 年开始试行的《京津冀绿色电力市场化交易规则（试行）》作为我国首个可再生能源交易规则，为进一步规范可再生能源市场化交易工作提供了政策支持，如果未来数据中心行业能被纳入试点，将大大提高北京地区数据中心企业使用可再生能源的积极性。

4. 浙江

据统计，至 2015 年 12 月，浙江省政府机关、企事业单位、电信运营商及第三方 IDC 服务商已累计建成 10 个机架以上的数据中心 392 个，其中大型数据中心 3 个，中小型数据中心 164 个，小微型数据中心 225 个，总计设计机架 67529 个，已使用服务器 318048 台。2018 年浙江省机架总数约 17.9 万个，年总能耗约 109.95 亿 kW·h。

2018 年浙江省总用电量为 4532.82 亿 kW·h，可再生能源用电量为 826.98 亿 kW·h，占总用电量 17.8%。

目前浙江省的可再生能源包括水电、风电和光伏，其中水电的发电占比最大。根据《浙江省能源发展"十三五"规划》，"十三五"期间，浙江省大力发展工业厂房、公共建筑屋顶光伏，积极推进光伏发电并网运行智能化、快捷化、便利化，同时积极发展海上风电。

2017 年 3 月，浙江省发改委、经信委印发《浙江省数据中心"十三五"发展规划》，限制新建、扩建 PUE 高于 1.5 的数据中心，并提出到 2020 年，全省新建数据中心 PUE 值应低于 1.5，改造后的数据中心 PUE 值应低于 2.0，绿色数据中心和云计算数据中心比例均超过 40%，数据中心年增长率控制在 30% 以下，至"十三五"末，数据中心机架数不超过 25 万个。同时，要求大中小型数据中心应选择合理地区建设，引导 1 万机架以上的超大型数据中心到省外适宜地区建设，不支持功能单一、500 机架以下中小型、50 机架以下小微型数据中心的建设。

综上，与北京、广东、上海等发达区域相比，近三年浙江关于数据中心的政策较少，仅一项，且该政策关注的是从技术上降低数据中心的能耗，而非鼓励数据中心采用可再生能源。同时，浙江省作为用电负荷集中的省份，全省的可再生能源均能够实现全额消纳，因此省内近期暂无专门鼓励可再生能源交易的相关政策发布。

5. 内蒙古

由于政策导向和资源分布等因素影响，内蒙古地区 IDC 机房的分布区域主要集中在呼和浩特、鄂尔多斯、乌兰察布、包头、赤峰 5 个地区，其中已经对外运营或在建的大型数据中心主要集中在呼和浩特、鄂尔多斯、乌兰察布 3 地，包头和赤峰受政策推动力影响进展较为缓慢。根据估算，2018 年内蒙古机架总数约 12.36 万个，年总能耗约 79.06 亿 kW·h。

2018 年内蒙古总用电量为 3353.44 亿 kW·h，可再生能源量为 624.34 亿 kW·h，占总用电量 18.6%。

由于特殊的地理位置，内蒙古在太阳能、风能、光伏、生物质能等可再生能源方面有

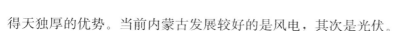

得天独厚的优势。当前内蒙古发展较好的是风电，其次是光伏。

根据《内蒙古自治区能源发展"十三五"规划》，"十三五"期间内蒙古将从以下两点促进可再生能源的发展：

1）加强可再生能源就地消纳，推进完善可再生能源消纳市场机制。

2）加快新能源外送基地建设，优化配电网、汇集站规划和建设，加强风能、太阳能等新能源汇集能力和效率。

由于内蒙古地区可用数据中心相关数据的公开信息较少，未能获得具体的数据中心用电量数据。据了解，目前内蒙古开展了电力市场直接交易，风光发电同步参与，并将大数据、云计算等需要建设数据中心的产业的用电竞价列入了优先交易的范围，不设置限制，这将使可再生能源用电价格最低降至 0.26 元/(kW·h)。同时，内蒙古可再生资源丰富，其 2018 年可再生能源发电总量为 695.1 亿 kW·h。综合考虑以上情况，并结合对内蒙古地区的电力市场、电力结构等的分析，认为该地区的数据中心中具备大规模使用可再生能源的潜力。

2016 年 11 月，内蒙古发布《内蒙古自治区促进大数据发展应用的若干政策》，鼓励相关部门、行业、企业在内蒙古设立数据中心。

2017 年，内蒙古发布《内蒙古自治区大数据发展总体规划（2017—2020）》，计划建设以和林格尔新区为核心、东中西合理布局的绿色数据中心基地。全面开放自治区数据中心服务空间，面向中国全国提供应用承载、数据存储、容灾备份等服务，着力将内蒙古打造成为中国北方大数据中心。

2017 年，内蒙古发布《2017 年自治区大数据发展工作要点》指出，要积极探索绿色数据中心建设模式，加快推进中国电信内蒙古信息园、中国移动（呼和浩特）数据中心、中国联通西北云计算基地、中网科技（内蒙古）云计算数据中心等续建项目建设，开工建设包头大数据中心、海拉尔大数据中心、鄂尔多斯大数据中心、乌海大数据中心等项目。

内蒙古的可再生能源发展较早，积极开展可再生能源直接交易及跨省跨区低谷风电交易。2016 年 4 月，内蒙古发布的《内蒙古自治区可再生能源就近消纳试点方案》明确了蒙东地区支持风电参与大用户直接交易试点；蒙西地区将可再生能源纳入内蒙古电力多边交易市场。

综上，近三年内蒙古涉及数据中心的相关政策重点关注的是从技术上降低数据中心的能耗，而非鼓励数据中心采用可再生能源。作为拥有两张独立电网的地区（蒙西电网和国家电网），内蒙古依靠其充沛的可再生能源，不断出台新政策，推动可再生能源市场化交易范围不断扩大，有效促进可再生能源消纳并扩大使用范围，使该地区的可再生能源具有一定的成本竞争力和本地消纳潜力，成为数据中心企业购买可再生能源潜力较大的地区之一。

6. 贵州

贵州的数据中心主要分布在贵安新区，主要有苹果中国（贵安）数据中心、腾讯贵安七星数据中心、贵安华为云数据中心、中国移动（贵州）云数据中心、中国电信云计算贵州信息园和中国联通贵安云数据中心等大规模数据中心以及贵阳乾明、贵州翔明数据中心等大型以下数据中心。

根据估算，2018 年贵州机架总数约 8.16 万个，年总能耗约 50.47 亿 kW·h。但由于贵安大型数据中心仍然在建，贵州地区的机架总数及年总能耗在未来将快速攀升。

2018 年贵州总用电量为 1482.12 亿 kW·h，可再生能源用电量为 537.22 亿 kW·h，占总用电量 36.2%。

贵州省生物质能丰富，储存量居中国首位，其他可再生能源排名依次是水能、太阳能、风能等。其中水能利用最广泛，其次是风电和太阳能。根据《贵州省能源发展"十三五"规划》，贵州省从以下几点促进可再生能源的发展：

1）健康有序发展风电。加强风能资源普查及评价，加快适用于贵州高原山区风电机组的研发。

2）积极发展光伏发电。加强太阳能资源普查及评价，积极发展光伏发电及分布式光伏发电。

3）优化发展水电。在注重生态环境保护的前提下，优化发展中小型水电站，对有条件的水电站实施扩能改造。优化水电调度运行，提高水电利用率。

2018 年 6 月，贵州发布《贵州省数据中心绿色化专项行动方案》，科学规划和严格把关数据中心项目建设，加强产业政策引导，推动数据中心持续健康发展，使新建数据中心能效值（PUE/EEUE）低于 1.4。

2017 年 10 月，贵州发布《贵州省关于进一步科学规划布局数据中心大力发展大数据应用的通知》，实施现有数据中心节能设计、技术改造，大力提高实际装机利用率和运营管理水平，推进数据中心绿色化发展。优化大型、超大型数据中心布局，杜绝数据中心和相关园区盲目建设，以减少空置率。

综上，近三年贵州数据中心相关政策重点关注的是从技术上提高数据中心的能效，而非鼓励数据中心采用可再生能源。2018 年贵州出台的《关于创新和完善促进绿色发展价格机制的实施意见》有望通过对贵州省内可再生能源价格机制的完善，提升可再生能源的使用量，有较大的潜力为数据中心企业提供充沛的可再生能源。

2019 年 2 月，三部委联合发布的《关于加强绿色数据中心建设的指导意见》明确提出，2022 年新建大型、超大型数据中心的 PUE 值达到 1.4 以下的目标。对七个重点地区的政策梳理后发现，目前地方数据中心行业的节能减排政策也是以鼓励提高节能技术水平为主，对 PUE 值等能效指标作出约束。但指导意见同时将"清洁能源应用比例大幅提升"作为未来绿色数据中心建设的主要目标。2019 年 5 月出台的《关于建立健全可再生能源电力消纳保障机制的通知》也明确要求售电企业和电力用户协同承担可再生能源的消纳责任，这是从消费端促进可再生能源消纳的重要一步。基于上述最新国家政策的要求，未来各地方也应把可再生能源应用比例作为新建绿色数据中心的重要衡量标准。

可再生能源丰富的内蒙古、宁夏、贵州等地方政府充分利用当地资源与气候优势，支持数据中心产业发展。同时部分地区也已经开展了一定程度的可再生能源市场化交易的试点，在促进本地消纳的同时降低了用户采购电力的成本。因此综合考虑气候、用电成本、可再生能源的应用潜力等因素，内蒙古、宁夏、贵州为代表的西部省份有望成为新建数据中心选址的热门地区。

在广东、上海、北京为代表的数据中心分布最密集的东部地区，已经相继出台了限制新建数据中心 PUE 值的政策要求。限制数据中心规模和数量的同时，可再生能源应用情况也应成为新建数据中心的重要考核标准。由于当地可再生能源基本实现全额上网，由电网负责消纳，本地数据中心企业除了自建和采购绿证等途径，未来主要通过跨省可再生能源的采购来满足对可再生能源的需求。

24.1.2 数据中心用能结构优化建议

许远绿色数据中心、绿色基站、绿色电源等相关的先进技术，对节能效果显著的微模块产品、液态制冷、冷热通道隔离、液冷服务器、自然冷却系统、高频模块化 UPS、分布式 HVDC、高送风地板、冷水机柜等产品进行重点推介，针对数据中心节能产业链条，规划出不同的节能技术选项和技术分类。统筹数据中心布局、服务器、空调等设备和管理软件应用；选址考虑能源和水源丰富的地区，利用自然冷源等降低能源消耗；选用高密度、高性能、低功耗主设备，积极稳妥引入虚拟化、云计算等新技术；优化机房的冷热气流布局，采用精确送风、热源快速冷却等措施，这些技术已经实践检验，属于节能效果显著、经济适行、有实施案例的成熟节能技术。

同时也要对节能技术进行系统评价，仅从某一层次孤立解决节能问题的战略，不但不能使节能效果最大化，相反可能降低基础设施的功能，增大建设和运营成本。数据中心综合节能策略如图 24-2 所示。

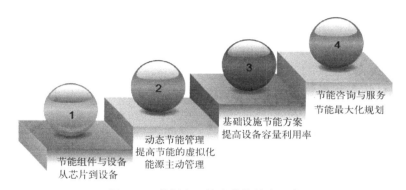

图 24-2　数据中心综合节能策略组合

1. 降低 IT 设备用电，提高 IT 设备节能效率

采用新型节能处理器的 IT 设备，在保证同等处理能力的前提下，降低 IT 设备能耗；采用具有自动休眠或自动降级运行（如降频）能力的 IT 设备，使得设备在空闲时可以自动降低能耗。

采用系统资源共享技术和云计算技术。通过优化资源利用效率，实现以更少的设备（亦即更少的能耗）去完成更多的处理任务。

数据中心的节能包含两个方面的内容：基础设施的节能及 IT 设备的节能。根据定义，数据中心电能使用效率为同一时间周期内数据中心总电能消耗量与信息设备电能消耗量之比，其中数据中心总电能能耗为信息设备电能能耗与基础设施能耗的相加值。基础设施能效低下是传统设计造成的，问题细分见表 24-1。

数据中心当前能耗过高问题细分　表 24-1

问题	IT 设备	制冷系统	供电系统
资源过度供应	按照上限配置设备	强制通风方式盲目散热	按照最终的容量配置
资源利用率低	平均利用率 30% 左右	至少过度供应一倍以上	设备利用率 30%～40%

续表

问题	IT 设备	制冷系统	供电系统
资源孤岛现象	不能动态调节和共享	设备完全隔离,不能合理调度,甚至工作在相反的制冷和加热状态	资源不能动态调节,低密度机架容量富余,高密度机架不能满足要求
没有测量尺度	无法测量工作量大小,无法动态调节	不了解发热状况和温度分布,只能盲目送风,"移动空气"	—
固定运营费用（计费方法）	能耗固定,不能按资源实际使用量来计费	设备启动后的电费是固定的,不能按需调整	设备启动后的电费是固定的,不能按需调整
数量迅速增长	服务器用量剧增、服务器"蔓延"	机房散热设备数量和容量不断增加	系统不断复杂,设备数量和容量不断增加
应变能力差	不能保持与业务需求变化同步	基本上是刚性的设备,几乎没有应变能力	基本上是刚性的设备,几乎没有应变能力
占用大量经费预算	运行费用日益增加,降低添置新设备能力	占用大部分预算,几年就超过购置费用,难以按需扩展	占用大部分预算,几年就超过购置费用,难以按需扩展

2. 提高供电系统效率

1) 提高设备容量利用率。精细系统容量规划设计，避免设备过渡规划；采用模块化设计，实现设备容量的动态增长（UPS 设备本身效率提高 10％左右）；供电方案优化设计，降低方案的复杂性。

2) 配置高效"高频机"设备。提高设备本身效率（2％～3％左右）；降低交流输入系统供电设备和线缆的容量和传输损耗（效率提高 3％～5％左右）。

3) 采用 380V/240V 直流 UPS 供电系统。提高 UPS 设备本身和 IT 设备内开关电源运行效率。

4) UPS 系统设置"经济运行"模式。提高系统运行效率（10％～12％左右）。

3. 提高制冷系统效率

传统未进行节能规划设计的数据中心，制冷系统的能耗是 IT 设备的 1.4 倍左右。经过精心规划设计并采用节能制冷方案和设备后，在 IT 设备满负荷时，制冷系统能耗与 IT 设备能耗之比，在没有自然冷源的环境下可降到 0.5 左右，而在全年都有自然冷源的环境下，可降到 0.2 左右。除提高设备容量利用率以提高制冷设备的工作效率之外，节能改造的要点如下：

1) 减少和消除机房内冷热气流混合，改善冷却效果；防止冷热气流混合，可提高机房专用空调机的回风温度。具体措施包括：机架隔板配置、机房冷热通道布局、空调设备的正确安放、冷通道或热通道封闭。

2) 缩短冷热气传输距离，减少传输阻力。相关技术涉及 IT 机房面积和长宽尺寸、送风方案（下送上回或上送下回）、是否铺设送风和回风管道、下送风地板高度、房间层高、线缆铺设方案等一系列内容。

3) 直接利用自然冷源，大幅度降低制冷功率；可利用地下水或地表水作为冷源，或利用部分地区冬季或春秋季室外温度较低空气做冷源。这就涉及数据中心选址、冷源的采集、传输和热交换方法问题。

4) 改造提高空调的性能，包括：使用涡旋式压缩机；使用变频技术空调机组；适当放大冷凝器，增加散热面积，降低冷凝温度，提高制冷系数；添加冷冻油添加剂，减阻抗磨，增强冷凝器和蒸发器的换热；夏季对风冷冷凝器进行遮阳，水雾降温等措施。

5）在方案设计阶段，应对多种方案进行技术经济比较，选取节能型的空调系统，如：带板式换热器的水冷型冷水机组，带乙二醇自然冷却系统的空调机，带氟泵节能模块的机房专用空调机等。大型数据中心还可以进一步考虑采用冷热电三联供方案（燃气内燃发电机产生的余热，供吸收式冷水机组制冷和冬季供暖用）。

6）提高建筑物围护结构热工性能；合理控制窗墙比；采用新型墙体材料与复合墙体围护结构；采用气密性好的门窗；尽量采用具有隔热保温性能的吸热玻璃、反射玻璃、低辐射玻璃等，避免使用单层玻璃；机房围护结构应严格密封，减少漏风量等。

数据中心制冷节能产品与技术细分见表 24-2。

数据中心制冷节能产品与技术细分　　　　　表 24-2

产品名称	节能技术及效果	应用场合
氟泵机组	自然冷源技术：过渡季节及冬季采用氟泵循环的技术，减少压缩机开启的时间，节能效果可达 30%	北方各地区的各种数据中心均可
地板送风机组	气流组织：采用高效风机技术，风机功率低；采用气流组织优化的技术	机房气流组织不良的场合
湿膜机组	其他：采用湿膜加湿技术，加湿过程无需加热水，减少电功率消耗，也避免了普通加湿带来的额外热负荷，节电量高达 90%	需要加湿的数据中心
热管空调机组	采用热管技术，过渡季节及冬季开启，能效可达 10W/W	北方各地区的各种数据中心均可
热管背板机组	采用热管技术以及贴近热源送风技术，提升回风温度，减少风机功率消耗	各种数据中心均可
定点制冷机组	采用热管技术以及贴近热源送风技术，提升回风温度，减少风机功率消耗	局部有热点的场合，气流组织不良的数据中心
模块化数据中心	气流组织：封闭冷通道，进行冷热气流隔离	各种数据中心均可
室外冷凝器二次冷却	改善室外机散热：采用水冷的方式进行二次散热，优化室外散热	炎热地区数据中心

随着科技的进步和电子技术的不断发展，IT 设备电子元器件的可靠性、耐热性得到了进一步提升，低耗能 CPU 系统也已涌现，使得 IT 设备对环境温度的苛刻要求得到进一步缓解，也为机房环境温度的提升创造了条件。因此，适当提高机柜进风温度，可以减少空调系统的能耗，同时针对单机柜功率较大的情况，大力推广液冷系统。

4. 提高水资源利用效率

提高供水温度。在冷机开启的时间段内，提高冷却水温度，不仅节省冷却塔风扇做功消耗的电量，而且还会使水蒸发量有所减少。在冬季板式换热器开启的时间段，提高冷冻水供水温度，使冷却水温度提升（板换开启后冷却水直接给冷冻水降温），蒸发量也有所减少。

提高冷却水浓缩倍数。冷却水做水处理加药，必定要配合排污来控制冷却水的浓缩倍数，从而控制冷却水中钙镁离子的含量，延缓管道及设备结垢。一般情况做水处理的厂商会建议 4 倍浓缩倍数，跟进每周检测补充水的电导率调整冷却水排污电导率设定值。由于冷却水排污量比较大，尝试逐步提升排污电导率设定，控制冷却水浓缩倍数在 5 倍左右。

提高反渗透进水水质及温度。适当增加反渗透膜的数量或提升进水水质，会提高产水量，减少废水排放。进水水温每提升 1℃，产水量会提升 2.5％～3.0％（以 25℃ 为标准）。

适当安排设备日常维护。数据中心有一项例行维护是冷却塔清洗，最初的清洗频次为每月一次，后来由于冷却水系统做了加药处理后，清洗频次修改为累计运行 2 个月后清洗，这样的安排更加合理，不仅节省了人力成本，也提高了数据中心用水效率。

废水污水处理二次利用。对数据中心排放的废水（冷却水排污、冷凝水、生活用水等）回收再利用。对于雨水充足地区可做雨水收集利用。

5. 提高可再生能源利用效率

数据中心的能耗问题已经引起了全球的广泛关注，对计算机系统可持续能力的设计已不可避免。虽然可再生能源具有间歇不稳定的特点，但是设计可再生能源驱动的数据中心除了可以降低数据中心的碳排放外还有许多其他的好处。

可再生能源发电是高度模块化的，可以逐渐增加发电容量来匹配负载的增长。如此，减小了数据中心因电力系统超额配置的损失，因为服务器负载需要很长一段时间才能增长到升级的配置容量。此外，可再生能源发电系统规划和建造的间隔时间（又称为筹建时间）要比传统的发电厂短很多，降低了投资和监管的风险。而且，可再生能源的价格和可用性相对平稳，使 IT 公司的长远规划变得简单。

6. 提高资源循环利用

数据中心每天都产生大量的废热，如果允许数据中心热源接入城市供热系统，可实现同时接收供热和向开放区域供热。使用专门用于热回收的热泵，热泵的冷凝器侧与区域供热系统进行热交换传递热量，而不是将其散发到外部空气中。

数据中心热回收可以以两种方式进行。其一是数据中心可以使用热泵生产自己的冷却，并在合适的温度下将多余的热量排入区域供热网络。其二是采用数据中心的多余热量通过回水管中被运送到生产工厂，在生产工厂中多余的热量进入大型集中式热泵的蒸发器侧，为区域供热网络供热。

24.2 数据中心节能政策

24.2.1 绿色数据中心国内政策环境

2012 年是中国绿色数据中心的元年，当年，工业和信息化部节能与综合利用司印发《工业节能"十二五"规划》，其中明确提出"重点推广绿色数据中心、绿色基站、绿色电源，统筹数据中心布局、服务器、空调等设备和管理软件应用，选址考虑能源和水源丰富的地区，利用自然冷源等降低能源消耗，选用高密度、高性能、低功耗主设备，积极稳妥引入虚拟化、云计算等新技术；优化机房的冷热气流布局，采用精确送风、热源快速冷却等措施。到 2015 年，数据中心 PUE（数据中心消耗的所有能源与 IT 负载消耗的能源之比）值下降 8％。"同年，节能与综合利用司印发《2012 年工业节能与综合利用工作要点》的通知，提出推动信息技术促进节能降耗。加强对信息技术推进节能减排工作的指导，深化信息技术推进企业节能减排，促进"两化"深度融合。组织研究绿色信息技术发展战略，推进绿色数据中心、绿色基站、绿色电源、绿色计算机评价标准的建立，加大现有通信设备节能技术改造，淘汰高耗能落后设备。

2013 年初，工业和信息化部、发展改革委、国土资源部、电监会、能源局印发《关于数据中心建设布局的指导意见》，促进数据中心选址统筹考虑资源和环境因素，积极稳妥引入虚拟化、海量数据存储等云计算新技术，推进资源集约利用，提升节能减排水平；出台适应新一代绿色数据中心要求的相关标准，优化机房的冷热气流布局，采用精确送风、热源快速冷却等措施，从机房建设、主设备选型等方面降低运营成本，确保新建大型数据中心的 PUE 值达到 1.5 以下，力争使改造后数据中心的 PUE 值下降到 2 以下。同年，工业和信息化部节能与综合利用司发布《工业和信息化部关于进一步加强通信业节能减排工作的指导意见》，提出统筹部署绿色数据中心建设，促进数据中心选址统筹考虑资源和环境因素，积极稳妥引入虚拟化、海量数据存储等云计算新技术，推进资源集约利用，提升节能减排水平；出台适应新一代绿色数据中心要求的相关标准，优化机房的冷热气流布局，采用精确送风、热源快速冷却等措施，从机房建设、主设备选型等方面降低运营成本，确保新建大型数据中心的 PUE 值达到 1.5 以下，力争使改造后数据中心的 PUE 值下降到 2 以下。

2015 年工业和信息化部、国管局、国家能源局联合下发了《国家绿色数据中心试点工作方案》。到 2017 年，围绕重点领域创建百个绿色数据中心试点，试点数据中心能效平均提高 8％以上；制定绿色数据中心相关国家标准 4 项，推广绿色数据中心先进适用技术、产品和运维管理最佳实践 40 项，制定绿色数据中心建设指南。

2015 年 5 月，国务院颁布的《中国制造 2025》中明确"积极引领新兴产业高起点绿色发展，大幅降低电子信息产品生产、使用能耗及限用物质含量，建设绿色数据中心和绿色基站，大力促进新材料、新能源、高端装备、生物产业绿色低碳发展"。

2016 年 6 月，为指导和规范绿色数据中心试点单位开展节能环保监测工作，确保试点创建有序开展。工业和信息化部办公厅印发《国家绿色数据中心试点工作方案》，同月，国管局公布的《公共机构节约能源资源"十三五"规划》指出，加强机房节能管理，建设机房能耗与环境计量监控系统，对数据中心机房运行状态及电能使用效率（PUE）、运行环境参数进行监控，提高数据中心节能管理水平。开展绿色数据中心试点，实施数据中心节能改造，改造后机房能耗平均降低 8％以上，平均 PUE 值达到 1.5 以下。组织实施中央国家机关 5000m^2 绿色数据中心机房改造。同年 7 月，工业和信息化部印发《工业绿色发展规划（2016—2020 年）》，明确提出要加快绿色数据中心建设；同年 12 月，国务院印发《"十三五"国家信息化规划》，规划指出积极推广节能减排新技术在信息通信行业的应用，加快推进数据中心、基站等高耗能信息载体的绿色节能改造。适度超前布局、集约部署云计算数据中心、内容分发网络、物联网设施，实现应用基础设施与宽带网络优化匹配、有效协同。支持采用可再生能源和节能减排技术建设绿色云计算数据中心。建立一批信息化合作项目库，支持网信企业积极参与"一带一路"沿线国家和地区的信息基础设施、重大信息系统和数据中心建设。

2017 年 1 月，国务院印发了《"十三五"节能减排综合工作方案》，方案指出，进一步推广云计算技术应用，新建大型云计算数据中心能源利用效率（PUE）值优于 1.5。支持技术装备和服务模式创新。打造一批节能环保产业基地，培育一批具有国际竞争力的大型节能环保企业。

2017年4月，工业和信息化部发布《关于加强"十三五"信息通信业节能减排工作的指导意见》，提出要创新推广绿色数据中心技术。推广绿色智能服务器、自然冷源、余热利用、分布式供能等先进技术和产品的应用，以及现有老旧数据中心节能改造典型应用，加快绿色数据中心建设；认真执行绿色数据中心相关标准，优化机房的油机配备、冷热气流布局，从机房建设、主设备选型等方面进一步降低能耗。进一步完善信息通信设备节能分级标准及绿色数据中心相关标准，充分发挥标准的引导和约束作用，加快构建信息通信业绿色供应链，有效支撑行业节能减排工作。同月，工业和信息化部编制印发了《云计算发展三年行动计划（2017—2019年）》，在发展目标方面从产业规模、行业应用、绿色节能、标准制定、企业发展、安全保障等方面，提出未来三年的总体目标。

2018年工业和信息化部、国管局和国家能源局三部门发布联合公告，总结推广国家绿色数据中心试点经验和做法，全面提升数据中心节能环保水平，经试点企业自评、各地工业和信息化主管部门初审、专家评审和公示等程序，工业和信息化部、国管局、国家能源局遴选出49家国家绿色数据中心。

2019年工业和信息化部、国管局和国家能源局联合颁布了《关于加强绿色数据中心建设的指导意见》，指导我国绿色数据中心建设，引导数据中心走绿色集约化的发展之路。

2020年3月召开的中共中央政治局常务委员会会议上，中央明确提出要加快5G网络、数据中心等新型基础设施建设进度。数据中心作为信息技术的重要基础设施被列入"新基建"中。

24.2.2 影响因素分析

1. 驱动因素分析

1）各行业对绿色数据中心的认可度提升

发展绿色离不开投入，人力的投入和资金、设备投入必不可少，这就要在投入和获取之间获得平衡，绿色发展可以为数据中心节省投资，同时发展绿色又要数据中心加大投资，两者之间要达到一个最佳的平衡状态，也不是一味去降低 PUE 就一定好，如果花费的代价过大，也许数据中心未来的运营都出问题，这样就得不偿失了。

在国家提倡节能减排的大环境下，生产制造、通信、互联网、公共机构、金融、能源等重点领域，应该积极响应，有序开展老旧数据中心绿色节能改造工作，同时也要考虑自身因素，因地制宜地去做绿色节能建设，找到适合自己绿色发展的道路。实际上，做绿色数据中心在数据中心设计之初考虑最佳，这时付出的成本最低，达到的绿色效果最好，所以新建的数据中心都非常重视绿色，在整个数据中心的设计过程中都会着重考虑绿色，建设新一代的绿色数据中心。

2）传统数据中心绿色化转型进入加速阶段

中国的数据中心行业还属于粗犷式发展期，新建的数据中心较多，但是随着数量和规模的上升，在5~8年之后，将会达到美国当前的发展状态，到时数据中心的业务主要以运维为主，而不是建设。当前中国数据中心建成后，电费占运维总成本的60%~70%，而空调所用电费在其中占40%左右。在纯产品的角度上看，机房精密空调为主要的节能方向之一。

随着中国信息化社会的快速推进，以及云计算、物联网等产业的崛起，需要节能改造的数据中心日益增多。2015 年，中国数据中心节能改造规模在 30 亿元左右，但是未来 3 年，节能改造的规模快速增长，预计 2018 年将增长到 85 亿元。

综合来看，传统能源资源利用效率较低的数据中心将开展绿色节能改造工作，重点优化设备布局、外围护结构（密封、遮阳、保温等）、供配电方式、制冷架构以及各系统的智能运行策略，提升单机柜功率密度。对改造工程进行绿色测评，测评结果纳入竣工验收范围。既有大型、超大型数据中心应力争通过改造使电能使用效率值不高于 1.8。

3）环境保护理念在国家层面得到认可

在数据中心中为了业务和信息的处理要求，IT 关键设备通常需要 24×7 的运行。而 IT 关键设备的运行需要配置和消耗大量的电能，并产生大量的热量。为保证 IT 关键设备在规定的环境要求范围内正常运行，需要通过空调设备的运行，来维持 IT 关键设备对温度和湿度等的环境要求。此时，空调设备也消耗了大量的电能。同时，数据中心被构建在一个建筑物内，采用的构筑材料以及围护结构的热工性能，也对数据中心的环境产生直接影响。

而数据中心就其特征而言，是紧密关联建筑和 IT 这两大领域的。广义的绿色数据中心是"绿色建筑＋绿色 IT 及其范围的延伸"，狭义的绿色数据中心是"绿色 IT＋绿色 IT 及其范围的延伸"。绿色数据中心的环保理念逐步得到国家和各级政府的认可与支持。

2. 阻碍因素分析

1）技术型人才短缺普遍存在

在数据中心行业中，很多经验丰富的员工即将面临退休，并且其数量每四年翻一番，因此数据中心运营商面临专业人员紧缺和配置问题越来越严重。

当前招募和保留数据中心的专业人员配备并不容易，而且将会越来越困难。这是因为数据中心的人员配置需求非常复杂，需要配备电力供应、可靠冷却、网络连接等专业人员，以使数据中心保持其应有的性能，使数据处理和运行流畅。

即使数据中心运营商为了解决员工短缺的问题，积极推广和采用最新技术（从 DCIM 解决方案到人工智能、超融合系统）来帮助数据中心将员工的需求降至最低，但并不能解决根本问题，因为无论数据中心的自动化到何种程度，企业对数据中心人员需求都不会很快消失。

2）能效管控平台尚不完善

数据中心节能工作是跨学科、多领域的技术创新工程和跨部门、多行业的标准化推进工程，涉及服务器、存储、供配电、新风制冷、安全、运维、物理结构、装修装饰、软件设计、集成、管理等多种学科和行业。要改变当前耗能大、技术落后和无专门机构管理和参与的局面，就需要在政府及信息产业主管部门支持下，在新产品应用、新技术研究、新标准制定与推广、产业政策环境等方面加以引导及协调。

同时最为有效并且迫切的方式是设立数据中心能耗管控平台，如图 24-3 所示。针对已建、新建、改扩建、节能改造的数据中心安装整体的能耗监测软件，和国家数据中心能耗管控平台相对接，可以时时掌握数据中心能耗情况，以便制定相应的政策和监管措施。利用能耗管控平台，每年例行对数据中心能效进行评价和监测。规模以上的数据中心需要每年进行例行性的能效评价，需要第三方专业机构的安全性排查和能效提升建议，力争五年内减少总能耗的 15％以上。

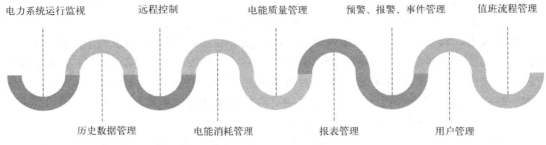

电力系统运行监视　　　远程控制　　　电能质量管理　　　预警、报警、事件管理　　　值班流程管理

历史数据管理　　　电能消耗管理　　　报表管理　　　用户管理

图 24-3　数据中心能耗管控平台功能

3）数据中心能耗超标预警机制不健全

（1）建立健全能耗统计指标体系

相关部门要建立与用户的能源统计核算系统，制定与节能降耗工作相适应的能源统计制度，做好数据中心的能源消费、流通的统计工作，客观、真实、准确地反映能源消耗状况。要加强能源统计业务建设，充分利用现代信息技术，加快建立安全、灵活、高效的能源数据采集、传输、加工、存储和管控等一体化的能源统计信息系统。各数据中心使用单位要从仪器、仪表配置，能耗数据收集、传输、反馈等基础工作入手，全面加强能源利用的计量、记录和统计工作，依法履行统计义务，如实提供统计资料。各有关部门定期要对重点用能数据中心企业进行一次能源统计。

（2）建立健全能耗监测体系

相关部门要在加强数据中心能耗各项指标统计的同时，加快能耗监测体系建设，全面监测能耗指标数据质量，确保各项指标真实、准确。加快建立重点数据中心用能企业能耗统计数据网上直报系统，实行对重点数据中心用能企业用能情况的在线监测。积极开展能源审计、能源平衡和能源利用监测工作，深入研究能耗指标与有关经济指标的关系，科学设置监测指标体系。各级统计部门要建立统一科学的定期数据中心能源消费总量和单位GDP 能耗核算制度，制定反映当地数据中心特点的能耗数据质量评估办法。

（3）制定科学合理的目标体系

要层层分解节能降耗目标，签订节能目标责任书，把各项节能目标落实到重点用能企业的身上。对各级用能企业主要下达万元 GDP 能耗、规模以上数据中心企业万元增加值能耗、万元 GDP 电耗、万元 GDP 取水量、规模以上数据中心企业万元增加值取水量及其降低率指标，对重点用能企业主要下达节能量、单位产值综合能耗降低率指标，并将其作为考核指标及预警基础指标。要根据年度节能目标完成情况，及时制定从严控制重点用能企业节能降耗指标的意见，确保按计划完成节能目标。

（4）加强预测预警工作

相关部门要定期分析当地重点企业数据中心节能降耗进展情况，及时预测节能降耗主要指标的完成情况。对预测不能按计划完成目标的，要及时向有关单位发出预警信号，并帮助其分析原因，查找薄弱环节，制定工作措施。要重点加强对能耗总量大、单位能耗高的县、区以及高耗能数据中心的监控，确保其单位能耗持续下降，确保能耗总量增幅与经济指标增幅相协调。要全面了解和掌握资源循环利用、新能源和可再生能源的利用情况，以及重点节能改造工程建设、落后数据中心淘汰情况，加强对区域经济社会发展的综合分析研究，发现异常，及时预警。定期对管辖内重点用能企业节能降耗工作进行专项督查，对发现的问题，及时下达整改意见，并限期整改。对节能成效不明显、可能影响节能目标实现的，要给予警告。

（5）积极做好预警后处理工作

相关部门接到预警信号和限期整改意见后，要及时制定切实可行的整改措施，并落实到位。要结合当地实际，尽快制定节能降耗目标落实应急预案，一旦预测不能按计划完成年度、季度、月度目标，要采取果断措施，立即启动应急预案，确保按计划实现节能降耗目标。要加强监督检查，对拒不执行预警指令的单位，要按有关规定采取必要措施，并对有关责任人进行处理。

4）碳交易系统良好运转

制定碳排放交易系统（ETS）的基础是准确的减排量核算，"十二五"期间，中国加强碳排放交易机构和第三方核证机构资质审核，严格审批条件和程序，加强监督管理和能力建设，在试点地区建立碳排放权交易登记注册系统、交易平台和监管核证制度。ETS是建立在温室气体减排量基础上将排放权作为商品流通的交易市场。建立ETS有助于利用市场机制更有效地配置资源、控制温室气体排放。ETS的建立还将有助于碳排放权金融化。

随着"十二五"期间加强控制温室气体排放，中国已经逐步建立自己的碳排放交易系统。"十二五"期间已建立自愿减排交易管理办法，确立自愿减排交易机制的基本管理框架、交易流程和监管办法，建立交易登记注册系统和信息发布制度，开展自愿减排交易活动。

24.2.3　节能政策建议

针对我国绿色数据中心节能政策，本节从以下五方面提出建议。

一是增强政府对行业发展的引导作用。建立企业信息库，便于和监管平台进行联动，便于指导企业利用节能新技术，让企业尽早了解节能政策，专项补贴等对企业有利的信息。同时也便于对改造前和改造后进行综合对比，了解改造的实际情况和运行效果。同时通过和企业进行良好互动，企业可以及时在信息库内直接申报改造信息，节省申报时间，加快申报速度，管控申报流程。

节能改造试点是数据中心技术推广工作中的必然要求。因为节能改造过程对数据中心的安全性和可靠性造成一定的风险，要想数据中心企业欣然接受，就应该做好风险的控制工作，但是受产品和工程的影响，这种风险不可能完全控制。所以，针对这种情况，做好节能改造试点工作才是对数据中心节能技术推广的有效尝试，同时也是做好节能技术推广工作的基础。

二是深入开展绿色数据中心测评工作。建立健全绿色数据中心及相关技术产品测评机制和评价指标体系，探索形成公开透明的测评结果发布渠道。鼓励数据中心选择相关机构开展绿色评测，并以此为依据开展有实效的绿色技术改造和优化运维。

充分发挥第三方服务机构的绿色服务作用，提供检测、评价、认证、培训等服务，为绿色新技术、新产品、新政策、新标准的研究制定和应用建言献策，助力数据中心绿色发展。推动开展第三方服务机构成熟度评价。

三是产学研合作促进绿色数据中心关键技术发展。中国为抢占新一轮数据中心产业发展的制高点，需要通过对数据中心最新理念和技术进行深入研究，通过对数据中心设计、设备、实施和使用等几个方面进行综合性研究与推进。而这些工作单靠一家或几家企业很难完成，迫切需要集中骨干企业和研发机构，尽快开展数据中心领域前沿技术的研究与推广。但是现在数据中心企业规模小，研究机构力量分散，各类标准严重滞后，研发成果无法共享，单一企业在人力和研发投入上都无法与国际巨头抗衡。

针对现阶段我国数据中心产业的劣势，推动构建产学研用、上下游协同的绿色数据中心技术创新体系。鼓励数据中心行业龙头骨干企业加强与高等院校、科研院所、行业组织、典型数据中心用户等机构合作，推动形成产业发展集群，引导各方沿产业链协同创新，实现技术产品精准研发、生产、应用。促进绿色数据中心关键技术发展，产学研合作主要在于节能技术验证、节能产品评价、节能评级等方面，培养和挖掘真正意义的数据中心节能减排新技术、好技术，让科技快速转化成生产力。产学研合作将起到对产业创新支撑的重要作用，同时也将培养企业推动行业持续的创新能力。

加快绿色数据中心共性和关键技术研发，重点攻克高效 IT 设备、高能效制冷设备、高效率供配电系统、分布式可再生能源应用、废旧电池无害化处理、节水与水资源综合利用、废弃物资源化、仿真模拟热管理等方面的技术，加强绿色数据中心相关产品、系统技术标准规范研究。

四是重视解决数据中心人才储备不足问题。加快培养绿色数据中心规划设计、建设施工、测试验证、运维管理等方向专业技术人才。鼓励高等院校、科研院所、大型企业、教育培训机构等与数据中心单位合作开展人才培养工作。积极汇集行业领域专家，建设和管理专家库，充分发挥院士专家团队在绿色数据建设过程中决策建议、专业咨询、理论指导等积极作用。

针对数据中心领域结构性人才紧缺现状，开展相关的人员培训，培养大量高端人才和创新团队。为了解决这类问题，就需要融合，数据中心不断合并，技术人才不断汇集，这样才能发挥出巨大的力量。所以数据中心的人才并不少，而是数据中心之间太过封闭，很多技术无法共享，导致相同的技术人才要在不同的数据中心里都要拥有，这必然造成了同类技术人才的缺乏。未来随着数据中心数量逐渐减少，逐渐出现一些超大规模的数据中心，人才短缺的问题将迎刃而解。

五是完善绿色数据中心标准体系的建立和推广。数据中心是一整套复杂的设施，它不仅仅包括计算机系统（例如服务器、系统软件等）和其他与之配套的设备（例如通信和存储系统等），还包含冗余的数据通信连接、供配电及制冷设备、监控设备以及各种安全装置。

首先分析数据中心生命周期各阶段的标准化需求，跟踪和借鉴国际先进标准和评价方法，完善绿色数据标准体系及关键标准研制，发挥标准化工作对绿色数据中心建设的重要支持作用。加快绿色数据中心重点标准研制与推广。结合数据中心产业发展需求，加快绿色数据中心相关标准研制，推动国家标准在能源、生产制造、金融财税、公共机构等领域的应用；在已有评价标准的基础上，制定完善且涵盖节能、节水、低碳、运维管理办法等绿色指标的评估和评价方法。加强国家标准、地方标准和团体标准等各类标准之间的衔接配套。积极参与绿色数据中心国际标准化工作。加强我国数据中心标准化组织与相关国际组织的交流合作。组织我国产学研用资源，加快国际标准提案的推进工作。支持相关单位参与国际标准化工作并承担相关职务，承办国际标准化活动，扩大国际影响。

针对当前数据中心节能标准不完善现状，尽快启动制定能耗等级、节能设计、节能运维等标准。提高对数据中心节能减排工作重要性和紧迫性的认识，坚持把节能减排作为调结构转方式的重要抓手，抓好数据中心节能减排重大科技研发和推广应用，加强企业节能减排技术改造和重点领域节能减排，强化目标责任加强监督执法，综合运用市场法律标准手段推进节能减排等。研究并提出加强和改进的工作意见，要求全面、针对性较强，采取的措施具体可行。出台以上标准的意义如下：

节能设计标准。通过对不同行业数据中心能耗和效率的研究和检测，得出当前的主要节能方法、当前能耗现状、未来节能发展趋势、节能的主要方向等，形成具有指导意义的数据中心绿色节能设计标准。

能效等级标准。形成不同行业的数据中心能耗的采集平台，对比不同行业数据中心能耗现状和趋势，制定地方数据中心能耗等级认定标准，为市内数据中心提高能效提供有效参考，为数据中心节能降耗提供指标评价。

节能运维标准。建立数据中心能耗的检测标准流程，梳理当前国际和国内的主要检测方法，形成具有指导意义的通用数据中心节能运维标准，指导当前企业在已经运行数据中心的正确、高效的运营下，取得较好的可靠性和节能性。

24.3　数据中心标准体系框架

24.3.1　数据中心资源利用标准化的意义

任何领域的标准化工作都具有其自身的特点和规律，通过确立某一领域的标准体系而开展的标准化工作，是使该领域的标准化工作系统化和科学化的有效方法，因此编制标准体系是标准化的一项基础性科研工作。编制数据中心能效标准体系就是在应用系统科学的理论和科学方法的基础上，运用标准化的工作原理，先充分筛选出涉及数据中心能标准的全部项目内容，再在标准体系的内在联系上进行统一、简化、协调和优化等的合理安排，使其达到科学的最佳秩序。研究数据中心能效标准体系的意义有以下几点：

1. 确定数据中心资源利用标准化工作的整体框架和未来发展方向

研究编制数据中心能效标准体系，可以全面了解国内外数据中心能效标准的发展状况，分析未来标准发展趋势，明确数据中心能效标准体系的结构及组成，为今后的数据中心能效标准的发展方向、工作重点奠定基础，并为数据中心能效标准化规划提供重要的依据。

2. 为全面修订和逐步制定数据中心能效标准带来指导和可供借鉴的经验

数据中心资源利用标准体系的确定，反映数据中心能效能源效率的整体状况和全貌，通过研究和编制标准体系，能够全面了解我国目前相关标准的现状及与国际标准的差距，进一步完善我国的数据中心能效标准，填补一些空白，更好地促进信息技术发展，使信息

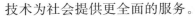

技术为社会提供更全面的服务。

3. 指导数据中心资源相关标准制、修订计划的编制

由于标准体系反映了全局，找出了与国际的差距和自己体系中的空白处，因此，可以做到有目的地抓住主攻方向，安排好轻重缓急，避免计划的盲目性，减少重复劳动，节省人力、物力、财力，加快标准的制定速度。

4. 有助于新产品生产科研和其他科研工作

过程的任一环节都有一系列相应标准需要执行，而生产、科研人员对这些标准往往不太清楚。因此，如果及时地向他们提供一个能反映全局而又一目了然的标准体系表，则是很受欢迎的。标准体系表不但列出了现有标准，而且还有今后要发展的以及相应的国际先进标准，这对生产科研人员在采用或参照国际先进等标准试制新产品是很有利的。

标准化是维护服务对象权益，提升技术水平、管理水平与服务质量的重要技术手段。开展数据中心能效标准体系研究，建立科学合理的数据中心能效标准体系，全面梳理规范数据中心能效发展所需要的标准制、修订项目，是推进行业标准化建设的基础性工作和必要前提。

24.3.2 数据中心能效标准化建设现状及特点

目前，无论国际标准化组织还是发达国家标准化组织都在数据中心能效领域进行着积极的探索，这将为我国开展数据中心能效标准化建设工作提供宝贵的经验借鉴。

1. 国际数据中心资源利用标准化建设现状

作为目前世界上最大、最权威的国际标准化专门机构，国际标准化组织（以下简称"ISO/IEC"）的主要活动是制定国际标准，协调世界范围的标准化建设工作，组织各成员国和技术委员会进行信息交流，以及与其他国际组织共同研究有关标准化问题。

与电子业、通信业或其他行业标准化领域相比，数据中心能效是 ISO/IEC 工作的新兴领域，因此标准数量相对较少。ISO 目前共发起研制了 8 项数据中心资源利用国际标准，主要涉及电能在数据中心内的使用效率，以及如何制定评价数据中心对资源利用情况的关键性能指标。

随着国际数据中心能效标准化的快速发展，作为信息技术与可持续发展标准化建设工作的一个重要领域，数据中心能效国际标准化已经受到越来越多的重视，一批具有全球影响力的数据中心能效国际标准也将在不远的未来研制、发布。

ISO/IEC 标准作为全球范围内普遍通用的标准，具有广泛的普适性，与国家或行业标准相比，所提出的要求原则性较强。我国应在 ISO/IEC 标准基础和框架内，研究制定符合我国数据中心能效发展实际、满足我国数据中心能效标准化现实需求的国家与行业标准，指导有能力的地方和企业积极开展体现本地区、本企业特点的数据中心能效标准制、修订工作，形成国行地企联盟多级标准联动的数据中心能效标准化工作框架。

长期以来，以英国、德国、法国、荷兰等国为代表的欧盟国家非常重视数据中心能效，对"绿色"数据中心建设投入巨大。然而，伴随着经济社会对数据依赖的程度不断提高和数据中心的数量、建设规模不断提高，欧盟的数据中心高能耗问题日益严峻，在经历了债务危机的打击后，公共财政及企业财政难以负担逐渐庞大的数据中心能源支出，欧盟开始对数据中心建设体系进行改革，围绕大型数据中心向能源富集地区迁移、向气候适宜地区迁移，积极利用新一代的绿色节能环保技术，完善数据中心的运作模式，提出区域性的建设策略等方面出台政策措施，以求缓解能源问题对数据中心的挑战，促使信息技术的发展更具可持续性。

在 20 世纪初，欧盟的部分成员国就已经进入数据中心的蓬勃发展期。作为世界上经济发达地区之一，政府信息、互联网数据、金融交易数据激增，促使政府及商业数据中心进入蓬勃发展期，大型和小型数据中心均加速建设。欧洲的标准化机构［主要包括欧洲标准化委员会（以下简称"CEN"）、欧洲电工标准化委员会、欧洲电信标准协会、欧洲各国的国家标准机构以及一些行业和协会标准团体］在数据中心能效标准化方面开展了许多工作，在 CEN 内部成立了一个绿色数据中心协调工作组开展相关工作。

虽然国情相差甚远，数据中心能效的发展亦差别较大，但欧盟与我国同样面临着能源成本提高趋势加剧、数据中心能耗负担日益庞大的巨大挑战。面对挑战，欧盟选择了将数据中心能效标准化工作与其他数据中心能效调整或扶持政策紧密结合的工作路径。事实证明，这样的多管齐下，确实收到了良好效果，相关经验值得面对同样难题的我国学习、借鉴。

2. 国外数据中心资源利用标准化建设现状

1）国家层面数据中心能效标准和法规

（1）美国环保部（EPA）能源之星项目

能源之星项目是国际知名的以推动节能为目标的标准认证项目，它通过制定产品能效标准，结合实施能源之星标识，为用户选择高能效的产品提供支持，在推动节能减排方面成绩卓著。

通过针对数百家数据中心能耗数据的收集，基于业界广泛认可的 PUE（Power Usage Effectiveness）评价指标，EPA 建立了一个交互式的能效管理评估工具，形成一个 $1\sim100$ 的分数评价体系。在这个评价体系中，得分为 75 的数据中心是指比其他所有 75% 的数据中心能效更高。如果某个数据中心的能效水平能够达到最高的 25%（75 分），就可以获得颁发的能源之星的认证。获得能源之星认证的数据中心可以得到更多的政策鼓励和支持。

（2）美国国家数据中心能效信息项目

美国环保部和能源部在制定数据中心能效标准和法规方面都有明确的计划，为了防止技术方向上的矛盾和冲突，需要建立协调机制。为了协调美国环保部能源之星项目（EPA）、美国能源部工业技术项目立即节能倡议（DOE industrial technologies program save energy now initiative）和美国能源部联邦能源管理项目（DOE federal energy management program）在数据中心能效标准上的工作，美国环保部和能源部共同发起了"国家数据中心能效信息项目"。

2015 年 1 月，在"国家数据中心能效信息项目"框架下，8 个领先的数据中心专业协会在美国华盛顿召开了数据中心能效评价标准的会议，希望能够共同制定数据中心能效评价标准，以便推动提高数据中心能效，减少能源消耗。在此次会议上，确定了数据中心能效标准的原则，即：

① PUE 作为评价数据中心能效的基础指标。

② 计算 PUE 的时候，可以利用在 UPS（uninterruptible power supply）输出端测量

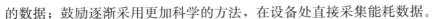

的数据；鼓励逐渐采用更加科学的方法，在设备处直接采集能耗数据。

③ *PUE* 计算时的能耗应当包括数据中心使用的各种能源，以及各种耗能设施，包括 IT 设施、制冷、照明以及其他基础设施。

在以上原则之外，本项目还提出了如何测量专用数据中心和多用途数据中心 *PUE* 值的方法。

不仅如此，"国家数据中心能效信息项目"还致力于推动国家数据中心能效标准合作。项目定期召开会议，邀请来自美国、欧洲和日本的数据中心专家，以协调统一数据中心能效评价指标集合和 *PUE* 测量方法，共同开发更合理的能效评价指标。

在以上标准化工作的基础上，美国能源部与劳伦斯伯克利实验室合作开展能效工程师的培训和认证工作，成立数据中心能源实践者项目（Data Center Energy Practitioner，DCEP）。项目的目的是培养数据中心能效专家。2016 年，项目计划培养至少 200 个能效工程师。获证工程师必须通过考试，并且每 3 年重新认证一次。通过该项目的人员必须具有以下能力：

① 能够识别和评估数据中心提高能效的机会。

② 熟练应用 DOE 的数据中心能效管理软件工具。

③ 发现电力系统、供热通风与空气调节、信息技术管理以及现场发电。

④ 数据中心能效评估。

（3）欧盟数据中心行为规范

欧盟在气候变化立法方面是全球的领导者，大型的碳排放设施已经被碳排放限值和贸易规则所限制，例如，英国已经将气候变化制定成正式法规。据统计，数据中心能耗占到英国电力使用的 3%。而英国政府要求到 2050 年，全国温室气体排放减少 80%。因此，提高数据中心能效已经成为欧盟国家紧迫的任务。

欧盟数据中心行为规范是在欧盟主导下，由包括英国计算机协会、AMD、APC、Dell、Fujitsu、Gartner、HP、IBM、Intel 等公司共同发起以提高数据中心能效为目的的项目。欧盟数据中心行为规范项目主要针对小型数据中心开发出减少整体能耗和碳排放的解决方案，要求遵循行为规范的数据中心必须实施节能最佳实践方案，满足采购标准，同时每年报告能耗。对于数据中心的设备提供商，为了符合行为规范，需要开发和使用高能效的服务器和低功耗的 CPU，从而保证在降低能耗的情况下，具有相同的处理能力。项目鼓励必须采用软件，特别是虚拟化的方法来管理能耗，提高服务器的使用率。

（4）新加坡绿色数据中心标准

新加坡政府发布了"新加坡绿色数据中心标准——能源与环境管理系统标准"，由新加坡国家标准化局 SPRING 和新加坡信息通信发展局共同开发。在标准发布的声明中，新加坡政府指出，调查显示新加坡最大的 10 个数据中心的耗电量相当于 13 万家庭用户的用电量，而且据 BroadGroup 预测，从 2015—2020 年，新加坡的数据中心数量将会增长 50%。而本标准将有利于缓解数据中心增长带来的用电压力。

2）企业联盟数据中心能效标准项目

（1）绿色网格组织

在制定数据中心能效标准方面，绿色网格组织（The Green Grid，TGG）是一个最有影响的组织，很多现存的标准都引用 TGG 开发出的技术指标。TGG 是一个由信息技术设备厂商组成的、以提高数据中心能效为目的的协会。到目前为止，TGG 已经成功开发了包括 PUE、数据中心架构效率（Data Center Infrastructure Efficiency，DCIE）、碳利用效率（Carbon Usage Effectiveness，CUE）和水利用效率（Water Usage Effectiveness，WUE）等多个广泛使用的与数据中心相关的效率指标，用以全方位支持数据中心拥有者评价和比较效率，并为提高效率提供技术方案。在建立指标体系的基础上，TGG 还开发了数据中心成熟度模型（Data Center Maturity Model，DC. MM），涉及电源、制冷、计算、存储和网络等方面，帮助用户评估当前数据中心的能效和成熟度，并为下一步提高能效，增强可持续性提供指导。

（2）美国绿色建筑协会

美国绿色建筑协会（U. S. Green Building Council，USGBC）是致力于倡导绿色建筑的企业协会，其开发的 LEED（Leadership in Energy and Environmental Design）绿色建筑认证已经成为评估建筑节能的重要指标。2010 年 11 月，USGBC 发布了名称为《建筑设计与建设》的新版 LEED 评估系统草案，其中包括了对于数据中心的能源管理的要求。

虽然数据中心与普通建筑有很大的差异，业界对于 USGBC 涉足数据中心也有不同的看法，但是 LEED 认证向数据中心的延伸将为数据中心节能带来新的要求和挑战。

（3）美国供暖、制冷与空调工程师学会

美国供暖、制冷与空调工程师学会（American Society of Heating，Refrigerating and Air-conditioning Engineers，ASHRAE）是以促进建筑加热、通风、空调和制冷等方面科学技术的发展为目标的国际组织。作为技术专家，ASHRAE 于 2011 年 2 月发布了"数据中心绿色技巧"，提供了节能和节水战略技巧，为数据中心的运营者、工程师和咨询师提供帮助。"数据中心绿色技巧"虽然还不是标准，但是为提供统一的工程、技术规范、方法、过程和实践提供很好的借鉴。

（4）欧洲 FIT4Green 组织

作为欧盟第七框架计划支持的项目，FIT4Green 组织倡导信息技术设备本身对能耗的敏感性，推动采用虚拟化、集群以及自动化计划提高数据中心的灵活性，并提倡通过操作优化提高数据中心能源效率，同时将环境影响作为数据中心服务等级协议（Service Level Agreements）的重要指标。

3. 国外数据中心资源利用标准化发展特点

1）数据中心能效标准化建设步伐加快

相较其他领域的标准化建设工作而言，数据中心能效标准化建设工作起步较晚，在国家层面，世界各国数据中心能效国家标准数量较少，在国际层面，刚刚成立专门的数据中心能效标准化技术组织。随着全球可持续发展时代的来临，对数据中心能效国际标准的呼声日益强烈，发达国家都在不断加强数据中心能效标准体系建设，数据中心能效标准化也已成为国际标准化建设工作的重要领域之一。

2）数据中心相关标准中的能效要素日益凸显

能效是无形的，具有区别于产品的特殊属性，因此能效标准与产品标准有所区别。目前，国外现有的与数据中心相关的标准主要集中于技术、安全以及考虑特殊需求等方面。随着节能标准化的不断发展，各国都已围绕节能服务提供者、设施设备、环境、人员、节能服务交付等方面逐渐开展了标准化研究与标准制定，能效要素在数据中心标准中的比重正在逐渐提升。

3）能效认证与数据中心能效标准制定工作协调开展

制定数据中心能效标准不是目的，通过标准的有效实施，规范数据中心有序发展、使信息技术能够支持社会可持续发展是数据中心能效标准化建设工作的出发点和落脚点。目前，美国、英国等国家在开展数据中心能效标准制定、实施工作的同时，已经依据标准广泛开展了绿色数据中心的认证工作，以此来推动数据中心的绿色发展。随着数据中心能效标准化建设工作的深入开展，数据中心能效认证已成为数据中心能效标准化建设工作的不可缺少的一部分。

4）国外先进数据中心标准互相采用

通过调研分析国外数据中心能效相关标准时可以发现：一些数据中心能效相关标准是由国际标准或国外先进标准转化为国家标准的。这种转化的范围目前主要集中在基础标准中，标准内容主要涉及的是技术层面的规定。随着数据中心标准化建设工作的深入开展，国际层面制定的数据中心能效标准已被许多国家所采用，同时一些国家制定先进的数据中心能效标准亦已被其他国家所采用。

4. 我国数据中心资源利用标准化建设现状

信息技术的革新在极大地改变世界的同时，也在推动中国社会从重工业为主的经济模式转变为新一代信息技术发展模式，其中涉及云计算、物联网等新兴技术领域。作为信息技术的重要基础设施，数据中心的发展迎来了爆炸式增长，以应对在经济和科技等领域的大量信息交换的需求。这些数据中心在运行和维护的过程中消耗了大量的能源；同时为保护系统功能正常运行，数据中心使用了耗能巨大的空调制冷系统、防火系统、备用电源系统和安全系统等。全世界数据中心能量因此剧增，造成全球能源消耗、温室气体排放的巨大负担。

数据中心的扩张同样发生在中国。不仅是信息技术企业，经济、贸易、医疗，甚至零售商都在经历着巨量商业信息爆炸的危机，可靠性和节能技术成为数据中心用户最重要的挑战。互联网用户巨幅的增长无疑加剧了我国数据中心对能源的需求，迅速增长的需求将极大刺激发电厂燃煤的消耗和温室气体排放。

近年来，在政府的高度重视下，我国数据中心取得了长足发展。数据中心数量不断增加，服务规模不断扩大；基础设施得到进一步改善，相关业务逐步拓展。在中国数据中心数量激增的同时，对于数据中心能效的评价和优化开始逐步成为数据中心用户设计和运行的主要考虑部分。目前我国开始建立用于评估数据中心能效的体系，也在逐步普及提高数据中心能效的基础设施，开始推动中国数据中心能效管理方面的标准制定、最佳实践试点与示范的建立、开展培训和推广新型节能技术产品的应用。

但是，与我国日益增长的现实需求和发达国家现状相比，我国数据中心能效仍处于起步阶段，还存在着与新形势、新任务、新需求不相适应的地方，主要表现在：缺乏统筹规划，体系建设缺乏连续性；高能效数据中心严重不足，能源供需矛盾突出；基础设施陈旧、能效低，难以安全、可靠、高能效地服务 IT；布局不合理，区域之间发展不平衡；运维队伍专业化程度不高；服务规范、行业自律和市场监管有待加强等。

作为实现数据中心高能效科学发展的重要途径，数据中心能效标准化建设工作受到了党中央、国务院的高度重视。2011 年出台的"十二五"规划对全面提高信息化水平提出了明确要求，强调推动信息化和工业化深度融合，加快经济社会各领域信息化，并明确指出"培育和发展战略新兴产业"，大力发展"新一代信息技术产业"。数据中心作为行业信息化的重要载体，提供信息数据存储和信息系统运行平台支撑，是推进新一代信息技术产业发展的关键资源，信息化产业的发展将极大地促进数据中心的市场需求。此外，信息技术产业网络化、平台化、服务化的趋势愈加明显，对大规模、高性能的数据中心需求愈加迫切，也推动了数据中心建设与服务需求的大幅增加。数据中心领域的技术创新与节能工作刻不容缓，《工业节能"十二五"规划》中明确指出，到 2015 年，数据中心 PUE 值需下降 8%。数据中心技术创新及运维水平的整体提高将为整个社会的发展带来重要意义。《通信业"十二五"发展规划》要求"引导新建的大型数据中心合理布局。建立完善绿色数据中心标准体系，引导企业降低运营能耗。鼓励采用虚拟化、海量数据存储等云计算技术建设绿色数据中心。推动采用精确送风、热源快速冷却等措施，优化数据中心机房的冷热气流布局。" 2019 年工业和信息化部、国管局、国家能源局联合颁布了《关于加强绿色数据中心建设的指导意见》，对数据中心绿色化建设中的能源综合利用提出了具体要求。指导数据中心建立绿色管理体系，明确节能、可再生能源利用、能源综合利用等方面发展目标。要求"建立能源资源信息化管控系统，强化对电能使用效率值等绿色指标的设置和管理，并对能源资源消耗进行实时分析和智能化调控，力争实现机械制冷与自然冷源高效协同"。同年，工业和信息化部将数据中心纳入工业节能监测工作中，开展数据中心能效专项监察。这些都显示了国家及全社会对数据中心能源利用问题的关注。

24.3.3　数据中心资源利用标准体系构建

数据中心能效标准体系是通过运用系统管理的原理和方法，对数据中心能效发展中相互关联、相互作用的标准化要素进行识别和搭建形成的有机整体，是标准级别、标准分布领域和标准类别相配套的协调统一体系。

1. 构建依据

1）法律法规

（1）《中华人民共和国标准化法》。

（2）《中华人民共和国节约能源法》。

（3）《公共机构节能条例》。

2）国家、部门规范性文件

（1）《国务院关于加快发展节能环保产业的意见》。

（2）《关于数据中心建设布局的指导意见》。

（3）《关于加快发展节能环保产业的意见》。

（4）《关于开展中央国家机关数据中心机房能耗计量和统计工作的通知》。

（5）《关于促进云计算创新发展培育信息产业新业态的意见》。

3）相关规划及标准

（1）《公共机构节能"十三五"规划》。

（2）《工业节能"十三五"规划》。

（3）《通信业"十三五"发展规划》。

（4）《宽带网络基础设施"十三五"规划》。

（5）《关于进一步加强通信业节能减排工作的指导意见》。

（6）《关于促进云计算创新发展培育信息产业新业态的意见》。

（7）《国家绿色数据中心试点工作方案》。

（8）《标准体系构建原则和要求》GB/T 13016—2018。

2. 构建原则

1）全面系统，重点突出

立足数据中心能效各业务领域，把握当前和今后一个时期内数据中心能效标准化建设工作的重点任务，确保数据中心能效标准体系的结构完整和重点突出。

2）层次清晰，避免交叉

基于对数据中心能效的科学分类，按照体系协调、职责明确、管理有序的原则编制数据中心能效标准体系，确保总体系与子体系之间、各子体系之间、标准之间的相互协调，避免交叉与重复。

3）开放兼容，动态优化

保持标准体系的开放性和可扩充性，为新的标准项目预留空间，同时结合数据中心能效的发展形势需求，定期对标准体系进行修改完善，提高数据中心能效标准体系的适用性。

4）基于现实，适度超前

立足数据中心能效对于标准化的现实需求，分析未来发展趋势，建立适度超前、具有可操作性的标准体系。

3. 构建方法及特性

本书主要采用过程法和分类法相结合的方法，通过对数据中心能效标准化对象进行分析研究，形成一整套数据中心能效标准体系开发方法，共同构建数据中心能效标准体系。

编制数据中心能效标准体系需要深入了解数据中心的能耗现状及行业动态，研究现有数据中心能效标准的实施情况以及国外的发展情况，认真分析国外先进国家的相关标准和有关资料，结合我国的实际，以此为基础并利用科学的方法编制我国的数据中心能效标准体系。

标准体系主要是采用体系表的方式表达，将能效标准体系内的标准按一定形式排列起来的图表。它能直观、形象地概括标准体系的局部和全貌，清楚地表明标准所属的层次和机构、当前标准的齐全与轻重缓急程度以及今后制定标准的清单。编制数据中心能效标准体系需要深入研究国内数据中心行业经济、科学、技术及其管理的发展动态，并对国际国外先进的相关标准和有关资料进行认真细致地分析。构建形成的标准体系，应具备以下特性：

1）科学性

科学性是标准化的基本原则，它是保障技术系统安全、可靠、稳定运行的基础。标准体系中的层次不能简单地以行政的划分为依据，而首先应该贯彻科学性的基本原则，必须以数据中心能源效率工作的总体思想以及各类型数据中心的设计、建设、运维、评估、能效提升改造等过程的全要素为出发点和划分依据。在行业和门类间项目存在交叉的情况下，应服从整体需要，科学地组织和划分。

2）协调性

标准体系表应为力求完整配套，没有遗漏，尽量保证全面，做到对体系整体性工作的充分表现。在调查收集分析研究的基础上，对能效标准所涉及的各种技术、经济、管理工作都制定相应的标准，并列入标准体系表中，并使这些相互联系、相互依存、相互制约的各种标准尽可能地协调一致，互相配套，从而构成一个完整、全面、一体和均衡的标准体系。

3）系统性

系统性是标准体系中各个标准之间内部联系和区别的体现，是判断主次和先后，克服矛盾和重复，层次恰当，力求简化、协调和统一的一项原则。数据中心能效标准体系应在内容、层次上充分体现系统性，按照能效标准工作的总体要求区分标准的共性和个性特征，恰当地将标准项目安排在不同层次上，作到层次分明、合理，标准之间体现出衔接配套的关系。

4）先进性

数据中心能效标准体系中涵盖的标准应充分体现等同、等效或参照采用国际标准和国外先进标准的原则，保持与国际国外标准的一致性，从而保证我国能效标准与国际标准接轨，必须代表先进生产力的方向。

5）兼容性

列入标准体系中的标准项目将优先选用我国先行的国家标准和行业标准，同时还将充分利用国际标准和国外先进标准研究成果，完善我国的标准，努力实现行业、地区、全国和全球性的信息资源共享。

6）预见性

在编制标准体系表、确定标准目标时，既要考虑到目前经济发展的需要和科学技术水平现状，也要预见到未来科学技术发展和世界先进技术水平，所以标准体系应具有预见性、前瞻性，是一个开放的系统，对能效标准化实践具有指导性，以适应现代科学技术的不断发展和科学管理水平的逐渐提高。

7）扩展性

受人力、物力和财力及技术水平的局限，不同时期内的标准体系并不是一成不变的，而是动态发展的，它随着科学技术水平和经济发展的变化而变化，因此能效标准体系应充分考虑其可扩充性，根据我国有关产业的发展和技术水平的提高以及国外标准的不断增加和完善而进一步地拓展和更新。

4. 要素选择

按照《标准化工作指南 第 1 部分：标准化和相关活动的通用术语》GB/T 20000.1—2014，"标准"是"为了在一定范围内获得最佳秩序，经协商一致制定并由公认机构批准，共同使用和重复使用的一种规范性文件"，因此，标准化的对象是某个范围内共同使用和重复使用的事物。

数据中心内部组成要素数量巨大、关系复杂，其中具有共同使用和重复使用特点的内容都是标准化的对象，也是数据中心能效标准体系的组成要素，包括评估指标、评估方法、运维人员、运维行为、运维质量、内部环境与场所、设施设备等。

5. 模型搭建

根据系统工程原理，我们将数据中心能效标准体系建设定位于分布领域、标准类别、标准级别、标准约束力4个维度，在此构建数据中心能效标准体系模型。

目前，我国没有关于"数据中心能效"业务领域划分的明确表述，《国民经济行业分类》GB/T 4754—2017亦未将数据中心能效视为一个独立的行业。本书通过对国内外数据中心能效现状及标准化建设现状的梳理，按照立足本国实际、适当参考国际的原则，将数据中心能效标准划分为3大领域，具体包括：

1）建筑和环境标准

在数据中心能效范围内，从基础建筑和环保角度为绿色数据中心提供选址、建筑布局、建筑节能设计、维护结构及其材料、机房规划与布局等。

2）系统、设备节能标准

从设备角度为绿色数据中心提供各类耗电设备，包括IT设备、制冷系统、供电系统等的选型、使用、节能优化等技术要求。

3）节能管理标准

用于支撑数据中心能效开展各项能效提升活动的标准，从能效管理角度为数据中心提供管理制度、工作人员、配套工具等管理要求。

从标准类别角度而言，数据中心能效标准体系应包括5类标准，具体有：

1）基础标准

在数据中心范围内，作为其他标准的基础并普遍使用的、具有广泛指导意义的标准。

2）管理标准

针对数据中心能效中需要协调统一的管理事项制定的标准。

3）工作标准

为实现整个工作过程的协调、提高工作质量和工作效率，针对工作岗位、作业方法、人员资质要求等制定的标准。

4）技术标准

针对数据中心能效标准化领域中需要协调统一的技术事项所制定的标准。

5）系统设备标准

针对支撑数据中心能效发展的系统、设施设备而制定的标准。

从标准级别角度而言，数据中心能效标准体系应由国家标准、行业标准、地方标准、企业标准4类标准组成，其中，对于需要在全国范围内统一的技术要求，应制定国家标准；对于没有国家标准而又需要在数据中心行业中统一的技术要求，可以制定行业标准；除国家标准与行业标准之外，为满足各地区数据中心能效特殊需求，可在充分考虑地方经济社会发展现状与当地数据中心能效特点的基础上，制定地方标准；此外，数据中心可针对本单位管理与服务需求，开展标准化建设工作，制定企业标准。

需要说明的是，由于各地、各行业、各数据中心发展现状与标准化需求差异巨大，因此在本书的标准明细表中所列标准制修订项目以国家和行业标准为主，地方标准、企业标准由各地方、各机构自行补充制定实施。

从标准约束力角度而言，数据中心能效标准体系由强制性标准和推荐性标准2类标准组成。

《中华人民共和国标准化法》规定国家标准、行业标准分为强制性标准和推荐性标准。保障人体健康，人身、财产安全的标准和法律、行政法规规定强制执行的标准是强制性标准，其他标准是推荐性标准。强制性标准是所有相关方都必须严格遵守的，而推荐性标准则是鼓励各相关方积极采用。

作为信息技术类标准体系，数据中心能效标准体系应以推荐性标准为主，其中对于保障人身体健康、财产安全的内容则应制定强制性标准。

基于以上四个维度，搭建起数据中心能效标准体系模型（图 24-4）。

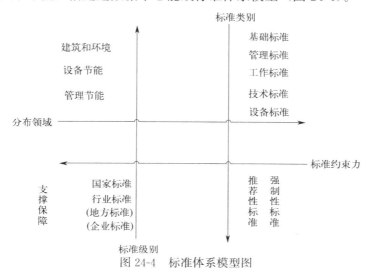

图 24-4　标准体系模型图

该模型明确了建立数据中心能效标准体系时应考虑的因素及其内在结构，为后续搭建数据中心能效标准体系结构图、编制数据中心能效标准明细表奠定基础。

6. 标准体系框架设计

标准体系是一定范围内的一系列标准按其内在联系形成的科学有机整体。作为数据中心能效标准的系统集成，数据中心能效标准体系应布局合理、领域完整、逻辑明确、功能完善，满足数据中心能效对标准化的总体配置需求。

从数据中心能效的现实需求出发，基于数据中心能效标准体系模型图，首先梳理出数据中心能效标准体系各版块的逻辑关系图（图 24-5）。

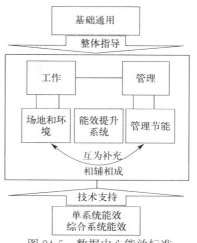

图 24-5　数据中心能效标准体系版块逻辑图

以此为基础，按照层次分析法将各版块及其内部分版块按照逻辑关系进行排列组合，以标准体系框架图通用的树形层次结构表达各（分）版块的内在联系，母节点层次以反映数据中心能效标准化建设工作抽象性和共性的标准为主，子节点层次所包含的标准则更多地体现数据中心能效标准化建设工作的具体性和差异性，由此得到数据中心资源利用标准体系框架图（图 24-6）。

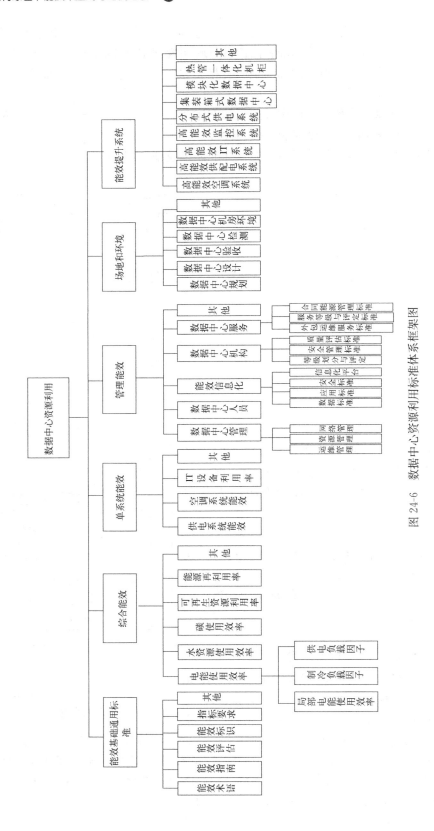

图 24-6　数据中心资源利用标准体系框架图

468

第 6 篇

公共机构合同能源管理
与能效提升

25

公共机构合同能源管理基本现状

据统计，2015 年中国公共机构约 175.5 万家，能源消耗总量约 1.83 亿 t 标准煤，约占全社会能源消耗总量的 4.26%。公共机构作为国务院确定的节能减排重点行业之一，任务更加艰巨和紧迫。但从中国公共机构节能现状看，依靠传统节能手段挖掘节能潜力的空间十分有限，且公共机构仅依靠自身力量进行节能改造，缺乏资金，缺乏专业化的管理和技术手段，导致一些节能措施难以落实到位。2016 年节能服务产业发展报告显示，中国通过合同能源管理形成年节能 3578.5 万 t 标准煤，减排二氧化碳 9590.38 万 t，合同能源管理（Energy Performance Contracting，EPC）已成为中国节能产业发展不可忽视的主要力量。面对"十三五"更严峻的节能形势和目标量化的责任考核机制，运用合同能源管理有利于促进公共机构高效节能的市场化机制，有效提升公共机构在全社会节能减排工作中良好的示范和导向作用。我国政府制定了在公共机构中积极推广合同能源管理等政策，但现有合同能源管理模式推行过程中受财政预算体制等多方面因素制约。美国是世界上合同能源管理发展较为迅速的国家之一，也具有目前世界上最大的合同能源管理市场。学习借鉴美国开展合同能源管理相关经验，研究适合中国国情的合同能源管理新模式较为必要。

为全面了解现有研究现状，借助影响力强的英文文献查询数据库 Web of Science 和中国知网数据库进行 1975—2018 年期间的文献检索。结合 Citespace 软件，运用文献计量研究方法，分析了 EPC 方面研究的发展脉络、EPC 研究发展状况、EPC 领域研究热点和研究趋势等。在现有 EPC 研究领域，风险与项目评价、激励、融资、收益分配、节能量测量等关注较为突出。

25.1 风险与项目评价

EPC 项目大多运作周期长、投资回收慢、不可控因素较多，使得节能服务公司（Energy Service Company，ESCO）对采取 EPC 模式有较大阻力，因此针对 EPC 项目的风险及客观准确的评价能力成为重要的研究方向之一。

通过对国内外经典文献的梳理与总结，EPC 风险管理的研究成果主要集中在以下两个方面：首先，从风险的来源、项目实施过程识别风险，构建风险评价指标体系。吕荣胜等对 EPC 项目风险研究奠定了良好的基础，段小萍针对融资过程风险进行了持续性的研究并构建出融资风险评价体系。EPC 项目风险主要源于项目的外部环境、项目自身和项目客户三个方面。项目自身风险按照过程分类又包括政策、融资、市场信用机制、节能技术等；针对风险评价，国内外学者较多运用层次分析法（Analytic Hierarchy Process，AHP）、灰色系统理论、模糊综合评价等方法，在风险识别的基础上进行指标排序与深化分析，比如马少超在前学者的研究基础上，将风险进行分级与关联，为项目评价指标给出优先级别的建议，为 EPC 风险的进一步准确评估和有效控制提供了理论基础。其次，对于项目风险的分担研究，其成果多集中于风险分担比例的确定。国外学者多从案例出发，利用访谈交流、问卷调查等，论证从合作双方对风险的应对能力及态度来分担风险，Valipour（2016）建立风险分担模型，为风险的分担策略提供了研究思路；我国学者多根据风险评价的权重级别，从利益相关者角度，确定风险分担比例、选择相应的风险分担策略；吕雪娇提出利用合同柔性来降低合同双方承担的风险，为风险分担的研究提供了一种新的思路。

　　EPC 风险研究催生了对项目整体评价的研究。EPC 项目的评价经历了由单一的风险、节能效益的评价，向系统性的服务绩效评价转变，衡量项目整体效果的关键成功因素是评价 EPC 项目的重要标准。关键因素分析方法主要有因子分析法、熵权系数法、层次分析法及网络分析法等。关键绩效指标的构建原则从最初仅衡量节能产出效率，发展到关注多方利益干系人包括用能方、ESCO、融资方的合作满意度；绩效评价指标体系也在目标、质量、进度、成本、安全和环境等短期指标的基础上向广义的服务效率包括效率、效果与规模控制等循环经济指标以及绩效责任、节能服务效果满意度等长期性的绩效经济指标发展。近年学者们开始对关键成功因素与项目绩效指标的关系展开研究，此两项指标的关系研究将对未来构建 EPC 项目综合评价体系提供有效的依据与思路。

　　目前学者们针对风险及项目评价的立场大多是站在 ESCO 的角度构建风险评价以及关键因素指标体系，缺少站在用能方角度对 ESCO 的筛选与评价标准，尚天成以粗糙集理论为基础构建了节能企业信用影响因素，为建立节能服务公司的评选机制增加决策依据。在后续研究中，可考虑变换视角，从不同的参与主体角度构建和完善风险评价体系，构建用能方、ESCO 双向的评价体系，为建立双向筛选机制的数据库提供评选参考依据。

25.2　激励机制

　　鉴于我国节能事业起步较晚，节能服务行业的财税支持政策、市场机制尚不完善，如何有效激励节能主体，提升其积极性一直是关注重点。由于发达国家节能产业市场起步较早，通过健全的法律环境、有效的推广政策和管理手段形成一套完整的激励机制，特对美国、日本、欧盟等国的 EPC 激励政策进行总结，具体见表 25-1。

各国能源管理激励政策对比

表 25-1

国家	管理体制	财政政策	税收政策	节能实践
美国	政监分离的监管体制	财政拨款	节能服务公司减税	推广能效标识"能源之星"三类认证
	美国能源部直管、联邦能源监管委员会监督、能源效率和可再生能源局执行	消费者财政补贴、公益基金	新建建筑节能设备减税	能源管理师制度

国家	管理体制	财政政策	税收政策	节能实践
日本	低级别、集中型能源管理模式	财政拨款	征收石油、煤炭税	能效标识"领跑者"计划
	经济产业省、资源能源厅、日本节能中心、新能源及产业技术综合开发机构	贷款优惠	对185种节能设备实行特别折旧和税收减免优惠	重点用能单位实行节能规划、培养专业能源管理者,统一的能源管理师制度
欧盟	两级能源监管	财政拨款	征收能源税和环保税	七级能效标识制度(A-G)
	欧盟委员会制定标准、能源委员会监督执行	财政补贴、贷款优惠、专项基金	税收优惠、加速折旧	能源管理师制度

对于激励机制的理论研究方面,主要围绕激励政策设计机制、激励模式创新等两方面展开。

首先,针对激励政策的设计,多通过动态博弈模型、逻辑回归等方法分析主体行为的动态演变过程,探究影响主体积极性的因素。通过对经典文献分析可以看出,法律保护、政策引导和财政激励是促进 EPC 发展的主要措施,从政策类型来看,国家支持性政策对节能服务企业及用能方都具有积极的作用,其中经济激励政策的效果较好,且税收优惠、财政补贴是政策的发展方向;从政策的实施阶段来说,政府前期激励政策可促进节能服务主体的参与积极性,后期主要通过合适的奖励额度来引导参与主体提高节能服务质量。但研究也表明,政府的外在激励形式只能维持短暂的阶段性刺激,并不能达到长久的激励效果。张印贤基于协同视域,考虑内生性因素对既有建筑节能改造的影响,构建协同激励有效性评价指标体系,此研究首先从内生性角度考虑激励策略,为政府优化整合激励资源、促进市场整体发展提供有效的策略。

其次,对激励模式的创新来说,针对不同的主体有不同的方式,对于用能方实行阶梯能源价格,用经济杠杆提高用能单位节能服务的积极性;对于 ESCO 通过加强担保机制、通过引入合同柔性概念构建绿色建筑合同能源管理模式降低项目风险来提升其参与积极性;通过信息化手段构建节能信息服务平台,将相关干系人联系起来,也是激发节能产业创新的有效手段。

25.3 融资

融资难、融资贵一直是制约我国中小企业成长的普遍性问题,ESCO 同样面临着融资困境。通过对发达国家融资历程发展与研究成果的回顾可总结较多经验,在拓宽融资的渠道方面,国外金融政策的支持发展相对成熟、开放,例如美国在合同能源管理市场上,法律允许长达 10 年甚至以上的长期贷款,能效基金及融资方对能源服务公司的投资放款条件也相对宽松,只要是有声望的能源服务公司拿出合理的能源审计报告、验证和测试计划就能成为贷款的依据,对推动节能融资起到关键作用;在融资方式的选择方面,国外金融市场的发展更加多元化,例如德国作为绿色金融最早的倡导国和实践国,其复兴信贷银行的绿色债券在支持节能环保方面表现出色;欧洲对节能服务公司提供三种融资选择,包括客户融资、节能服务公司融资、第三方融资等。

我国由于扶植政策及担保机制的不健全，ESCO 的融资渠道和模式单一，最初仅以银行信贷为主。针对我国 ESCO 融资难现状，通过吸取、借鉴西方国家融资方面的先进经验，引入基金、担保机制、绿色金融等模式，使之与我国国情充分结合，令融资渠道逐渐突破固有模式呈现多元化发展趋势。伴随我国低碳环保理念的大力推行，绿色金融被作为EPC 中常用的融资路径且未来具有较大发展潜力。翁智雄将国内外绿色金融产品进行对比研究，为金融产品未来的发展方向提供了思路。绿色债券、未来收益权质押、碳汇市场的应用、贷款担保基金等融资工具，以及将法律政策、强制性的环保标准、节能量认证三方面与碳交易相融合的融资模式，信用市场的资产证券化下项目信用与企业信用分离的融资模式，均为 ESCO 的融资提供有力助推，一定程度上缓解中小节能服务企业资金压力。

25.4　收益分配

能否就节能效益的分配比例达成一致，直接关系 EPC 项目的顺利实施与否。收益分配问题的研究经历了两个阶段：第一，针对影响收益分配的相关因素研究，通过动态博弈论、综合评价法等理论构建利益分配模型，回顾国内外研究成果，可以看出节能效益分配比例主要受项目投资额、合同期限、项目风险的影响。赵丹最早建立了节能效果评价体系，但对各因素之间的相互影响未作深入研究；朱东山指出在一定范围内提高项目最低投资回报率有利于提升分成比例。第二，对于分配比例及投资优化模型的分析。国外学者对运用博弈理论如 Nash 讨价还价模型、Shapley 多方合作联盟等构建收益分配模型的研究较为成熟，较为经典的收益分配方法包括：结合用能方和 ESCO 关于合同期限和项目初始投资决策构建动态博弈模型，用逆推法求解决策结果；根据用能单位提出合同期限和节能效益奖励比例，构建合同决策模型，模拟合理的收益界限和利益分配额，这两种方式为确定分享比例及年限提供了有效思路。国外学者 Deng 在上述研究基础上利用仿真合同期限和能源成本节约保证，得到合同期限的平衡长度及利润分成的框架。该模型可帮助 ESCO 合理评估合同期限，作为合同期限设计的决策支持工具。我国学者在此部分研究中多根据识别出的利益相关者影响因素，进行风险因素赋值权构建分配函数，王敬敏根据风险定级与收益对等原则来确定节能服务公司分享的效益额度和分享期限。

25.5　节能量测量与认证

节能量的准确测算与认定是收益分配的基础。美国在此方面积累了大量的经验与成果，其节能量测量和验证技术体系的三大重要组成部分《国际能效测量和验证协议》《联邦能源管理项目节能量测量和验证指南》（the International Performance Measurement and Verification Protocol，IPMVP）和《测量能源和需量节约指南》在测量思路上大都运用了隔离测量、整体能耗法、校准模拟法等方法。研究学者在上述方法的基础上作了进一步延伸，Piet G. M. Bookkamp（2006）提出了六种节能量认定方法，并对不同方法的使用条件和利弊进行了说明；但 Burkhart M C，Y. Heo（2014）提出运用 IPMVP 中的回归模型进行节能量测定存在局限性，建议利用高斯模型结构来测定节能量。我国借鉴

IPMVP 的思路相继发布了《用能单位节能量计算方法》GB/T 13234—2018、《节电技术经济效益计算与评价方法》GB/T 13471—2008、《节能量测量和验证技术通则》GB/T 28750—2012 等国家标准。

节能量的认定是确定节能改造前与节能改造后能耗的差值，以此延伸出三个研究方向。首先，对基准能耗的界定研究，针对不同行业、对象，其能耗计算标准与过程不尽相同，不应用单一指标来衡量，目前基准能耗由用能单位和节能服务公司共同认定，而不是根据科学、标准的计算方法得出，缺乏客观性，将导致合同能源管理项目双方由于对技术认知程度的不同，增大了信息不对称的风险。其次，关于修正系数准确性的研究。将设备既有数据的平均能耗作为基准能耗，针对天气、温度、设备性能等引入不确定度表征修正系数，刘晓君提出了"追踪变量"的概念，利用能耗账单和天气参数等独立变量的函数关系构建回归模型计算节能量方法，是修正系数确定的经典算法。最后，节能改造完成后节能数据采集的精确性研究。目前国内外学者的普遍思路是分析能耗影响因素，运用信息化手段，例如利用 Matlab 建立能耗回归模型，模拟出趋于正常状态下的能耗。Faggianelli 提出了一种基于多项式混沌展开的新型节能量评估方式，为节能服务公司合理评估能耗值提供了新的思路。

25.6　小结

EPC 在近年来的推广与实践中已取得较大的突破与进展。根据 EPC 与市场化结合进程的发展现状，可以看出未来 EPC 将更加注重项目全生命周期的管理，研究的重点逐渐由前端向后端延伸，合同能源管理未来的研究方向主要集中在以下几个方面：

1. 转变固有节能收益分配的研究范式。首先，抛开研究固有范式，从心理学、行为学的角度，利用交叉行为学科分析节能用户及节能服务公司的博弈过程是未来收益分配研究的突破口；其次从合同本身出发对合同参数进行决策分析，从节能服务公司利益最大化视角构建 EPC 合同参数决策模型，为收益分配问题提供一种新的思路。

2. 节能量测量与认定的科学化与信息化。首先，节能量测量从组织与标准两方面着手，一方面建立第三方独立的测评机构，另一方面加快对基准能耗的测定、改造后能耗测评清单的建立；其次，随着信息化的普及与应用，利用自动化及仿真模型决策支持系统辅助能耗基准测定、节能方案设计和经济效益预测，提升测量的准确度。

3. 寻求内生性激励机制。我国对激励机制的研究目前还停留在以财政、税收等为主的外生性激励政策上，抛开外在政策性激励，如何突破现有的研究范式，在用能单位、节能服务公司以及各参与方中形成内生性动力机制，实现由外生性到内生性政策的转变，促进整个行业的良性循环。

4. 探究运维期移交及服务模式。全生命周期的管理模式已成为服务行业的主流，ESCO 不能只专项于提供节能方案、获得节能收益上，其服务应向全生命周期管理延伸，做好节能改造后的设备移交、项目日常运维工作。运维阶段服务体系的构建、ESCO 服务人员与用能方管理模式的结合等问题的研究成为下一步研究的趋势。

26

中美公共机构合同能源管理政策标准差异性分析

26.1 中国合同能源管理政策标准

26.1.1 发展现状

1. 国家层面

2018 年 9 月 3 日举行的全国公共机构能源资源节约和生态环境保护工作会议上，国管局公布了公共机构节约能源资源"十三五"规划实施中期评估情况。截至 2017 年，全国公共机构能耗总量约 1.84 亿 t 标准煤，用水量约 124.69 亿 t，与 2015 年相比，2017 年公共机构的人均能耗同比下降了 5.03%，单位建筑面积能耗下降了 4.09%，人均水耗下降了 6%，较好地完成了"十三五"节约能源资源进度目标。"十三五"以来，全国公共机构实现节能量 975.32 万 t 标准煤，减少二氧化碳排放 2298.61 万 t、二氧化硫 73.15 万 t、氮氧化物 36.09 万 t。

但部分工作落实与预期目标还存在差距。虽公共机构实施节能、节水改造采用合同能源管理、合同节水管理模式有了一定进展，但仍未成主流。一些地方政府集中组织实施公共机构合同能源管理、合同节水管理项目的成功经验还未得到有效推广。此外，公共机构节约能源资源纳入政府绩效考核的地区还较少。

2. 地方层面

国家层面出台相关政策促进合同能源管理模式在节能领域的应用及发展后，各省市纷纷响应国家号召，深圳、天津、山东等省市表现尤为突出，在运用合同能源管理模式进行节能减排方面均表现良好。

就深圳市的工作收效来看，截至 2017 年 12 月，深圳市完成公共机构既有建筑节能改造面积 1641.46 万 m^2，占全市总建筑面积的 72%，改造力度属全国最大，而在公共机构的全部节能改造项目中，合同能源管理模式已成为深圳市公共机构节能改造的主要模式，占到全部改造的 52%。经过一系列改造项目的实施，"十二五"期间，深圳公共机构人均综合能耗下降 25.56%，单位建筑面积能耗下降 22.03%，人均用水量下降 16.20%，超额完成"十二五"节能目标。可以看出，深圳市公共机构节能工作收效良好，合同能源管理作为节能项目开展的主要模式，为公共机构节能注入了新的活力，并使得公共机构节能工作成效显著。但合同能源管理模式在深圳市公共机构节能中的良好开展并不是一蹴而就，在 2010 年以前，深圳市公共机构节能工作的开展多以支持和鼓励为主，量化目标不够明确，合同能源管理项目在公共机构的实施数量稀少，且多以试点项目为主。但自深圳市"十二五"规划明确提出公共机构单位面积能耗下降 20％之后，迫于实现目标的压力，深圳市开始寻求在公共机构大力开展合同能源管理模式的路径。在这一过程中，深圳市机关事务管理局发挥了举足轻重的作用，一方面，注重政策标准的制定和颁布，"十二五"期间，深圳市出台了一系列操作类与 EPC 项目应用发展相关的文件，如公共机构合同能源管理实施方案、合同模板、资金支付流程、能源审计技术导则等；另一方面，政府在发挥引导作用的同时，主动寻求与市场的合作，建立公共机构合同能源管理示范项目，开展课题研究，为公共机构合同能源管理项目的全面开展奠定基础。

对天津市公共机构节能工作的现状了解来看，天津市目前约有 8000 多家公共机构，节能工作开展良好。数据表明，2015 年天津市各级公共机构共投入节能资金 1.05 亿元，完成建筑节能改造 106.97 万 m^2，成功创建了 40 家国家级节约型公共机构示范单位；2017 年天津市公共机构节能信息化工作平台上线，平台包括能源资源在线统计、能源资源在线监测、废旧商品回收、用能信息档案系统和能源审计多个模块，这简化和改善了各部门能耗数据的填报过程，提升了填报效率，同时更加注重数据质量。除此之外，天津市还颁布了有关实施合同能源管理项目的奖励政策，这些政策主要以国家部门颁布的相关政策为指导，如 2014 年颁布的《天津市合同能源管理项目财政奖励资金申请有关事项》的文件，节能服务公司可据此申请一定的奖励资金，为进一步促进能源节约和环境保护；还设立了节能专项资金，有关节能专项资金管理的文件于 2017 年最新修订，规定了专项资金的支持范围，主要用于支持节能技术改造、合同能源管理以及清洁生产等项目实施方面，并说明了资金的支持方式及标准、项目申报流程等内容；天津市于 2018 年印发了《天津市既有公共建筑节能改造项目奖补办法（暂行）》，此办法中所称的奖补资金是专项用于支持公共建筑节能改造项目的市级财政奖补资金，资金从天津市建筑节能专项资金中列支，奖补对象主要针对用能单位，公共机构节能改造项目具备文件规定的均可申请。在这些政策的指导下，天津市合同能源管理模式得到了一定的推广和发展，但实际在公共机构节能改造项目的应用比例却并不高。除此之外，尽管天津市出台了以上节能奖励办法，但直接针对公共机构采用合同能源管理模式进行节能改造的文件并没有，而且在调研过程中了解到，天津市公共机构合同能源管理项目的实施期限均未有超过 3 年期，由于合同能源管理项目和其他传统工程项目不同，前期投资大且投资回报时间长，一般项目期限均在 5～8 年，3 年时间限制了大部分项目的开展，因此可能这一规定造成了公共机构和节能服务公司在合同签署及后续项目实施的诸多不利及风险。目前天津市公共机构节能工作仍在稳步进行，合同能源管理模式虽未成为节能改造的主流，但也逐渐受到机关各公共机构用能主体的重视，开始成为公共机构节能工作的主要实施方式，并订立了总体目标，据了解，全市到 2020 年底，公共建筑节能改造面积 500 万 m^2 以上，改造项目平均节能率不低于 15％，通过合同能源管理模式实施节能改造的项目比例不低于 40％。

对山东省公共机构节能工作的现状了解来看，2015 年山东省上报统计的公共机构共 35434 家，能源消费总量约 728.54 万 t 标准煤，约占全社会能源消费总量的 1.92％，比 2010 年的 2.99％下降了 1.07％，这主要源于山东省公共机构节能管理工作中一系列举措的试行。根据《山东省公共机构节约能源资源"十三五"规划》,"十二五"期间山东省公共机构共投入 19.83 亿元,完成节能改造面积 849 万 m²。在公共机构节能工作的开展过程中,合同能源管理起着显著的作用。截至 2018 年,山东省各级公共机构实施合同能源管理项目 230 个,引入社会资金 7 亿余元,形成 30227t 标准煤的节能量,减排二氧化碳 71220t。虽然合同能源管理项目在山东省已逐步开展,与深圳市不同的是,山东省的公共机构数量更多,节能改造需求更大,合同能源管理却并未成为山东省公共机构节能改造的主要模式,现阶段节能项目的改造主要还是依靠财政投资。

26.1.2 政策制度

在我国公共机构建筑的节能改造中,合同能源管理模式这种市场化机制还未能成为主流,但无论是国家层面还是地方层面,合同能源管理模式在公共机构领域的应用取得的成效不可否认,除合同能源管理模式前期发展阶段国家发布的宣传和引导性政策外,在近20 年的发展过程中,还出台了一系列规范性、财政性以及技术性的政策,相关政策主要内容见表 26-1。

中国节能服务产业相关政策 表 26-1

序号	政策
1	国务院颁布《公共机构节能条例》
2	《财政部关于印发国家机关办公建筑和大型公共建筑节能专项资金管理暂行办法的通知》(财教建〔2007〕558 号)
3	《财政部 国家税务总局 国家发展改革委关于公布环境保护节能节水项目企业所得税优惠目录(试行)的通知》(财税〔2009〕166 号)
4	《财政部 国家发展改革委关于印发合同能源管理项目财政奖励资金管理暂行办法的通知》(财建〔2010〕249 号)
5	《国务院办公厅转发发展改革委等部门关于加快推行合同能源管理促进节能服务产业发展意见的通知》(国办发〔2010〕25 号)
6	《关于合同能源管理财政奖励资金需求及节能服务公司审核备案有关事项的通知》(财办建〔2010〕60 号)
7	国家标准《合同能源管理技术通则》GB/T 24915—2010 于 2011 年 1 月 1 日正式实施
8	《国家税务总局 国家发展改革委关于落实节能服务企业合同能源管理项目企业所得税优惠政策有关征收管理问题的公告》
9	《国务院关于印发"十三五"节能减排综合工作方案的通知》(国发〔2016〕74 号)
10	《关于印发"十三五"全民节能行动计划的通知》(发改环资〔2016〕2705 号),建立节能服务公司、用能单位、第三方机构失信黑名单制度,将失信行为纳入全国信用信息共享平台
11	国家认监委 2016 年 12 月 1 日发布《合同能源管理服务认证要求》RB/T 302—2016,于 2017 年 6 月 1 日开始实施
12	2021 年 11 月 1 日,国家标准《合同能源管理服务评价技术导则》GB/T 40010—2021 正式实施。该导则准规定了合同能源管理服务的评价基本原则、评价指标体系、评价方式和方法、评价结果形式等。导则可用于节能服务公司所提供合同能源管理服务质量、水平的评价,包括组织内部和外部(包括第三方机构)实施的评价,不适用于单个合同能源管理项目的评价

1. 财政税收政策

2007 年,为提高 ESCO 参与大型公共建筑和国家机关办公建筑节能改造的积极性,财政部、建设部印发了《国家机关办公建筑和大型公共建筑节能专项资金管理暂行办法》，该办法规定采取 EPC 模式开展国家机关办公建筑和大型公共建筑节能改造工作的予以贷款贴息补助，其中地方建筑节能改造项目贴息 50%，中央建筑节能改造项目实行全额贴息。2010 年，财政部、发展改革委印发了《合同能源管理项目财政奖励资金管理暂行办法》，中央财政安排专项资金对 EPC 项目按年节能量和规定标准给予一次性奖励。地方政策性文件在结构上和内容上结合了地方特色，形成了较好的组织结构和内容完善程度，例如，上海市在国家政策的基础上，对节能效益分享型项目给予了一定的政策奖励，每节约 1t 标准煤，补贴 600 元人民币。与国家主体政策形成了良好的配套关系和补充关系，大大促进了 ESCO 行业在上海建筑领域内的发展，这也促使上海成为全国范围内建筑领域 ESCO 行业普及程度最好的城市之一。其他地方政府奖励性补贴情况见表 26-2。

建筑业 EPC 项目获得地方政府奖励补贴情况　　　　　　　　　　表 26-2

地点	北京	上海	深圳	广东	福建	山西	天津、海南、重庆	厦门	新疆
补贴金额(CNY/tce)	800	600	540	500	800	400	360	340	240

注：数据源自 2014 年中国节能协会节能服务产业委员会调查报告。

2010 年 6 月 29 日，国家发展改革委和财政部共同发布《关于合同能源管理财政奖励资金需求及节能服务公司审核备案事项的通知》。2011 年 1 月，《关于促进节能服务产业发展增值税、营业税和企业所得税政策问题的通知》对 ESCO 税收扶持政策及公司应符合的条件等内容作出了规定。为推动市场发展，鼓励和支持 ESCO 以 EPC 模式开展改造事业，采用 EPC 的企业可享受财政奖励、营业税免征、增值税免征和企业所得税免征三减三优惠政策。在国家发展改革委注册备案的节能服务公司可享受以下政策：（1）"三免三优惠"。在分享型 EPC 项目中，获得收益的头三年，免除节能服务公司所得税，接下来的三年，最多还可获得减免 50% 所得税的优惠。（2）税收优惠转移。当项目在有效期内转移时，该税收优惠可转移到另一个 ESCO。任何固定或无形资产可在分享型合同期内折旧或摊销，为节能服务公司进入较短项目创造更大的利益，因为这将产生更高的折旧或摊销，从而减少纳税。税收优惠政策一般面向当地注册备案的节能服务公司，制约了合同能源管理市场的开放发展，随后国家发展改革委以"负面清单机制"取代 ESCO 注册要求，为市场进一步发展解除壁垒。（3）免收增值税。2016 年财政部、国家税务总局《关于全面推开营业税改征增值税试点的通知》指出，符合相关条件的 EPC 服务免征增值税。此外，在"十三五"规划中，我国政府再次强调节能服务产业发展成先导性产业，要积极推行 EPC 模式。

2. 市场准入规制

我国主要实施市场准入负面清单制度。党的十八届三中全会提出"实施统一的市场准入制度，在制定负面清单基础上，各类市场主体可依法平等进入清单之外领域"。党的十九大进一步明确要求"全面实施市场准入负面清单制度"。主要包括：

一是严格规范市场准入管理。各地区各部门切实加强市场准入规范管理，对清单所列禁止准入事项，严格禁止市场主体进入，不得办理有关手续；对清单所列许可准入事项，需市场主体提出申请的，行政机关应当依法依规作出是否予以准入的决定，需具备资质条件或履行规定程序的，行政机关应当指导监督市场主体依照政府规定的准入条件和准入方式合规进入；清单以外的行业、领域、业务等，不得设置市场准入审批事项，各类市场主体皆可依法平等进入。各地区各有关部门要研究清单事项与现有行政审批流程相衔接的机制，避免出现清单事项和实际审批"两张皮"。

二是推进"全国一张清单"管理模式。各地区各部门不得自行发布市场准入性质的负面清单，确保市场准入负面清单制度的统一性、严肃性和权威性。按照党中央、国务院要求编制的涉及行业性、领域性、区域性等方面，需要用负面清单管理思路或管理模式出台相关措施的，应纳入全国统一的市场准入负面清单。

三是建立清单信息公开机制。市场准入负面清单通过国家发展改革委门户网站等渠道，统一向社会发布，及时公开有关内容信息。各地区各有关部门要认真配合做好相关市场准入事项的信息公开工作，进一步梳理相关事项的管理权限、审批流程、办理条件等，不断提升市场准入政策透明度和清单使用便捷性。

四是建立清单动态调整机制。国家发展改革委、商务部将根据改革总体进展、经济结构调整、法律法规修订等情况，引入第三方评估机制，会同各地区各部门适时调整市场准入负面清单。各地区各部门要继续深入梳理研究有关市场准入事项，及时提出清理、调整建议。对个别设立依据效力层级不足、按照有关程序暂时列入清单的管理措施，应尽快完善立法。

五是推进相关体制机制改革。各地区各部门要建立健全与市场准入负面清单制度相适应的准入机制、审批机制、事中事后监管机制、社会信用体系和激励惩戒机制、商事登记制度等，着力营造公平竞争、便利高效的市场环境。

3. 市场交易规制

我国市场交易规制主要依据 2017 年 10 月 1 日起施行的《政府采购货物和服务招标投标管理办法》，该管理办法对开展政府采购货物和服务招标投标活动进行了规定。其中货物服务招标分为公开招标和邀请招标。属于地方预算的政府采购项目，省、自治区、直辖市人民政府根据实际情况，确定分别适用于本行政区域省级、设区的市级、县级公开招标数额标准。

26.1.3 融资机制

合同能源管理是一种基于市场运行的节能激励机制，关系着 ESCO 资金回收、技术风险问题。根据我国 EPC 项目实施现状，节能效益分享型、节能量保证型和能源费用托管型等三种 EPC 模式，均由 ESCO 与业主直接签订，不涉及第三方。根据中国节能协会节能服务产业委员会（ESCO Committee of China Energy Conservation Association，EM-CA）统计，节能量保证模式占 58%，处于主导地位，且主要分布在建筑领域；节能效益分享模式占 32%，其他类型比例为 10%。由于不同模式的能源节约水平不同，选择合理的 EPC 模式，使其与我国政策、法律等环境相匹配，有利于节能服务企业盈利和降低风险，促进节能项目的开展。

1. 多种融资方式

对于拥有大型节能服务公司的 EPC 项目，第三方融资越来越多，其主要形式是银行贷款形式的债务融资。但所占比例较小，根据 2011 年统计情况，仅有 20% 的 EPC 项目和2% 的节能服务公司可以获得银行贷款。大部分 EPC 项目的资金源于节能服务公司有限的

自由资金，这种情况严重阻碍了 EPC 项目的拓展。

为改变困境，节能服务公司尝试了其他融资方案，包括租赁融资、私募股权融资。

2. 贷款担保措施

近年来，中国已努力解决与融资相关的风险，特别是借助了国际机构的帮助。世界银行/全球环境基金中国的节能促进项目包括一项需要 100% 抵押品的贷款担保计划。中国最大的担保公司即中国国家投资担保有限公司（I&G）使用中国政府持有的 2600 万美元的全球环境基金赠款作为储备和担保以弥补潜在违约。

3. 能效信贷政策

政府财政补贴及税收优惠政策，在初始阶段起到引导培植作用。2015 年 5 月，国家正式废止了包括合同能源管理财政奖励在内的 5 个有关财政奖励的管理办法。由于节能服务公司大多是中小企业，轻资产，且在银行缺乏资信记录，可用于抵押的主要是节能改造项目的未来收益权和现金流，但大型商业银行尚未开展此项业务，部分中小银行虽然开展了此项业务，但条件过于苛刻，一方面需要国家有配套政策，另一方面需在融资信贷方面创新，以实现自身的良性发展。

2015 年，银监会联合国家发展改革委印发《关于能效信贷指引的通知》。为落实国家节能低碳发展战略，促进能效信贷持续健康发展，积极支持产业结构调整和企业技术改造升级，提高能源利用效率，降低能源消耗，银监会、国家发展改革委共同制定了能效信贷指引，指出银行业金融机构应在有效控制风险和商业可持续的前提下，加大对合同能源管理等重点能效项目的信贷支持力度。

26.1.4 测量标准

中国于 2009 年 3 月发布了国家标准《企业节能量计算方法》GB/T 13234—2009，并于 2018 年进行了修订，更名为《用能单位节能量计算方法》。2012 年 11 月，发布了另一项推荐性国家标准《节能量测量和验证技术通则》GB/T 28750—2012，该标准提供了与节能检测与认证相关的定义，计算方法和标准化实践。该通用技术标准采用 IPMVP 的指导原则。节能测量标准见表 26-3。

节能测量标准 表 26-3

序号	标准
1	《用能设备能量平衡通则》GB/T 2587—2009
2	《综合能耗计算通则》GB/T 2589—2020
3	《企业能量平衡通则》GB/T 3484—2009
4	《用能单位节能量计算方法》GB/T 13234—2018
5	《节能监测技术通则》GB/T 15316—2009
6	《能源审计技术通则》GB/T 17166—2019
7	《节能量测量和验证技术通则》GB/T 28750—2012
8	《节能量测量和验证实施指南》GB/T 32045—2015

既有建筑节能改造成功的关键在于能达到良好的节能效果，而能效评价标准和第三方检测机构则是保证节能效果测评公正的有效途径。2008 年，住房和城乡建设部发布了

《民用建筑能效测评标识技术导则》，并规定第三方评估机构；2009 年，又相继出台了《居住建筑节能检测标准》JGJ/T 132—2009 和《公共建筑节能检测标准》JGJ/T 177—2009 等标准，提供具有权威性的节能量检测技术；2010 年颁布《合同能源管理技术通则》GB/T 24915—2020。

为确保评价标准执行效果，2010 年 4 月，住房和城乡建设部成立了西北区国家级民用建筑能效测评机构，之后华北和东北等七大区也设立了能效测评机构，公示有关能效指标和相关信息，解决 ESCO 和业主之间关于节能量的矛盾。

此外，为推进各地区公共机构能耗定额管理工作，国管局制定了《公共机构能耗定额标准编制和应用指南（试行）》。

26.1.5　现状及问题分析

除了对上述我国公共机构合同能源管理模式发展现状及政策标准进行宏观层面的描述外，分别从公共机构和节能服务公司角度出发对公共机构 EPC 项目的实施现状进行了分析。

1. 来自公共机构视角的公共机构 EPC 项目实施现状

由于深圳市公共机构引入合同能源管理模式较早也较为成熟，其发展在全国范围内属于前列，因此深圳市公共机构 EPC 项目实施现状大体代表了大多数公共机构群体。项目组结合深圳市机关事务管理局对深圳市具有 EPC 项目经验的各级公共机构开展的调研问卷反馈结果，对深圳市的公共机构整体实施情况进行了分析，此问卷共包含 19 个问题，涉及 EPC 项目实施的全流程，根据问卷分析结果可以得出，深圳市公共机构对当前实施合同能源管理项目的流程以及机关事务管理局出台的相关标准文件整体较为满意，但从少数问卷的反馈结果来看，在项目实施的一些流程和环节中，仍存在一些问题，主要集中在以下几方面：

1）在推行合同能源管理项目的实施过程中，对项目各环节流程仍存在困惑。主要以项目立项环节为主，立项标准及程序的明晰化目前是用能单位相对集中关注的问题之一，具体包括对用能单位能源使用情况的界定、立项合理标准、节能效果的明显程度等。同时，由于缺乏相关项目立项经验，加之项目专业性较强，前期的启动工作比较困难，因此希望在启动相关工作前，组织相关人员进行专业化的培训。

2）现行合同能源管理项目立项申报及采购审批流程单一。许多问卷结果反馈，公共机构 EPC 项目的立项审批流程过于复杂，时间较长，这些机构主要集中于医院等单位，这些单位由于资金较为充足，很少使用财政资金，因此实施主体建议政府应该适当给基层下放审批权。

3）现有节能效益财政支付存在流程繁复问题，而这也导致了审计支付周期长的问题。多数问卷认为应当简化审批流程、减少审批时间，明确所需提供的资料，对支付流程进一步的培训、明确；同时财政支付应该有据可依，支付前应对运维情况进行考核，避免节能效益的争议，建议由第三方机构确认节能量才能支付效益款。

4）项目运维阶段，物业公司运维管理水平普遍较低，无法满足用能单位的需求。调查结果显示，公共机构主体中 41% 的问卷认为物业节能运维水平一般，10% 的问卷表示不满意；同时，多数问卷也反馈很有必要在物业服务招标中明确节能运维的标准。

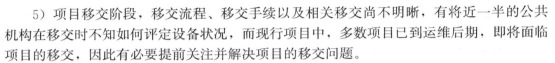

5）项目移交阶段，移交流程、移交手续以及相关移交尚不明晰，有将近一半的公共机构在移交时不知如何评定设备状况，而现行项目中，多数项目已到运维后期，即将面临项目的移交，因此有必要提前关注并解决项目的移交问题。

2. 来自节能服务公司视角的公共机构 EPC 项目实施现状

为了解节能服务公司视角下的公共机构合同能源管理项目的实施现状，特在中国节能协会节能服务产业委员会举办的 2018—2019 年度节能峰会上发放问卷，此次调查问卷一共分为被调查者基本信息统计、应用现状、影响 EPC 项目实施因素的影响程度等三方面调研。从调查问卷结果来看，可看出有 82％的参与者是节能服务公司，符合本次调查的主要目的，并且有 84％的参与者表示已经从事该行业有 3 年以上的时间，说明大部分的参与者有着丰富的从业经验，此次问卷样本的选择合理有效。

根据调查结果显示，从节能服务公司看来，公共机构合同能源管理项目目前实施现状主要体现在以下几方面：

1）融资方面。49％的参与者仍采用银行贷款模式，但由于传统银行贷款的流程复杂，贷款要求高，必须有实物担保，造成中小型机构很难通过银行严格的审核标准；截至 2019 年初，市场上有 68％的项目的改造成本是由节能服务公司承担，但大部分节能服务公司属于中小型、轻资产企业，前期投入的改造成本较大，这也给 ESCO 带来很大的融资压力；并且，63％的项目签署的合同年限是 5～15 年，投资回报周期较长，资金周转率不高。

2）模式选择方面。52％的参与者表示会优先选择节能效益分享型合同，该模式可以激励各方积极参与工作。对于用能方，可在零投入的前提下，参与该模式，这不仅降低了能源消耗量，而且还可以通过效益分享，得到经济回报；而对于节能服务公司来说，尽管前期需要投入大量资金，但节能效益比较乐观，并且据调查问卷结果显示，截至 2019 年初，32％的项目节能服务公司可获得的分享比例为 80％，23％的项目获得的比例为 70％，17％的项目获得比例为 60％。

3）节能量和产权争议方面。52％的参与者表示没有第三方机构参与，但因为 85％的项目都有清晰的能源历史数据，因此超半数的项目负责人表示节能量的认定没有产生纠纷，也没有由于产权问题发生过纠纷。

此外，根据对各因素影响公共机构应用合同能源管理项目实施的程度调研，可得出表 26-4 的结果。

影响合同能源管理项目顺利实施的因素   表 26-4

排序	名称	权重
1	项目双方良好的合作关系	0.27
2	政策支持	0.25
3	用能方能耗水平高	0.25
4	政府节能减排要求	0.22
5	其他	0.01

可以看出，项目双方良好的合作关系是影响 EPC 项目顺利实施的重要因素，其次是政府相关政策的支持。

26.1.6 小结

1. 在公共机构方面，现有招标制度的不完善是影响 EPC 实施的重要因素，由于 EPC 的特殊性，传统的招标制度不能完全符合 EPC 项目的需求，往往会导致其不能发挥出最大效果。

2. 在节能服务公司方面，激励政策不够明确以及缺乏社会责任感和职业操守是最大的实施阻碍，现有的激励政策并不能调动起节能服务公司的更多节能热情，并且大部分的 ESCO 属于中小企业，不能承担起很多的社会责任。

3. 政府、协会方面，对 EPC 模式的宣传和培训是否到位以及权威的节能认证机构是阻碍因素，目前 EPC 没有足够的经验，缺乏专业的培训导致其专业性不高，阻碍了发展。

4. 不同的认证机构的认证标准不同，缺乏权威的节能认证机构，导致节能量的认定存在较大差异。

26.2 美国合同能源管理政策标准

26.2.1 发展现状

20 世纪 80 年代，美国节能服务产业开始发展。该行业在发展过程中已经历了多次变革。如同许多国家一样，节能服务产业最初的商业模式是有偿服务分包，后来主要在工业逐步演变成效益分享型的合同能源管理模式，合同额通常也比较小。在早期阶段，公共机构的能效计划使得市场对节能出现了需求，从而促进了节能服务产业的发展。

1992 年，联邦政府决定采用 EPC 模式对公共机构进行节能改造并且发布了相应标准，这促进了对节能产品与服务的需求市场大幅增长。最初，联邦政府采用分享型合同能源管理模式，即 ESCO 承担融资风险。但在联邦政府成为合同能源管理项目的重要客户后，美国的节能服务公司较难继续用自有资金对节能项目进行持续投资，大大限制了新项目的实施。同时，节能量检测与验证也面临挑战，还有其他因素的影响，如天气或运行条件的改变。最终，美国的节能服务公司引入了新型的合同能源管理模式，即节能量保证型。在这个模式下，节能服务公司担保实现最低的节能量，项目可产生的最低预期收益是确定的，因此更有助于获得外部融资。节能服务公司的资产负债表上不再有对节能项目的投资，这使得节能服务公司可以开展更多新的项目。与此同时，美国能源部和其他参与方共同制定了节能量检测与验证规范标准，使得项目即使在启动后某些条件发生变化，也可为评估和记录项目节能量提供清晰的依据，这个即为后来的《国际节能绩效检测与验证规程》。

随着时间的推移，政府和其他公共部门逐渐成为美国合同能源管理市场的主要客户。在美国的节能服务业市场中，包括 MUSH（Municipal、University、Supermarket、Hospital，即当地政府、大学、超市、医院）市场、联邦机构的节能服务市场、公共机构节能服务市场、居民节能服务市场、工业节能服务市场和商业节能服务市场。其中，MUSH 市场占据的产值份额最大，这一市场包括对市政府和州政府、大学院校、中小学校及医院的节能服务，其次是联邦机构的节能服务市场。这与亚洲国家和地区有所不同，亚洲国家和地区的节能服务收入来源主要是工商业的节能服务消费，原因在于美国市场的一大驱动力是政府和公共机构对提高能效的承诺，以及私营部门愿意接受合同能源管理模式并进行融资。

1996—2011 年，节能服务产业收入年增长约为 7%～9%，其中 EPC 项目几乎主导了节能服务公司的业务，约占收入的 70%。这个比例在 10 年来未发生改变，研究显示 2008 年与 2006 年的 EPC 份额分别为 69% 与 70%。自 2000 年，美国政府及公共机构主导了大多数的 EPC 项目，分别占据样本项目数量的 73% 与 84%。政府与机构部门收入比重自 1995 年显著增加。这一领域 EPC 市场的成功在很大程度上归因于立法支持、联邦能源管理计划的项目发布，以及新合同与融资方式，均使市场得以增长。值得注意的是，公共部门与大型、非营利组织（如医院、大学）公开报告的项目往往多于私人商业与工业企业。据统计，2014 年，美国 ESCO 行业的总收入估计为 53 亿美元，而近几年，美国的 ESCO 产业每年都约有 50 亿～60 亿美元的总收入，美国市场充满活力与创新，不断采用新的商业模式与融资方案来解决市场某些领域的长期障碍。

26.2.2　政策制度

美国节能服务产业尤其是合同能源管理机制在联邦政府和公共机构的迅速发展，除了市场的因素之外，联邦政府和各州政府长期以来的相关政策法规发挥了重要的作用，相关政策见表 26-5。

美国节能服务产业相关政策　　　　　　　　　　　　　　　　表 26-5

序号	政策
1	1978 年《国家能源节约政策法案》制定节能目标并引入了 EPC 的初始监管框架,鼓励联邦机构使用私人融资实施节能措施
2	1988 年《联邦能源管理促进法案》针对联邦机构设定了节能减排目标的一些规则
3	1992 年《能源政策法案》引入了"节能绩效合同"一词,允许各机构与 ESCO 签订长达 25 年的合同。该法还要求在合同期内向 ESCO 和公用事业公司支付的总额不应超过改造前的公用事业费用
4	1998 年制定了《国家能源综合战略》
5	2003 年颁布《能源税收激励法案》
6	2005 年的《能源政策法案》和 2007 年的《能源独立与安全法案》,针对联邦机构更新了能源使用强度的年度节约百分比
7	2007 年的《能源独立与安全法案》规定了各机构的能源管理人员使用基于网络的合规跟踪系统来报告和公布能效评估和改进数据以及联邦设施中已实施项目的节省,还允许各机构使用私人融资和拨款的组合来规划和资助 EPC,并为 EPC 提供永久授权
8	2008 年《合同能源管理示范法》
9	2009 年美国政府专门拨出 185 亿美元用于节能工作
10	美国能源部发布了关于如何解释和应用联邦建筑物 EPC 法规和规则的综合指南(FEMP,2009),目的是帮助各机构规划、开发和实施 EPC 项目。文件提供了有关代理机构如何计算符合条件的储蓄以及如何向节能服务公司付款的明确指导。特别是,该文件概述了 EPC 规划、预算和支付的一般规则和会计原则

1. 财政税收政策

美国通过制定多项激励政策如税收优惠、低息贷款和技术研发资助等大力推动 ESCO

发展。《能源政策法案》中提出，由节能服务企业改造的既有建造达到节能 50% 的可减免税收，若未完成而其他子系统达到规定标准也可享受一定税收减免；能源之星等间接性政策规定，对达到指标的节能设备或产品给予 10%～20% 税收减免。

2. 市场准入规制

1) 美国能源部"伞"合同备案制度

美国能源部向竞争节能服务公司授予"伞"合同。"伞"合同政策（Indefinite Delivery/Indefinite Quantity，IDIQ）指不确定交付/不确定数量合同工具，是增长和最终目标的关键推动力，旨在为联邦政府客户购买类似解决方案提供最大价值、灵活性和精简的竞争机制。美国联邦政府 IDIQ 合同规定在固定时间内提供无限数量的供应品或服务，是被授予一个或多个供应商以促进供应和服务订单的交货工具。IDIQ 合同最常用于服务合同、架构师工程服务和订单合同。奖项通常为指定数量的基年，并有额外年份的更新选项。这些合同通常不超过五年的持续时间。政府根据个人要求的基本合同下达交货订单（供应订单）或任务订单（服务订单）。在基本合同中，最低和最高数量限制被指定为单位数量（用于供应）或美元价值（用于服务）。当政府不能预先确定合同期内所需的供应品或服务的精确数量超过规定的最低限度时，则使用 IDIQ 合同，最低限度的确切美元金额也必须注明。IDIQ 合同比传统的采购合同更有效，因此可花费更少的钱、时间和资源。事实上，在授予 IDIQ 合同之前，需要进行大量的市场调查，并且有专门的程序办公室。IDIQ 合同允许一定数量的合同流程简化，因为只能与选定的公司（或公司）进行谈判。IDIQ 合同通常由美国各政府机构授予，包括总务管理局（General Services Administration，GSA）和国防部。它可以是政府采购合同（Government Wide Acquisition Contract，GWAC）系统下的多机构合同形式，也可以是政府。对于联邦信息技术合同，GWAC 和 IDIQ 多重奖励的使用在 20 世纪 90 年代期间和之后有所增长。传统上，通过 GSA 授予的合同获得的产品和服务被 GSA 在整个联邦政府转售。例如，GSA 根据与私营部门供应商签订的 GSA IDIQ 合同转售远程电信服务、电话设备和专业服务。此外，GSA 还监督其他行政机构信息技术采购。标准化的"伞"合同可根据机构需要进一步修改，减轻节能服务公司的负担。联邦机构在持有"伞"合同的节能服务公司中仅挑选一家进行初步评估与能源审计。

2) 美国联邦政府能源绩效合同

能源绩效合同（ESPC）是 20 世纪 90 年代，美国针对联邦政府部门推出的替代性融资机制，旨在促进联邦政府在既有建筑节能改造中与节能服务公司合作，其有以下特点：

（1）促使合同能源管理项目尽快实施。ESPC 由美国国会授权，在这一机制中，联邦机构在没有完成节能项目的前期工作前，不会获得国会拨款。但国会授权联邦机构可以使用私营部门融资，以尽早实施合同能源管理。

（2）保障节能服务公司获取收益。由于合同能源管理项目的周期较长，节能服务公司能否按时收回资金有很大的风险，是制约合同能源管理市场发展的难题。美国联邦政府制定的能源绩效合同规定，对于节能效益分享型 EPC 项目，节能服务公司可从政府机构向能源供应单位支付的能源账单中，获得相应的收益。节能资金收益得到充分保障，激励合同能源管理市场的发展。

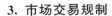

3. 市场交易规制

美国联邦能源管理计划（Federal Energy Management Program，FEMP）最大的成就之一是对与联邦设施签订合同的行业反馈的持续支持和响应。当业界注意到承包过程缓慢且昂贵时，FEMP 引入了一种合同结构，允许公司每 5 年竞争一次大型"伞"合同（美国超级伞合同，SuperEPC）。公司可以背靠背赢得合同，而表现不良会降低他们赢得新合同的机会。有几个选择标准，具体标准可能会随着时间的推移而变化，但一般而言，公司必须财务稳定，表现出强劲有利的业绩，并提供有竞争力的合约条款，包括利润率。个别机构可以在 15～20 个 ESCO 中选择具有 SuperEPC 合同并授予单个任务订单，这可以持续长达 25 年。这种方法大大减少了采购费用，同时增加了灵活性，使 ESCO 能够在保证节省之前进行更深入的审计和分析。因此，该部门的项目往往是大型的、多措施的改造；大型节能服务公司最有能力实施并吸引此类项目的融资。联邦设施中的大多数 EPC 价值在 200 万～2000 万美元，节省的金额大致相同。政府通过购买应收账款的公司为项目提供运营支出。有几个州有类似计划，例如马里兰州每 3 年向 8～10 个 ESCO 发放 SuperEPC。州政府机构和县可使用这些合同签署大型多建筑项目的 15 年任务订单。国家通过州或准国家债券为大多数项目提供资金。

26.2.3 融资机制

合同和融资结构在美国 EPC 的增长中发挥了关键作用，因为 EPC 各方已尝试了不同的选择，以缓解融资可用性、交易和利息成本以及财务风险相关的瓶颈。共享储蓄合同是美国的第一个财务模型，允许客户通过改造产生的节省来支付初始能效改造费用。共享储蓄合同有几个缺点，主要是根据实际储蓄而不是固定付款时间表进行可变付款，这使得客户和节能服务公司更难以预算，并且更难以为交易融资，因为付款不能轻易地与贷款计划相匹配。当节能服务公司在共享储蓄下为 EPC 投资取得贷款或租赁时，信贷容量会限制在其投资组合中维持的项目总数。融资风险也意味着较高的相对利率，这进一步减少了可能的措施数量。

在 20 世纪 80 年代后期，节能服务公司开始提出新的融资和合同模式，保证节约量，这部分是由州和地方政府、学校和可以使用免税租赁和债券的医院推动。FEMP 等大客户也在寻求更深入的改造，融资成本更低，启动更简单。确保客户的总能源和能源节省账单足以支付 EPC 项目在合同期限内的偿还债务（根据基准条件进行一些调整）。州和地方政府通常依赖债券，这样可以获得更好的利率。联邦政府依赖于没收或将未来应收款出售给专门的融资公司（政府客户可以将 EPC 付款视为经营费用）。其他重要的融资类型包括政府租赁购买、债券、赠款、公用事业激励和其他直接分配，如资本基金。

为支持储蓄担保，节能服务公司也可以购买履约保证作为担保，因为合同将根据其条款执行和完成。在一些州和市政府项目中，债券可能会持续一段时间。此外，一些节能服务公司购买能源性能保险作为其技术性能保证的信用增级。

26.2.4 测量标准

1. 国际节能绩效测量和验证规程

测量与认证（Measurement and Verification，M&V）的标准化方法对深度节能改造较为重要，其提高了能源服务公司和客户对 EPC 的满意度和接受度。标准化对于提供融资和降低融资成本也较为重要。

ESCO 使用国际节能绩效测量和验证规程，主要依据能源和需求节约量测量（ASHRAE 2002）和 FEMP M&V 指南。IPMVP 概述了可用于验证商业和工业设施中能效、水效率和可再生能源项目结果的最佳技术。

M&V 协议涵盖数据收集和筛选、仪表校准和维护、计算基线和储蓄估算的可接受方法、影响安装后性能（如天气和建筑物负荷）报告的变量、质量保证和报告的第三方验证。独立 M&V 协议的存在和使用为服务的接收者提供了签订 EPC 合同所需的保证，并为 ESCO 提供了验证其节省所需最低要求的指导。

2. 能源之星和 LEED 建筑标识

建筑能效标识制度是一种基于市场的节能管理方式，通过公开市场能耗信息来提高业主服务需求，从而促进 ESCO 主动提高服务质量。建筑能效标识在国外节能建筑市场已有广泛应用，如美国实施的能源之星和 LEED 建筑标识项目、加拿大建立的建筑能耗标识体系、德国能源服务公司（DENA）的建筑物能耗认证证书等。由德国能源服务公司实施的 4100 多个能效标识证明经验可知，建筑物能耗认证证书以高质量和低成本的优势顺利实施，得到了消费者的认可，为建筑节能改造市场注入了新动力。建筑能效标识主要分为强制性能效标识和自愿性能效标识，这两类能效标识按照建筑物的实际情况来实施。对于能耗较高、范围大的建筑建议实施强制性能效标识；对于激励性、技术先进的建筑可采用自愿性能效标识。

26.2.5 服务机构

美国自 20 世纪 70 年代能源危机以后对于国家能源问题一直都非常关注，1977 年成立国家能源部，主要包括四个板块，能源、科学与创新、核安全和核安保以及管理和运营。在能源方面，能源部致力于促进国家能源系统及时有效转型以及确保美国在能源技术方面的领导地位。

能源部下设多个办公室和国家实验室，其中能源效率和可再生能源办公室（Department of Energy's Office of Energy Efficiency and Renewable Energy，EERE）和节能战略目标密切相关，EERE 办公室为促进联邦机构相关节能目标的实现，专设有 FEMP（图 26-1），是促进美国联邦公共机构合同能源管理发展最关键的一项计划。

FEMP 专注于对联邦机构提供能满足政府能源和水的节能减排目标的服务，主要职责包括发布立法和行政指导、促进技术整合、提供技术援助、跟踪代理商问责制以及开展认可培训等方面。除此之外，美国能源部 FEMP 设计了一套集中的体系紧密衔接以下三个要素，以扶持联邦机构合同能源管理项目，这三个要素包括：政策（立法信息和指南）、能力建设（资源和工具包）、有利机制（无限期交付不限量合同）IDIQ 政策方面等。在能力建设方面，FEMP 按合同能源管理实施阶段整理相关信息、指南和范本；在采购阶段，有合同和当事人责任范本；节能服务公司选取阶段，有在线节能服务公司选取工具，初步评估启动会标准议程；在项目开展阶段，有合同更改建议范本及能源审计审核清单；在项目运行阶段，有测量与验证的流程与指南，年度测量和认证报告的要求格式；在有利机制方面，FEMP 提出超级能源合同，大多数联邦 EPC 项

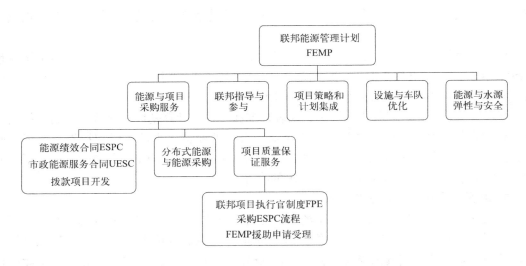

图 26-1　联邦能源管理计划（FEMP）

目已作为美国能源部 IDIQ 合同能源管理项目授予的任务订单实施。能源部超级合同能源管理项目计划的建立是为了简化项目流程，并使 EPC 项目采购尽可能实用且具有成本效益。能源部将 IDIQ 合同提供给节能服务公司，这些公司最符合能源部超级合同能源管理项目计划条款和条件的公司获得联邦机构服务资格。自 1998 年成立以来，能源部超级合同能源管理项目计划已经颁发了 400 个项目。截至 2018 年，能源部超级合同能源管理项目计划实现了两个重要的里程碑，一是 2018 财政年度是能源部超级合同能源管理项目计划 20 多年历史上最成功的一年，合同能源管理项目奖项在 2018 财政年度共计项目投资总额超过 8.09 亿美元；二是最大的能源部合同能源管理项目俄克拉荷马城空中物流中心，投资价值超过 2.43 亿美元。

除此之外，能源部以及 FEMP 在进行一系列有关合同能源管理模式及节能减排等方面的机制建立和完善，能源部下属国家实验室劳伦斯伯克利实验室，美国太平洋西北国家实验室等提供技术，如联邦机构年度节能目标的建立、项目监督管理框架的制定、节能量测量与认证标准的建立等各方面。

26.3　小结

从上述中美两国合同能源管理模式的发展历程以及相关出台政策来看，两国合同能源管理模式的发展以及应用存在许多不同之处，总结如下：

1. 合同能源管理模式政策出台方面，中国政策多是推广性和鼓励性，许多政策的规定尚不完善，有些政策执行流程较复杂，执行成本较高，实施起来难度较大；美国方面推广性政策较少，多是实操性政策，有利于政策的执行和落地。

2. 合同能源管理模式标准实行方面，中国针对合同能源管理模式的标准较少，技术通则并不能完全满足实际测量的需要；而美国 IPMVP 的标准化使得 ESCO 与客户的责任更加清晰，从而提高 EPC 的满意度与接受度。标准化也是提供融资、降低融资成本的关键。

3. 公共机构节能目标设定方面，中国在省市层面并没有完全明确具体的公共机构节能目标；美国是由 FEMP 联合美国太平洋西北国家实验室等机构提供节能目标建议，且落实到联邦各个机构。

4. 公共机构预算差异方面，我国由于财政预算的限制，无法将公共机构的能源预算通过 EPC 合同支付给节能服务公司，该问题在 2016 年出台了相关文件后逐渐解决；美国对合同能源管理项目的能源预算计划和执行的每一个环节有非常详细的规定和说明。

27

中美公共机构合同能源管理典型案例对比分析

27.1 影响 EPC 项目合作的因素和情境变量

27.1.1 影响因素分析

通过研究确定了影响 EPC 项目合作效果的影响因素，提出了公共机构 EPC 项目合作的情境变量、公共机构诉求及满足程度、节能服务公司嵌入程度以及地区政策差异性；确定了公共机构 EPC 项目合作效果的指标评价标准（图 27-1），一方面是合作产出，包括合作效益和合作满意度；另一方面是合作过程，包括相互交流情况和合作配合情况。

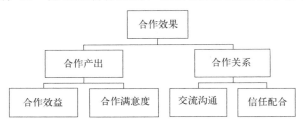

图 27-1 EPC 项目合作效果评价指标

1. 文献调研法

通过文献调研法对具体的相关影响因素整理见表 27-1。

文献调研法——因素整理 表 27-1

因素分类	一级因素内容	二级因素
项目外部因素	政府政策	能源政策、融资、税收政策、激励政策
	健全的法律、经济环境	—
	能源测定标准	节能量测量及基准能耗测定
项目内部因素	技术、管理	各方参与主体
	内部融资能力	各方参与主体
	节能意识及意愿	用能单位及节能服务公司节能意识与合作态度
	项目条件	项目规模、节能潜力、合同条件

2. 问卷调研法

在文献调研法的基础上，项目组还通过实地发放问卷调研了制约 EPC 模式推广的因素，主要从公共机构、政府和协会、节能服务公司、第三方机构等方面展开，通过对文献梳理以及节能产业年会发放的调查问卷（有效问卷 62 份）分析，得出各方面的影响权重见表 27-2。

问卷各方面影响因素权重分析

表 27-2

方面	排序	名称	权重
公共机构方面	1	现有招投标制度的不完善	0.20
	2	传统物业管理模式及产权不明问题	0.19
	3	对用能方的节能宣传培训和自身良好的节能习惯	0.18
	4	财政预算制度对效益支付的限制	0.18
	5	用能单位在项目中的参与配合度	0.13
	6	用能方与节能服务公司良好的合作关系	0.12
节能服务公司方面	1	激励政策不够明确	0.21
	2	社会责任感不强，缺乏职业操守	0.20
	3	规模小，抗风险能力弱	0.16
	4	缺乏高水平技术与人才	0.15
	5	资信水平低，难以获得融资	0.14
	6	综合管理及整合服务能力低	0.14
政府、协会方面	1	对 EPC 模式的宣传和培训是否到位	0.24
	2	权威的节能认证机构	0.22
	3	约束和惩罚机制是否到位	0.19
	4	政府相应的监管体系和监管力度	0.18
	5	行业、技术等标准是否完善	0.17
第三方机构方面	1	节能服务行业相关研究的深入开展	0.37
	2	节能咨询行业的高水平人才的充足程度	0.35
	3	节能量测量和认证体系的完善程度	0.28

制约因素可分为内部、外部两方面影响因素。外部因素又可分为三个方面：政策法规、标准和文件、市场建设和监管。现有招标制度不完善、财政预算制度对效益支付的限制以及激励政策不明确，属于政策法规方面的影响因素；节能量测量和认证体系的完善程度、行业、技术等标准是否完善、权威的节能认证机构属于标准方面的影响因素，监管力度、第三方机构的参与以及信息公开程度是市场建设与监管方面的影响因素。

同样，内部因素可分为政府、公共机构以及节能服务公司。其中，政府对 EPC 模式的宣传和培训、约束惩罚机制等是否到位是政府方面的影响因素，对用能方的节能宣传培训和自身良好的节能习惯、用能单位在项目中的参与配合度以及用能方与节能服务公司良好的合作关系是公共机构方面的影响因素；缺乏高水平技术与人才、资信水平低、较难获得融资和综合管理及整合服务能力低属于节能服务公司方面的影响因素。综合以上，影响因素见表27-3。

问卷调查法——因素整理   表 27-3

外部因素									内部因素					
政策法规				标准和文件		市场建设和监管			公共机构			节能服务企业		
采购制度	财务制度	激励和惩罚制度	资金支付细则	节能测量与认证标准	合同能源管理服务标准	信息公开	监督管理	第三方测量机构引入	节能意识	实施意愿	配合程度	资信水平	融资能力	技术水平	服务能力

根据上述文献调研法和问卷调研法两种方法，最终得到了影响 EPC 项目合作效果的两方面因素，见表27-4。

合作效果影响因素   表 27-4

因素分类	一级因素	二级因素
外部因素	政策法规	采购制度
		激励和惩罚制度
		资金支付细则
		财务制度
	标准和文件	节能测量与认证标准
		合同能源管理服务标准
	市场建设和监管	信息公开
		监督管理
		第三方测量机构引入
内部因素	公共机构方面	节能意识
		实施意愿
		配合程度
	节能服务企业方面	资信水平
		融资能力
		技术水平
		管理能力
	项目条件方面	项目规模
		节能潜力
		合同条件

结合已有调研案例的特点，筛选出 5 项因素进行分析，政策法规、标准和文件、市场建设和监管这三方面外部因素内容可总结为政策市场条件，将其归纳为第一个因素；公共机构节能意愿内部因素为第二个因素；公共机构的预算方式和招标方式的不同对项目影响较大，将这两点归纳为公共机构制度灵活性因素，作为第三个因素；节能服务公司综合服务水平为第四个因素；项目条件为第五个因素。

27.1.2 研究理论

本书基于多个案例，研究公共机构 EPC 项目的各个影响因素对双方合作效果的影响关系，以及在嵌入情境条件下，通过不同的调节作用表现出不同合作效果的基本规律。研究框架如图 27-2 所示。

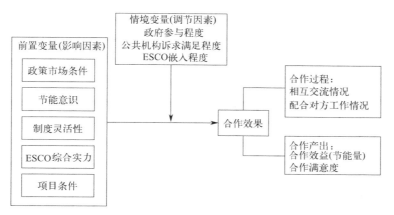

图 27-2　研究设计框架

27.2　中国合同能源管理项目典型案例分析

27.2.1　案例选用原则

1. 案例选择的标准和条件

所选案例必须满足以下条件：（1）具有代表性和可借鉴性，所选项目涵盖了公共机构的主要类型，其中多个项目获得了与合同能源管理项目相关奖励；（2）覆盖情境变量的类型，所选项目涵盖不同公共机构类型，即涵盖不同的利益诉求；所选取的案例来自不同地区，地区之间政策均有一定差异度；不同项目之间节能服务公司嵌入到合作的方式也不同，因此嵌入程度也存在差异；（3）资料的可获取度高，无论是节能服务公司方面还是公共机构方面，都愿意接受访谈并提供所需资料。

2. 变量的测量

在上述文献调研的基础上，对变量进行了描述，并根据所需信息进行了数据和资料的收集，但要衡量具体变量在每个案例中的程度，还需给定变量的衡量标准和关注信息，见表 27-5。

各变量关注信息　　　　　　　　　　　　　　　　　　表 27-5

类型	变量	关注信息
影响因素	政府参与度	政府参与阶段、每阶段参与内容
	制度灵活性	财政制度灵活性，根据财政拨款方式判断
情境变量	公共机构诉求差异性	公共机构诉求重点关注节能效益或建筑条件的改善
	节能服务公司嵌入程度	节能服务公司嵌入与公共机构的合作的方式

类型	变量	关注信息
情境变量	地区政策差异性	关注不同地区有关合同能源管理项目的规定,如合同条件约定的合理性、有无相关奖励政策
合作效果	相互交流情况	合作期间双方的交流频率,交流方式(正式或非正式)
	合作配合情况	双方是否按合同约定承担自己的责任
	合作效益	节能效益、节能率
	合作满意度	双方对本次合作的满意度

3. 案例收集方法和信息获取

按照上述标准选择案例并进行资料采集,选取调研对象主要是参与公共机构项目全过程的项目负责人、节能服务公司的项目负责人以及其他与项目相关人员。通过面对面访谈的形式从案例的合作发起、合同谈判、合作过程和合作效果等方面对案例进行详尽调研,获取案例所需的资料,并向相应项目负责人收集对应的文本资料,具体包括招标文件、合同文本,有政府参与的项目还包括一定的流程标准文件、协调往来函件等。在案例后期分析的过程中,有资料不全的案例,会对具体对接的负责人进行联系和回访,以保证案例资料的全面性。

由于实施合同能源管理项目的公共机构各异,因此在描述案例概况时,按照机构类型进行区分。调研的主要案例见表27-6。

案例项目概况　　　　　　　　　　　　　　　　　　　　表 27-6

序号	项目名称	公共机构类型	ESCO	改造内容	合同类型	实施时间	截至 2018 年 6 月调研时进度
1	惠州某医院空调改造项目	医院	深圳某节能公司	空调改造、运维管理平台安装	效益分享型	2017 年	运维第一年度
2	深圳市某中心综合改造项目	医院办公楼	深圳某节能公司	空调、照明、排风系统、围护结构改造	效益分享型	2013 年	运维后期,即将移交
3	北京某大学 1 学生活动中心中央空调系统改造项目	高校	北京某节能公司 1	空调改造、运维管理平台安装	费用托管型	2016 年	运维第四年
4	北京某大学 2 锅炉房改造项目	高校	北京某节能公司 2	热能改造;电力节能;外墙保温改造;信息系统优化	效益分享型	2018 年	运维第一年技术改造第二年
5	天津某大学供热改造项目	高校	远大	供暖系统	费用托管型	2017 年	运维第一年
6	深圳市福田区某节能改造项目	政府机关	深圳某节能公司	照明、中央空调、热水系统、用能运行系统优化	效益分享型	2011 年	即将移交

27.2.2　政府机关典型 EPC 项目案例概况

深圳市福田区机关事务局响应深圳市政府节能减排战略部署，对福田区某办公项目进行合同能源管理节能改造，福田区这个能源改造项目属于深圳市全面推行合同能源管理项目的一个试点项目。

福田区某项目总建筑面积约为 131889.51m²。建筑功能分别为：办公、多功能会堂及综合服务等。主要能耗设备有空调系统、照明系统等。大楼为中央空调供冷，办公区域末端使用风机盘加独立新风系统，空调运行月份为 4—11 月，日运行时间为 8h。

深圳某节能公司为协助深圳市政府开展深圳全市公共机构能耗统计的工作的合作伙伴，鉴于之前和福田区就能耗统计工作已有沟通，双方具有一定的合作基础。在深圳市委的协助下，福田区通过公开招标，最终选定深圳嘉力达为该合同能源管理节能改造项目的合作方。

此能源改造项目于 2011 年 10 月签订能源改造合同，采用节能效益分享型模式，项目分享比例为 8∶2（深圳某节能公司∶福田区），工程改造耗时 2 年，合同能源管理项目年限为 8 年，合同期结束后，深圳某节能公司将改造设备等无偿转让给福田区。具体的节能改造项目包括：照明系统改造、中央空调系统改造、热水系统改造、用能运行系统优化改造等四大模块内容，采用先进的节能设备和技术对主要能耗设备系统技术改造，建立节能监管平台系统，加强项目运行管理等综合节能改造措施，可为项目节电量达 1031761kW·h/年，项目年节电率可达 13.4%。

截至 2019 年，项目取得预期的节能效果。项目进展顺利，但也存在节能效益费用进度款的支付问题。此项目用能单位为政府机关，实行全额预算制，且由国家财政来统一划拨。若机关领导层出现变更，对 ESCO 工程款的审批会造成很大障碍，这也是目前大多数节能服务公司面临的问题，大多政府机关的项目后期投资很难收回，因此，在项目开展过程中，最关键的一点就是确保用能单位对 ESCO 的支付问题。由于本项目是深圳市政府合同能源管理的先行试点项目，得到政府机关管理局的大力支持，深圳某节能公司通过与福田区财委、深圳市发展改革委就相关支付问题进行发函沟通，确保了项目的支付渠道畅通，也促成了项目的成功。

27.2.3　公立学校典型 EPC 项目案例概况

1. 北京某大学 2 锅炉房改造运维及能源管理项目

1）项目概况

北京某大学 2 共由 3 个校区、2 个基地组成，总占地面积约 3000 亩，总建筑面积 93 万余平方米。大学 2 东区西家属院供暖面积约为 4.05 万 m²，由大学 2 独立的锅炉房负责供暖，现供暖区域基本为住宅及部分平房，由于年代久远，大多无外墙保温。西家属院原燃气供暖锅炉从 2000 年 10 月投入使用，到 2017 年更换了低氮供暖锅炉，由于供暖管线老化严重、供暖楼宇未安装外墙保温以及供暖管线水力不均导致各楼宇"冷暖不均"等问题，整体能耗偏高，2013—2017 年平均能源费用（水、电、气）为 120 万元；且东区西锅炉房用电属于商业峰谷电价，在非供暖期仍有大量用电，存在能源费流失的现象，同时，东区西家属区锅炉房水电气计量完全独立，用能管理问题较多，节能空间较大，非常

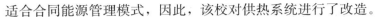

适合合同能源管理模式，因此，该校对供热系统进行了改造。

此外，教育系统响应国家号召，率先建立了教育系统"能效"领跑者建设项目平台，这些项目正是以合同能源管理、合同节水管理等方式为主。

2）合作概况

北京某大学 2 属于用能机构一方，校领导对校园节能领域方面的工作较为重视。此次项目改造前已开展如下节能工作：全面实施计量，按表收费；该收费的区域收回能源成本，并提高能源管理效益，从专项经费中分摊能源费；图书馆、教学楼实行总量控制、逐年递减的定额管理，节能奖励超额自付。

北京某大学 2 能源改造项目业主向教育系统能效领跑者建设项目服务平台提出项目申报诉求，得到教育部规划建设中心下属的中教能源研究院对此项目给予大力的组织和协助，通过招标评选流程、专家打分，最终确定了北京节能公司 2 为此能源改造项目的中标单位。

2018 年北京某大学 2 与北京节能公司 2 签署北京某大学 2 东区西锅炉房合同能源管理项目合同；同时北京某大学 2、北京节能公司 2、中教能源研究院（北京）有限公司三方就北京某大学供热系统节能改造项目又签订了能效领跑者建设项目三方合作协议书。

此项目采用节能效益分享型合同能源管理模式，即节能改造工程的投入由北京节能公司 2 单独承担，项目建设施工完成后，经双方共同确认节能量，双方按合同约定比例分享节能效益；项目合同结束后，节能设备所有权无偿移交给甲方，以后所产生的节能收益全归甲方。项目预期年节能收益为 30 万元，收益分享期为 15 年，节能效益分享比例为 3∶1（北京节能公司 2∶北京某大学 2）。节能改造的主要项目包括：燃气锅炉集控及气候补偿（热能改造）、燃气锅炉烟气余热回收装置安装、智能换热机组改造、自吸平衡系统安装、商铺和锅炉房外用电分支计量和收费系统改造（电力节能）、外墙保温改造、智慧供热云平台系统（信息系统）。节能收益包括项目实施直接降低的能耗费用（包括水费、电费和气费）、回收能源费（电费和水费）以及供暖运营和催收供暖费的服务费用。

2. 北京某大学学生活动中心中央空调系统节能改造

1）项目概况

北京某大学 1 由东校区和主校区两个校区构成，本次实施节能改造的案例即位于主校区内，改造对象为北京某大学 1 学生活动服务中心。学生活动中心紧邻学校西门，包括一站式服务大厅、生活服务、小剧场、日常办公场所等多个分区，于 2011 年 11 月初步投入使用，但是其能耗过高，经测算，学生活动中心自 2014 年投入使用以来，年耗电量约 499.2 万 kW·h，而建筑面积只有 58000m²，年耗电约 86.06kW·h/m²，高于平均水平。其中能耗较大的中央空调冷热源及输配系统能耗占总能耗的 22%。

2）合作概况

2016 年，北京某大学 1 委托北京节能公司 1 采用合同能源管理模式对学生活动服务中心进行改造，合同模式采用能源费用托管型，合同期为 5 年。主要的改造内容是针对学生活动中心中央空调制冷站进行改造。由于本项目是单一空调系统的改造，项目所需投资额较低，约为 73 万元，全部成本由节能服务公司负责承担，这部分资金来源于节能服务公司的主营业务，全部为其自有资金。项目施工第一年在空调运行之前（4—6月份）进行了主要设备的安装，一类是各种冷却水泵变频柜以及自动控制器等直接影响系统运行能耗的大元器件设备的安装，另一类是冷站设备远程群控等信息化软件的安装，包括能耗检测平台、冷水机组远传控制、室外气象采集模块等。第二年在过渡季对系统进行了调试，进行了一些补充工作。双方合同中约定，北京某大学1每年直接缴纳电费，然后把实际电费和包干电费之间的节省部分，支付给乙方作为服务费。另外如果项目每年系统实际运行的节能量超过预计节电量，则超出部分节能收益分配比例双方各自为50%；对于中央和地方节能主管的节能量补贴，电力需求管理奖励等，奖励资金双方同样各自占50%。

据调研数据显示，项目改造后制冷站相对能耗基准节能量约为23.3万kW·h，节能率24.1%，项目电费单价0.53元/(kW·h)，折合节约费用12.35万/年。

3. 天津某大学供热改造项目

天津某大学新校区建于2006年，建校当年在远大公司采购了1台非电控中央空调，负责西苑第一公共教学楼、食堂、综合楼等56000m^{2}的空调移机和17栋学生公寓的卫生热水供应。2015年，天津某大学与远大签订了合同能源管理合同，由远大专业的运营管理团队进行运营服务。2017年，天津某大学与远大签订了二期合同能源管理服务，对空调系统进行了节能改造，改造后空调系统采用远大热泵模式替换原有设备，并由远大专业的服务团队进行运营管理。

在接受改造项目之前，对2015年文科类学院空调使用成本进行调查，如图27-3所示，从成本构成可以看出，市政供暖费占总成本的79%，但其一直采用的市政管网供热模式存在一定的不足之处：（1）时间固定无弹性，市政供暖系统控制太严，水流慢，供暖温度低，无法满足过渡季的供暖需求；（2）寒假浪费大，不利于节能减排；（3）使用费用高，"煤改气"、低氮燃烧后涨价；（4）制约性太强，且市政安装流量计后，不受学校控制。因此，改造热网是节省费用的重中之重，供暖改造的潜力也是最大的。

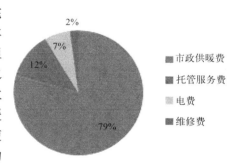

图27-3　2015年空调使用成本

基于以上，天津某大学与远大共签订了两期合同能源管理合同，改造的主要内容包括：对机房的全面调整、对空调主机进行大修翻新、引入远大一体化输配电系统等新技术，不仅降低了运营成本，且天津某大学得以享受低于市政供热价格的供暖服务，远大通过新技术获得了合理利润。

2015年9月，天津某大学与远大公司签署合同能源管理合同，属于能源托管类型。远大在合同期间承担对能源设备的运行、维护工作，并承诺能源消耗量。天津某大学按照合同规定支付给远大费用。在节能项目实施过程中，如果实际设备运行过程中能耗费用高于支付的固定费用，远大承担相应的差额，如果在实际产生的能耗费用低于固定费用，余额归远大所有。

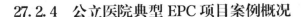

27.2.4 公立医院典型 EPC 项目案例概况

1. 惠州市某医院空调改造项目

1）项目概况

惠州市某医院是三级甲等医院，医院分一院两区，即东江新城院区和菱湖院区，占地面积 8.2 万 m^2，建筑面积 8 万 m^2。其中菱湖院区是医院老院区，规模较小，而东江新城院区是 2013 年建成的新院区，建筑面积 5.5 万 m^2。

东江新城院区自 2013 年投入使用，设备的整体运行能耗较大，尤其是空调耗电量。据统计，东江新城院区 2014—2016 年的平均耗电量为 811 万 kW·h。2017 年 4 月 25 日，国管局、国家发展改革委、财政部颁布了《关于 2017—2018 年节约型公共机构示范单位创建和能效领跑者遴选有关工作的通知》，凡是被评选进入节约型公共机构示范单位创建名单的单位均可获得用于节能减排的奖励资金。

2）合作概况

2017 年惠州市某医院对改造项目进行了公开招投标，确定了深圳市节能公司为项目承担方，双方签订了节能效益分享型合同，合同期限为 8 年，分享比例具体见表 27-7。

双方节能效益比例分成表 表 27-7

序号	节能效益分成年限	医院分成比例	嘉力达分成比例
1	第一年	15%	85%
2	第二年	15%	85%
3	第三年	15%	85%
4	第四年	20%	80%
5	第五年	20%	80%
6	第六年	25%	75%
7	第七年	25%	75%
8	第八年	25%	75%

改造投资额共计 170 万元，其中 40 万元为惠州某医院成功进入节约型公共机构示范单位创建名单后所获得的创建资金，其余 130 万元由深圳节能公司支付。项目的改造内容主要包括对中央空调、动力用电、照明用电以及医疗设备用电的分项计量；搭建数字化设备运行管理平台、建立设备管理云平台服务；中央空调集控及水泵变频节能改造；手术室、ICU 等洁净空调系统由新增的风冷模块空调机组独立供冷。

改造工程于 2018 年 6 月完成，截至 2018 年 11 月，项目已运行 5 个月，总体节能效益约为 65.7 万元，节能改造后大大提升了医院的能源利用效率，具有良好的经济效益和社会效益。同时，按照节约型公共机构示范单位评分标准，2018 年 11 月 11 日，医院参加国家节约型公共机构示范单位创建验收，以综合评分得分 100.6 分通过了国家的评价验收。

2. 深圳市某中心综合改造项目

1）项目概况

深圳市某中心于 2010 年建成，其使用中央空调的建筑面积有 41528m^2，共 6 栋建筑，分综合办公楼、预防医学门诊楼、食堂及餐厅、理化实验楼、动物实验楼、微生物实验楼。其中综合办公楼及理化实验楼的地下 1 层平时为停车库、设备用房，3 栋实验楼共有 240 多个专业实验室及其他功能用房。深圳市某中心消耗的主要能源为电能及天然气，用电系统大致分为动力用电（空调、水泵、电梯、空气能热泵热水机、实验专用设备等）、照明用电和办公插座用电，其次职工食堂及空调系统的燃气锅炉消耗一定量的天然气能源。

项目实施改造前，项目总能耗为 813 万 kW·h/年，单位面积能耗处于 180kW·h/m^2 左右，整体能耗量较大。

2）合作概况

2013 年深圳市某中心决定采用合同能源管理模式对整体能耗系统进行改造，通过公开招标确定了深圳某节能公司为此次节能改造项目的承担单位，双方签订了节能效益分享型合同，合同期限为 2013 年 6 月 1 日至 2021 年 8 月 31 日，效益分享期为 8 年，具体的分期分享比例为第 1 年至第 5 年，甲方享有 10％的比例，乙方享有 90％的比例；第 6 年至第 8 年，甲方享有 20％的比例，乙方享有 80％的比例。此外，双方还约定节能服务公司作为乙方承诺最低的节能率为 17％，节能效益为 138 万 kW·h，如果项目节能率低于 17％，深圳市某中心作为甲方将会对乙方进行处罚。

2013 年 6 月开始实施建筑综合改造，主要改造内容包括建立可视化能源管理系统、能源移动管理体系、照明系统改造、空调系统改造以及实验室排风系统改造和围护结构改造等内容。2013 年 10 月改造项目正式运行，2013 年 10 月至 2014 年 6 月，综合能源节能量高达 221 万 kW·h、折标煤 773.91t、减少二氧化碳减排量 1929.36t，节能率实际数据平均超过 30％。

截至 2018 年 10 月，改造项目已运行 5 年，为深圳市某中心带来了较大节能效益，也在深圳市公共机构合同能源管理模式的推行方面起到了良好的示范作用。此节能改造项目 2014 年荣获"深圳市公共机构节能示范单位"称号，2015 年荣获"国家第二批节约型公共机构示范单位"称号，并且同年作为中美能效论坛的合同能源管理示范项目，是唯一一个入选中美合同能源管理示范项目的公共机构节能项目。

27.3 美国合同能源管理项目典型案例分析

27.3.1 马里兰大学合同能源管理节能改造项目

1. 案例概述

马里兰大学（University of Maryland，UMD）帕克校区面临着严峻的校舍陈旧问题，校区共有 260 栋建筑，75％的已建成超过 25 年，32％超过 50 年，平均年龄均超过 40 年，建筑普遍陈旧，55％的建筑急需翻修。因此，UMD 面临的两难之境，既需对设施改造增加能源供应，又要节能减排。UMD 作为州立大学，肩负着节能减排的义务以及需要达到马里兰州制定的目标。为此，学校承诺到 2020 年减少 50％废气排放、减少 20％能源使用，到 2050 年实现碳中和。不论是改造校舍还是实现节能环保，都需不菲投入，学校的经费侧重于投入到基本的科研和教学方面，对于设施改造，可用的资金已出现大量赤字，

改造设施的费用更存在着缺口。为解决这一难题，学校采用 EPC 模式来进行既有建筑的能源改造。

2. 案例实施过程

1）项目需求分析阶段

对马里兰大学能源改造项目来说，首先，是对采用 EPC 模式的需求分析。对设施改造增加能源供应的同时又需要节能减排，和众多大学一样，学校的经费侧重于投入到基本的科研和教学方面，对于设施改造方面，可用的资金已经出现了大量赤字。经过多方调查和论证，项目组初步决定选用 EPC 模式来解决以上矛盾。按照马里兰州惯例，EPC 项目能获得马里兰州的财政支持，以及通过州政府获得第三方融资，因而，利用 EPC 模式理论上是可以解决资金短缺的问题。同时，也能成为 UMD "绿色校园示范" 战略目标实现的有效途径。

其次，EPC 模式的选择。校园近一半以上的建筑需要改造，资金是最紧迫的问题，因此从校园中体育运动设施的改造开始，这些设施带有一定盈利性质，改造后获得的经济回报相比教学科研设施更为丰厚，对后期其他改造项目的开展及节约更多的运营成本会更有意义。

2）项目前期准备阶段

（1）筛选改造方向

在主要改造方向明确后，启动 EPC 项目。首先，成立项目小组。召集各方专业人士，进行前期的收集数据资料、考察，对 UMD 各主要建筑和设备的现状进行实地调研、信息采集、分析和汇总；其次，召集学校设施管理的基建工程师、能源工程师、运营主管、技术主管及分包商代表们讨论确定项目范围。

（2）明确改造被选项目

首先分析建筑的建成年份、规模、图纸等概况，详细了解各建筑目前的使用功能以及未来的发展需求，明确各个建筑目前的各项能耗参数以及设备系统的耗能形式、运行状况等。例如：供暖通风与空调系统的配置、各项参数和运行状况；水龙头流量、用水量等供水系统情况。获得了大量数据后，对建筑、设施的建设和当前运行情况进行统计和检查，在此基础上确定各个能量消耗系统的运行要求。最后根据整体最优效果角度来考虑，经过分析考证，最终选定了十多个需要改造的对象作为备选。

（3）招标投标阶段，优选改造项目

项目小组按照程序向 UMD 行政办公会议提交了改造提议，并开始上报马里兰公立大学联盟进行批准。每个州对于参与政府项目的 EPC 机构都有资格的规定，马里兰州也有一个可选择的 ESCO 名单。项目小组通过对名单中各个 ESCO 公司能力、经验的筛选评价获得了一份初选名单，在通过马里兰州政府节能改造管理机构的认可后，向合格公司发出了投标邀请书，并提供相应的技术资料和数据，由 ESCO 提交初步的方案建议书，其中主要包括对其经验、实力、团队等描述，以及改造技术方案的可行性论证、初步的能源节约估算以及成本效益分析。该项目选择了两阶段式模型，第一阶段：建议书通过审核后，将会推选出大约 3~5 家 ESCO 作为进入第二阶段角逐；第二阶段：明确项目实施方案和签订协议，由进入第二阶段的几家 ESCO 企业制定详细的技术方案、设计图纸和说明书，提供具体的项目资金测算和资金来源方式，具体的节能量和现金流数据，以及担保的方式等，建议书将提交给公共工作管理部门进行审核，组织专家进行评议最终确定中标人并签约。

美国电力公司 PEPCO 参加了 UMD 的 EPC 项目竞标，确定了 UMD 所有体育运动设施中的 9 项作为此次 EPC 项目的改造对象。合同主要内容有：自 2012 年开始，UMD 委托 PEPCO 公司开展为期 13 年的 EPC 项目。该项目共涉及 9 个建筑（场馆）改造，节能改造内容包括 9 项内容，包括生活用水节约、通风空调控制、安装变频风机、装载平台空气幕、灌溉设备、灌溉分水表、照明升级、场地照明控制等。

3）项目实施阶段

项目涉及 9 个建筑，每栋建筑基本都涉及水、电和燃气使用的节约，其中 Comcast 中心还涉及建筑通风条件的改造，采用单项节能措施来计算节能量，只需把建筑中涉及的某个节能措施的节能量计算求和即可得出总节能量。

4）项目运维阶段

UMD EPC 在项目改造完成一年后，更新了体育场馆的设备设施，加上场馆运营者的大力宣传，体育场馆使用人数骤然增加，导致用水量上升。

体育场馆经营状况的好转对 UMD 是一个利益增长点，而 PEPCO 公司却面临用水的节约没有达到担保的节约量，只完成担保节约量的 90% 左右。节能服务公司提出由于改造后体育馆的使用状况与改造前相比明显不同，合同中基准线改变，双方按照目前的使用功能，采用合同中的公式和计算方法重新测算节能量。

27.3.2　美国杰克逊市自来水节能改造项目

1. 案例概述

该项目是一个密西西比州杰克逊市基础设施改造 EPC 模式项目，也是一个实施到一半而被喊停的项目。

2010 年 1 月 10 日，在一场严重的冰冻后，杰克逊市的自来水总管开始有超过 150 处破裂。杰克逊市几乎断水，这严重暴露了该城市的基础设施问题。2011 年 8 月穆迪投资者服务公司降级了杰克逊市的城市供水和污水处理债务评级，使杰克逊市无法提高水费来归还债务。根据 EPC 条款的合同，须投放 2600 万美元指定用于对法令规定的承诺项目，包括污水处理厂升级。在这个背景下，杰克逊市与 ESCO 签订了包括污水处理厂改造在内的水系统改造 EPC 合同，2013 年 7 月 22 日 9000 万美元的债券项目已售出，资金存放在银行，城市不得不从 2013 年底开始支付利息贷款。

2. 案例实施过程

1）项目前期准备阶段

（1）资金准备

不同于一般的能源绩效合同，能源服务公司构建一个系统，支付所有的前期成本，从后期的能源节约中去抵消，EPC 合同要求杰克逊市筹集资金，然后开始 30 个月付款计划。

同时，杰克逊市基础设施改造项目将采取债券融资方式。由于杰克逊市的债务评级趋于负面，因此难以向专业的商业银行进行有效贷款，只能通过债券形式向大众筹集资金。杰克逊市计划于 2013 年发放城市债券，并将债券募得的资金放入密西西比州发展银行。

（2）合同签订

杰克逊市与 ESCO 签订了包括污水处理厂改造在内的水系统改造 EPC 合同，包含了三种节能设施的改造和升级：推进水计量基础设施升级、水处理厂维修和升级、污水收集系统维修。EPC 合同的总额度达到了 9100 万美元。

相比于其他 EPC 合同模式，ESCO 公司只对其中一部分的节能量负责。

2）项目实施阶段

（1）利益分配

节能服务公司仅是按照约定收取服务费用，补偿未达到担保额的合同量，而大部分的节能量由杰克逊市所得，并用以偿还前期高额的债券利率。由于债券额数量较大，而偿还债券的资金额靠项目的建设来完成，也就是取决于 ESCO 的积极性。但从分配利益上来说，整个项目的成功与否和 ESCO 的利润分配并没有直接的关系，ESCO 能站在项目施行者的角度，来减小项目的实行成本。因此单就整个项目的风险上来说，这种分配方式不稳定。

（2）合同运行过程

实际的节约是基于新表的测试精度，但水表的测试协议不理想。在 ESCO 的水表精度测试报告中，杰克逊市更新完的水表精度能达到 97％左右，超过了合同中要求的 96％的精度要求。然而，杰克逊市的实际水表准确率平均只有 88％，远低于合同中的要求。原因是 ESCO 用 10％的样本对水表准确性进行测量，而并不是对整个城市的样本进行准确性测量。

（3）项目执行力

从合同谈判到执行，一共有三个市长参与，市议会成员也有所改变，杰克逊市公共实务部门管理者和 ESCO 员工经常发生变化，多方面人员的参与，多方面人员的替换，导致这个项目的真正执行能力不强。城市在执行过程中没有履行相关义务，并没有派出相关的人员协助 ESCO 的水表替换。

（4）项目技术

信息不对称和节能行业的垄断也是导致杰克逊市项目失败的主要原因。杰克逊市的谈判小组由市律师组成，在水表价格等细节方面并没有过多关注。例如在合同签订时，并没有规定更新水表后的水费收费单位，而是以为默认的立方英尺，导致城市水费是原本未更新前的近 6 倍。在后期发现水表校准按加仑计算而不是立方英尺时，政府才对整个项目喊停。

27.4 基于多案例的 EPC 项目合作效果分析

主要分为三部分进行，首先是影响因素的情况分析，通过相关网站和访谈资料了解各项目所在地区有关 EPC 模式的相关政策以及所颁布的文本文件，设立的相关平台等；其次，制度灵活性分析，主要通过访谈考察各项目所在公共机构的财政支付方式和招标方式；最后，项目条件分析，主要针对项目的改造条件和合同条件。总结分析见表 27-8～表 27-11。

对各案例合作效果影响因素的分析结果   表 27-8

序号	项目名称	政策和市场条件	节能意识和改造意愿	制度灵活性	项目条件
1	惠州某医院项目	相关制度并不健全；无相关标准和范本；申请了节约型公共机构示范单位	领导高度重视，节能意识强，改造意愿强烈	差额拨款，节能效益自留；采用公开招标	改造部分能耗占比高；基准能耗清晰；专项资金＋ESCO投入；第三方基准能耗审核和节能量评定
2	深圳市某中心项目	相关制度健全；节能补贴、财务支付、批量采购、全过程标准化管理及监督制度等	实验楼用能需求大，改造意愿强	全额拨款，EPC合同的支付视同能源费用列支；通过机关事务管理局公开招标投标	改造潜力大；改造后用能精细化管理提升，如果项目节能率低于17%，对乙方进行处罚
3	北京某大学1学生活动中心项目	教育部、住房和城乡建设部、北京市相关政策；教育部学校规建发展中心开展能效领跑者示范计划	节能意识强，改造意愿强	全额拨款，有一定其他收入；采用公开招标投标；内部有能源节约激励机制	改造较易且改造潜力大；有能耗分项计量系统，基准能耗易确定；改造内容包含能效监测平台，节能效果易确定，超预计的节能量收益双方平分
4	北京某大学2锅炉房项目	能效领跑者建设试点项目，教育部、发展改革委有节能补贴	用能压力大，领导高度重视，改造决心大	全额拨款，有一定其他收入；在能源费预算单列节能服务预算；校内有合同能源管理的制度流程；通过教育部学校建规公开招标	独立供暖，基准能耗明确；解决复杂的部门协调问题；运维难度大、节能空间大；引入第三方检测机构；专项改造补贴、节能奖励或补贴，双方平分
5	天津某大学供热项目	天津市相关制度建设尚待完善；教育部学校规建发展中心有能效领跑者示范计划，天津市公共建筑能效提升有奖励政策	市政供暖不能满足需求，寒假浪费大，改造意愿强	全额拨款，但有一定其他收入；节能效益需上缴财政；公开招标	供暖改造潜力最大，工大投资设备，其他由远大投资，远大管理运营热源10年，EPC合同期3年
6	深圳市福田区某项目	当时深圳市相关政策和制度未到达现在水平，是深圳推行合同能源管理的试点项目	节能需求强烈；领导变更	全额拨款；公开招标	综合改造；改造潜力大；通过改造建立节能监管平台系统，加强项目运行管理；将因素变化引起的节能效益的变化写到合同中
7	马里兰大学综合改造项目	马里兰州能源管理局为EPC方案提供行政支持，并参与大多数能源效益承包商的招标、评价和选择	节能需求强烈；有硬性的节能考核目标	两阶段招标，投资来源于银行贷款，偿还则通过节能效益	综合改造，改造潜力大；超过保证节能量，合同期共计13年；第三方基准能耗审核和节能量评定

序号	项目名称	政策和市场条件	节能意识和改造意愿	制度灵活性	项目条件
8	杰克逊市水系统改造项目	《密西西比州法典》；与EPC合同有关的内容包括：节能设备；与设备的安装、操作或维修有关的服务等	水管破裂及债务评级问题导致被迫节能改造，意愿较强	两阶段招标，投资来源于发行债券，偿还则通过节能效益	单项改造；合同谈判过程参与人员众多，改造过程混乱；ESCO发生投机行为

对各案例合作情境变量的分析结果　　表27-9

序号	项目名称	政府参与程度	ESCO嵌入程度
1	惠州某医院项目	机关事务管理局协助推荐节能服务公司，协助招标文件等的编制	高
2	深圳某中心项目	机关事务管理局全过程介入：项目申请、招标、实施、运行全过程标准化管理，监督双方按合同约定实施项目	高
3	北京某大学1学生活动中心项目	政府机构无直接参与	较低
4	北京某大学2锅炉房项目	由教育系统中教能源研究院出门签订三方协议，负责全过程监管；由中心保障学校和企业利益	较高
5	天津工大供热项目	政府机构无直接参与	一般
6	深圳福田区某项目	机关事务管理局在招标阶段推荐节能服务公司；在运维阶段协调支付节能款	高
7	马里兰大学综合改造项目	公共管理办公室协助评标，政府出面担保进行贷款	高
8	杰克逊市水系统改造项目	无参与	低

对各案例合作效果的分析结果　　表27-10

序号	项目名称	合作过程		合作产出		合作效果
		相互交流情况	合作配合情况	合作效益	合作满意度	
1	惠州某医院空调改造项目	较频繁	非常好	截至2018年11月，项目运行5个月，总体节能效益约为65.7万元	双方都非常满意	成功
2	深圳市某中心综合改造项目	较频繁	非常好	年节能率平均约30%左右	双方都非常满意	成功
3	北京某大学1学生活动中心中央空调系统改造项目	较频繁	出现问题时能及时配合解决	节能量约为23.3万kW·h，节能率24.1%	学校非常满意；节能服务公司较为满意	适中
4	北京某大学2锅炉房改造项目	较频繁，正式会议讨论较为及时	方案确定、施工期间遇到问题上会讨论	预计年节能收益为30万元	学校非常满意；节能服务公司较为满意	目前成功

续表

序号	项目名称	合作过程		合作产出		合作效果
		相互交流情况	合作配合情况	合作效益	合作满意度	
5	天津某大学供热改造项目	一般	非常好	管理学院供热改造前6年每年节约40万元,后4年每年节约120万元	学校非常满意;节能服务公司一般满意	适中,但ESCO存在较大风险
6	深圳市福田区某节能改造项目	前期方案提出阶段交流较多,后期较少	运维期间,效益款支付不计数,上级政府部门介入解决	年节能量103万kW·h;年节电率13%	双方都较为满意	中间有波折,后期较为成功
7	马里兰大学综合改造项目	频繁、顺畅	非常好,基准发生变化时协商一致解决	第一年认证节能量超过保证节能量水平为7%	双方非常满意	成功
8	杰克逊市水系统改造项目	—	—	—	—	失败

多案例对比分析及结果　　　　　　　　　　　　　　　　表 27-11

案例序号　　对比变量	案例1惠州某医院空调改造项目	案例2深圳市某中心综合改造项目	案例3北京某大学1学生活动中心中央空调系统改造项目	案例4北京某大学2锅炉房改造项目	案例5天津某大学供热改造项目	案例6深圳市福田区某节能改造项目	案例7马里兰大学综合改造项目	案例8杰克逊市水系统改造项目
政府参与程度	较高	高	无参与	高	无参与	高	完善	一般完善
制度灵活性	较高	低	较低	较低	较低	低	强烈	较强
ESCO嵌入程度	高	高	较低	较高	一般	高	高	高
公共机构诉求及匹配度	效益优先,高	改善用能条件和节能效益,较高	低风险和稳定的节能,高	低风险和改善用能条件、节能效益,高	低风险和稳定的节能,高	节能量优先,不高	综合改造,全部节能量保证型,12年	单项改造,部分节能量保证型,15年
地区政策合理程度	一般	合理	一般	一般	部分不合理	合理	一般	一般
合作效果	成功	成功	适中	目前成功	适中,但ESCO存在较大风险	中间有波折,后期较为成功	一般参与	无参与

　　前置因素、情境变量和合作效果之间的影响机理分析结果显示,政府参与程度与合作效果之间存在正相关关系,而制度灵活性与合作效果之间可能存在正相关关系(如案例1惠州某医院空调改造项目),也可能呈现出负相关关系(如案例2深圳市某中心改造项目

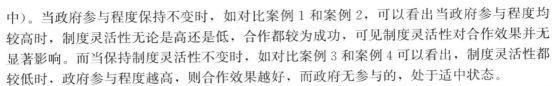

中）。当政府参与程度保持不变时，如对比案例1和案例2，可以看出当政府参与程度均较高时，制度灵活性无论是高还是低，合作都较为成功，可见制度灵活性对合作效果并无显著影响。而当保持制度灵活性不变时，如对比案例3和案例4可以看出，制度灵活性都较低时，政府参与程度越高，则合作效果越好，而政府无参与的，处于适中状态。

对比并分析制度灵活性一致条件下，不同情境变量对合作效果的调节作用时，公共机构诉求匹配程度越高，合作效果越好；地区政策合理度越高，合同能源管理项目双方合作效果越好；ESCO嵌入程度与政府参与程度存在着较强相关性。

27.5　小结

公共机构合同能源管理项目合作效果的影响因素主要包括政策和市场条件、公共机构节能意愿、制度灵活性、节能服务公司综合服务水平和项目条件。上述因素都与合作效果之间呈现正相关关系。政策和市场条件是最根本的影响因素，会通过合同支付灵活性、合同条件、招标支付灵活性等多个变量对合作效果产生影响，另外项目合同条件对合作效果有直接影响。在其他因素相同情况下，政府参与程度和节能服务机构嵌入程度会调节其他因素的相关性，对项目合同模式的选择、项目合同条件及效益风险产生不同影响，并能避免其他条件不足带来的部分问题。

1. 政策市场条件的影响作用

政策市场条件完善的地区，EPC模式实施过程中，除设定了相应的节能目标外，在项目的各个环节都有可参考的操作规程和文件指南，有效保障了项目的顺利实施，也约束了合同双方的行为。

政策市场条件一般的地区，更多缺乏责任考核机制以及相应的管理和监督措施，项目合作效果与政策市场条件完善地区下的案例相比相差较大。而政策不合理规定会直接影响项目合同条件，如合同年限等，从而对合作效果产生影响。

2. 公共机构的节能意识和改造意愿的影响作用

公共机构的节能意识和改造意愿是项目实施改造的前提条件，外在的强制性目标或者激励性的措施会加强公共机构改造意愿，自发的强烈的改造意愿会提高公共机构在项目中的参与度和配合度，从而作用于项目的合作效果。

3. 制度灵活性的影响作用

制度灵活性包括支付灵活性和招标制度灵活性。在影响因素分析中可以看出，支付越方便灵活，合作效果越好，但支付方式并不是影响合作效果的决定性条件，而与项目合同条件等密切相关，也直接影响着项目的合作效果。但公共机构效益支付灵活性程度会影响双方对合同模式的选择，在支付不易的情况下，选择合适的合同模式则能保证项目的顺利进行，从而促进双方的合作；此外支付灵活性受公共机构节能意识和改造意愿以及政策条件的影响，在一定程度上公共机构节能意识和改造意愿会改变甚至消除制度僵化。完善的政策及市场条件可能会直接改变效益的支付方式。

招标制度在一定程度上影响着项目的合作效果，合理的招标制度可以规避选择不合适的ESCO带来的风险，从而加强项目的合作，而不合理的招标制度则会给项目合作带来非常大的风险。

4. 项目合同条件的影响作用

对项目合作效果影响最大的因素是项目合同条件，合同条件的不对等，导致项目双方风险利益不对等，从而导致项目合作的失败。在节能量保证型这种合同条件下，对公共机构的要求更高，公共机构需具备能鉴别对自己不利的合同条款的能力，而在效益分享和能源费用托管型合同方面则相对门槛较低。

除项目合同条件外，项目双方固定的负责人也非常重要，经常更换负责人或缺乏明确的责任考核机制，使得项目处于无人负责的状态，会对项目合作造成非常不利的影响。上述四个因素对项目的影响作用机理可通过路径图表示，如图 27-4 所示。

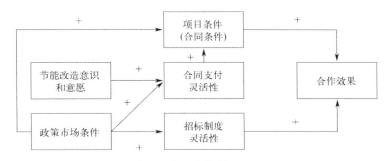

图 27-4 前置因素对合作效果的影响机理图

EPC 项目合作伙伴关系选择研究方面，分析了用能机构选择 EPC 项目合作伙伴的动机和选择倾向，提出了不同采购环境下合作伙伴选择倾向的研究假设，并以成功 EPC 案例进行验证。研究表明，制度环境的完善和节能服务行业的健康发展是推动 EPC 模式的主要途径，建议政府及节能主管部门完善合同能源管理方面的制度和文件，采用两阶段方案招标方式，为 EPC 的推广建立相关服务和监督平台，加强 EPC 项目引导和建立沟通桥梁，节能服务公司加强 EPC 模式实施全过程嵌入程度，为双方长期合作奠定基础。

公共机构 EPC 项目合作机制模型构建研究方面，围绕公共机构合同能源管理项目合作机制，采用内容分析法对多个案例资料及访谈内容进行分析，得出项目能耗及用能管理、政策环境、ESCO 前期参与、实施过程协调、激励机制、关系治理等在内的 10 个关键要素，构建公共机构 EPC 项目合作机制概念模型。提出完善公共机构 EPC 项目相关政策类型，为公共机构 EPC 项目的实施提供全方位指导；建立节能服务公司红名单，提高选择效率，降低公共机构风险；合作双方应重视并加强关系治理，以降低契约治理不完善造成的合作风险，确保合作绩效。

5. 中国公共机构合同能源管理模式实施建议

1）节能服务公司的选择

节能服务公司有两种选择：第一种是两阶段筛选方式，美国主要采用该方式，即企业红名单制度，分两阶段招标，第一阶段由公共机构在名单中根据项目要求匹配多家 ESCO，并向其提出相应的技术资料和数据，ESCO 在截止时间内提出相应的改造方案，公共机构在提交方案的 ESCO 中筛选出 3～5 家进入第二阶段，这些企业再制定详细的方案和说明、合同模式、节能量以及项目的投资测算等。第二阶段的方案由节能主管部门组织行业内专家进行评审，最终选出合适的 ESCO，这种筛选方式对公共机构要求较高，公共机构需要有特定的人力和资源去审查第一阶段的方案。如图 27-5 所示。

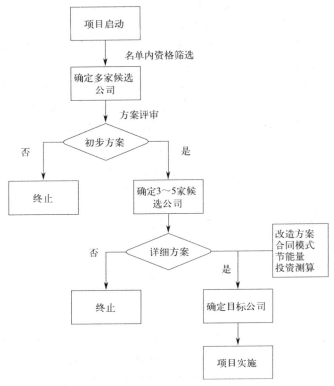

图 27-5　两阶段式筛选

第二种是全部由政府主管部门参与，公共机构直接向相应主管部门提交改造申请书，审核通过后，公共机构再向相应部门申报采购计划，由采购中心负责组织招标采购，并邀请多家节能服务公司参与方案设计，再通过对节能服务公司方案最终筛选出最佳的节能服务公司。这种招标方式也称为方案招标，但这种方式和资格邀请式招标相比有一定区别，在邀请节能服务公司时没有特定限制，可能出现方案之间深度、精度以及与项目匹配性差异较大的情况，而资格邀请式则对节能服务公司的资质等级、注册资金、技术能力、服务水平等有一定要求。因此建议这两种方式综合使用，来确定最终的节能服务公司，如图 27-6 所示。

2）合同模式的选择和改进

政策和市场条件不够完善时，模式选择可根据公共机构类型和改造诉求来定。若是政府机关和学校，建议选择能源费用托管型模式，可规避财政制度限制的同时达到自身诉求；若是医院等机构，可直接根据改造诉求来选择合同模式，一般建议选择节能效益分享型模式。

节能量保证型模式的推行门槛较高，若在我国普遍推行节能量保证型模式，除建立一系列完整的支持和保障机制外，还需公共机构有较高的合同谈判能力，ESCO 也要有非常强的专业实力。可进行小范围的试点项目，如先通过建立严格的 ESCO 筛选机制，完成项目的采购，合同条款确定阶段公共机构可以请第三方辅助进行合同谈判，确定合理的风

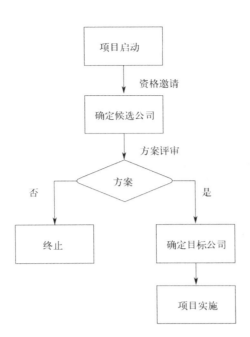

图 27-6　资格邀请＋方案招标式筛选

险分担原则，而公共机构在进行项目贷款时也可通过购买保险来转移一部分投资风险等。

除以上三种较为常见的合同模式外，在发展我国公共机构 EPC 机制的同时，还可以有针对性地开展更多新的模式，比如两种模式的结合，主模式是节能效益分享型模式，同时在合同中也保证了最低节能率。后期采用能源费用托管型模式，该模式适用于规模较大，合同年限较长的项目，在 ESCO 基本收回改造投资后，继续对项目托管，保证项目用能量维持在稳定范围内，并由用能单位每年支付给 ESCO 相应的托管费用。

6. 中国公共机构合同能源管理应用推广建议

1）在其他因素相同情况下，政府参与度和节能服务机构嵌入程度会调节其他因素的相关性，对项目合同模式的选择、合同条件及效益风险产生不同影响。因此，建议提升政府在合同能源管理项目中的参与程度。

2）政府及节能主管部门应当建立和完善合同能源管理方面的制度，解决预算安排、支付科目等问题；创新招标形式，发布采购范本和合同范本；为 EPC 的推广建立相关服务和监督平台，整合资源，加强信息交流和公开；强化节能指标要求，建立激励机制，激发公共机构开展合同能源管理的主动性等。

3）公共机构应当强化节能意识，接受并积极推广 EPC 模式，主管负责人还应在此过程中不断加强节能基本知识的学习，或善于借助政府力量来促进不同规模的改造项目得到合理改造等。

4）节能服务公司方面，ESCO 应当提高自身专业化水平和综合实力，应用先进的节能改造技术和现代化、精细化管理手段开展 EPC 服务；加强 EPC 模式实施全过程嵌入，提高合作中的信任程度，为双方建立长期合作奠定基础，也为 EPC 模式在公共机构的推行提供可持续发展的示范效应等。

28

合同能源管理新模式与管理办法

28.1 中国公共机构合同能源管理新模式范本

《混合型合同能源管理项目参考合同文本》共有三十五条合同条款，分别对混合型合同能源管理模式的定义、项目合同期限以及项目建设期、项目运行管理前期和项目运行管理后期三个阶段各利益方的权利与义务等进行了约定。合同模板主要框架内容见表 28-1。具体文本见本书数字资源附件 6。

混合型合同能源管理项目参考合同模框架 表 28-1

条款	主要内容
第一条 术语和定义	合同能源管理、节能量、能源绩效、能源绩效参数、能源基准、基期、基准能源费用、节能服务费、混合型合同能源管理
第二条 项目概况	项目名称、项目地点、实施对象、节能技术、实施范围等
第三条 项目合同期限	项目运行管理前期、项目运行管理后期等
第一部分 项目建设期	
第四条 能源审计和能源基准	能源审计方式、能源审计依据、能源审计费用、能源审计所需要的能源使用记录和数据资料、能源基准和能源绩效参数等
第五条 项目的设计（节能）方案	提供拟进行改造的设备系统或围护结构系统的设计图纸、相关技术资料、运行数据等
第六条 项目投资	投资明细表、设备和材料的技术要求、提供设备和材料的相关技术资料、技术服务内容
第七条 设备和材料的采购、安装、调试	设备和材料采购、设备和材料到货时间、交货、施工与安装地点、设备和材料验收、设备安装调试期限等
第八条 项目验收	节能量确认、验收报告等
第九条 移交	项目竣工验收合格后，乙方基于本合同项目建设期的主要义务即全部履行完毕
第十条 质保及售后服务	质量保证期、免费维修服务期、质量保证期满后的约定等
第二部分 项目运行管理前期	
第十一条 节能目标和节能量的确定	项目年最低节能率、节能量核定方法等
第十二条 节能效益的计算和分享	节能收（效）益的计算依据、节能效益的分享期限、分享节能收益的比例等

续表

条款	主要内容
第十三条 节能效益款付款方式、付款数量、付款时间	节能效益款的付款方式、付款数量、付款时间、发票类型等
第十四条 设备所有权约定	对设备拥有有限所有权的约定
第三部分 项目运行管理后期	
第十五条 托管项目	项目运行管理前期合同约满后采用的管理模式
第十六条 节能目标	托管期间的年节能量、节能率、节能效果评估、节能目标、节能奖励等
第十七条 乙方的管理和服务标准	服务范围和项目、服务标准等
第十八条 双方责任	甲乙双方各自应承担的责任规定
第十九条 项目移交事项	移交的文件资料、移交清单、移交期限等
第二十条 托管费用的标准及支付	托管费用、支付方式、支付时间等
第二十一条 用能设备增减	用能设备增加或减少,应承担的责任和费用等约定
第二十二条 运行管理等原因影响节能量的处置	因相关设备和系统自身的运行问题导致能源消耗增加,应承担的责任和节能量处理的约定
第二十三条 设备的更新、改进、改动、拆除、损坏、丢失	双方对出现设备的更新、改进、改动、拆除、损坏、丢失等情况时,视情况承担的责任的约定
第二十四条 设备的停止运行/关闭	对设备的停止运行/关闭所承担责任的约定
第二十五条 安全生产和环境保护	对安全生产和环境保护的约定
第二十六条 禁止商业贿赂	对禁止商业贿赂的约定
第二十七条 合同的变更和转让	对合同变更和转让的约定
第二十八条 合同的终止	对合同终止的约定
第二十九条 违约责任	对违约责任的约定
第三十条 保密和知识产权	对保密和知识产权涉及的内容约定
第三十一条 保险	投保种类、投保人和受益人等
第三十二条 担保	对担保方式的约定
第三十三条 不可抗力	对不可抗力的约定
第三十四条 法律适用和争议的解决	合同的履行、解释等引起的争议,所约定的解决争议方式
第三十五条 合同的生效及其他	本合同的附件为本合同不可分割的组成部分,与本合同具有同等法律效力

28.2 中国公共机构合同能源管理新模式在线应用工具

28.2.1 公共机构合同能源管理应用工具调研

本书对中美公共机构合同能源管理应用工具开展了调研,美国联邦政府能源管理项目一般按合同能源管理实施阶段整理相关信息、指南和范本,如图28-1所示。美国公共机构的应用工具包括FEMP(图28-2)、美国能源管理计划下开发了维护设施能源决策系统

FEDS（The Facility Energy Decision System，PNNL 开发）、ESCO selector、投资级审计工具 IGA（investment grade audit，免费）等，中国 EPC 应用工具可借鉴参考。

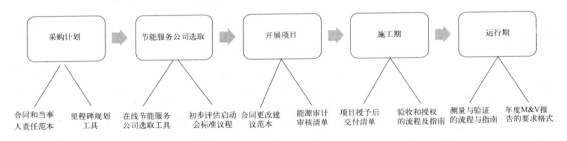

图 28-1　在线工具流程

图 28-2　美国 FEMP 工具界面

28.2.2　平台开发

公共机构合同能源管理项目在线平台分为首页、项目建立、改造方案评估、合同能源管理、项目总览、相关政策标准查询、网站友情链接。主要特点包括：（1）用户可以自行选择项目适宜的合同能源管理模式；主管部门、节能服务公司、融资机构和业主等不同利益相关方可以查看跟踪用户自行建立的合同能源管理项目过程。（2）具备诊断和评估功能。对公共机构建筑改造项目进行现有基本概况进行诊断，与对应建筑的基准进行比对，给出与基准的差距；软件可修改建筑的一些基本参数，评估不同优化方案的水平。（3）用户可以根据平台提供的优化功能或改造方案文本确定合同能源管理项目最终的优化方案，同时生成项目总览。部分平台截图如图 28-3～图 28-7 所示。

图 28-3　公共机构合同能源管理项目在线平台

图 28-4　项目建立界面

图 28-5　项目建立档案填写界面

图 28-6　合同能源管理

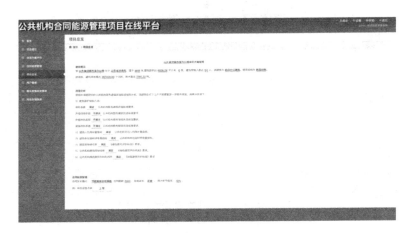

图 28-7　项目总览

28.3　中国公共机构合同能源管理模式推广应用的管理办法

借鉴现有部分省市的合同能源管理推广管理办法，针对目国家机关和学校合同能源管理的特点，本书提出了《公共机构合同能源管理推广应用管理办法》（建议稿），共有七章和三十七项条款，分别从项目管理、降低风险角度，以及政府、公共机构、节能服务公司等多方面，提出了公共机构合同能源管理项目前期准备（项目征集、组织协调机构、改造方案、项目申请、项目审核和立项等）、项目实施阶段（采购形式、采购方式、招标文件编制、现场踏勘、项目评审、合同签订、合同备案、项目施工、项目验收等）、运行管理阶段（用能单位、节能服务公司、项目资产管理、应急处理、项目资料管理）、能源审计（审计机构、统计标准、节能量的计算方法）、资金支付与扶持等相关要求。主要框架内容见表 28-2。具体管理办法建议稿见本书数字资源附件 6。

公共机构合同能源管理推广应用管理办法框架　　　　　　　　表 28-2

章节	主要内容
总则	目的、适用范围、对象及方式、新建建筑、组织职责、保障支持、企业资质、项目流程、预算安排等 9 条
项目准备	项目征集、组织协调机构、初步设计方案、项目申请、项目审核和立项等 5 条
项目实施	采购形式、采购方式、招标文件编制、现场踏勘、项目评审、合同内容、合同范本、合同签订、合同备案、项目施工、项目验收等 11 条
运行管理	主要职责、应急处理、项目移交等 3 条
能源审计	审计机构、统计标准、节能量计算方法等 3 条
资金支付与扶持	支付与节能效益、维护保养费用支付等 2 条
附则	修订原则、合同节水管理参考、实施日期等 3 条

参考文献

第 2 篇　公共机构绿色低碳技术应用指南

[1]　清华大学建筑节能研究中心 . 中国建筑节能年度发展研究报告 2020 ［M］. 中国建筑工业出版社，2020.

[2]　曹勇，徐伟 . 建筑设备系统全过程调试技术指南 ［M］. 中国建筑工业出版社，2013.

[3]　Mary Ann Piette，Sat Kartar Kinney，Philip Haves. Analysis of an information monitoring and diagnostic system to improve building operations ［J］. Energy & Buildings，33（8）：783-791.

[4]　D. Westphalen，K. W. Roth，J. Brodrick. System & component diagnostics ［J］. Ashrae Journal，2003，45（4）：58-59.

[5]　Building Optimization and Fault Diagnosis system concept，An25 ［J］. Document of Iea Annex25 May，1993.

[6]　陈焕新，刘江岩，胡云鹏等 . 大数据在空调领域的应用 ［J］. 制冷学报，2015（04）：19-25.

[7]　杨学宾，杜志敏，晋欣桥等 . 暖通空调系统故障检测与诊断方法的研究现状与应用 ［C］. 上海市制冷学会 2009 年学术年会论文集 . 2009.

[8]　李志生，张国强，刘建龙 . 暖通空调系统故障检测与诊断研究进展 ［J］. 暖通空调，2005（12）：36-43＋72.

[9]　Gruber，P Riederer，R Lahrech，. Development of a testing method for control HVAC systems by emulation ［J］. Energy & Buildings，34（9）：909-916.

[10]　Claridge D E，Liu M，Turner W D. Whole Building Diagnostics ［J］. Workshop Held，1999.

[11]　House J M，Kelly G E. An Overview of Building Diagnostics. In：Proceeding of the workshop Diagnostics for Commercial Building：Research to Practice. Pacific Energy Center，San Francisco，1999.

[12]　Katipamula S，Brambley M R. Methods for Fault Detection，Diagnostics，and Prognostics for Building Systems—A Review，Part I. International Journal of HVAC&R Research，2005，11（1）：3-25.

[13]　Daniel R Sisk，Michael R Brambley. Automated Diagnostics Software Requirements Specification，2003.

[14]　Won-Yong，Lee，Park C，Kelly G E. Fault detection in an air-handling unit using residual and recursive parameter identification methods. ASHRAE Transation，1999，89（105）：528-539.

[15]　H. Han，Z. K. Cao，B. Gu and N. Ren，2012. PCA SVM-based automated fault detection and diagnosis（AFDD）for vapor -compression refrigeration systems. HVAC&R Research 16：295-313.

[16]　Detroja K P，Gudi R D，Patwardhan S C. A possibilistic clustering approach to novel fault detection and isolation. Journal of Process Control，2006，16（10）：1055-1073.

[17]　G. N. Li，Y. P. Hu，H. X. Chen，et. al. 2016. An improved fault detection method for incipient centrifugal chiller faults using the PCA -R -SVDD algorithm. Energy and Buildings 116：104-113.

[18]　Ngo Darius，Dexter Arthur L. A robust model-based approach to diagnosing fault in air-handling units. In：ASHRAE Trans. 1999，105（I）. 1078-1086.

[19]　Dexter A L，Ngo D. Fault diagnosis in air2conditioningsystem：a multistep fuzzy model2based approach. HVAC &R Research，2001，7（1）：83-102.

[20]　Y. Zhao，S. W. Wang and F. Xiao，2012. A system level incipient fault detection and diagnosis strategy for HVAC system based on EWMA control charts. International Conference on Building Energy and Environment（COBEE 2012），Colorado，America.

[21]　Zhao Y，Xiao F，Wang S. An intelligent chiller fault detection and diagnosis methodology using Bayesian belief network ［J］. Energy and Buildings，2013，57.

[22]　晋欣桥 . 冷水机组系统的温度传感器故障诊断 ［J］. 上海交通大学学报，2004（06）：128-133＋138.

[23]　马吉民，程宝义 . 设备故障诊断修理专家系统开发工具及其在制冷系统故障诊断中的应用 ［C］. 全国暖通空调制冷学术年会 . 1990.

[24]　蔡立群 . 制冷系统故障诊断的专家系统 ［D］. 上海：上海交通大学硕士论文，1993，24-45.

[25]　杨文，赵千川 . 基于能量平衡的暖通空调系统故障检测方法 . 清华大学学报，2017，57（12）：1272-1279.

[26]　江亿，朱伟峰 . 暖通空调系统传感器的故障检测 ［J］. 清华大学学报（自然科学版），1999，39（12）：54-56.

[27]　李志生 . 制冷机组故障检测与诊断研究 ［D］. 长沙：湖南大学，2008.

[28] 张连文，郭海鹏．贝叶斯网引论［M］．北京：科学出版社，2006.

第3篇 公共机构建筑绿色节能改造及运行技术指南

[1] 879 家单位获评第一批节约型公共机构示范单位．新华网：2014.3.24.

[2] Bachmann L R. Integrated Buildings：Thesystem basis of architecture［M］．New York：John Wiley & Sons，2003.

[3] Larsson N，Poel B Solar Low Energy Build-ings and the Integrated Design Process-An In-troduction［OL］．http：//www.iea-shc.org/task23/.2003.

[4] Heiselberg P，Andresen I，Perino M，vander Aa. Integrating Environmentally Respon-sive Elements in Buildings［C］．Lyon：Pro-ceedings of the 27th AIVC Conference，2006.

[5] Lemons，Gay. The Benefits of Model Building in Teaching Engineering Design［J］．Design Studies，2010（5），v31，n3：288-309.

[6] William J. Abemethy. James M. Utterback. Patterns of Industrial Innovation［J］．Technology Review，June-July，1978：40.

[7] 韩君伟，董靓．绿色建筑全生命周期评价［A］．建筑环境与建筑节能研究进展—2007.全国建筑环境与建筑节能学术会议论文集［C］．成都，2007：338-343.

[8] 田蕾．建筑环境性能综合评价体系研究［M］．南京：东南大学出版社，2009：18-135.

[9] 秦寿康．综合评价原理与应用［M］．北京：电子工业出版社，2003：5.

[10] 中国城市科学研究会．绿色建筑 2009［M］．北京：中国建筑工业出版社，2009：170-171.

[11] 程鹏．公共机构节能减排工作存在的问题及对策——以中国人民银行成都分行为例［J］．科技信息，2010，（33）：63.

[12] （德）史蒂西．DETAIL 建筑细部系列丛书：改扩建．大连：大连理工大学出版社，2009.

[13] 焦焕成．加强公共机构节能促进生态文明建设．中国机关后勤．2014（05）.

[14] 赵西平，张志彬．寒冷地区高校教学楼围护结构优化改造设计——以兰州交通大学电信综合教学楼为例．西安建筑科技大学学报（自然科学版），2012：44（5）.

[15] 苏杰斌，基于 PROMODUL 软件的既有居住建筑能耗分析及优化研究．［D］．南京：南京理工大学，2012.

[16] 吴志敏，张源．既有建筑绿色改造中自然采光优化应用模拟分析．既有建筑改造技术交流研讨会，2010，6：378-383.

[17] 史晓燕，华常春，高云．既有居住建筑节能改造优化的思路．安徽农业科学，2011，39（36）：22426—22428.

[18] 潘毅群，建筑能耗模拟——绿色建筑设计与建筑节能改造的支持工具．供热体制改革与建筑节能，2008，803-809.

[19] 饶小军，袁磊，胡鸣．南北差异：既有建筑绿色改造技术的评价方法．南方建筑．2010（5）：22-27.

[20] Jianen Huang，Henglin Lv，Tao Gao，Wei Feng，Yanxia Chen，Tai Zhou. Thermal properties optimization of envelope in energy-saving renovation of existing public buildings，Energy and Buildings 75（2014）504-510.

[21] 刘宏兵，李刚，熊盛武．基于模糊推理的权重优化．计算机工程与设计．2006，27（9）：1530-1532.

[22] 李希胜，陈健，徐蓉蓉．绿色住宅规划设计阶段评价指标权重分析——以江苏为例，建筑经济，2012，10：64-67.

[23] 王长青，张一农，许万里．运用最小二乘法确定后评估指标权重的方法，吉林大学学报（信息科学版），2010，28（5）：513-518.

第4篇 公共机构能源管理信息技术应用指南

[1] 曹勇，柳松．公共机构用能设备管理与能源调控技术指南［M］．北京：中国建筑工业出版社，2021.

[2] 谭洪卫．同济大学校园节能监管平台建设示范［J］．建设科技，2009.

[3] 朱能，田喆．天津大学节能监管平台建设［J］．建设科技，2010.

[4] 谭红卫，徐钰琳．高校校园建筑能耗监管体系建设的探讨［J］．建设科技，2009.

[5] 万力，王鹏．高校建筑节能监管平台建设研究［J］．智能建筑，2010.

[6] 张福麟．推进高校节约型校园建设示范［J］．建设科技，2010.

[7] 马金星．节约型校园节能监管平台关键技术开发与建筑能耗特性评价［D］．大连：大连理工大学，2011.

[8] 王强、潘吉仁．从节能监管平台建设看高校能源管理再创新——江南大学能源监管体系建设实践与思考［J］．

高校后勤研究，2013.

［9］ 蔡俊仁．公共机构能源计量监管平台的查询统计优化方法的设计与实现［J］．中国计量，2013.

［10］ 赵斌．节约型校园建筑节能监管平台系统分析及功能设计探讨［J］．广西城镇建设，2013.

［11］ 王佩．高校节能监管平台建设现状及未来的发展趋势［J］．价值工程，2013.

［12］ 王良平，张晓玲，张国强，李丽萍．内蒙古自治区建筑节能监管平台技术方案及应用［J］．土木建筑工程信息技术，2014.

［13］ 殷帅，刘海柱．我国高校节能监管体系建设模式总结及发展建议［J］．建设科技，2014.

［14］ 桂源邹．关于高校节能监管平台建设现状及趋势研究［J］．无线互联科技，2014.

［15］ 何丹，张军．重庆市公共建筑节能监管平台建设现状与工程应用研究［J］．重庆建筑，2014.

［16］ 龚春钰．浅谈节能监管平台建设—以北京理工大学为例［J］．高校后勤研究，2014.

［17］ 屈利娟，王立民，陈伟．节约型校园能耗监管平台示范校建设调查研究—基于全国52所监管平台示范建设高校［J］．高校后勤研究，2015.

［18］ 高阳，王大伟．校园节能监管平台建设中出现的问题分析［J］．科技视界，2016.

［19］ 丁洪涛，刘海柱，殷帅．我国公共建筑节能监管平台建设现状及趋势研究［J］．建设科技，2017.

［20］ 谢建中．医院能耗监管平台由监到控实现节能的应用［J］．中国医院建筑与装备，2018.

［21］ 魏泽元．浅谈阜外医院基于能耗监管平台的应用和探索［J］．中国医院建筑与装备，2018.

［22］ 蒋义新．节能监管平台数据的分析与应用［J］．建筑节能，2019.

［23］ 谢竹雯．福建省建筑能耗监测系统设计要点解析［J］．福建建设科技，2019.

［24］ 郭亮亮．浅析省级公共机构节能监管平台设计［J］．山西电子技术，2021.

第5篇　数据中心节能关键技术研发

［1］ 工业和信息化部信息通信发展司．全国数据中心应用发展指引（2019）［M］．北京：人民邮电出版社，2020.

［2］ http://www.sohu.com/a/241539010_314909［OL］.

［3］ 钱晓栋．数据机房热管排热系统的分析及其应用［D］．北京：清华大学航天航空学院，2013.

［4］ 田浩．高产热密度数据机房冷却技术研究［D］．北京：清华大学建筑学院，2012.

［5］ ASHRAE TC9.9. Best practices for datacom facility energy efficiency［M］. Atlanta GA. 2009.

［6］ Ding T，He Z G，Hao T，et al. Application of separated heat pipe system in data center cooling［J］. Applied Thermal Engineering，2016，109：207-216.

［7］ Patankar S V，Karki K C. Distribution of Cooling Airflow in a Raised-Floor Data Center［J］. ASHRAE Transactions，2004，110：629-634.

［8］ Patankar S V. Airflow and cooling in a data center［J］. Journal of Heat transfer，2010，132（7）：073001.

［9］ Bhopte S，Agonafer D，Schmidt R，et al. Optimization of data center room layout to minimize rack inlet air temperature［J］. Journal of electronic packaging，2006，128（4）：380-387.

［10］ 王振英，曹瀚文，李震．不同气候区域数据中心制冷系统冷源选择及能效分析．工程热物理学报，2017.

第6篇　公共机构合同能源管理与能效提升

［1］ 吕荣胜，王建，陈磊．基于模糊评价的EPC风险管理研究——以天津伟力公司天纺节电项目为例［J］．云南财经大学学报，2012，28（02）：153-160.

［2］ 段小萍，陈奉功．基于全寿命期的合同能源管理项目融资风险研究［J］．科技管理研究，2018，38（23）：235-243.

［3］ 马少超，詹伟．基于ESCO视角的合同能源管理项目风险评价与风险分担研究［J］．科技管理研究，2016，36（12）：197-202.

［4］ valipour A，Yahaya N，A New hybrid fuzzy cybernetic analytic network progress model to identify shared risks in PPP projects. International Journal of strategic Property Management，2016，20（4）.

［5］ 吕雪娇，孙文建，周欣．基于合同柔性的绿色建筑合同能源管理模式研究［J］．科技管理研究，2018，38（21）：223-227.

［6］ 尚天成，王惠，刘培红，李欣欣，高俊卿．节能企业信用风险识别［J］．天津大学学报（社会科学版），2014，16（01）：26-29.

［7］ 尚天成，郭俊雄．合同能源管理项目评价［J］．北京理工大学学报（社会科学版），2011，13（01）：11-14.

［8］ New J，Miller W A，Huang Y，et al. Comparison of software models for energy savings from cool roofs［J］．Energy and Buildings，2015：S0378778815300487.

［9］ 曹莉萍，诸大建．合同能源管理绩效评价的理论模型构建与实证研究［J］．资源科学，2016，38（03）：414-427.

［10］ 吕荣胜，叶鲁俊．中国节能产业创新生态系统耦合机理研究［J］．科技进步与对策，2015，32（19）：50-55.

［11］ 张印贤，王星，陶凯，王毅林．既有建筑节能改造市场发展协同激励有效性评价［J］．科技进步与对策，2017，34（09）：69-76.

［12］ 翁智雄，葛察忠，段显明，龙凤．国内外绿色金融产品对比研究［J］．中国人口・资源与环境，2015，25（06）：17-22.

［13］ 董娟，马学露．生物质能国内碳汇市场构建的法律思考［J］．科技管理研究，2015，35（18）：232-235.

［14］ 赵丹．ESCo节能项目的经济效益评价及分享机制研究［D］．河北：华北电力大学，2009.

［15］ 朱东山，孔英．合同能源管理模式下能源管理公司和用户的效益分配比例研究［J］．生态经济，2016，32（11）：59-64.

［16］ Appleman T，Owsenek B，Clough D，et al. Energy Savings through Performance Contracting at Wastewater Treatment Plants［J］．Proceedings of the Water Environment Federation，2011，2010（9）：6916-6926.

［17］ Lee P，Lam P T I，Yik F W H，et al. Probabilistic risk assessment of the energy saving shortfall in energy performance contracting projects-A case study［J］．Energy and Buildings，2013，66：353-363.

［18］ Deng Q，Zhang L，Cui Q，et al. A simulation-based decision model for designing contract period in building energy performance contracting［J］．Building and Environment，2014，71：71-80.

［19］ 王敬敏，王李平．合同能源管理机制的效益分享模型研究［J］．能源技术与管理，2007（04）：92-93+107.

［20］ Boonekamp P G M. Price elasticities，policy measures and actual developments in household energy consumption - A bottom up analysis for the Netherlands［J］．Energy Economics，2007，29（2）：133-157.

［21］ Burkhart M C，Heo Y，Zavala V M. Measurement and verification of building systems under uncertain data：A Gaussian process modeling approach［J］．Energy and Buildings，2014，75：189-198.

［22］ 刘晓君，王博俊．既有民用建筑节能改造节能量计算与核定方法优化研究［J］．西安建筑科技大学学报（自然科学版），2016（6）.

［23］ Faggianelli G A，Mora L，Merheb R. Uncertainty quantification for Energy Savings Performance Contracting：Application to an office building［J］．Energy and Buildings，2017，152：61-72.